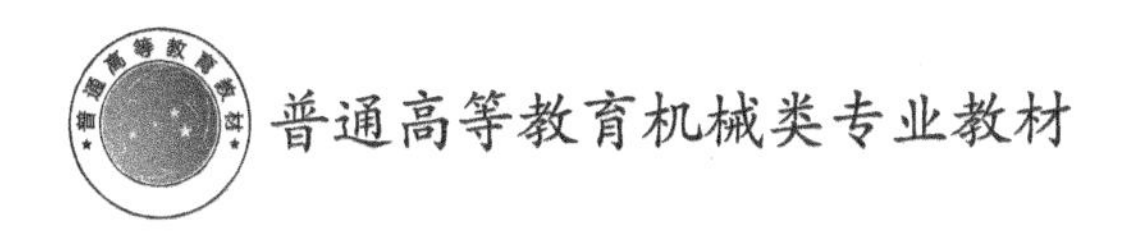

机械制造基础

刘 斌 徐 婷 主编
周春华 安立周 副主编

人民交通出版社股份有限公司
北 京

内 容 提 要

本书为普通高等教育机械类专业教材之一，主要内容包括毛坯制造工艺、几何量精度基础标准、典型结合与传动互换性标准、机械零件加工工艺等。

本书可作为高等工科院校机械类及近机械类专业的教材，还可作为相关专业工程技术人员的参考书。

图书在版编目（CIP）数据

机械制造基础/刘斌，徐婷主编．—北京：人民交通出版社股份有限公司，2023.2

ISBN 978-7-114-18379-9

Ⅰ.①机… Ⅱ.①刘… ②徐… Ⅲ.①机械制造—高等学校—教材 Ⅳ.①TH

中国版本图书馆 CIP 数据核字(2022)第 244639 号

Jiexie Zhizao Jichu

书　　名：机械制造基础
著 作 者：刘　斌　徐　婷
责任编辑：郭　跃
责任校对：赵媛媛
责任印制：张　凯
出版发行：人民交通出版社股份有限公司
地　　址：（100011）北京市朝阳区安定门外外馆斜街 3 号
网　　址：http://www.ccpcl.com.cn
销售电话：（010）59757973
总 经 销：人民交通出版社股份有限公司发行部
经　　销：各地新华书店
印　　刷：北京虎彩文化传播有限公司
开　　本：787×1092　1/16
印　　张：23.75
字　　数：542 千
版　　次：2023 年 2 月　第 1 版
印　　次：2023 年 2 月　第 1 次印刷
书　　号：ISBN 978-7-114-18379-9
定　　价：69.00 元

前言 Preface

编写本教材是为了顺应新的院校教学大纲中机械工程专业人才培养方案的要求,并符合我校《机械制造基础课程教学计划》对课程教学目标、教学内容等的基本要求,同时结合编者多年的院校教学训练经验,使教材能更好地服务于机械工程专业本科学生学历教育过程的教学实施。

以金属成形工艺方法为主线,结合现行的几何量精度标准,较为全面地介绍了机械制造基本知识、工艺技术和几何量精度基础,教材的主要内容能够满足机械工程专业本科学生毕业后相关工作岗位的专业知识需求。本教材适用于机械工程专业及相近专业本科学生。

教材共四篇、十三章。第1章主要介绍铸造工艺的概念和特点、铸造成形理论基础、成形工艺方法、结构工艺性;第2章主要介绍锻压工艺的概念和特点、锻压成形理论基础、成形工艺方法、结构工艺性;第3章主要介绍焊接工艺的概念和特点、焊接成形理论基础、成形工艺方法、结构工艺性;第4章主要介绍几何量精度的基本概念、研究对象、表达方法及标注等;第5章主要介绍尺寸公差术语及定义、公差带、配合及应用等;第6章主要介绍几何公差标注、几何公差项目、几何公差带及分析方法、公差原则及几何公差应用等;第7章主要介绍表面粗糙度评定、表面粗糙度标注及表面粗糙度应用等;第8章主要介绍单键联结和花键联结的互换性标准;第9章主要介绍滚动轴承的互换性、公差等级、相配件的公差带及选用;第10章主要介绍圆柱齿轮传动要求、制造误差分析、精度评定指标及应用;第11章主要介绍切削成形理论基础、成形工艺方法、结构工艺性;第12章主要介绍精整加工、光整加工及特种加工工艺;第13章主要介绍机械加工工艺过程的基础知识、机械加工工艺规程的制订、典型零件的加工工艺。

本书由刘斌、徐婷担任主编，周春华和安立周担任副主编，刘晴、马昭烨、赵华琛、方虎生参与了教材的编写工作。

本书编写时参考了大量的文献资料，在此向文献资料的作者致以诚挚的感谢，同时敬请读者对书中存在的疏漏之处批评指正。

编　者
2022年11月

目录 Contents

第一篇　毛坯制造工艺

第二篇　几何量精度基础标准

第一篇

毛坯制造工艺

第1章　铸　　造

1.1　铸造的概念及特点

铸造是液态金属凝固成形工艺，通常是将液态金属浇注到与零件的形状、尺寸相适应的铸型型腔中，待其冷却凝固后，以获得毛坯或零件的生产方法。

铸造具有如下特点。

1）较强的适应性

（1）铸件形状不受限制。最适合制造形状复杂、特别是具有复杂内腔的毛坯，如发动机的缸体、缸盖、曲轴以及变速器箱体、液压阀阀体、潜艇和军舰的螺旋桨等。

（2）铸件质量不受限制。从几克的钟表零件到数百吨的汽轮机缸体、轧钢机机架，都可以铸造。

（3）铸件尺寸不受限制。铸件的壁厚范围可以为1mm到1m左右。

（4）铸件材料不受限制。工业上常用的金属材料，如铸铁、碳素钢、合金钢、铝合金、铜合金、锌合金等，都可以用于制造铸件。

2）良好的经济性

铸造一般不需要昂贵的设备；铸造可以直接利用成本低廉的废机件和切屑；铸件的形状和尺寸接近零件，节省金属材料和切削加工费用，因此铸件的成本低，经济性好。

3）铸件力学性能较差、质量不够稳定

铸造生产工序多、过程复杂，影响铸件质量的因素多，部分工艺过程难以控制，因此铸件容易产生缺陷，废品率一般较高。铸件内部成分偏析较重，内部组织晶粒粗大，力学性能一般不如相同材料的锻件好。随着生产技术的不断发展，铸件性能和质量正在进一步提高。

4）铸造生产条件和环境差

铸造生产中，混砂、造型、清砂过程中产生大量的粉尘；熔炼、浇注的温度很高；另外，铸造过程中还有大量的烟雾、有刺激气体产生；工人的劳动强度很大。

铸造生产中，最常用的工艺方法是砂型铸造，此外，还有熔模铸造、金属型铸造、压力铸造、低压铸造和离心铸造等特种铸造方法。

铸造在机械制造工业中占有重要地位。在一般的机械设备中，铸件占机器总重的45%～90%，而铸件成本仅占机器总成本的20%～25%。铸件被广泛应用于国防军工、航空航天、矿山冶金、交通运输工具、石化通用设备、农业机械、建筑机械等领域。

近年来,从制造系统工程的角度出发,铸造技术与自动化、计算机、新能源、新材料等高新技术结合,以达到净成形或近似净成形为目标,以精化、强化毛坯件为核心,兼顾高效、节能节材、少污染的综合效果,正逐步摆脱传统模式而形成铸件精密成形技术。在铸型材料方面,推广快速硬化的水玻璃砂及各类自硬砂,成功地应用树脂砂快速制造高强度砂型和砂芯。在铸造合金方面,发展了高强度、高韧性的球墨铸铁和各类合金铸铁,在汽车发动机上,成功地应用球墨铸铁曲轴代替锻钢曲轴。在铸造设备方面,已建立起先进的机械化、自动化高压造型提升了铸件的品质,并且节能节材,生产效率不断提高,生产成本不断降低,劳动条件不断改善,符合我国循环经济发展的需要。随着生产技术的不断发展,铸造生产的劳动条件正逐步改善。

1.2　铸造成形理论基础

铸造生产中,能否获得没有任何缺陷的薄壁铸件、形状复杂的铸件或大尺寸铸件,完全取决于合金的铸造性能。金属材料的铸造性能是指它在铸造过程中表现出来的工艺性能,如:流动性、线收缩率和体收缩率、吸气倾向性、形成裂纹的倾向性、各部位的成分不均匀性(偏析)等。

铸件的质量与合金的铸造性能密切相关。合金的铸造性能好,是指熔化时不易氧化,熔液不易吸气,浇注时合金液易充满型腔,凝固时铸件收缩小,且化学成分均匀,冷却时铸件变形和开裂倾向小等。合金的铸造性能好,铸件质量容易保证;合金的铸造性能差,铸件则容易产生缺陷,但只要采取相应的工艺措施,仍可保证铸件的质量。

1.2.1　液态金属的充型能力

液态金属充满铸型型腔,获得形状完整、轮廓清晰铸件的能力,称为液态金属的充型能力。液态金属充型能力强,则能浇注出形状复杂的薄壁铸件;充型能力差,则易产生冷隔、浇不足等缺陷。影响充型能力的因素主要有液态金属的流动性、浇注条件及铸型条件等。

1)液态金属的流动性

液态金属的流动性是指其本身的流动能力,是金属的固有性质,金属液的流动性越好,充型能力越强。影响流动性的因素很多,但以化学成分的影响最为显著。流动性的好坏通常用螺旋形试样的长度来衡量,如图1-1所示,试样长度大,说明流动性好。表1-1列出了常用铸造合金的流动性,其中以灰口铸铁和硅黄铜最好,铸钢最差。

纯金属和共晶成分的合金在恒温下结晶,流动性好;共晶成分的合金往往熔点低,保持液态的时间长,其流动性最好。非共晶成分的合金,在一定的温度范围内结晶,流动性差,而且合金的结晶温度范围越大,枝晶越发达,其流动性越差。图1-2所示为铁-碳合金的流动性与成分的关系。

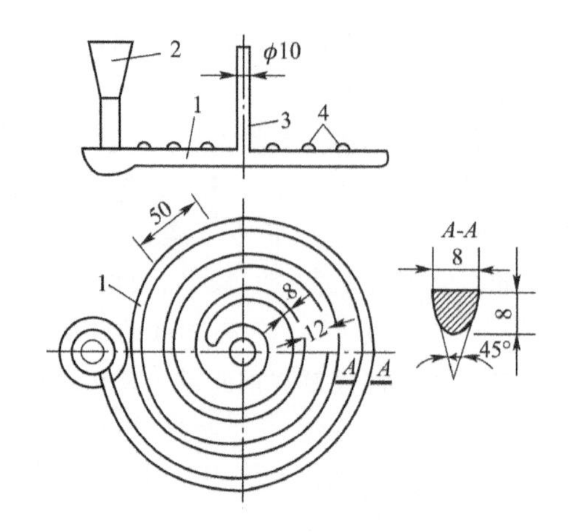

图 1-1　金属流动性试样

1-试样;2-浇口;3-出气口;4-试样凸点

常用合金流动性　　表 1-1

合金种类		造型材料	浇注温度(℃)	螺旋线长度(mm)
灰铸铁	$w_{(c+Si)}=6.2\%$ $w_{(c+Si)}=5.2\%$ $w_{(c+Si)}=4.2\%$	砂型	1300	1800
铸钢	$w_{(c)}=0.4\%$	砂型	1600 1640	100 200
锡青铜	$w_{Sn}=(9\%\sim11\%)$ $w_{Zn}=(2\%\sim4\%)$	砂型	1040	420
硅黄铜	$w_{Si}=(1.5\%\sim4.5\%)$	砂型	1100	1000
铝合金	硅铝明	金属型(300℃)	680 ~ 720	700 ~ 800

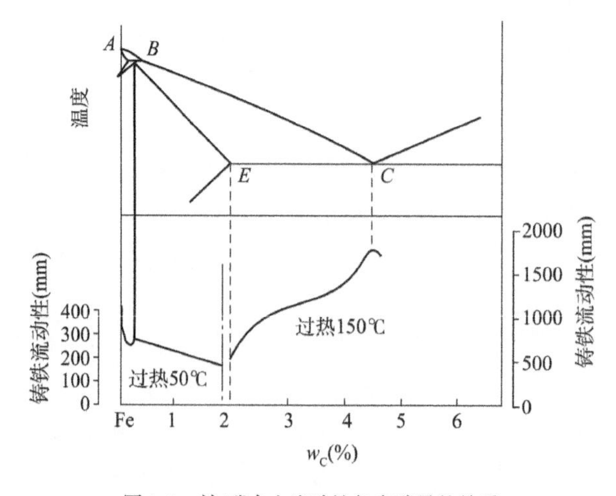

图 1-2　铁-碳合金流动性与含碳量的关系

2)浇注条件

提高浇注温度,可使液态金属黏度下降,流速加快,还能使铸型温度升高,金属散热速度变慢,从而大大提高金属液的充型能力。但浇注温度过高,容易产生黏砂、缩孔、气孔、粗晶等缺陷。灰铸铁的浇注温度一般为1250~1350℃,铸钢浇注温度为1500~1550℃。

液态金属液充型压力越大,充型能力越好。如压力铸造、低压铸造和离心铸造时,因充型压力较砂型铸造提高很多,铸件容易获得精细的轮廓。

3)铸型条件

液态金属充型时,铸型的型腔结构、表面粗糙度、浇注系统的结构和尺寸,都有可能增加金属液流动阻力,影响合金的流动速度。为改善铸型的充填条件,在设计铸件时必须保证其壁厚不小于规定的最小壁厚(表1-2),在铸造工艺上也要采取相应的措施。

一般砂型铸造条件下,铸件的最小壁厚(mm)　　表1-2

铸件尺寸	铸钢	灰铸铁	球墨铸铁	可锻铸件	铝合金	铜合金
<200×200	8	4~6	6	5	3	3~5
200×200~500×500	10~12	6~10	12	8	4	6~8
>500×500	15~20	15~20	—	—	6	—

铸型材料的导热系数和比热容越大,对液态合金的激冷能力越强,合金的充型能力越差,如金属型铸造较砂型铸造容易产生浇不足和冷隔缺陷。

在金属型铸造、压力铸造和熔模铸造时,铸型被预热到数百度,减缓了金属液的冷却速度,使得液态金属的充型能力得到提高。

在铸造时,铸型在高温液态金属的作用下,产生大量的气体,如果铸型的透气性差,型腔内的压力增大,阻碍了液态金属的充型。

1.2.2　金属的凝固与收缩

金属从液态到固态的状态转变为凝固或一次结晶。许多常见的铸造缺陷,如缩孔、缩松、热裂、气孔、夹杂、偏析等,都是在凝固过程中产生的,认识铸件的凝固特点对获得优质铸件有着重要意义。

1)金属的凝固方式

在铸件凝固过程中,其断面上一般存在固相区、凝固区和液相区三个区域,其中凝固区是液相和固相共存的区域,凝固区的大小对铸件质量影响较大。按照凝固区的宽窄,分为以下三种凝固方式。

(1)逐层凝固。

纯金属或共晶成分合金在恒温下结晶,凝固过程中铸件截面上的凝固区域宽度为零,截面上固液两相界面分明,随着温度的下降,固相区不断增大,逐渐到达铸件中心,这种凝固方式称为逐层凝固,如图1-3a)所示。

(2)体积凝固。

当合金的结晶温度范围很宽,或因铸件截面温度梯度很小,铸件凝固的某段时间内,其液固共存的凝固区域很宽,甚至贯穿整个铸件截面,这种凝固方式称为体积凝固(或称糊状凝固),如图1-3b)所示。

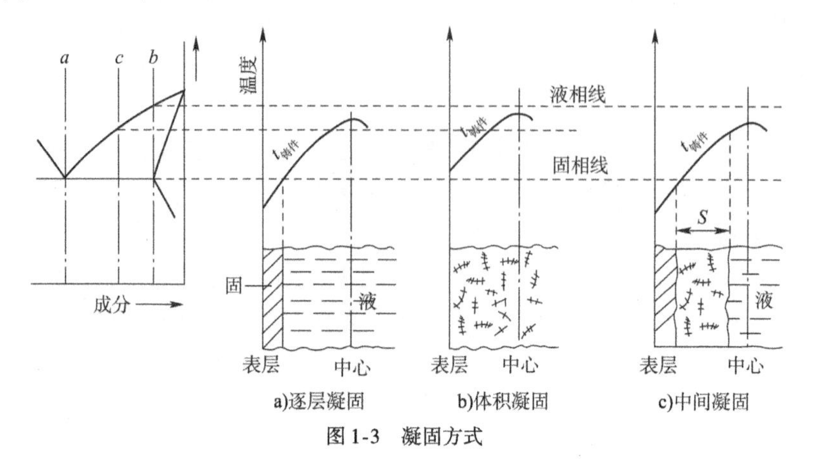

图1-3 凝固方式

(3)中间凝固。

金属的结晶温度范围较窄,或结晶温度范围虽宽,但铸件截面温度梯度大,铸件截面上的凝固区域宽度介于逐层凝固与体积凝固之间,称为"中间凝固"方法,如图1-3c)所示。

影响铸件凝固方式的主要因素是合金的结晶温度范围和铸件的温度梯度。合金的结晶温度范围越小,凝固区域越窄,越倾向于逐层凝固;对于一定成分的合金,结晶温度范围已定,凝固方式取决于铸件截面的温度梯度,温度梯度越大对应的凝固区域越窄,越倾向于逐层凝固。如图1-4所示,高温度梯度条件下的凝固区域S_2的宽度小于低温度梯度条件下的凝固区域的宽度S_1。温度梯度又受合金性质、铸型的蓄热能力、浇注温度等因素影响。合金的凝固温度越低、热导率越高、结晶潜热越大,铸件内部温度均匀倾向越大,而铸件的冷却能力下降,铸件温度梯度越小;铸型的蓄热系数大,则激冷能力强,铸件温度梯度大;浇注温度越高,铸型吸热越多,冷却能力降低,铸件温度梯度减小。

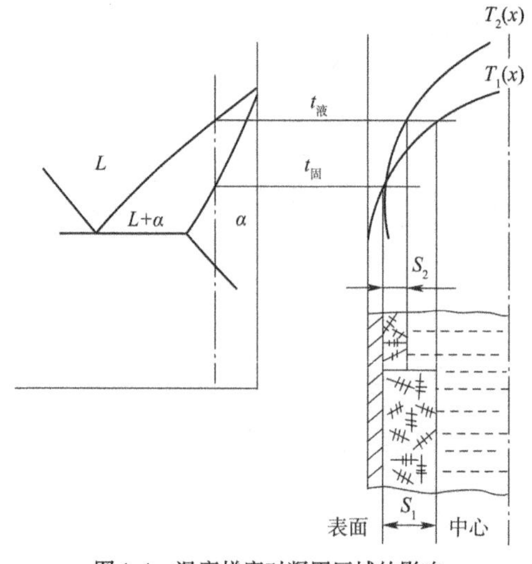

图1-4 温度梯度对凝固区域的影响

凝固方式影响铸件质量。通常，逐层凝固时，合金的充型能力强，产生冷隔、缩孔、浇不足、缩松、热裂等缺陷的倾向小。因此，当采用结晶温度范围宽的合金（如有些非铁合金、球墨铸铁等）时，应采取适当的工艺措施，增大铸件截面的温度梯度，缩小其凝固区域，防止某些铸造缺陷的产生。

2）液态金属的收缩性

铸件在冷却过程中，其体积和尺寸缩小的现象称为收缩，它是铸造合金固有的物理性质。

金属从液态冷却到室温，要经历三个相互联系的收缩阶段。

（1）液态收缩：从浇注温度冷却至凝固开始温度之间的收缩。

（2）凝固收缩：从凝固开始温度冷却至凝固结束温度之间的收缩。

（3）固体收缩：从凝固完毕时的温度冷却至室温之间的收缩。

金属的液态收缩和凝固收缩，表现为合金体积的缩小，使型腔内金属液面下降，通常用体收缩率来表示，它们是铸件产生缩孔和缩松缺陷的根本原因（图 1-5、图 1-6）；固态收缩虽然也引起体积的变化，但在铸件的各个方向上都表现出尺寸的减小，对铸件的形状和尺寸精度影响最大，故常用线收缩率来表示，它是铸件产生内应力以至引起变形和产生裂纹的主要原因。表 1-3 列出了几种铁-碳合金的体积收缩率。

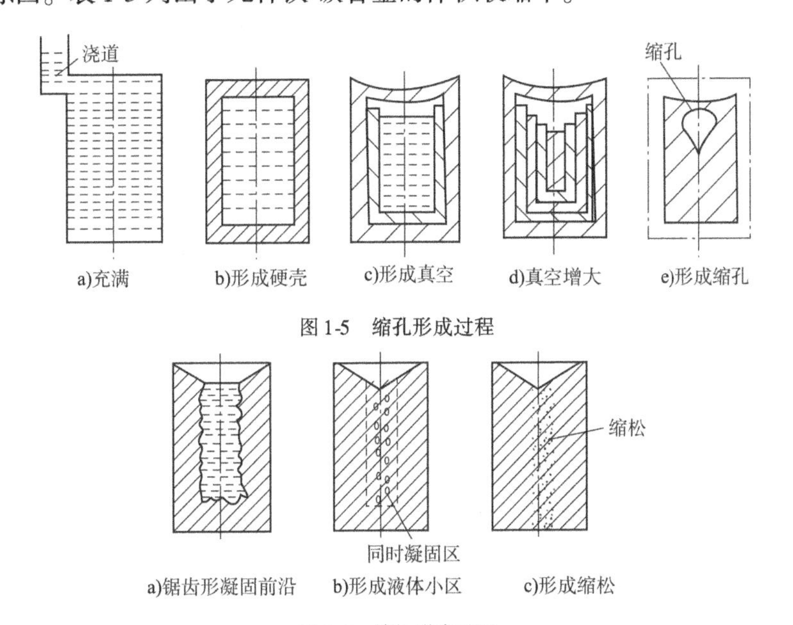

图 1-5　缩孔形成过程

图 1-6　缩松形成过程

几种铁-碳合金的收缩率　　表 1-3

合金种类	w_c（%）	浇注温度（℃）	液态收缩率（%）	凝固收缩率（%）	固态收缩率（%）	总体收缩率（%）
碳素铸钢	0.35	1610	1.6	3.0	7.86	12.46
白口铸铁	3.00	1400	2.4	4.2	5.4～6.3	12～12.9
灰铸铁	3.50	1400	3.5	0.1	3.3～4.2	6.9～7.8

影响铸件收缩的主要因素有化学成分、浇注温度、铸件结构与铸型条件等。

1.2.3 铸造内应力

铸件在凝固和冷却过程中,由于收缩不均匀、收缩受阻、相变等因素,在铸件的内部会产生应力,这种铸造内应力在铸件冷却过程中,有时是暂存的,有时会一直残留到室温。铸造内应力分为热应力、收缩应力和相变应力。

热应力是铸件在凝固和冷却过程中,由于不同部位收缩不均衡而引起的应力,只有当铸件的薄壁和厚壁都进入弹性状态才会产生热应力。热应力使铸件厚壁处或心部受拉伸,薄壁或表层受压缩,铸件固态收缩越大,壁厚差越大,形状越复杂,产生的热应力越大。热应力是铸件产生变形和开裂的主要原因。减少热应力产生的基本途径是尽量减少铸件各部分的温度差,使铸件尽可能均匀冷却。设计铸件时应尽量使其壁厚均匀,这样,铸件在冷却过程中各部位的冷却速度基本一致,避免了较大的温度差。在铸造工艺上,采用同时凝固原则是减少和消除铸造应力的主要措施。

收缩应力是由于铸型、型芯等阻碍铸件的收缩产生的内应力,收缩应力一般使铸件产生拉伸或剪切应力。

相变应力是由于固态相变,各部分体积发生不均衡变化引起的应力。

铸件的铸造内应力如果达到或超出材料的屈服极限,铸件会发生不同程度的变形,细而长或薄而大的铸件尤其容易变形。铸件变形后,会丧失原有的精度,给后续工艺过程中的装夹、加工带来困难,严重变形会导致铸件报废。防止铸造变形的根本措施是减小铸造应力。铸件结构要设计合理,力求铸件形状对称,壁厚均匀;铸造工艺上采用同时凝固原则,合理设计浇冒口、冷铁等,使铸件冷却均匀;改善型砂和芯砂的退让性;不允许变形的重要铸件,必须采用自然时效或人工时效的方法将残余应力消除掉,如车床床身铸件。

当铸造内应力超过铸件材料的强度极限时,铸件会产生裂纹,分为冷裂和热裂两种。这是一种严重的铸造缺陷。

热裂是在铸件凝固末期的高温下形成的裂纹,它沿晶界产生和发展,外观形状曲折而不规则,裂纹断面与空气接触而被氧化,呈氧化色而无金属光泽。热裂一般在铸件的尖角、断面突变处等应力集中部位或热节处产生。热裂是铸钢件、可锻铸铁件和铝合金铸件的常见缺陷。

冷裂是铸件在低温时形成的裂纹,它穿过晶粒,外形规则呈圆滑曲线或直线状,表面光滑而具有金属光泽或微显氧化色。冷裂是在较低的温度下形成的,常出现在铸件受拉应力的部位,尤其是应力集中的部位。壁厚差别大、形状复杂或大而薄的铸件,以及脆性大、塑性差的合金,如白口铸铁、高碳钢及部分合金钢铸件最容易产生冷裂。

防止冷裂和热裂的主要方法是减小铸造内应力。如果熔炼时减少钢和铸铁中硫的含量,可以减小热裂产生的倾向;减少钢和铸铁中磷的含量,改善合金的冲击韧性,降低合金的脆性,可以减小冷裂产生的倾向。

1.2.4 常用铸造合金的铸造性能

不同的铸造合金具有不同的铸造性能,在进行铸件结构设计及零件的结构设计时,应充分注意到各种不同的铸造合金的特点,并采取相应的合理结构和工艺措施。表1-4为常用铸造合金的铸造性能和结构特点。

常用铸造合金的铸造性能和结构特点 表1-4

合金	铸造性能	结构特点
灰铸铁	熔点较低,凝固温度范围小,流动性好,凝固收缩小,具有良好的铸造性能。综合机械性能低,抗压强度比抗拉强度高3~4倍。缺口敏感性低,铸件的残余应力小。吸振性好,比钢约高10倍。弹性模量较低	可设计薄壁(但不能太薄以防产生白口组织)、形状复杂的铸件。不宜设计很厚大的铸件,常采用非对称截面,以充分利用其抗压强度。如:发动机缸体和缸盖、机床床身、机架、支座
球墨铸铁	流动性、线收缩与灰铸铁基本相同,体收缩及形成内应力倾向比灰铸铁大,易产生缩孔、缩松和裂纹。球化处理时铁水温度有所降低,易产生浇不足、冷隔,铸造性能介于灰铸铁与铸钢之间。强度、塑性、弹性模量均比灰铸铁高,抗磨性好,吸振性比灰铸铁差	一般设计成均匀壁厚,尽量避免厚实断面。对于某些厚大断面的铸件可采用空心结构或带加强筋的结构。如:柴油机曲轴、凸轮轴、减速器壳、阀体
可锻铸铁	碳、硅含量较低,熔点比灰铸铁较高,凝固温度范围也较大,铁水的流动性差,应适当提高铁水的浇注温度,防止产生冷隔、浇不足等缺陷。体收缩和线收缩大,形成缩孔和裂纹的倾向较大。退火前很脆,毛坯易损坏;退火后,线收缩小,综合力学性能稍次于球墨铸铁,冲击韧性比灰铸铁高3~4倍	可锻铸铁铸件的铸态组织是白口组织,宜做均匀薄壁小件,适宜的壁厚为5~16mm。为增加刚性,截面形状多设计成工字形截面,局部凸出部分应该用加强筋加固。如:汽车、拖拉机的后桥外壳、铁道扣板、摇臂
铸钢	熔点高、流动性差,体收缩和线收缩都较大,容易产生黏砂、浇不足、冷隔、缩孔等缺陷。因此,铸钢用型(芯)砂应具有较高的耐火性、透气性和强度。如选用颗粒较大而均匀、耐火性好的石英砂制作砂型,烘干铸型,铸型表面涂以石英粉配制的涂料等。铸钢件综合力学性能高,抗压和抗拉强度相等。吸振性差,缺口敏感性大。低碳钢的焊接性能好	铸件的最小壁厚要比灰铸铁的厚,结构不宜复杂。铸件的内应力大,易翘曲变形。结构应尽量减少热节点,并创造逐层凝固的条件。连接壁的圆角和不同厚度壁的过渡段要比铸铁的大。可将复杂铸件设计成铸焊结构,以利铸造生产。如工程机械和坦克履带、轧钢机机架、大型齿轮
铜合金	黄铜和青铜熔炼过程中都极易氧化和吸气。锡青铜的线收缩率低,不易产生缩孔,其耐磨性和耐蚀性优于黄铜,但易产生显微缩松;铝青铜有优良的力学性能和耐磨、耐腐蚀性,但收缩大,易产生集中缩孔,铸造性能较差;铅青铜还有较大的比重偏析。多数的铜合金熔点低、流动性好,对型砂耐火要求不高,可以用细微颗粒的原砂造型,铸件的尺寸精确、表面比较光洁	锡青铜和磷青铜:壁不得过厚,局部凸出部分应该用较薄的肋加强,以防热裂。铸件形状不宜太复杂。锡青铜仅用于致密要求不高的耐磨、耐蚀件。无锡青铜和黄铜类似铸钢件。铝青铜仅用于重要的耐磨、耐蚀件

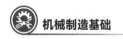

续上表

合金	铸 造 性 能	结 构 特 点
铝合金	铸造性能类似铸钢,但力学性能随壁厚增加而下降得更为显著。铝合金在高温下易氧化、吸气,铝和氧生成致密的 Al_2O_3膜,不仅会使铸件产生夹杂,而且还阻碍铝液中氢气的逸出,使铸件内部形成分散的小气孔,导致机械性能显著降低。最常用的铝硅合金,其流动性好、线收缩率低、热裂倾向小、气密性好,又有足够的强度	壁厚不能太厚,其余结构特点类似铸钢件。如:内燃机活塞、汽缸体、汽缸盖、汽缸套、风扇叶片、油泵壳体、电机壳体等

常用的铸造合金有铸铁、铸钢、铸造有色金属等,其中以铸铁应用最广。据统计,铸铁件占铸件总重量的 70% ~75%,其次是铸钢件和铸造有色金属。

1.3　铸造成形工艺方法

1.3.1　砂型铸造

砂型铸造是在砂型中生成铸件的铸造方法。型(芯)砂通常是由石英砂、黏土(或其他黏结材料)和水按一定比例混制而成的。型(芯)砂要具有一定的强度、透气性、耐火性和退让性。砂型可用手工制造,也可用机器造型。

砂型铸造是目前最常用、最基本的铸造方法。其造型材料来源广、价格低廉,所用设备简单,操作方便灵活,不受铸造合金种类、铸件形状和尺寸的限制,并适合于各种生产规模。目前,我国砂型铸件占全部铸件产量的 80% 以上。

1)砂型铸造工艺过程

砂型铸造工艺过程如图 1-7 所示。首先,根据零件的形状和尺寸设计并制造出模样和芯盒,配制好型砂和芯砂。然后,用型砂和模样在砂箱中制造砂型,用芯砂在芯盒中制造型芯,并把砂芯装入砂型中,合箱即得完整的铸型。将金属液浇入铸型型腔,冷却凝固后落砂清理即得所需要的铸件。

2)砂型铸造造型方法

造型是砂型铸造最基本的工序,它是指用型砂及模样等工艺装备制造铸型的过程,生产中有手工造型和机器造型。机型造型生产率高,生产铸件的质量好,适于批量生产。

(1)手工造型。

手工造型就是全部由人工用造型工具来进行砂型制造。手工造型操作灵活,适应性强,模样成本低,生产准备简单,但生产率低,劳动强度大,劳动环境差,适于单件小批量生产。

手工造型方法很多,常用的造型方法有整模两箱造型、分模造型、挖砂造型、活块模造型刮板造型及三箱造型等。常用造型工具如图 1-8 所示。

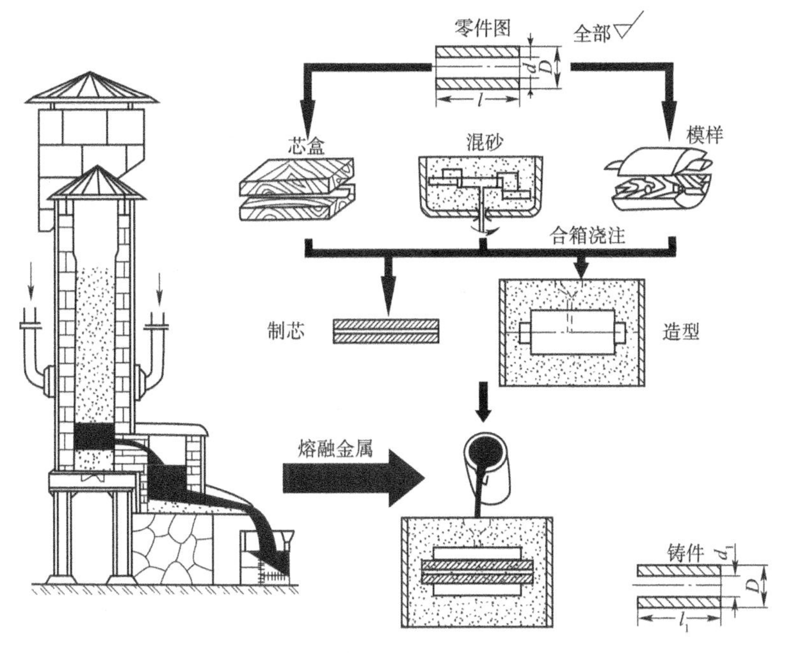

图 1-7 砂型铸造基本工艺过程

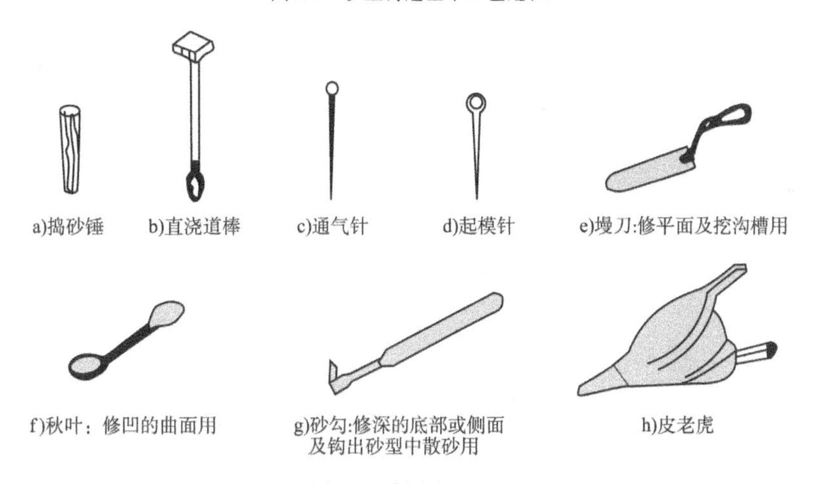

图 1-8 常用造型工具

图 1-9 是齿轮坯整模两箱造型的示意图。模样是与零件形状相对应的整体结构,造型时,将模样放在一个砂箱内,并以零件的最大端面作分型面。这种造型方法的特点是操作方便,不会产生上、下砂型错位,铸件的尺寸容易保证。

(2)机器造型。

现代化的铸造车间已广泛采用机器来造型和造芯,并与机械化砂处理、浇注和落砂等工序共同组成流水生产线。

机器造型是由机器来完成填砂、紧实和起模等造型操作过程,是现代化铸造车间的基本造型方法。与手工造型相比,其生产率高和铸型质量好,工人劳动强度轻,但设备及工装模具投资较大,生产准备周期较长,主要用于成批大量生产,如用于汽车发动机生产行业。

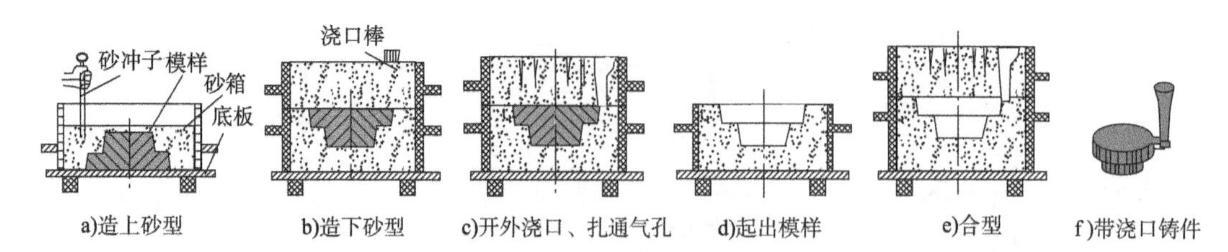

图 1-9 齿轮坯整模两箱造型

图 1-10 所示是震压式造型机的工作过程。首先是填砂,打开砂斗料门,向砂箱中放满型砂;然后震击紧实型砂,利用震击气缸多次上、下往复运动进行震击,使型砂在惯性力的作用下被初步紧实;紧接着辅助压实,由于震击后砂箱上层的型砂紧实度仍然不足,压实气缸中的压实活塞在压缩空气的作用下,带动砂箱向上升,在压头的作用下,使型砂受到紧实;最后起模,在起模油缸的作用下,砂箱被顶起,从而使砂型与模样分离。

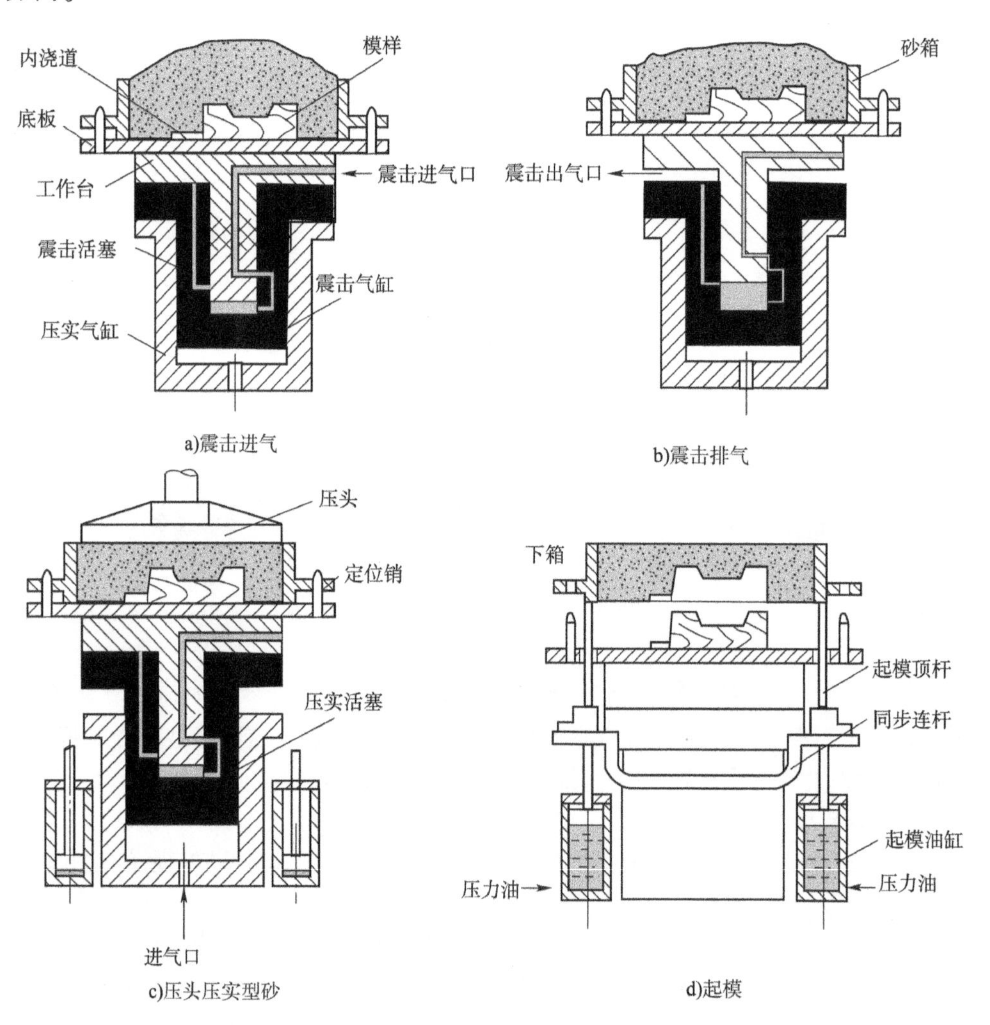

图 1-10 震压式造型机的工作过程

1.3.2　特种铸造

砂型铸造虽然是生产中最基本的方法,并有许多优点,但也存在一些难以克服的缺点,如一型一件,生产率低,铸件表面粗糙,加工余量较大,废品率较高,工艺过程复杂,劳动条件差等。为了克服上述缺点,在生产实践中发展出一些区别于砂型铸造的其他铸造方法,统称为特种铸造。特种铸造方法很多,不同的方法往往在某种特定条件下,适应不同铸件生产的特殊要求,以获得更好的质量或更高的经济效益。以下介绍几种常用的特种铸造方法。

1)熔模铸造

熔模铸造是用易熔材料如蜡料制成模样,在模样上包覆若干层耐火涂料,制成型壳,熔出模样蜡料后经高温焙烧即可浇注的铸造方法。由于熔模广泛采用蜡质材料制成,又称“失蜡铸造”。这种铸造方法能够获得具有较高精度和表面质量的铸件,故有“精密铸造”之称。

(1)基本工艺过程。

熔模铸造的工艺过程如图 1-11 所示。熔模铸造主要包括蜡模制造、结壳、脱蜡、焙烧和浇注等过程。

①蜡模制造。通常根据零件图制造出与零件形状尺寸相符合的母模,如图 1-11a)所示,再由母模形成一种模具(称压型)的型腔,如图 1-11b),把熔化成糊状的蜡质材料压入压型,等冷却凝固后取出,就得到蜡模,如图 1-11c)、图 1-11d)所示。在铸造小型零件时,常把若干蜡模粘合在一个浇注系统上,构成蜡模组,如图 1-11e)所示,以便一次浇出多个铸件。

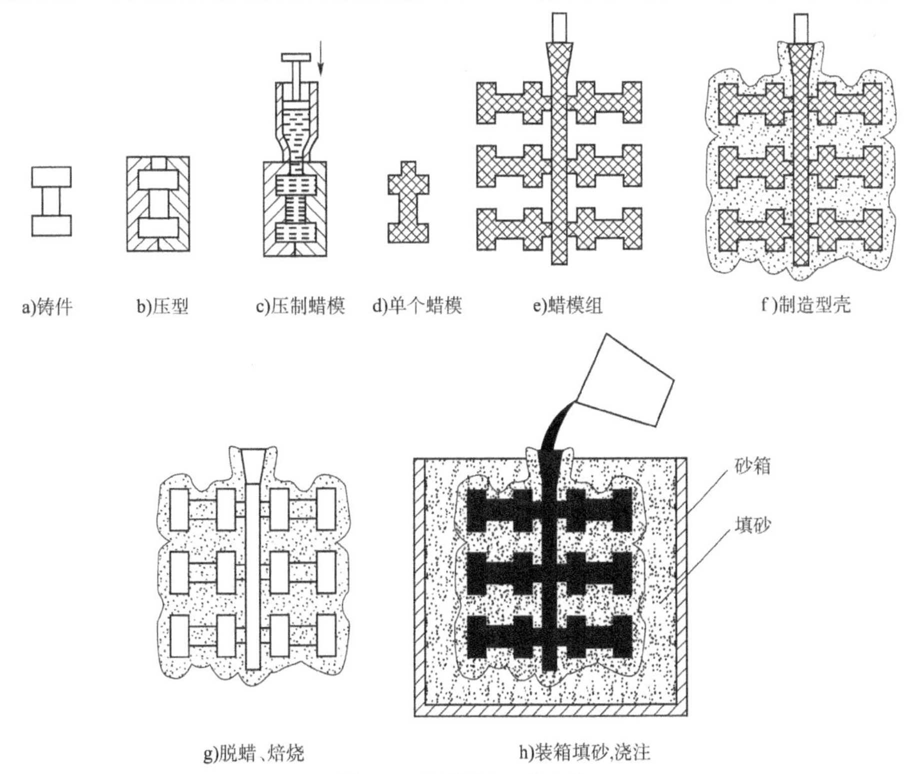

图 1-11　熔模铸造工艺过程

②结壳。把蜡模组放入黏结剂和石英粉配制的涂料中浸渍,使涂料均匀的覆盖在蜡模表层,然后在上面均匀地撒一层石英砂,再放入硬化剂中硬化。如此反复4~6次,最后在蜡模组外表形成由多层耐火材料组成的坚硬的型壳,如图1-11f)所示。

③脱蜡。通常将附有型壳的蜡模组浸入85~95℃的热水中,使蜡料熔化并从型壳中脱除,以形成型腔,如图1-11g)所示。

④焙烧和浇注。型壳在铸造前,必须在800~950℃下进行焙烧,以彻底去除残蜡和水分。为了防止型壳在浇注时变形和破裂,可将型壳排列于砂箱中,周围用干砂填紧,如图1-11h)所示。焙烧后通常趁热(600~700℃)进行浇注,以提高充型能力。

(2)熔模铸造的特点和应用。

熔模铸件精度高,表面质量好,可铸出形状复杂的薄壁,大大减少机械加工工时,显著提高金属材料的利用率。

熔模铸造的型壳耐火性强,适用于各种合金材料,尤其适用于那些高熔点合金及难切削加工合金的铸造,并且生产批量不受限制。但熔模铸造工序繁杂,生产周期长,铸件的尺寸和质量受到限制(一般不超过25kg)。熔模铸造主要用于成批生产形状复杂、精度要求高或难以进行切削加工的小型零件,如舰船螺旋浆、汽轮机叶片、叶轮和大规模滚刀等,如图1-12所示。

图1-12 熔模铸造叶轮

2)金属型铸造

金属型铸造是在重力作用下将熔融金属浇入金属铸型获得铸件的铸造方法。由于金属型可重复使用,所以又称永久型铸造。

(1)金属型的结构及其铸造工艺。

根据铸件的结构特点,金属型可采用多种形式。图1-13为活塞的金属型示意图。该金属型由左半型1和右半型2组成,采用垂直分型,活塞的内腔由组合式型芯形成。铸件冷却凝固后,先取出中间组合型芯5,再取出左右组合型芯4、6,然后沿水平方向拔出左右销孔型芯7、8,最后分开左右两个半型,即可取出铸件。

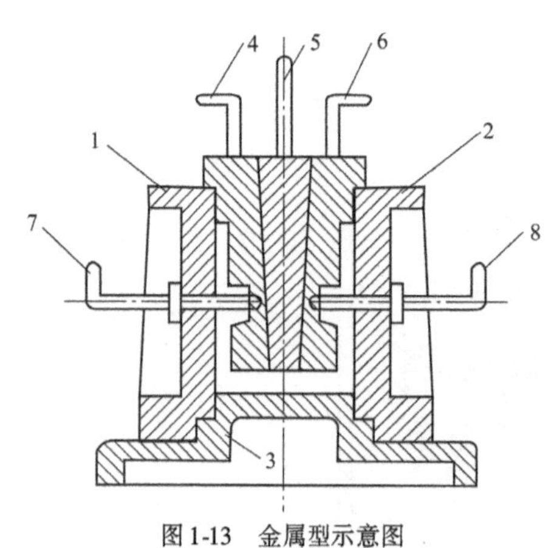

图1-13 金属型示意图

1-左半型;2-右半型;3-底型;4、5、6-组合型芯;7、8-销孔型芯金属型导热快，无退让性和透气性，铸件容易产生浇不足、冷隔、裂纹、气孔等缺陷。此外，在高温金属液的冲刷下，型腔易损坏。为此，需要采取以下工艺措施：通过浇注前预热、浇注过程中适当冷却等措施，使金属型在一定的温度范围内工作，型腔内涂以耐火材料，以减慢铸型的冷却速度，并延长铸型寿命；在分型面上做出通气槽、出气口等，以利于气体的排出；掌握好开型时间以利于取件和防止铸铁产生白口。

(2)金属型铸造的特点和应用。

金属型“一型多铸”，工序简单，生产率高，劳动条件好。金属型内腔表面光洁，刚度大，因此，铸件精度高，表面质量好。金属型导热快，铸件冷却速度快，凝固后铸件晶粒细小，从而提高了铸件的力学性能。

但是金属型铸造的成本高，制造周期长，铸造工艺规格要求严格，铸铁件还容易产生白口组织。因此，金属型铸造主要用于大批量生产形状简单的非铁合金铸件，如图1-14所示，如铝活塞、汽缸、汽缸盖、油泵壳体以及铜合金轴瓦、轴套等。

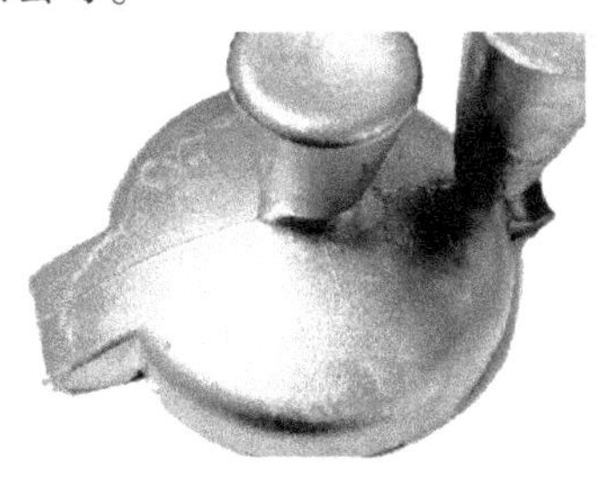

图1-14　金属型铸件

3)压力铸造

压力铸造是熔融金属在高压下高速充型，并在压力下凝固的铸造方法，如图1-15所示。压力铸造通常在压铸机上完成，压铸机分为立式和卧式两种。

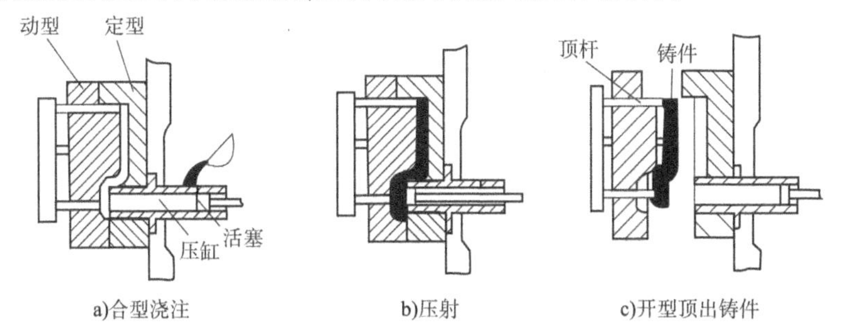

图1-15　压力铸造工作原理

压力铸造在高压、高速下成形，因此，可铸出形状复杂、轮廓清晰的薄壁铸件，如图1-16所示，铸件的尺寸精度高，表面质量好，一般不需机械加工可直接使用，而且组织细密，力学性能高；在压铸机上生产，生产率高，劳动条件好。

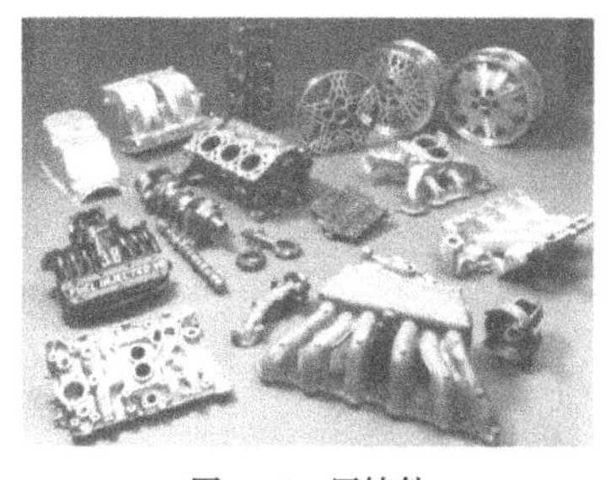

图1-16　压铸件

压铸设备投资大，压型制造成本高，周期长，压型工作条件恶劣，易损坏。因此，压力铸造主要用于低熔点合金的中小型铸件的大批量生产，在汽车、拖拉机、航空、仪表、电器、纺织、医疗器械、日用五金及国防等部门获得广泛的应用。

4）低压铸造

低压铸造是介于金属型铸造和压力铸造之间的一种铸造方法。其铸型安放在密封的坩埚上方，坩埚中通以压缩空气，在熔池表面形成低压力（一般为60～150kPa），使金属液通过升液管充填铸型和控制凝固的铸造方法。铸型多为金属型，也可用砂型，多用于生产非铁金属铸件。如图1-17所示，在一个密闭的保温坩埚中通入压缩空气，使坩埚内的金属液在气体压力下从升液管内平稳上升充满铸型，并使金属在压力下结晶。当铸件凝固后，撤除压力，于是升液管和浇口中尚未凝固的金属液在重力作用下流回坩埚。最后开启铸型，取出铸件。

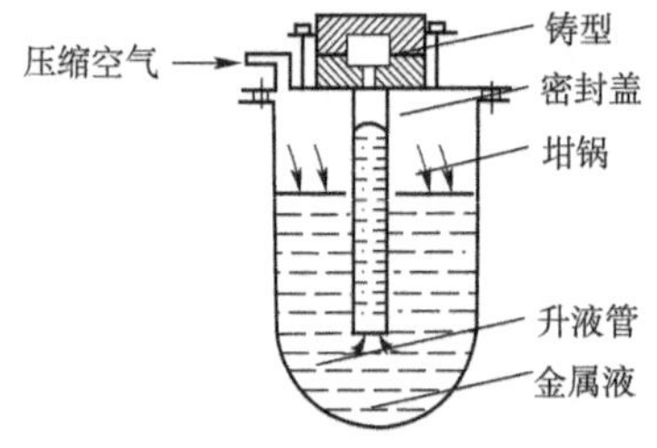

图1-17　低压铸造工作原理图

低压铸造充型时的压力和速度容易控制，充型平稳，对铸型的冲刷力小，故可适用不同的铸型；金属在压力下结晶，而且浇口有一定补缩作用，故铸件组织致密，力学性能好。另外，低压铸造设备投资较少，便于操作，易于实现机械化和自动化。因此，低压铸造广泛用于大批量生产铝合金和镁合金铸件，如发动机的汽缸体和汽缸盖、内燃机活塞、带轮、粗纱锭翼等，也可用于球墨铸铁、铝合金等较大铸件的生产。低压铸造铸件如图1-18所示。

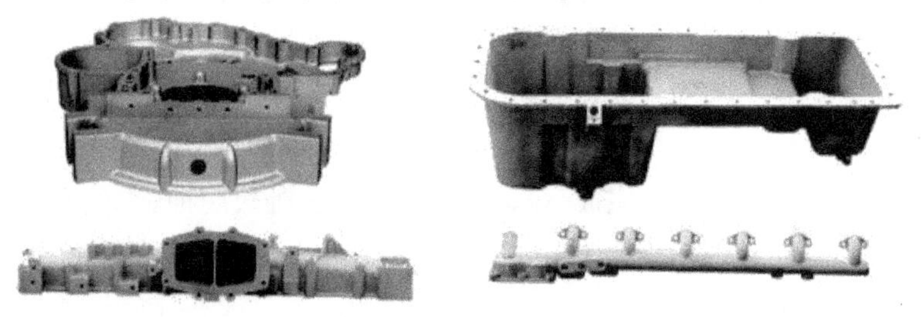
图1-18　低压铸造铸件

5）离心铸造

离心铸造是将熔融金属浇入高速旋转的铸型中，使其在离心力作用下填充铸型和结晶，从而获得铸件的方法。离心铸造必须在离心铸造机上进行，按铸型旋转轴线的空间位置不同，分为立式和卧式两种，如图1-19所示。

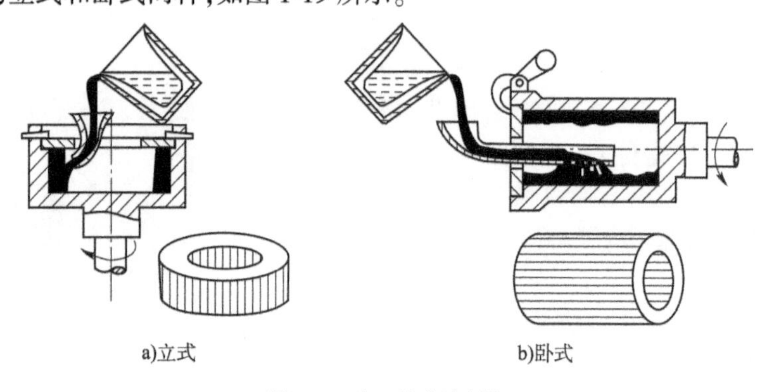
a)立式　b)卧式

图1-19　离心铸造示意图

离心铸造不用型芯，不需要浇冒口，工艺简单，生产率和金属的利用率高，成本低。在离心力作用下，金属液中的气体和夹杂物因密度小而集中在铸件内表面，金属液自外表面向内表面顺序凝固，而气体和熔渣因比重轻向内腔移动而排出，故铸件组织致密，极少存有缩孔、气孔、夹渣等缺陷。

离心铸造是铸铁管、汽缸套、铜套、双金属轴承(图1-20)的主要生产方法，铸件的最大质量可达十多吨。在耐热钢辊道、特殊钢的无缝管坯、造纸机烘缸等铸件生产中，离心铸造已被采用。

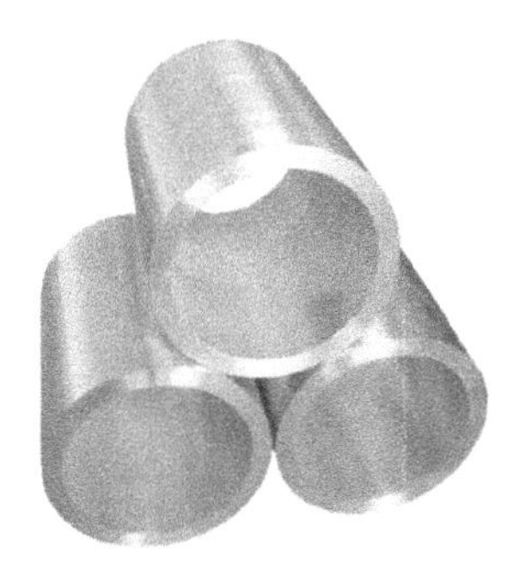

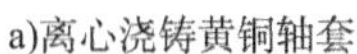

a)离心浇铸黄铜轴套

b)离心双金属轴套

图1-20　离心铸造铸件

常用铸造方法的比较见表1-5。

常用铸造方法的比较　　表1-5

比较项目	铸造方法					
	砂型铸造	熔模铸造	金属型铸造	压力铸造	低压铸造	离心铸造
适用金属	任意	不限制，以铸钢为主	不限制，以有色合金为主	铝、锌等低熔点合金	以有色合金为主	以铸铁、铜合金为主
适用铸件大小	任意	一般<25kg	以中小铸件为主，也可用于数吨大件	一般为10kg下小件，也可用于中等铸件	中、小铸件为主	不限制
生产批量	不限制	成批、大量也可单件生产	大批、大量	大批、大量	成批、大量	成批、大量
铸件尺寸精度	IT14 ~ IT15	IT11 ~ IT14	IT12 ~ IT14	IT11 ~ IT13	IT12 ~ IT14	IT12 ~ IT14(孔径精度低)
表面粗糙度 R_a/μm	粗糙	12.5 ~ 1.6	12.5 ~ 6.3	3.2 ~ 0.8	12.5 ~ 3.2	12.5 ~ 6.3(内孔粗糙)
铸件内部质量	结晶粗	结晶粗	结晶粗	结晶细，内部多有气孔	结晶细	缺陷很少

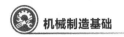

续上表

比较项目	铸造方法					
	砂型铸造	熔模铸造	金属型铸造	压力铸造	低压铸造	离心铸造
铸件加工余量	大	小或不加工	小	不加工	小	内孔加工量大
生产率(一般机械化程度)	低、中	低、中	中、高	最高	中	中、高
应用举例	机床床身、轧钢机机架、带轮等一般铸件	刀具、叶片、自行车零件、机床零件、刀杆、风动工具等	铝活塞、水暖器材、水轮机叶片、一般非铁合金铸件	汽车化油器、喇叭、电器、仪表、照相机零件等	发动机汽缸体、汽缸盖、壳体、箱体、船用螺旋桨、纺织机零件	各种铁管、套筒、环、辊、叶轮、滑动轴承等

1.4 铸件结构工艺性

铸件结构工艺性通常是指铸件的本身结构要符合铸造生产的要求,既便于整个工艺过程的进行,又利于保证产品质量。铸件结构是否合理,对简化铸造生产过程、减少铸件缺陷、节省金属材料、提高生产率和降低成本等具有重要意义,并与铸造合金、生产批量、铸造方法和生产条件有关。

1.4.1 铸件结构应利于简化铸造工艺

为简化造型、制芯及减少工装制造工作量,便于下芯和清理,对铸件结构有如下要求。

1)铸件外形应尽量简单

铸件外形虽然可以很复杂,但在满足铸件使用要求的前提下,应尽量简化外形,减少分型面,以便于造型,获得优质铸件。图1-21所示为端盖铸件的两种结构,图1-21a)由于上面为凸缘,要设两个分型面,必须采用三箱造型,使造型工艺复杂。若改为图1-21b)所示的设计,取消了凸缘,则可使铸件只有一个分型面,简化了造型工艺。

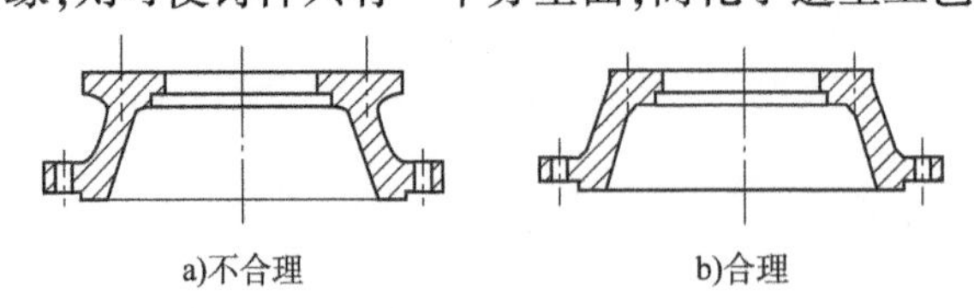

a)不合理　　b)合理

图1-21　端盖铸件结构

铸件上的凸台,加强肋等要方便造型,尽量避免使用活块。图1-22a)所示的凸台通常采用活块(或外壁型芯)才能起模。如改为图1-22b)的结构可避免活块。

2)铸件内腔结构应符合铸造工艺要求

铸件的内腔结构采用型芯来形成,这将延长生产周期,增加成本,因此,设计铸件结构时,应尽量不用和少用型芯。图1-23所示为悬臂支架的两种设计方案,其中图1-23a)采用方形空心截面,需要型芯,而图1-23b)改为工字型截面,可省掉型芯。

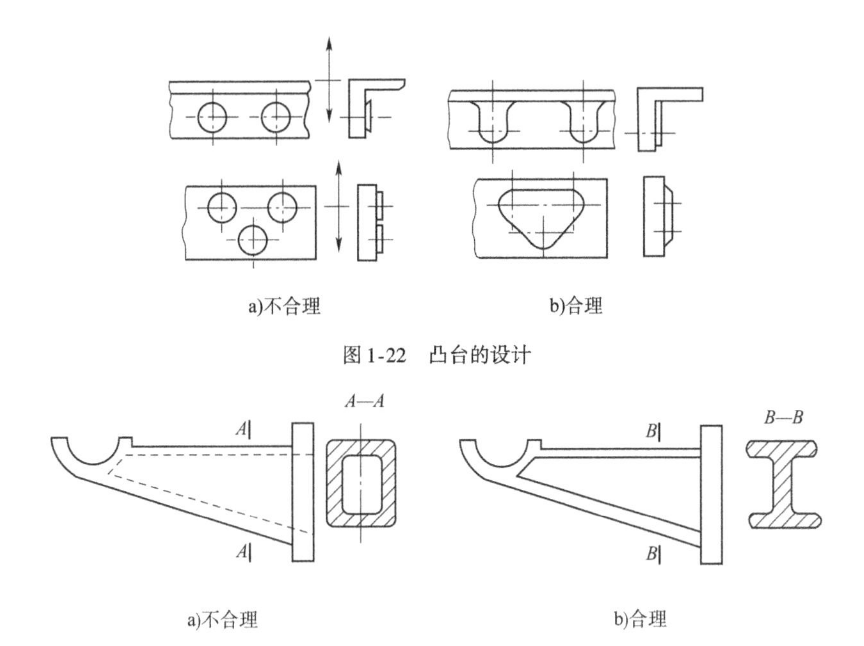

图1-22　凸台的设计

图1-23　悬臂支架

3)铸件应有起模斜度

铸件上垂直于分型面的不加工面最好具有一定的结构斜度,以利于起模,同时便于用砂垛代替型芯(称为自带型芯),以减少型芯数量。如图1-24所示,其中图1-24a)、图1-24c)所示各件不带结构斜度,不便起模,应相应改为图1-24b)、图1-24d)所示的带一定斜度的结构。对不允许有结构斜度的铸件,应在模样上留出拔模斜度。

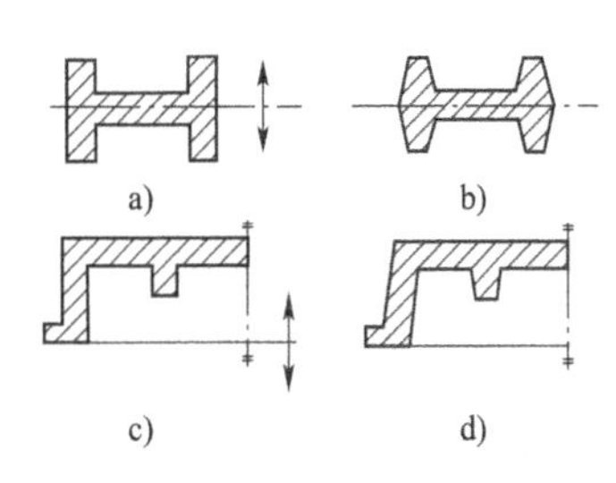

图1-24　结构斜度的设计

1.4.2　铸件结构应利于避免产生铸造缺陷

铸件的许多缺陷,如缩孔、缩松、裂纹、变形、浇不足、冷隔等,有时是由于铸件结构不合理引起的。因此,设计铸件结构应考虑如下几个方面。

1)壁厚合理

为了防止产生冷隔、浇不足或白口等缺陷,各种不同的合金视铸件大小、铸造方法不同,其最小壁厚应受限制(表1-2)。

从细化结晶组织和节省金属材料考虑,应在保证不产生其他缺陷的前提下,尽量减小铸件壁厚。为了保证铸件的强度,可采用加强肋等结构。图1-25所示为台钻底板设计中采用加强肋的例子,采用加强肋后,可避免铸件厚大截面,防止某些铸造缺陷的产生。

2)铸件壁厚力求均匀

铸件壁厚均匀,减少厚大部分,可防止形成热节而产生缩孔、缩松、晶粒粗大等缺陷,并能减少铸造热应力及因此而产生的变形和裂纹等缺陷。图1-26所示为顶盖铸件的两种结构设计,图1-26a)所示结构在壁厚处易产生缩孔,在过渡处易产生裂纹,若改为图1-26b)所示结构,可防止上述缺陷的产生。

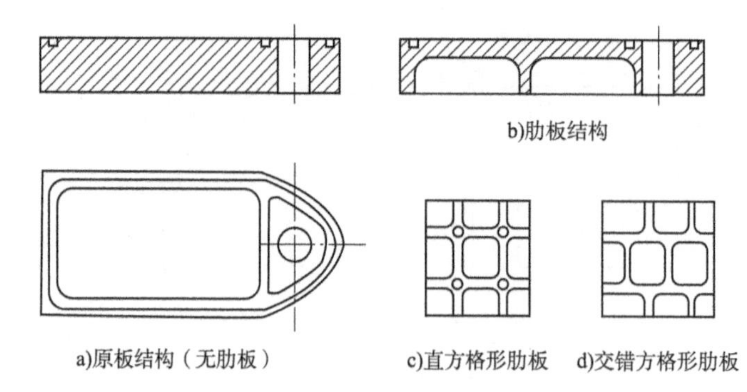

图 1-25　加强肋设计

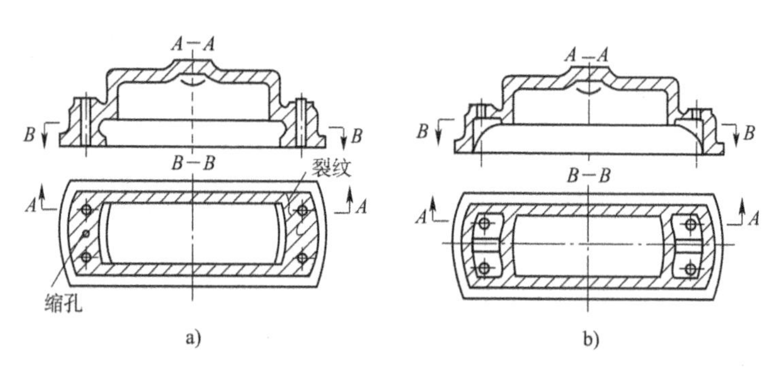

图 1-26　顶盖结构设计

3）铸件壁的连接

铸件拐弯和交接处应采用较大的圆角连接（图 1-27），避免锐角结构（图 1-28），以避免应力集中而产生开裂。

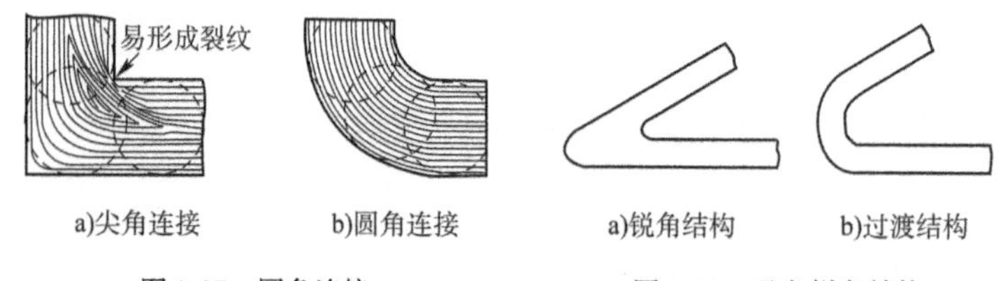

图 1-27　圆角连接　　图 1-28　避免锐角结构

4）避免较大水平面

铸件上部水平方向较大的平面，在浇注时，金属液面上升较慢，长时间烘烤铸型表面，使铸件容易产生夹砂、浇不足等缺陷，也不利于夹杂、气体的排除，因此，应尽量用倾斜结构代替过大水平面，如图 1-29 所示。

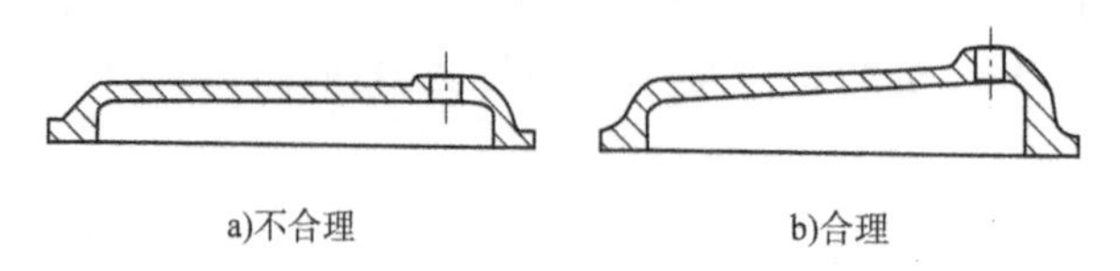

图 1-29　避免较大水平面

铸件结构工艺性内容丰富，以上原则都离不开具体的生产条件，在设计铸件结构时，应善于从生产实际出发，具体分析，灵活运用这些原则。

习 题

一、单项选择题

1. 顺序凝固原则是( )。

A. 通过合理设置冒口和冷铁,使铸件实现远离冒口的部位先凝固,冒口最后凝固的凝固方式

B. 通过设置冷铁和补贴使铸件各部分能够在同一时间凝固的凝固方式

C. 改变浇注温度,使铸件在凝固过程中,不同部位的散热一致

D. 采用合理的分型面,使铸件在上下箱冷却

2. 铸件的缩孔常出现在铸件的( )。

A. 上部　　B. 最后凝固部位

C. 底部　　D. 厚部

3. 造成铸件冷隔的主要原因之一是( )。

A. 收缩太大　　B. 浇注太快

C. 内浇口太少　　D. 浇注温度太低

4. 铸件壁越厚,其强度越低,主要是由于( )。

A. 冷隔严重　　B. 易浇不足

C. 铸件组织粗大　　D. 碳含量态低

5. 铸件最小壁厚所以要受到限制,主要是由于薄壁件中金属流动性低,容易产生( )。

A. 应力和变形　　B. 缩孔和缩松

C. 冷隔和浇不足　　D. 开裂

6. 从减少应力和防止裂纹的观点出发,设计铸件时,应使其形状尽量对称,壁厚尽量( )。

A. 加大　　B. 悬殊　　C. 减小　　D. 均匀

7. 采取下列哪种措施对提高铸铁的流动性最有效?( )

A. 降低浇注温度　　B. 减少直浇口高度

C. 提高碳,硅含量　　D. 降低碳硅含量

8. 钳工用划线平板工作表面要求组织致密均匀,不允许有铸造缺陷。其铸件的浇注位置应使工作面( )。

A. 朝上　　B. 朝下

C. 位于侧面　　D. 倾斜

9. 铸造性能最差的是( )。

A. 灰口铸铁　　B. 钢合金　　C. 铝合金　　D. 铸钢

10. 铸造时不需要使用型芯而能获得圆筒形铸件的铸造方法是( )。

A. 砂型铸造　　B. 离心铸造

C. 熔模铸造　　D. 压力铸造

二、多项选择题

1. 合金的铸造性能通常有以下两个指标(　　)。

A. 充型能力　　B. 收缩性　　C. 浇注温度　　D. 流动性

2. 铸件的凝固方式(　　)有三种。

A. 顺序凝固方式　　B. 同时凝固原则

C. 结晶凝固方式　　D. 中间凝固方式

3. 合金在凝固过程中的收缩可分为三个阶段,依次为(　　)。

A. 液态收缩　　B. 凝固收缩　　C. 固态收缩　　D. 等温收缩

4. 产生缩孔、缩松的基础原因是(　　)。

A. 液态收缩　　B. 凝固收缩　　C. 固态收缩　　D. 等温收缩

5. 铸造中,设置冷铁的目的是(　　)。

A. 增加铸件冷却的温度梯度　　B. 排出型腔中的空气

C. 使铸件按顺序凝固方式凝固　　D. 减少砂型用量

6. 下列有关金属和合金流动性的说法,正确的是(　　)。

A. 纯金属的流动性总是比较好

B. 共晶合金在恒温下结晶,因此它的流动性总是比较好

C. 金属和合金流动性是用浇铸螺旋试样进行检测的

D. 金属和合金流动性对其铸造性能没有影响

7. 当铸件收缩受阻时, 就可能发生(　　)等缺陷。

A. 成分偏析和气孔　　B. 裂纹

C. 夹砂　　D. 变形

8. 金属型铸造的优点是(　　)。

A. 铸型可以多次使用　　B. 冷却速度缓慢

C. 型砂用量减少　　D. 可以用于铸钢件的生产

9. 下列铸造方法中,(　　)得到的铸件合金组织比较致密。

A. 砂型铸造　　B. 低压铸造

C. 重力铸造　　D. 压力铸造

10. 铸件的结构为何需要圆角,是因为(　　)。

A. 可以减小应力集中　　B. 可以减少加工余量

C. 可以使铸件壁厚逐渐过渡　　D. 可以使合金流动性增加

三、填空题

1. 铸件的凝固方式是按________来划分的,有________、________和________三种凝固方式。纯金属和共晶成分的合金易按________方式凝固。

2. 铸造合金在凝固过程中的收缩分三个阶段,其中________、________收缩是铸件产生缩孔和缩松的根本原因,而________收缩是铸件产生变形、裂纹的根本原因。

3. 铸钢铸造性能差的原因主要是________和________。

4. 影响合金充型能力的内因有________,外因包括________和________。

5. 常用的特种铸造方法有________、________、________、________和________等。

6. 铸造生产的优点是________、________和________。缺点是________、________和________。

四、判断题(正确打"√",错误打"×")

1. 铸件中形成的铸造热应力是薄壁或表层受拉造成的。　(　　)
2. 铸件的主要加工面和重要的工作面浇注时应朝上。　(　　)
3. 冒口的作用是保证铸件同时冷却。　(　　)
4. 灰口铸铁的流动性比铸钢的好。　(　　)
5. 含碳4.3%的白口铸铁的铸造性能不如45钢好。　(　　)
6. 铸造生产特别适合于制造形状复杂的毛坯。　(　　)
7. 铸件采用同时凝固原则设计铸造工艺可以减少或消除铸造内应力。　(　　)
8. 压铸由于熔融金属是在高压下快速充型,合金的流动性很强。　(　　)
9. 熔模铸造所得铸件的尺寸精度高,而表面光洁度较低。　(　　)
10. 金属型铸造可以用于形状比较复杂的黄铜水龙头铸件的生产。　(　　)

五、简答题

1. 什么是铸造?铸造生产有何特点?
2. 什么是液态金属的充型能力?主要受哪些因素影响?充型能力差易产生哪些铸造缺陷?
3. 浇注温度过高或过低,易产生哪些铸造缺陷?
4. 为什么铸件的壁厚不能太薄,也不宜太厚,而且应尽可能厚薄均匀?
5. 砂型铸造常见缺陷有哪些?如何防止?
6. 为什么铸铁的铸造性能比铸钢好?
7. 什么是特种铸造?常见的特种铸造方法有哪些?
8. 在大批量生产的条件下,下列铸件宜选用哪种铸造方法生产?

   发动机摇臂　　车床床身　　汽轮机叶片　　汽缸套
9. 为便于生产和保证铸件质量,通常对铸件结构有哪些要求?

第2章　锻　　压

2.1　锻压的概念及特点

锻压是金属塑性成形工艺,是一种借助金属坯料在外力作用下产生的塑性变形,以获得所需形状和尺寸的毛坯或零件的加工方法,又称为压力加工。要实现对金属材料的塑性成形,金属材料应具备良好的塑性,并且要有外力作用在固态金属材料上。

锻压具有如下特点。

(1)金属力学性能好。

金属经塑性变形使内部组织变得致密,晶粒得到细化,并能压合铸态组织的内部缺陷(如微裂纹、气孔等),因而,锻压件的力学性能比同种材料的铸件好。

(2)节省金属材料。

锻压成形是依靠塑性变形重新分配坯料体积的结果,与切削加工相比,可减少零件制造过程中金属的消耗。另外,若采用精密锻压时,可使锻压件的尺寸精度和表面粗糙度接近成品零件,做到少切削或无切削加工。再则,塑性成形提高了金属的强度等力学性能,因此,相对地缩小了同等载荷零件的截面尺寸,减轻了零件的质量。

(3)生产率较高。

除自由锻造外,其他几种锻压方法都具有较高的生产率,如齿轮轧制、滚轮轧制等制造方法均比机械加工的生产率高出几倍甚至几十倍以上。

但金属塑性成形在固态下成形,与铸造相比,难以获得形状复杂的产品,其制件的尺寸精度、形状精度和表面质量不高,加工设备昂贵、制件的成本比铸件高。

金属塑性成形是以塑性变形为基础的,各种钢和大多数非铁金属及其合金都具有不同程度的塑性,因此,它们可在冷态或热态下进行塑性成形。而灰口铸铁、铸造铜合金、铸造铝合金等脆性材料,塑性很差,不能或不宜进行金属塑性成形。

金属塑性成形在国防、机械制造、汽车、航空航天、造船、冶金、仪表、电器等领域有着广泛的应用。如炮管、枪管、弹壳、反坦克地雷壳、曲轴、连杆、齿轮、高压凸缘、容器、汽车外壳、电机硅钢片等的制造。以汽车为例,其有70%的零件都是由金属塑性成形制造的。一般常用的金属型材、板材、管材和线材等原材料大都是通过金属塑性成形得到的。

2.2 锻压成形理论基础

2.2.1 金属的塑性变形

金属在外力作用下,产生与外力相平衡的内应力,当外力增大到使金属产生的内应力超过材料的弹性极限时,即使外力去除,金属也不能恢复原来的形状,即金属产生了永久的变形,称为塑性变形。

1)塑性变形的实质

经典理论认为,单晶体的塑性变形是金属晶体内部原子沿着某些晶面相对移动了一个或若干个原子间距。在外力去除后,原子间的距离恢复正常,原子在新的平衡位置上稳定下来,其弹性变形部分随之消失,而塑性变形部分保留了下来。近代物理学理论证明,晶体内部存在缺陷(如位错),在切应力作用下位错开始运动,到达晶体表面就实现了整个晶体的塑性变形,如图2-1所示。

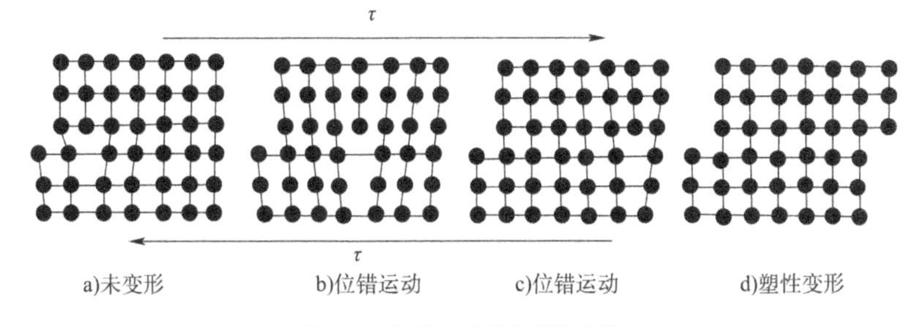

图2-1 位错运动引起塑性变形

一般金属材料是多晶体,多晶体的塑性变形,除晶内滑移变形外,还伴随着晶粒间的滑移和转动,如图2-2所示。

2)塑性变形对金属组织和性能的影响

金属晶塑性变形以后,其组织和性能发生了很大变化,其规律如下。

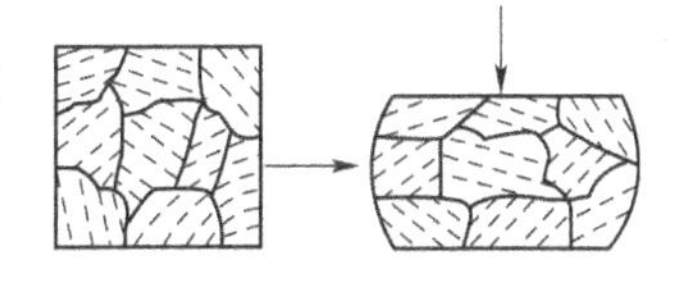

图2-2 多晶体塑性变形示意图

(1)加工硬化。

钢和其他一些金属在特定温度以下进行塑性变形时,随着变形程度的增加,其强度和硬度提高,塑性和韧性下降,这种现象称为加工硬化。塑性变形对金属力学性能的影响如图2-3所示。

加工硬化产生的原因是金属内部的晶粒产生滑移变形后,沿滑移面附近产生许多晶格方向混乱的碎晶,同时晶粒的转动、延长和破碎造成严重的晶格畸变,并产生内应力,致使进一步滑移发生困难,增大了变形抗力。在生产中,可以利用加工硬化来强化金属性能;但加工硬化也使进一步变形困难,给生产带来了一定麻烦。

(2)回复和再结晶。

加工硬化使金属晶体处于不稳定的状态,在被扭曲的晶格中,高位能的金属原子力图恢复到平衡位置。当适当加热时,原子活动能力增加,从而自发地恢复规则排列的位置,消除晶格畸变,使加工硬化得到部分消除,这种现象称为回复,如图2-4a)、图2-4b)所示。这时的温度称为回复温度。

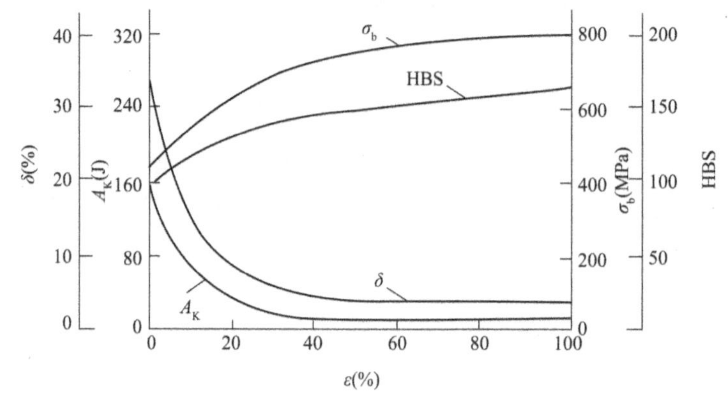

图2-3　常温下塑性变形对低碳钢力学性能的影响

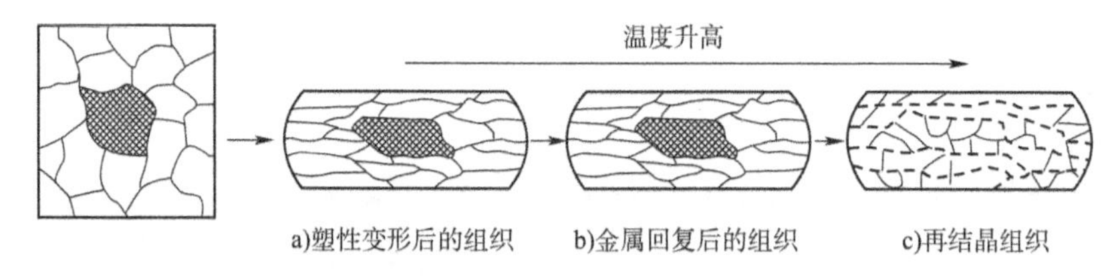

图2-4　回复和再结晶示意图

当继续提高加热温度时,金属内部原子活动能力进一步提高,以某些碎晶和杂质为核心,重新生核、长大,形成新的等轴晶粒,从而使金属的组织和性能恢复到变形前的状况,加工硬化现象完全消失,这个过程称为再结晶,如图2-4c)所示。开始再结晶的温度称为再结晶温度。各种金属再结晶温度($T_{再}$)和回复温度($T_{回}$)与其熔点($T_{熔}$)大致有如下关系:

$$T_{再} \approx 0.4T_{熔} \quad (K) \tag{2-1}$$

$$T_{回} \approx (0.25 \sim 0.30)T_{熔} \quad (K) \tag{2-2}$$

式中,各温度值均按绝对值温度计算。

(3)冷变形和热变形。

金属在再结晶温度以下的变形,叫冷变形,变形后有硬化现象,如冷轧、冷冲压等。对于钢材和多数金属材料,冷变形是在室温条件下进行的,工序没有氧化现象,可获得较高的尺寸精度和表面质量;冷变形还能提高工件的强度和硬度,是强化金属的重要手段之一。但冷变形时变形抗力大,为了消除加工硬化,以利继续变形,在多次变形中需增加再结晶退火工序。目前,冷变形主要用于低碳钢、有色金属及其合金的薄板料加工。

金属在再结晶温度或以上的变形,称为热变形,变形后无加工硬化现象,如热轧、热锻等。虽然变形过程中也伴有加工硬化现象,但由于高于再结晶温度,加工硬化很快以再结晶方式自行消除,变形后具有再结晶组织。热变形的变形抗力小,能以较小的功达到较大的变形,且能获得力学性能较好的再结晶组织,故锻造成形主要采用热变形方式。

(4)纤维组织。

金属塑性成形最原始的坯料是铸锭,其内部组织很不均匀,晶粒是较粗大的枝晶组织,如图2-5所示。铸锭经热变形后,其内部的气孔、缩松等被锻合,使组织致密,晶粒细化,力学性能提高。同时存在于铸锭中的非金属化合物夹杂,随着晶粒的变形被拉长,在再结晶时,金属晶粒形状改变,而夹杂沿着被拉长的方向保留下来,形成了纤维组织。变形程度越大,形成的纤维组织越明显。

纤维组织使金属在性能上具有方向性,对金属变形后的质量也有影响。纤维组织的稳定性很高,不能用热处理方法加以消除,只能在热变形过程中改变其分布方向和形状。因此,在设计和制造零件时,应使零件工作时的最大正应力与纤维方向重合,最大切应力与纤维方向垂直,并使纤维沿零件轮廓分布而不被切断,以获得最好的力学性能。图2-6所示为曲轴在不同锻造工艺方法下获得的不同分布的纤维组织。

a)变形前的原始组织　b)变形后的纤维组织

图2-5　铸锭热变形前后的组织

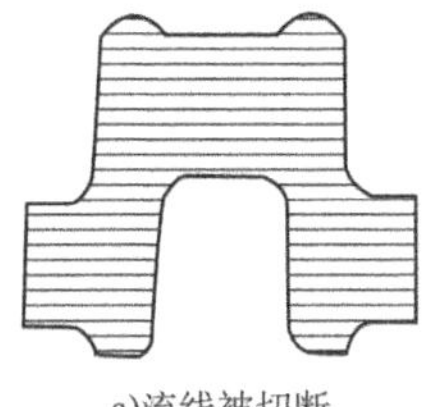
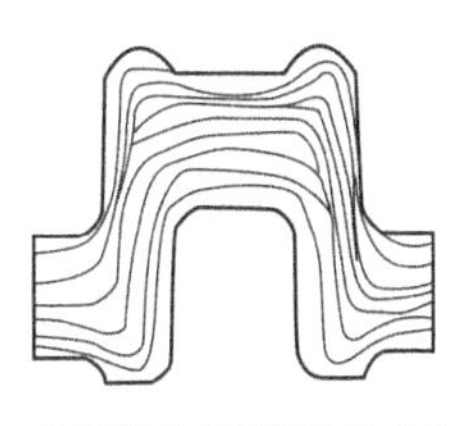

a)流线被切断　b)流线沿曲轴外形连续分布

图2-6　不同工艺方法对纤维组织形状的影响

2.2.2 金属的可锻性

金属的可锻性是指金属适应锻压加工的能力。可锻性常用金属的塑性强弱低和变形抗力大小两个指标来衡量。塑性越好,变形抗力越小,可锻性越好,反之则差。

金属的可锻性取决于金属的本质和加工条件。

1)金属本质

(1)化学成分。

不同成分的金属其可锻性不同,一般来讲,纯金属的可锻性比合金好,而且合金元素的种类、含量越多,可锻性越差。如钢中含有形成碳化物的元素(如铬、钼、钨、钒等)时,则可锻性显著下降。因此,低碳钢的可锻性比高碳钢好,碳素钢的可锻性一般比合金钢好,低合金钢的可锻性比高合金钢好。此外,钢中的有害杂质硫、磷会使可锻性降低。

(2)金属组织。

相同成分的金属,组织结构不同,其可锻性有很大差别。固溶体(如奥氏体)可锻性较好;而碳化物(如渗碳体 Fe_3C)可锻性差。即使在成分和组织相同的情况下,晶粒的形态和大小对可锻性也有一定的影响,铸态柱状晶组织和粗晶粒结构不如晶粒细小而又均匀的组织的可锻性好。

2) 加工条件

(1)变形温度。

适当提高金属的变形温度,是改善可锻性的有效途径。在一定的温度范围内,随着温度的升高,金属原子动能增加,原子间的引力减弱,因而塑性提高、变形抗力减小,可锻性得到改善。

(2)变形速度。

变形速度即单位时间内产生的变形量,它对可锻性的影响比较复杂。一方面,由于变形速度的增高,加工硬化速度快于再结晶速度,再结晶来不及消除加工硬化现象,因而,金属的塑性下降,变形抗力增大,可锻性变坏。另一方面,金属变形过程中由于消耗于塑性变形的能量有一部分转化为热能,使金属温度升高,因而又加快再结晶过程,使金属的塑性增加,变形抗力减小,从而改善金属的可锻性。但后述现象只有当变形速度超过一定临界值时(如高速锤锻造)才能表现出来。变形速度与塑性、变形抗力的关系如图 2-7 所示。

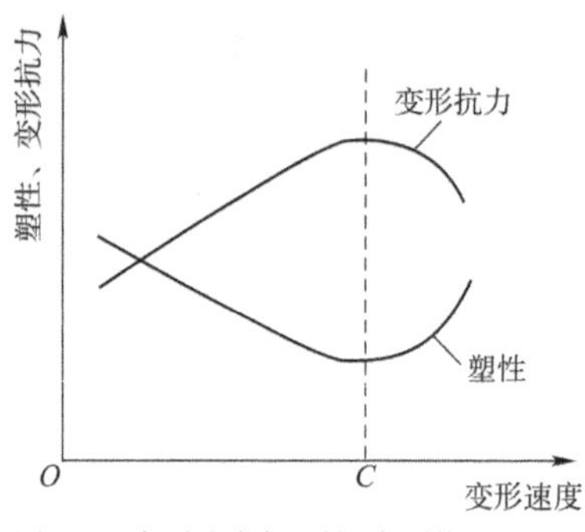

图 2-7　变形速度与塑性、变形抗力的关系

(3)应力状态。

金属在不同变形方式下,各个方向上承受应力的情况不同,所显示的塑性和变形抗力也不相同。图 2-8a)所示,金属在挤压时三向受压,显示出较大的变形抗力和较好的塑性;而图 2-8b)中金属在拉拔时一向受拉、两向受压,与挤压相比,显示出较小的变形抗力和较低的塑性。实验证明,三向受压时,金属塑性最好,出现拉应力时,则塑性降低,这是因为在三向压应力状态下,金属内部的气孔、微裂纹等缺陷难以扩展,而拉应力的出现使这些缺陷易于扩展,从而易于导致金属的破坏。此外,在三向压应力状态下,金属晶体的滑移也较难进行,故呈现出较大的变形抗力。生产中常依据材料的塑性,选择与之相适应的生产方式,在确保必要的塑性的前提下,减小变形抗力。

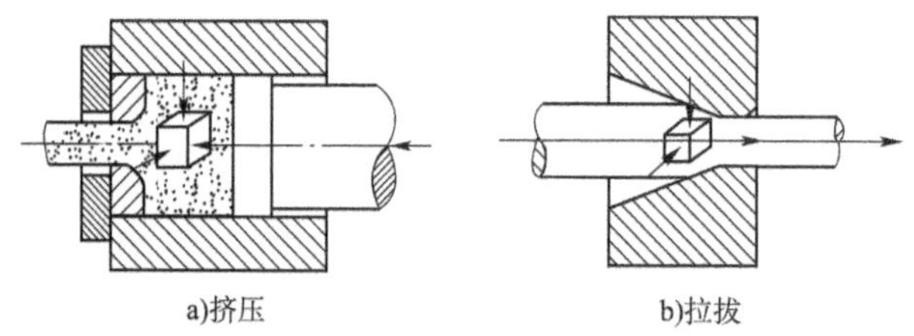

图 2-8　挤压和拉拔时金属应力状态

2.2.3　金属的加热

如前所述,金属在热变形的条件下,表现出较好的塑性和较小的变形抗力。通常锻前加热是锻造生产流程的首要环节,其目的就在于提高金属的可锻性。钢锻件常用中、高碳钢材料,使钢加热到 Ac_3 或 Ac_{cm} 线以上时,其组织为单一的奥氏体组织,且因原子动能增加,使钢的塑性增加,变形抗力降低,这就为钢的塑性变形创造了极为有利的条件。但是,加热温度太高,也会产生一些缺陷,使锻坯可锻性变差,锻件质量下降,甚至造成废品。因此,金属的加热应控制在一定的温度范围内。

1)加热缺陷

钢加热超过一定温度时,奥氏体晶粒会迅速长大,形成粗大晶粒,这种现象称为过热。加热温度越高,时间越长,过热现象越严重。过热会使钢的可锻性及锻件的力学性能下降,故应尽量避免。但过热缺陷可通过多次锻造及热处理方法消除。

钢长时间在高温炉内的氧化介质中加热时,会由于炉气的氧渗入金属内部,使晶界氧化，晶粒之间失去连接力，这种现象称为过烧。发生过烧的钢坯料，在锻造时会破碎，失去可锻性，且无法补救，在加热时必须严加防止。

2）加热温度范围

要获得良好的塑性状态、锻出优质的锻件，锻造必须在规定的温度范围内进行，确定锻造温度范围，主要是定出开始锻造的温度和停止锻造的温度。图2-9所示为碳钢锻造温度范围。开始锻造的温度叫始锻温度。在不出现过热和过烧的前提下，提高始锻温度，有利于锻造的进行。碳钢的始锻温度比 AE 线低200℃左右。停止锻造的温度叫终锻温度。在保证锻造结束前金属还具有足够的塑性，以及锻后能获得再结晶组织的前提下，终锻温度应该低些，以利于保证锻件质量。因为过高的终锻温度将使金属在冷却中晶粒继续长大，得到粗大晶粒组织，过共析钢会出现网状渗碳体，降低锻件的力学性能。但终锻温度过低会造成可锻性差、加工困难等问题。表2-1列出了生产中常用金属的锻造温度范围。

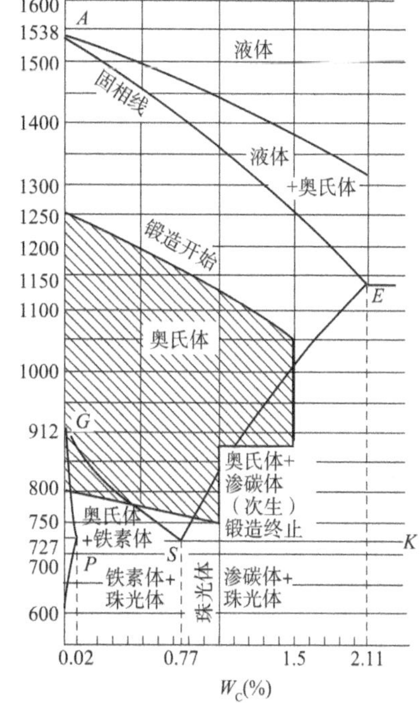

图2-9 碳钢锻造温度范围

常用金属的锻造温度范围 表2-1

合金种类	温度(℃)	
	始锻	终锻
w_c<0.3%碳钢	1200~1250	800
w_c<0.3%~0.5%碳钢	1150~1200	800
w_c<0.5%~0.9%碳钢	1100~1150	800
w_c<0.9%~1.5%碳钢	1050~1100	800
合金结构钢	1150~1200	850
低合金工具钢	1100~1150	850
高速钢	1100~1150	900
ZCuZn25Al6Fe3Mn3铸造黄铜	850	700
硬铝	470	380

2.3 锻压成形工艺方法

常见的金属塑性成形方法有锻造、板料冲压、挤压、轧制、拉拔等。

2.3.1 锻造

锻造是利用工（模）具，在冲击力或静压力的作用下，使金属材料产生塑性变形，从而获得一定尺寸、形状和质量的锻件的加工方法。根据所用设备和工具的不同,锻造分为自由锻造和模型锻造两类。在锻件锻造前,为了使锻件具有良好的可锻性,一般需要进行加热。

1)自由锻造

利用冲击力或压力使金属坯料在锻造设备的上下砧之间发生变形,从而获得所需形状及尺寸锻件的工艺方法,称为自由锻造,简称自由锻。自由锻造时金属能在垂直于压力的方向自由伸展变形,而锻件的形状尺寸主要由工人操作来控制。自由锻造工艺灵活,适应性强,适用于各种大小的锻件生产,而且是大型锻件的唯一锻造方法。由于采用通用设备和工具,故费用低,生产准备周期短。但自由锻造生产率低,只适于简单的单件、小批量生产,而且锻件精度低,加工余量大,对工人的技术要求高,劳动条件较差。

(1)自由锻造设备及工具。

自由锻造最常用的设备有空气锤、蒸气-空气锤和水压机。通常几十千克的小锻件采用空气锤,如图2-10a)所示;2000kg以下的中小型锻件采用蒸气-空气锤;大锻件则应在水压机上锻造,如图2-10b)所示。

a)空气锤

b)15000t水压机

图2-10 自由锻造设备

(2)自由锻造基本工序。

自由锻造的工序可分为三类:基本工序(使金属产生一定程度的变形,以达到所需形状和尺寸的工艺过程)、辅助工序(为使基本工序操作便利而进行的预先变形工序,如压钳口、压棱边等)、精整工序(用于减少锻件表面缺陷,提高锻件表面质量的工序,如整形等)。

自由锻造的基本工序有镦粗、拔长、冲孔、切割、扭转、弯曲等。实际生产中最常用的是镦粗、拔长和冲孔三种。

①镦粗。镦粗是使坯料高度减小、截面积增大的工序,如图2-11a)所示。若使坯料的部分截面积增大,叫作局部镦粗,如图2-11b)~图2-11d)所示。镦粗主要用于制造高度小、截面大的工件(如齿轮、圆盘等)的毛坯,或作为冲孔前的准备工序。

完全镦粗时,坯料应尽量用圆柱形,且长径比不能太大,端面应平整并垂直于轴线,镦粗的打击力要足,否则容易产生弯曲、凹腰、歪斜等缺陷。

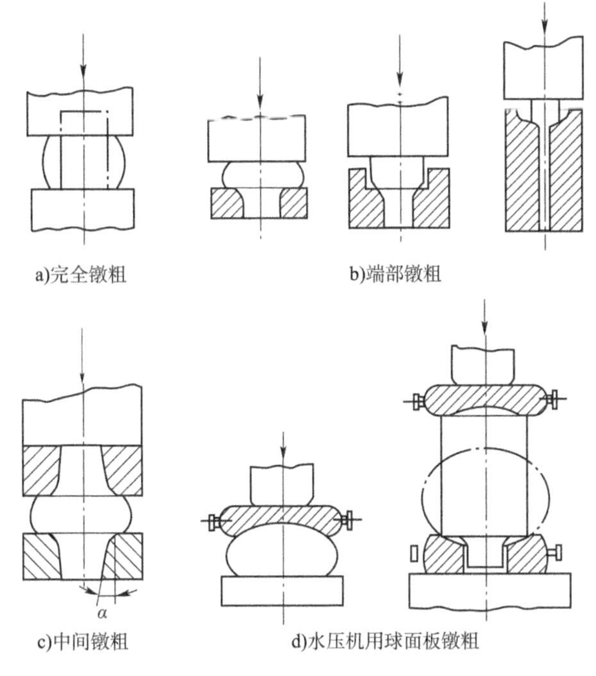

图 2-11 镦粗和局部镦粗

②拔长。拔长是缩小坯料截面积、增加其长度的工序,包括平砧上拔长(图 2-12)、带芯棒拔长和芯棒上扩孔(图 2-13)。平砧上拔长主要用于制造长度较大的轴(杆)类锻件,如主轴、传动轴等,带芯棒拔长及芯棒上扩孔用于制造空心件,如炮筒、圆环、套筒等。

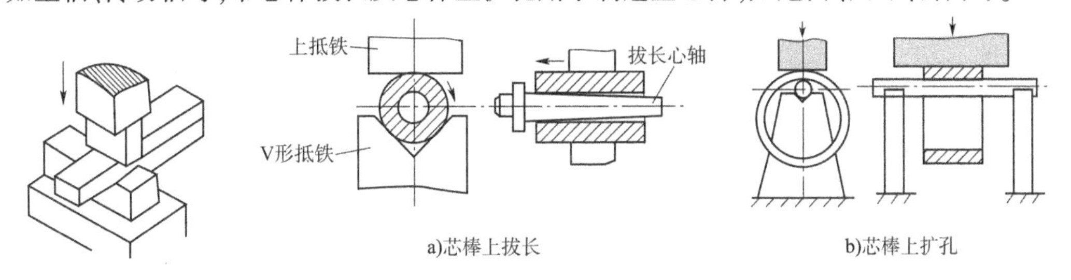

图 2-12 平钻拔长

图 2-13 带芯棒拔长及芯棒上扩孔

拔长时要不断送进和翻转坯料,以使变形均匀,每次送进的长度不能太大,避免坯料横向流动增大,影响拔长效率。

③冲孔。冲孔是利用冲头在坯料上冲出通孔或不通孔的工序。一般锻件通孔采用实心冲头双面冲孔(图 2-14),先将孔冲到坯料厚度的 2/3 ~ 3/4 深,取出冲子,然后翻转坯料,从反面将孔冲透。冲孔主要用于制造空心工件,如齿轮坯、圆环和套筒等。冲孔前坯料须镦粗至扁平形状,并使端面平整,冲孔时坯料应经常转动,冲头要注意冷却。冲孔偏心时,可局部冷却薄壁处,再冲孔校正。

对于厚度较小的坯料或板料,可采用单面冲孔,如图 2-15 所示。

(3)典型锻件工艺举例。

自由锻造通常是依据锻件图用多个工序使坯料逐步变形而获得锻件。锻件图是根据零件图经添加敷料简化形状后,并考虑加工余量和锻造公差绘制而成。表 2-2 列出了带凸缘的传动轴的锻造工艺过程，锻件图中 ϕ53mm 台阶最好先拔长，再镦粗凸缘头部，这样操作较为方便，因为此时坯料杆部仍不太长，可以用垫环镦粗凸缘头部，然后再拔长出 ϕ37mm 段杆部。

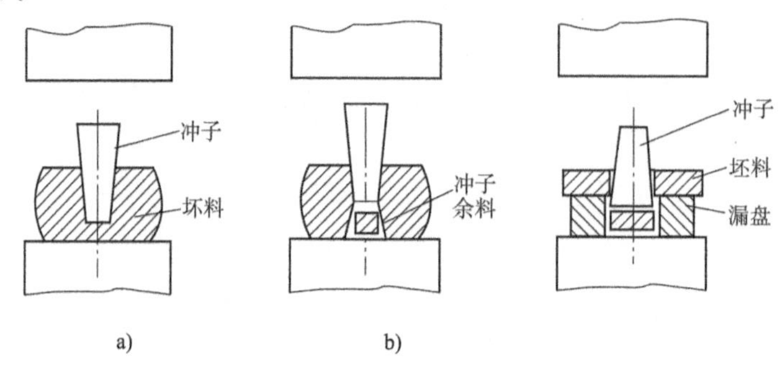

图 2-14　双面冲孔　　　图 2-15　单面冲孔

凸缘盘的锻造工艺过程(mm)　　　表 2-2

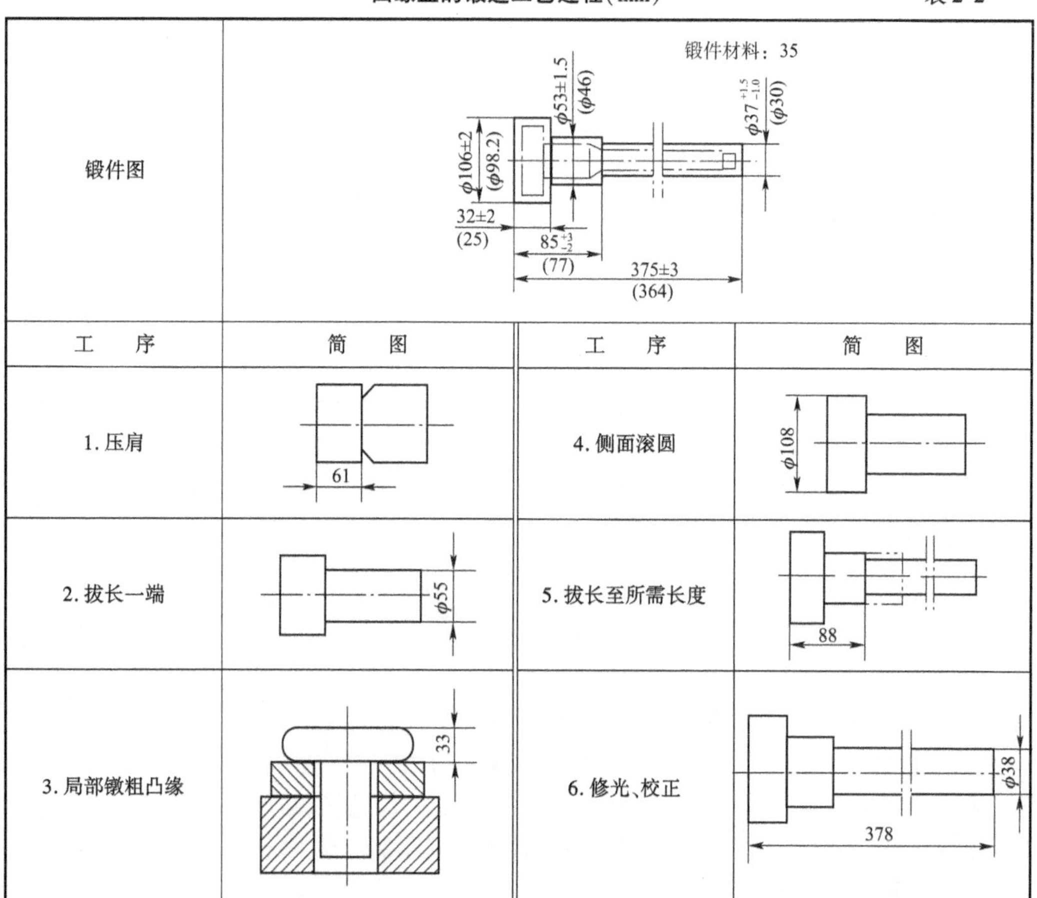

锻件图	锻件材料：35		
工　序	简　图	工　序	简　图
1. 压肩		4. 侧面滚圆	
2. 拔长一端		5. 拔长至所需长度	
3. 局部镦粗凸缘		6. 修光、校正	

2)模型锻造

模型锻造简称模锻，是在高强度金属锻模上预先制造出与锻件形状一致的模膛，使坯料在模膛内受压变形，以获得与模膛形状相符的锻件方法。

模锻与自由锻相比，生产率高，可锻出形状复杂、尺寸精确和表面光滑的锻件，因而机械加工余量小,材料利用率高,成本较低;而且可使锻件的纤维组织分布更合理,进一步提高零件的使用寿命。但模锻设备投资较大,锻模成本高,生产准备周期长,模锻件的质量受到模锻设备吨位的限制,一般在 150kg 以下。因此,模锻适用于大批量生产的中小型锻件。模锻按所用设备的类型不同,可分为锤上模锻、胎模锻和压力机上模锻等。

(1)锤上模锻。

锤上模锻是指在蒸汽-空气锤、高速锤等模锻锤上进行的模锻,其锻模由开有模膛的上下模两部分组成,如图 2-16 所示。模锻时把加热好的金属坯料 B 放进紧固在模锻座上的下模的模膛中,开启模锻锤,上模座带动紧固其上的上模锤击坯料,使坯料充满模膛而形成锻件。

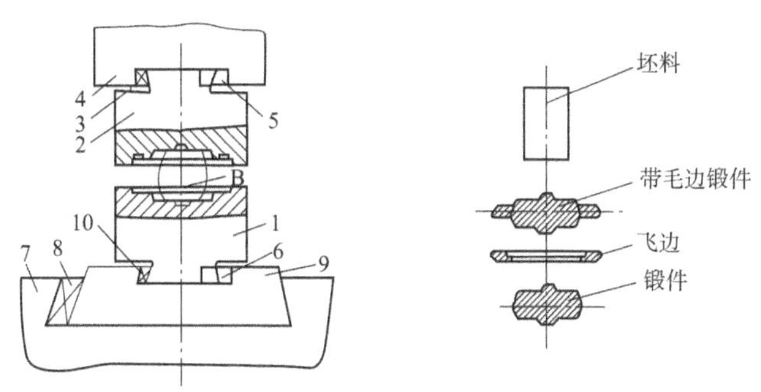

图 2-16　锤上固定模锻造

1-下模;2-上模;3、8、10-紧固镶条;4-上模座;5、6-键块;7-砧座;9-下模座

形状复杂的锻件往往需要用几个模膛使坯料逐步变形,最后在终锻模膛中得到锻件的最终形状。图 2-17 为锻造连杆用多膛锻模示意图。坯料经拔长、滚压、弯曲三个模膛制坯,然后经预锻模膛和终锻模膛制成带有飞边的锻件,再在切边模上切除飞边即得合格的锻件。

(2)胎模锻。

胎模锻是在自由锻造设备上使用胎模生产模锻件的工艺方法。通常用自由锻造方法使坯料初步成形,然后将坯料放在胎膜腔中终锻成形。胎模一般不固定在锤头和砧座上,而是用工具夹持,平放在锻锤的下砧上。

胎模锻虽然不及锤上模锻生产率高,精度也较低,但它灵活、适应性强,不需昂贵的模锻设备,所用模具也较简单。因此,一些生产批量不大的中小型锻件,尤其在没有模锻设备的中小型工厂中,广泛采用自由锻造设备进行胎模锻造。

胎模按其结构分为扣模、套筒模(简称筒模)及合模三种类型。

①扣模。扣模用于非回转体锻件的成形或制坯,如图 2-18 所示。

②筒模。筒模形状为圆筒形,主要用于锻造齿轮、凸缘盘等回转体盘类锻件。形状简单的锻件,只用一个筒模就可进行生产,如图 2-19 所示。对于形状复杂的锻件,则需要组合筒模,以保证从模内取出锻件,如图 2-20 所示。

③合模。合模通常由上、下模组成,依靠导柱、导锁定位,使上、下模对中,如图 2-21 所示,合模主要用于生产形状较复杂的非回转体锻件,如连杆、叉形锻件等。

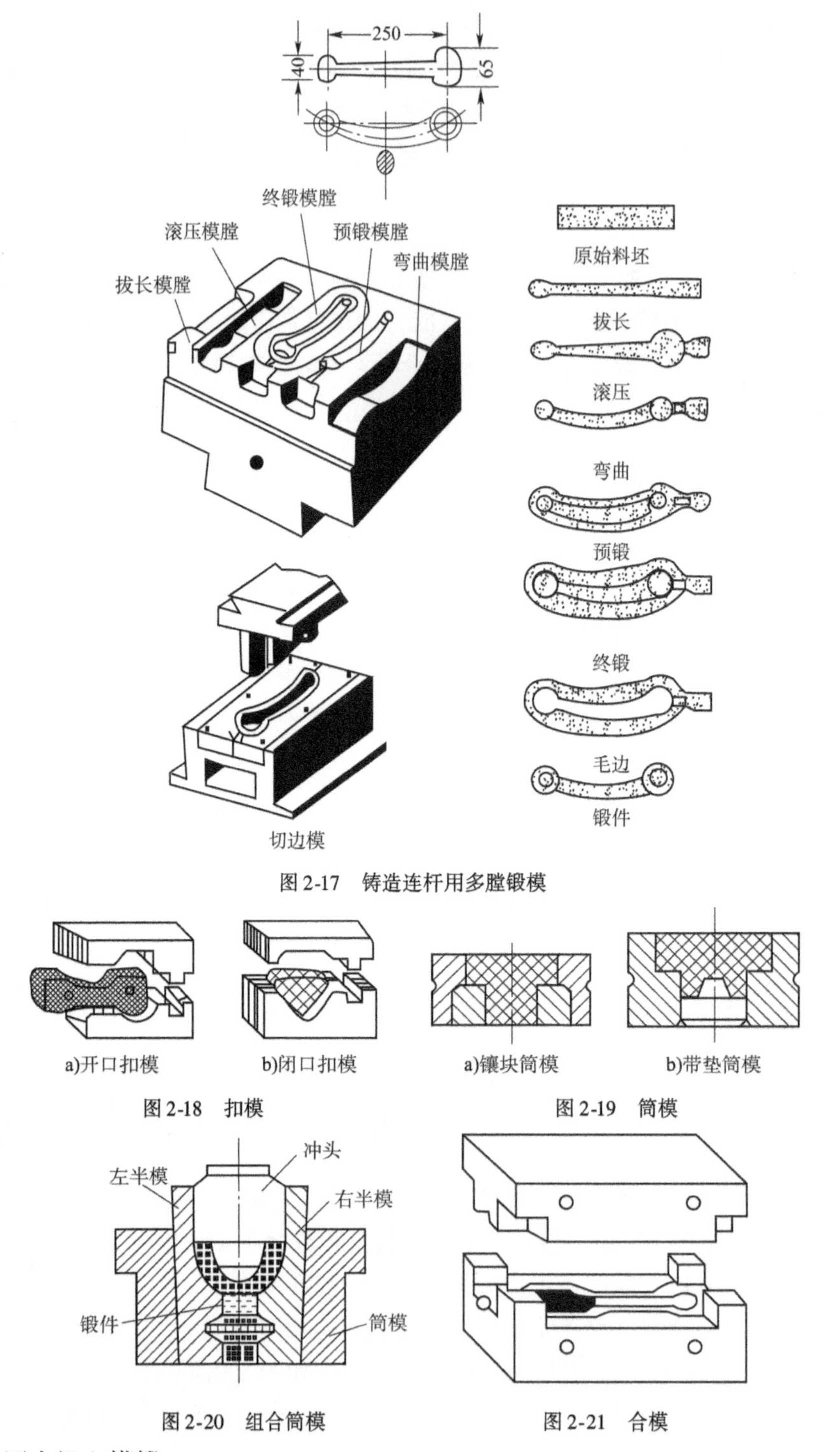

图 2-17　铸造连杆用多膛锻模

a)开口扣模　b)闭口扣模

图 2-18　扣模

a)镶块筒模　b)带垫筒模

图 2-19　筒模

图 2-20　组合筒模

图 2-21　合模

(3)压力机上模锻。

用于模锻生产的压力机有摩擦压力机、曲柄压力机、平锻机、模锻水压机等。模锻锤在工作中存在震动和噪声大、劳动条件差、蒸汽效率低、能源消耗多等缺点,因此,大吨位模锻锤有逐步被压力机取代的趋势。

2.3.2　板料冲压

板料冲压是利用压力装置和模具使板料产生分离或塑性变形,从而获得产品的成形方法。金属板料的厚度一般都在6mm以下,且通常是在常温下进行,故板料成形又称为冷成形(冷冲压),但板料厚度$\delta > 8 \sim 10$mm时用热冲压。

板料冲压具有以下特点:

(1)可冲制形状复杂的零件,且废料少。

(2)精度高,粗糙度低,零件互换性好。

(3)重量轻,耗材少,强度、刚度较好。

(4)操作简单,生产率高,工艺过程易实现机械化和自动化。

板料冲压常用的原材料有低碳钢、高塑性合金钢、铜合金、铝合金、镁合金等塑性好的金属材料,以及石棉板、云母、硬橡皮、硬纸板等非金属材料。

几乎所有制造金属制品的工业部门中都广泛地采用板料冲压成形工艺。特别是在汽车、拖拉机、航空、电器、仪表、国防、日用器皿、办公用品的制造中,板料冲压占有及其重要的位置,如反坦克地雷的外壳、汽车和工程装备的驾驶室等(图2-22)。

a)反坦克地雷

b)越野车

图2-22　板料冲压用于军用装备

板料冲压生产中常用的设备是剪床和冲床,剪床用来把板料剪切成一定宽度的条料,供下一步的冲压工序用,冲床用来实现冲压工序,以制成所需的形状和尺寸的成品零件,冲床的最大吨位目前已达到4000t。冲压过程中使用的模具比较复杂,设计和制作费用高、周期长,故只有在大批量生产的情况下,才能显示其优越性。

板料冲压的基本工序按特征分为分离(冲裁)过程及成形过程两大类。

1)分离工序

分离工序是指板料的一部分与另一部分相互分离的工序,如剪切、落料、冲孔和修整等。

(1)剪切。

剪切是指用剪刃或冲模将板料沿不封闭轮廓分离的工序。

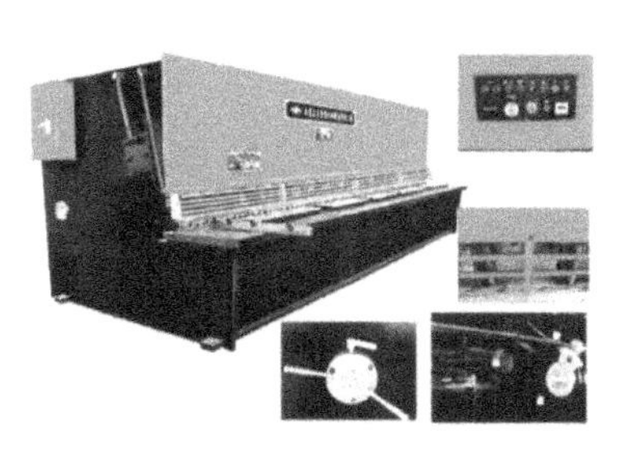

图2-23　QC12Y系列大型液压摆式剪板机

剪切通常是在剪板机(图2-23)上进行的。剪刃安装在剪床上,把大板料剪切成一定宽度的条料,供下一步冲压工序用。而冲模是安装在冲床上,用以制取形状简单、精度要求不高的平板件。

(2)落料与冲孔(统称冲裁)。

落料与冲孔是指利用冲模将板料以封闭的轮廓与坯分离的一种冲压方法。

落料与冲孔的变形过程和模具结构相同,只是用途不同。落料是被分离的部分为所需要的工件,而留下的周边部分是废料;冲孔则相反。

冲模是指通过加压将金属、非金属板料或成型分离、成形或接合而得到制件的工艺装备。为能顺利地完成冲裁过程,要求凸模和凹模都应有锋利的刃口,且凸模与凹模之间应有适当的间隙。

冲裁时,板料变形过程可分为以下三个阶段,如图 2-24 所示。

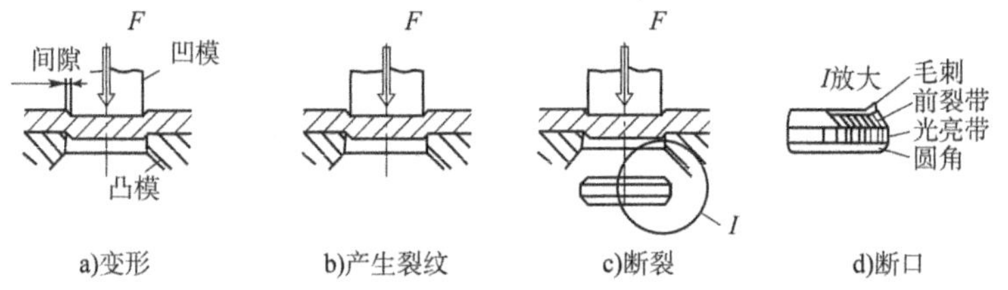

图 2-24 冲裁板料变形过程示意图

弹性变形阶段:在凸模接触板料后,材料产生弹性压缩及弯曲变形。凹模上的板料向上翘,凸、凹模间隙越大,上翘现象越严重。

塑性变形阶段:凸模继续压入,当材料内的应力达到屈服点时开始产生塑性变形。随着凸模压入深度增加,塑性变形程度增大,凸、凹模刃口处材料硬化加剧,出现微裂纹。

断裂阶段:刃口处的上、下微裂纹在凸模继续施压下,向材料内部扩展并重合,使板材被剪断分离。

2)成形工序

成形是指使板料的一部分相对于另一部分产生位移而不破裂的工序,如弯曲、拉深、翻边、胀形、旋压、缩口及扩口等。

(1)拉深。

拉深是指利用拉深模将冲裁得到的平面坯料变成开口空心件的冲压工序,如图 2-25 所示。拉深可以制成筒形、阶梯形、盒形、球形及其他复杂形状的薄壁零件。

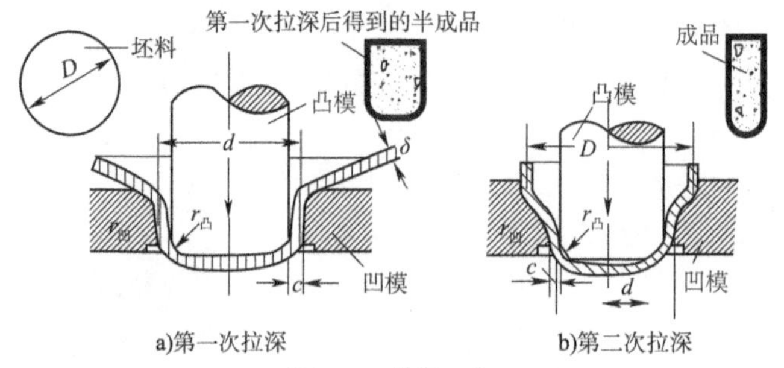

图 2-25 拉深工序

(2)弯曲。

弯曲是指将板料、型材或管材弯成一定角度或曲率的冲压工艺,如图 2-26 所示。弯曲过程中，板料弯曲部分的内侧受压缩，而外层受拉伸。当外侧的拉应力超过板料的抗拉强度时，即会造成金属破裂。板料越厚，内弯曲半径 r 越小，则拉应力越大，越容易弯裂。为防止弯裂，最小弯曲半径应为 $r_{min}=(0.25\sim1)\delta$（$\delta$ 为金属板料的厚度）。材料塑性好，则弯曲半径可小些。

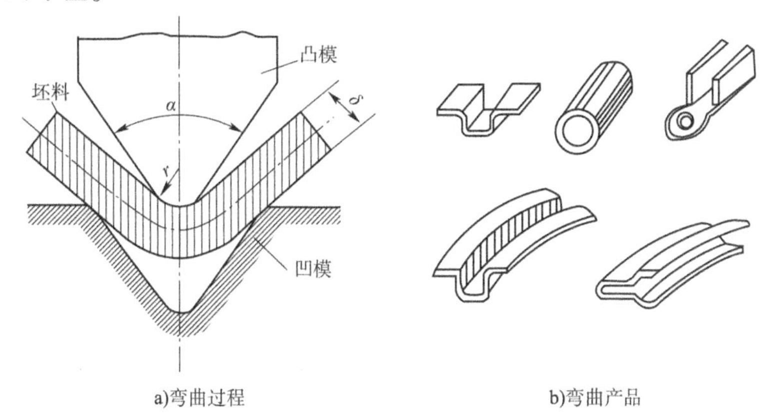

a)弯曲过程　　b)弯曲产品

图 2-26　弯曲工序

弯曲结束后，由于弹性变形的恢复，坯料的形状和尺寸都发生了与弯曲时变形方向相反的微小变化，这种现象称为回弹，回弹的角度一般都小于 10°。为抵消回弹现象对弯曲件的影响，设计弯曲模时，弯曲模的角度应比成品零件的角度小一个回弹角。

2.3.3　金属塑性成形新工艺简介

随着科学技术的不断进步，金属塑性成形技术日新月异，出现了许多先进的金属塑性成形工艺方法，其主要特点是优质、高效、低耗、无污染。生产出的锻压件接近零件形状，甚至直接生产出零件，达到少切削或无切削的目的；锻件的精度和表面质量好；锻件的力学性能高，并能满足一些特殊工作要求。

1）精密模锻

精密模锻是在模锻设备上锻制形状复杂、高精度锻件的一种模锻工艺。如锻制锥齿轮、汽轮机叶片、航空零件、电器零件等，锻件精度可以达到 IT15 ~ IT12，表面粗糙度 Ra 为 1.6 ~ 3.2μm，能达到少切削或无切削的目的。与普通模锻相比，精密模锻具有以下特点。

（1）锻件形状复杂，尺寸精度高。

（2）设备刚度大、精度高，如曲柄压力机、摩擦压力机等。

（3）模具精度高，并有导柱导套和排气孔。

（4）原始坯料尺寸要精确计算。

（5）坯料表面清洁，并采用无氧化或少氧化方法加热。

（6）模锻时要进行润滑并随时冷却锻模。

2）超塑性成形

（1）超塑性的概念。

超塑性是指金属在特定的组织、温度和变形速度条件下变形时，塑性比常态提高几倍到几百倍，金属变形应力比常态降低几倍至几十倍的特性，如钢超过 500%，纯钛超过

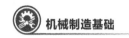

300%，锌铝合金超过1000%等。

超塑性有细晶超塑性(又称恒温超塑性)和相变超塑性等。细晶超塑性是利用变形和热处理方法获得晶粒平均直径为0.2～5μm的超细等轴晶粒，在$0.5T_{熔}(K)$温度和极低的形变速率($\mathring{a}=10^{-2}\sim10^{-4}$m/s)下进行锻压加工，其延伸率成倍增长。相变超塑性是金属材料在相变温度附近进行反复加热、冷却并使其在一定的变形速率下变形时，呈现出高塑性、低的变形抗力和高扩散能力等超塑性特点。目前，常用的超塑性材料主要是锌铝合金、铝基合金、钛合金和高温合金等。

(2)超塑性成形的特点。

利用金属在特定条件下所具有的超塑性来进行塑性加工的方法，称为超塑性成形，超塑性材料塑性变形具有以下特点。

①超塑性状态下的金属在拉伸变形过程中不产生颈缩现象，变形抗力下降，对某些变形抗力大、可锻性低、锻造温度范围窄的金属材料，如镍基高温合金、钛合金等，经超塑性处理后，可进行超塑性变形。

②超塑性成形的工件晶粒组织均匀而细小，整体力学性能一致；具有较高的抗应力腐蚀性能；工件内不存在残余应力。

③金属超塑性状态下，金属材料的变形抗力小，填充模膛的性能好，可以获得形状复杂、薄壁的工件，且工件尺寸精确，可以少用或不用切削加工，降低了金属材料的消耗，并且可以充分发挥中、小型设备的作用。

超塑性成形前或过程中需对材料进行超塑性处理，还要在超塑性成形过程中保持较高的温度。

(3)超塑性成形工艺的应用。

①板料深冲。

如图2-27a)所示零件，其直径小但长度很长。若用普通拉深，则需多次拉深及中间退火；若用锌合金等超塑性材料可一次拉深成形，如图2-27b)所示，且产品的品质好，性能无方向性。

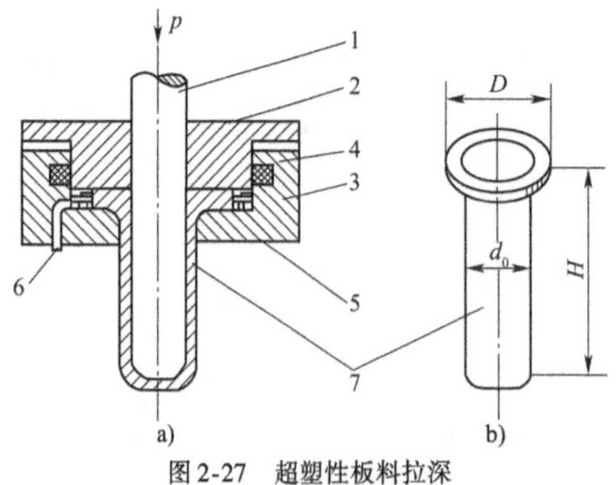

图2-27　超塑性板料拉深

1-冲头(凸模)；2-压板；3-凹模；4-电加热元件；5-坯料；6-高压油孔；7-工件

②超塑性挤压。

超塑性挤压主要用于锌铝合金、铝基合金及铜基合金。

③超塑性模锻。

超塑性模锻主要用于镍基高温合金及钛合金。其过程是：先将合金在接近正常再结晶温度下进行变形，以获得超细晶粒组织，然后在预热的模具(预热温度为超塑性变形温度)中模锻成形，最后对锻件进行热处理以恢复合金的高强度状态。

3)高速高能成形

高速高能成形有多种形式，它们的共同点是在很短的时间内，将化学能、电能、电磁能和机械能传递给被加工的金属材料，使金属材料迅速成形。高速高能成形的成形速度高、加工精度高、设备投资小,可以加工难以加工的金属材料。

(1)爆炸成形。

爆炸成形是利用炸药爆炸产生的高能冲击波,通过不同的介质使坯料产生塑性变形而获得零件的成形方法。在模膛内置入炸药,炸药爆炸时产生大量的高温高压气体呈辐射状传递,从而使坯料成形,如图2-28所示。爆炸成形常应用于难加工的金属材料,如钛合金、不锈钢的极大件成形,该方法的工艺装备简单,成形速度很高,适合于多品种小批生产,用于制造柴油机罩子、扩压管及汽轮机空心气叶的整形等。

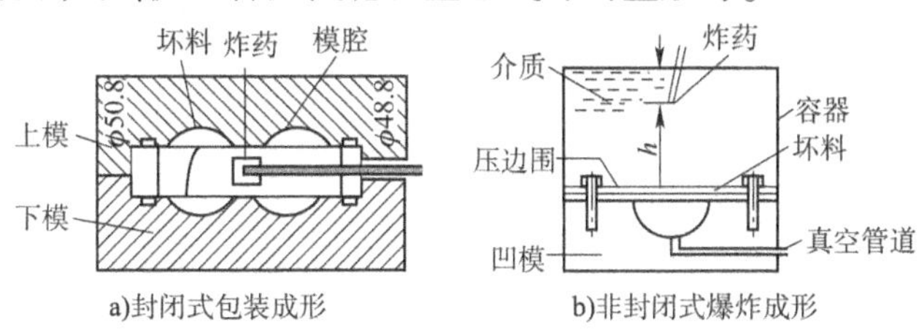

图2-28　爆炸成形

(2)电液成形。

电液成形是利用在液体介质中高压放电时所产生的高能冲击波,使坯料产生塑性变形的方法,如图2-29所示。它的成形原理与爆炸成形相似,利用放电回路中产生的强大的冲击电流,使电极附近的水汽化膨胀,从而产生很强的冲击压力,使金属坯料成形。与爆炸成形相比,电液成形时的能量控制和调整简单,成形过程稳定、安全、噪声低,生产率高,特别适合于管类工件的胀形加工。但电液成形受设备容量的限制,不适合于较大工件的成形。

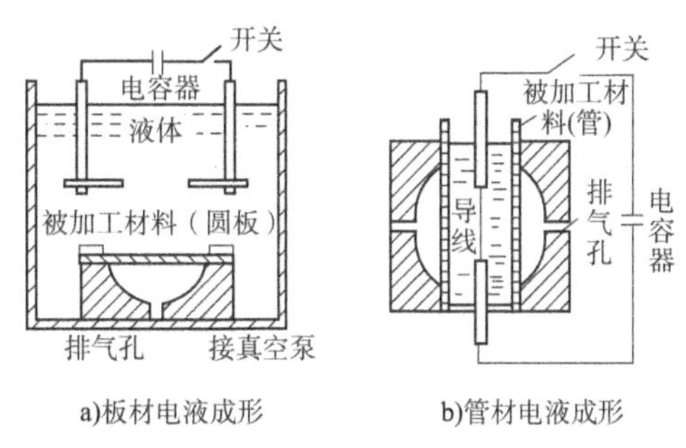

图2-29　电液成形

(3)电磁成形。

电磁成形是利用电磁力来加压成形的。成形线圈中脉冲电流可在极短的时间内迅速增长和衰减,并在周围空间形成一个强大的变化磁场。坯料置于成形线圈内部,在此变化磁场作用下,坯料内产生感应电流,坯料内感应电流形成的磁场和成形线圈磁场相互作用的结果,使坯料在电磁力的作用下产生塑性变形。这种成形方法所用的材料应当是具有良好导电性能的铜、铝和钢。如需加工导电能差的材料,则在毛坯表面放置有薄铝板制成的驱动片,用以促进坯料成形。电磁成形不需要水和油之类的介质,工具也几乎不消耗,装置清洁、生产率高,产品质量稳定;但由于受到设备容量的限制,只适合于加工厚度不大的小零件、板材或管材。

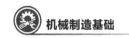

(4)高速锻造。

高速锻造是利用高压空气或氮气(达 14MPa)在短时间内突然膨胀,使活塞高速运动产生的动能,推动模具和框架系统作高速的相对运动而产生悬空打击,使金属坯料在高速冲击下成形的加工工艺。

高速锻造适合于锻造形状复杂、薄壁高筋的高精度锻件,例如叶片、壳体、接头、齿轮等多种锻件。在高速锻锤上可以锻造强度高、塑性低的材料。可以锻造的材料有铝、镁、铜、钛合金、耐热钢、工具钢等。

高速锻造的特点是:工艺性能好,锻件质量高、锻件精度高、材料利用率高、设备轻巧,投资少,锻件的加热要求不高。

(5)液态模锻。

液态模锻是将定量的液态金属直接浇入金属模中,然后在一定时间内以一定的压力作用于液态或半液态金属上,经结晶、塑性流动使之成形的一种加工工艺方法,如图 2-30 所示。它是介于压力铸造和模锻之间的新型加工方法。其既有铸造工艺简单、成本低的特点,又具有锻造产品性能好、质量可靠的优点,也称为“挤压铸造”。液压模锻适用于铝、铜合金及灰铸铁、碳钢、不锈钢等各种类型合金的生产。液态模锻在液压机上进行,它的速度可以控制,施压平稳,不易产生飞溅。

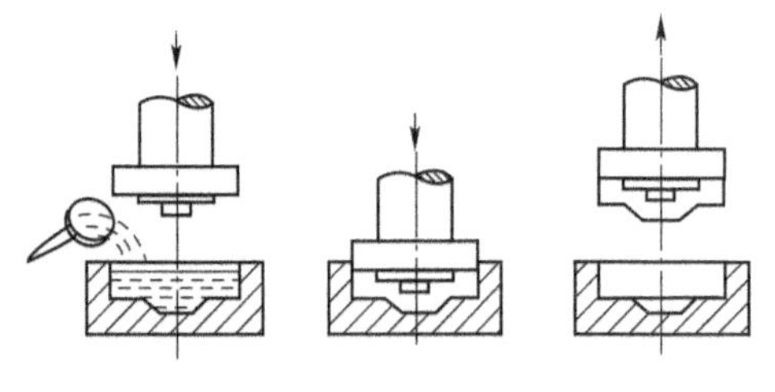

图 2-30　液态模锻示意图

液态模锻的一般工艺流程如图 2-31 所示。

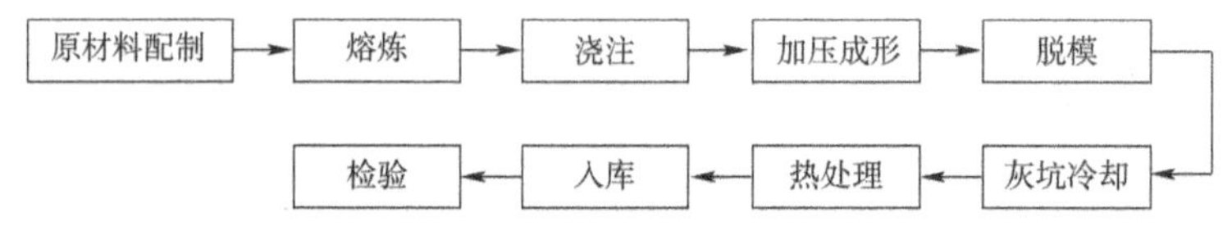

图 2-31　液态模锻工艺流程

与一般模锻相比,液态模锻具有如下工艺特点。

①金属在压力下结晶成形,晶粒细化、组织均匀致密,性能优良。

②液态模锻可以利用金属废料熔炼成液态后直接进行液态模锻,减少工序及设备,节省材料。

③液态模锻件外形准确,表面粗糙度低,可以少用或不用切削加工。

④液态模锻可一次成形,不需要多个模膛,从而可提高生产率,减小劳动强度,节省了大量模具钢。

⑤液态模锻件是在封闭的模具内成形,液态金属充满模膛要比一般模锻容易得多,因此,所需设备吨位较小,仅为一般模锻设备的 1/5 ~ 1/8。

与压力铸造相比,液态模锻具有如下工艺特点。

①液态模锻不像压铸那样由于金属高速流入模型,气体来不及排出,导致产生气孔。

②液态模锻不像压铸那样快速冷却凝固,而是在充分的压力下结晶成形,晶粒细化,组织均匀。

③液态模锻结构简单、紧凑。不像压铸需要浇口、浇道,使模具复杂。

④液态模锻不会产生压力铸造时易出现的金属液正面冲击和涡流现象。

⑤液态模锻不需要用专门的压铸机，而采用通用设备。

2.4 锻压件结构工艺性

2.4.1 锻件的结构工艺性

锻件的结构工艺性是指锻件结构在满足使用要求的前提下锻造成形的难易程度，设计锻件结构时应考虑金属的可锻性和锻造工艺对锻件结构的要求。

1)可锻性对锻件结构的要求

金属材料不同，锻造性能不同，对结构的要求也不同。如含碳量低于0.65%的低中碳钢塑性好，变形抗力小，锻造温度范围大，可以锻出形状较复杂的锻件；高碳钢和合金钢的塑性差，变形抗力大，锻造温度范围小，锻件形状应简单，锻件截面尺寸变化尽量小，以保证锻件质量。

2)自由锻造工艺对锻件结构的要求

自由锻造件结构不合理，会使操作困难，浪费材料，甚至使锻造无法进行。因此，在设计锻件时，除满足使用性能要求外，还必须考虑自由锻造的设计和工具的特点，使锻件结构符合自由锻造的工艺特点，以达到加工方便，节省金属和提高生产率的目的。设计自由锻造件应遵循以下主要原则。

(1)锻件形状要简单。

自由锻造件的形状应尽量平直、简单、对称，工件表面尽量用平面、圆柱面组成，避免锥面和斜面，如图2-32所示。

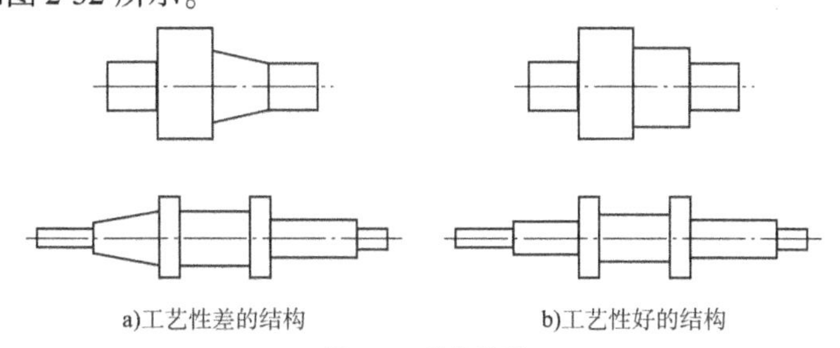

a)工艺性差的结构　　b)工艺性好的结构

图2-32　避免锥面

(2)避免曲面与曲面相贯。

锻件上的相交表面应采用平面与平面、平面与圆柱面相交，避免曲面相贯的产生的空间曲线，如图2-33所示。

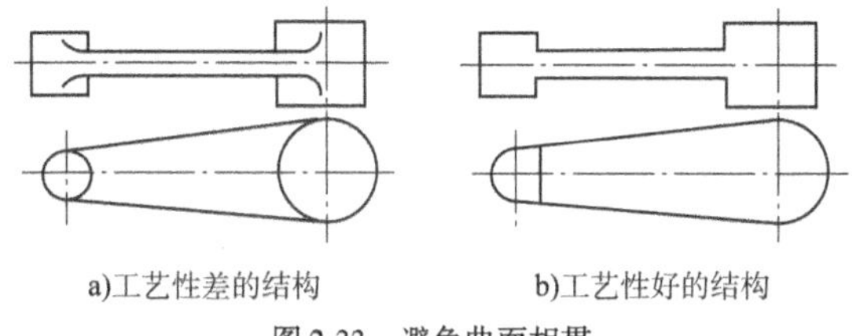

a)工艺性差的结构　　b)工艺性好的结构

图2-33　避免曲面相贯

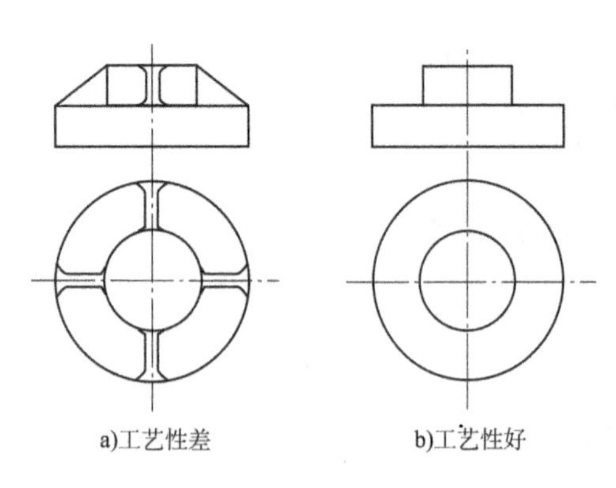

图2-34　避免加强肋和凸台结构

(3)自由锻造件上不应设置加强肋、表面小凸台以及工字形截面。

如图2-34a)所示的锻件由于加强筋的存在,锻造困难,如改进成图2-34b)所示的无加强筋结构,即具有良好的工艺性。

(4)避免锻件上窄的凹槽、小孔等不易锻出的部分。

用填加敷料的方法简化锻件形状,以便锻造。零件的最终形状和尺寸,用切削加工获得,如图2-35所示。但这会增加机加工工时和材料的消耗,应综合考虑。

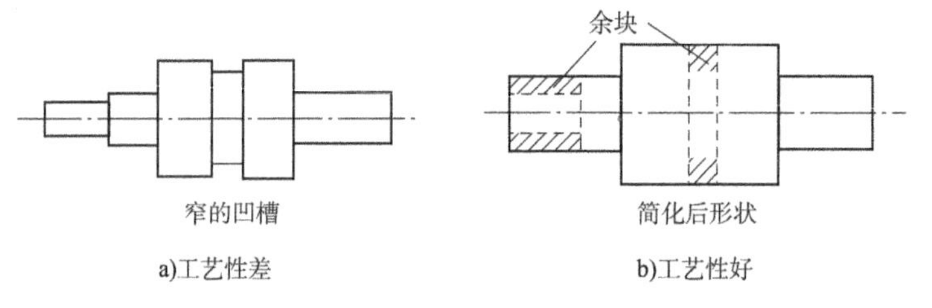

图2-35　加敷料简化形状

(5)避免截面尺寸急剧变化。

横截面有急剧变化或形状复杂的零件,可分成几个简单结构,锻后用焊机或机械连接的方法将它们组合起来,如图2-36所示。

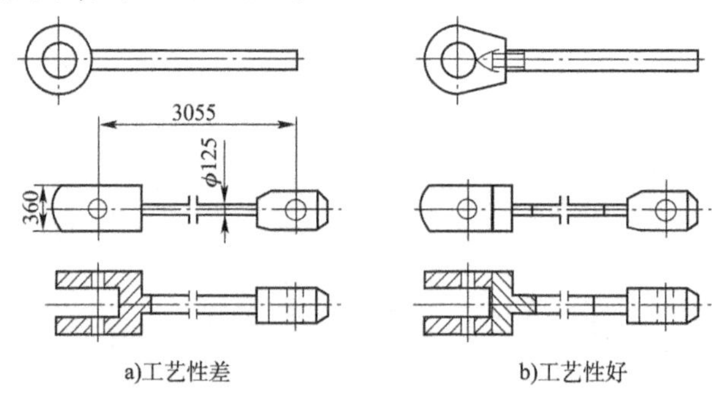

图2-36　组合结构

3)模锻工艺对锻件结构的要求

设计模锻件时,为方便模锻件生产和降低成本,应根据模锻特点和工艺要求使其结构符合如下原则。

(1)使金属容易充满模膛,减少加工工序。

零件外形应力求简单、平直和对称,尽量避免零件截面间相差过大或具有薄壁、高筋、凸起、窄沟、深槽、深孔及多孔结构。

如图2-37a)所示,零件的最小、最大截面之比小于0.5,故不宜采用模锻方法制造;且该零件凸缘薄而高,中间凹下很深,难于用模锻方法锻制。图2-37b)所示零件扁而薄,模锻时薄的部分金属易冷却,不易充满模膛。图2-37c)所示零件有一个高而薄的凸缘,使锻模制造和取出锻件都很困难。综合比较,图 2-37d)所示零件具有较好的结构工艺性。

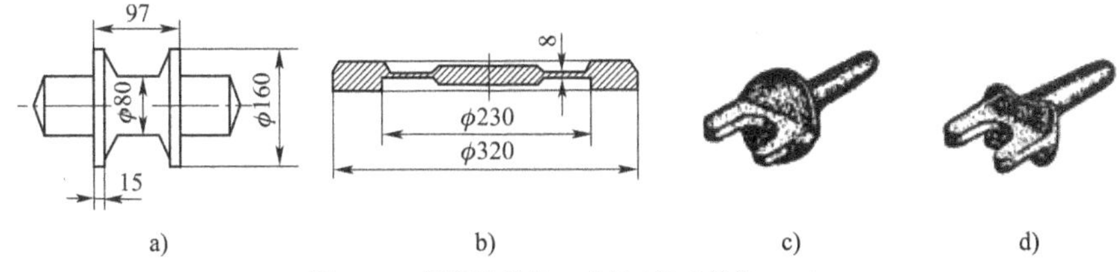

图 2-37　模锻件结构工艺性(尺寸单位:mm)

(2)锻件要有合理的分模、模锻斜度和圆角。

分模面应使模膛深度最小,宽度最大,敷料最少,如图 2-38 所示。图中涂黑处为敷料,目的是便于出模和金属流动。

(3)对复杂锻件,在条件许可下,可用锻-焊组合结构,以简化工艺,如图 2-39 所示。

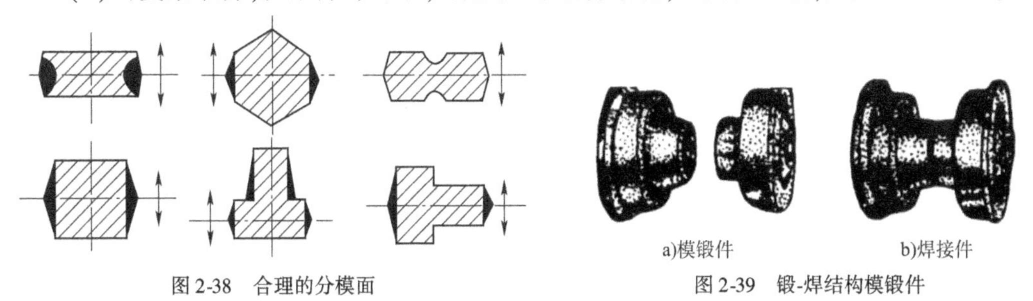

图 2-38　合理的分模面

图 2-39　锻-焊结构模锻件

2.4.2　冲压件的结构工艺性

冲压件的结构工艺性是指所设计的冲压件结构在满足使用性能要求的前提下,冲压成形的难易程度。良好的冲压件结构,可以减少材料的消耗、延长模具寿命、提高生产率、降低生产成本及保证冲压件质量。

1)落料件和冲孔件的结构要求

(1)落料件的外形和冲孔件的孔形应力求简单、对称,尽可能采用圆形或矩形等规则形状,应避免图 2-40 所示的长槽或细长悬臂结构。这样可以简化模具制造,提高模具寿命,并且冲裁件的结构应便于排样,减少废料的产生。

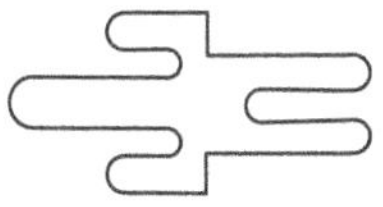

(2)冲裁件的结构尺寸(如孔径、孔距)必须考虑材料的厚度,孔径不小于板料厚度。

(3)冲裁件上直线与直线、曲线与直线的交接处,均应用圆弧连接。以避免尖角处因应力集中而产生裂纹。其最小圆角半径见表 2-3。

图 2-40　不合理的落料件外形

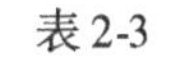

落料件、冲孔件的最小圆角半径　　表 2-3

工　序	圆弧角	最小圆角半径			
		黄铜、紫铜、铝	低碳钢	合金钢	
落料	α≥90°	0.24×δ	0.30×δ	0.45×δ	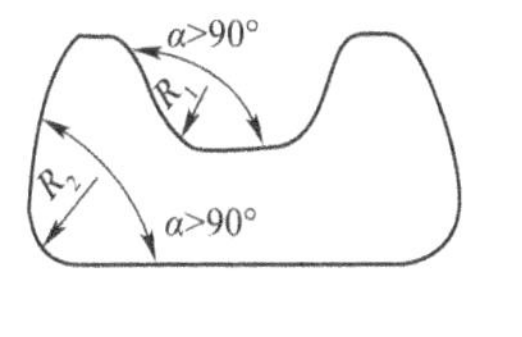
	α<90°	0.35×δ	0.50×δ	0.70×δ	
冲孔	α≥90°	0.20×δ	0.35×δ	0.50×δ	
	α<90°	0.45×δ	0.60×δ	0.90×δ	

2)拉深件的结构要求

(1)拉深件外形应尽量简单、对称,从而简化模具制造和降低拉深件的成形难度。

(2)拉深件的深度不宜过大,以便减少拉深次数,易于成形。

(3)拉深件应有结构圆角,否则将增加拉深次数及整形工作量,甚至产生拉裂现象。

3)弯曲件结构要求

(1)弯曲件的形状应尽量对称,弯曲半径不能小于材料允许的最小弯曲半径。

(2)弯曲边过短不宜成形,故应使弯曲的平直部分高度应大于板厚的2倍。否则,应先压槽后弯曲,或加高弯曲后再将多余的高度切除。

(3)弯曲带孔件时,为避免孔的变形,孔的位置与弯曲半径圆心处应相隔一定的距离。

(4)弯曲时还应考虑材料的流线方向,以免弯裂。

习　　题

一、单项选择题

1.金属在压力加工时,承受的压应力数目越多,则其(　　)。

A.塑性越好,变形抗力越小

B.塑性越差,变形抗力越小

C.塑性越好,变形抗力越大

D.塑性越差,变形抗力越大

2.某锻件经检验发现其晶粒粗大,其原因可能是(　　)。

A.始锻温度太高　　B.始锻温度太低

C.终锻温度太高　　D.终锻温度太低

3.为简化锻件形状,不予锻出而添的那部分金属称为(　　)。

A.余块　　B.余量　　C.坯料　　D.料头

4.金属的冷变形产生加工硬化现象,使强度硬度增加,而(　　)。

A.塑性,脆性下降　　B.韧性,脆性下降

C.塑性,韧性下降　　D.弹性,韧性下降

5.综合评定金属可锻性的指标是(　　)。

A.强度及硬度　　B.韧性及塑性

C.塑性及变形抗力　　D.韧性及硬度

6.变形速度增大对可锻温度的影响是(　　)。

A.增加　　B.降低

C.开始减低以后增加　　D.开始增加,发后减低

7.锻造前坯料加热的目的是(　　)。

A.提高塑性,降低变形抗力　　B.提高强度,降低韧性

C.提高塑性,增加韧性　　D.提高塑性,降低韧性

8.模锻件上必须有模锻斜度,这是为了(　　)。

A.便于充填模膛　B.减少工序　　C.节约能量　　D.便于取出锻件

9. 对于薄板弯曲件,若弯曲半径过小会发生(　　)。
A. 内侧裂纹　　B. 外侧起皱　　C. 外侧裂纹　　D. 内侧裂纹

10. 减少拉深件拉穿的措施之一是(　　)。
A. 减少拉深的高度　　B. 增大拉深的高度
C. 用压板　　D. 减少拉深模间隙

二、多项选择题

1. 实际生产中最常用的自由锻造基本工序有(　　)。
A. 镦粗　　B. 拔长　　C. 扭转　　D. 错移
E. 冲孔

2. 影响钢料锻造性能优劣的因素有(　　)。
A. 化学成分　　B. 石墨形态　　C. 变形温度　　D. 变形速度
E. 应力状态

3. 锻压的目的是改变或改善金属材料的(　　)。
A. 尺寸　　B. 形状　　C. 晶格结构　　D. 组织
E. 性能

4. 冷锻件图要根据零件图来绘制,在绘制的过程中应考虑的因素有(　　)。
A. 锻造余量　　B. 加工余量　　C. 锻造公差　　D. 冲孔连皮
E. 圆角半径

5. 根据金属流动方向和凸模运动方向,挤压可分为(　　)。
A. 正挤压　　B. 复合挤压　　C. 逆向挤压　　D. 同向挤压
E. 径向挤压

6. 下列选项中,(　　)属于冲压的分离工序。
A. 剪切　　B. 拉深　　C. 翻边　　D. 冲裁
E. 切边

7. 金属塑性变形后会出现(　　)现象。
A. 强度、硬度上升　　B. 强度、硬度下降
C. 塑性、韧性下降　　D. 塑性、韧性上升

8. 常用的锻造方法有(　　)。
A. 自由锻造　　B. 模锻　　C. 冲压　　D. 折弯

9. 冲压的基本工序有(　　)。
A. 冲裁　　B. 弯曲　　C. 拉深　　D. 成形

10. 自由锻造件结构设计的基本原则是(　　)。
A. 形状尽量简单　　B. 避免曲面交接
C. 避免锻肋　　D. 设计飞边槽
E. 凹坑代凸台　　F. 合理设计落料件外形

三、填空题

1. 影响合金锻造性能的内因有________和________两方面,外因包括________、________和________。

2. 冲压的基本工序包括________和________两大类。

3. 锻压生产的实质是________，所以，只有________材料适合于锻造。

4. 锻造基本方法包括________和________锻造。

5. 冷变形是指________温度以下的塑性变形。

6. 金属的锻造性能决定于金属的________和变形的________。

7. 锻造时，金属允许加热到的最高温度称________，停止锻造的温度称________。

8. 冲孔和落料的加工方法相同，只是作用不同，落料冲下的部分是________，冲孔被冲下的部分是________。

四、判断题（正确打"√"，错误打"×"）

1. 锻压可用于生产形状复杂，尤其是内腔复杂的零件毛坯。 （　　）
2. 在通常的锻造生产设备条件下，变形速度越大，锻造性越差。 （　　）
3. 变形区的金属受拉应力的数目越多，合金的塑性越好。 （　　）
4. 为防止错模，模锻件的分模面选择应尽量使锻件位于一个模膛内。 （　　）
5. 可锻铸铁零件可以用自由锻造的方法生产。 （　　）
6. 拉深模和落料模的边缘都应是锋利的刃口。 （　　）
7. 金属塑性成形中作用在金属坯料上的外力主要是压力和拉力。 （　　）
8. 自由锻造件的精度较模型锻造的精度高。 （　　）
9. 金属材料加热温度越高，越变得软而韧，锻造越省力。 （　　）
10. 模锻件的侧面，即平行于锤击方向的表面应有斜度。 （　　）

五、简答题

1. 什么是热变形？什么是冷变形？各有何特点？生产中如何应用？
2. 什么叫加工硬化？加工硬化对工件性能及加工过程有何影响？
3. 金属在规定的合理锻造温度范围以外进行锻造，可能会出现什么问题？
4. 什么是可锻性？其影响因素有哪些？
5. 自由锻造有哪些主要工序？试比较自由锻造和模锻造的特点及应用范围。
6. 设计自由锻造件时，应注意哪些工艺问题？

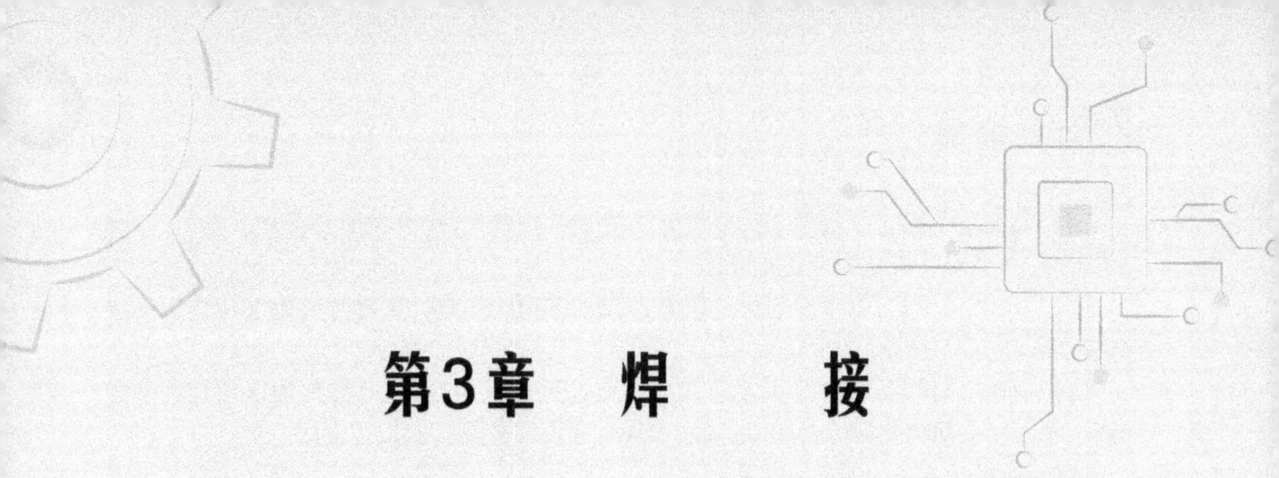

第3章　焊　　接

3.1　焊接的概念及特点

焊接是一种永久性连接金属的工艺方法。焊接过程的实质是用加热、加压或加热又加压等手段,借助金属原子的结合与扩散作用,使分离的金属材料牢固地连接起来。

焊接成形主要有以下特点。

(1)减轻了结构重量,节省金属材料与工时。在金属结构制造当中,用焊接代替传统铆接方法,一般可节省金属材料的15% ~20% ,由于节省了材料,因此可减轻自重。

(2)能化大为小,拼小成大,降低生产成本。在制造大型结构或复杂的机器零部件时,将它们合理分解,并准备坯料,然后逐次组装并焊接的方法拼小成大。另外还可以采用焊接与铸造、锻造组成的复合工艺,以小型铸造、锻造设备生产大的零件,以减轻铸、锻工作量,并降低生产成本。

(3)可以制造双金属结构。如采用堆焊方法可以制造表层是高铬铸铁、内层是锻钢的挖掘机斗齿,利用爆炸焊接可以制造双金属板材,用于制造化工设备、高温设备、高压设备和抗磨设备。

(4)便于实现机械化、自动化。如在汽车行业有大量的焊接机器人应用。

(5)焊接接头组织与性能不均匀。焊接过程是一个不均匀加热和冷却的过程,接头组织与性能不均匀的程度大大超过了铸件和锻件,从而影响了焊接结构的精度和承载能力。

焊接在现代工业生产中具有十分重要的作用,它是用来制造金属结构和机械零件的重要工艺方法之一,如舰船的船体、军用舟桥、桥梁、工程装备车架、起重机械、汽车车身、电视塔、高炉炉壳、建筑构架、锅炉与压力容器、车厢及家用电器壳体等,都是用焊接方法制造的。焊接也常用作机械零件的焊补修复工艺。

3.2　焊接成形理论基础

3.2.1　焊接的分类

焊接的方法很多,通常按照焊接过程的特点分为熔化焊、压力焊和钎焊三大类。

(1)熔化焊。熔化焊是指工件待焊处的接头母材熔化,接头在液态下相互熔合,冷却后凝固在一起形成焊缝的工艺方法。

(2)压力焊。压力焊是指焊接过程中,无论加热或不加热,都对焊件施加压力以完成焊接的方法。

(3)钎焊。钎焊是指在接头之间加入熔点远比母材低的合金,局部加热使这些合金熔化,填充接头间隙并与母材相互扩散,实现分离件间的连接的工艺方法。

常用的焊接方法如图3-1所示。

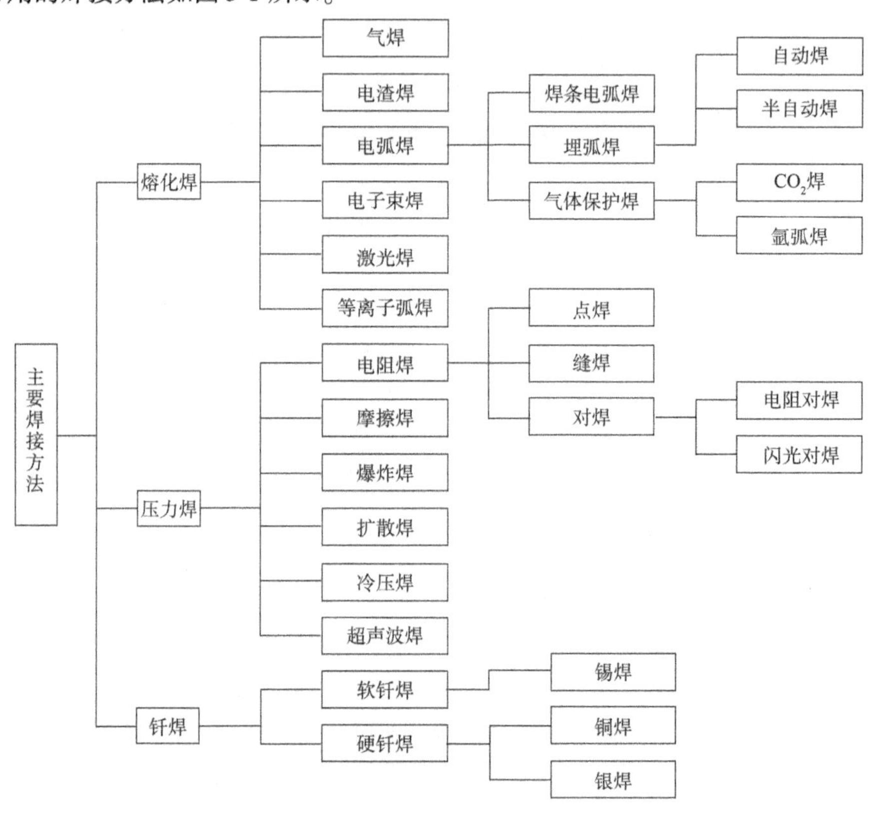

图3-1　常用焊接方法

3.2.2　电弧焊的冶金过程

电弧焊时,焊接区各种物质在高温下互相作用,产生一系列变化的过程称为电弧焊冶金过程。焊条电弧焊的冶金过程如图3-2所示。电弧在焊条与被焊金属(母材)之间燃烧,电弧热使焊条与被焊金属同时熔化成为熔池,焊条金属液滴借助重力和电弧气体的吹力作用不断进入熔池中。电弧热还使药皮熔化和燃烧,与液体金属起物理化学反应,形成熔渣覆盖在熔池之上,并产生大量的CO_2保护性气体,保护熔池及焊缝不受空气的有害作用。

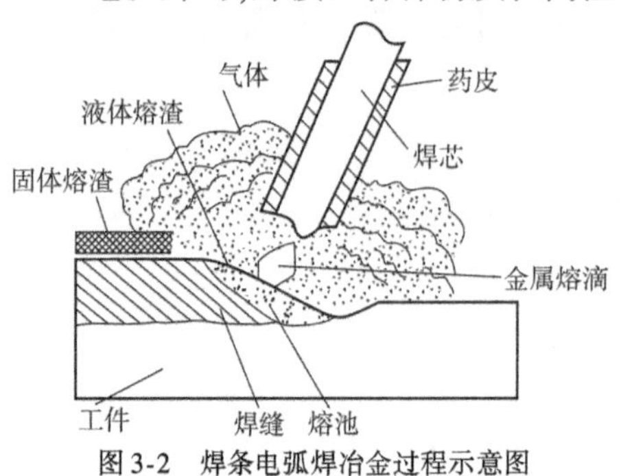

图3-2　焊条电弧焊冶金过程示意图

电弧焊的冶金过程与电弧炉冶炼金属共同之处在于,液态金属内及液态金属与熔渣界面处都有一系列的物理与化学反应过程。焊接的冶金过程与一般冶炼过程比较,有以下特点:

(1)焊接电弧和熔池的温度高于一般的冶炼温度,金属蒸发、氧化和吸气现象严重。

(2)金属熔池的体积小,周围又是温度较低的冷金属,冷却速度快,因此,熔池处于液态的时间很短,熔渣和气体来不及浮出,金属内部就会产生气孔和夹渣等缺陷,熔池金属在焊接过程中快速变化,冶金反应达不到平衡状态,焊缝金属化学成分不均匀。

3.2.3　焊接接头的组织与性能

焊接是一个金属重新熔化与结晶的过程,在焊接过程中,焊接接头中各区域温度变化是不同的,加热和冷却情况有差异,如图3-3所示,相当于焊接接头中各区域受到一次不同规范的热处理。因此,焊接接头的组织与母材不相同,必然有相应的性能变化。

对于熔焊来说,焊接接头一般包括焊缝区、熔合区和热影响区,如图3-4所示。现以低碳钢为例来说明焊缝和热影响区受到电弧加热而产生的组织与性能变化。图3-4左侧下部是焊件的横截面,上部是相应各点在焊接过程中被加热的最高温度曲线(并非该截面的实际温度曲线),图中各区域金属组织的变化,可结合右侧铁—碳合金状态图来对照分析。

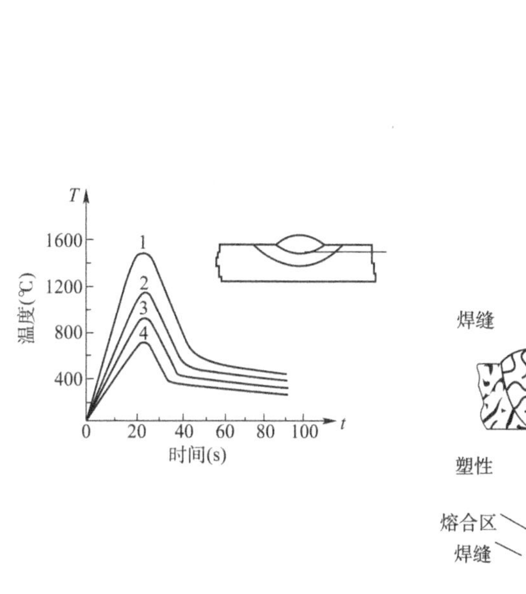

图3-3　焊接接头温度变化情况

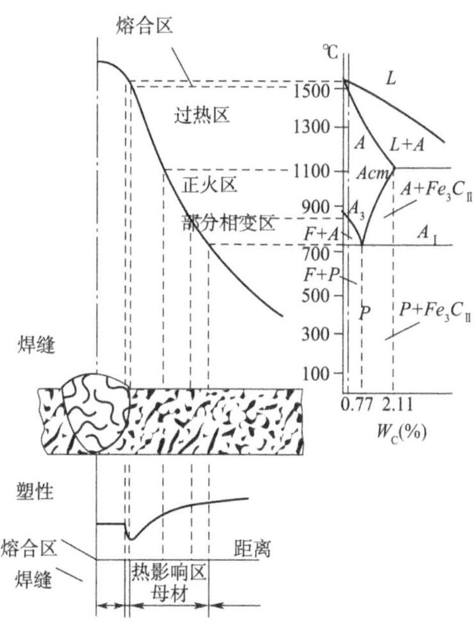

图3-4　低碳钢焊接接头的组织变化

1)焊缝区

焊缝是由熔池中的金属凝固而成的,金属的结晶是从熔池底壁开始的,沿着散热相反的方向生长,约垂直于熔池底壁,并逐渐向焊缝中心延伸,最终形成柱状晶。这是一种铸态组织,晶粒粗大,成分不均匀,组织不致密,硫、磷等形成的低熔点杂质容易在焊缝中心形成偏析,使焊缝塑性降低,导致产生热裂纹的倾向增加。如果焊接时选择合适的电焊条，由于药皮的合金化作用，焊缝金属中锰、硅等合金元素的含量可能比基本金属高，再加上熔池金属凝固时冷却速度较快，所以焊缝金属的性能可不低于基本金属。

2）热影响区

热影响区是指焊缝两侧因焊接热作用而发生组织、性能变化的区域。热影响区可分为熔合区、过热区、正火区和部分相变区，如图3-4所示。

（1）熔合区。

熔合区是指焊接接头中焊缝和母材金属的交界区。该区在焊接过程中，金属局部熔化，所以也称半熔化区。熔化部分金属形成铸造组织，半熔化部分金属晶粒因受热而粗大。在低碳钢的焊接接头中，这一区域虽然较窄（0.1～1mm），但该区域成分不均匀，晶粒粗大，强度、塑性和韧性低，在很大程度上决定着焊接接头的性能。

（2）过热区。

过热区紧靠着熔合区。过热区的温度范围为固相线至1100℃，宽度1～3mm，该区受高温影响，金属晶粒长大十分严重，常常形成过热组织，其冲击韧性降低，如果是焊件是易淬火硬化钢材，那危害性更大。

（3）正火区。

正火区金属被加热到Ac_3稍高的温度，宽度为1.24mm，金属发生再结晶，冷却后使金属晶粒细化，得到正火组织，因而机械性能得到改善，一般情况下，正火区的力学性能高于未经热处理的母材金属。

（4）部分相变区。

部分相变区相当于加热到Ac_1～Ac_3温度区间。珠光体和部分铁素体发生重结晶转变而使晶粒细化，但部分铁素体来不及转变，冷却后还是原来的组织形态。因此，该区域晶粒大小不一，组织不均匀，机械性能较差。

热影响区的大小和组织性能变化的程度决定于焊接方法、焊接规范、焊接材料、接头形式和焊后冷却速度等因素，一般来说，在保证焊接接头品质的前提下，增加焊接速度、减少焊接电流都能使熔合区、过热区变小。表3-1是用不同焊接方法焊接低碳钢时，焊接热影响区的平均尺寸数值。

焊接低碳钢时热影响区的平均尺寸（mm） 表3-1

焊接方法	过热区宽度	热影响区总宽度
焊条电弧焊	2.2～3.5	6.0～8.5
埋弧自动焊	0.8～1.2	2.3～4.0
手工钨极氩弧焊	2.1～3.2	5.0～6.2
气焊	21	27
电渣焊	18～20	25～30
电子束焊	—	0.05～0.75

为了改善焊接接头的性能，消除热影响区的有害影响，重要的钢结构或用电渣焊焊接的构件，在焊接后必须采用热处理方法消除焊接热影响区的不利影响。低碳钢焊接时因其塑性很好，热影响区较窄，危害性较小，焊后不进行热处理就能保证使用。

3.2.4　金属材料的焊接性能

1)焊接性能的概念

金属材料的焊接性能是指金属在一定的焊接技术条件(焊接方法、焊接材料、工艺参数及结构形式)下,获得优质焊接接头的难易程度,即金属材料对焊接加工的适应性。焊接性能包括两个方面:一是工艺焊接性,主要是指焊接接头产生工艺缺陷的倾向,尤其是产生裂纹的倾向性或敏感性;二是使用焊接性,是指焊接接头在使用中的可靠性,包括焊接接头的力学性能及其他特殊性能(如耐热、耐蚀性能等)。

金属材料的焊接性能与母材的化学成分、厚度、焊接方法及其他技术条件密切相关。同一种金属材料采用不同的焊接方法、焊接材料、工艺参数及焊接结构形式,其焊接性能有较大的差别。如铝及铝合金采用手工电弧焊焊接时,难以获得优质的焊接接头,但若采用氩弧焊焊接时则焊接接头品质好,此时焊接性好。

2)焊接性能的评定

金属材料的焊接性能是生产设计、施工准备及制定焊接工艺的重要依据,因此,当采用金属材料尤其是新的金属材料制造焊接结构时,了解和评价金属材料的焊接性能是非常重要的。

影响焊接性能的因素有很多,熔焊时,焊接热影响区的淬硬和冷裂纹倾向直接影响焊接接头的性能,因此,常以此评价金属材料的焊接性能。而材料的化学成分是影响淬硬和冷裂纹倾向的重要因素之一,对于钢材而言,碳含量的影响最为显著,其他元素对钢材的淬硬和冷裂纹倾向可以折算成碳的影响,将这些含碳量的影响综合起来就称为材料的碳当量 C_E。碳当量的计算公式是通过大量实践经验总结而来的,国际焊接学会推荐碳钢和低合金钢焊接的碳当量 C_E 公式为:

$$C_E = w_c + \frac{w_{Mn}}{6} + \frac{w_{Cr} + w_{Mo} + w_V}{5} + \frac{w_{Ni} + w_{Cu}}{15} \tag{3-1}$$

式中:w_c、w_{Mn}、w_{Cr}、w_{Mo}、w_V、w_{Ni}、w_{Cu}——钢中相应元素的质量百分数。

在计算碳当量时,各元素的质量分数都取成分范围的上限。碳当量越大,钢材的焊接性能越差,硫、磷对钢材的焊接性能影响极大,但在各种合格钢材中,硫、磷一般都受到严格控制。所以,计算碳当量时可以忽略。

根据经验可知:

①$C_E < 0.4\%$ 时,钢材塑性良好,淬硬和冷裂纹倾向小,钢材的焊接性能良好。在一般的焊接条件下,焊件不会产生裂纹。但厚大工件或在低温下焊接时,应考虑预热。

②$C_E = 0.4\% \sim 0.6\%$ 时,钢材塑性下降,淬硬和冷裂纹倾向增加,钢材的焊接性能较差。在焊接前需适当预热,焊接后注意缓冷,焊件不会产生裂纹。

③$C_E > 0.6\%$ 时,钢材塑性变差,淬硬和冷裂纹倾向很强,钢材的焊接性能不好。在焊接前必须预热到较高温度,焊接时要采取减少焊接应力和防止开裂的工艺措施,焊接后要进行适当的热处理,才能保证焊接接头质量。

用碳当量 C_E 估算钢材焊接性能是粗略的,因为钢材的焊接性能还受到结构刚度、焊后应力条件、环境温度等因素的影响。例如,当钢板厚度增加时,结构刚度增大,焊后残余应力也较大,焊缝中心部位处于三向拉应力状态,因此,表现出焊接性能下降。在实际工作中确定材料焊接性能时,除初步估算外,还应根据实际情况进行抗裂试验及焊接接头使用焊接性的试验,为制定合理的工艺规程提供依据。

3)常用金属材料的焊接

(1)碳素钢的焊接。

低碳钢(碳含量≤0.25%)塑性好,一般没有淬硬倾向,对焊接过程不敏感,焊接性能好,焊接时不需要采取特殊的工艺措施,通常在焊后也不需要进行热处理(电渣焊除外)。低碳钢可以用各种焊接方法进行焊接。应用最广泛的是焊条电弧焊、埋弧焊、电渣焊、气体保护焊和电阻焊等。

中碳钢(0.25% <碳含量≤0.6%)的热影响区易产生淬硬组织和冷裂纹,它的焊缝金属产生热裂纹倾向较大,随着含碳量的增加,淬硬倾向更加明显,焊接性能变差。因此在焊接前,必须进行预热,以减少应力和淬硬组织,35 钢和 45 钢的预热温度为 150 ~200℃。

高碳钢(碳含量 >0.6%)的焊接特点与中碳钢基本类似,由于碳含量更高,焊接性能变得更差。进行焊接时,应采用更高的预热温度、更严格的工艺措施。高碳钢的焊接一般只限采用焊条电弧焊进行修补工作。

(2)合金钢的焊接。

低合金结构钢的屈服极限在 400MPa 以下、碳当量较小时,焊接性能良好,焊接时不需采取特殊的工艺措施,如 Q345;低合金结构钢的屈服极限在 400MPa 以上、碳当量较大时,淬硬倾向较大,焊接性能较差,焊接时可根据需要,进行焊前预热和焊后热处理。

(3)铸铁的焊补。

铸铁的含碳量高,组织不均匀,塑性很低,焊接时焊缝金属的碳和硅等元素烧损较多,熔合区易产生白口组织,焊缝及热影响区在焊接应力较大时,会产生裂纹,因此,铸铁的焊接性能很差。铸铁焊接时必须采用严格的工艺措施。一般都采用焊前预热,焊后缓冷以及通过调整焊缝化学成分等方法,来防止白口组织及裂纹的产生。

(4)铜及铜合金的焊接。

铜及铜合金的焊接性能一般都较差,同时铜的导热率大,焊接时母材和填充金属难以熔合,因此,必须采用大功率热源,必要时采用预热措施。生产中,常根据铜合金种类选择焊接方法,目前,常用氩弧焊焊接紫铜、黄铜、青铜及白铜;黄铜还常采用气焊;另外,还可以采用钎焊及等离子弧焊等进行焊接。

(5)铝及铝合金的焊接。

铝及铝合金的焊接较为困难,铝极易生成熔点很高(2025℃)的氧化铝薄膜,其密度比纯铝大 1.4 倍,且易吸收水分,焊接时易形成气孔、夹渣等缺陷;铝的热导率大,焊接时消耗的热量多,必须采用大功率的热源。针对上述焊接特点,生产中,一般都采用不同的焊接方法来焊接不同的铝和铝合金。目前,最常用的是氩弧焊,其适合于各类铝合金;另外,等离子弧焊及电子束焊也适宜于焊接铝合金。

3.2.5 焊接应力与变形

焊接的热过程除了引起焊接接头金属组织与性能的变化之外,还会产生应力与变形。

内应力使结构的有效应力降低,甚至可能使结构在焊接过程中或使用中产生裂纹,最后导致整个构件的破坏。焊接构件产生变形后不仅影响结构的尺寸精度和外观,而且可能影响结构的承载能力,甚至可能使结构报废。

因此,在设计和制造焊接结构时,应尽可能减小焊接应力与变形。

1)焊接应力与变形产生的原因

焊接过程对整个焊件来说,加热是局部的(图3-5a),与高温加热产生塑性变形的过程相似(即受到周围冷却金属的阻碍),所以,焊接后这一区域金属将产生缩短现象(图3-5b)。由于受到周围冷却金属的阻碍,这一收缩是不自由的,所以,在产生收缩变形的同时,还会产生焊接应力。这一现象可参见图3-5金属杆件热胀冷缩的情况。

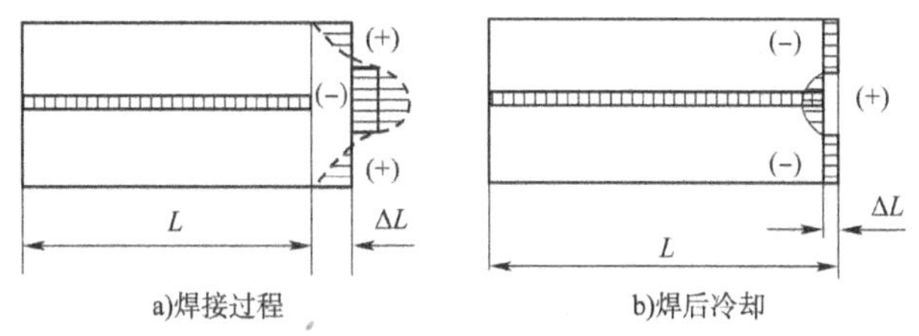

图3-5　平板对接焊的应力分析

2)焊接变形的基本形式

焊接变形可能是多种多样的,但最常见的是图3-6所示的几种基本形式,或这几种形式的组合。

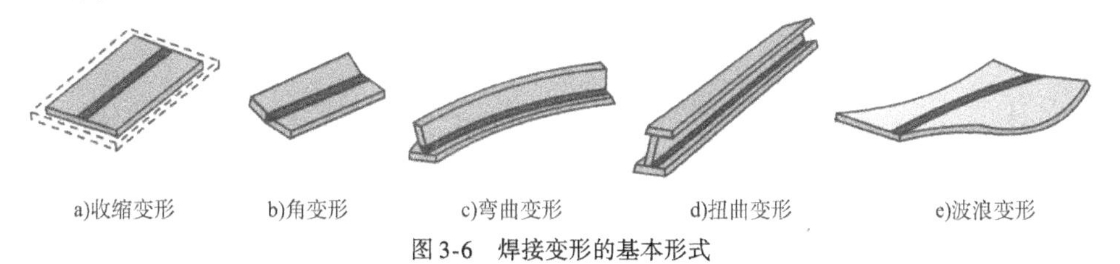

图3-6　焊接变形的基本形式

(1)收缩变形。

焊接后,焊缝纵向和横向收缩引起的变形。

(2)角变形。

V形坡口对焊时,由于焊缝截面上下不对称,上下收缩量不同而引起的变形。

(3)弯曲变形。

T字梁焊接时,由于焊缝布置不对称,焊缝纵向收缩后引起弯曲变形。

(4)扭曲变形。

焊缝在构件的横截面上布置不对称,或焊接工艺不合理,焊接后使工件产生的变形。

(5)波浪变形。

焊接薄板结构时,由于薄板在焊接应力作用下丧失稳定性而引起的变形。

3)减少焊接变形的措施

焊接变形是不可避免的,但可以采用合理的结构形式和适当的工艺措施减少焊接变形。

(1)反变形法。

用实验或计算方法,预先判定焊接后可能发生的变形的大小和方向,将工件安放在相反的位置上(图3-7)。或在焊接前使工件反方向变形,以抵消焊接后发生的变形。

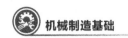

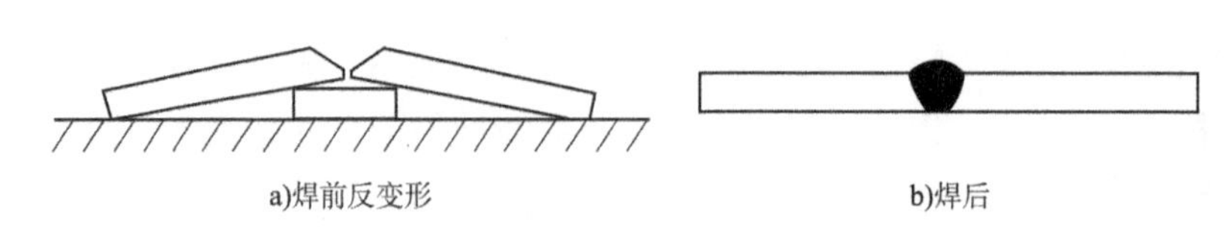
a)焊前反变形　　b)焊后

图 3-7　平板焊接的反变形

(2)加裕量法。

在工件尺寸上加一定的收缩裕量,以补充焊接后的收缩,一般为 0.1% ~0.2% 。

(3)刚性夹持法。

焊接前将工件固定夹紧,焊接后可大大减少变形。加紧方法很多,图 3-8 所示为一例。刚性夹持法只适用于塑性较好的低碳钢结构,对淬硬性较大的钢材及铸铁不能使用,以避免焊后断裂。

(4)选择合理的焊接顺序。

如果构件的对称两侧都有焊缝,应设法使两侧焊缝的收缩能互相抵消或减弱。例如,X 形坡口焊缝的焊接顺序如图 3-9 所示。工字梁与矩形梁等对称断面梁的焊接顺序如图 3-10 所示。

图 3-8　刚性固定防止凸缘角变形　图 3-9　X 形坡口的焊接顺序　图 3-10　对称断面梁的合理焊接顺序

4)焊接变形的矫正方法

矫正焊接变形的要点是使焊接构件产生新的变形,以纠正焊接后的变形。生产中常用的矫正方法有机械矫正法和火焰矫正法两种。

(1)机械矫正法。

机械矫正法是利用机械外力的作用来矫正变形的方法,如图 3-11 所示,可采用辊床、压力机、矫正机等机械外力,也可用手工锤击矫正。

(2)火焰矫正法。

利用氧-乙炔火焰在焊件的适当部位上加热,使工件在冷却收缩时产生与焊接变形反方向的变形,以矫正焊接后的变形,如图 3-12 所示。火焰矫正主要用于低碳钢和部分普通低合金钢。加热温度不宜过高,一般在 600 ~800℃之间。

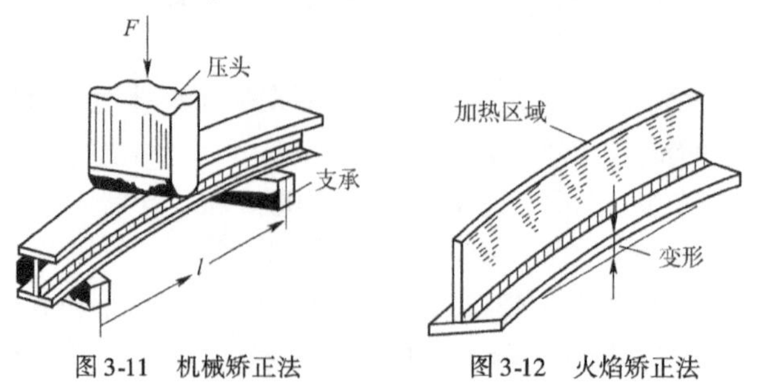

图 3-11　机械矫正法　　图 3-12　火焰矫正法

5)减少焊接应力的方法

(1)选择合理的焊接顺序

焊接平面上的焊缝,应保证焊缝的纵向与横向收缩能够比较自由,如变形受阻,焊接应力就要加大。焊接交叉焊缝时,例如,图 3-13 所示三块钢板的拼接焊缝,应按图 3-13a)中 1、2 顺序进行,可减少内应力;反之,如按图 3-13b)中的 1、2 顺序进行,就要增大内应力,特别是在交叉处 A 易发生裂缝。

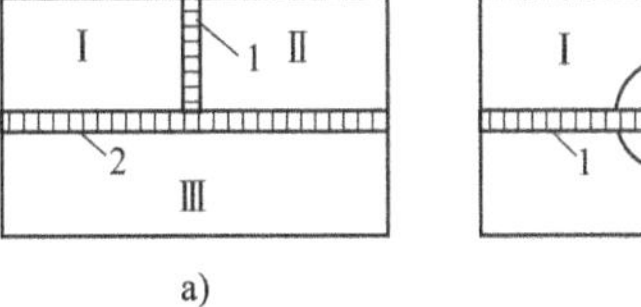

图 3-13　焊接次序对焊接应力的影响

(2)预热法。

预热可使焊缝区金属和周围金属的温差减小,焊后又可比较均匀地缓慢冷却收缩,显著减少焊接应力,同时可减少焊接变形。

(3)锤击焊缝。

用圆头小锤对红热状态下的焊缝进行均匀迅速的锤击,使之产生塑性变形,减少焊接应力和变形。

(4)焊后退火处理。

焊后退火是常用的也是最有效的消除焊接应力的一种方法。它是在焊后将工件均匀加热到 600 ~ 650℃,保温一定时间,而后缓慢冷却。整体退火处理一般可消除 80% ~ 90% 的焊接残余应力。

3.3　焊接成形工艺方法

3.3.1　熔化焊

熔化焊是利用各种热源(电能、化学能等)将构件的连接部分加热,使之熔化并熔合在一起,待其冷却凝固后形成焊缝从而将构件连接起来的焊接方法。根据所用热源的不同,熔化焊又可以分为电弧焊、电渣焊、气焊、电子束焊、激光焊等。

1)电弧焊

电弧焊是利用电弧来加热和熔化金属的。如图 3-14 所示,焊接电弧是在电极(金属丝、钨极、炭棒、焊条等)与工件间的气体介质中长时间而有力的放电现象,即在局部气体介质中有大量电子流通过的导电现象。电弧引燃后,弧柱中充满了高温电离气体,放出大量热能和强烈的光。电弧热与焊接电流、电压乘积成正比。一般说来,电弧热量在阳极区产生的较多,约占总热量的 43%,阴极区因放出大量电子消耗了一定能量,所以产生的热量较少,约占 36%,其余热量(约占 21%)是在弧柱中产生的。电弧焊就是利用这些热能来熔化焊接材料和母材,达到连接金属的目的。目前,电弧焊是生产中应用最为广泛的焊接方法之一。

(1)焊条电弧焊。

焊条电弧焊是利用电弧产生的热量来熔化被焊金属(母材)和焊条的一种手工操作的焊接方法。

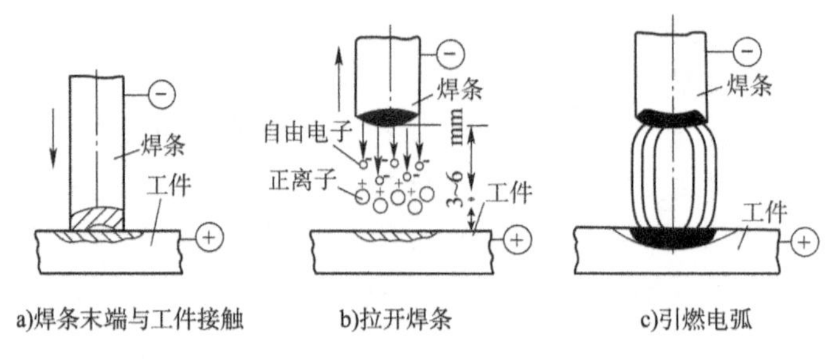

图 3-14　焊接电弧形成过程示意图

①焊条电弧焊设备。

焊条电弧焊设备简单,容易维护,焊钳小,操作灵活、方便,可在室内、室外、高空和各种位置施焊,配用相应的焊条。焊条电弧焊可以用于碳钢、低合金钢、耐热钢、不锈钢、铸铁、铜、铝及其合金等的焊接,是基本的焊接方法之一。但焊条电弧焊生产率较低,劳动条件较差,所以,随着埋弧自动焊、气体保护焊等先进电弧焊方法的出现,焊条电弧焊的应用有所减少。

焊条电弧焊的电焊机是供给焊接电弧燃烧的电源,常用的有交流电焊机、直流电焊机和整流电焊机等,直流电焊机的输出端有正、负极之分,焊接时电弧两端的极性不变。因此,直流电焊机的输出端有两种不同的接线方式:一是正接,焊件接电焊机正极,电焊条接电焊机负极,如图 3-15a)所示;二是反接,焊件接电焊机负极,电焊条接电焊机正极,如图 3-15b)所示。正接用于较厚或高熔点金属的焊接,反接用于较薄或低熔点金属的焊接。

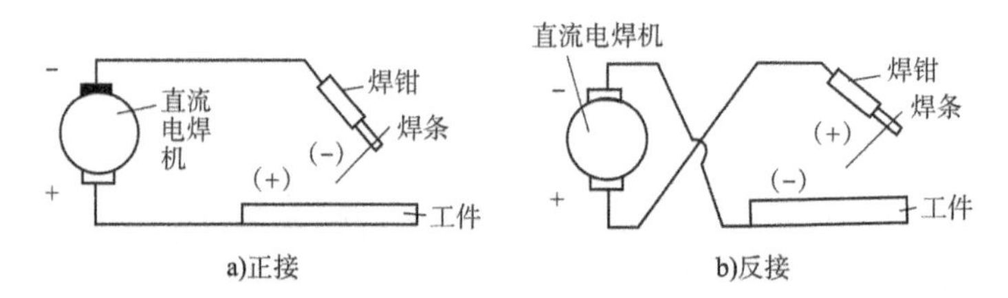

图 3-15　直流电弧焊机的不同接线法

②焊条。

a. 焊条的组成与作用。

焊条由金属焊芯和药皮组成,如图 3-16 所示。金属焊芯在焊接时起两个作用:一是作为电源的一个电极,传导电流,产生电弧;二是熔化后作为填充金属,与母材(基本金属)一起形成焊缝金属,焊芯是经过特殊冶炼而成的,其化学成分符合《熔化焊用钢丝》(GB/T 14957—1994)的要求。常用的几种碳素钢焊接钢丝的牌号和成分见表 3-2。

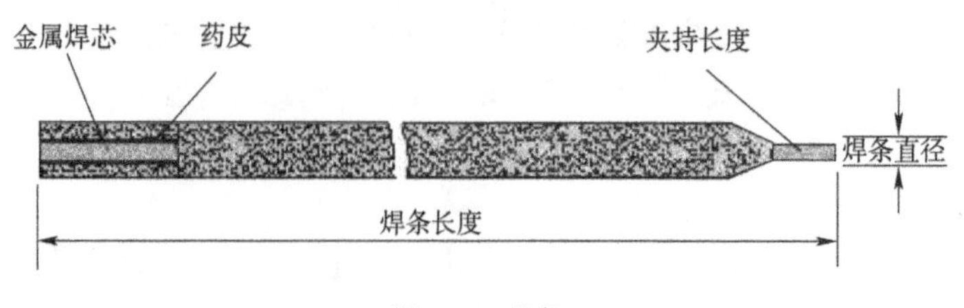

图 3-16　焊条

碳素钢焊接钢丝的牌号和成分 表 3-2

牌号	化学成分(%)							用途
	w_c	w_{Mn}	w_{Si}	w_{Cr}	w_{Ni}	w_S	w_P	
H08E	≤0.10	0.30~0.55	≤0.03	≤0.20	≤0.30	≤0.020	≤0.020	重要焊接结构
H08A	≤0.10	0.30~0.56	≤0.03	≤0.20	≤0.30	≤0.030	≤0.030	一般焊接结构
H08MnA	≤0.10	0.80~1.10	≤0.07	≤0.20	≤0.30	≤0.030	≤0.030	用作埋弧焊焊丝

焊条电弧焊时,焊缝金属的50%~70%来自焊芯,焊芯的品质直接决定了焊缝的品质,因此,焊芯采用焊接专用的金属丝。结构钢焊条的焊芯常用的为H08、H08A、H08MnA,其中"H"是"焊"字的汉语拼音字头,表示焊接用钢丝;"08"表示碳的平均质量分数为0.08%;"A"表示高级优质钢。

焊芯的直径称为焊条直径,焊芯的长度就是焊条的长度。常用的焊条直径有1.6mm、2.0mm、2.5mm、3.2mm、50mm等几种,长度在200~450mm之间。其中,直径为3.2~5mm的焊芯应用最广。

焊条药皮是压涂在焊芯表面的涂层,由矿物质、有机物、铁合金和黏结剂组成,在焊接过程中药皮有如下作用:一是机械保护作用,利用药皮熔化产生的气体和形成的熔渣隔离空气,防止有害气体侵入熔池中的液态金属;二是冶金处理作用,通过熔渣与熔化金属冶金反应,除去有害物质,如硫、磷、氧、氢;三是合金化作用,向熔池金属添加有益的合金元素,使焊缝金属获得符合要求的化学成分和力学性能;四是稳定电弧作用,在药皮中含有一定的稳弧剂,可以提高电弧燃烧的稳定性,改善焊条的焊接工艺性。

b.焊条的分类、型号和牌号。

焊条按用途不同,可以分为碳钢焊条、低合金钢焊条、不锈钢焊条、铸铁焊条、堆焊焊条、镍和镍合金焊条、铜和铜合金焊条、铝和铝合金焊条等。

焊条按焊条药皮中氧化物的性质,分为酸性焊条和碱性焊条两类。酸性电焊条熔渣中酸性氧化物的比例较高,焊缝美观,具有电弧稳定、熔渣飞溅小、易脱渣、流动性和覆盖性较好等优点,对铁锈、油脂、水分的敏感性不大,但焊接中对药皮合金元素烧损较大,抗裂纹较差,一般适用于焊接低碳钢和不重要的结构件。碱性焊条熔渣中碱性氧化物的比例较高,具有电弧不够稳定,熔渣的覆盖性较差,焊缝不美观,焊前要求清除油脂和铁锈等缺点。但碱性焊条焊缝金属中的含锰量比酸性焊条高,有害元素比酸性焊条少,故碱性焊条的力学性能比酸性焊条好,焊接时,它的脱氧去氢能力较强,焊接后焊缝的质量较高,适用于焊接重要的结构件。

焊条型号是国家标准中的焊条代号。碳钢焊条见《非合金钢及细晶粒钢焊条》(GB/T 5117—2012),用E加四位数字表示。如E4303,"E"表示焊条;此后的两位数表示熔敷金属抗拉强度的最小值,单位是kgf/mm^2;第三位数字表示焊条的焊接位置,其中,"0"及"1"表示焊条适用于全位置焊接,"2"表示焊条适用于平焊及平角焊,"4"表示焊条适用于向下立焊;第三位和第四位数字组合表示焊接电流种类及药皮类型。

焊条牌号是焊条行业统一的焊条代号。焊条牌号一般用一个大写拼音字母和三个数字表示,如J422、J507等。字母表示焊条的大类,前两位数字表示各大类中的若干小类,如结构钢焊条前两位数字表示焊缝金属的抗拉强度的最小值，单位是 kgf/mm^2，最后一个数字表示药皮类型和电源种类，见表 3-3。焊条牌号大类见表 3-4。

焊条药皮类型和电源种类　表 3-3

序号	名　称	代　号	
		字母	汉字
1	结构钢焊条	J	结
2	钼和铬钼耐热钢焊条	R	热
3	低温钢焊条	w	温
4	不锈钢	G	铬
		A	奥
5	堆焊焊条	D	堆
6	铸铁焊条	Z	铸
7	镍及镍合金焊条	Ni	镍
8	铜及铜合金焊条	T	铜
9	铝及铝合金焊条	L	铝
10	特殊用途焊条	TS	特

焊条牌号大类　表 3-4

焊条型号	药皮类型	电源种类	相应焊条牌号
E××01	钛铁矿型	交流、直流	J××3
E××03	钛钙型	交流、直流	J××2
E××11	高纤维素钾型	交流、直流	J××5
E××13	高钛钾型	交流、直流	J××1
E××15	低氢钠型	直流	J××7
E××16	低氢钾型	交流、直流	J××6
E××20	氧化铁型	交流、直流	J××4
	石墨型	交流、直流	J××8

电焊条的种类有很多，合理选用焊条对焊接质量、产品成本和劳动力生产率都有很大影响。焊条选用的原则主要有：第一，根据焊件的化学成分和性能要求选择相应的焊条种类，焊接低碳钢或低合金钢时，一般要求焊缝金属与母材等强度；焊接耐热钢、不锈钢等主要考虑化学成分与母材相同；第二，根据焊件的结构复杂程度和刚性选择适当的焊条种类，对于形状复杂、刚性较大的结构及焊接件承受冲击载荷、交变载荷的结构时，应选用抗裂性好的碱性焊条；第三，根据焊件的工艺条件和经济性选择合适的焊条种类，对难以在焊接前清理的焊件，可采用对锈、氧化物和油敏感性小的酸性焊条，在满足使用性能的前提下，应选用价廉的酸性电焊条。此外，还应考虑焊接工人的劳动条件、生产率、焊接质量等因素。

（2）埋弧焊。

埋弧焊是以连续送进的焊丝作为电极和填充金属。焊接时，焊接区的上方覆盖粒状焊剂，电弧在焊剂层下燃烧，将焊丝端部和局部母材熔化，形成熔池，熔池金属凝固后，形成焊缝，如图 3-17 所示。埋弧焊又称焊剂层下电弧焊。埋弧焊可以自动、半自动方式进行。埋弧自动焊电弧的引燃、维持、沿焊接方向移动、焊丝的送进以及焊剂的布撒，都是由埋弧焊机自动进行的。

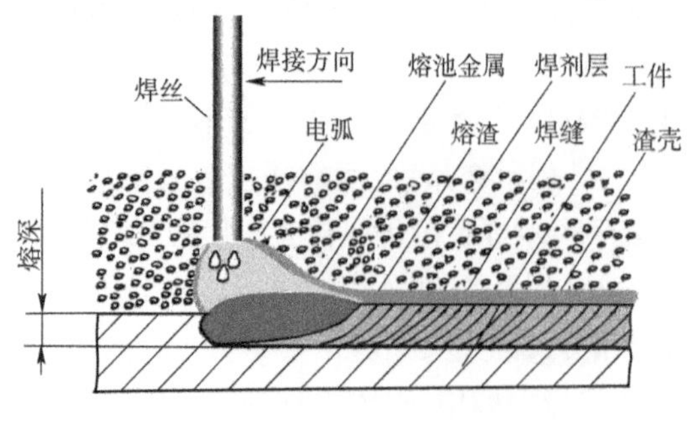

图 3-17　埋弧焊的纵截面图

埋弧焊具有以下优点：

①生产率高。焊丝上无涂料，故可采用较大的焊接电流（一般 1000A 以上），无须停弧换焊条，比焊条电弧焊生产率提高

5~10倍。

②焊接质量高而且稳定。埋弧焊焊剂焊缝保护好,熔池冶金反应进行得较为充分,气体和杂质易于浮出,同时焊接参数能自动控制调整,焊接质量高而稳定,焊缝成形美观。

③节省金属材料。埋弧焊热量集中,熔深大,20~25mm以下的工件可以不开坡口进行焊接,而且没有焊接头的浪费,飞溅很小,所以能节省大量金属材料。

④改善了劳动条件。埋弧焊看不到弧光,焊接烟雾也很少,焊接时只要焊工调整、管理焊机就可以自动进行焊接,劳动条件得到很大改善。

埋弧自动焊设备较复杂,一般仅适于平焊位置。因此,埋弧自动焊在生产中主要用于焊接中厚板结构的长直焊缝和较大直径的环形焊缝,当工件厚度增大和批量生产时,其优越性更为显著。目前,埋弧自动焊在造船、桥梁、锅炉与压力容器,重型机械等部门中有着十分广泛的应用。

(3)气体保护电弧焊。

气体保护电弧焊是利用外加气体作为电弧介质并保护电弧和焊接区的电弧焊方法。常用的保护气体有:氩气、氮气、氦气、二氧化碳气体及某些混合气体。在生产中最常用的是二氧化碳气体和氩气。

①二氧化碳气体保护焊。二氧化碳气体保护焊又称CO_2焊,如图3-18所示,二氧化碳气体保护焊是以CO_2气体作为保护气体的电弧焊方法。它以焊丝作电极和填充金属,以自动或半自动方式进行焊接。

按照焊丝直径的不同,CO_2焊可以分为细丝CO_2焊和粗丝CO_2焊两类。其中前者焊丝直径为0.6~1.2mm,主要用于焊接0.8~4mm薄板;后者焊丝直径为1.6~5mm,主要用于3~25mm焊接中厚板。

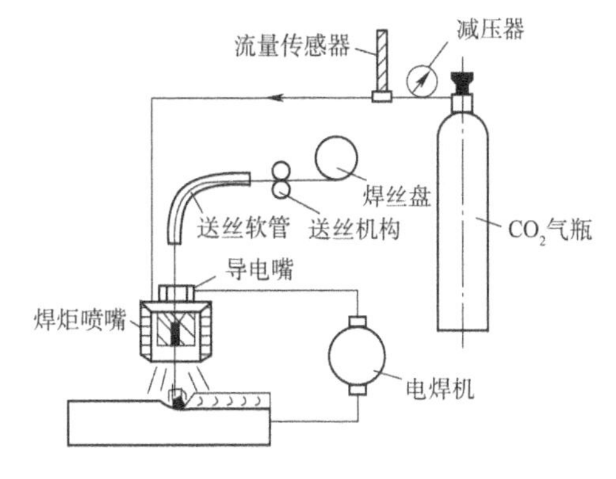

图3-18 二氧化碳气体保护焊示意图

CO_2焊的优点是:采用了廉价的CO_2气体,焊接成本低;电流密度大,生产率高;薄板焊接时,比气焊速度快,变形小;操作方便、灵活,可进行全位置焊接。但CO_2焊飞溅大,焊缝成形较差,弧光强烈,烟雾大,而且CO_2焊有一定的氧化性,不易焊接易氧化的有色金属和高合金钢。此外,CO_2焊的设备比焊条电弧焊复杂,维修不便。

CO_2焊主要用于低碳钢和普通低合金钢的焊接。目前,它已广泛地应用于造船、机车车辆、汽车、农机制造等部门。

②氩弧焊。氩弧焊是以氩气作为保护气体的电弧焊方法。氩气是一种惰性气体,既不与金属发生化学反应,又不溶于金属,因此,氩弧焊是一种高质量的焊接方法。

如图3-19所示,氩弧焊按照所用电极的不同分为不熔化极(钨极)氩弧焊和熔化极氩弧焊。不熔化极(钨极)氩弧焊采用高熔点的钨棒作电极,焊接时钨极不熔化只起导电和产生电弧的作用。钨极氩弧焊可以手工方式或自动方式进行焊接,但钨极氩弧焊的钨极载流能力有限,所以只适于焊接6mm以下的板材。熔化极氩弧焊利用焊丝作电极,可以自动方式、半自动方式进行。焊接时可采用较大电流，故热量集中、利用率高，通常用于焊接较厚焊件。氩弧焊是明弧焊，便于观察，操作灵活，适于全位置焊接，而且氩弧焊电弧稳定、飞溅小，焊缝致密、成形美观，几乎可用于所有金属材料的焊接。但是，氩弧焊设备复杂，而且由于氩气价格高，故焊接成本较高。目前，氩弧焊主要用于焊接易氧化的有色金属以及不锈钢、耐热钢等。

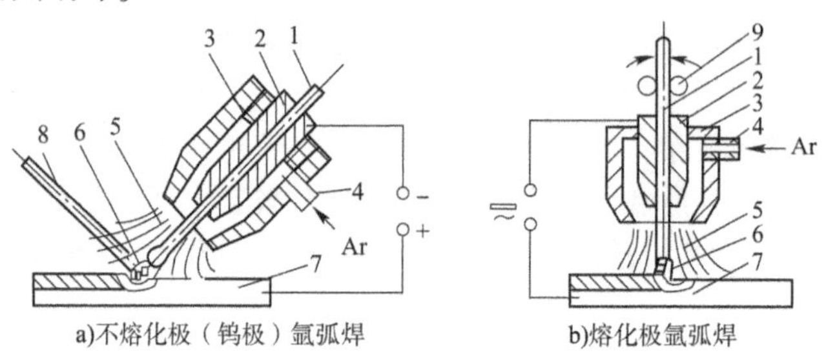

图 3-19　氩弧焊示意图

1-焊丝；2-导电嘴；3-喷嘴；4-进气管；5-氩气流；6-电弧；7-工件；8-填充焊丝；9-送丝滚轮

(4)等离子弧焊。

一般电弧焊产生的电弧，未受到外界约束，称为自由电弧，电弧区内的气体尚未完全电离，能量也未高度集中。如果利用一些装置使自由电弧的弧柱受到压缩，弧柱中的气体就完全电离，而产生温度比自由电弧高得多的等离子电弧，其温度可达到16000K以上。等离子弧焊接就是利用高温的等离子弧作为热源进行焊接。等离子弧焊如图 3-20 所示。

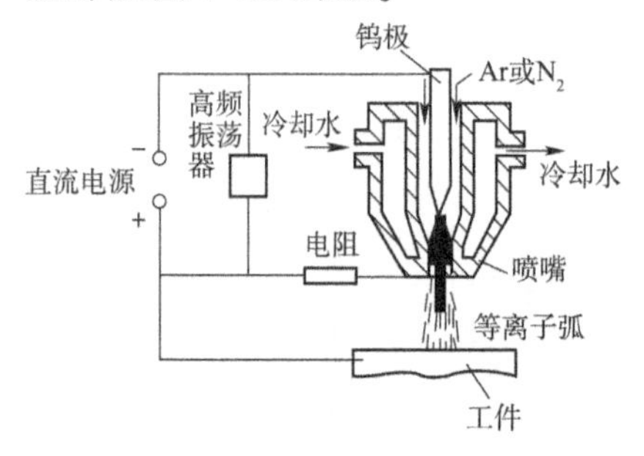

图 3-20　等离子弧焊示意图

等离子弧焊可分为微束等离子弧焊接和大电流等离子弧焊接。微束等离子弧焊接主要用于焊接0.025～2.5mm的箔材及薄板，当焊件厚度大于2.5mm时，多采用大电流等离子弧焊接。

等离子弧焊除了具有氩弧焊的优点之外，还具有焊接速度快、生产率高、焊接应力小、变形小、热影响区小、焊接接头力学性能高、可焊接极薄的箔材等优点。此外，等离子弧焊除了能焊接常用的金属外，还可以焊接钨、钼、钛等金属。目前，等离子弧焊在生产中应用已相当广泛。

但等离子弧焊的设备比较复杂，气体耗量大，只宜于室内焊接。

2)真空电子束焊

随着原子能、导弹和航空航天技术的发展，锆、钽、钛、铌、钼、铂、镍及其合金大量应用，这些金属的焊接质量要求很高，采用一般的气体保护焊不能得到满意的结果。直到1956年真空电子束焊接研制成功，才顺利地解决了这一问题。图 3-21 为真空电子束焊的示意图。在真空室内，从炙热阴极发射的电子，被高压静电场加速，并经磁场聚集成能量高度集中的电子束，电子束以极高的速度轰击焊件表面，电子的动能转变为热能而使焊件熔化。

真空电子束焊的特点是：电子束能量密度很高，焊缝深而窄，焊件热影响区、焊接变形极小；焊接质量高，焊接速度快。焊接过程控制灵活，适应性强。大多数金属都可以采用真空电子束焊,包括熔点、导热性等性能相差很大的异种金属和合金的焊接,大功率焊接可单道焊透200mm的钢板,也可以很小的功率焊接微小的焊件。目前,真空电子束焊的应用范围正在日益扩大。但由于其设备结构复杂、造价高、使用与维护技术要求严格,且焊件尺寸受到真空室的限制,对焊件的清理与装配要求高,因而真空电子束焊的应用受到了一定的限制,目前一般用于有特殊要求构件的焊接。

3)激光焊

激光焊是利用经聚焦后能量密度极高的激光束作为热源来进行焊接的。按照激光器的工作方式,可以分为脉冲激光点焊和连续激光焊接两种。目前,脉冲激光点焊在生产中已得到广泛的应用。激光焊的特点是,可以在大气中焊接,而不需要气体保护或真空环境;焊接热影响区极小,焊件不变形;可焊接一般方法难以接近的接头或无法安置的焊点;激光可对绝缘材料直接焊接,甚至能把金属与非金属焊接在一起。

激光焊(主要是脉冲激光点焊)可用于焊接铝、铜、银、不锈钢、钽、镍、锆、铌以及一些难熔的金属,它特别适于焊接微型、精密、排列非常密集和热敏感的焊件。但激光焊设备的功率较小,可焊接厚度受到一定限制,而且其操作与维修的技术要求较高。

4)电渣焊

如图3-22所示,电渣焊是利用电流通过熔融的熔渣时所产生的电阻热来熔化焊丝和焊件的焊接方法。电渣焊一般都是在垂直位置进行焊接。

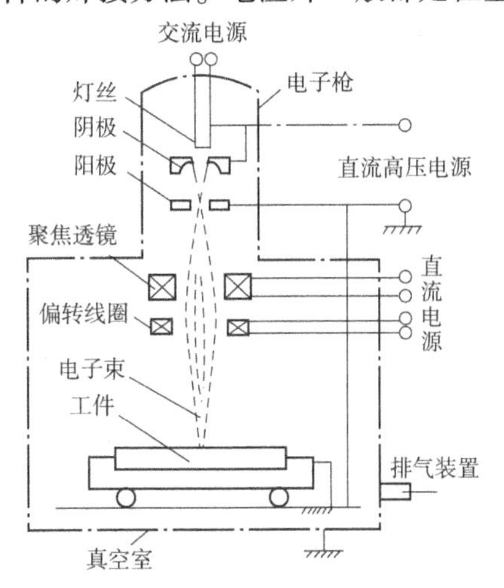

图3-21 真空电子束焊接示意图

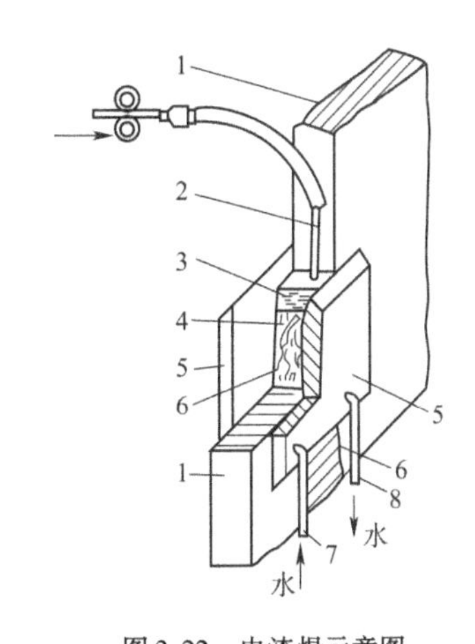

图3-22 电渣焊示意图

1-工件;2-焊丝;3-渣池;4-熔池;5-冷却铜滑块;6-焊缝;7、8-冷却水进出管

电渣焊与其他焊接方法相比具有以下特点:很厚的工件可一次焊成,可以节省大量的金属材料和铸锻设备投资。生产率高,成本低,消耗的焊接材料较少。焊缝金属较纯净。焊后冷却速度较慢,焊接应力较小,适于焊接塑性较差的中碳钢和合金结构钢。但由于焊缝区在高温停留时间较长,热影响区比其他焊接方法要宽,晶粒粗大,易产生过热组织,因此,一般都要进行焊后热处理,以改善其性能。

电渣焊在水轮机、水压机、轧钢机、重型机械等大型设备制造中得到了广泛的应用。

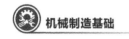

5)气焊与气割

(1)气焊。

如图3-23所示,气焊是利用气体火焰作热源熔化金属进行焊接的方法。气焊通常使用的气体是乙炔和氧气,其火焰的温度可高达3150℃。而且气焊设备简单,不需要电源,气焊火焰易于控制,操作简便,灵活性强。但与电弧焊相比,气焊火焰的温度低,热量较分散,因此,焊后变形大,生产率低。气焊主要用于厚度小于3mm的低碳钢薄板和管子的焊接、铸铁件的焊补。对焊接质量要求不高的不锈钢、铜和铝及其合金,也可以采用气焊。此外,气焊在室内、野外均可进行。

(2)气割。

如图3-24所示,气割是利用气体火焰的热能将工件待切处预热到一定的温度(燃点)后,喷出高压氧气流,使金属燃烧并放出热量实现切割的方法。气割的效率高,成本低,设备简单,能切割厚度大、外形复杂的零件,并能在各种位置进行切割。目前,气割广泛应用于纯铁、低碳钢、中碳钢和普通低合金钢的气割,但高碳钢、铸件、高合金钢及铜、铝等有色金属及合金,均难以进行气割。除了手工操作进行气割外,半自动、自动气割也得到了广泛应用。随着各种新型自动气割设备、新型割嘴和新的气割工艺的推广,气割的应用范围正在日益扩大。

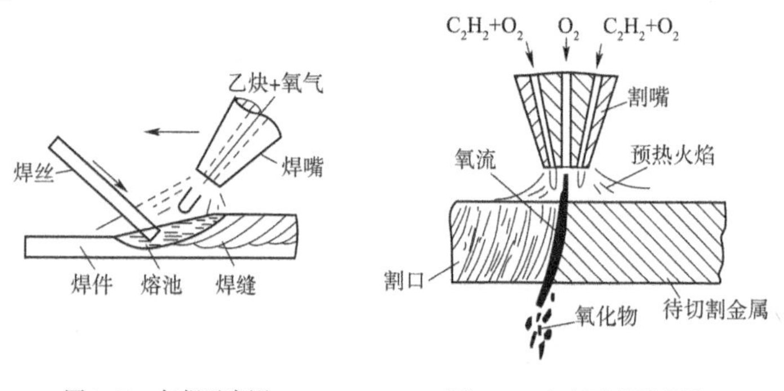

图3-23　气焊示意图　　图3-24　气割过程示意图

3.3.2　压力焊

压力焊是将两构件的连接部分加热到塑性或表面局部熔化状态,同时施加压力使两构件连接起来的焊接方法。常用的压焊方法有电阻焊、摩擦焊、爆炸焊、超声波焊等。

1)电阻焊

电阻焊是利用电流通过焊件及接触处产生的电阻热作为热源将焊件局部加热到塑性或熔化状态,然后在压力作用下形成接头的焊接方法。

与其他焊接方法相比,电阻焊具有生产率高、焊接变形小、不需另加焊接材料、操作简便、劳动条件好、易于实现机械化和自动化等优点。但电阻焊设备功率大、耗电量高,适用的接头形式与可焊工件厚度(或断面)受到限制。电阻焊的基本形式有点焊、对焊、缝焊。

(1)点焊。

点焊是利用柱状电极加压通电,在工件接触面之间焊成一个个焊点的焊接方法。点焊的过程如图3-25所示。

点焊是一种高速、经济的焊接方法，主要用于厚度小于4mm且不要求密封的薄板冲压结构，以及直径小于25mm的钢筋、金属网等的焊接。目前，点焊已经广泛地用于汽车制造、车厢、飞机等薄壁结构以及日用生活品的生产中。

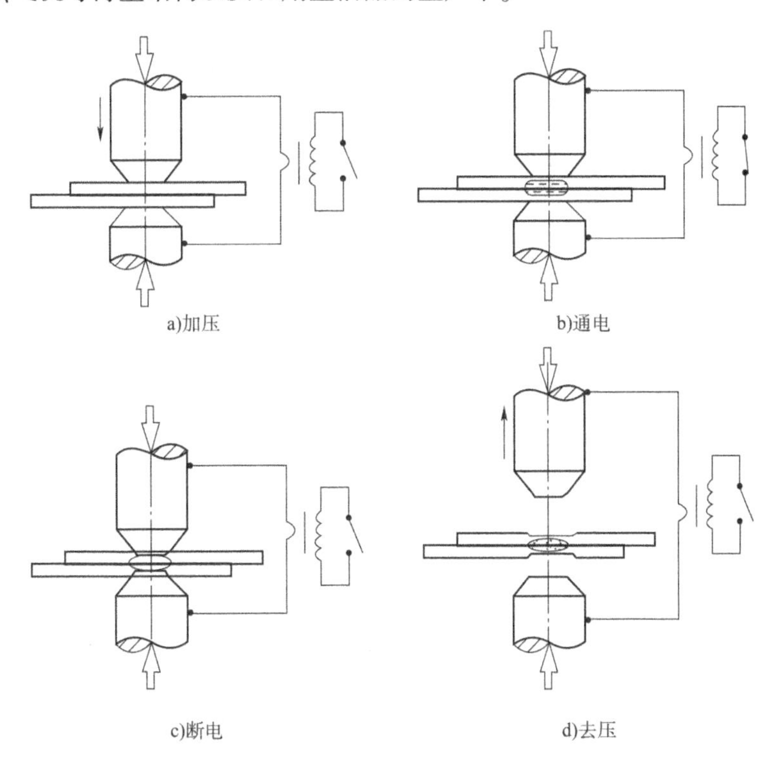

图3-25　点焊过程示意图

(2)缝焊。

缝焊又称滚焊(图3-26)。其焊接过程与点焊相似，只是用旋转的圆盘状滚动电极代替柱状电极。焊接时圆盘状滚动电极压紧焊件并转动，配合断续通电，形成连续重叠的焊点，即形成焊缝。

缝焊主要用于厚度小于3mm且要求密封或强度要求较高的薄板焊件结构，如汽车油箱、散热器、化工器皿、管道等。

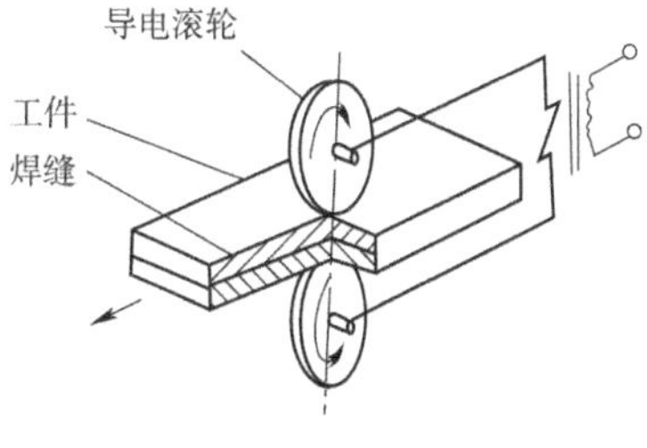

导电滚轮
工件
焊缝

图3-26　缝焊示意图

(3)对焊。

对焊是利用电阻热使两个工件在整个断面上焊接起来的一种方法。如图3-27所示，根据工艺过程的不同，对焊有两种不同的形式：电阻对焊和闪光对焊。

电阻对焊将两焊件的接头端紧密接触，利用电阻热加热至塑性状态，然后即行断电，同时迅速施加顶锻力完成焊接。而闪光对焊将两焊件夹紧在电极夹钳上，接通电源并使其端面逐渐移近达到接触，即焊件接触前先接通电源，由于接触点的电流密度大，使金属迅速熔化、蒸发、爆烈，产生闪光喷发现象，直至整个端面金属熔化，迅速施加顶锻力完成焊接，与电阻对焊的不同之处就在于闪光对焊有一个闪光加热阶段。

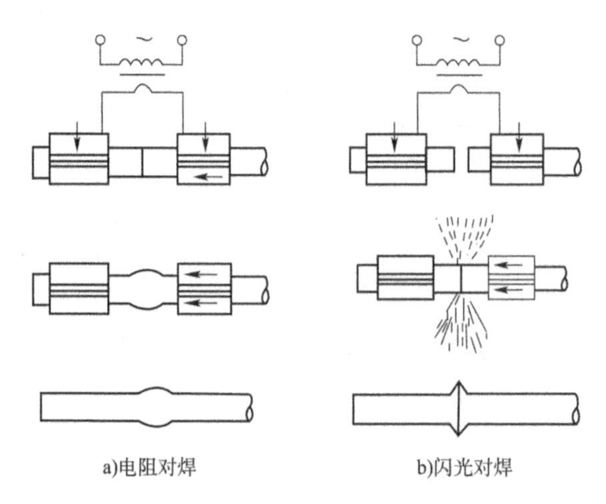

图 3-27　对焊的工艺过程

两者相比,电阻对焊操作简单、接头表面光滑,但焊前必须将焊接端面认真平整、清理、去除锈污,否则会造成加热不均,而且高温端面易发生氧化夹渣,质量不易保证,一般仅用于断面简单、直径(或边长)小于 20mm 和强度要求不高的工件。闪光对焊内部质量比电阻对焊好,夹渣少,强度大,焊前对焊接端面的要求也不严格,从而简化了准备工作,但金属的损耗较大,接头表面粗糙。在生产中,闪光对焊比电阻对焊应用广泛,它常用于重要工件的焊接,既可焊接相同金属,又可焊接一些异种金属。总之,对焊广泛应用于焊接杆状零件,如刀具、钢筋、钢轨、锚链、导线、管道等。

2)摩擦焊

摩擦焊是利用工件相互摩擦产生的热量同时加压而进行焊接的方法。如图 3-28 所示,摩擦焊接时两工件先以一定的压力压紧在一起,其中一工件固定,另一工件高速旋转。当接头处温度达到焊接温度时,旋转立即停止并施加较大的顶锻力,两工件即被焊接在一起。

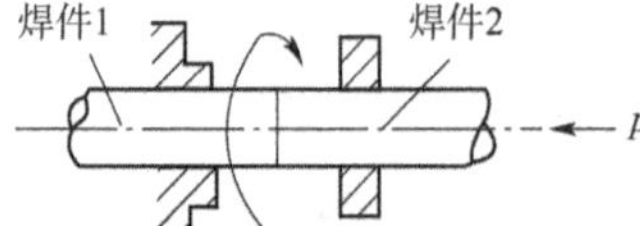

图 3-28　摩擦焊示意图

可用摩擦焊进行焊接的金属较多,不仅可以焊接同种金属,而且还可以将不同的金属(如铝-不锈钢、铝-陶瓷、铜-不锈钢等)焊接在一起。此外,摩擦焊接质量好,操作简单,不需焊接材料,容易实现自动控制,生产率高。

目前,摩擦焊广泛用于焊接轴类零件及管子,它可焊接的实心焊件的直径从 2mm 到 100mm 以上,管子的外径可达几百毫米。

3)爆炸焊

如图 3-29 所示,爆炸焊是利用炸药产生的冲击力造成焊件迅速碰撞,使两金属焊件待焊表面实现连接的方法。

爆炸焊的特点是:适合于复合面的连接,可焊面积范围为 $6.5cm^2 \sim 28m^2$。可焊接的金属材料种类较多,设备简单,操作简便,但爆炸焊都在野外进行,机械化程度低,劳动条件差,焊接时发出很大的气浪和噪声,必须特别重视安全防护。

目前,爆炸焊主要用于复合双金属平板、管、棒材(如双硬度防弹板,耐腐蚀、抗高温的双金属、三金属管及异型管等),异种金属过渡接头(如电气化铁道的铜-钢路轨、汇流排铝-铜过渡接头等),特殊接头(如热交换器的管子-管板连接、管子插塞等)的焊接。

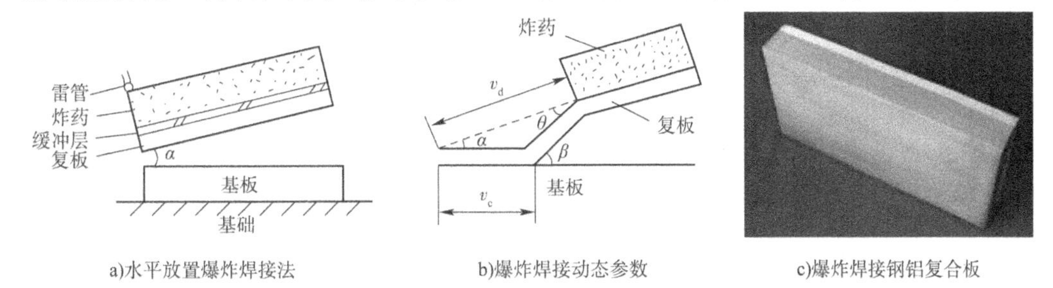

a)水平放置爆炸焊接法　b)爆炸焊接动态参数　c)爆炸焊接钢铝复合板

图3-29　爆炸焊示意图

v_d-爆轰波速度;α-预置角;v_c-碰撞点移动速度;β-动态弯折角;θ-碰撞角

3.3.3　钎焊

钎焊是利用熔点比焊件低的钎料作填充金属,适当加热后,钎料熔化而将处于固态的焊件连接起来的一种焊接方法。根据钎料熔点的不同,钎焊可分为软钎焊和硬钎焊。

软钎焊钎料熔点低于450℃,接头强度低于$70MN/m^2$。常用的钎料有锡铅钎料、锌锡钎料、锌镉钎料等。熔剂采用松香、氯化锌等。软钎焊适用于受力不大、工作温度不高的工件的焊接。焊按时一般采用烙铁加热。

硬钎焊钎料熔点高于450℃,接头强度可达$500MN/m^2$。常用的钎料有铜锌钎料、铜磷钎料、银基钎料、铝基钎料等。硬钎焊熔剂通常含有硼酸、硼砂,采用铝基钎料时,熔剂中含有多量的氟化物和氯化物。硬钎焊主要用于受力较大的钢铁和铜合金构件的焊接以及工具、刀具的焊接。硬钎焊常用的加热方法有火焰加热、炉内加热、高频感应加热、盐浴加热等。

与其他方法相比,钎焊具有焊接质量好、生产率高、用途广泛等优点,但钎焊焊接接头强度较低,耐热能力差,装配要求严格。目前,钎焊广泛应用于机械、电子、电机、仪表、航空、航天、原子能以及化工、食品等部门。

3.4　焊接件结构工艺性

设计焊接件结构,既要了解产品使用性能的要求,如载荷的大小和性质、使用的温度和环境以及有关产品结构的国家标准与规程,又要考虑到焊接结构的工艺性,如焊接材料的选择、焊接方法的选择、焊接接头工艺的设计等,只有这样才能设计、生产出易生产、高质量、低成本的焊接件结构。

3.4.1　焊接结构件材料的选择

焊接的质量取决于许多因素:被焊材料的焊接性、焊接接头的设计、焊接产品的结构工艺性及工艺措施、焊接材料的质量等。

金属材料的焊接性不是一成不变的,同一种金属材料采用不同的焊接方法、焊接材料与焊接工艺,其焊接性可能有很大的差别。一般来讲,碳钢比铸铁和有色金属焊接性能好。在碳钢中,低碳钢又比中碳钢、高碳钢焊接性能好。碳钢随其含碳量的增高,焊接性能逐渐降低;合金钢随合金元素的增加,焊接性能也有不同程度的降低。

在满足工作性能要求的前提下,首先应考虑采用可焊性较好的材料来制造焊接结构。碳的质量分数 $w_c<0.25\%$ 的低碳钢和碳的质量分数 $w_c<0.4\%$ 的低合金钢,都具有良好的可焊性,在设计焊接结构时应尽量选用。而碳的质量分数 $w_c>0.5\%$ 碳钢以及碳的质量分数 $w_c>0.4\%$ 的合金钢,可焊性不好,在设计焊接结构时,一般不宜采用。如必须采用,应在设计和生产工艺中采取必要的措施。

焊接结构可以按照工作需要,在不同部位选用不同强度和性能的钢材拼焊,在锻、铸件与轧材件的复合结构中,组成零件的钢号、状态及化学成分也不同,在这些情况下必须注意两种不同钢材焊接的可焊性。此外,对于异种金属的焊接,更需特别注意它们的可焊性。有些异种金属几乎不能用熔化焊方法获得满意的接头,因此,应尽量少用异种金属的焊接,以简化制造工艺。

设计焊接结构时,应该多采用工字钢、槽钢、角钢和钢管等成型材料,它不仅能减少焊缝数量和简化焊接工艺,而且能够增加结构的强度和刚性。对于形状较复杂的部分,还可以考虑用铸钢件、锻件或冲压件来焊接。此外,在设计焊接结构形状尺寸时,还应该注意原材料的尺寸规格,以便下料套料时减少边角余料损失和减少拼料焊缝数量。

3.4.2 焊接方法的选择

设计焊接结构时,选定结构材料后就应该选择一定的焊接方法进行生产,焊接方法的选择应根据材料的可焊性、工件厚度、生产率要求、各种焊接方法的适用范围和现场设备条件等综合考虑,既要保证获得优良的焊接接头,又要具有较高的生产率。

3.4.3 焊接接头工艺设计

1)接头形式的选择和设计

接头形式应根据结构形状、强度要求、工件厚度、焊后变形大小、焊条消耗量、坡口加工难易程度等各方面因素综合考虑决定。

焊接碳钢和低合金钢的接头形式可分为对接接头、搭接接头、角接接头及T形接头四种。其中,对接接头受力比较均匀,是用得最多的接头形式,重要受力焊缝应尽量选用。搭接接头应两工件不在同一平面上,受力时将产生附加弯矩,而且金属消除量也较大,一般应避免选用,但搭接接头不需开坡口,装配时尺寸要求不高,对某些受力不大的平面连接与空间架构,采用搭接接头可节省工时。角接接头与T形接头受力情况都较对接接头复杂,但接头成直角或一定角度连接时,必须采用这类接头形式。

2)焊缝的布置

合理地布置焊缝位置是焊接结构设计的关键,它与产品质量、生产率、成本以及工人的劳动条件密切相关。其一般设计原则如下:

(1)焊缝位置应便于操作。

(2)焊缝位置应尽可能分散。

(3)焊缝位置应尽可能对称分布。

(4)焊缝应尽量避开最大应力和应力集中的位置。

(5)焊缝应尽量避开机加工表面。

习 题

一、单项选择题

1. 下列焊接方法中,焊接变形最大的是(　　)。

A. 手工电弧焊　B. 气焊　C. 埋弧自动焊　D. 电阻焊

2. 用直流手工焊机焊接下列工件时,哪种不宜采用反接法?(　　)

A. 厚板工件　B. 薄板工件　C. 铸铁工件　D. 有色金属及其合金

3. 酸性焊条用得比较广泛的原因之一是(　　)。

A. 焊接质量好　B. 焊缝抗裂性好

C. 焊接工艺性能较好　D. 焊缝含氢量少

4. 碱性焊条常用直流电源是(　　)。

A. 稳定电弧　B. 增加焊条的熔化量

C. 减少焊件的热变形　D. 减少焊缝含氢量

5. 电焊条药皮的作用之一是(　　)。

A. 防止焊芯生锈　B. 稳定电弧燃烧

C. 增加焊接电流　D. 降低焊接温度

6. 焊条药皮中既是脱氧剂又是合金剂的是(　　)。

A. $CaCO_3$　B. Na_2CO_3　C. Mn-Fe　D. 石墨

7. 碱性焊条中药皮的主要成分是(　　)。

A. 钛白粉　B. 大理石　C. 锰铁　D. 钾水玻璃

8. 焊接低碳钢或普低钢时,选用电焊条的基本原则是(　　)。

A. 等强度原则　B. 经济性原则　C. 施工性原则　D. 等成分原则

9. 焊接热影响区的存在使焊接接头(　　)。

A. 塑性增大　B. 弹性增大　C. 脆性增大　D. 刚性增大

10. 既可减少焊接应力又可减少焊接变形的工艺措施之一是(　　)。

A. 刚性夹持法　B. 焊前预热

C. 焊后消除应力退火　D. 反变形法

二、多项选择题

1. 埋弧自动焊的优点有(　　)。

A. 生产率高　B. 可进行全位置焊

C. 焊接质量好　D. 节省金属材料

E. 劳动条件好

2. 为避免或减少焊接应力和变形,焊缝布置的一般原则是(　　)。

A. 应尽可能密集　B. 应尽可能分散

C. 应尽可能避开加工表面　　D. 应便于焊接操作

E. 焊缝位置应尽量对称

3. 低碳钢焊接接头包括(　　)。

A. 焊缝区　　B. 熔合区　　C. 淬火区　　D. 正火区

E. 部分相变区

4. 焊缝的四种主要接头形式有(　　)。

A. 对接接头　　B. 角接接头　　C. T 形接头　　D. 搭接接头

5. 矫正焊接变形的方法有(　　)。

A. 机械矫正法　　B. 火焰加热矫正法

C. 热处理矫正法　　D. 应力矫正法

6. 焊接电弧的组成有三部分(　　)。

A. 阴极区　　B. 阳极区　　C. 弧柱区　　D. 电源区

7. 电焊条的组成部分有(　　)。

A. 电极　　B. 焊芯　　C. 药皮　　D. 绝缘层

8. 按焊条药皮的类型,电焊条可分为(　　)两类。

A. 酸性焊条　　B. 中性电焊条　　C. 碱性焊条　　D. 交流电焊条

9. 焊接接头由(　　)两部分组成。

A. 焊缝　　B. 加热区　　C. 热影响区　　D. 淬火区

10. 氩弧焊按电极可分为(　　)。

A. 自动氩弧焊　　B. 钨极氩弧焊　　C. 手工氩弧焊　　D. 熔化极氩弧焊

三、填空题

1. 按焊接过程的特点,焊接方法可归纳为________、________和________三大类。

2. 焊接电弧由________、________和________三部分组成,其中________区的温度最高。

3. 焊条是由________和________两部分组成。

4. 焊接接头的基本形式有________、________、________和________四种。其中________接头最容易实现,也最容易保证质量,有条件时应尽量采用。

5. 为防止普通低合金钢材料焊后产生冷裂纹,焊前应对工件进行________处理,采用________焊条,以及焊后立即进行________。

6. 为减少焊接应力,在焊接时通常采用的工艺措施有________、________、________、________等。

7. 手工电弧焊时,焊条的焊芯在焊接过程中的作用是________和________。

8. 低碳钢的热影响区可分为________、________、________、________、________和________区等,其中________对焊接接头质量影响最大。

9. 电焊条的选择原则________、________、________、________、________和________。

10. 焊缝位置的布置原则包括________、________、________、________和________方面。

四、判断题(正确打“√”,错误打“×”)

1. 焊接结构在较差的条件下工作时应选用酸性焊条。　(　　)
2. 二氧化碳气体保护焊特别适合于焊接铝、铜、镁、钛及其合金。　(　　)
3. 理弧自动焊、氩弧焊和电阻焊都属于熔化焊。　(　　)
4. 用直流弧焊电源焊接薄钢板或者有色金属时,宜采用反接法。　(　　)
5. 焊接可以生产有密封性要求的承受高压的容器。　(　　)
6. 增加焊接结构的刚性可以减小焊接应力。　(　　)
7. 在常用金属材料的焊接中,铸铁的焊接性能好。　(　　)
8. 压力焊只需加压,不需加热。　(　　)
9. 铝合金可以使用手工电弧焊进行焊接。　(　　)
10. 埋弧焊生产率高的主要原因是可以采用大的焊接电流。　(　　)

五、简答题

1. 什么是焊接?焊接工艺有什么特点?
2. 焊接方法可分哪几类?各有何特点?
3. 常用的电弧焊方法有哪几种?各有何特点?
4. 什么是气焊与气割?在生产中有何应用?
5. 试比较真空电子束焊与激光焊的特点及其应用。
6. 常用的压焊方法有哪些?各有何特点?应用范围如何?
7. 钎焊有什么特点?应用范围如何?
8. 焊接接头形式有哪几种?各有何特点?
9. 焊缝布置的一般设计原则是什么?

第二篇

几何量精度基础标准

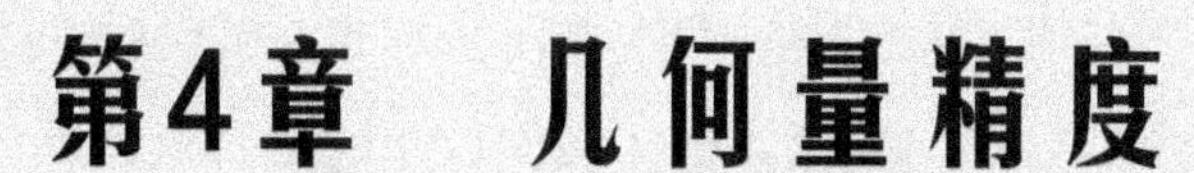

第4章 几何量精度

4.1 几何量精度概述

产品的质量是其价值的基础,是企业的生命。现代机械产品的质量包括工作精度、耐用性、可靠性、效率等。产品质量的高低与几何量精度密切相关。在设计机械产品时,不仅需要进行总体开发、方案设计、运动设计、结构设计、强度设计、刚度设计,还要进行精度设计,这是因为组成产品的机械零部件的几何量精度是产品质量的决定性因素。实践表明,相同材料、相同结构的机器或仪器仪表,如果精度不同,它们的质量会有很大的差异。

4.1.1 机械产品几何量精度的基本概念

机械产品主要由具有一定几何形状的零部件装配而成,由于零部在加工、装配过程中存在加工误差和装配误差,成品与设计的理想产品在几何特性上总是存在某种程度的差异。几何量误差就是指制成产品的实际几何参数(表面结构、几何尺寸、几何形状、方向和相互位置等)与设计给定的理想几何参数之间偏离程度。

重要提示:在现代产品几何技术规范(Geometrical Product Specification,GPS)标准体系中,"几何"的概念有了一些变化。从广义上讲,"几何"包括了工件的尺寸、形状、方向和位置以及表面结构等特征。GPS 标准的主标题通常为"产品几何技术规范(GPS)",产品几何技术规范是尺寸规范、几何规范和表面特征规范的总称。而在副标题中出现的"几何公差"只是指形状、方向、位置和跳动公差,因而此处的"几何"是狭义的。在本书中将广义的"几何"称之为"几何量",对"几何"一般作狭义的理解,避免概念叙述上的混淆。

几何量精度是指构成零件几何形体的尺寸精度、形状精度、方向精度、位置精度及表面粗糙度,即加工后它们的实际值与设计要求的理论值之间一致的程度。几何量精度可以用误差来反映:当零件的形体一定时,误差大则精度低,误差小则精度高。因此,几何量精度与几何误差是从不同角度对同一事物的描述。

公差是指是零、部件允许的几何量误差。显然,公差是用来限制误差的,它体现了产品精度的保证,因此,公差是产品精度最直接的反映、表征和保障,即保证产品精度的直接条件是给定必需的公差。因此,通常讨论时常将公差代替精度,而讨论精度时则指公差。

尺寸精度要求在设计时用尺寸公差表示。尺寸公差可以分为线性尺寸公差和角

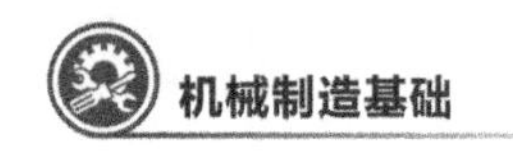

(锥)度尺寸公差两大类。

形状精度、方向精度和位置精度要求在设计时分别用形状公差、方向公差和位置公差。

表面精度要求用三种公差来表示:表面缺陷、表面粗糙度和表面波纹度。

4.1.2 机械产品几何量精度设计的研究对象

1)几何要素的概念

机械产品几何量精度设计的研究对象是工件的几何特征,即构成零件几何实体的点、线、面、体或者它们的集合,它们被称为几何要素,简称要素。所有的机械零件都是由若干几何要素构成的实体。

点要素有顶点、中心点、交点等,如图 4-1 所示零件上的球心、锥顶;线要素中常见的有直线、圆弧(圆)及任意形状的曲线等,如图 4-1 所示零件的圆柱面素线、圆锥面素线、轴线等;面要素常见的有平面、圆柱面、圆锥面、球面及任意形状的曲面等,如图 4-1 所示零件的球面、圆锥面、端平面、圆柱面、球体、圆锥体、圆柱体等。

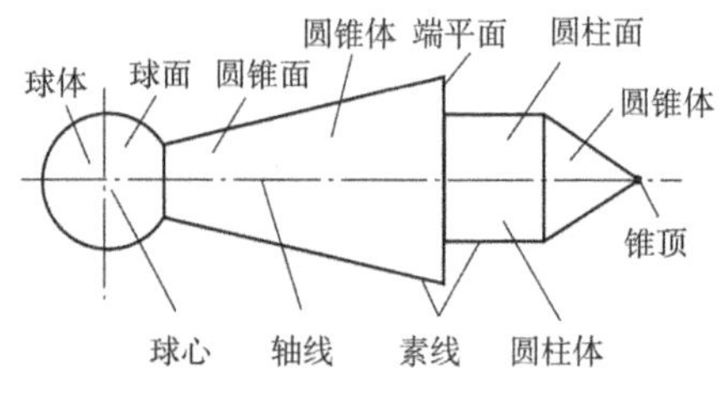

图 4-1　几何要素

2)几何要素的分类

按照几何要素不同的定义、特点、对应关系、功能和用途,几何要素可以有不同的分类。

(1)按几何要素对应的表面模型分类。

根据《产品几何技术规范(GPS) 通用概念　第 1 部分:几何规范和检验的模型》(GB/T 24637.1—2020),几何要素根据对应的表面模型情况,分为理想要素和非理想要素。

①理想要素。理想要素是由参数化方程定义的要素。参数化方程的表达取决于理想要素的类型及其本质特征。

尺寸要素是指线性尺寸要素或者角度尺寸要素。具有线性尺寸的尺寸要素是线性尺寸要素;角度尺寸要素属于回转恒定类别的几何要素,其母线名义上倾斜一个不等于0°或90°的角度,或属于棱柱面恒定类别,两个方位要素之间的角度由具有相同形状的两个表面组成,如:一个圆锥和一个锲块是角度尺寸要素。

理想要素的属性有四个:形状、尺寸参数(决定尺寸要素尺寸大小的参数)、方位要素和骨架(当尺寸为零时)。形状是(对理想要素)定义要素理想几何轮廓的数学通用性描述;尺寸参数是用于表达理想要素参数方程的线性或者角度尺寸;当尺寸要素的尺寸设定为零时,由尺寸要素的减小所产生的几何要素为骨架要素;方位要素是确定要素的方向和/或位置的点、直线、平面或螺线,如圆的方位要素是其圆心(点),圆柱面的方位要素是其轴线(直线),两反向平行平面的方位要素是其中心面(平面),多数情况下,不使用方位螺线,而是使用方位螺线的轴线;骨架要素是当尺寸要素的尺寸设定为零时,由尺寸要素的减小所产生的几何要素。

②非理想要素。非理想要素是指完全依赖于非理想表面模型或工件实际表面的不完美的几何要素。它可以是非理想表面、非理想表面的一部分或非理想面的导出几何特征。

重要提示:《产品几何技术规范(GPS)几何要素 第1部分:基本术语和定义》(GB/T 18780.2—2002)标准中,术语"轴线(axis)""中心平面(median plane)"用于表述理想形状的导出要素;术语"中心线(median line)""中心面(median surface)"用于表述非理想形状的导出要素。

(2)按几何要素存在的范畴分类。

《产品几何技术规范(GPS) 几何要素 第1部分:基本术语和定义》(GB/T 18780.1—2002)根据几何产品设计、制造和检验的不同阶段,基于不同的要求,几何要素存在于三个范畴:

a. 设计的范畴,指设计者对未来工件的设计意图的一些表达;

b. 工件的范畴,指物质和实物的范畴;

c. 检验的范畴,指通过计量对工件取样进行检验来表示给定的工件。

基于几何要素存在于三个范畴的思想,由设计者在产品技术文件中定义的理想要素称为公称要素;对应于工件实际表面部分的几何要素称为实际要素;由有限个点组成的几何要素称为提取要素;通过拟合操作,从非理想表面模型中或从实际要素中建立的理想要称为拟合要素;对一个非理想要素滤波而产生的非理想要素称为滤波要素;由一组有限点集定义的连续几何要素称为重构要素。

重要提示:要素操作是指获得要素的特定方法,有提取、拟合、分离、滤波、集成、构建和评估等。提取是从非理想要素中得到一系列点的特定操作。拟合是按照一定准则使理想要素逼近非理想要素的操作。

(3)按几何要素存在的结构特征分类。

几何要素按照结构特征分为组成要素和导出要素两大类。

组成要素是指属于工件的实际表面或表面模型的几何要素,是从表面模型上或从工件实际表面上分离获得的几何要素。它们是工件不同物理部位的模型,特别是工件之间的接触部分,它们各自具有特定的功能。可以通过表面模型的分离、另一个组成要素的分离或其他组成要素的组合等操作识别一个组成要素。由设计者在产品技术文件中定义的理想组成要素称为公称组成要素,存在于几何产品的设计阶段。它是基于功能要求所设计的没有任何误差的理想要素。

导出要素是指对组成要素或滤波要素进行一系列操作而产生的中心的、偏移的、一致的或镜像的几何要素。导出要素可以从一个公称要素、一个拟合要素或一个提取要素中建立,分别称为公称导出要素、拟合导出要素或提取导出要素。

(4)按几何要素的设计要求分类。

根据几何要素在几何公差中的检测关系可以分为被测要素、基准要素。

被测要素是指在零件设计时,给出了几何公差要求的要素,也就是需要经过测量确定

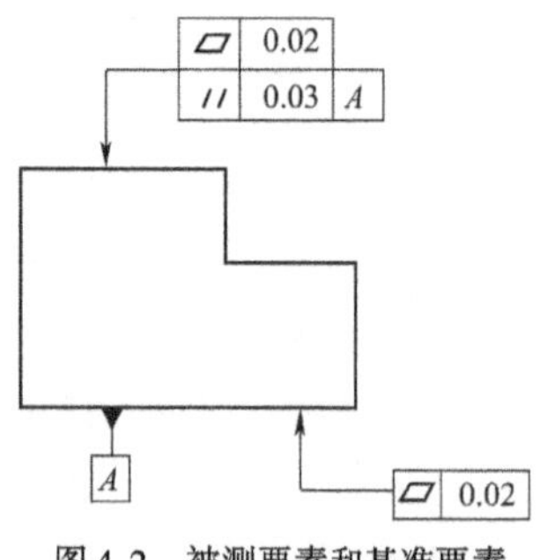

图 4-2　被测要素和基准要素

其几何精度的要素。如图 4-2 中的上表面和下表面都标注了平面度(平行度)公差要求,所以,二者都是被测要素。

基准是指用来定义公差带的位置和/或方向、或用来定义实体边界的位置和/或方向(当有相关要求时,如最大实体要求)的一个(组)方位要素。图 4-2 中上平面的两平行平面公差带应平行于基准平面 A。

基准要素是指零件上用来建立基准并实际起基准作用的实际(组成)要素。

(5)按几何要素在几何公差中的功能关系分类。

根据几何要素在几何公差中的功能关系可以分为单一要素、关联要素。

单一要素是指仅对本身给出几何公差要求的要素。其几何公差要求与其他要素(基准)无关。如给出形状公差要求的要素为单一要素。

关联要素是指给出方向公差、位置公差要求的要素。其几何公差要求与其他要素(基准)有关。

图 4-2 所示零件的上表面和下表面,对于它们各自的平面度公差要求时,它们都是单一要素;对于上表面相对下表面(基准)的平行度公差要求,上表面是关联要素。

(6)按几何要素尺寸参数的数量分类。

对于尺寸要素而言,根据尺寸要素是否由单个尺寸参数确定,分为单尺寸要素、多尺寸要素。

单尺寸要素是指只由一个尺寸确定的尺寸要素,如圆柱面、球面、两平行对应面等。

多尺寸要素是指由两个或两个以上尺寸确定的尺寸要素,如圆锥面、楔面等。

①孔和轴。

《产品几何技术规范(GPS) 线性尺寸公差 ISO 代号体系　第 1 部分:公差、偏差和配合的基础》(GB/T 1800.1—2020)给出了孔和轴的定义。

孔是指工件的内尺寸要素,包括非圆柱形面的内尺寸要素(由二平行平面形成的被、包容面)。孔的直径尺寸用 D 表示。

轴是指工件的外尺寸要素,包括非圆柱形面的外尺寸要素(由二平行平面形成的被包容面)。轴的直径尺寸用 d 表示。由此可见,上述的孔、轴具有广泛的含义,不仅是通常意义上的圆柱形内、外表面,而且也包括非圆柱形内外表面。形成孔的包容面内没有材料,而形成轴的被包容面内充满材料。

孔和轴结合构成机械产品中最基本的装配关系,亦称为光滑孔轴结合。

图 4-3 所示的各要素中,由尺寸 D_1、D_2、D_3、D_4 和 D_5 确定的内表面(包容面)称为孔;由尺寸 d_1、d_2、d_3、d_4 和 d_5 确定的外表面(被包容面)称为轴;由尺寸 L_1、L_2、L_3 所确定的表面,由于两构成表面同向,不能形成包容或被包容的形态,因而既不是孔,也不是轴。

重要提示:键联接的配合表面为由两平行平面形成的内、外表面,即键宽表面为轴,孔槽和轴槽宽表面皆为孔。键联接的公差与配合可直接应用极限与配合国家标准。

②圆锥。

多尺寸要素如圆锥、楔形等,其截面形状尺寸是变化的。

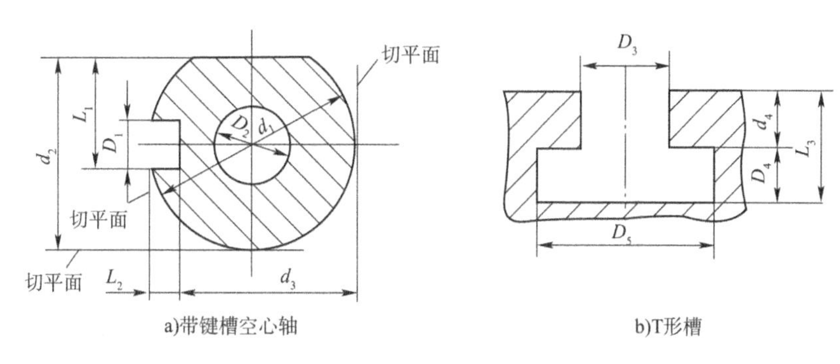

图 4-3　孔和轴

圆锥表面是指与轴线形成一定角度，且一端相交于轴线的一条直线段（母线），围绕着该轴线旋转形成的表面，如图 4-4 所示。圆锥表面与通过轴线的平面（轴向截面）的交线称为圆锥的素线。

圆锥是指由圆锥表面与一定尺寸（线性尺寸和角度尺寸）所限定的几何体。

圆锥分为外圆锥和内圆锥，外圆锥是外表面为圆锥表面的几何体，如图 4-4a）所示；内圆锥是内表面为圆锥表面的几何体，如图 4-4b）所示。

所谓一定尺寸，包含圆锥角 a、圆锥直径（最大圆锥直径 D、最小圆锥直径 d、给定截面圆锥直径 d_x）、圆锥长度 L、锥度 C 等，如图 4-5 所示。

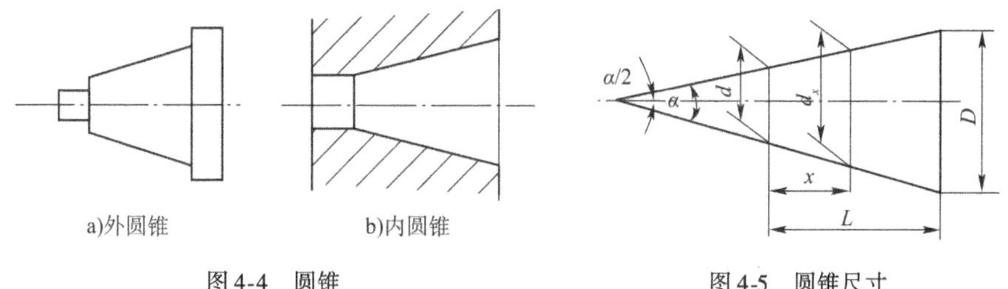

图 4-4　圆锥　　　　图 4-5　圆锥尺寸

圆锥面是组成机械零件的仅次于圆柱面的常用几何要素，内圆锥与外圆锥的配合是机械产品中另一种常见的典型装配结构，称为光滑圆锥结合。它常用于对中定位、传递力矩等场合，与光滑圆柱结合比较，具有精度高、紧密性好、易于安装调整等优点。

3）几何要素之间的关系

图 4-6 展示了公称要素、实际要素、提取要素和拟合要素之间的关系，说明如下：

4.1.3　机械产品几何量精度设计的任务

几何量精度设计是根据产品的使用功能要求和制造条件确定机械零部件几何要素允许的加工和装配误差，从而能够保证产品装配后能正常工作。

机械产品的几何量精度的设计主要任务如下。

1）确定并标注与精度有关的产品或部件装配技术要求

在机械产品的总装配图上和部件图上，确定各零件配合部位的配合代号和其他技术要求，并将配合代号和相关技术要求标注在装配图上，如图 4-7 所示。图 4-8 是机床润滑系统的齿轮泵三维图示意。

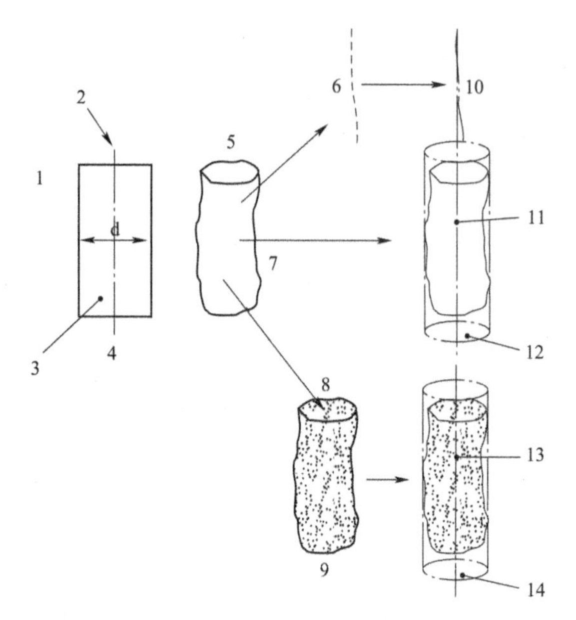

图4-6　几何要素之间的关系

1-尺寸要素的尺寸;2-公称中心要素;3-公称组成表面;4-公称表面模型;5-工件实际表面的非理想表面模型;6-非理想中心要素;7-非理想组成表面;8-提取;9-非理想组成提取表面;10-间接拟合中心要素;11-直接拟合中心要素;12-理想的直接拟合组成表面;13-直接拟合中心要素;14-理想的直接拟合组成表面

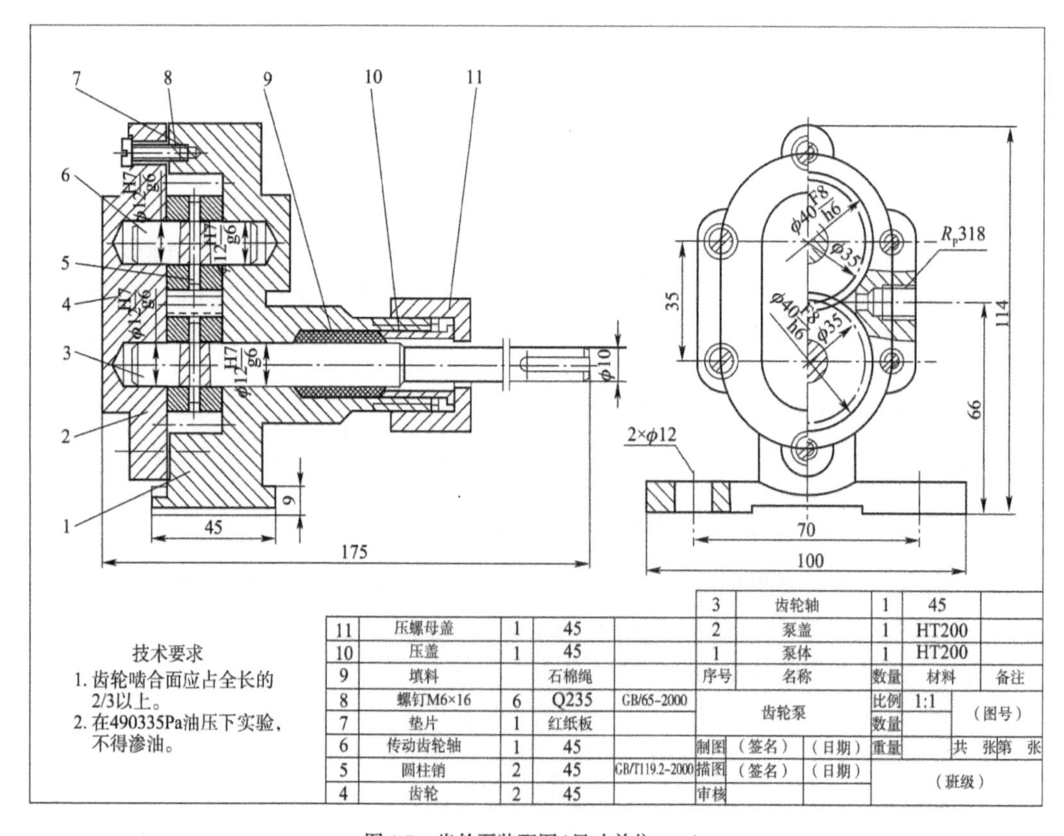

序号	名称	数量	材料	备注
11	压螺母盖	1	45	
10	压盖	1	45	
9	填料		石棉绳	
8	螺钉M6×16	6	Q235	GB/65-2000
7	垫片	1	红纸板	
6	传动齿轮轴	1	45	
5	圆柱销	2	45	GB/T119.2-2000
4	齿轮	2	45	
3	齿轮轴	1	45	
2	泵盖	1	HT200	
1	泵体	1	HT200	

图4-7　齿轮泵装配图(尺寸单位:mm)

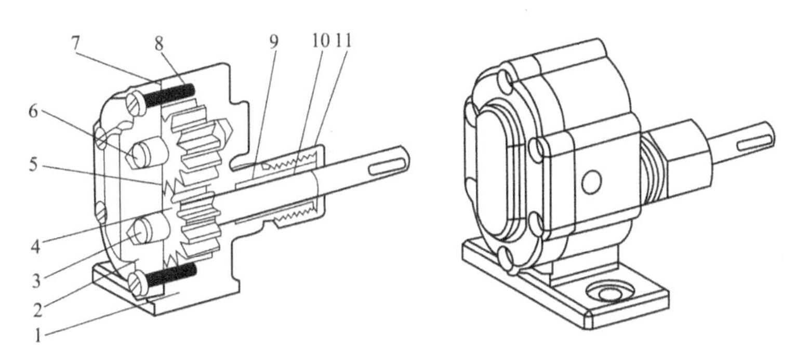

图4-8　齿轮泵

1-泵体;2-泵盖;3-齿轮轴;4-齿轮(2个);5-圆柱销(2个);6-传动齿轮轴;7-垫片;8-螺钉(6个);9-填料;10-压盖;11-压紧螺母

2)确定并标注与精度有关的零件技术要求

确定组成机械产品的各零件上各处尺寸公差、几何公差、表面粗糙度以及典型表面(如键、圆锥、螺纹、齿轮等)公差要求等内容,并在零件图样上进行正确标注。图4-9所示为齿轮泵主动轴零件图。

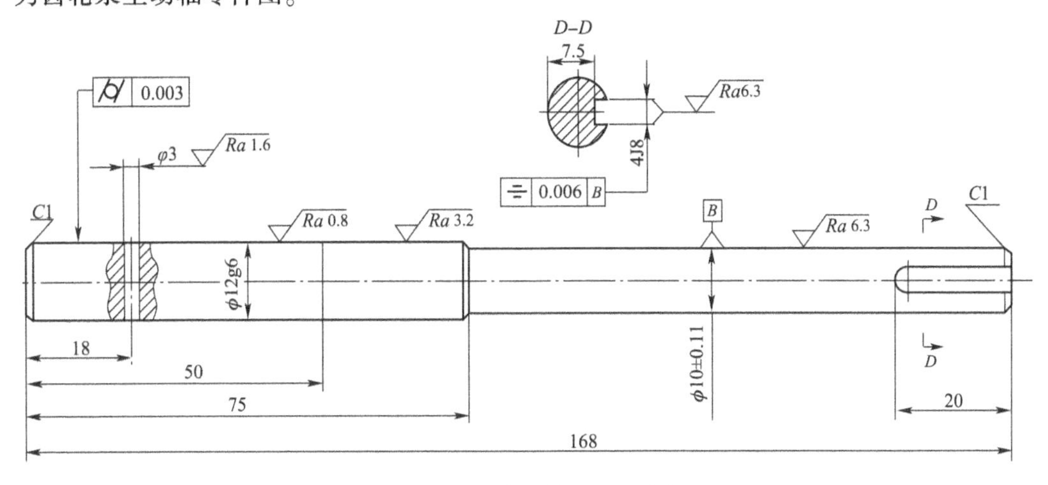

图4-9　齿轮泵主动轴零件图(尺寸单位:mm)

4.1.4　机械产品几何量精度设计的基本原则

机械产品几何量精度量设计的基本原则是经济满足功能要求。进行精度设计时,应考虑使用功能、精度储备、经济性、互换性、协调匹配等主要因素。

1)满足使用功能要求

任何机械产品都是为了满足人们生活、生产或科学研究的某种特定的需要。这种需要表现为机械产品可以实现的某种功能。因此,机械精度设计首先必须满足产品的功能要求。机械产品功能要求的实现,在相当程度上依赖于组成产品的各零件几何量精度。因此,零件几何量精度的设计是实现产品功能要求的基础。

机械零件上的几何要素基本上可以分为结合要素、传动要素、导引要素、支承要素和结构要素等几类。

结合要素要求实现一定的配合功能。如轴颈与轴承的圆柱结合、键与键槽的平行面结合、螺钉与螺母的螺旋结合等,它们都有各自不同松紧的功能要求,或为连接可靠而应较紧,或为装配方便和可以相对运动而应较松。

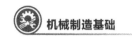

传动要素要求实现一定的传递运动和载荷功能。如齿轮传动、蜗杆传动、丝杠传动等。它们都有传递运动的精度要求和为保证动力传递可靠的传动平稳和承载能力的要求。

导引要素要求实现一定的运动功能。如直线导轨、各种凸轮等,它们的工作表面都有形状精度的要求。

支承要素主要是实现承载功能,多为形成固定连接的表面。如机座底面、机身与箱盖连接的平面、垫圈端面、机床工作台面等,它们都应具有一定的平面度和表面粗糙度要求。

结构要素是指构成零件外形的要素。结构要素的尺寸主要取决于强度和毛坯制造工艺,其精度要求一般较低,如机壳外形、倒圆、倒角等。

由此可见,在进行零件的几何量精度设计时,首先要对构成零件的几何要素的性质和功能要求进行分析,然后对各要素给出不同类型和大小的公差,保证功能要求的满足。

2)足够的精度储备

随着工作时间的增加,运动零件的磨损,将使机械精度逐渐降低,直至报废。零件的几何量精度越低,其工作寿命也相应越短。因此,在评价精度设计的经济性时,必须考虑产品的无故障工作时间。适当提高零件的几何量精度,以获得必要的精度储备,往往可以大幅增加平均无故障工作时间,从而减少停机时间和维修费用,提高产品的综合经济效益。

3)良好的经济性

在满足功能要求的前提下,精度设计还必须充分考虑到经济性的要求。高精度设计(小公差)固然可以实现高功能的要求,但必须要求高投入,即提高生产成本。实践表明,精度(误差)与相对生产成本的关系曲线如图4-10所示。由图可见,虽然公差减小(设计精度提高)一定会导致相对生产成本的增加,但是当公差较小时,相对生产成本随公差减小而增加的速度远远大于公差较大时的速度,因此,在对具有重要功能要求的几何要素进行精度设计时,特别要注意生产经济性,应该在满足功能要求的前提下,选用尽可能低的精度(较大的公差),从而提高产品的性能价格比。

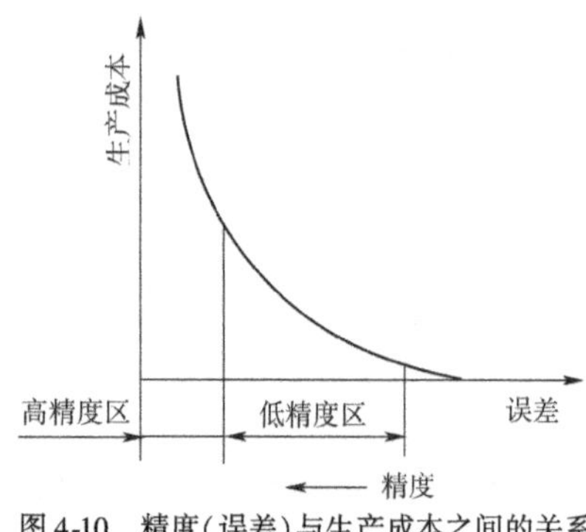

图4-10 精度(误差)与生产成本之间的关系

当然,精度要求与生产成本的关系是相对的。随着科学技术和生产水平的提高,以及更为先进的工艺方法的应用,人们可以在不断降低生产成本的条件下提高产品的精度。因此,满足经济性要求的精度设计主要是一个实践的问题。

4)满足互换性要求

在汽车制造业中,汽车上的成千上万个零件是分别由几百家工厂生产的。汽车制造厂只负责生产若干主要的零件,并与其他工厂生产的零件一起装配成汽车。为了顺利地实现这种专业化的协作生产,各工厂生产的零件或部件都应该有适当的、统一的技术要求,否则,就有可能在汽车厂装配时发生困难,或者不能满足对产品功能的要求。

按规定的技术条件,在不同工厂、不同车间、由不同工人生产的相同规格的零件或部件、可以不经选择、修配或调整,就能装配成满足预定使用功能要求的机器或仪器,则零件或部件所具有的这种性能就称为互换性。能够保证产品且有互换性的生产,就称为遵循互换原则的生产。

由此可见,互换性表现为对产品零部件在装配过程中三个不同阶段的要求:装配前,不需选择;装配时,不需修配和调整;装配后,可以满足预定的功能要求。

显然,为了使零部件具有互换性,首先应对其几何要素提出适当的、统一的要求,因为只有保证了对零部件几何要素的要求,才能实现其可装配性和装配后满足与几何要素(尺寸、形状、方向和位置等)有关的功能要求。这就是零件或部件的几何要素的互换性。

但是,全面满足对产品的使用功能的要求,仅保证零部件具有几何要素的互换性是不够的,还需要从零部件的物理性能、化学性能、机械性能等各方面提出要求。这些在更广泛意义上的互换性,可称为广义互换性。

有时常常把仅满足可装配件要求的互换称为装配互换;把满足各种使用功能要求的互换称为功能互换。

当前,互换原则已经成为组织现代化生产的一项重要的技术经济原则。它已经在各个行业被普遍地、广泛地采用。从各种军工产品(如枪械、火炮、导弹和工程装备等)到日用消费品和工业用品(如手表、自行车、电视机、缝纫机到机床、汽车和计算机等),都在以极大的规模和极高的程度上按照互换原则进行生产。

互换要求首先是从军品的使用上提出来的。在19世纪,为了在战争中争取时间赢得胜利,要求能迅速更换因发射枪弹而发热的枪管,保证连续进行射击,这就是互换的萌芽。随着生产的发展,对生产和生活中使用的各类产品的互换要求也越来越广泛。只有具有互换性的产品可以在使用过程中迅速更换易损零部件,从而保持其连续可靠地运转,给使用者带来极大的方便,获得充分的经济效益。

互换程度提高的同时,也给制造和维修过程带来了极大的方便。例如,迅速更换工程装备中已磨损的零件,保证工程装备持续的战斗力;自动和半自动机床上,原材料装夹的稳定与可靠;各种设备维修中易损零件的更换等,都是以具有互换的特性为前提的,所以,互换性大大提高了产品在制造、使用和维修过程的经济效益。

对于不同的产品在不同的生产阶段,应该在何种范围内和何种程度上具有互换性,还需进行具体的分析。例如滚动轴承,作为专业化工厂生产的高精度标准部件,它与其他零件具有装配关系的各尺寸应该具有完全的互换性。但其内、外圈和滚子等零件相互装配的尺寸,由于精度要求极高,如果也要求具有完全的互换性,就会给制造带来极大的困难,所以,往往只有不完全的互换性,即采取选择装配的方法,才能取得较好的经济效果,又不影响整个轴承的使用。

在追求个性化的时代,如果产品不是批量或大批量生产,而是单件或小批量生产时,产品零部件可以不需要具有互换性,可以采用配制的方法制造。同样,如果产品的性能要求非常严格,相应的配合精度要求非常高,采用通用批量生产的设备和加工方法无法保证时,一般采用配制的方法进行零件生产,这样制造的零部件则不具备互换性。

由此可见,互换性是对重复生产零件的要求。只要按照统一的设计进行重复生产,就可以获得具有互换性的零件。所以,精度设计(公差设计)和互换性是两个完全不同的概念,对于精度设计的要求是"合理",而实现互换的方法则是"统一"。无论是否要求互换,零件的精度设计必须合理,即经济地满足功能要求,而只有重复生产、分散制造、集中装配的零件才要求互换。

4.1.5 机械产品精度设计的方法

考虑到绝大多数零件都是由多个几何要素构成的,而机构又是由各种零件组成的,因此,在必要时还应对零件各要素的精度和组成机构的有关零件的精度进行综合设计与计算,以确保机械的总体精度的满足。对精度进行综合设计与计算通常采用相关要求的方法。

精度设计的方法主要有类比法、计算法和试验法三种。

1)类比法

类比法是与经过实际使用证明合理的类似产品上的相应要素相比较,确定所设计零件几何要素的精度。类比法亦称经验法,它是大多数零件要素精度设计所采用的方法。

采用类比法进行精度设计时,必须正确选择类比产品,分析它与所设计产品在使用条件和功能要求等方面的异同,并考虑到实际生产条件、制造技术的发展、市场供应信息等多种因素。

采用类比法进行精度设计的基础是资料的收集、分析与整理。

2)计算法

计算法是根据由某种理论建立起来的功能要求与几何要素公差之间的定量关系确定零件几何要素的精度。例如,根据液体润滑理论计算活动轴承与轴配合的最小间隙;根据弹性变形理论计算确定圆柱结合的过盈;根据机构精度理论和概率设计法计算传动系统中各传动件精度等。目前,用计算法确定零件几何要素的精度只适用于某些特定场合。而且,用计算法得到的公差往往还需要根据多种因素进行调整。

3)试验法

试验法是先根据一定条件,初步确定零件要素的精度并按此进行试制,再将试制产品在规定的使用条件下运转,同时,对其各项技术性能指标进行监测并与预定的功能要求比较,根据比较结果再对原设计进行确认或修改。经过反复试验和修改,就可以最终确定满足功能要求的合理设计。

试验法的设计周期较长、费用较高,因此,其主要用于新产品设计中个别要素的精度设计。

4.1.6 几何量精度的表达

零件几何量精度要求通常采用公差项目进行表达,各种公差项目对被测零件的精度要求表现为几种不同的方式。

1)规定极限值方式

对于几何量精度的部分公差项目,如线性尺寸、角度尺寸等的公差要求,可以规定其允许的上极限值和下极限值,完工后零件的被测项目应不超过规定的极限范围。

2)规定公差带(区域)方式

对于几何量精度的部分公差项目,如形状、方向和位置等的公差要求,可以规定其允许变动的几何区域,即形状、方向和位置公差带,完工后零件的被测项目(如形状、方向和位置)应不超过规定的几何区域。根据不同的实际情况,公差带可以是平面区域,也可以是空间区域,并应从区域的形状、大小、方向和位置四个方面进行相应限定。

3)规定评定参数方式

对于几何量精度的部分公差项目,如表面粗糙度等的公差要求,可以根据被测对象的不同特性设定不同的评定参数,并规定相应参数的限制范围(允许极限)。完工后零件的被测参数(如参数 *Ra*)应不超过规定的限制范围。评定参数的限制范围通常只给出最大限制值或最小限制值,必要时,也可同时给出最大和最小限制值。

4.1.7 几何量精度的标注

在确定了零件要素的几何量精度以后,必须用适当的方法在零件的设计图样上予以表达,即进行公差标注,作为制造、检测和验收的依据。

零件几何量精度要求的表达主要有两种力法:一般公差(未注公差)和注出公差。

1)一般公差(未注公差)

一般公差是指在车间普通生产工艺条件下,机床设备可保证的公差,亦称常用精度或经济精度。

由于零件的多数要素采用一般公差就可以满足其功能要求,因此,对于采用一般公差精度要求的零件,不需要在零件设计图样上单独标注,只需要在图样或技术文件中以适当的方式作出统一规定,所以,一般公差又通称未注公差。

采用一般公差表示零件的几何量精度,具有以下好处:

(1)简化制图,使图样清晰易读;

(2)节省图样设计时间,设计人员只需要熟悉和应用一般公差的规定,无须逐一考虑公差值;

(3)明确哪些要素可由一般工艺水平保证的其精度要求,简化检验要求和质量管理;

(4)突出重点保证的精度要求;

(5)便于供需双方达成协议,避免不必要的争议。

因为一般公差是在正常情况下可以保证达到要求的精度,所以,通常都不需检验。如果实际要素的误差超出规定的一般公差要求,则只有当它对零件的功能要求有不利影响时,才予以拒收。因此,采用一般公差还可以减少检验费用和供需双方必要的争议。

采用一般公差的前提是生产部门必须对所有加工设备的正常精度进行实际测定,并定期进行抽样检查和维修,以确保其精度得到维持。

当要素的功能要求低于一般公差的精度时,通常也不需要单独标注,除非其较大的公差对零件的加工制造具有显著的经济效益,才采用单独标注的方法。

2)注出公差

当要素的功能要求高于一般公差的精度,或者特别低的精度且有经济效益时,应在零件设计图样上以适当的方式逐一进行单独标注,通称注出公差。

注出公差的方式可以在技术条件中描述,也可以采用规范的符号在图面上标注。例如在公称尺寸后面加注上、下极限偏差或公差带代号,用框格标注形位公差等(图 4-9)。

4.1.8 几何量精度的实现与检测

根据“经济地满足使用功能要求”这一基本原则,在给出机械零件各几何要素的公差,并按标准规定的方法在设计图样上进行标注以后,还需要采用相应的制造和检测方法予以实现。

按设计要求规定的材料和毛坯的提供方法,通常都将对毛坯进行加工,才能全面实现设计图样的要求。为此,必须进行工艺设计,包括机床、刀具、夹具的选用,工艺过程的设计,以及检测方式和测量器具的选用、验收利用和仲裁标准的制订等。工艺设计的依据是设计图样,因此,正确理解设计图样所表达的精度要求,即所谓“读懂图样”是必须的。因为,几何量精度的表现形式种类繁多(如尺寸精度、表面精度、形状精度、方向精度、位置精度、运动精度等)、机械零件的几何要素多种多样(如直线、平面、圆、圆柱面、圆锥面、螺旋面、渐开线面等)、几何量精度要求方式不同(如限值控制、几何区域控制等),所以,必须根据要素的特点,正确理解其精度的表达形式和要求,才能合理地选择制造与检测方法。特别是在一定测量条件下,对测量数据的处理和合格性的判断,与对设计图样精度要求的理解正确与否的关系尤为密切。

制造与检测方法的选择应遵循“经济地满足设计要求”的原则。所用制造方法应在确保产品精度要求的前提下,尽可能地降低生产成本,满足市场需要。这不仅需要分析零件的精度要求,而且还要考虑生产批量与规模、协作的可能性、工艺装备的折旧与更新,以及技术开发与储备等诸多因素。

选择检测方法时,首先分析测量误差及其对检验结果的影响。因为测量误差将导致误判,或将合格品判为不合格而误废,或将不合格品判为合格而误收。误废将增加生产成本,误收则影响产品的功能要求。检测准确度的高低直接影响到误判的概率,又与检测费用密切相关。其次是确定合理的验收合格判断条件。验收条件与验收极限的确定,将影响误收和误废在误判概率中所占的比重。

因此,合理确定检测准确度和正确选择验收条件,对于保证产品质量和降低生产成本是十分重要的。

4.2 标准化与优先数系

互换性是由公差来保证的,公差的制定依据是标准化,故标准化则是实现互换性的基础和基本保证。

4.2.1 标准和标准化

1)标准

在现代化生产中,一个机械产品的制造过程往往涉及许多行业和企业,有的还需要国际合作。为了满足相互间在技术上的协调要求,必须有一个共同遵守的、规范的、统一技术要求。

(1)标准的定义。

标准是指为在一定的范围内获得最佳秩序,对活动或其结果规定共同的和重复使用的规则、导则或特性的文件。它是规范技术要求的法规,是在一定范围内共同遵守的技术依据。

(2)标准的分类。

标准按级别分为国际标准、区域标准、国家标准、地方标准和试行标准。在世界范围,企业共同遵守的是国际标准(ISO),国家标准是由国家标准机构/标准化组织通过并公开发布,是在一个国家范围内统一的技术要求。

根据《中华人民共和国标准法》的规定,我国标准分为国家标准(GB)、行业标准(如机械标准JB)、地方标准(DB)及企业标准。地方标准和企业标准是在没有国家标准及行业标准可依据、而在某个范围内又需要统一技术要求的情况下制订的技术规范。我国国家标准有两种:强制性国家标准(GB)、推荐性国家标准(GB/T)。国家标准化指导性技术文件(GB/Z)是为仍处于技术发展过程中(如变化快的技术领域)的标准化工作提供指南或信息,供科研、设计、生产、使用和管理等有关人员参考使而制订的标准文件。

按照标准的性质不同,标准可以分为技术标准、工作标准和管理标准。技术标准是指根据生产技术活动的经验和总结,作为技术上共同遵守的法规而制订的规定;工作标准是指对工作范围、构成、程序、要求、效果、检查方法等所作的规定;管理标准是指对标准化领域中需要协调、统一和管理所制订的标准。

技术标准按照针对的对象,可以分为基础标准、产品标准、方法标准和安全与环境保护标准等。

基础标准是指具有广泛的普及范围或包含一个特定领域的通用规定的标准。它可以作为直接应用的标准或作为其他标准的基础,如本书讨论的互换性标准。

产品标准是指规定一个产品或一类产品应符合的要求以保证其适用性的标准。

方法标准是指以试验、检查、分析、抽样、统计、计算、测定、作业等各种方法为对象制订的标准,如试验方法、检查方法、分析方法、抽样方法、统计方法、计算方法、测定方法、工艺规程、作业指导书、操作方法等。

安全与环境保护标准包括:安全标准,是为保护人和物的安全而制定的标准;卫生标准,是为保护人的健康而对食品、医药及其他方面卫生要求而制定的标准;环境保护标准,为保护人身健康、保护社会物质财富、保护环境和维持生态平衡而对大气、水、土壤、噪声、振动等环境质量、污染源、监测方法或其他环境保护方面所制定的标准。

标准的分类如图4-11所示。

2)标准化

标准化是为在一定范围内获得最佳秩序,对实际的或潜在的问题制订共同的和重复使用的规则的活动,是指制订、贯彻标准的过程。标准化的工作过程如图4-12所示。

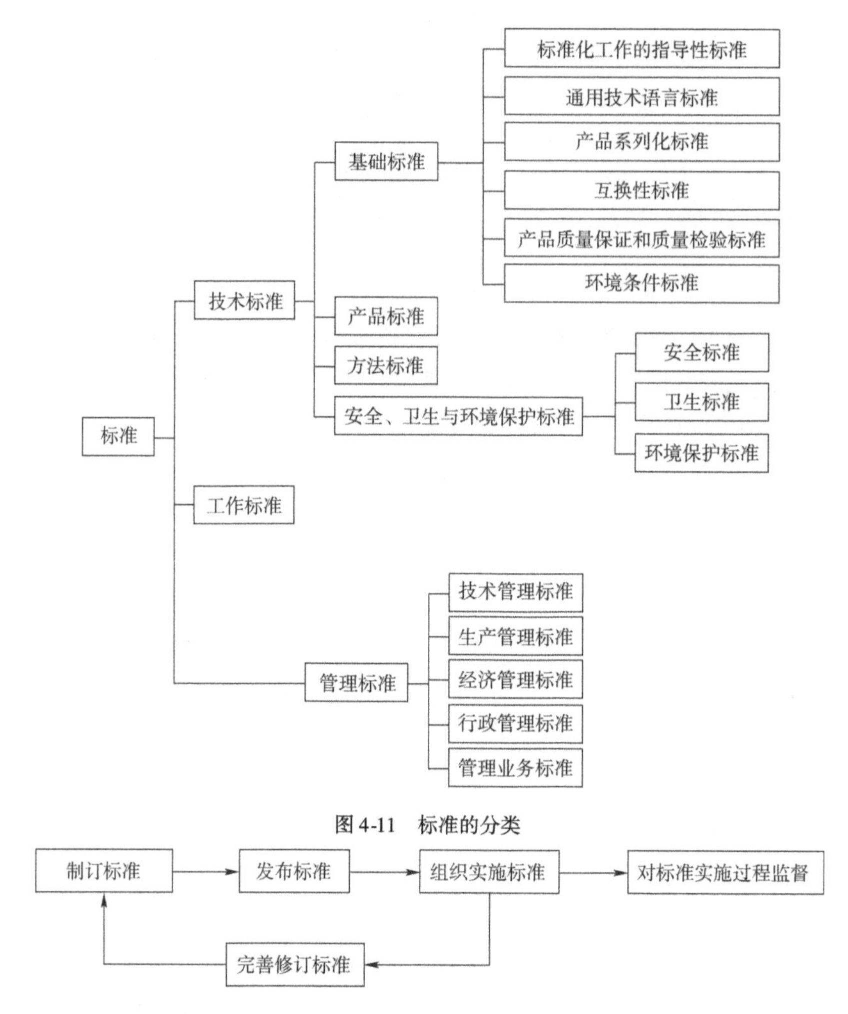

图 4-11 标准的分类

图 4-12 标准化的工作过程

标准化是组织社会化生产的重要手段,是管理科学化的主要依据。标准化水平的高低反映出一个国家现代化水平的程度,所以,各个国家对标准化工作都非常重视。

4.2.2 优先数系

在机械设计与制造中,常需要确定诸多技术参数,而这些参数又会向与它相关的一系列参数传递下去。如加工螺栓,其直径尺寸的确定必然会影响到与之相配合的螺母,以及丝锥、板牙、钻头等加工工具及相应的装夹具,还有螺纹量规等测量工具的一系列直径尺寸。规格数值繁多必然给生产的组织和管理带来困难,并增加生产成本。

为了尽量减少各环节的生产成本,必须对各种技术参数进行统一规定,将参数选择纳入标准化轨道。《优先数和优先数系》(GB/T 321—2005)就是其中一项重要标准,因其应用的方便性,在生产中得到广泛推广。

优先数系 R_r 是一种十进制几何级数,公比是 10 的 r 次方根,其数值传递规律为:每经 r 项,数值扩大 10 倍。

例如 R_5 系列,第一项是 1.00,经过 5 项,第 6 项是 10.00,依此类推。

《优先数和优先数系》(GB/T 321—2005)推荐了5个系列,各系列公比如下:

R_5 系列:　　$q_5 = \sqrt[5]{10} \approx 1.60$

R_{10} 系列:　　$q_{10} = \sqrt[10]{10} \approx 1.25$

R_{20} 系列:　　$q_{20} = \sqrt[20]{10} \approx 1.12$

R_{40} 系列:　　$q_{40} = \sqrt[40]{10} \approx 1.06$

R_{80} 系列:　　$q_{80} = \sqrt[80]{10} \approx 1.03$

表4-1列出了基本系列 R_5、R_{10}、R_{20} 和 R_{40} 的优先数。如将表中所列优先数值乘以10,100,…或乘以0.1,0.01,0.001,…,即可得到所有大于10或小于1的优先数。

优先数系的基本系列　　表4-1

R_5	1.00		1.60		2.50		4.00		6.30		10.00
R_{10}	1.00	1.25	1.60	2.00	2.50	3.15	4.00	5.00	6.30	8.00	10.00
R_{20}	1.00	1.12	1.25	1.40	1.60	1.80	2.00	2.24	2.50	2.80	3.15
	3.55	4.00	4.50	5.00	5.60	6.30	7.10	8.00	9.00	10.00	
R_{40}	1.00	1.06	1.12	1.18	1.25	1.32	1.40	1.50	1.60	1.70	1.80
	1.90	2.00	2.12	2.24	2.36	2.50	2.65	2.80	3.00	3.15	3.35
	3.55	3.75	4.00	4.25	4.50	4.75	5.00	5.30	5.60	6.00	6.30
	6.70	7.10	7.50	8.00	8.50	9.00	9.50	10.00			

注:摘自《优先数和优先数系》(GB/T 321—2005)。

R_{80} 系列称为补充系列,仅在参数分级很细或基本系列中的优先数不能适应实际情况时,才可采用。

派生系列是从基本系列或补充系列 R_r,每 p 项取值导出的系列,以 Rr/p 表示,其中 r/p 是1~10、10~100等各个十进制数内项值的分级数。

派生系列的公比为:　　$q_{r/p} = q_r^p = (\sqrt[r]{10})^p = 10^{p/r}$

派生系列 $R_{10}/3$ 的公比为2,若首项为1,则优先数为1.00,2.00,4.00,8.00,…。

常用的倍数系列,就是从基本系列中隔双项取值组成的。其传递规律是:每经3项,数值倍增。如表面粗糙度(Ra)的数值排列,其基本系列就是由倍增规律派生而来,在实际中应用非常方便。

实践证明,优先数系是一种科学的数值系列,不仅对技术参数的简化和传递起到重要作用,而且是制定一些相关标准的重要依据。

4.3　产品几何技术规范简介

产品几何技术规范(Geometrical Product Specification,GPS)是近年来以新的理念和概念、并面向产品开发、设计、制造、检测、装配以及维修、报废等产品生命周期的全过程而构建的控制产品几何特性的一套完整的标准,全面覆盖了从宏观到微观的产品几何特征的描述,全面规范了产品(工件)的尺寸、距离、形状、方向、位置、跳动及表面结构等的控制要求和检测方法，成为工程领域产品设计、制造和合格评定依据的基础标准之一，也是产品市场流通领域中合格评定的依据。它被应用于所有几何产品，既包括汽车、机床、家用电器等传统机电产品，也包括计算机、通信、航天等高新技术产品。

传统的 GPS 是一套基于几何学的产品几何标准与检测规范，虽然提供了产品设计、制造及检测的技术规范，但没有建立它们彼此之间的联系，其精度和公差设计理论已不适应于在计算机中利用三维图形表达，不能满足生产技术与工艺水平发展的需要。为解决以几何学为基础的第一代 GPS 所带来的问题，新的 GPS 基于计量数学，将几何产品的设计规范、生产制造和检验认证及不确定度的评定贯穿于整个生产过程，成为产品设计工程师、制造工程师和计量测试工程师之间共同依据的准则，为产品设计、制造与认证提供一个更加丰富、清晰的交流平台。新一代 GPS 是信息时代几何产品技术规范和计量认证综合为一体的新型标准体系，它标志着制造业技术标准和计量进入了一个全新的时代。

在国际标准中，GPS 标准体系是影响最广、最重要的基础标准体系，与质量管理（ISO 9000）、产品模型数据交换（STEP）等重要标准体系的有着密切的联系，是产品质量保证和制造业信息化的重要基础。

1）新一代 GPS 系统模型

新一代 GPS 标准体系可分为功能描述阶段、规范设计阶段、规范解释（制造加工）阶段和检验认证阶段，利用“不确定度理论”和基于对偶性原理的“操作”（operation）技术将各个阶段系统地联系起来，构成一个完整的 GPS 系统。图 4-13 所示为新一代 GPS 系统结构模型。

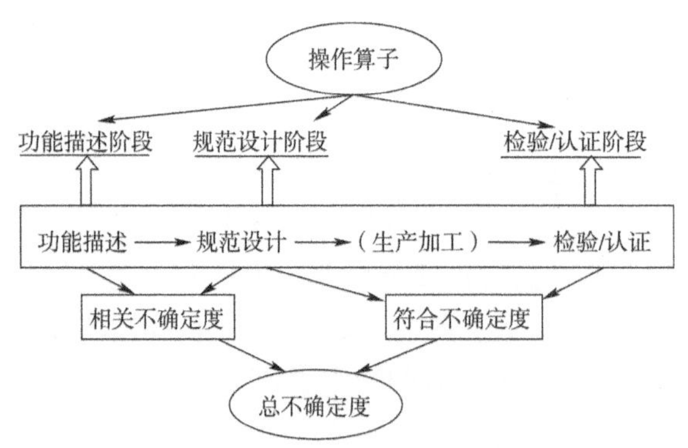

图 4-13　新一代 GPS 系统结构模型

产品设计是由设计工程师根据产品功能需要，确定 GPS，即对产品的尺寸、几何特征和表面质量进行规范。利用规范操作算子“specification operator”将功能要求转换为 GPS，即几何尺寸、形状、方向和位置公差以及与加工工艺相一致的表面质量要求。

制造是由制造工程师负责对 GPS 的解释和实施，完成产品的加工和装配的过程，制造过程的每一个步骤须依据特定的 GPS 实施。

认证检验由计量工程师对实际工件几何要素和相应的公称要素进行一致性比较，确定产品是否满足规范要求。GPS 采用物像对应原理，利用“不确定度”把产品的设计、制造和检验集成一体。

2)新一代 GPS 标准体系结构

新一代 GPS 标准体系模型采用矩阵结构表示各类标准的关系。2020 年 11 月 1 日实施的《产品几何技术规范(GPS)矩阵模型》(GB/T 20308—2020)取代了《产品几何技术规范(GPS) 总体规划》(GB/Z 20308—2006),2006 年版的 GPS 标准体系由四个部分组成:GPS 基础标准、GPS 综合标准、GPS 通用标准和 GPS 补充标准,2020 年版标准修改了 GPS 标准分类方法,取消了“GPS 综合标准”,原来被归类到 GPS 综合标准中的标准,被归类到 GPS 基础标准或 GPS 通用标准中。

GPS 标准可以排列在由行和列构成的矩阵中,GPS 标准矩阵模型见表 4-2,该矩阵的行由 9 种几何特征中的一种组成(9 种几何特征为:尺寸、距离、形状、方向、位置、跳动、轮廓表面结构、区域表面结构及表面缺陷,未来有可能加入其他几何特征),这些特征可以被细分成标准链,而该矩阵的每一列被描述为“链环”,每一个标准链都包含所有与特定细分相关的几何特征类 GPS 通用标准,例如圆柱尺寸、圆锥尺寸和球体尺寸。每一个 GPS 标准的范围可以通过在 GPS 矩阵上标出该标准适用于哪一种几何特征类(行)中的哪一个链环(列)来说明,这些标准与几何特征规范描述的特定功能或检验的特定功能相关,如:要使用的符号或特征的测量方式,目前有 7 个链环。

GPS 标准矩阵模型 表 4-2

几何特征	链环						
	A	B	C	D	E	F	G
	符号和标注	要素要求	要素特征	符合与不符合	测量	测量设备	校准
尺寸							
距离							
形状							
方向							
位置							
跳动							
轮廓表面结构							
区域表面结构							
表面缺陷							

链环 A :符号和标注,该链环所包含的 GPS 标准定义了符号、标注和修饰符的形式和比例以及管理它们应用的规则。

链环 B :要素要求,该链环所包含的 GPS 标准定义了公差特征、公差带、约束和参数。它包括了确定几何特征、尺寸特征、表面结构参数、形状、尺寸、公差带的方向和位置以及参数的定义的标准。

链环 C:要素特征,该链环所包含的 GPS 标准定义了工件上要素的特征和条件。它包括了定义分离、提取、滤波、拟合、组合和重构等操作的标准。

链环 D:符合与不符合,该链环所包含的 GPS 标准定义了对规范要求和检验结果之间进行比较的要求。

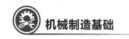

链环 E:测量,该链环所包含的 GPS 标准定义了测量要素的特征和条件的要求。

链环 F:测量设备,该链环所包含的 GPS 标准定义了测量设备的要求。

链环 G:校准,该链环所包含的 GPS 标准定义了测量设备的校准要求和校准程序。

2020 年版 GPS 标准体系主要有三个组成部分。

(1)GPS 基础标准

GPS 基础标准是在发展战略研究的基础上形成的顶层标准,是整个 GPS 标准体系构建和总体规划的依据,是制订其他两类标准的基础,该标准定义的规则和原则,适用于 GPS 矩阵中的所有类(几何特征类和其他类)和所有链环。目前,ISO 发布了两个重要的 GPS 基础标准,即:

①ISO 14638—2015　产品几何技术规范(GPS)矩阵模型;

②ISO 8015—2011　产品几何技术规范(GPS)基础概念、原则和规则。

(2)GPS 通用标准

GPS 通用标准适用于一种或多种几何特征类,以及一个或多个链环,但不是 GPS 基础标准,该标准是 ISO/TC213 GPS 标准体系的主体部分。在 GPS 通用标准矩阵中,规范标准形成相应的标准链,相关的规范标准是相互影响的。

(3)GPS 补充标准

GPS 补充标准涉及特定的制造过程或典型的机械零部件,该标准是根据不同的工艺过程(如机加工、铸造、焊接、热切削、塑料模压、涂镀等),以及典型零件结构要素(如螺纹、齿轮、花键等)几何特征,对 GPS 标准矩阵提出的补充。这类标准更具体、更有针对性,一般由 ISO 其他相应的技术委员会(TC)制订,只有极少部分由 ISO/TC213 制订。

3)GPS 的意义和作用

几乎所有的硬件产品都涉及几何量精度控制问题,制造业的所有企业无一例外地均要使用 GPS,在市场流通领域中,在产品的合格评定和验收方面,GPS 也是不可或缺的,可以说,GPS 的应用领域已从制造业扩展到国民经济的各个部门。新一代 GPS 标准体系是所有几何产品标准的基础,其技术水平的高低,影响的不是一个产品、一个企业或一个行业,而是整个国家工业化的水平,是国家制造业的竞争力。在经济全球化的大环境下,面对以精益制造及数字化设计和制造为特征的现代制造业的需求,在全球范围内建立更加科学、系统、先进的 GPS 标准体系,意义尤其重大,它的作用主要表现在以下几个方面。

(1)为企业的产品开发提供了一套全新的工具,为产品的数字化设计和制造提供了基础支撑。GPS 标准规定的表面模型和一系列有序的规范操作是产品的数字化仿真(设计、制造仿真和优化)及自动化检测的基本依据,适应现代制造业发展的需要。

(2)实现产品的精确几何定义及规范的过程定义,更加合理、经济和有效地利用设计、制造和检测的资源,显著降低了产品的开发成本。

(3)GPS 不仅是产品开发的重要依据,而且成为规范相关计量器具研制、软件开发的重要准则,因为测试设备要求、器具的标定和校准等已经纳入 GPS 标准链中,成为不可缺少的链环。

(4)GPS为国际通用的技术语言,是国际经济运作大环境中产品质量、国际贸易及安全等法规在世界范围内保持一致的重要支撑工具,是国际公认的重要基础标准。它的应用大大减少了沟通的困难和问题,在经济全球化的环境下,有利于促进产品的协同开发、转包生产,有利于促进国际间技术交流和合作,有利于消除贸易中的技术壁垒。

(5)GPS的实施可显著提高产品的质量,提高企业的市场竞争力。

新的GPS是对传统公差理论和几何精度控制思想的一次大的变革,由于GPS的基础性、通用性和应用的广泛性,它的建立和实施必将产生巨大的经济和社会效益。目前,我国的基础几何标准规范还没有完全满足通用产品几何技术规范体系的要求,正在不断发展的过程中。

习　题

一、单项选择题

1. 具有互换性的零件应是(　　)。

A. 相同规格的零件　　B. 不同规格的零件

C. 相互配合的零件　　D. 形状和尺寸完全相同的零件

2. 某种零件在装配时需要进行修配,则此种零件(　　)。

A. 有完全互换性　　B. 具有不完全互换性

C. 不具有互换性　　D. 无法确定其是否具有互换性

3. 对公称尺寸进行标准化是为了(　　)。

A. 简化设计过程　　B. 便于设计时的计算

C. 方便尺寸的测量　　D. 简化定值刀具、量具等的规格和数量

4. 最小极限尺寸减其公称尺寸所得的代数差为(　　)。

A. 上偏差　　B. 下偏差　　C. 实际偏差　　D. 基本偏差

5. 极限偏差是(　　)。

A. 加工后测量得到的

B. 设计时确定的

C. 最大极限尺寸与最小极限尺寸之差

D. 极限尺寸减其基本尺寸所得的代数差

6. 当上偏差或下偏差为零时,在图样上(　　)。

A. 必须标出零值　　B. 不能标出零值

C. 标或不标零值皆可　　D. 视具体情况而定

7. 关于尺寸公差,下列说法中正确的是(　　)。

A. 尺寸公差只能大于零,故公差值前应标“+”号

B. 尺寸公差是用绝对值定义的,没有正、负的含义,故公差值前不应标“+”号

C. 尺寸公差不能为负值,但可为零值

D. 尺寸公差为允许尺寸变动范围的界限值

8. 当孔的上偏差小于轴的下偏差时，此配合的性质是（　　）。

A. 间隙配合　　B. 过渡配合　　C. 过盈配合　　D. 无法确定

9. 关于配合公差，下列说法中错误的是（　　）。

A. 配合公差反映了配合的松紧程度

B. 配合公差是对配合松紧变动程度所给定的允许值

C. 配合公差等于相互配合的孔公差与轴公差之和

D. 配合公差等于极限盈隙的代数差的绝对值

10. 确定不在同一尺寸段的两尺寸的精确程度，是根据（　　）。

A. 两个尺寸的公差数值的大小

B. 两个尺寸的基本偏差

C. 两个尺寸的公差等级

D. 两个尺寸的实际偏差

二、填空题

1. 互换性的定义是______________________________。

2. 完全互换适用于______________________________。

3. 零件的几何量误差包括________、________、________、________和________。

4. 互换性按其程度和范围的不同可分为________和________两种。其中________互换性在生产中得到广泛应用。

5. 分组装配法属________互换性。

6. 我国标准按颁发级别分为________、________、________和________。

7. 优先数的基本系列有________、________、________和________，它们的公比分别约为________、________、________和________。

8. 设首项为100，按 R_{10} 系列确定后5项优先数为________、________、________、________、________。

9. 下列三列数据属于哪种系列？公比为多少？

(1) 电动机转速有（单位为r/min）：375、750、1500、3000……。

(2) 摇臂钻床的主参数（最大钻孔直径，单位为mm）有：25、40、63、80、100、125……。

(3) 国家标准规定的从IT6级开始的公差等级系数为：10、16、25、40、64、100……。

三、判断题（正确打"√"，错误打"×"）

1. 不经挑选和修配就能相互替换、装配的零件，就是具有互换性的零件。（　　）

2. 互换性原则只适用于大批量生产。（　　）

3. 不一定在任何情况下都要按完全互换性的原则组织生产。（　　）

4. 为了实现互换性，零件的公差规定得越小越好。（　　）

5. 国家标准中强制性标准是必须执行的，而推荐性标准执行与否无所谓。（　　）

6. 企业标准比国家标准层次低，在标准要求上可稍低于国家标准。（　　）

7. 为了使零件具有互换性，必须使各零件的几何尺寸完全一致。（　　）

8. 为使零件的几何参数具有互换性，必须把零件的加工误差控制在给定的公差范围内。（　　）

9. 企业标准的要求一定低于国家标准的要求。　　　　(　)

10. 几何量精度和几何量误差是从不同视角描述的同一事物。　　　　(　)

四、简答题

1. 简述机械产品几何量精度的概念。
2. 简述机械精度设计的方法和基本原则。
3. 简述几何要素的概念和分类。
4. 什么是互换性？互换性在机械制造中有何重要意义？
5. 完全互换与不完全互换有何区别？各应用于什么场合？
6. 公差、检测、标准化与互换性有何关系？
7. 为什么要规定优先数系？
8. 简述 GPS 标准体系的组成。
9. GPS 有何重要意义？

第5章　尺寸公差

圆柱体结合是由孔与轴构成的在机械制造中应用最广泛的一种结合。这种结合由结合直径与结合长度两个参数确定。从使用要求看,直径通常更重要,而且长径比可规定在一定范围内,因此,对圆柱体结合可简化为按直径这一主参数考虑。

圆柱体结合的互换性是机械工程方面重要的基础标准,它不仅用于圆柱体内、外表面的结合,也用于其他结合中由单一尺寸确定的部分,例如键结合中的键与槽宽、花键结合中的外径、内径及键与槽宽等。

“公差”主要反映机器零件使用要求与制造要求的矛盾;而“配合”则反映组成机器的零件之间的关系。公差与配合的标准化有利于机器的设计、制造、使用和维修。极限与配合标准不仅是机械工业各部门进行产品设计、工艺设计和制订其他标准的基础,而且是广泛组织协作和专业化生产的重要依据。极限与配合标准几乎涉及国民经济的各个部门,因此,国际上公认它是特别重要的基础标准之一。

为适应科学技术飞速发展,为了适应国际贸易、技术和经济交流以及采用国际标准的需要,经国家技术监督局批准,颁布了极限与配合标准:

《产品几何技术规范(GPS)线性尺寸公差ISO代号体系　第1部分:公差、偏差和配合的基础》(GB/T 1800.1—2020);

《产品几何技术规范(GPS)线性尺寸公差ISO代号体系　第2部分:标准公差带代号和孔、轴的极限偏差表》(GB/T 1800.2—2020);

《极限与配合　尺寸至18mm孔、轴公差带》(GB/T 1803—2003);

《一般公差　未注公差的线性和角度尺寸的公差》(GB/T 1804—2000);

《产品几何技术规范(GPS)尺寸公差　第1部分:线性尺寸》(GB/T 38762.1—2020);

《产品几何技术规范(GPS)尺寸公差　第1部分:除线性尺寸、角度尺寸外的尺寸》(GB/T 38762.2—2020);

《产品几何技术规范(GPS)尺寸公差　第1部分:角度尺寸》(GB/T 38762.3—2020);

《机械制图　尺寸注法》(GB/T 4458.4—2003);

《机械制图　尺寸公差与配合注法》(GB/T 4458.5—2003)。

上述标准代替了1996~2009年颁布的标准(GB/T 1800.1~1800.2、GB/T 1801等)中相应的部分内容。这些标准是依据国际标准(ISO)制订的,以尽可能地使我国的国家标准与国际标准一致或等同。本章主要阐述极限与配合国家标准的构成规律和特征。在讲述标准的内容上,凡是有代替旧标准的新标准,均以新标准为主。

5.1 术语及定义

5.1.1 尺寸

尺寸是指尺寸要素的可变尺寸参数,可在公称要素或拟合要素上定义。尺寸包含线性尺寸和角度尺寸,在本章中的"尺寸"如没有特别说明,一般是指线性尺寸,如圆柱面的直径、两相对平行平面、两相对直线或同心圆之间的距离。

1)公称尺寸

公称尺寸是指由图样规范确定的理想形状要素的尺寸,如图5-1所示。公称尺寸一般要符合标准尺寸系列,以减少定值刀具、量具、夹具的种类。孔、轴的公称尺寸分别用 D、d 表示。

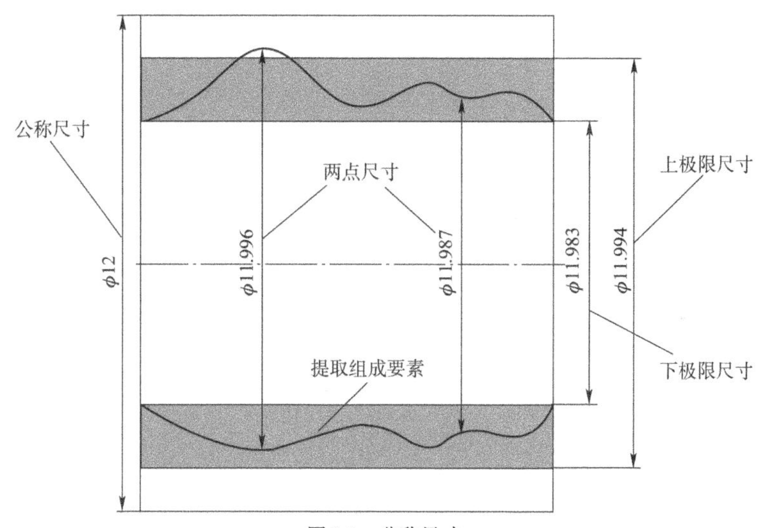

图5-1 公称尺寸

重要提示:通过它应用上、下极限偏差可计算出极限尺寸。公称尺寸可以是一个整数或一个小数值,例如:32,15,8.75,0.5,等。

2)两点尺寸

提取组成线性尺寸要素上的两相对点间的距离,如图5-2所示。两点尺寸提取要素的局部尺寸。圆柱面上的两点尺寸称为"两点直径",两相对平面上的两点尺寸称之为"两点距离"。

对于提取要素来说,两点尺寸只是其局部尺寸中的一种,局部尺寸有四类:两点尺寸、截面尺寸、部分尺寸、球面尺寸,详细内容见《产品几何技术规范(GPS)尺寸公差 第1部分:线性尺寸》(GB/T 38762.1—2020),这里不再赘述。

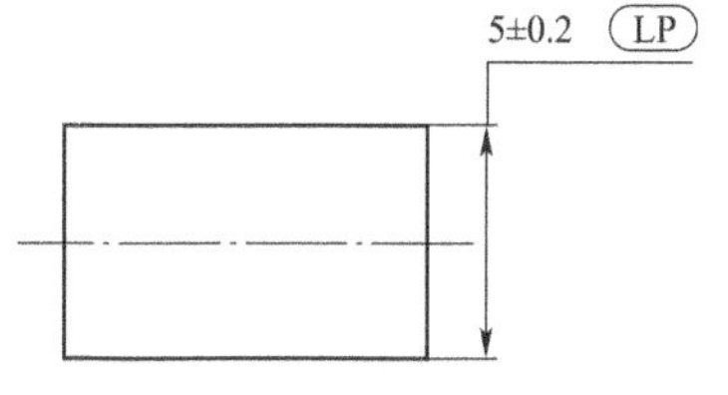

图5-2 关于两点尺寸的修饰符

3)实际尺寸

实际尺寸是指拟合组成要素的尺寸,实际尺寸通过测量得到。

重要提示：由于存在测量误差，实际尺寸并非被测尺寸的真值。如孔的尺寸为 ϕ25.985mm，测量误差在 ±0.001mm 以内，实测尺寸的真值将在 ϕ25.984mm ~ ϕ25.986mm 之间。真值是客观存在的，但不确定。

4）极限尺寸

极限尺寸是指尺寸要素的尺寸所允许的极限值。尺寸要素允许的最大尺寸称为上极限尺寸，尺寸要素允许的最小尺寸称为下极限尺寸。为了满足要求，实际尺寸位于上、下极限尺寸之间，含极限尺寸。孔和轴的上、下极限尺寸分别为 D_U、d_U 和 D_L、d_L，如图 5-3 所示。

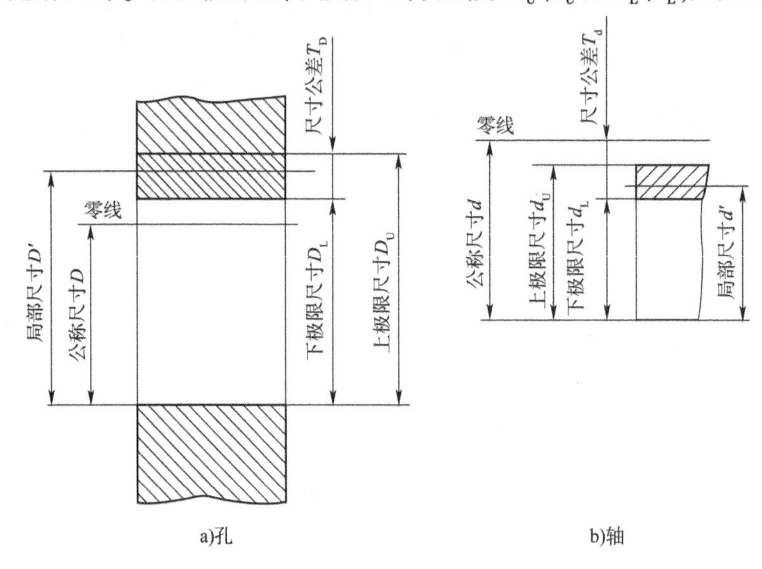

图 5-3　极限尺寸

尺寸的 ISO 缺省规范操作集（无规范修饰符）是两点尺寸，提取组成要素的两点尺寸（局部尺寸）$d'D'$的合格条件可以表述如下（图 5-2）：

对于轴：

$$d_L \leqslant d' \leqslant d_U \tag{5-1}$$

对于孔：

$$D_L \leqslant D' \leqslant D_U \tag{5-2}$$

孔、轴的极限尺寸分别可以大于、等于或小于公称尺寸，但上极限尺寸一定大于下极限尺寸。

5.1.2　偏差与公差

1）偏差

偏差是某值与其参考值之差，对于尺寸偏差，参考值是公称尺寸，某值是实际尺寸。

2）极限偏差

相对于公称尺寸的上极限偏差和下极限偏差。

（1）上极限偏差。

上极限偏差是指上极限尺寸减去其公称尺寸所得的代数差。内尺寸要素（孔）的上极限偏差用 *ES* 表示，外尺寸要素（轴）的上极限偏差用 *es* 表示。

(2)下极限偏差。

下极限偏差是指下极限尺寸减去公称尺寸所得的代数差。内尺寸要素(孔)的下极限偏差用 EI 表示,外尺寸要素(轴)的下极限偏差用 ei 表示。

孔和轴的上极限偏差、下极限偏差用公式表示为:

$$ES = D_{\mathrm{U}} - D \quad es = d_{\mathrm{U}} - d \tag{5-3}$$

$$EI = D_{\mathrm{L}} - D \quad ei = \mathrm{d}_{L} - d \tag{5-4}$$

3)基本偏差

基本偏差是指确定公差带相对公称尺寸位置的那个极限偏差,如图5-4所示。基本偏差可以是上极限偏差或下极限偏差,一般为靠近公称尺寸(即零线)的那个偏差。

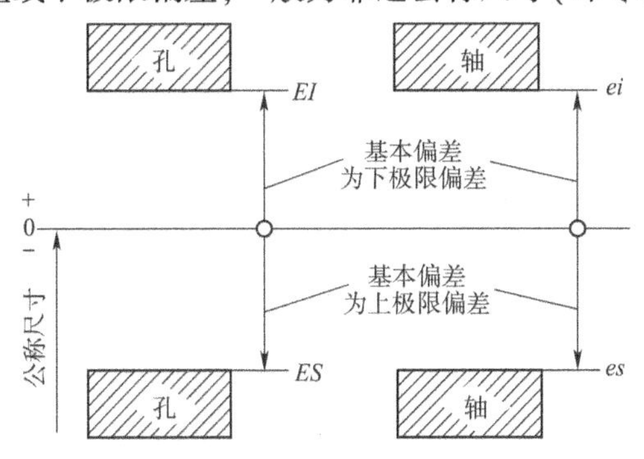

图5-4　基本偏差示意图

4)Δ 值

Δ 值是指为得到内尺寸要素的基本偏差,给一定值增加的变动值。

5)公差

公差是指上极限尺寸与下极限尺寸之差,或上极限偏差与下极限偏差之差,此处的公差实际上是尺寸公差。公差是一个没有符号的绝对值,是允许尺寸的变动量。孔和轴的公差分别用 T_{h} 和 T_{s} 表示。公差、极限尺寸及偏差的关系如下:

$$T_{\mathrm{h}} = |D_{\mathrm{U}} - D_{\mathrm{L}}| = |ES - EI| \tag{5-5}$$

$$T_{\mathrm{s}} = |d_{\mathrm{U}} - d_{\mathrm{L}}| = |es - ei| \tag{5-6}$$

公差与偏差的比较如下:

(1)偏差可以为正值、负值或零,而公差则是绝对值,无正、负,且不能为零。

(2)极限偏差用于限制偏差,而公差用于限制误差。

(3)对于单个零件,只能测出尺寸“偏差”,而对数量足够多的一批零件,才能确定尺寸误差。

(4)偏差取决于加工机床的调整(如车削时进刀的位置),不反映加工难易,而公差表示制造精度,反映加工难易程度。

(5)极限偏差主要反映公差带位置,影响配合松紧程度,而公差反映公差带大小,影响配合精度。

【例5-1】　已知孔 $\phi 40_{0}^{+0.025}$ mm,轴 $\phi 40_{-0.025}^{-0.009}$ mm,求孔与轴的极限偏差与公差。

解:　孔的上极限偏差 $ES = D_{\mathrm{U}} - D = (40.025 - 40)\mathrm{mm} = +0.025\mathrm{mm}$

孔的下极限偏差 $EI = D_{\mathrm{L}} - D = (40 - 40)\mathrm{mm} = 0$

$$轴的上极限偏差\ es = d_U - d = (39.991 - 40)\text{mm} = -0.009\text{mm}$$

$$轴的下极限偏差\ ei = d_L - d = (39.975 - 40)\text{mm} = -0.025\text{mm}$$

$$孔公差\ T_h = |D_U - D_L| = |40.025 - 40|\text{mm} = 0.025\text{mm}$$

$$轴公差\ T_s = |d_U - d_L| = |39.991 - 39.975|\text{mm} = 0.016\text{mm}$$

6)公差带

公差带是上极限尺寸和下极限尺寸之间的变动值。在公差带图解中,它是由代表上极限偏差和下极限偏差或上极限尺寸和下极限尺寸的两条直线所定的一个区域。公差带有两个基本参数,即公差带大小与公差带位置。公差带大小由标准公差确定,公差带位置由基本偏差确定。

(1)在公差带图中,是表示公称尺寸的一条直线,以其为基准确定偏差和公差。正偏差位于该直线的上方,负偏差位于该直线的下方,如图5-5所示。

(2)由于公差及偏差的数值与尺寸数值相比,差别甚大,在公差带图中它们不使用同一比例表示,如图5-5所示。

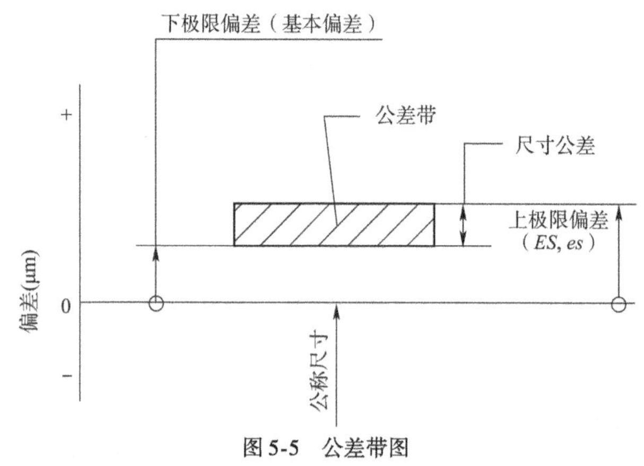

图5-5 公差带图

5.1.3 配合与配合制

1)配合

配合是指类型相同且待装配的外尺寸要素(轴)和内尺寸要素(孔)之间的关系。极限与配合示意图如图5-6所示。

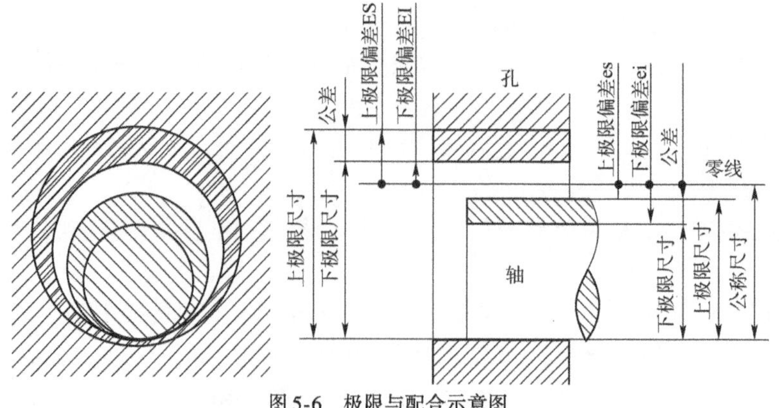

图5-6 极限与配合示意图

2)间隙与过盈

间隙是指当轴的直径小于孔的直径时,孔和轴的尺寸之差,用 S 表示,如图 5-7a)所示。在间隙计算中,所得到的值是正值。

过盈是指当轴的直径大于孔的直径时,相配孔和轴的尺寸之差,用 δ 表示,如图 5-7b)所示。在过盈计算中,所得到的值是负值。

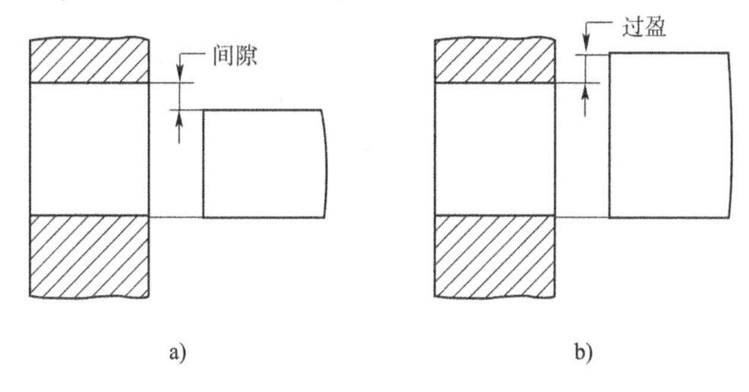

图 5-7　间隙与过盈

3)配合公差

配合公差是指组成配合的两个尺寸要素的尺寸公差之和。它是一个没有符号的绝对值,表示配合所允许的变动量。

4)配合种类

(1)间隙配合。

间隙配合指孔和轴装配时总是存在间隙的配合。此时,孔的下极限尺寸大于或在极端情况下等于轴的上极限尺寸,孔的公差带在轴的公差带之上(图 5-8)。

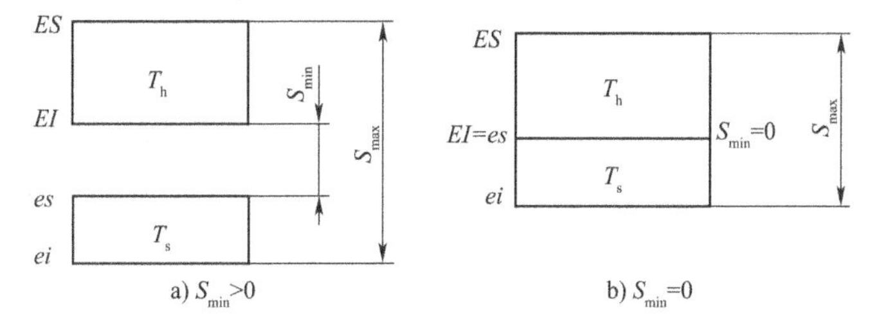

图 5-8　间隙配合

孔的上极限尺寸与轴的下极限尺寸之差称为最大间隙,用 S_{max} 表示,即:

$$S_{max}=D_U-d_L=ES-\mathrm{ei} \tag{5-7}$$

孔的下极限尺寸与轴的上极限尺寸之差称为最小间隙,用 S_{min} 表示,即:

$$S_{min}=D_L-d_U=EI-\mathrm{es} \tag{5-8}$$

表示间隙配合松紧程度的允许变动的是间隙公差 T_S(配合公差),等于最大间隙与最小间隙之代数差的绝对值,也等于相互配合的孔公差与轴公差之和,即:

$$T_s=|S_{max}-S_{min}|=T_h+T_s \tag{5-9}$$

【例 5-2】 孔 $\phi 50_{0}^{+0.039}$mm,轴 $\phi 50_{-0.050}^{-0.025}$mm,求 S_{max}、S_{min} 及 T_s。

解:

$$S_{max}=D_U-d_L=(50.039-49.950)\text{mm}=+0.089\text{mm}$$

$$S_{min}=D_L-d_U=(50-49.975)\text{mm}=+0.025\text{mm}$$

$$T_f = |S_{max} - S_{min}| = |0.089 - 0.025| mm = 0.064mm$$

(2)过盈配合。

过盈配合指孔和轴装配时总是存在过盈的配合。此时,孔的上极限尺寸小于或在极端情况下等于轴的下极限尺寸,孔的公差带在轴的公差带之下(图5-9)。

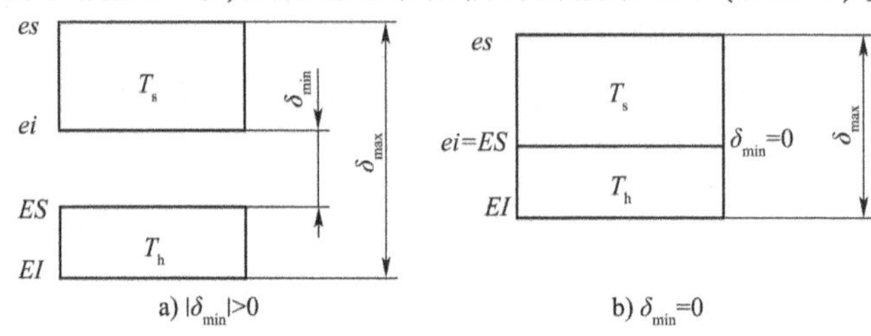

图5-9 过盈配合

孔的下极限尺寸与轴的上极限尺寸之差称为最大过盈,用 δ_{max} 表示,即:

$$\delta_{max} = D_L - d_U = EI - es \tag{5-10}$$

孔的上极限尺寸与轴的下极限尺寸之差称为最小过盈,用了 δ_{min} 表示,即:

$$\delta_{min} = D_U - d_L = ES - ei \tag{5-11}$$

表示过盈配合松紧程度的允许变动的是过盈公差 T_f(配合公差),等于最大过盈与最小过盈之差的绝对值,也等于相互配合的孔公差与轴公差之和,即:

$$T_f = |\delta_{max} - \delta_{min}| = T_h + T_s \tag{5-12}$$

【例5-3】 孔 $\phi50_{0}^{+0.039}$mm,轴 $\phi50_{+0.054}^{+0.079}$mm,求 δ_{max}、δ_{min} 及 T_{δ}。

解:

$$\delta_{max} = D_L - d_U = (50 - 50.079) mm = -0.079mm$$

$$\delta_{min} = D_U - d_L = (50.039 - 50.054) mm = -0.015mm$$

$$T_f = |\delta_{max} - \delta_{min}| = |-0.015 - (-0.079)| mm = 0.064mm$$

(3)过渡配合。

过渡配合指孔和轴装配时可能具有间隙或过盈的配合。此时,孔的公差带与轴的公差带相互交叠(图5-10),因此,是否形成间隙配合或过盈配合取决于孔和轴的实际尺寸。

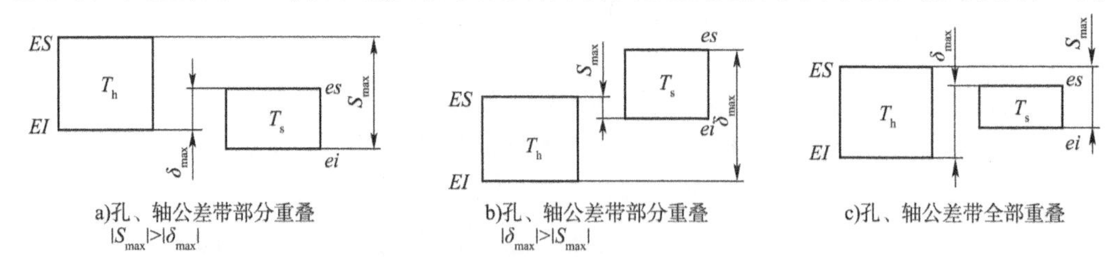

图5-10 过渡配合

在过渡配合中,其配合的极限情况是最大间隙与最大过盈。

配合公差等于最大间隙与最大过盈之代数差的绝对值,也等于相互配合的孔与轴公差之和,即:

$$T_f = |S_{max} - \delta_{max}| = T_h + T_s \tag{5-13}$$

【例5-4】 孔 $\phi50_{0}^{+0.039}$mm,轴 $\phi50_{+0.009}^{+0.034}$mm,求 S_{max}、δ_{max} 及 T_f。

解:

$$S_{max} = D_U - d_L = (50.039 - 50.009) mm = +0.030mm$$

$$\delta_{max} = D_L - d_U = (50 - 50.034)\text{mm} = -0.034\text{mm}$$

$$T_f = |S_{max} - \delta_{max}| = |0.030 - (-0.034)|\text{mm} = 0.064\text{mm}$$

【例 5-5】 画出【例 5-2】、【例 5-3】、【例 5-4】的公差带图。

解:公差带图如图 5-11 所示。

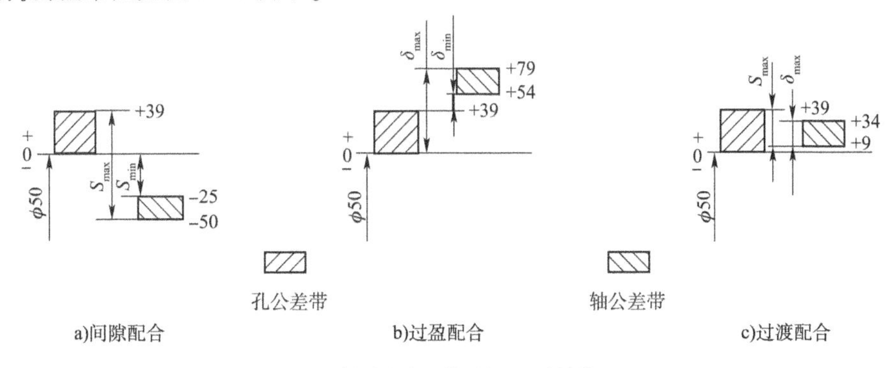

图 5-11 例题的公差带图解(尺寸单位:μm)

5)ISO 配合制

ISO 配合制是指由线性尺寸公差 ISO 代号体系确定公差的孔和轴组成的一种配合制度。形成配合要素的线性尺寸公差 ISO 代号体系应用的前提条件是孔和轴的公称尺寸相同,配合制亦称基准制。《产品几何技术规范(GPS)线性尺寸公差 ISO 代号体系 第 1 部分:公差、偏差和配合的基础》(GB/T1800.1—2020)对配合规定了两种配合制,即基孔制配合、基轴制配合。

(1)基孔制配合。

基孔制配合是指孔的基本偏差为零的配合,即其下极限偏差等于零。基本偏差为一定的孔的公差带,与不同基本偏差的轴的公差带形成各种配合的一种制度。基孔制配合中选作基准的孔为基准孔,其代号为 H。标准规定的基准孔的基本偏差(下极限偏差)为零,如图 5-12a)所示。

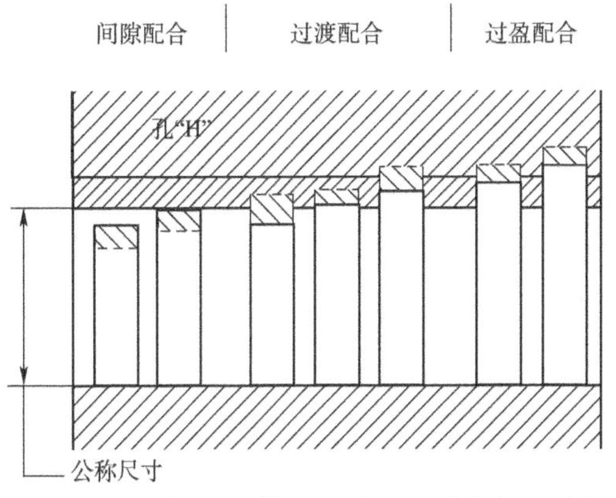

注:水平实线代表孔或轴的基本偏差,虚线代表另一个极限,表示孔与轴之间可能的不同组合与它们的公差等级有关。

a)基孔制配合

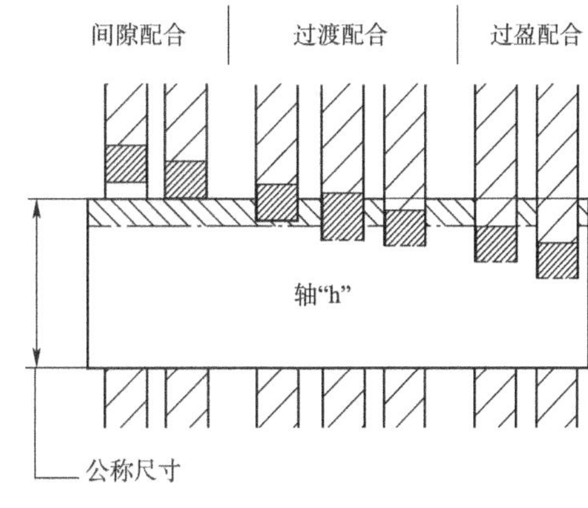

注:水平实线代表孔或轴的基本偏差,虚线代表另一个极限,表示孔与轴之间可能的不同组合与它们的公差等级有关。

b)基轴制配合

图 5-12 基孔制配合和基轴制配合

(2)基轴制配合。

基轴制配合是指轴的基本偏差为零的配合,即其上极限偏差等于零。基本偏差为一定的轴的公差带,与不同基本偏差的孔的公差带形成各种配合的一种制度。基轴制配合选作基准的轴为基准轴,其代号为 h。标准规定的基准轴的基本偏差(上极限偏差)为零,如图 5-12b 所示。

5.2 标准公差系列和基本偏差系列

《产品几何技术规范(GPS)线性尺寸公差 ISO 代号体系　第 1 部分:公差、偏差和配合的基础》(GB/T 1800.1—2020)不仅规定了极限与配合的基本术语和定义,还对尺寸极限(公差和极限偏差)进行了标准化,规定了一系列标准的公差数值和标准偏差数值,尺寸极限的标准化也就是公差带大小和公差带位置的标准化。

5.2.1 标准公差系列——公差带大小

标准公差是线性尺寸公差 ISO 代号体系中的任一公差。在线性尺寸公差 ISO 代号体系中,所规定的任一公差的大小是一个标准公差等级与被要素的公称尺寸的函数。

1)标准公差等级

标准公差等级是指用常用的标示符表征的线性尺寸公差组。在线性尺寸公差 ISO 代号体系中,同一公差等级对所有公称尺寸的一组公差被认为具有相等精确程度;标准公差等级标示符由 IT 及其之后对的数字组成。国家标准规定:

(1)公称尺寸至 500mm 内规定了 IT01,IT0,IT1,IT2,…,IT18 共 20 个标准公差等级;

(2)公称尺寸 500 ~ 3150mm 内规定了 IT1,IT2,…,IT18 共 18 个标准公差等级。

如 IT8 表示标准公差 8 级或 8 级标准公差,从 IT01 到 IT18,等级依次降低,而相应的标准公差值依次增大。IT6 ~ IT18 的各级标准公差是每 5 级,乘以因数 10,该规则应用于所有标准公差,还可用于表 5-1 中没有给出的 IT 等级的外插值。

2)标准公差值

标准公差值由表 5-1 给出,每列给出了标准公差等级 IT01,IT0,IT1,IT2,…,IT18 间任一标准公差等级的公差值,表中的每一行对应一个尺寸范围,表中的第 1 列对尺寸范围进行了限定。

公称尺寸至 3150mm 的标准公差数值(摘自 GB/T 1800.1 — 2020)　　表 5-1

公称尺寸(mm)		标准公差等级																			
		IT01	IT0	IT1	IT2	IT3	IT4	IT5	IT6	IT7	IT8	IT9	IT10	IT11	IT12	IT13	IT14	IT15	IT16	IT17	IT18
大于	至	标准公差数值																			
		μm													mm						
—	3	0.3	0.5	0.8	1.2	2	3	4	6	10	14	25	40	60	0.1	0.14	0.25	0.4	0.6	1	1.4
3	6	0.4	0.6	1	1.5	2.5	4	5	8	12	18	30	48	75	0.12	0.18	0.3	0.48	0.75	1.2	1.8
6	10	0.4	0.6	1	1.5	2.5	4	6	9	15	22	36	58	90	0.15	0.22	0.36	0.58	0.9	1.5	2.2
10	18	0.5	0.8	1.2	2	3	5	8	11	18	27	43	70	110	0.18	0.27	0.43	0.7	1.1	1.8	2.7

续上表

公称尺寸(mm)		标准公差等级																			
		IT01	IT0	IT1	IT2	IT3	IT4	IT5	IT6	IT7	IT8	IT9	IT10	IT11	IT12	IT13	IT14	IT15	IT16	IT17	IT18
大于	至	标准公差数值																			
		μm													mm						
18	30	0.6	1	1.5	2.5	4	6	9	13	21	33	52	84	130	0.21	0.33	0.52	0.84	1.3	2.1	3.3
30	50	0.6	1	1.5	2.5	4	7	11	16	25	39	62	100	160	0.25	0.39	0.62	1	1.6	2.5	3.9
50	80	0.8	1.2	2	3	5	8	13	19	30	46	74	120	190	0.3	0.46	0.74	1.2	1.9	3	4.6
80	120	1	1.5	2.5	4	6	10	15	22	35	54	87	140	220	0.35	0.54	0.87	1.4	2.2	3.5	5.4
120	180	1.2	2	3.5	5	8	12	18	25	40	63	100	160	250	0.4	0.63	1	1.6	2.5	4	6.3
180	250	2	3	4.5	7	10	14	20	29	46	72	115	185	290	0.46	0.72	1.15	1.85	2.9	4.6	7.2
250	315	2.5	4	6	8	12	16	23	32	52	81	130	210	320	0.52	0.81	1.3	2.1	3.2	5.2	8.1
315	400	3	5	7	9	13	18	25	36	57	89	140	230	360	0.57	0.89	1.4	2.3	3.6	5.7	8.9
400	500	4	6	8	10	15	20	27	40	63	97	155	250	400	0.63	0.97	1.55	2.5	4	6.3	9.7
500	630			9	11	16	22	32	44	70	110	175	280	440	0.7	1.1	1.75	2.8	4.4	7	11
630	800			10	13	18	25	36	50	80	125	200	320	500	0.8	1.25	2	3.2	5	8	12.5
800	1000			11	15	21	28	40	56	90	140	230	360	560	0.9	1.4	2.3	3.6	5.6	9	14
1000	1250			13	18	24	33	47	66	105	165	260	420	660	1.05	1.65	2.6	4.2	6.6	10.5	16.5
1250	1600			15	21	29	39	55	78	125	195	310	500	780	1.25	1.95	3.1	5	7.8	12.5	19.5
1600	2000			18	25	35	46	65	92	150	230	370	600	920	1.5	2.3	3.7	6	9.2	15	23
2000	2500			22	30	41	55	78	110	175	280	440	700	1100	1.75	2.8	4.4	7	11	17.5	28
2500	3150			26	36	50	68	96	135	210	330	540	860	1350	2.1	3.3	5.4	8.6	13.5	21	33

3)标准公差的由来

重要提示:GB/T 1800.1—2020删除了“标准公差和基本偏差的由来”,表5-1的数据从GB/T 1800.1—2009继承而来,为了更好地理解标准公差,本部分介绍已被2020年版GB/T 1800.1取代的GB/T 1800.1—2009中标准公差的由来部分内容。

(1)标准公差因子。

生产实践表明,对公称尺寸相同的零件,可按公差大小评定其尺寸制造精度的高低,但对公称尺寸不同的零件,就不能仅看公差大小评定其制造精度。因此,为了评定零件精度等级(公差等级)的高低,合理规定公差数值,就需要建立标准公差因子,它是用以确定标准公差的基本单位,该因子是公称尺寸的函数。

重要提示:标准公差因子是GB/T 1800.1—2009的术语和定义,用i、I表示。标准公差因子i用于公称尺寸至500mm,标准公差因子I用于公称尺寸大于500mm。

标准公差因子是计算标准公差的基本单位,又称为公差单位,是制定标准公差系列的基础,标准公差因子与公称尺寸之间呈一定的相关关系。

对尺寸≤500mm时,标准公差因子i(μm)按下式计算:

$$i = 0.45\sqrt[3]{D} + 0.001D \tag{5-14}$$

式中:D——公称尺寸分段的计算尺寸(mm)。

标准公差因子公式中包括两项:第一项主要反映加工误差,根据生产实际经验和统计分析,它是呈抛物线的规律;第二项用于补偿与直径成正比的误差,包括由于测量偏离标准温度时以及量规的变形等引起的测量误差。

当直径很小时，第二项所占比重很小；当直径较大时，标准公差因子随直径的增加而加快，公差值相应增大。

对尺寸 >500 ~ 3150mm 范围时，公差单位 I(μm)应按下式计算：

$$I = 0.004D + 2.1 \tag{5-15}$$

对大尺寸而言，与直径成正比的误差因素，其影响增长很快，特别是温度变化的影响大，而温度变化引起的误差随直径的加大呈线性关系。所以，国标规定的大尺寸的标准公差因子采用线性关系。实践证明，当尺寸 >3150mm 时，以 $I = 0.004D + 2.1$ 为基础来计算标准公差，也不能完全反映实际出现的误差规律，但目前尚未确定出合理的计算公式，只能暂按直线关系式计算，更合理的计算公式有待进一步在生产中加以总结。

(2)公称尺寸分段。

根据标准公差等级和公差因子的概念，每一个公称尺寸都对应一个公差值。但在实际生产中，零件的公称尺寸规格很多，因而就会形成一个庞大的公差数值表，给生产带来麻烦，同时不利于公差值的标准化、系列化。为了减少标准公差的数目，统一公差值，简化公差表格以便于生产实际应用，国标对公称尺寸进行分段，其公称尺寸分段见表 5-2。

公称尺寸分段(mm) 表 5-2

主段落		中间段落		主段落		中间段落	
大于	至	大于	至	大于	至	大于	至
—	3	无细分段		250	315	250 280	280 315
3	6			315	400	315 355	355 400
6	10			400	500	400 450	450 500
10	18	10 14	14 18	500	630	500 560	560 630
18	30	18 24	24 30	630	800	630 710	710 800
30	50	30 40	40 50	800	1000	800 900	900 1000
50	80	50 65	65 80	1000	1250	1000 1120	1120 1250
80	120	80 100	100 120	1250	1600	1250 1400	1400 1600
120	180	120 140 160	140 160 180	1600	2000	1600 1800	1800 2000
180	250	180 200 225	200 225 250	2000	2500	2000 2240	2240 2500
				2500	3150	2500 2800	2800 3150

在尺寸分段方法上，对≤180mm 的尺寸分段考虑到与国际公差（ISO）的一致，仍保留不均匀递增数系。对>180mm 以上的尺寸分段，采用十进制几何数系——优先数系，主段落按优先数系 R_{10} 分段，中间段落按优先数系 R_{20} 分段。在>500～3150mm 的尺寸范围，也采用优先数系分段。

标准公差和基本偏差是按表中的公称尺寸段计算的，一般使用主段落。中间段落仅用于计算：①尺寸至 500mm 的轴的基本偏差 $a \sim c$ 及 $r \sim zc$ 或孔的基本偏差 $A \sim C$ 及 $R \sim ZC$；②尺寸大于 500～3150mm 的轴的基本偏差 $r \sim u$ 及孔的基本偏差 $R \sim U$。因此，分段比较密的中间段落是用于对过盈或间隙比较敏感的一些配合（参见表 5-6 和表 5-7）。

（3）标准公差值的计算。

①公称尺寸 $D \leqslant 500mm$ 的标准公差值的计算。

IT01～IT4 的标准公差：

对于 IT01、IT0 及 IT1 高公差等级的标准公差数值，主要考虑测量误差的影响，标准公差计算采用线性关系式，见表 5-3 给出的公式计算。

对于等级 IT2、IT3 和 IT4 没有给出计算公式，其标准公差数值在 IT1 和 IT5 的数值之间大致按几何级数递增。

IT5～IT18 的标准公差：

等级 IT5～IT18 的标准公差数值作为标准公差因子 i 的函数，由表 5-3 所列公式进行计算。

标准公差数值计算公式　　表 5-3

标准公差等级	公　式	
	公称尺寸（mm）	
	$D \leqslant 500$mm	$D > 500 \sim 3150$mm
IT0	$0.3 + 0.008D$	—
IT0	$0.5 + 0.012D$	—
IT1	$0.8 + 0.02D$	$2I$
IT2	$(IT1)(IT5/IT1)^{1/4}$	$2.7I$
IT3	$(IT1)(IT5/IT1)^{1/2}$	$3.7I$
IT4	$(IT1)(IT5/IT1)^{3/4}$	$5I$
IT5	$7i$	$7I$
IT6	$10i$	$10I$
IT7	$16i$	$16I$
IT8	$25i$	$25I$
IT9	$40i$	$40I$
IT10	$64i$	$64I$
IT11	$100i$	$100I$
IT12	$160i$	$160I$
IT13	$250i$	$250I$
IT14	$400i$	$400I$

续上表

标准公差等级	公式	
	公称尺寸(mm)	
	$D \leqslant 500mm$	$D > 500 \sim 3150mm$
IT15	$640i$	$640I$
IT16	$1000i$	$1000I$
IT17	$1600i$	$1600I$
IT18	$2500i$	$2500I$

注:式中 D 为公称尺寸段的几何平均值,单位为 mm。

②公称尺寸 D > 500 ~ 3150mm 的标准公差的由来。

等级 IT1 ~ IT18 的标准公差数值作为标准公差因子 I 的函数,由表 5-3 所列公式进行计算。

③标准公差数值的修约。

等级至 IT11 的标准计算结果按表 5-4 的规则修约,等级大于 IT7 ~ IT11 的标准公差数值延伸来的,故不需再修约。

等级至 IT11 的标准公差数值的修约 表 5-4

计算结果		公称尺寸	
自	至	至 500mm	大于 550 ~ 3150mm
		修约成整倍数	
0	60	1	1
60	100	1	2
100	200	5	5
200	500	10	10
500	1000	—	20
1000	2000	—	50
2000	5000	—	100
5000	10000	—	200
10000	20000	—	500
200000	50000	—	1000

注:表 5-1 中,为了使数值分布得更好,有的没有采用这一规则。

规定的标准公差数值是按上述规则计算、修约得来的。由标准公差数值构成的表格为标准公差数值表,即表 5-1,IT0、IT01 在工业上很少用到。

【例 5-6】 公称尺寸为 20mm,求 IT6、IT7 的公差值。

解:公称尺寸为 20mm,属于 18 ~ 30mm 尺寸段,则 $D = \sqrt{18 \times 30} = 23.24mm$

公差单位 $i = 0.45\sqrt[3]{D} + 0.001D = 0.45\sqrt[3]{23.24} + 0.001 \times 23.34 = 1.31\mu m$

由表 5-2 查得,$IT6 = 10i$,$IT7 = 16i$

即
$$IT6 = 10i = 10 \times 1.31\mu m = 13.1\mu m = 13\mu m$$
$$IT7 = 16i = 16 \times 1.31\mu m = 20.96\mu m = 21\mu m$$

5.2.2 基本偏差系列——公差带位置

基本偏差是指确定公差带相对公称尺寸的那个极限偏差，它是与公称尺寸最近的极限尺寸的极限偏差，也就是确定零件公差带相对公称尺寸的上极限偏差或下极限偏差，它是公差带位置标准化的唯一指标。

1）基本偏差标示符

GB/T 1800.1—2020 规定了孔、轴各 28 种基本偏差（图 5-13），用拉丁字母表示，大写代表孔、小写代表轴。在图 5-13 中，基本偏差系列各公差带只画出一端，另一端未画出，因为它取决于公差带的大小。

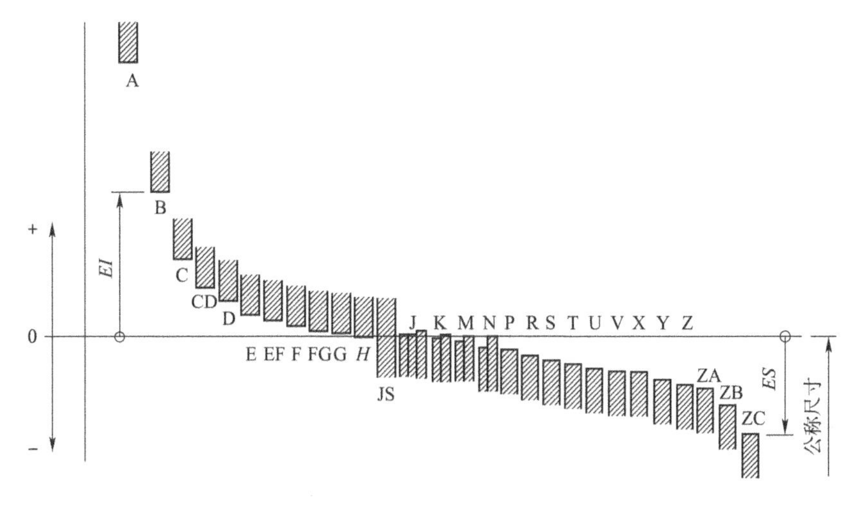

a)孔（内尺寸要素）

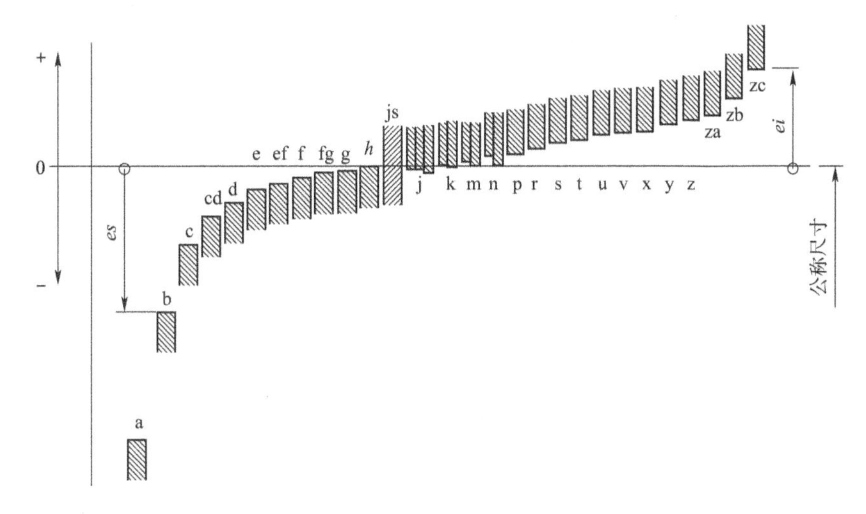

b)轴（外尺寸要素）

图 5-13　公差带（基本偏差）相对于公称尺寸位置的示意说明

在26个字母中，除去易与其他混淆的五个字母：I、L、O、Q、W（i、l、o、q、w），再加上7个用两个字母表示的代号（CD、EF、FG、JS、ZA、ZB、ZC和cd、ef、fg、js、za、zb、zc），共有28个代号，代表孔或轴各有的28个基本偏差。其中JS和js在各个公差等级中相对零线是完全对称的。JS、js将逐渐代替近似对称的基本偏差J和j。因此在国家标准中，孔仅留J6、J7和J8，轴仅留j5、j6、j7和j8。基本偏差标示符见表5-5。

基本偏差标示符 表5-5

孔或轴	基本偏差		备注
孔	下偏差	A、B、C、CD、D、E、EF、F、FG、G、H	H代表下偏差为零的孔，即基准孔
	上偏差或下偏差	$JS = \pm \frac{IT}{2}$	
	上偏差	J、K、M、N、P、R、S、T、U、V、X、Y、Z、ZA、ZB、ZC	
轴	上偏差	a、b、c、cd、d、e、ef、f、fg、g、h	h代表上偏差为零的轴，即基准轴
	上偏差或下偏差	$js = \pm \frac{IT}{2}$	
	下偏差	j、k、m、n、p、r、s、t、u、v、x、y、z、za、zb、zc	

除孔的J、JS和轴的j、js（严格地说两者无基本偏差）外，一般指靠近公称尺寸的极限偏差，它与公差等级无关。

2）基本偏差值

表5-6给出了孔A～M的基本偏差数值，表5-7给出了孔N～ZC的基本偏差数值，表5-6右边的最后6列给出了单独的Δ值表，Δ是被测要素的公差等级和公称尺寸的函数。该值仅与公差等级IT3～IT7/IT8的偏差K～ZC有关。每当示出$+\Delta$时，Δ值将增加到主表给出的固定值上，以得到基本偏差的正确值。表5-8给出了轴a～j的基本偏差数值，表5-9给出了轴k～zc的基本偏差数值。当由基本偏差标示的公差极限位于公称尺寸之上时，用"+"号，而当由基本偏差标示的公差极限位于公称尺寸之下时，用"－"号。表5-6～表5-9中的每一列给出了一种基本偏差标示符的基本偏差值，每一行表示尺寸的一个范围，尺寸范围由表中的第一列限定。

（1）孔的基本偏差值。

通过图5-13a）、图5-14及表5-6、表5-7，孔的基本偏差A～H是孔的下偏差EI，且为负值或为零（H）。

基本偏差JS的公差带相对于公称尺寸对称分布，其基本偏差是上极限偏差或下极限偏差，它与公差等级有关，严格地说JS无基本偏差。

基本偏差J是上偏差ES，且为正值，该基本偏差一般离是公称尺寸较远的那个极限偏差，但也有少量的例外，<3mm尺寸段的基本偏差J是公称尺寸较近的上偏差ES。

基本偏差K是孔的上偏差ES，且公差等级≤8时，ES为正值，公差等级>8时，ES为零。

基本偏差M是孔的上偏差ES，且对于M7，ES为零（0～3mm、500～3150mm两个尺寸段的基本偏差 M 不为 0），对于 M8，*ES* 为正值（ <3mm、500 ~ 3150mm 两个尺寸段的基本偏差 M 为负值），对于其他等级，*ES* 为负值。

基本偏差 N 是孔的上偏差 *ES*，且对于 N5 ~ N8，*ES* 为负值，对于 N9 ~ N16，*ES* 为零（ <3mm 尺寸段的基本偏差 N 不为零，为 -4mm）。

基本偏差 P ~ ZC 的是孔的上偏差 *ES*，且为负值。

（2）轴的基本偏差值。

通过图 5-13a）、图 5-15 及表 5-8、表 5-9，轴的基本偏差 a ~ h 是上偏差 *es*，且为负值或为零（h）。

基本偏差 js 的公差带相对于公称尺寸分布，所以基本偏差的概念不适用于 JS 和 js，其上极限偏差或下极限偏差与公差等级有关，严格地说 js 无基本偏差。

基本偏差 j 是下偏差 *ei*，它一般离公称尺寸较近，但也有少量的例外，如 3 ~ 500mm 公称尺寸之间的下偏差 *ei* 离离公称尺寸较远。

基本偏差 k 是轴的下偏差 *ei*，且 k4 ~ k7、公称尺寸 >3 ~ 500mm 范围内 *ei* 为正值，其他等级 *ei* 为零。

基本偏差 m ~ zc 是轴的下偏差 *ei*，且为正值。

（3）孔、轴的极限偏差计算。

如果孔、轴经确定了一个极限偏差（上或下），那么另一个极限偏差（下或上）根据图 5-14和图 5-15 给出的公式并使用表 5-1 中的标准公差值进行计算得到。

极限偏差							
A ~ G	H	JS	J	K	M	N	P ~ ZC
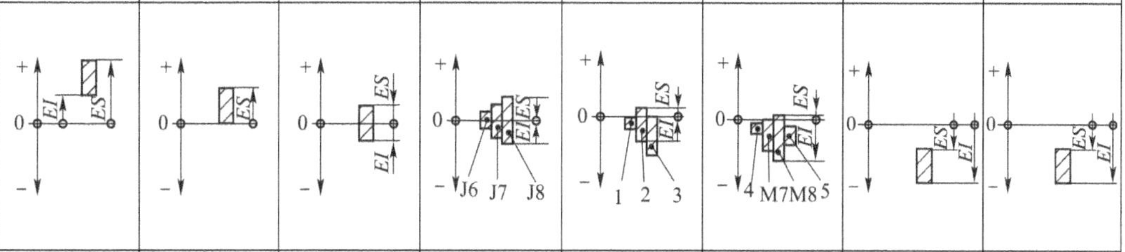 + 0 − *EI* *ES*	+ 0 − *ES*	+ 0 − *ES* *EI*	+ 0 − *ES* *EI* J6 J7 J8	+ 0 − *ES* *EI* 1 2 3	+ 0 − *ES* *EI* 4 M7 M8 5	+ 0 − *ES* *EI*	+ 0 − *ES* *EI*
ES = *EI* + IT *EI* >0 （见表 5-6）	*ES* =0 + IT *EI* =0	*ES* = + IT/2 *EI* = − IT/2	*ES* >0 （见表 5-6）		（见表 5-6 和表 5-7） *EI* = *ES* − IT		*ES* <0 （见表 5-7）
注 1：IT 见表 5-6。 注 2：所代表的公差带近似对应于公称尺寸大于 10 ~ 18mm 范围							

1-公称尺寸≤3mm 时，K1 ~ K3，K4 ~ K8；

2-3mm < 公称尺寸≤500mm 时，K4 ~ K8；

3-K9 ~ K18；公称尺寸 >500mm 时，K4 ~ K8；

4-M1 ~ M6；

5-M9 ~ M18；公称尺寸 >500mm 时，M7 ~ M8；

6-1mm < 公称尺寸≤3mm 或公称尺寸 >500mm 时，N1 ~ N8，N9 ~ N18；

7-3mm < 公称尺寸≤500mm 时，N9 ~ N18。

图 5-14 孔（内要素）的极限偏差

极限偏差					
a ~ g	h	js	j	k	m ~ zc
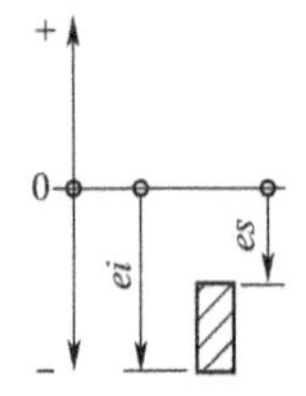	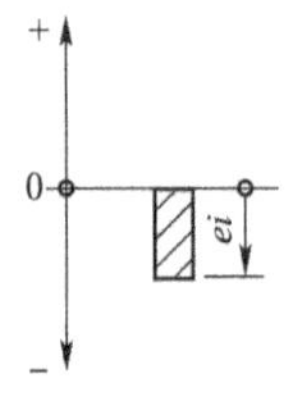	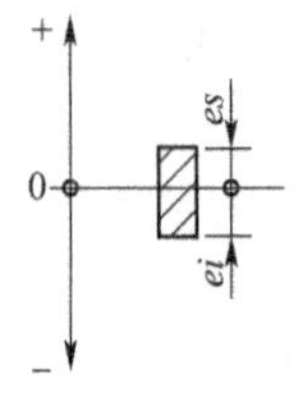	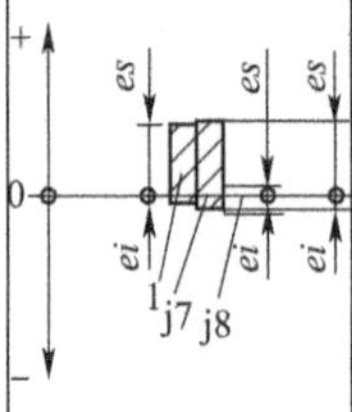	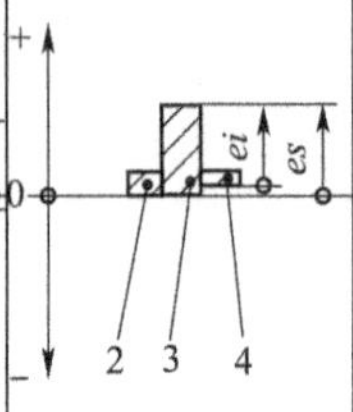	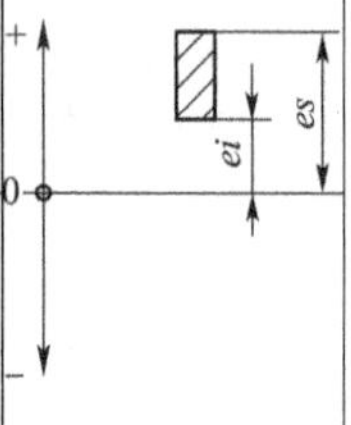
$es<0$ (见表 5-8) $ei=es-$ IT	$es=0$ $ei=-$ IT	$es=+$IT/2 $ei=-$ IT/2	$es=ei+$IT $ei<0$ (见表 5-8)	$es=ei+$IT $ei=0$ 或 >0 (见表 5-9)	$es=ei+$IT $ei>0$ (见表 5-9)
注 1:IT 见表 5-6。 注 2:所代表的公差带近似对应于公称尺寸大于 10 ~ 18mm 范围					

1-j5,j6;

2-k1 ~ k3;公称尺寸≤3mm 时,k4 ~ k7;

3-3mm < 公称尺寸≤500mm 时,k4 ~ K7;

4-k8 ~ k18;公称尺寸 > 500mm 时,k4 ~ k7。

图 5-15　轴(外要素)的极限偏差图

孔 A ~ M 的基本偏差数值(摘自 GB/T 1800.1—2020) 基本偏差单位为微米　　表 5-6

公称尺寸(mm)		基本偏差数值																		
		下极限偏差,*EI*												上极限偏差,*ES*						
大于	至	所有公差等级												IT6	IT7	IT8	< IT8	> IT8	< IT8	> IT8
		A[a]	B[a]	C	CD	D	E	EF	F	FG	G	H	JS	J			K[c,d]		M[b,c,d]	
—	3	+270	+140	+60	+34	+20	+14	+10	+6	+4	+2	0	偏差=±IT*n*/2,式中 *n* 为标准公差等级	+2	+4	+6	0	0	−2	−2
3	6	+270	+140	+70	+46	+30	+20	+14	+10	+6	+4	0		+5	+6	+10	−1 + Δ		−1 + Δ	−1
6	10	+280	+150	+80	+56	+40	+25	+18	+13	+8	+5	0		+5	+8	+12	−1 + Δ		−6 + Δ	−6
10	14	+290	+150	+95	+70	+50	+32	+23	+16	+10	+6	0		+6	+10	+16	−1 + Δ		−7 + Δ	−7
14	18				+85															
18	24	+300	+160	+110	+100	+65	+40	+28	+20	+12	+7	0		+8	+12	+20	−2 + Δ		−8 + Δ	−8
24	30																			
30	40	+310	+170	+120		+80	+50	+35	+25	+15	+9	0		+10	+14	+24	−2 + Δ		−9 + Δ	−9
40	50	+320	+180	+130																
50	65	+340	+190	+140		+100	+60		+30		+10	0		+13	+18	+28	−2 + Δ		−11 + Δ	−11
65	80	+360	+200	+150																
80	100	+380	+220	+170		+120	+72		+36		+12	0		+16	+22	+34	−3 + Δ		−13 + Δ	−13
100	120	+410	+240	+180																

续上表

公称尺寸(mm)		基本偏差数值																		
		下极限偏差,*EI*												上极限偏差,*ES*						
大于	至	所有公差等级												IT6	IT7	IT8	< IT8	> IT8	< IT8	> IT8
		A[a]	B[a]	C	CD	D	E	EF	F	FG	G	H	JS	J			K[c,d]		M[b,c,d]	
120	140	+460	+260	+200									偏差=±IT*n*/2，式中*n*为标准公差等级							
140	160	+520	+280	+210		+145	+85		+43		+14	0		+18	+26	+41	-3+Δ		-15+Δ	-15
160	180	+580	+310	+230																
180	200	+660	+340	+240		+170	+100		+50		+15	0		+22	+30	+47	-4+Δ		-17+Δ	-17
200	225	+740	+380	+260		+170	+100		+50		+15	0		+22	+30	+47	-4+Δ		-17+Δ	-17
225	250	+820	+420	+280																
250	280	+920	+480	+300		+190	+110		+56		+17	0		+25	+36	+55	-4+Δ		-20+Δ	-20
280	315	+1050	+540	+330																
315	355	+1200	+600	+360		+210	+125		+62		+18	0		+29	+39	+60	-4+Δ		-21+4	-21
355	400	+1350	+680	+400																
400	450	+1500	+760	+440		+230	+135		+68		+20	0		+33	+43	+66	-5+Δ		-23+Δ	-23
450	500	+1650	+840	+480																
500	560					+260	+35		+76		+22	0					0		-26	
560	630																			
630	710					+290	+160		+80		+24	0					0		-30	
710	800																			
800	900					+320	+170		+86		+26	0					0		-34	
900	1000																			
1000	1120					+350	+195		+98		+28	0					0		-40	
1120	1250																			
1250	1400					+390	+220		+110		+30	0					0		-18	
1400	1600																			
1600	1800					+430	+240		+120		+32	0					0		-58	
1800	2000																			
2000	2240					+480	+260		+130		+34	0					0		-68	
2240	2500																			
2500	2800					+520	+290		+35		+38	0					0		-76	
2800	3150																			

[a]公称尺寸≤1mm 时,不适用基本偏差 *A* 和 *B*。

[b]特例:对于公称尺寸大于 250mm ~ 315mm 的公差带代号 M6,*ES* = -9μm(计算结果不是 -11μm)。

[c]对于标准公差等级至 IT7 的 K、M 的基本偏差的确定,应考虑表 5-7 右边的 Δ 值。

[d]对于 Δ 值,见表 5-7。

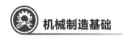

孔 N～ZC 的基本偏差数值(摘自 GB/T 1800.1—2020) 表 5-7

公称尺寸(mm)		基本偏差数值 上极限偏差,*ES*																Δ值 标准公差等级					
大于	至	≤IT8	>IT8	≤IT7	>IT7 的标准公差等级																		
		N[a,b]		P-ZC[a]	P	R	S	T	U	V	X	Y	Z	ZA	ZB	ZC	IT3	IT4	IT5	IT6	IT7	IT8
—	3	-4	-4	在>IT7的标准公差等级的基本偏差数值上增加一个Δ值	-6	-10	-14		-18		-20		-26	-32	-40	-60	0	0	0	0	0	0
3	6	-8+Δ	0		-12	-15	-19		-23		-28		-35	-42	-50	-80	1	1.5	1	3	4	6
6	10	-10+Δ	0		-15	-19	-23		-28		-34		-42	-52	-67	-97	1	1.5	2	3	6	7
10	14	-12+Δ	0		-18	-23	-28		-33		-40		-50	-64	-90	-130	1	2	3	3	7	9
14	18									-39	-45		-60	-77	-108	-150						
18	24	-15+Δ	0		-22	-28	35		-41	-47	-54	-63	-73	-98	-136	-188	1.5	2	3	4	8	12
24	30							-41	-48	-55	-64	-75	-88	-118	-160	-218						
30	40	-17+Δ	0		-26	-34	-43	-48	-60	-68	-80	-94	-112	-148	-200	-274	1.5	3	4	5	9	14
40	50							-54	-70	-81	-97	-114	-136	-180	-242	-325						
50	65	-20+Δ	0		-32	-41	-53	-66	-87	-102	-122	-144	-172	-226	-300	-405	2	3	5	6	11	16
65	80					-43	-59	-75	-102	-120	-146	-174	-210	-274	-360	-480						
80	100	-23+Δ	0		-37	-51	-71	-91	-124	-146	-178	-214	-258	-335	-445	-585	2	4	5	7	13	19
100	120					-54	-79	-104	-144	-172	-210	-254	-310	-400	-525	-690						
120	140	-27+Δ	0		-43	-63	-92	-122	-170	-202	-248	-300	-365	-470	-620	-800	3	4	6	7	15	23
140	160					-65	-100	-134	-190	-228	-280	-340	-415	-535	-700	-900						
160	180					-68	-108	-146	-210	-252	-310	-380	-465	-600	-780	-1000						
180	200	-31+Δ	0		-50	-77	-122	-166	-236	-284	-350	-425	-520	-670	-880	-1150	3	4	6	9	17	26
200	225					-80	-130	-180	-258	-310	-385	-470	-575	-740	-960	-1250						
225	250					-84	-140	-196	-284	-340	-425	-520	-640	-820	-1050	-1350						
250	280	-34+Δ	0		-56	-94	-158	-218	-315	-385	-475	-580	-710	-920	-1200	-1550	4	4	7	9	20	29
280	315					-98	-170	-240	-350	-425	-525	-650	-790	-1000	-1300	-1700						
315	355	-37+Δ	0		-62	-108	-190	-268	-390	-475	-590	-730	-900	-1150	-1500	-1900	4	5	7	11	21	32
355	400					-114	-208	-294	-435	-530	-660	-820	-1000	-1300	-1650	-2100						
400	450	-40+Δ	0		-68	-126	-232	-330	-490	-595	-740	-920	-1100	-1450	-1850	-2400	5	5	7	13	23	34
450	500					-132	-252	-360	-540	-660	-820	-1000	-1250	-1600	-2100	-2600						
500	560	-44			-78	-150	-280	-400	-600													
560	630					-155	-310	-450	-660													
630	710	-50			-88	-175	-340	-500	-740													
710	800					-185	-380	-560	-840													
800	900	-56			-100	-210	-430	-620	-940													
900	1000					-220	-470	-680	-1050													
1000	1120	-66			-120	-250	-520	-780	-1150													
1120	1250					-260	-580	-840	-1300													
1250	1400	-78			-140	-300	-640	-960	-1450													
1400	1600					-330	-720	-1050	-1600													
1600	1800	-92			-170	-370	-820	-1200	-1850													
1800	2000					-400	-920	-1350	-2000													
2000	2240	-110			-195	-440	-1000	-1500	-2300													
2240	2500					-460	-1100	-1650	-2500													
2500	2800	-135			-240	-550	-1250	-1900	-2900													
2800	3150					-580	-1400	-2100	-3200													

[a]对于标准公差等级至 IT8 的 N 和标准公差等级至 IT7 的 P～ZC 的基本偏差的确定,应考虑表 5.7 右边几列中的 Δ 值。

[b]公称尺寸≤1mm 时,不使用标准公差等级>IT8 的基本偏差 N。

轴 $a \sim j$ 的基本偏差数值(摘自 GB/T1800.1—2020)基本偏差单位为微米　　表 5-8

公称尺寸(mm)		基本偏差数值 上极限偏差,*es*												下极限偏差,*ei*		
大于	至	所有公差等级												IT5 和 IT6	IT7	IT8
		a[a]	b[a]	c	cd	d	e	ef	f	fg	g	h	js	j		
—	3	-270	-140	-60	-34	-20	-14	-10	-6	-4	-2	0	偏差=±IT*n*/2,式中*n*是标准公差等级数	-2	-4	-6
3	6	-270	-140	-70	-46	-30	-20	-14	-10	-6	-4	0		-2	-4	
6	10	-280	-150	-80	-56	-40	-25	-18	-13	-8	-5	0		-2	-5	
10	14	-290	-150	-95	-70	-50	-32	-23	-16	-10	-6	0		-3	-6	
14	18															
18	24	-300	-160	-110	-85	-65	-40	—25	-20	-12	-7	0		-4	-8	
24	30															
30	40	-310	-170	-120	-100	-80	-50	-35	-25	-15	-9	0		-5	-10	
40	50	-320	-180	-130												
50	65	-340	-190	-140		-100	-60		-30		-10	0		-7	-12	
65	80	-360	-200	-150												
80	100	-380	-220	-170		-120	-72		-36		-12	0		-9	-15	
100	120	-410	-240	-180												
120	140	-460	-260	-200		-145	-85		-43		-14	0		-11	-18	
140	160	-520	-280	-210												
160	180	-580	-310	-230												
180	200	-660	-310	-240		-170	-100		-50		-15	0		-13	-21	
200	225	-740	-380	-260												
225	250	-820	-420	-280												
250	280	-920	-480	-300		-190	-110		-56		-17	0		-16	-26	
280	315	-1050	-540	-330												
315	355	-1200	-600	-360		-210	-125		-62		-18	0		-18	-28	
355	400	-1350	-680	-400												
400	450	-1500	-760	-440		-230	-135		-68		-20	0		-20	-32	
450	500	-1650	-840	-480												
500	560					-260	-14 5		-76		-22	0				
560	630															
630	710					-290	-160		-80		-24	0				
710	800															
800	900					-320	-170		-86		-26	0				
900	1000															
1000	1120					-350	-195		-98		-28	0				
1120	1250															
1250	1400					-390	-220		-110		-30	0				
1400	1600															
1600	1800					-430	-240		-120		-32	0				
1800	2000															
2000	2210					-480	-260		-130		-34	0				
2210	2500															
2500	2800					-520	-290		-145		-38	0				
2800	3150															

[a]公称尺寸≤1mm 时,不使用基本偏差 a 和 b。

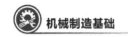

轴 *k*～zc 的基本偏差数值(摘自 GB/T 1800.1—2020)基本偏差单位为微米　　表 5-9

公称尺寸(mm)		基本偏差数值 下极限偏差,*ei*															
大于	至	IT4～IT7	＜IT3,＞IT7	所有公差等级													
		k		m	n	p	r	s	t	u	v	x	y	z	za	zb	zc
—	3	0	0	+2	+4	+6	+10	+14		+18		+20		+26	+32	+40	+60
3	6	+1	0	+4	+8	+12	+15	+19		+23		+28		+35	+42	+50	+80
6	10	+1	0	+6	+10	+15	+19	+23		+28		+34		+42	+52	+67	+97
10	14	+1	0	+7	+12	+18	+23	+28		+33		+40		+50	+64	+90	+130
14	18										+39	+45		+60	+77	+108	+150
18	24	+2	0	+8	+15	+22	+28	+35		+41	+47	+54	+63	+73	+98	+136	+188
24	30								+41	+48	+55	+64	+75	+88	+118	+160	+218
30	40	+2	0	+9	+17	+26	+34	+43	+48	+60	+68	+80	+94	+112	+148	+200	+274
40	50								+54	+70	+81	+97	+114	+136	+180	+242	+325
50	65	+2	0	+11	+20	+32	+41	+53	+66	+87	+102	+122	+144	+172	+226	+300	+405
65	80						+43	+59	+75	+102	+120	+146	+174	+210	+274	+360	+480
80	100	+3	0	+13	+23	+37	+51	+71	+91	+12	+146	+178	+214	+258	+335	+445	+585
100	120						+54	+79	+104	+144	+172	+210	+254	+310	+400	+525	+690
120	140	+3	0	+15	+27	+43	+63	+92	+122	+170	+202	+248	+300	+365	+470	+620	+800
140	160						+65	+100	+134	+190	+228	+280	+340	+415	+535	+700	+900
160	180						+68	+108	+146	+210	+252	+310	+380	+465	+600	+780	+1000
180	200	+4	0	+17	+31	+50	+77	+122	+166	+236	+284	+350	+425	+520	+670	+880	+1150
200	225						+80	+130	+180	+258	+310	+385	+470	+575	+740	+960	+1250
225	250						+84	+140	+196	+284	+340	+425	+520	+640	+820	+1050	+1350
250	280	+4	0	+20	+34	+56	+94	+158	+218	+315	+385	+475	+580	+710	+920	+1200	+1550
280	315						+98	+170	+240	+350	+425	+525	+650	+790	+1000	+1300	+1700
315	355	+4	0	+21	+37	+62	+108	+190	+268	+390	+475	+590	+730	+900	+1150	+1500	+1900
355	400						+114	+208	+294	+435	+530	+660	+820	+1000	+1300	+1650	+2100
400	450	+5	0	+23	+40	+68	+126	+232	+330	+490	+595	+740	+920	+1100	+1450	+1850	+2－10
450	500						+132	+252	+360	+540	+660	+820	+1000	+1250	+1600	+2100	+2600
500	560	0	0	+26	+44	+78	+150	+280	+400	+600							
560	630						+155	+310	+450	+660							
630	710	0	0	+30	+50	+88	+175	+340	+500	+740							
710	800						+185	+380	+560	+840							
800	900	0	0	+34	+56	+100	+210	+430	+620	+940							
900	1000						+220	+470	+680	+1050							
1000	1120	0	0	+40	+66	+120	+250	+520	+780	+1150							
1120	1250						+260	+580	+840	+1300							
1250	1400	0	0	+48	+78	+140	+300	+640	+960	+1450							
1400	1600						+330	+720	+1050	+1600							
1600	1800	0	0	+58	+92	+170	+370	+820	+1200	+1850							
1800	2000						+400	+920	+1350	+2000							
2000	2240	0	0	+68	+110	+195	+440	+1000	+1500	+2300							
2240	2500						+460	+1100	+1650	+2500							
2500	2800	0	0	+76	+135	+240	+550	+1250	+1900	+2900							
2800	3150						+580	+1400	+2100	+3200							

3)基本偏差的由来

重要提示：GB/T 1800.1—2020 删除了“标准公差和基本偏差的由来”,表 5-6～表 5-9 的数据从 GB/T 1800.1—2009 继承而来。为了更好地理解基本偏差,本部分介绍已被2020版GB/T 1800.1取代的GB/T 1800.1—2009中基本偏差的由来部分内容。

(1)轴的基本偏差。

轴的基本偏差是在基孔制的基础上制订的。根据科学试验和生产实践,轴的各种基本偏差值计算公式见表5-10,表5-10计算得到的结果按表5-11规则修约。

轴和孔的基本偏差计算公式　　表5-10

公称尺寸(mm)		轴			公　式	孔			公称尺寸(mm)	
大于	至	基本偏差	符号	极限偏差		极限偏差	符号	基本偏差	大于	至
1	120	a	−	*es*	$265+13D$	*EI*	+	A	1	120
120	500				$35D$				120	500
1	160	b	−	*es*	$\approx 140+0.85D$	*EI*	+	B	1	160
160	500				$\approx 1.8D$				160	500
0	40	c	−	*es*	$52D^{0.2}$	*EI*	+	C	0	40
40	500				$95+0.8D$				40	500
0	10	cd	−	*es*	C、c和D、d值的几何平均值	*EI*	+	CD	0	10
0	3150	d	−	*es*	$16D^{0.44}$	*EI*	+	D	0	3150
0	3150	e	−	*es*	$11D^{0.41}$	*EI*	+	E	0	3150
0	10	ef	−	*es*	E、e和F、f值的几何平均值	*EI*	+	EF	0	10
0	3150	f	−	*es*	$0.55D^{0.41}$	*EI*	+	F	0	3150
0	10	fg	−	*es*	F、f和G、g值的几何平均值	*EI*	+	FG	0	10
0	3150	g	−	*es*	$2.5D^{0.34}$	*EI*	+	G	0	3150
0	3150	h	无符号	*es*	偏差=0	*EI*	无符号	H	0	3150
0	500	j			无公式			J	0	500
0	3150	js	+ −	*es* *ei*	$0.5IT_N$	*EI* *ES*	+ −	JS	0	3150
0	500	k	+	*ei*	$0.6\sqrt[3]{D}$	*ES*	无符号	K	0	500
500	3150		无符号		偏差=0		−		500	3150
0	500	m	+	ei	IT7−IT6	*ES*	−	M	0	500
500	3150				$0.24D+12.6$				500	3150
0	500	n	+	*ei*	$5D^{0.34}$	*ES*	−	N	0	500
500	3150				$0.04D+21$				500	3150
0	500	p	+	*ei*	IT7+0~5	*ES*	−	P	0	500
500	3150				$0.72D+37.8$				500	3150
0	3150	r	+	*ei*	P、p和S、s值的几何平均值	*ES*	−	R	0	3150

续上表

公称尺寸(mm)		轴			公　式	孔			公称尺寸(mm)	
大于	至	基本偏差	符号	极限偏差		极限偏差	符号	基本偏差	大于	至
0	50	s	+	*ei*	IT8 +1 ~ 4	*ES*	–	S	0	50
50	3150				IT7 +0.4D				50	3150
24	3150	t	+	*ei*	IT7 +0.63D	*ES*	–	T	24	3150
0	3150	u	+	*ei*	IT7 +D	*ES*	–	U	0	3150
14	500	v	+	*ei*	IT7 +1.25D	*ES*	–	V	14	500
0	500	x	+	*ei*	IT7 +1.6D	*ES*	–	X	0	500
18	500	y	+	*ei*	IT7 +2D	*ES*	–	Y	18	500
0	500	z	+	*ei*	IT7 +2.5D	*ES*	–	*Z*	0	500
0	500	za	+	*ei*	IT8 +3.15D	*ES*	–	ZA	0	500
0	500	zb	+	*ei*	IT9 +4D	*ES*	–	ZB	0	500
0	500	zc	+	*ei*	IT10 +5D	*ES*	–	ZC	0	500

注:1. 公式中 D 是公称尺寸段的几何平均值,mm;基本偏差的计算结果以微米(μm)计。

2. j、J 只在表5-6、表5-8 中给出其值。

3. 公称尺寸至500mm 轴的基本偏差 k 的计算公式仅适用于标准公差等级 IT4 ~ IT7,对所有其他公称尺寸和所有其他 IT 等级的基本偏差 k = 0;孔的基本偏差 K 的计算公式仅用于标准公差等级小于或等于 IT8,对所有其他公称尺寸和所有其他 IT 等级的基本偏差 K = 0。

4. 孔的基本偏差 K ~ ZC 的计算见“孔的基本偏差计算中的特殊规则”。

基本偏差的修约　　表 5-11

计 算 结 果		公 称 尺 寸		
		至 500mm	大于 500mm ~ 3150mm	
		基本偏差		
		a ~ g A ~ G	k ~ zc K ~ ZC	d ~ u D ~ U
自	至	修约成整倍数		
5	45			1
45	60			1
60	100		1	2
100	200	1	1	5
200	300	2	1	10
300	500	5	2	10
500	560	5	2	20
560	600	10	5	20
600	800	10	5	20
800	1000	10	5	20
1000	2000	20	10	50
2000	5000	20	20	100
	…	20	50	…
20×10^n	50×10^n	50	100	1×10^n
50×10^n	100×10^n			2×10^n
100×10^n	200×10^n			5×10^n

a～h 用于间隙配合，当与基准孔配合时，这些轴的基本偏差的绝对值正好等于最小间隙的绝对值（图 5-16）。基本偏差 a、b、c 用于大间隙或热动配合，考虑发热膨胀的影响，采用与直径成正比的关系（其中 c 适用于直径 >40mm 时）。基本偏差 d、e、f 主要用于旋转运动，为保证良好的液体摩擦，从理论上讲，最小间隙应按直径的平方根关系，但考虑到表面粗糙度的影响，将间隙适当减小。g 主要用于滑动或半液体摩擦及要求定心的配合，间隙要小，故直径的指数减小。cd、ef、fg 的绝对值，分别按 c 与 d、e 与 f、f 与 g 的绝对值的几何平均值确定，适用于尺寸较小的旋转运动件。

j、k、m、n 四种为过渡配合，如图 5-16 所示，基本偏差为下极限偏差 ei。计算公式基本上是根据经验与统计方法确定。对于 k，规定 IT4 至 IT7 的基本偏差 $ei=0.6\sqrt[3]{D}$，其值很小，只有 1～5μm，对其余的公差等级，均取 $ei=0$。对于 m，是按 m6 的上极限偏差与 H7 的上极限偏差数值相等的条件下确定的，所以 m 的基本偏差 $ei=+(\text{IT7}-\text{IT6})$。对于 n，按它与 H6 形成过盈配合，与 H7 形成过渡配合来考虑的，所以 n 的基本偏差数值大于 IT6 而小于 IT7，即 $ei=+5D^{0.34}$。如图 5-17 所示

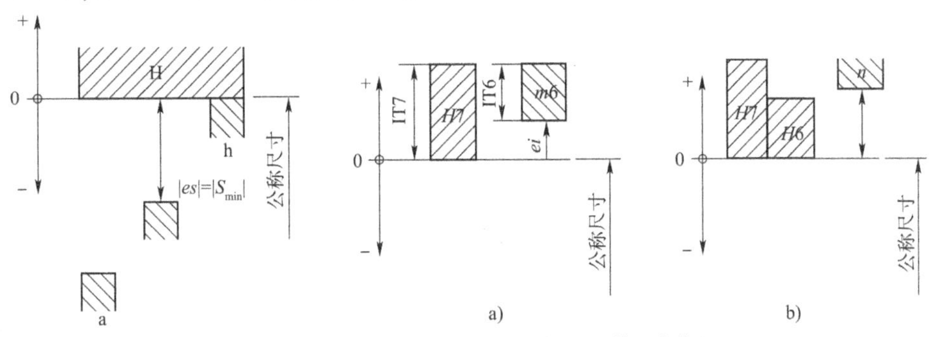

图 5-16　轴基本偏差 a～h　　　图 5-17　轴基本偏差 m、n

p～zc 按过盈配合来规定，从保证配合的主要特征——最小过盈来考虑（图 5-18），而且大多数按它们与最常用的基准孔 H7 相配合为基础来考虑。p 比 IT7 大 n μm，故 p 轴与 H7 孔配合时，有 n μm 的最小过盈，这是最早使用的过盈配合之一。r 按 p 与 s 的几何平均值确定。对于 s，当 $D\leqslant 50$mm 时，要求与 H8 配合时有 n μm 的最小过盈，故 $ei=+\text{IT8}+(1\sim4)$。从 s（当 $D>50$mm 时）起，包括 t、u、v、x、y、z 等，当与 H7 配合时，最小过盈依次为 $0.4D$、$0.63D$、$1D$、$1.25D$、$1.6D$、$2D$、$2.5D$，而 za、zb、zc 分别与 H8、H9、H10 配合时，最小过盈依次为 $3.15D$、$4D$、$5D$。最小过盈的系列符合优先数系 R_{10}，规律性较好，便于选用。

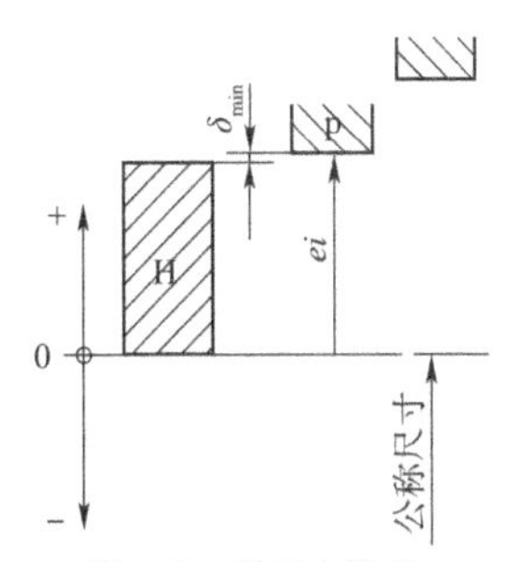

图 5-18　轴基本偏差 p～zc

轴的另一个偏差（上极限偏差或下极限偏差）根据轴的基本偏差和标准公差，按下列公式计算：

$$ei=es-\text{IT} \tag{5-16}$$

或

$$es=ei+\text{IT} \tag{5-17}$$

（2）孔的基本偏差。

孔的基本偏差是从轴的基本偏差换算得来的，见表 5-10。

孔与轴基本偏差换算的原则是:在孔、轴为同一公差等级或孔比轴低一级配合的条件下,若基轴制配合中孔的基本偏差代号与基孔制配合中轴的基本偏差代号相当(例如 ϕ40F8/h8 中孔的 F 对应于 ϕ40H8/f8 中轴的 f)时,其基本偏差的对应关系,应保证按基轴制形成的配合(例如 ϕ40G7/h6)与按基孔制形成的配合(例如 ϕ40H7/g6)相同。

图 5-19a)所示的间隙配合中,无论相配合的孔、轴的公差等级是否相同,因基轴制配合中孔的基本偏差 EI 与相应的基孔制配合中轴的基本偏差 es 的绝对值都等于最小间隙,且符号相反,即:

$$EI = -es = S_{min} \tag{5-18}$$

图 5-19b)、图 5-19c)所示的过渡配合和过盈配合中,基轴制配合中孔的基本偏差 ES 与相应的基孔制配合中轴的基本偏差 ei 的关系为:

$$ES = -(ei + T_S - T_H) = -ei + (T_H - T_S) = -ei + \Delta \tag{5-19}$$

式中,$\Delta = T_H - T_S$,Δ 是相配合孔与轴的公差值之差。

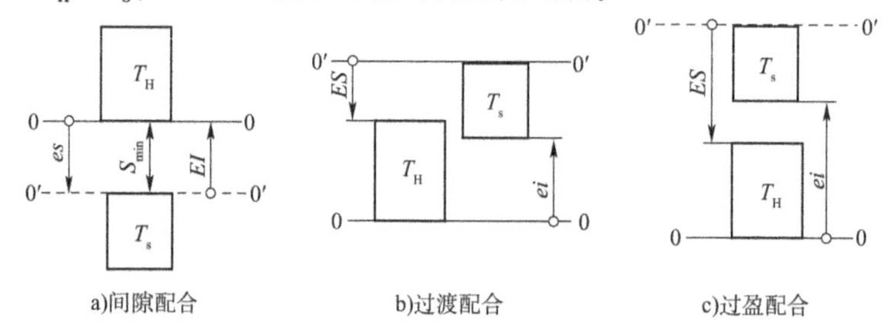

图 5-19　配合制的转换(0-0 是基孔制的公称尺寸,0′-0′是基轴制的公称尺寸)

如孔、轴公差等级相同,$\Delta = 0$,则有:

$$ES = -ei \tag{5-20}$$

如孔、轴公差等级不相同,$\Delta \neq 0$,则有:

$$ES = -ei + \Delta \tag{5-21}$$

根据上述原则及其分析,孔的基本偏差按以下两种规则换算。

①通用规则。

用同一字母表示的孔、轴的基本偏差的绝对值相等,符号相反。孔的基本偏差是轴的基本偏差相对于零线的倒影,因此又称倒影规则。即:

$$ES = -ei \tag{5-22}$$

$$EI = -es \tag{5-23}$$

通用规则适用于以下情况:

用于间隙配合的 A ~ H,不论孔与轴是否采用同级配合,均按通用规则确定,即 $EI = -es$;

用于过渡配合的 K、M、N,公称尺寸≤500mm,因标准公差等级低于 IT8 时,一般孔、轴采用同级配合,故按通用规则确定,即 $ES = -ei$(但大于 3mm 的 N 例外,其基本偏差 $ES = 0$);

用于过盈配合的 P ~ ZC,公称尺寸≤500mm,因标准公差等级低于 IT7 时,一般孔轴采用同级配合,故按通用规则确定,即 $ES = -ei$(但大于 3mm 的 N 例外,其基本偏差 $ES = 0$)。

②特殊规则。

用同一字母表示孔、轴基本偏差时,孔基本偏差 ES 和轴的基本偏差 ei 符号相反,而绝对值相差一个Δ值，即：

$$ES = -ei + \Delta \tag{5-24}$$

由于在较高级的公差等级中，同一公差等级的孔比轴加工困难，因而常采用比轴低一级的孔相配合，即异级配合，并要求两种配合制所形成的配合性质相同。

特殊规则适用于以下情况：

3mm < 公称尺寸 ≤ 500mm，公差等级高于或等于IT8，孔的基本偏差J、K、M计算；

3mm < 公称尺寸 ≤ 500mm，公差等级高于或等于IT7，孔的基本偏差P ~ ZC计算。

孔的另一个偏差（上极限偏差或下极限偏差），根据孔的基本偏差和标准公差，按以下关系计算：

$$EI = ES - \mathrm{IT} \tag{5-25}$$

$$ES = EI + \mathrm{IT} \tag{5-26}$$

按上述轴的基本偏差计算公式和孔的基本偏差换算规则，国标列出轴、孔基本偏差数值见表5-6 ~ 表5-9。

【例5-7】　确定φ25H7/f6，φ25F7/h6孔与轴的极限偏差（要求用公式计算标准公差和基本偏差）。

解：φ25min属于>18 ~ 30mm尺寸分段，故几何平均直径值为：

$$D = \sqrt{18 \times 30}\,\mathrm{mm} \approx 23.24\mathrm{mm}$$

根据公差单位公式可计算得：

$$i = 0.45\sqrt[3]{D} + 0.001D = 0.45\sqrt[3]{23.24} + 0.00 \times 23.24\mathrm{mm} \approx 1.31\mu\mathrm{m}$$

即：

$$\mathrm{IT6} = a \times i = 10 \times i = 10 \times 1.31\mu\mathrm{m} \approx 13.1\mu\mathrm{m}$$

$$\mathrm{IT7} = a \times i = 16 \times 1.31\mu\mathrm{m} \approx 21\mu\mathrm{m}$$

轴f的基本偏差为上极限偏差，查表5-6得：

$$es = -5.5D^{0.41} = -5.5 \times (23.24)^{0.41}\mu\mathrm{m} = -19.96\mu\mathrm{m} = -20\mu\mathrm{m}$$

即f6的上极限偏差为 −20μm。

f6的下极限偏差　　$ei = es - \mathrm{IT6} = (-20 - 13)\mu\mathrm{m} = -33\mu\mathrm{m}$

基准孔H7的下极限偏差$EI = 0$，H7的上极限偏差为：

$$ES = EI + \mathrm{IT7} = (0 + 21)\mu\mathrm{m} = +21\mu\mathrm{m}$$

孔F的基本偏差应按通用规则换算，故：

$$ES = es = +20\mu\mathrm{m}$$

孔F7的上极限偏差为：

$$ES = EI + \mathrm{IT7} = (+20 + 21)\mu\mathrm{m} = +41\mu\mathrm{m}$$

基准轴h6的上极限偏差$es = 0$，下极限偏差为：

$$ei = es - \mathrm{IT6} = (0 - 13)\mu\mathrm{m} = -13\mu\mathrm{m}$$

由此得：

$$\phi 25\mathrm{H7} = \phi 25_{0}^{+0.021}\ \phi 25\mathrm{f6} = \phi 25_{-0.033}^{-0.020}$$

$$\phi 25\mathrm{F7} = \phi 25_{+0.020}^{+0.041},\ \phi 25\mathrm{h6} = \phi 25_{-0.013}^{0}$$

两对孔、轴配合的公差带如图5-20所示。从图中可以看出，一组为基孔制配合，一组为基轴制配合,但最大间隙和最小间隙不变,即具有相同的配合性质。

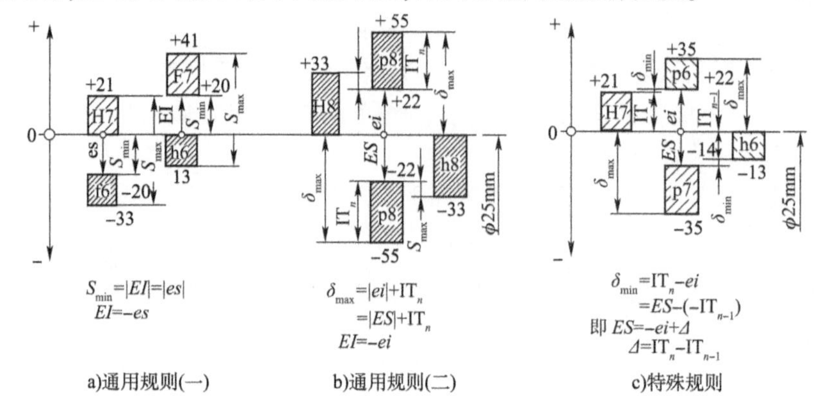

图 5-20　孔、轴公差带图(图中单位除注明者外均为 μm)

【例 5-8】　确定 ϕ25H8/p8 孔与轴的极限偏差(要求用查表法确定)。

解:由表 5-1 查得　IT8 = 33μm;

轴 p 的基本偏差为下极限偏差,由表 5-9 查得:

$$ei = +22\text{mm}$$

P8 的上极限偏差为:

$$ES = ei + \text{IT8} = (+22 + 33)\ \mu\text{m} = +55\mu\text{m}$$

孔 H8 的下极限偏差为 0,上极限偏差为:

$$ES = EI + \text{IT8} = (0 + 33)\text{mm} = +33\text{mm}$$

孔 P8 的基本偏差为上极限偏差,由表 5-8 查得:

$$ES = -22\text{mm}$$

孔 P8 的下极限偏差为:

$$EI = ES - \text{IT8} = (-23 - 33)\mu\text{m} = -55\mu\text{m}$$

轴 h8 的上极限偏差为 0,下极限偏差为:

$$ei = es - \text{IT8} = (0 - 33)\mu\text{m} = -33\ \mu\text{m}$$

由此得:

$$\phi 25H8 = \phi 25_{0}^{+0.033} \quad \phi 25p8 = \phi 25_{+0.022}^{+0.055}$$

$$\phi 25P8 = \phi 25_{-0.055}^{-0.022} \quad \phi 25h8 = \phi 25_{-0.033}^{0}$$

两对配合孔、轴的公差带如图 5-20b)所示,从图中可以看出,配合性质相同。

【例 5-9】　确定 ϕ25H7/P6,ϕ25P7/h6 孔与轴的极限偏差(要求孔的基本偏差用公式计算)。

解:由表 5-1 查得,　　IT6 = 13μm,IT7 = 21μm

轴 p6 的基本偏差为下极限偏差,由表 5-9 查得:

$$ei = +22\mu\text{m}$$

轴 p6 的基本偏差为:

$$es = ei + \text{IT6} = (+22 + 13)\mu\text{m} = +35\mu\text{m}$$

基准孔 H7 的下极限偏差 EI = 0,H7 的上极限偏差为:

$$ES = EI + \mathrm{IT7} = (0 + 21)\mu m = +21\mu m$$

孔 P7 的基本偏差为上极限偏差 ES，应按特殊规则计算。

因为　　$\Delta = \mathrm{IT7} - \mathrm{IT6} = (21 - 13)\mu m = +8\mu m$

所以　　$ES = -ei + \Delta = (-22 + 8)\mu m = -14\mu m$

孔 P7 的下极限偏差为：

$$EI = ES - \mathrm{IT7} = (-14 - 21)\mu m = -35\mu m$$

基准轴 h6 的上极限偏差 $es = 0$，h6 的下极限偏差为：

$$ei = es - \mathrm{IT6} = (0 - 13)\mu m = -13\mu m$$

由此得：$\phi 25H7 = \phi 25_{0}^{+0.021}$，$\phi 25p6 = \phi 25_{0.22}^{+0.035}$

$$\phi 25P7 = \phi 25_{-0.035}^{-0.014}, \phi 25h6 = \phi 25_{-0.013}^{0}$$

本例中孔 P7 的基本偏差也可以从表 5-9 中直接查得，在实际使用中常直接查表。

从图 5-20c）中可以看出，本例中的两对孔、轴配合的性质相同。

【例 5-10】　已知孔、轴配合的公称尺寸为 $\phi 50$mm，配合公差 $T_f = 41\mu m$，$S_{max=}6\mu m$，孔的公差 $T_h = 25\mu m$，轴的下极限偏差 $ei = +41\mu m$，求孔、轴的其他极限偏差，并画出尺寸公差带图。

解：已知　　$T_f = 41\mu m, S_{max} = +66\mu m, T_h = 25\mu m, ei = +41\mu m$

按照配合公差、公差、偏差、间隙等有关计算公式进行计算。

因为　　$T_f = T_h + T_s$，

所以轴的公差　　$T_s = T_f - T_h = (41 - 25)\mu m = 16\mu m$。

因为　　$T_s = es - ei$，

所以轴的上极限偏差 $es = T_s + ei = (16 + 41)mm = +57mm$。

因为最大间隙　　$S_{max} = ES - ei$，

所以孔的上极限偏差 $ES = S_{max} + ei = (+66 + 41)\ \mu m = +107\mu m$。

因为孔的公差　　$T_h = ES - EI$，

所以孔的下极限偏差 $EI = ES - T_h = (+107 - 25)\mu m$

$= +82\mu m$

由此得：

孔 $\phi 50_{+0.082}^{+0.107}$，轴 $\phi 50_{+0.041}^{+0.057}$（公差带如图 5-21 所示）。

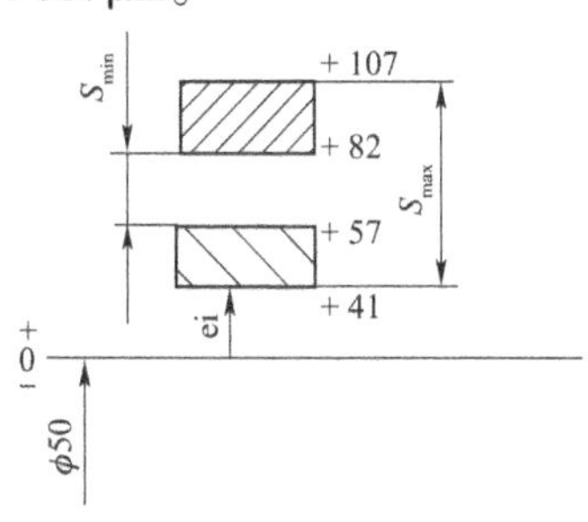

图 5-21　孔、轴公差带（图中单位除注明者外均为 μm）

尺寸 >500mm 时，孔和轴一般都采用同级配合，所以只要孔与轴的基本偏差代号相对应（例如 F 与 f 相对应），则它们的基本偏差数值相等，而正、负号相反，故孔与轴的基本偏差使用同一表格。

5.3　标准规定的公差带与配合

根据极限与配合国家标准提供的 20 个等级的标准公差及 28 种基本偏差代号. 可组成公差带孔有 543 种、轴有 544 种，由孔和轴的公差带又可组成大量的配合。如此多的公差带与配合全部使用显然是不经济的。为了减少定值刀具、量具和工艺装备的品种及规格，对公差带和配合选用应加以限制。

5.3.1 公称尺寸至500mm孔、轴公差带

根据生产实际情况，对于公称尺寸≤500mm的轴，国家标准《产品几何技术规范(GPS)线性尺寸公差ISO代号体系 第2部分：标准公差带代号和孔轴的极限偏差表》(GB/T 1800.2—2020)规定的公差带代号如图5-22所示，轴的公差带代号应尽可能从图5-23中选取，框中的公差带代号应优先选取。

										h1	js1																
										h2	js2																
						ef3	f3	fg3	g3	h3	js3		k3	m3	n3	p3	r3	s3									
						ef4	f4	fg4	g4	h4	js4		k4	m4	n4	p4	r4	s4									
			cd5	d5	e5	ef5	f5	fg5	g5	h5	js5	j5	k5	m5	n5	p5	r5	s5	t5	u5	v5	x5					
			cd6	d6	e6	ef6	f6	fg6	g6	h6	js6	j6	k6	m6	n6	p6	r6	s6	t6	u6	v6	x6	y6	z6	za6		
			cd7	d7	e7	ef7	f7	fg7	g7	h7	js7	j7	k7	m7	n7	p7	r7	s7	t7	u7	v7	x7	y7	z7	za7	zb7	zc7
	b8	c8	cd8	d8	e8	ef8	f8	fg8	g8	h8	js8	j8	k8	m8	n8	p8	r8	s8	t8	u8	v8	x8	y8	z8	za8	zb8	zc8
a9	b9	c9	cd9	d9	e9	ef9	f9	fg9	g9	h9	js9		k9	m9	n9	p9	r9	s9		u9		x9	y9	z9	za9	zb9	zc9
a10	b10	c10	cd10	d10	e10	ef10	f10	fg10	g10	h10	js10		k10			p10	r10	s10				x10	y10	z10	za10	zb10	zc10
a11	b11	c11		d11						h11	js11		k11											z11	za11	zb11	zc11
a12	b12	c12		d12						h12	js12		k12														
a13	b13			d13						h13	js13		k13														
										h14	js14																
										h15	js15																
										h16	js16																
										h17	js17																
										h18	js18																

图5-22 尺寸至500mm的轴公差带代号

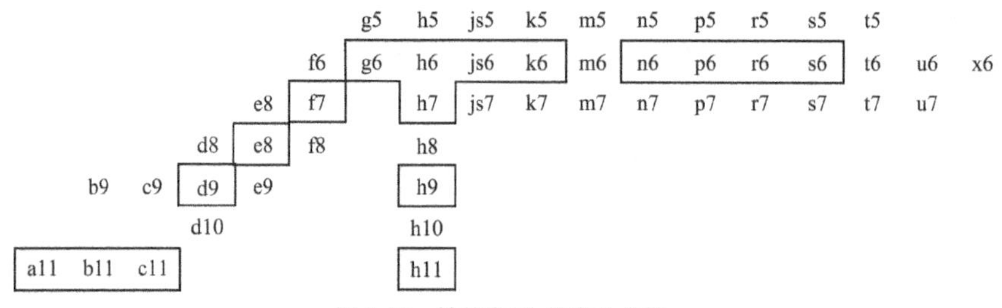

图5-23 轴的常用、优先公差带

同时，对于公称尺寸≤500mm的孔，国家标准《产品几何技术规范(GPS)线性尺寸公差ISO代号体系 第2部分：标准公差带代号和孔轴的极限偏差表》(GB/T 1800.2—2020)规定的公差带代号如图5-24所示，孔的公差带代号应尽可能从图5-25中选取，框中的公差带代号应优先选取。

										H1	JS1																
										H2	JS2																
						EF3	F3	FG3	G3	H3	JS3		K3	M3	N3	P3	R3	S3									
						EF4	F4	FG4	G4	H4	JS4		K4	M4	N4	P4	R4	S4									
					E5	EF5	F5	FG5	G5	H5	JS5		K5	M5	N5	P5	R5	S5	T5	U5	V5	X5					
			CD6	D6	E6	EF6	F6	FG6	G6	H6	JS6	J6	K6	M6	N6	P6	R6	S6	T6	U6	V6	X6	Y6	Z6	ZA6		
			CD7	D7	E7	EF7	F7	FG7	G7	H7	JS7	J7	K7	M7	N7	P7	R7	S7	T7	U7	V7	X7	Y7	Z7	ZA7	ZB7	ZC7
	B8	C8	CD8	D8	E8	EF8	F8	FG8	G8	H8	JS8	J8	K8	M8	N8	P8	R8	S8	T8	U8	V8	X8	Y8	Z8	ZA8	ZB8	ZC8
A9	B9	C9	CD9	D9	E9	EF9	F9	FG9	G9	H9	JS9		K9	M9	N9	P9	R9	S9		U9		X9	Y9	Z9	ZA9	ZB9	ZC9
A10	B10	C10	CD10	D10	E10	EF10	F10	FG10	G10	H10	JS10		K10	M10	N10	P10	R10	S10		U10		X10	Y10	Z10	ZA10	ZB10	ZC10
A11	B11	C11		D11						H11	JS11				N11									Z11	ZA11	ZB11	ZC11
A12	B12	C12		D12						H12	JS12																
A13	B13	C13		D13						H13	JS13																
										H14	JS14																
										H15	JS15																
										H16	JS16																
										H17	JS17																
										H18	JS18																

图5-24 尺寸至500mm的孔公差带代号

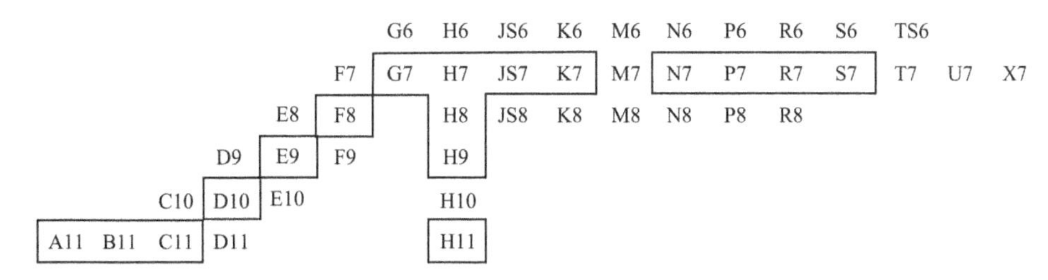

图 5-25　孔的常用、优先公差带

5.3.2 常用和优先配合

国标在规定孔、轴公差带选用的基础上，还规定了孔、轴公差带的组合。基孔制配合中常用配合 45 种，如图 5-26 所示。其中 16 种框内符号为优先配合。基轴制配合中常用配合 38 种，如图 5-27 所示。其中 18 种框内符号为优先配合。

基准孔	轴公差带代号																	
	间隙配合							过渡配合				过盈配合						
H6						g5	h5	js5	k5	m5		n5	p5					
H7					f6	g6	h6	js6	k6	m6	n6		p6	r6	s6	t6	u6	x6
H8				e7	f7		h7	js7	k7	m7					s7		u7	
			d8	e8	f8		h8											
H9			d8	e8	f8		h8											
H10	b9	c9	d9	e9			h9											
H11	b11	c11	d10				h10											

图 5-26　基孔制优先、常用配合

基准轴	孔公差带代号																	
	间隙配合							过渡配合				过盈配合						
h5						G6	H6	JS6	K6	M6		N6	P6					
h6					F7	G7	H7	JS7	K7	M7	N7		P7	R7	S7	T7	U7	X7
h7				E8	F8		H8											
h8			D9	E9	F9		H9											
h9				E8	F8		H8											
			D9	E9	F9		H9											
	B11	C10	D10				H10											

图 5-27　基轴制优先、常用配合

图 5-26 中，当轴的公差小于或等于 IT7 时，是与低一级的基准孔相配合；大于或等于 IT8 时，与同级基准孔相配合。图 5-27 中，当孔的标准公差小于 IT8 或少数等于 IT8 时是与高一级的基准轴相配合，其余是与同级基准轴相配合。

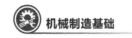

5.4 一般公差

国家标准《一般公差　未注公差的线性和角度尺寸的公差》(GB/T 1804—2000)应用于线性尺寸(例如:外尺寸、内尺寸、阶梯尺寸、直径、半径、距离、倒圆半径和倒角高度)、角度尺寸(包括通常不注出角度尺寸,如直角90°)和机加工组装的线性及角度尺寸等。

5.4.1 一般公差的概念

线性尺寸的一般公差是在车间普通工艺条件下,机床设备一般加工能力可保证的公差。在正常维护和操作情况下,它代表经济加工精度。

采用一般公差的尺寸在正常车间精度保证的条件下,一般可不检验。

应用一般公差可简化制图,使图样清晰易读;节省图样设计时间,设计人员只要熟悉和应用一般公差的规定,可不必逐一考虑其公差值;突出了图样上注出公差的尺寸,以便在加工和检验时引起重视。

5.4.2 一般公差的公差等级和极限偏差

线性尺寸的一般公差规定4个公差等级。其公差等级从高到低依次为:精密级(f)、中等级(m)、粗糙级(r)、最粗级(v)。公差等级越低,公差数值越大。线性尺寸的极限偏差数值见表5-12,倒圆半径和倒角高度尺寸的极限偏差数值见表5-13。

线性尺寸的极限偏差数值(摘自 GB/T 1804—2000)(mm)　　表5-12

公差等级	尺寸分段							
	0.5~3	>3~6	>6~30	>30~120	>120~400	>400~1000	>1000~2000	>2000~4000
f(精密级)	±0.05	±0.05	±0.1	±0.15	±0.2	±0.3	±0.5	-
m(中等级)	±0.1	±0.1	±0.2	±0.3	±0.5	±0.8	±1.2	±2
c(粗糙级)	±0.2	±0.3	±0.5	±0.8	±1.2	±2	±3	±4
v(最粗级)	—	±0.5	±1	±1.5	±2.5	±4	±6	±8

倒圆半径与倒角高度尺寸的极限偏差数值(摘自 GB/T 1804—2000)(mm)　　表5-13

公差等级	公差尺寸分段			
	0.5~3	>3~6	>6~30	>30
f(精密级) m(中等级)	±0.2	±0.5	±1	±2
c(粗糙级) v(最粗级)	±0.4	±1	±2	±4

注:倒圆半径与倒角高度的含义参见国家标准《零件倒圆与倒角》(GB/T 6403.4—2008)。

5.4.3 一般公差的表示方法

线性尺寸的一般公差主要用于较低精度的非配合尺寸。当功能上允许的公差等于或大于一般公差时,均应采用一般公差。

采用国标规定的一般公差,在图样中的尺寸后不注出公差,而是在图样上、技术文件或标准中用本标准号和公差等级符号来表示。

例如,选用中等级时,表示为 GB/T 1804—m;选用粗糙级时,表示为 GB/T l804—c。

5.5 极限与配合的应用

极限与配合的选择是机械设计与制造中至关重要的一环。极限与配合的选用是否恰当,对机械的使用性能和制造成本都有很大的影响,有时甚至起决定性作用。极限与配合的选择,实际上就是尺寸精度设计。

在设计工作中,极限与配合的选用主要包括配合制、公差等级及配合种类。

5.5.1 配合制的选用

选用配合制时,应从零件的结构、工艺、经济几方面来综合考虑,权衡利弊。

1)优先选用基孔制

一般情况下,设计时应优先选用基孔制配合。因为孔通常用定值刀具(如钻头、铰刀、拉刀等)加工,用极限量规检验,所以采用基孔制配合可减少孔公差带的数量,大大减少用定值刀具和极限量规的规格和数量,显然是经济合理的。

2)特殊情况选用基轴制

在有些情况下采用基轴制配合比较合理。例如:

(1)在农业机械、建筑机械等制造中,有时采用具有一定公差等级的冷拉钢材,外径不需要加工,可直接做轴。在此情况下,应选用基轴制配合。

(2)在同一公称尺寸的轴上需要装配几个具有不同配合性质的零件时,应选用基轴制配合。图 5-28a)所示为活塞销 1 与连杆 3 及活塞 2 的配合。根据要求,活塞销与活塞应为过渡配合,而活塞销与连杆之间有相对运动,应为间隙配合。如果三段配合均选基孔制配合,则应为声 ϕ30H6/m5、ϕ30H6/h5 和 ϕ30H6/m5,公差带如图 5-28b)所示。此时必须做成台阶轴才能满足各部分配合要求,这样既不便于加工,又不利于装配。如改用基轴制配合,则三段的配合可改为 ϕ30M6/h5,ϕ30H6/h5,ϕ30M6/h5,其公差带如图 5-28c)所示,将活塞销做成光轴,既方便加工又利于装配。

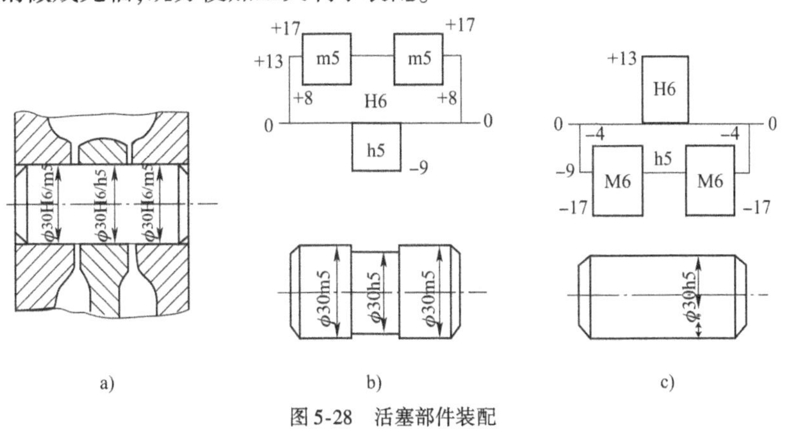

图 5-28 活塞部件装配

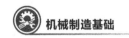

3）以标准部件为基准来选择基准制

与标准件相配合的孔或轴，应以标准件为基准件来确定配合制。例如，与滚动轴承（标准件）内圈相配合的轴应选用基孔制配合，而与滚动轴承外圆配合的孔则应选用基轴制配合。

4）必要时采用任意孔、轴公差带组成非基准制的配合

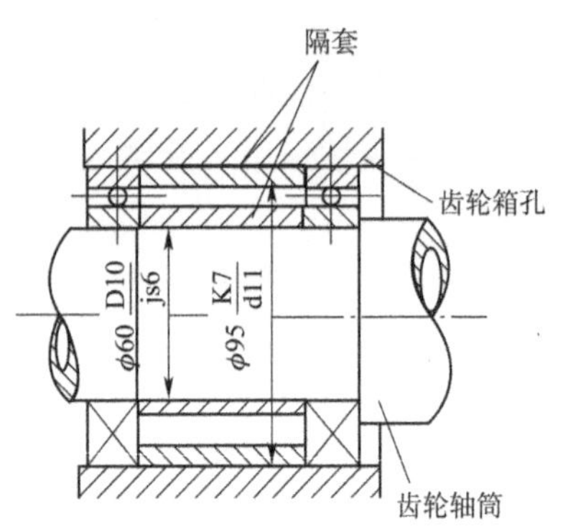

图5-29　非基准制配合的应用实例

在特殊需要时，可以采用非基准配合。即由不包含基本偏差为H和h的任一孔、轴公差带组成配合。例如，在车床C616上轴箱中齿轮轴筒和隔套的配合，如图5-29所示。由于齿轮轴筒的外径已根据和滚动轴承配合的要求选为$\phi60js6$，而隔套的作用只是将两个滚动轴承隔开，作轴向定位用，为了方便装配，它只要松套在齿轮轴筒的外径上即可，公差等级也可选用更低的，所以它的公差带选为$\phi60D10$。同样，另一个隔套与主轴箱孔的配合采用声$\phi95K7/d11$。这类配合就是用不同公差等级的非基准孔公差带组成。

5.5.2　公差等级的选用

选用公差等级时，要正确处理使用要求、制造工艺和成本之间的关系。因此，选用公差等级的基本原则是：在满足使用要求的前提下，尽量选取低的公差等级。另外在确定孔和轴的公差等级的关系时，要考虑孔和轴的工艺等价性，即对于公称尺寸≤500mm的较高等级的配合，由于孔比同级轴加工困难，当标准公差≤IT8时，国家标准推荐孔比轴低一级相配合；但对标准公差＞IT8级或公称尺寸＞500mm的配合，由于孔的测量精度比轴容易保证，推荐采用同级孔、轴配合。

国家标准推荐的各公差等级的应用范围如下：

（1）IT01、IT0、IT1级一般用于高精度量块和其他精密尺寸标准块的公差，它们大致相当于量块的1、2、3级精度的公差，这些量规常用于检验IT6～IT16的孔和轴。

（2）IT2～IT5级用于特别精密零件的配合，如滚动轴承各零件的配合。

（3）IT5～IT12级用于配合尺寸公差。其中IT5（孔到IT6）级用于高精度和重要的配合处。例如精密机床主轴的轴颈、主轴箱体孔与精密滚动轴承的配合，车床尾座孔和顶尖套筒的配合，内燃机中活塞销与活塞销孔的配合等。

（4）IT6（孔到IT7）级用于要求精密配合的情况。例如机床中一般传动轴和轴承的配合，齿轮、带轮和轴的配合，内燃机中曲轴与轴套的配合。这个公差等级在机械制造中应用较广，国标推荐的常用公差带也较多。

（5）IT7～IT8级用于一般精度要求的配合。例如一般机械中速度不高的轴与轴承的配合，在重型机械中用于精度要求稍高的配合，在农业机械中则用于较重要的配合。

（6）IT9～IT10级常用于一般要求的地方，或精度要求较高的槽宽的配合。

（7）IT11～IT12级用于不重要的配合。

（8）IT12～IT18级用于未注尺寸公差的尺寸精度，包括冲压件、铸锻件及其他非配合

尺寸的公差等。

选用公差等级时,除上述有关原则和因素外,还应考虑以下问题:

(1)相关件和相配件的精度。例如齿轮孔与轴的配合,它们的公差等级决定于相关件齿轮的精度等级,与滚动轴承相配合的轴承座孔和轴颈的公差等级决定于相配件滚动轴承的精度等级。

(2)加工成本。如图5-30所示,轴承座孔与轴承盖的配合、隔套孔与轴颈的配合,都要求大间隙配合,且配合公差很大。而轴承座孔和轴颈的公差等级已由轴承的精度等级决定,因此,满足这样的使用要求,轴承盖和隔套孔的公差等级可以分别比轴承座孔和轴颈低二、三级,以利降低加工成本。

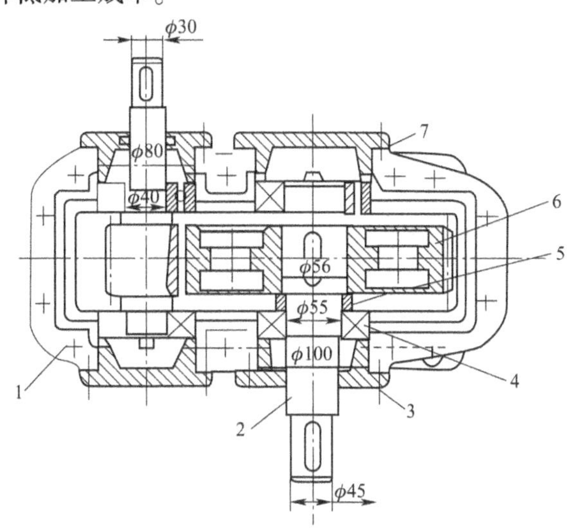

图5-30　圆柱齿轮减速器

1-箱体;2-轴;3-轴承盖;4-滚动轴承;5-轴套;6-齿轮;7-垫片

国家标准各公差等级与各种加工方法的大致关系见表5-14。

各种加工方法的加工精度　　表5-14

加工方法	公差等级(IT)																			
	01	0	1	2	3	4	5	6	7	8	9	10	11	12	13	14	15	16	17	18
研磨	——	——	——	——	——	——	——													
珩						——	——	——	——											
圆磨						——	——	——	——											
平磨							——	——	——	——										
金刚石车							——	——	——											
金刚石镗							——	——	——											
拉削							——	——	——	——										
铰孔									——	——	——	——								
车									——	——	——	——	——							
镗									——	——	——	——	——							

续上表

加工方法	公差等级(IT)																			
	01	0	1	2	3	4	5	6	7	8	9	10	11	12	13	14	15	16	17	18
铣										—	—	—	—							
刨、插												—	—							
钻												—	—	—	—					
滚压、挤压												—	—							
冲压												—	—	—	—	—				
压铸													—	—	—	—				
粉末冶金成型								—	—	—										
粉末冶金烧结									—	—	—	—								
砂型铸造、气割																		—	—	—
锻造																	—	—		

5.5.3 配合种类及基本偏差的选用

1)配合种类的选择

确定了配合制与孔、轴的标准公差等级之后,就应选择配合种类。选择的配合种类实际上就是确定基孔制中的非基准轴或基准轴制中的非基准孔的偏差代号。设计时,可按配合特征的极限间隙或极限过盈的大小,采用类比法选择孔或轴的基本偏差代号,且应尽量采用国家标准规定的优先配合,这样,就需要了解各种基本偏差的特点和应用场合。

选择配合种类时,应考虑的主要因素如下。

(1)孔、轴间是否有相对运动。

相互配合的孔、轴间有相对运动,必须选取间隙配合。无相对运动且传递载荷(转矩或轴向力)时,应选取过盈配合,也可选取过渡配合,这时必须加键或销等连接件。

(2)过盈配合中的受载情况。

利用过盈配合来传递转矩时,传递的转矩越大,则所选配合的过盈量应越大。

(3)孔和轴的定心精度要求。

相互配合的孔、轴定心精度有要求时,不宜采用间隙配合,通常采用过渡配合或小过盈量的过盈配合。

(4)带孔零件和轴的拆装情况。

经常拆装的零件的孔与轴的配合,如带轮的孔与轴的配合,滚齿机、车床等机床的变换齿轮的孔与轴的配合,要比不经常拆装零件的孔与轴的配合松些。有的零件虽不经常拆装,但拆装困难,也应选取较松的配合。

此外,如果相互配合的孔、轴工作时与装配时的温度差别较大,选择配合时要考虑热变形的影响。在机械结构中,有时会遇到薄壁类零件装配后变形的问题。例如,滑动轴承套筒,其外圆柱面与壳体孔一般采用过盈配合,装配后套筒内孔由于变形将引起内孔直径减小。为了保证配合所要求的间隙,通常采用的措施是先将内孔加工得稍大,来补偿装配变形,或者在箱体上安装套筒后加工其内孔。在选择配合种类时,应考虑生产批量的影响。大批量生产时,常采用调整法加工,加工后的尺寸分布通常遵循正态分布;而单件小批量生产时,多用试切法加工,孔加工后的尺寸多偏向孔的下极限尺寸,轴加工尺寸多偏向轴的上极限尺寸。

根据具体条件不同,结合件配合的间隙或过盈量必须相应地改变,表5-15可供选用配合时参考。

工作情况对过盈和间隙的影响 表5-15

具体情况	过盈应增大或减小	间隙应增大或减小	具体情况	过盈应增大或减小	间隙应增大或减小
材料许用应力小	减小	—	装配时可能歪斜	减小	增大
经常拆卸	减小	—	旋转速度高	增大	增大
工作时,孔温高于轴温	增大	减小	有轴向运动	—	增大
工作时,轴温高于孔温	减小	增大	润滑油黏度增大	—	增大
有冲击载荷	增大	减小	装配精度高	减小	减小
配合长度较大	减小	增大	表面粗糙度高度参数值大	增大	减小
配合面形位误差较大	减小	增大			

2)基本偏差的选择

表5-16是各种基本偏差的特性和应用,表5-17是优先配合的配合特性和应用,可供选择配合时参考。

轴的基本偏差选用说明 表5-16

配合	基本偏差	特性及应用
间隙配合	a(A),b(B)	可得到特别大的间隙,应用很少
	c(C)	可得到很大的间隙,一般适用于缓慢、松弛的动配合,用于工作条件较差(如农业机械)、受力变形、或为了便于装配,而必须保证有较大的间隙时,推荐配合为H11/c11,其较高等级的H8/c7配合,适用于轴在高温工作的紧密配合,例如内燃机排气阀和导管
	d(D)	一般用于IT7~IT11级,适用于松的转动配合,如密封盖、滑轮、空转带轮等与轴的配合,也适用于大直径滑动轴承配合,如透平机、球磨机,轧滚成形和重型弯曲机,以及其他重型机械中的一些滑动轴承
	e(E)	多用于IT7~IT9级,通常用于要求有明显间隙、易于转动的轴承配合,如大跨距轴承、多支点轴承等配合。高等级的e轴适用于大的、高速、重载支承,如涡轮发电机、大型电动机及内燃机主要轴承、凸轮轴轴承等配合
	f(F)	多用于IT6~IT8级的一般转动配合,当温度影响不大时,被广泛用于普通润滑油润滑的支承,如主轴箱、小电动机、泵等的转轴与滑动轴承的配合
	g(G)	配合间隙小、制造成本高,除很轻负荷的精密装置外,不推荐用于转动配合。多用于IT5~IT7级,最适合不回转的精密滑动配合,也用于插销等定位配合,如精密连杆轴承、活塞及滑阀、连杆销等
	h(H)	多用于IT4~IT11级,广泛用于无相对运动转动的零件,作为一般的定位配合,若没有温度、变形影响,也用于精密滑动配合

续上表

配合	基本偏差	特性及应用
过渡配合	js(JS)	偏差完全对称(±IT/2),平均间隙较小的配合,多用于IT4～IT7级,要求间隙比*h*轴小,并允许略有过盈的定位配合,如联轴节、齿轮与钢制轮毂,可用木槌装配
	k(K)	平均间隙接近于零的配合,适用于IT4～IT7级,推荐用于稍有过盈的定位配合,例如为了消除振动的定位配合,一般用木槌装配
	m(M)	平均间隙较小的配合,适用于IT4～IT7级,一般可用木槌装配,但在最大过盈时,要求相当的压入力
	n(N)	平均过盈比m轴稍大,很少得到间隙,适用IT4～IT7级,用锤或压入机装配,通常推荐用于紧密的组件配合。H6/n5配合时为过盈配合
过盈配合	p(P)	与H6或H7配合时是过盈配合,与H8孔配合时则为过渡配合,对非铁零件,为较轻的压入配合,当需要时易于拆卸,对钢、铸铁或铜、钢组件装配是标准压入配合。
	r(R)	对铁类零件为中等打入配合,对对非铁零件,为轻打入配合,当需要时可以拆卸,与H8孔配合,直径在100mm以上的为过盈配合,直径小时为过渡配合
	s(S)	用于钢和铁制零件的永久性和半永久性装配,可产生相当大的结合力,当用弹性材料,如轻合金时,配合性质与铁类零件的*P*轴相当,例如套环压装在轴上、阀座等的配合。尺寸较大时,为了避免损伤配合表面,需要热胀或冷缩法装配。
	t(T)	过盈较大的配合,对钢和铸铁零件适于作永久性结合,不用键可传递力矩,需用热胀冷缩法装配,例如联轴节与轴的配合
	u(U)	这种配合过盈大,一般应验算在最大过盈时,工件材料是否损坏,要用热胀冷缩法装配。例如火车轮毂和轴的配合
	v(V),x(X)	这些基本偏差所组成的过盈量更大,目前使用的经验和资料还是很少,须经试验后才应用,一般不推荐

优先配合选用说明 表5-17

优先配合		说明
基孔制	基轴制	
$\frac{H11}{c11}$	$\frac{C11}{h11}$	间隙非常大,用于很松、转动很慢的动配合,或装配方便的很松的配合
$\frac{H9}{d9}$	$\frac{D9}{h9}$	间隙很大的自由转动配合,用于精度非主要要求时,或有大的温度变化、高速或大的轴颈压力时
$\frac{H8}{f7}$	$\frac{F8}{h7}$	间隙不大的转动配合,用于中等转速与中等轴颈压力和精确转动,也用于装配较容易的中等定位配合
$\frac{H7}{g6}$	$\frac{G7}{h6}$	间隙很小的滑动配合,用于不希望自由转动,但可以自由移动和滑动并精密定位,也可用于要求明确的定位配合

续上表

优先配合		说明
基孔制	基轴制	
$\frac{H8}{h7}$ $\frac{H9}{h9}$ $\frac{H11}{h11}$	$\frac{H7}{h6}$ $\frac{H8}{h7}$ $\frac{H9}{h9}$ $\frac{H11}{h11}$	均为间隙定位配合，零件可自由装拆，而工作时，一般相对静止不动，在最大实体条件下的间隙为零，在最小实体零件下的间隙由公差等级决定
$\frac{H7}{k7}$	$\frac{K7}{h6}$	过渡配合，用于精确定位
$\frac{H7}{h6}$	$\frac{N7}{h6}$	过渡配合，用于允许有较大过盈的更精确定位
$\frac{H7}{p6}$	$\frac{P7}{h6}$	过盈定位配合即不过盈配合，用于定位精度特别重要时，能以最好的定位精度达到部件的刚性及对中性的要求
$\frac{H7}{s6}$	$\frac{S7}{h7}$	中等压入配合，适用于一般钢件，或用于薄壁的冷缩配合，用于铸铁件可得到最紧的配合
$\frac{H7}{u6}$	$\frac{U7}{h6}$	压入配合适用于可以承受高压入力的零件，或不宜承受大压入力的冷缩配合

习　　题

一、单项选择题

1. 公差带相对于零线的位置是(　　)。

A. 公差带的大小　B. 基本偏差　C. 配合的种类　D. 上偏差

2. 相互结合的孔和轴的精度决定了(　　)。

A. 配合精度　B. 配合的松紧程　C. 配合的性质　D. 配合的的基准制

3. 对公称尺寸进行标准化是为了(　　)。

A. 简化设计过程　B. 便于设计时的计算

C. 方便尺寸的测量　D. 简化定值刀具、量具等的规格和数量

4. 最小极限尺寸减其公称尺寸所得的代数差为(　　)。

A. 上偏差　B. 下偏差　C. 实际偏差　D. 基本偏差

5. 极限偏差是(　　)。

A. 加工后测量得到的　B. 设计时确定的

C. 最大极限尺寸与最小极限尺寸之差　D. 极限尺寸减其基本尺寸所得的代数差

6. 公差与配合标准的应用，主要是对配合的种类，基准制和公差等级进行合理的选择。选择的顺序应该是(　　)。

A. 基准制、公差等级、配合种类　B. 配合种类、基准制、公差等级

C. 公差等级、基准制、配合种类　　　　D. 公差等级、配合种类、基准制

7. 关于尺寸公差，下列说法中正确的是(　　)。

A. 尺寸公差只能大于零，故公差值前应标"+"号

B. 尺寸公差是用绝对值定义的，没有正、负的含义，故公差值前不应标"+"号

C. 尺寸公差不能为负值，但可为零值

D. 尺寸公差为允许尺寸变动范围的界限值

8. 当孔的上偏差小于轴的下偏差时，此配合的性质是(　　)。

A. 间隙配合　　B. 过渡配合　　C. 过盈配合　　D. 无法确定

9. 关于配合公差，下列说法中错误的是(　　)。

A. 配合公差反映了配合的松紧程度

B. 配合公差是对配合松紧变动程度所给定的允许值

C. 配合公差等于相互配合的孔公差与轴公差之和

D. 配合公差等于极限盈隙的代数差的绝对值

10. 确定不在同一尺寸段的两尺寸的精确程度，是根据(　　)。

A. 两个尺寸的公差数值的大小　　B. 两个尺寸的基本偏差

C. 两个尺寸的公差等级　　D. 两个尺寸的实际偏差

二、填空题

1. 孔通常指圆柱形的________，也包括________。

2. ________确定了公差带的大小，________确定了公差带的位置。

3. 极限偏差是________尺寸减________尺寸所得的代数差。

4. 极限偏差的数值可能为________，公差的数值是________值。

5. 某一尺寸减其________所得的代数差称为偏差。

6. 已知某基准孔的公差为0.021mm，则它的下极限偏差为________ mm，上极限偏差为________ mm。

7. 孔的上极限偏差用符号________表示，轴的下极限偏差用符号________表示。

8. $\phi45_{0}^{+0.005}$mm 孔的基本偏差数值为________，$\phi50_{-0.112}^{-0.050}$ 轴的基本偏差数值为________ mm。

9. 一对孔与轴，若 $ES<ei$ 则其配合属于________配合，$EI>es$ 的配合属于________配合。

10. 孔、轴配合的最大过盈为 $-60\mu m$，配合公差为 $40\mu m$，可以判断该配合属于________配合。

11. 已知公称尺寸为 $\phi50$mm 的轴，其下极限尺寸为 $\phi49.98$mm，公差为0.01mm，则它的上极限偏差是________ mm，下极限偏差是________ mm。

12. 配合是指________相同的孔和轴________之间的关系。

13. 配合精度的高低是由相互结合的________和________的精度决定的。

14. 配合公差和尺寸公差一样，其数值不可能为________。

15. 选择基准制时应优先选用________，其主要原因是________。

16. 已知某基准孔的公差为0.013，则它的下极限偏差为________ mm，上极限偏差为

________ mm。

17. $\phi50_{0}^{+0.021}$mm 的孔与 $\phi50_{-0.020}^{-0.007}$mm 的轴配合，属于________制________配合。

18. 公称尺寸相同的轴上有几处配合，当两端的配合要求紧固而中间的配合要求较松时，宜采用________制配合。

19. 已知某基准轴的公差为0.021 mm，则它的下极限偏差为________ mm，上极限偏差为________ mm。

20. 国标规定的基准制有________和________。

21. 线性尺寸的一般公差规定了四个等级，即________、________、________和________。

22. 常用尺寸段的标准公差的大小，随公称尺寸的增大而________，随公差等级的提高而________。

23. 公差等级的选择原则是________的前提下，尽量选用________的公差等级。

24. 一个孔或轴允许的尺寸的两个极端称为________尺寸。

三、判断题（正确打"√"，错误打"×"）

1. 公称尺寸是设计时确定的尺寸，因而零件的实际尺寸越接近公称尺寸，其加工误差就越小。（　）

2. 零件的实际尺寸就是零件的真实尺寸。（　）

3. 某一零件的实际尺寸正好等于公称尺寸，则该尺寸必然合格。（　）

4. 偏差是某一尺寸减其公称尺寸所得的代数差，因而它可以为正值、负值或零。（　）

5. 某尺寸的上偏差一定大于下偏差。（　）

6. 尺寸公差等于最大极限尺寸减最小极限尺寸之代数差的绝对值，也等于上偏差与下偏差之代数差的绝对值。（　）

7. 凡内表面皆为孔，凡外表面皆为轴。（　）

8. 相互配合的孔和轴，其公称尺寸必须相同。（　）

9. 只要孔和轴装配在一起，就必然形成配合。（　）

10. 基孔制就是先加工孔，基轴制就是先加工轴。（　）

11. 工件的极限偏差用于限制实际偏差，而公差用于限制误差。（　）

12. 过盈配合的最大过盈等于孔的下极限偏差与轴的上极限偏差之差。（　）

13. 一般公差是指在车间一般加工条件下可保证的公差，它主要用于低精度的非配合尺寸。（　）

14. 不论公差数值是否相等，只要公差等级相同，则尺寸的精度就相同。（　）

15. 凡在配合中可能出现间隙的，其配合性质一定是属于间隙配合。（　）

16. 孔和轴的加工精度越高，则其配合精度也越高。

17. 公差等级的数字越大，则尺寸精确度越高。（　）

18. 在同一尺寸段内，公差等级数字越小，则标准公差数值越小。（　）

19. 基准轴下偏差的绝对值等于其尺寸公差。（　）

20. 基孔制是先加工孔，后加工轴以获得所需配合的制度。（　）

四、简答题

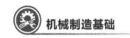

1. 试述标准公差、基本偏差、误差及公差等级的区别和联系。

2. “配合公差等于相配合的孔、轴尺寸公差之和”说明了什么问题?

3. 国家标准对所选用的公差带与配合作必要限制的原因是什么?

4. 什么是基孔制配合和基轴制配合?

5. 以轴的基本偏差为依据,计算孔的基本偏差为何有通用规则和特殊规则之分?

6. 什么是线性尺寸的一般公差? 它分为几个公差等级? 其极限偏差如何确定? 线性尺寸的一般公差表示方法是怎样的?

7. 间隙配合、过渡配合、过盈配合各适用于何种场合? 每类配合在选定松紧程度时应考虑哪些因素?

8. 优先采用基孔制配合的原因是什么? 什么情况下应选用基轴制配合?

五、计算题

1. 有一孔、轴配合,公称尺寸 $D=60\text{mm}$,$S_{max}=+28\mu\text{m}$,$T_h=30\mu\text{m}$,$T_s=19\mu\text{m}$,$es=0$。试求 ES、EI、ei、T_f 及 S_{min}(或 δ_{max}),并画出孔、轴公差带示意图。

2. 有一基孔制的孔、轴配合,公称尺寸 $D=25\text{mm}$,$T_s=21\mu\text{m}$,$S_{max}=+74\mu\text{m}$,$S_{av}=+47\mu\text{m}$$\left(S_{av}\text{是平均间隙 } S_{av}=\dfrac{S_{max}+S_{min}}{2}\right)$,试求孔、轴的极限偏差、配合公差,并画出孔、轴公差带示意图,说明其配合种类。

3. 设孔、轴配合的公称尺寸和使用要求如下:

(1)$D=40\text{mm}$,$S_{max}=+89\mu\text{m}$,$S_{min}=+25\mu\text{m}$;

(2)$D=100\text{mm}$,$\delta_{min}=-36\mu\text{m}$,$S_{max}=-93\mu\text{m}$;

(3)$D=20\text{mm}$,$S_{max}=+6\mu\text{m}$,$S_{max}=-28\mu\text{m}$。

采用基孔制(或基轴制),试确定孔和轴的极限偏差,并画出孔、轴公差带示意图。

4. 设孔、轴配合的公称尺寸和使用要求如下:

(1)$D=50\text{mm}$,$\delta_{min}=-45\mu\text{m}$,$\delta_{max}=-86\mu\text{m}$;

(2)$D=70\text{mm}$,$S_{max}=+28\mu\text{m}$,$\delta_{max}=-21\mu\text{m}$;

(3)$D=120\text{mm}$,$S_{max}=+69\mu\text{m}$,$S_{min}=+12\mu\text{m}$。

采用基孔制(或基轴制),试确定孔和轴的标准公差等级、公差带代号和极限偏差,并画出孔、轴公差带示意图。

5. 有一公称尺寸为 $\phi1500\text{mm}$ 的孔、轴间隙配合,根据其功能要求,最大间隙为 $+0.47\text{mm}$,最小间隙为 $+0.22\text{mm}$。单件生产采用配制配合。试确定先加工件和配制件的极限尺寸。

6. 孔和轴配合,公称尺寸为 $\phi45\text{mm}$,其中配合的极限间隙:$S_{max}=+50\mu\text{m}$,$S_{min}=+9\mu\text{m}$,试确定:①选用的配合制;②孔、轴的公差等级,基本偏差代号与配合种类;③孔、轴的尺寸公差;④画出公差带图。

7. 已知公称尺寸为 $\phi150\text{mm}$ 的活塞与缸体的配合,其中活塞工作时的温度 $T_s=180℃$,缸体的温度 $T_h=110℃$,活塞的线膨胀系数 $\alpha_s=24\times10^{-6}$,汽缸的线膨胀系数 $\alpha_h=11.5\times10^{-6}$,活塞和缸壁之间在工作时的间隙应在 0.10~0.31mm,试确定活塞与汽缸的装配间隙等于多少? 根据装配间隙确定合适的配合及孔、轴的极限偏差。

第6章 几 何 公 差

6.1 几何公差的概述

机械零件上几何要素的形状、方向和位置精度是一项重要的质量指标，它直接影响零件(机械产品)的使用功能和互换性，正确选择几何公差是机械产品几何量精度设计的重要内容。

为适应经济发展和国际交流的需要。我国根据国际标准 ISO 1101 制订了有关几何公差的新国家标准。它们是：

《产品几何技术规范(GPS) 几何公差　形状、方向、位置和跳动标注》(GB/T 1182—2018)；

《产品几何量技术规范(GPS) 几何公差　成组(要素)与组合几何规范》(GB/T 13319—2020)；

《产品几何量技术规范(GPS) 基础　概念、原则和规则》(GB/T 4249—2018)；

《产品几何技术规范(GPS) 几何公差　最大实体要求(MMR)、最小实体要求(LMR)和可逆要求(RPR)》(GB/T 16671—2018)；

《产品几何量技术规范(GPS)几何公差　基准和基准体系》(GB/T 17851—2010)；

《产品几何量技术规范(GPS)几何公差　第 1 部分：基本术语和定义》(GB/T 18780.1—2002)；

《产品几何量技术规范(GPS)几何公差　第 2 部分：圆柱面和圆锥面的提取中心线、平行平面的提取中心面、提取要素的局部尺寸》(GB/T 18780.2—2003)。

此外，作为贯彻上述标准的技术保证还发布了圆度、直线度、平面度检验标准以及位置量规标准等，如《产品几何量技术规范(GPS)　几何公差：检测与验证》(GB/T 1958—2017)。

6.1.1 几何误差的产生及其对零件的使用功能的影响

图样上给出的零件都是没有误差的理想几何体，但是，在加工中机床、夹具、刀具和工件所组成的工艺系统本身存在各种误差，以及加工过程中出现受力变形、振动、磨损等各种干扰，致使加工后的零件的实际形状、方向和相互位置与理想几何体的规定形状、方向和线面相互位置存在差异，形状的差异是形状误差，方向的差异是方向误差，而相互位置的差异就是位置误差，三者统称为几何误差。

图 6-1a)所示为一阶梯轴图样、要求 ϕd_1 表面为理想圆柱面，ϕd_1 轴线应与 ϕd_2 左端面相乘方。图 6-1b)所示为完工后的实际零件、ϕd 表面的圆柱度不好，轴线与端面也不垂直，前者称为形状误差，后者称为位置误差。

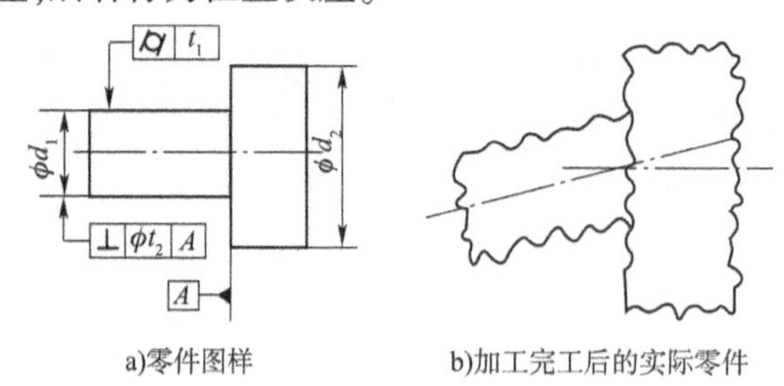

图 6-1　零件图样和实际零件

零件的几何误差对零件使用性能的影响可归纳为以下三个方面：

(1)影响零件的功能要求。例如机床导轨表面的直线度、平面度不好，将影响机床刀架的运动精度；轴承孔的位置误差，将影响齿轮传动的齿面接触精度和齿侧间隙。

(2)影响零件的配合性质。

例如圆柱结合的间隙配合，圆柱表面的形状误差会使间隙大小分布不均相对转动时、磨损加快，降低零件的工作寿命和运动精度。

(3)影响零件的自由装配性。例如轴承盖上各螺栓孔的位置不正确，用螺栓往机座上紧固时，就有可能影响其自由装配。

总之，零件的几何误差对其工作性能的影响不容忽视，它是衡量机器、仪器产品质量的重要指标。几何误差越大，零件的几何参数的精度越低，其质量也越低。为了经济地满足产品的功能要求，在进行零件的几何量精度设计时，除了规定适当的表面精度和尺寸精度要求以外，还需要对其几何要素的形状、方向和位置规定合理的精度要求，才能保证零件的互换性和使用要求。

6.1.2　几何公差的项目及其符号

《产品几何技术规范(GPS)几何公差　形状、方向、位置和跳动标准》(GB/T 1182—2018)将几何公差分为形状公差、方向公差、位置公差和跳动公差共 4 类、14 个特征项目，其中形状公差为 6 个项目，轮廓公差为 2 个项目，方向公差为 5 个项目，位置公差为 6 个项目及跳动公差为 2 个项目。几何公差的每一项目都规定了专门的符号，见表 6-1，表 6-2 是附加符号。

几何公差的项目及其符号　　表 6-1

公差类型	几何特征	符号	有无基准
形状公差	直线度	—	无
	平面度	⏥	无
	圆度	○	无
	圆柱度	⌭	无
	线轮廓度	⌒	无
	面轮廓度	⌓	无

续上表

公差类型	几何特征	符　号	有无基准
方向公差	平行度	∥	有
	垂直度	⊥	有
	倾斜度	∠	有
	线轮廓度	⌒	有
	面轮廓度	⌓	有
位置公差	位置度	⌖	有
	同心度(用于中心点)	◎	有
	同轴度(用于轴线)	◎	有
	对称度	⌯	有
	线轮廓度	⌒	有
	面轮廓度	⌓	有
跳动公差	圆跳动	↗	有
	全跳动	⌰	有

附加符号　　表6-2

对　象	描　述	符　号
组合规范元素	组合公差带	CZ
	独立公差带	SZ
不对称公差带	(规定偏置量的)偏置公差带	UZ
公差带约束	(未规定偏置量的)偏置公差带	OZ
	(未规定偏置量的)角度偏置公差带	VA
拟合被测要素	最小区域额(切比雪夫)要素	Ⓒ
	最小二乘(高斯)要素	Ⓖ
	最小外接要素	Ⓝ
	贴切要素	Ⓣ
	最大内切要素	Ⓧ
公差框格	无基准的几何规范标注	↓□□
	有基准的几何规范标注	↓□□□D
辅助要素标识符或框格	ACS	任意横截面
	◁∥|B	相交平面框格
	◁∥|B▷	定向平面框格
	←∥|B	方向要素框格
	○∥|B	组合平面框格

续上表

对　　象	描　述	符　　号
准相关符号	基准要素标识	[A]
	基准目标标识	$\frac{\phi2}{A1}$
	接触要素	CF
	仅方向	><
理论正确尺寸符号	理论正确尺寸	[50]
导出要素	中心要素	Ⓐ
	延伸公差带	Ⓟ
实体状态	最大实体要求	Ⓜ
	最小实体要求	Ⓛ
	可逆要求	Ⓡ
尺寸公差相关符号	包容要求	Ⓔ
状态的规范元素	自由状态(非刚性零件)	Ⓕ
被测要素标识符	联合要素	UF
	小径	LD
	大径	MD
	中经、节径	PD
	全周(轮廓)	
	全表面(轮廓)	

注:1. 符号中的字母、数值和特征符号仅为示例。

2. 此前的 GB/T 1182 版本中,将 CZ 称为“公共公差带”。

几何公差是指被测提取(实际)要素的允许变动全量,所以,形状公差是指被测单一提取(实际)要素的形状所允许的变动量,方向公差是指关联提取(实际)要素的方向对基准所允许的变动量,位置公差是指关联实际要素的位置对基准所允许的变动量。几何公差的公差带是空间线或面之间的区域,比尺寸公差带即数轴上两点之间的区域要复杂。

6.2　几何公差规范标注

几何公差规范标注的组成包括公差框格、可选的辅助平面和要素标注以及可选的相邻标注(补充标注),如图 6-2 所示。

几何公差规范应使用参照线与指引线相连。如果没有可选的辅助平面或要素标注,参照线应与公差框格的左侧或右侧中点相连。如果有可选的辅助平面和要素标注,参照线应与公差框格的左侧中点或最后一个辅助平面和要素框格的右侧中点相连。此标注同时适用于二位与三维标注。GB/T 1182—2018 与 GB/T 1182—2008 相比,在对技术规范做出诠释的可视化注解中增加三维标注的图例等内容。

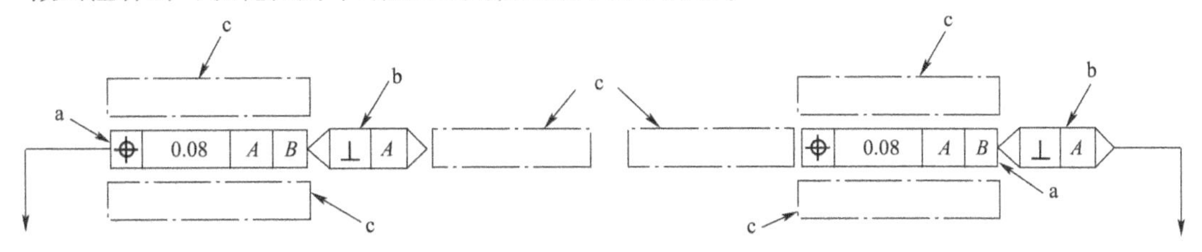

图 6-2　几何公差规范标注的元素

a-公差框格；b-辅助平面和要素框格；c-相邻标注

6.2.1　公差框格

(1)根据 GB/T1182—2018 规定,几何公差要求注写在矩形方框中,该方框由二格或多格组成。框格中的内容从左到右依次填写以下内容(图 6-3)。

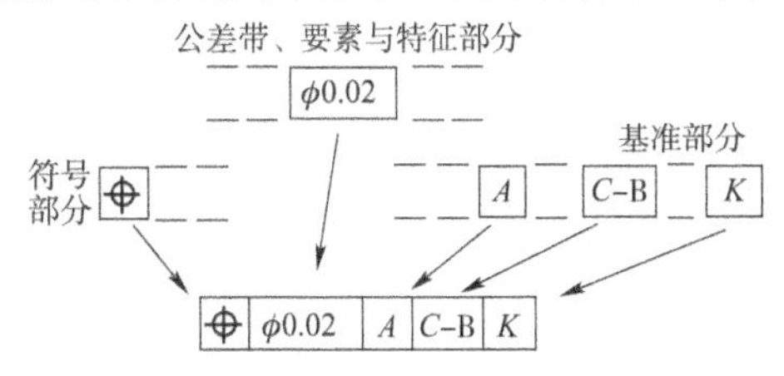

图 6-3　公差框格的 3 个部分

①几何特征符号,根据零件的工作性能要求,由设计者从表 6-1 中选定。

②公差值,以线性尺寸单位表示的量值,单位为 mm。如果公差带是圆形或圆柱形的,则在公差值前面加注符号“ϕ”;如果是球形的,则在公差值前面加注符号“Sϕ”,如图 6-4c)、图 6-4d)所示。

③基准,用一个字母表示单个基准或用几个字母表示基准体系或公共基准,如图 6-4b) ~ 图 6-4d)所示。

(2)当某项公差应用于几个相同要素时,应在公差框格的上方被测要素的尺寸之前注明要素的个数,并在两者之间加上符号公差“ × ”(图 6-5)。

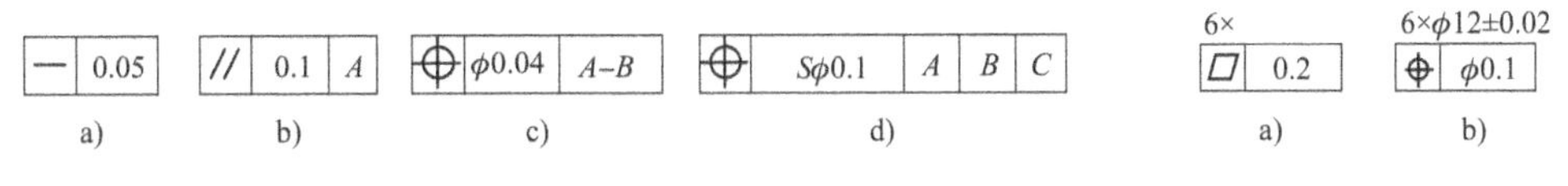

图 6-4　几何公差的标注

图 6-5　相同要素应用同一公差项目时公差框格的标注

6.2.2　被测要素的表示方法

按下列方式之一用指引线连接被测要素和公差框格。指引线可以在框格的左侧或右侧重点任意一侧,终端带一箭头。

(1)在二维标注中,当公差涉及轮廓线或表面(组成要素)时,将箭头置于该要素的轮廓线或其延长线上,但必须与尺寸线明显分开,箭头也可指向引出线的水平线,引出线引自被测面,如图 6-6a)所示。在三维维标注中,止在组成要素轮廓上或尺寸线上,但应与尺寸线明显分开，指引线的终点为指向延长线的箭头以及组成要素上的点。当该要素可见时，该点为实心点，指引线为实线；当该要素为不可见时，该点为空心点，指引线为虚线，如图 6-6b）所示。

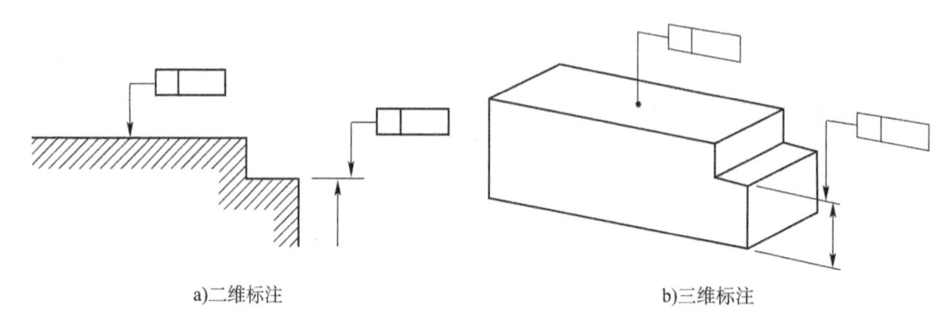

a)二维标注　　b)三维标注

图 6-6　被测要素为组成要素的标注

（2）当公差涉及要素的中心线、中心面或中心点（导出要素）时，可以按以下两种方式进行标注：第一种是使用参照线与指引线进行标注，箭头应位于相应尺寸线的延长线上，指引线应与尺寸线的延长线重合，如图 6-7 所示；第二种是将修饰符 Ⓐ（中心要素）放置在回转体的公差框格内公差带、要素与特征部分。此时，指引线应与尺寸线对齐，可在组成要素上用圆点或箭头终止，如图 6-8 所示。

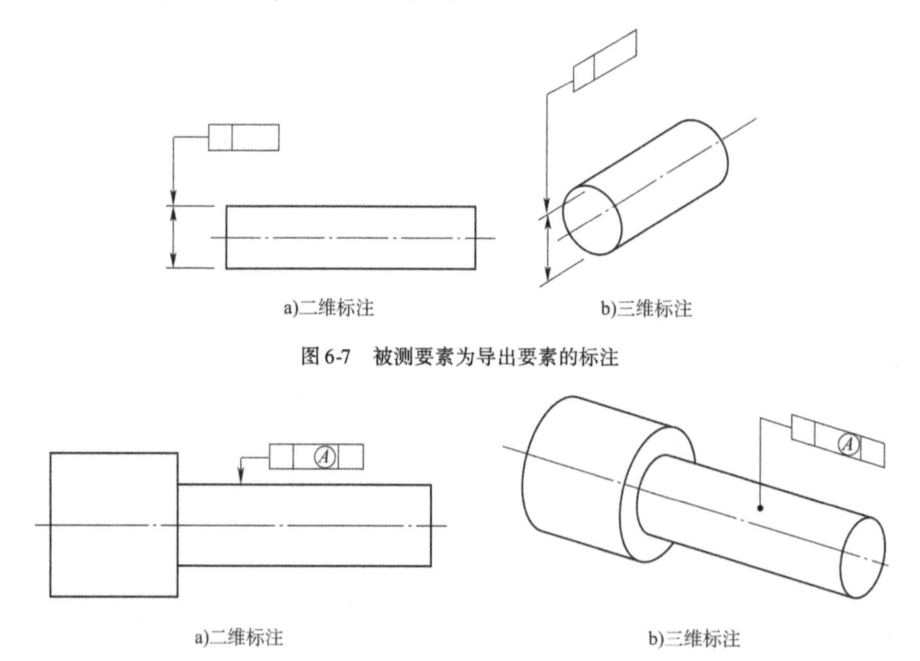

a)二维标注　　b)三维标注

图 6-7　被测要素为导出要素的标注

a)二维标注　　b)三维标注

图 6-8　被测要素为导出要素的标注

6.2.3　公差带

（1）缺省公差带。

公差带的中心缺省位于理论正确要素（TEF）上，将 TEF 作为参照要素。公差带相对于参照要素对称，公差的局部宽度应与规定的几何形状垂直（图 6-9）。

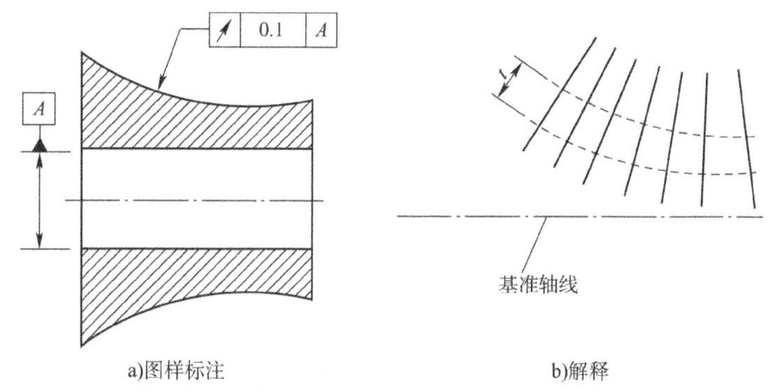

a)图样标注　　b)解释

图6-9　指引线在图样上的标注

当被测要素是组成要素且公差带宽度的方向与面要素不垂直时,应使用方向要素确定公差带宽度的方向,方向要素是由工件的提取要素建立的理想要素,用于标识公差带宽度(局部偏差)的方向。另外,应使用方向要素标注非圆柱体或球体的回转体表面圆度的公差带宽度方向。仅当指引线的方向以及公差带宽度的方向使用理论正确尺寸(TED)标注时,指引线的方向才可定义公差带的方向,如图6-10所示。

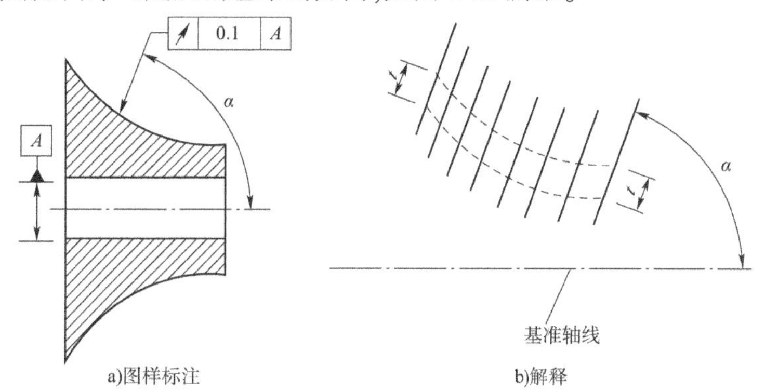

a)图样标注　　b)解释

图6-10　指引线在图样上的标注

圆度公差带的宽度应在垂直于公称轴线的平面内确定。

(2)变宽度公差带。

除非另有图形标注,否则,公差值沿被测要素的长度方向保持定值。该标注可以在被测要素上规定的两个位置之间定义从一个值到另一个值的成比例变量,如图6-11所示。比例变量默认跟随曲线距离变化,例如沿着连接两规定位置弧线的距离。

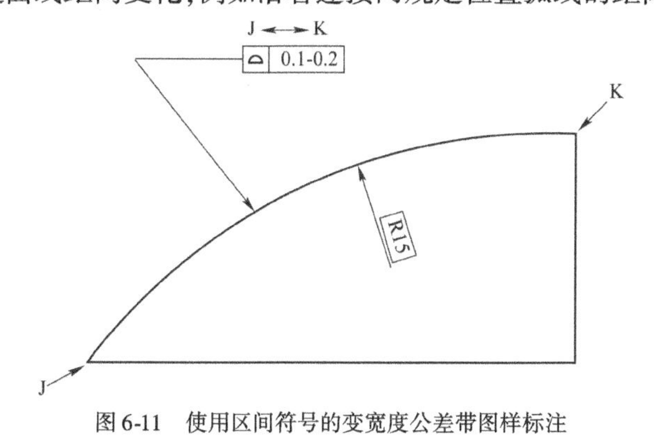

图6-11　使用区间符号的变宽度公差带图样标注

(3)导出要素公差带的方向。

对于导出要素,如果导出要素的公差带由两个平行平面组成,且用于约束中心线时,或由一个圆柱组成,用于约束一个圆或球的中心点时,应使用定向平面框格控制该平面或圆柱的方向,如图6-12所示。

注:若不使用定向平面框格,也常使用仅方向修饰符标注类似要求,见《产品几何技术规范(GPS) 几何公差 基准和基准体系》(GB/T 17851—2010)。

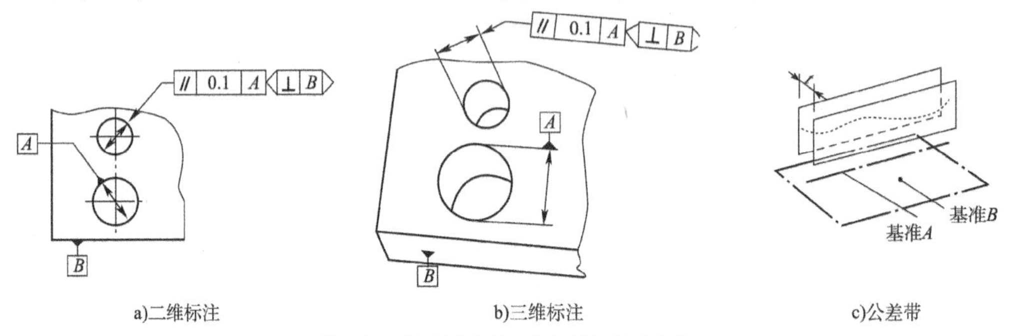

a)二维标注　　b)三维标注　　c)公差带

图6-12 导出要素在一个方向上给定公差

(4)圆柱形或球形公差带。

若公差带前面标注符号"ϕ",公差带应为圆形或圆柱形,如图6-13所示;若公差值前面标注符号"$S\phi$",公差带为球形。

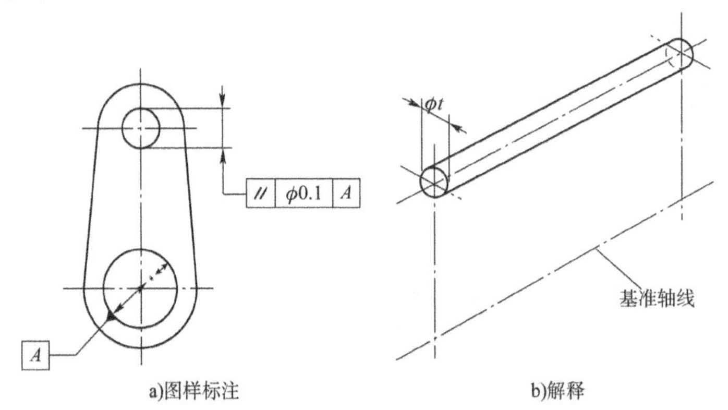

a)图样标注　　b)解释

图6-13 导出要素在任意方向上的给定公差时的标注

(5)如图6-14所示,公差规范适用多个要素,不标注,独立公差带,也可以在公差值后面标注SZ,强调是独立公差。

(6)当组合公差带应用于若干独立的要素时,或若干个组合公差带(由同一个公差框格控制)同时(并非互相独立的)应用于多个独立的要素时,要求为组合公差带标注符号CZ,如图6-15所示。

6.2.4 基准的表示方法

(1)与被测要素相关的基准用一个大写字母表示。字母标注在基准方格内,与一个涂黑三角形相连以表示基准;表示基准的字母还应标注在公差框格内,如图6-16、图6-17所示,涂黑的基准三角形含义相同。

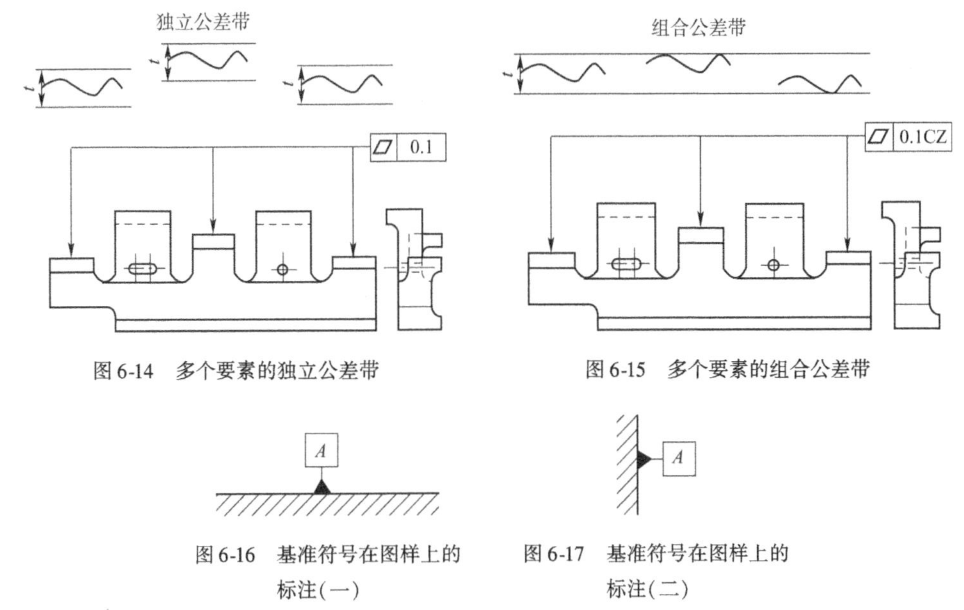

图 6-14　多个要素的独立公差带

图 6-15　多个要素的组合公差带

图 6-16　基准符号在图样上的标注(一)

图 6-17　基准符号在图样上的标注(二)

(2)带基准字母的基准三角形应按如下规定放置:

①当基准要素是轮廓线或表面时,在要素的外轮廓上或在它的延长线上(与尺寸线明显的错开)标注基准符号,如图 6-18 所示。基准符号还可置于用圆点指向实际表面的参考线上,如图 6-19 所示。

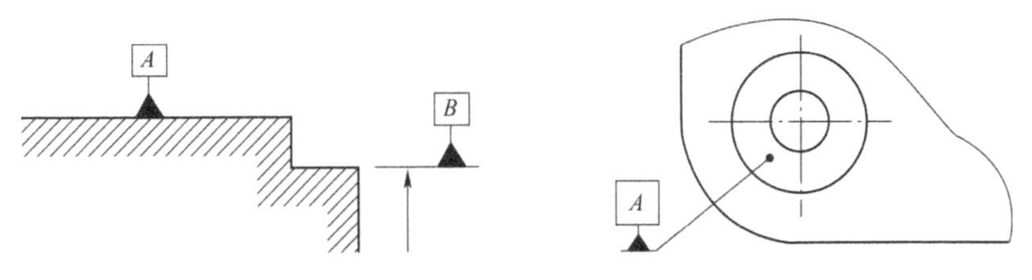

图 6-18　基准符号在图样上的标注

图 6-19　基准符号在图样上的标注

②当基准是尺寸要素确定的轴线、中心平面或中心点时,基准三角形应放置在该尺寸的延长线上,如图 6-20 所示。如果没有足够的位置标注基准要素尺寸的两个箭头,则其中一个箭头可用基准三角形代替,如图 6-20b)、图 6-20c)所示。

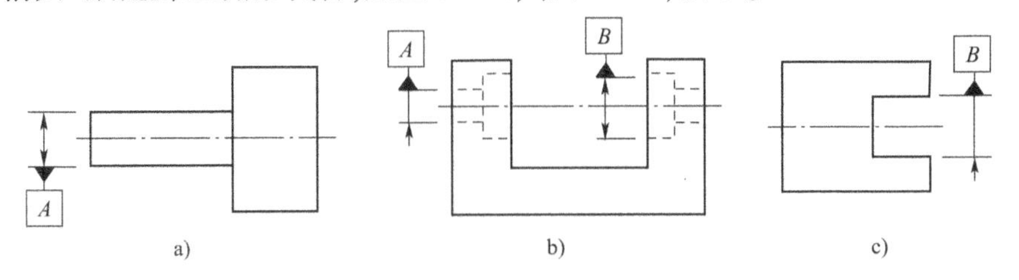

图 6-20　基准符号在图样上的标注

(3)如果只以要素的某一局部作基准,则应用粗点划线示出该部分并加注尺寸,如图 6-21 所示。

(4)以单个要素作基准时,称为单一基准,标注时,用一个大写字母表示,如图 6-22a)、图 6-23 所示;以两个或两个以上要素建立一个独立的基准,称为公共基准,标

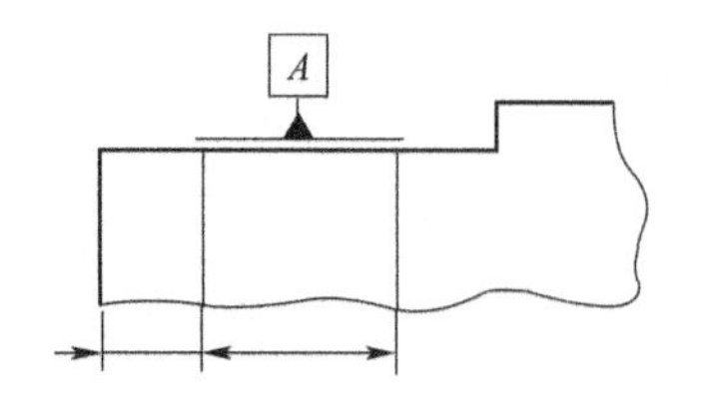

图 6-21 基准符号在图样上的标注(六)

注时,用中间加连字符的两个大写字母表示,如图 6-22b)、图 6-24 所示;用来确定被测要素几何关系的、由两个或三个单独的构成的组合,称为基准体系,基准体系中基准的先后顺序应根据零件的功能要求来确定,如图 6-25a)所示,标注时,表示基准的大写字母按基准的优先顺序自左向右填写在各框格内,如图 6-22c)、图 6-25b)所示。

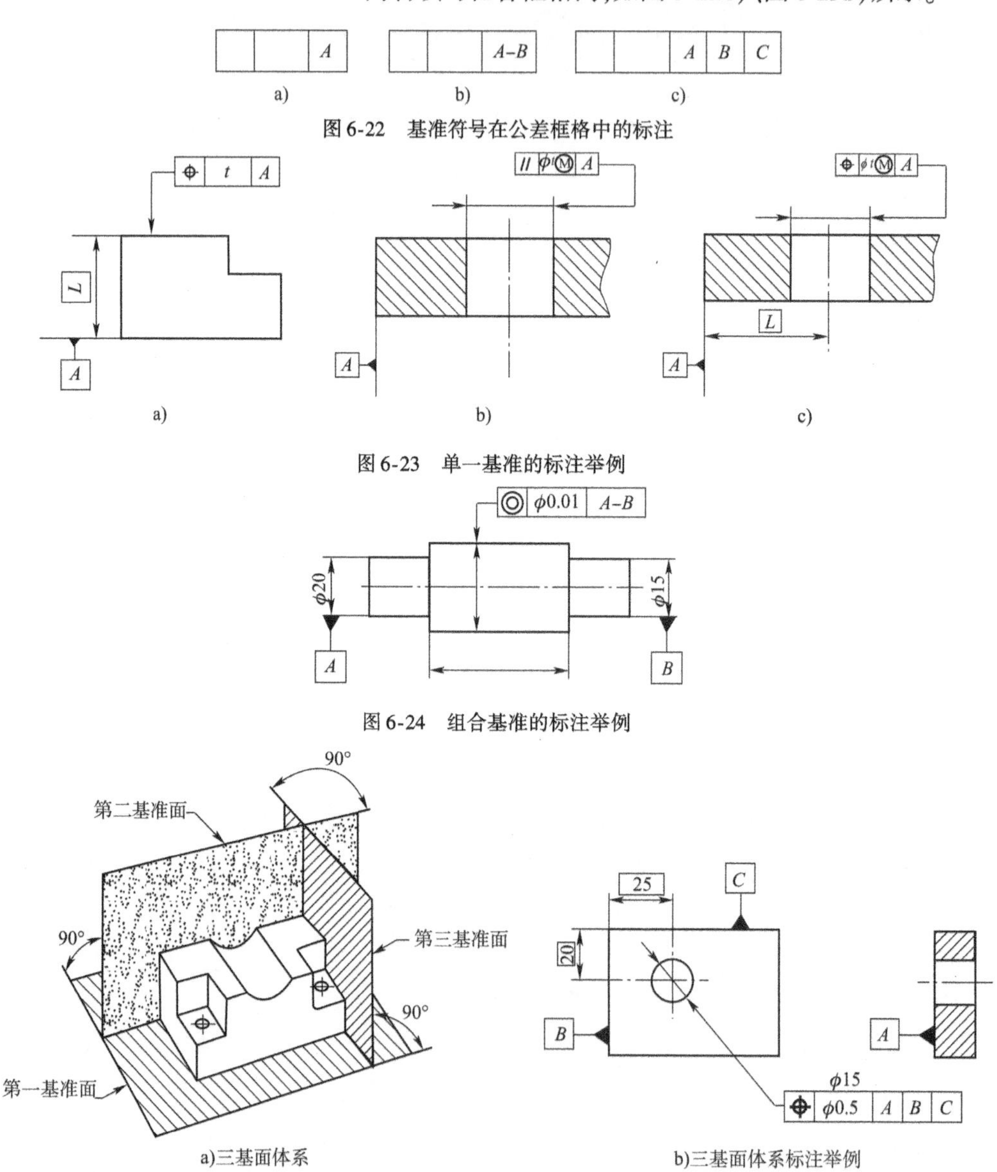

图 6-22 基准符号在公差框格中的标注

图 6-23 单一基准的标注举例

图 6-24 组合基准的标注举例

图 6-25 基准体系及其标注

(5)基准目标。对于尺寸较大的零件,有时需要以几何误差较大或为加工表面作为基准,若以整个表面作为基准,就会在加工或检测中因多次定位产生较大的误差,降低定位的重复精度,在这种情况下,可以基准要素上的点、线或局部面来建立基准,称为基准目标,用基准目标符号表示。圆圈下部分为一个指明基准目标的字母和数字;上部分是为基准目标区域的尺寸,圆形区域标注直径尺寸并加注 ϕ,方形区域标注:边长 × 边长(图 6-26)。

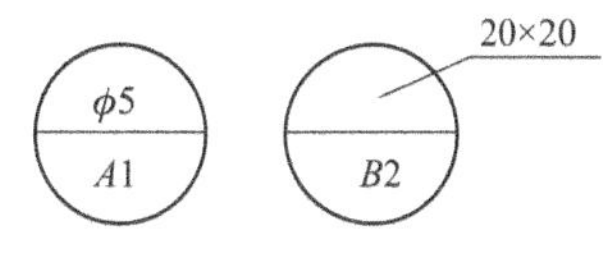

图 6-26 基准目标符号

用以建立基准的基准目标的类型有:

①当基准目标为点时,用"×"表示。基准目标符号通过带箭头的指引线连到该十字叉上,如图 6-27 所示。

②当基准目标为线时,用通过"×"的两个细实线表示,并在棱边上加"×",如图 6-28 所示。

③当基准目标为局部表面时,用双点划线绘出该局部表面的图形,并画上与水平成 45°的细实线,如图 6-29 所示。

图 6-27 当基准目标为点时基准目标符号的标注

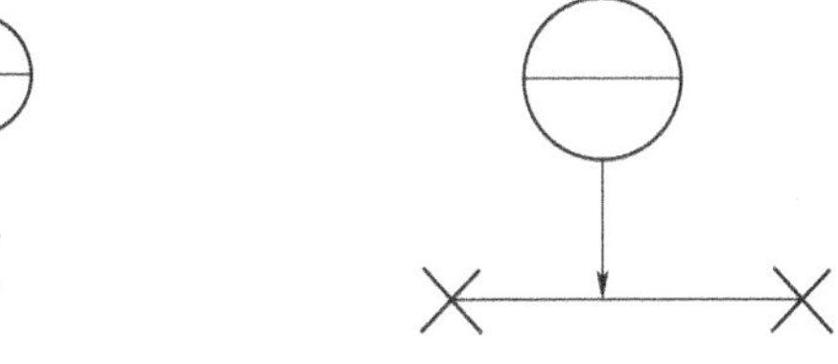

图 6-28 当基准目标为线时基准目标符号的标注

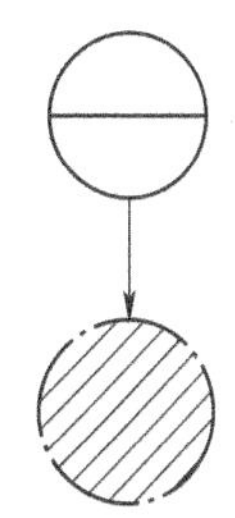

图 6-29 当基准目标为局部表面时基准目标符号的标注

基准目标代号在图样中的标注如图 6-30 所示。

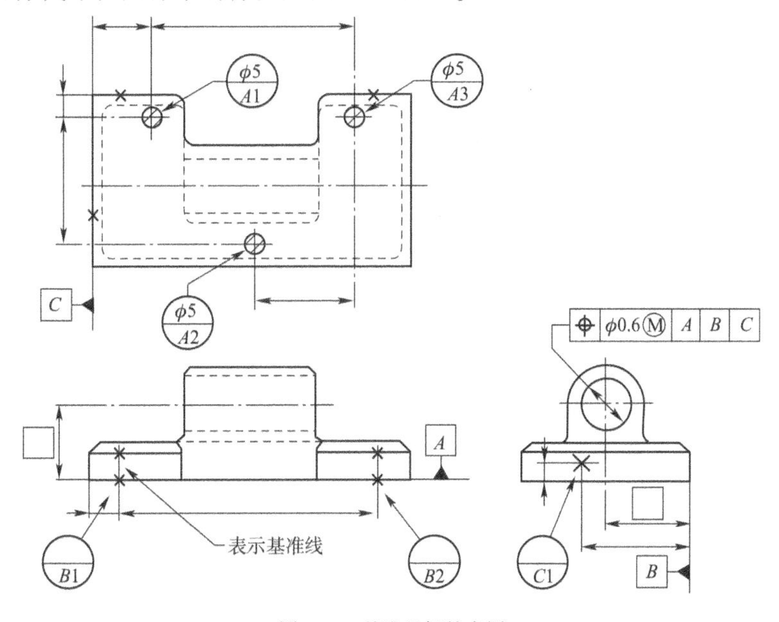

图 6-30 基准目标的应用

注:1. 基准目标"A1""A2""A3"体现基准"A"。

2. 基准目标"B1""B2"体现基准"B"。

3. 基准目标"C1"体现基准"C"。

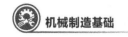

6.2.5 附加标注

GB/T 1182—2018 给出了全周符号以及螺纹、齿轮、花键等结构要素的附加标记符号的使用规定。

(1)如果轮廓度特征适用于横截面的整周轮廓或该轮廓所示的整周表面时，应采用“全周”符号表示，如图 6-31 和图 6-32 所示。“全周”符号并不包括整个工件的所有表面，只包括由轮廓和公差标注所表示的各个表面，在三维标注中应使用组合平面框格来标识组合平面，在二维标注中优先使用组合平面框格。

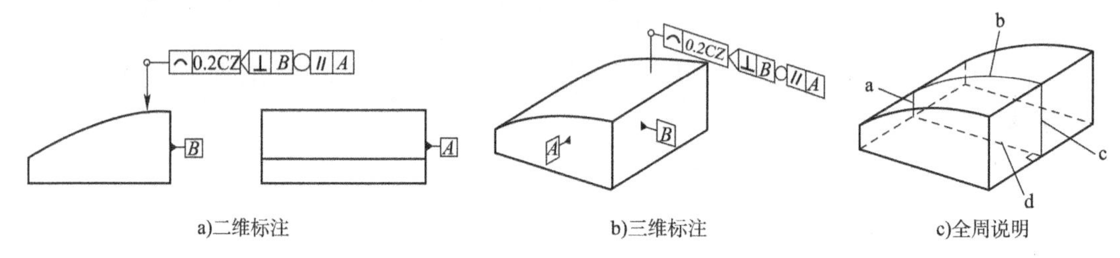

a)二维标注　b)三维标注　c)全周说明

图 6-31　全周符号的标注

注：1. 图样为标注完整，轮廓的公称几何形状未定义。

2. 当使用线轮廓度符号时，如果相交平面与组合平面相同，则可以省略组合平面符号。

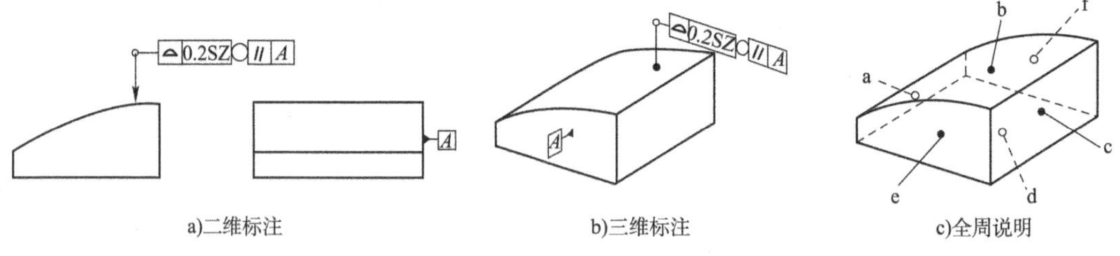

a)二维标注　b)三维标注　c)全周说明

图 6-32　全周符号的标注

(2)以螺纹轴线为被测要素或基准要素时，默认为螺纹中经圆柱的轴线，否则应另有说明。例如，用“MD”表示大径，如图 6-33a)所示；用“LD”表示小径，如图 6-33b)所示。

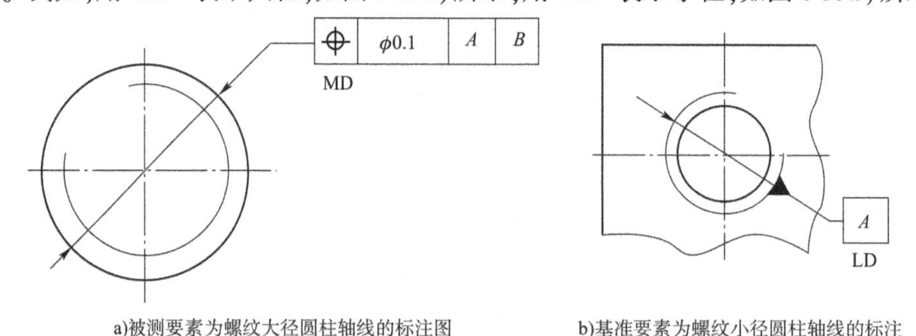

a)被测要素为螺纹大径圆柱轴线的标注图　b)基准要素为螺纹小径圆柱轴线的标注

图 6-33　螺纹轴线为被测要素或基准要素时的标注

6.2.6 理论正确尺寸的表示方法

当给出一个或一组要素的位置、方向或轮廓规范时，将用来确定各个理论正确位置、方向或轮廓的尺寸称为理论正确尺寸(TED)。理论正确尺寸(TED)可以明确标注，或缺省。

TED 也用于确定基准体系中各基准之间的方向、位置关系。

TED 没有公差，并标注在一个方框中，如图 6-34 所示。

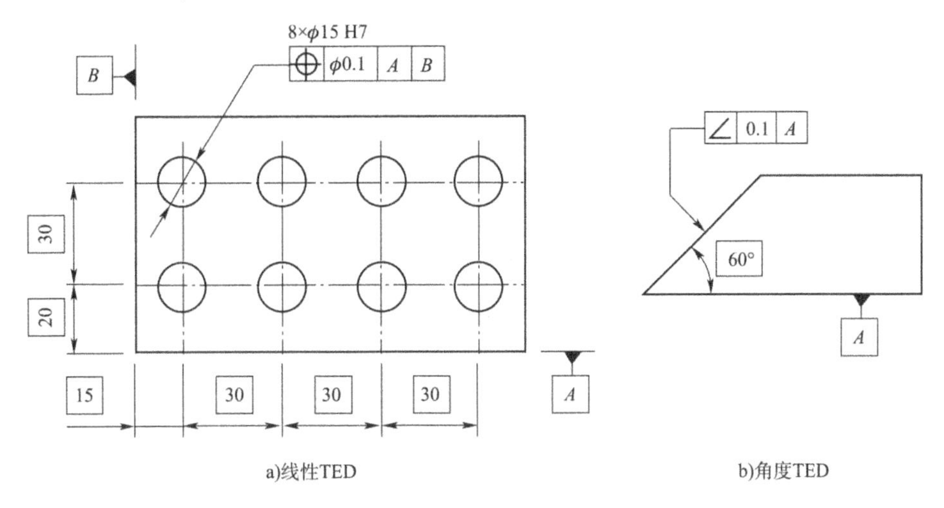

a)线性TED　　b)角度TED

图 6-34　理论正确尺寸的标注

6.2.7　局部规范

(1)如果特征相同的规范适用于在要素整体尺寸范围内任意位置的一个局部长度，则该局部长度的数值应添加在公差值后面，并用斜杠分开[图 6-35a)]。如果要标注两个或多个特征相同的规范，组合方式如图 6-35b)所示。

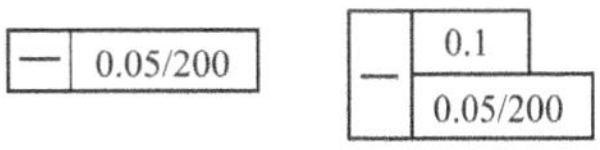

0.05/200　　0.1 / 0.05/200

a)　　b)

图 6-35　局部规范的标注

(2)如果给出的公差仅适用于要素的某一指定局部，应采用粗点画线示出该局部的范围，并加注尺寸，如图 6-36 所示。

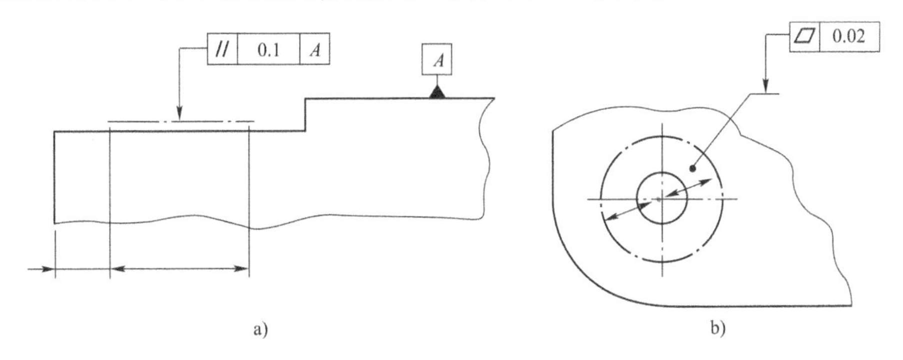

a)　　b)

图 6-36　被测要素局部给出几何公差的标注图

6.2.8　延伸被测要素

在公差框格的第二格中，公差值之后的修饰符Ⓟ可用于标注延伸被测要素，如图 6-37 所示。此时，被测要素是要素的延伸部分或其导出要素。延伸要素是从实际要素中构建出来的拟合要素。延伸要素的缺省拟合标准是相应实际要素与拟合要素之间的最小最大距离，同时还需与实体的外部接触。

延伸要素的起点应用参照平面来构建，参照平面是与被测要素相交的第一个平面，如图 6-38 所示，参照平面是实际要素的拟合平面。

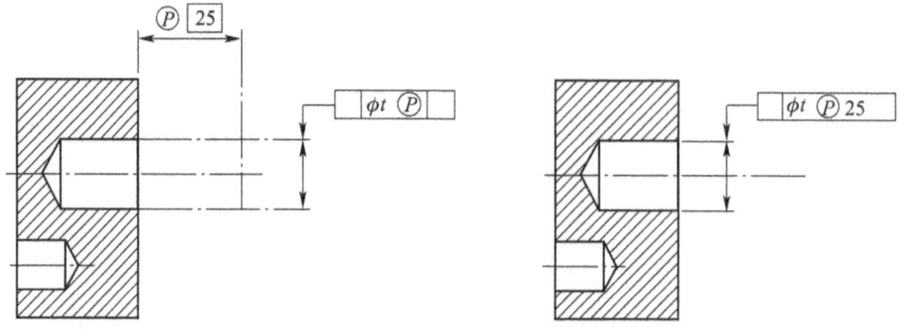

a)带延伸公差修饰符的几何公差规范标注，使用TED 的延伸长度直接标注

b)带延伸公差修饰符的几何公差规范标注，在公差框格中使用延伸被测要素长度来间接标注

图 6-37　延伸被测要素的标注

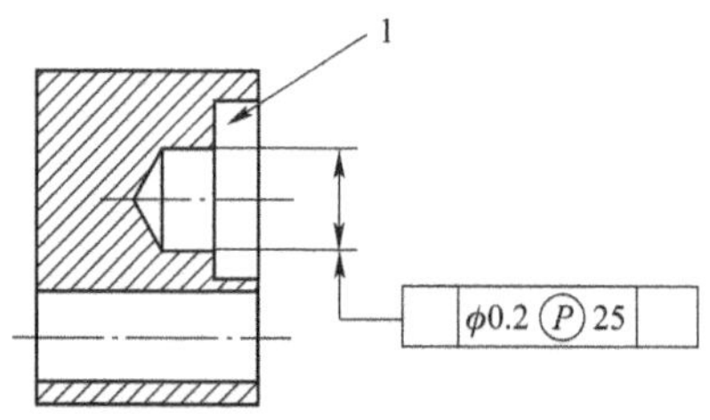

图 6-38　延伸要素的参照平面

注：参照表面（1）定义了被测要素的起始位置。

6.3　几何公差项目与公差带

几何公差是用来限制零件本身形状、方向和位置误差的，它是实际被测要素的允许变动量。国家标准将几何公差分为形状公差、方向公差、位置公差和跳动公差。

几何公差带体现了被测要素的设计要求，也是加工和检验的根据。几何公差带的形状主要有 7 种：

（1）一个圆内的区域；

（2）两同心圆之间的区域；

（3）在一个圆锥面上的两平行圆之间的区域；

（4）两个直径相同的平行圆之间的区域；

（5）两条等距离曲线或两条平行直线之间的区域；

（6）两条不等距离曲线或两条不平行直线之间的区域；

（7）一个圆柱面内的区域；

（8）两同轴圆柱面之间的区域；

（9）一个圆锥面内的区域；

(10)一个单一曲面内的区域;
(11)两个等距曲面或两个平行平面之间的区域;
(12)一个圆球面内的区域。
(13)两个不等距离曲面或两个不平行平面之间的区域。

几何公差带的部分形状见表6-3。

部分几何公差带的形状　　表6-3

被测几何要素	被测要素特征	设计的功能要求	几何公差带形状	备　注
点	给定平面上	位置要求	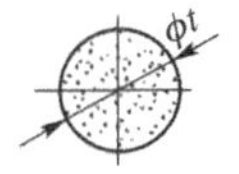 ϕt	圆内的区域
点	空间上	位置要求	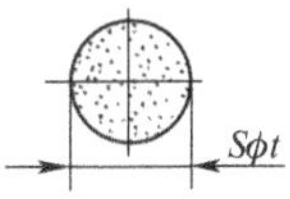 $S\phi t$	球面内的区域
线　直线	给定平(截)面上	直线度要求	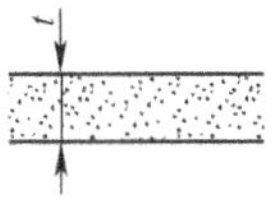 t	两平行直线之间的区域
线　直线	空间上	一个方向上的直线度要求	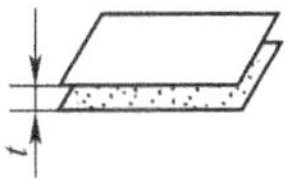 t	两平行平面之间的区域
线　直线	空间上	任意方向上的直线度要求	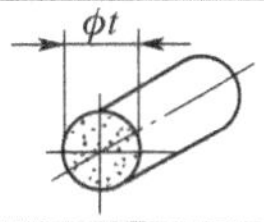 ϕt	圆柱面内的区域
线　曲线	给定平(截)面上　未封闭	线轮廓度要求	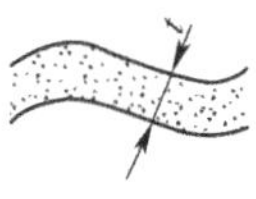 t	两等距离线之间的区域
线　曲线	给定平(截)面上　封闭	圆度要求	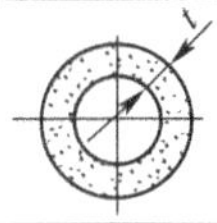 t	两同心圆之间的区域
面	平面	平面度要求	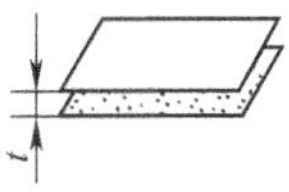 t	两平行平面之间的区域
面	曲面　未封闭	面轮廓度要求	 t	两等距曲面之间的区域
面	曲面　封闭	圆柱度要求	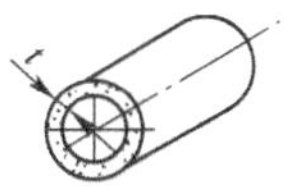 t	两同轴圆柱面之间的区域

6.3.1　形状公差

形状公差是单一提取(实际)被测要素对其拟合要素的允许变动量,形状公差带是单一实际被测要素允许变动的区域。形状公差有直线度、平面度、圆度、圆柱度、无基准要求的线轮廓度和面轮廓度6个项目。

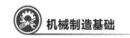

重要提示:线轮廓度和面轮廓度有无基准要求的、对基准有定向要求、对基准有定位要求三种类型,因此,它们可能是形状公差,也可能是方向公差或位置公差。为减少内容的重复,将三种类型“线轮廓度和面轮廓度”集中在第6.3.5小节中进行介绍。

1)直线度公差(一)

直线度公差用于限制被测实际直线的形状误差。被测要素可以是组成要素或导出要素,其公称被测要素的属性与形状为明确给定的直线或一组直线要素,属线要素。

(1)在相交平面框格规定的平面内提取(实际)线直线度公差要求。

在相交平面框格规定的平面内,上表面的提取(实际〉线应限定在间距等于0.1mm的两平行直线之间,公差带为在平行于(相交平面框格给定的)基准A的给定平面内与给定方向上、间距等于公差值t的两平行直线所限定的区域,如图6-39所示。

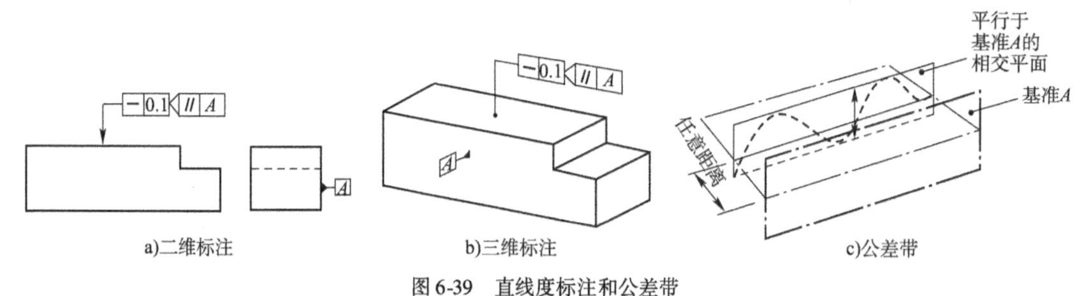

图6-39　直线度标注和公差带

(2)圆柱表面的提取(实际)棱边直线度公差要求。

图6-40中圆柱表面的提取(实际)棱边应限定在间距等于0.1mm的两平行平面之间。

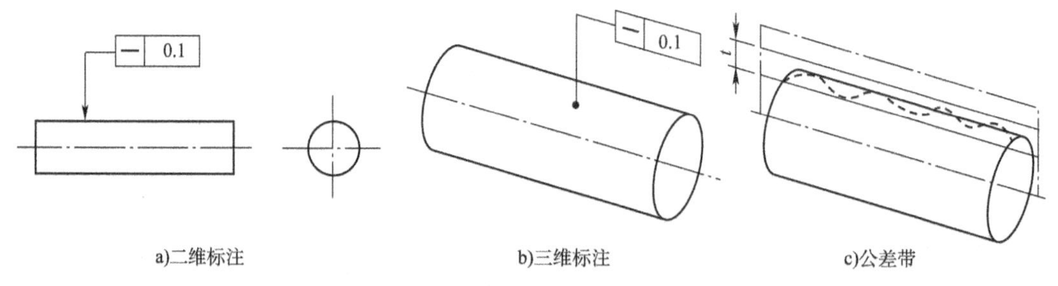

图6-40　直线度标注和公差带

(3)圆柱面的提取(实际)中心线直线度公差要求。

在公差值前加注了“ϕ”,公差带是直径为ϕt的圆柱面内所限定的区域,如图6-41所示。

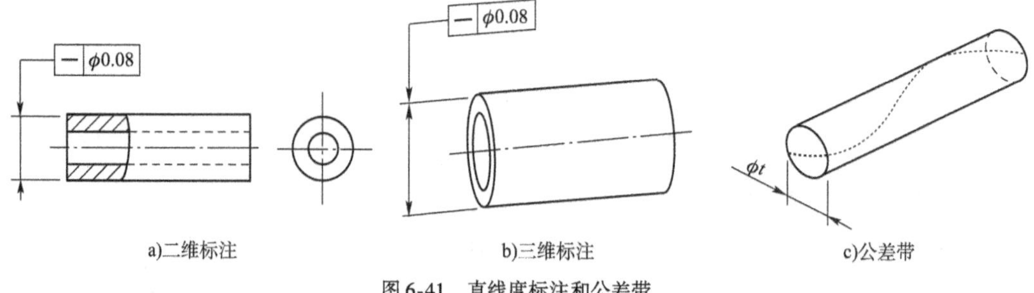

图6-41　直线度标注和公差带

2)平面度公差(⏥)

被测要素可以是组成要素或导出要素,其公称被测要素的属性和形状为明确给定的平表面,属面要素。图6-42中,提取(实际)表面应限定在间距等于0.08 mm的两平行面之间,公差带为间距等于公差值 t 的两平行平面所限定的区域。

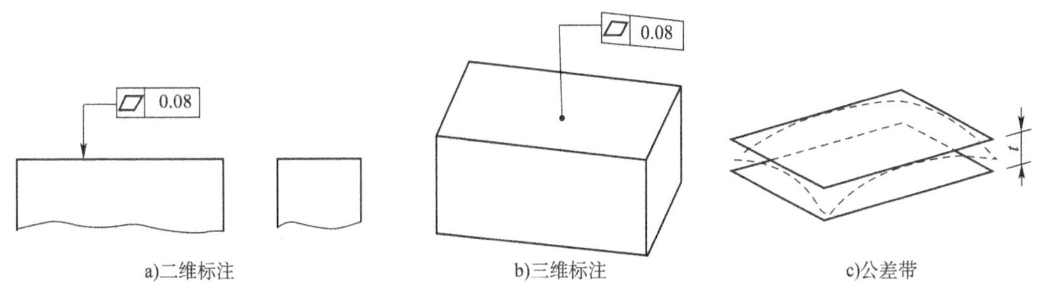

图6-42　平面度标注和公差带

3)圆度公差(○)

被测要素是组成要素,其公称被测要素的属性与形状为明确给定的圆周线或一组圆周线,属线要素。圆柱要素的圆度要求可应用在与被测要素轴线垂直的横截面上;球形要素的圆度要求可用在包含球心的横截面上;非圆柱体或球体的回转体表面应标注方向要素。图6-43中,在圆柱面与圆锥面的其任意横截面内,提取(实际)圆周应限定在半径差等于0.03mm的两共面同心圆之间,公差带为在给定横截面内,半径差等于公差值 t 的两个同心圆所限定区域。这是圆柱表面的缺省应用方式,而对于圆锥表面则应使用方向要素框格进行标注。

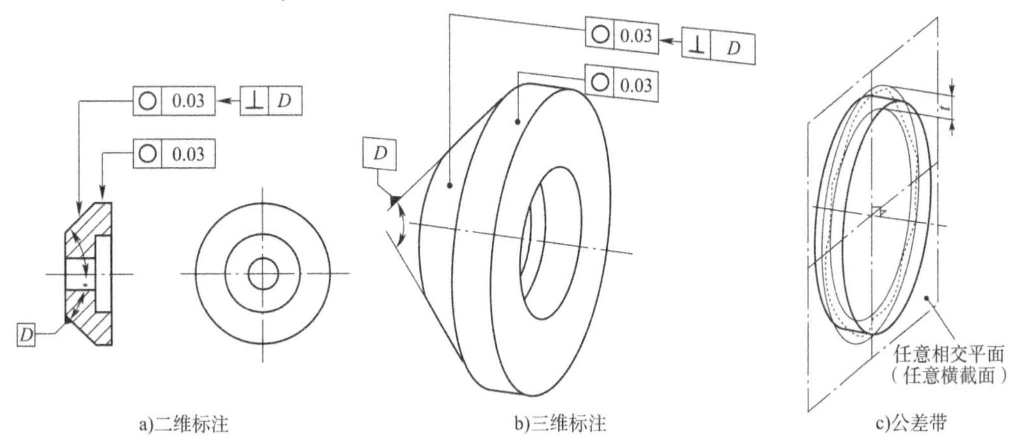

图6-43　圆度标注和公差带

4)圆柱度公差(⌭)

被测要素是组成要素,其公称被测要素的属性与形状为明确给定的圆柱表面,属面要素。图6-44中,提取(实际)圆柱表面应限定在半径差等于0.1mm的两同轴圆柱面之间,公差带为半径差等于公差值 t 的两个同轴圆柱面所限定的区域。

6.3.2　方向公差

方向公差是被测关联提取(实际)要素对基准要素在规定方向上所允许的变动量。方向公差与其他几何公差相比有其明显的特点:方向公差带相对于基准有确定的方向,并且公差带的位置可以定向浮动;方向公差带还具有综合控制被测要素的方向和形状的职能。

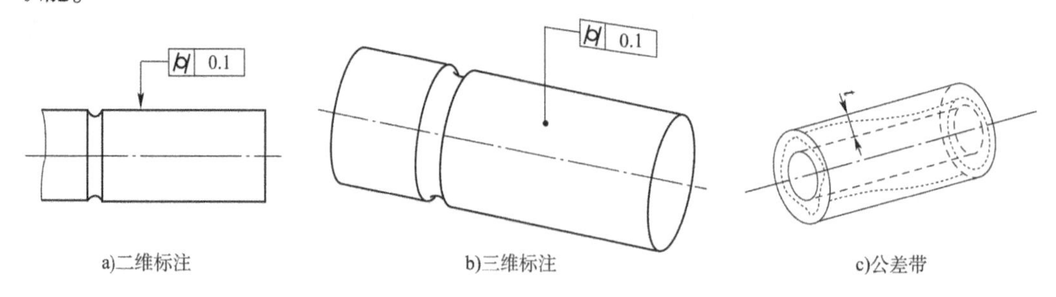

图6-44 圆柱度标注和公差带

根据两要素给定方向不同,方向公差分为平行度、垂直度、倾斜度、对基准有方向要求的线轮廓度和面轮廓度5个项目。

1)平行度公差(//)

平行度公差用于限制被测要素对基准要素平行的误差。被测要素可以是组成要素或是导出要素。其公称被测要素的属性可以是线性要素、一组线性要素或面要素。每个公称被测要素的形状由直线或平面明确给定。如果被测要素是公称状态为平表面上的一系列直线,应标注相交平面框格。应使用缺省的 TEDC(0°)定义锁定在公称被测要素与基准之间的 TED 角度。

(1)相对于基准体系的中心线平行度公差。

图6-45中,提取(实际)中心线应限定在间距等于0.1mm、平行于基准轴线 A 的两平行平面之间,公差带为间距等于公差值 t、平行于两基准且沿规定方向的两平行平面所限定的区域。限定公差带的平面均平行于由定向平面框格规定的基准平面 B。基准 B 为基准 A 的辅助基准。

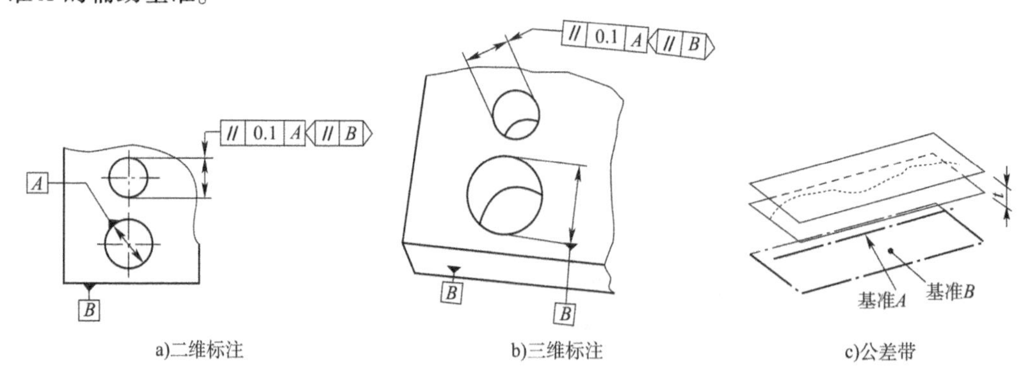

图6-45 平行度标注和公差带

图6-46中,提取(实际)中心线应限定在间距等于0.1mm、平行于基准轴线 A 的两平行平面之间,公差带为间距等于公差值 t、平行于基准 A 且垂直于基准 B 的两平行平面所限定的区域。限定公差带的平面均平行于由定向平面框格规定的基准平面 B。基准 B 为基准 A 的辅助基准。

图6-47中,被测要素的提取(实际)中心线应限定在间距分别等于公差值0.1mm和0.2mm、且平行于基准轴线 A 的平行平面之间。定向平面框格规定了公差带宽度相对于

基准平面 B 的方向，基准 B 为基准 A 的辅助基准，定向平面框格规定了 0.2mm 的公差带的限定平面垂直于定向平面 B；定向平面框格规定了 0.1 mm 的公差带的限定平面平行于定向平面 B。

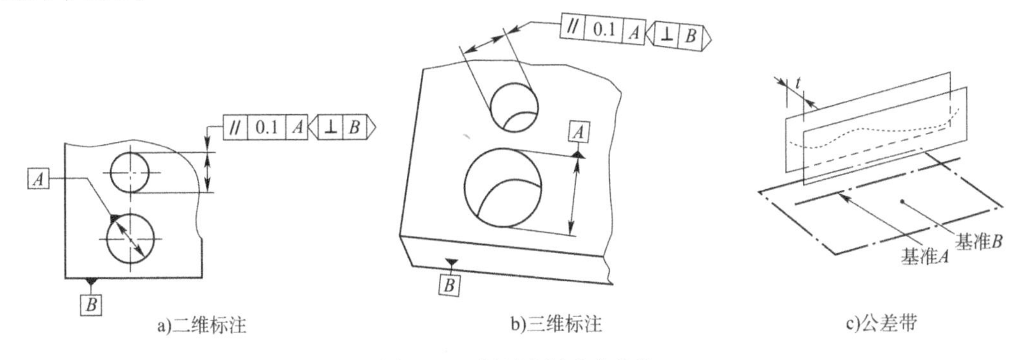

图 6-46　平行度标注和公差带

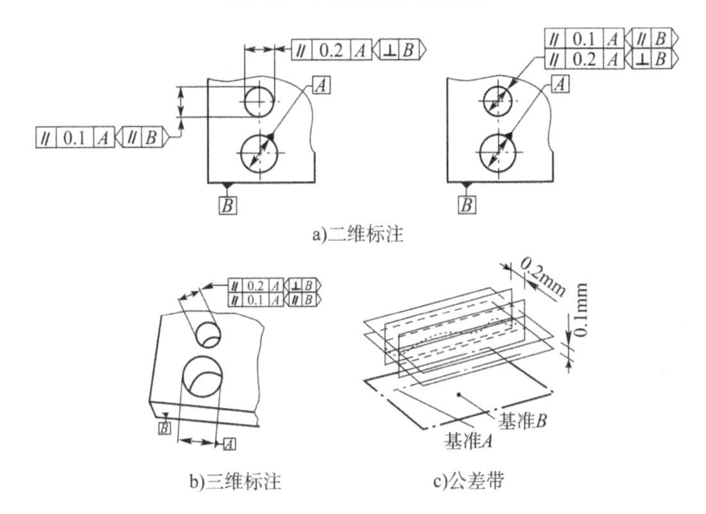

图 6-47　平行度标注和公差带

(2)相对于基准直线的中心线平行度公差。

图 6-48 中，提取(实际)中心线应限定在平行于基准轴线 A、直径等于公差值 $\phi0.03$mm 的圆柱面内。若公差值前加注了符号 ϕ，则公差带为平行于基准轴线、直径等于公差值 ϕt 的圆柱面所限定的区域。

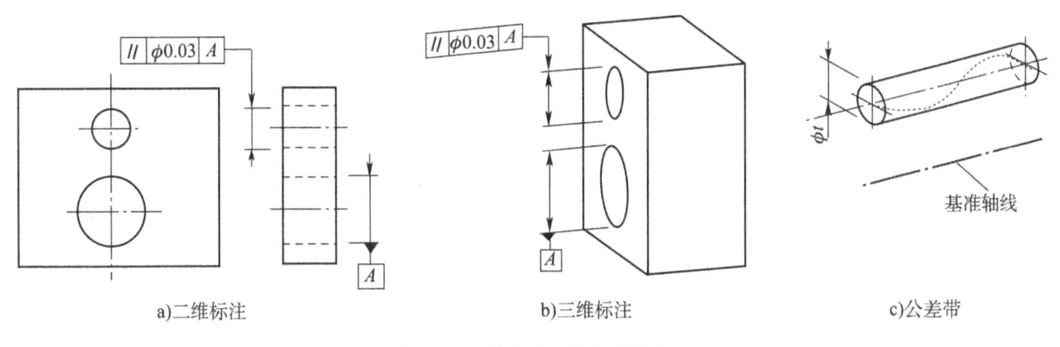

图 6-48　平行度标注和公差带

(3)相对于基准面的中心线平行度公差。

图6-49中,提取(实际)中心线应限定平行于平面 B、间距等于0.01mm的两平行平面之间,公差带为平行于基准平面、间距等于公差值 t 的两平行平面所限定的区域。

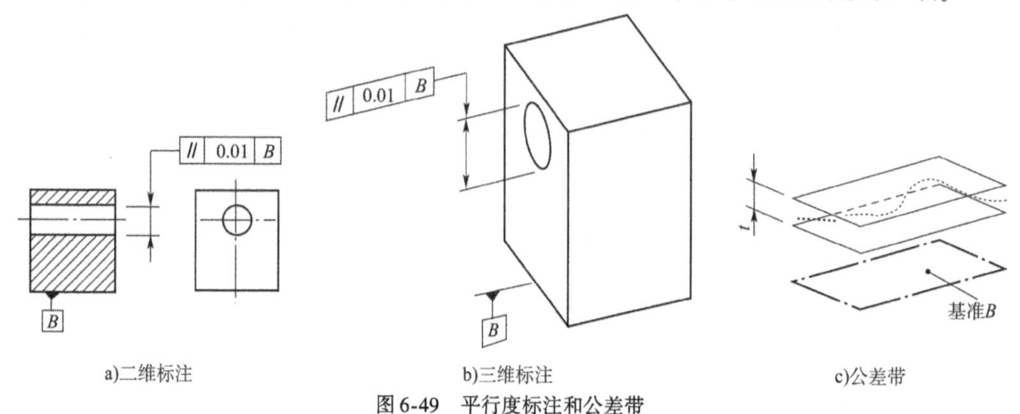

a)二维标注　b)三维标注　c)公差带

图6-49　平行度标注和公差带

(4)相对于基准面的一组在表面上的线平行度公差。

图6-50中,每条由相交平面框格规定的、平行于基准面 B 的提取(实际)线,应限定在间距等于0.02mm、平行于基准平面 A 的两平行线之间,基准 B 为基准 A 的辅助基准。公差带为间距等于公差值 t 的两平行直线所限定的区域,该两平行直线平行于基准平面 A 且处于平行于基准平面 B 的平面内。

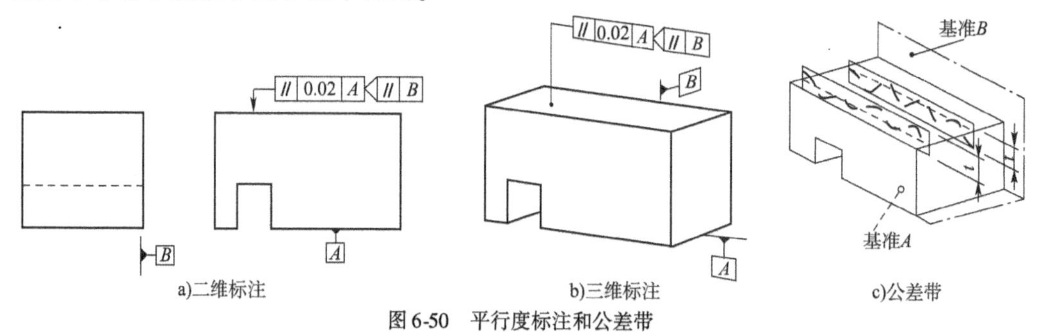

a)二维标注　b)三维标注　c)公差带

图6-50　平行度标注和公差带

(5)相对于基准直线的平面平行度公差。

图6-51中,给出的标注未定义绕基准轴线的公差带旋转要求,只规定了方向,提取(实际)面应限定在间距等于0.1mm、平行于基准轴线 C 的两平行平面之间,公差带为间距等于公差值 t、平行于基准的两平行平面所限定的区域。

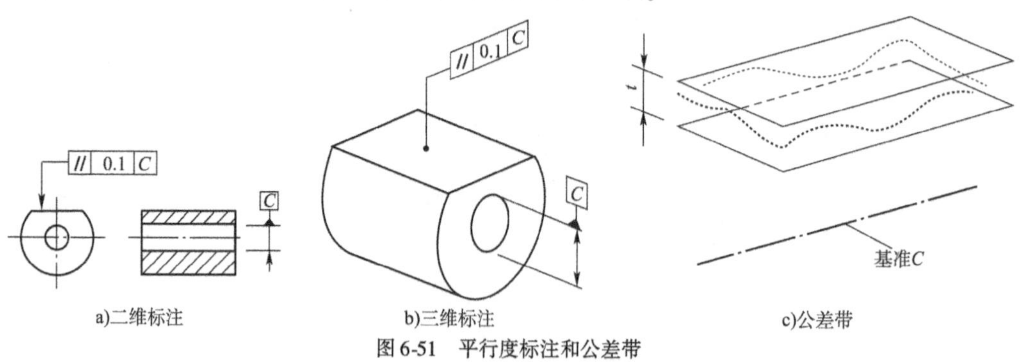

a)二维标注　b)三维标注　c)公差带

图6-51　平行度标注和公差带

(6)相对于基准直面的平面平行度公差。

图6-52中,提取(实际)表面应限定在间距等于0.01mm、平行于基准D的两平行平面之间,公差带为间距等于公差值t、平行于基准平面的两平行平面所限定的区域。

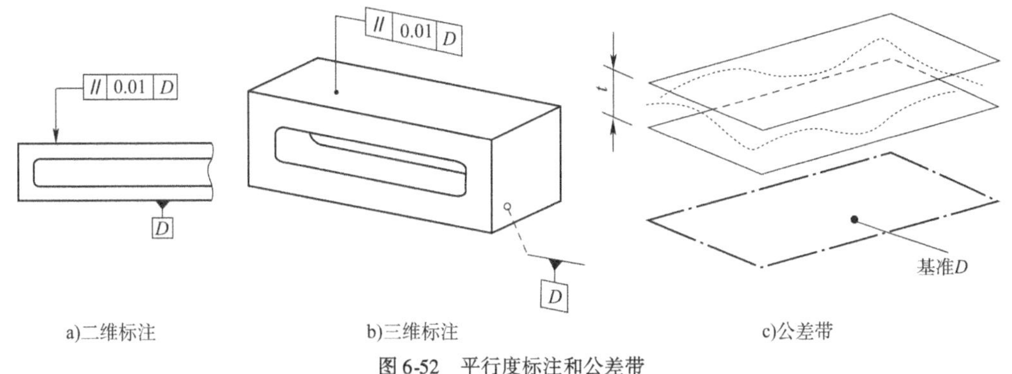

图6-52　平行度标注和公差带

2)垂直度公差(⊥)

垂直度公差用于限制被测要素对基准要素垂直的误差。被测要素可以是组成要素或是导出要素。其公称被测要素的属性可以是线性要素、一组线性要素或面要素。公称被测要素的形状由直线或平面明确给定。若被测要素是公称平面,且被测要素是该平面上的一组直线,则应标注相交平面框格。应使用缺省的TEDC(90°)给定锁定在公称被测要素与基准之间的TED角度。

(1)相对于基直线的中心线垂直度公差。

图6-53中,被测要素的提取(实际)中心线应限定在间距等于0.06mm、垂直于基准轴线A的两平行平面之间,公差带为间距等于公差值t、垂直于基准线的两平行平面所限定的区域。

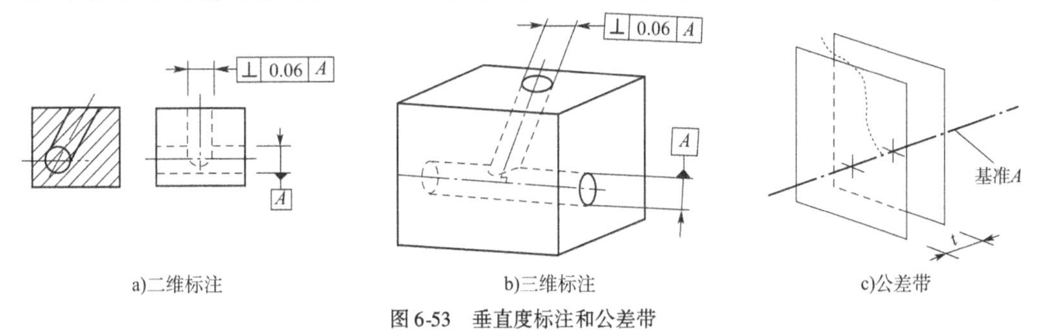

图6-53　垂直度标注和公差带

(2)相对于基准体系的中心线垂直度公差。

图6-54中,圆柱面的提取(实际)中心线应限定在间距等于0.1mm的两平行平面之间,该两平行平面垂直于基准平面A,且平行于基准平面B,公差带为间距等于公差值t的两平行平面所限定的区域,该两平行平面垂直于基准平面A,且平行于基准平面B。

图6-55中,圆柱的提取(实际)中心线应限定在间距分别等于0.1mm和0.2mm,且于基准平面A的两组平行平面内,公差带为间距分别等于公差值0.1mm与0.2mm且相互垂直的两组平行平面所限定的区域,该两组平行平面都垂直于基准平面A,其中一组平行平面平行于辅助基准B,另一组平行平面则垂直于辅助基准B,公差带的方向使用定向平面框格由基准平面B规定。

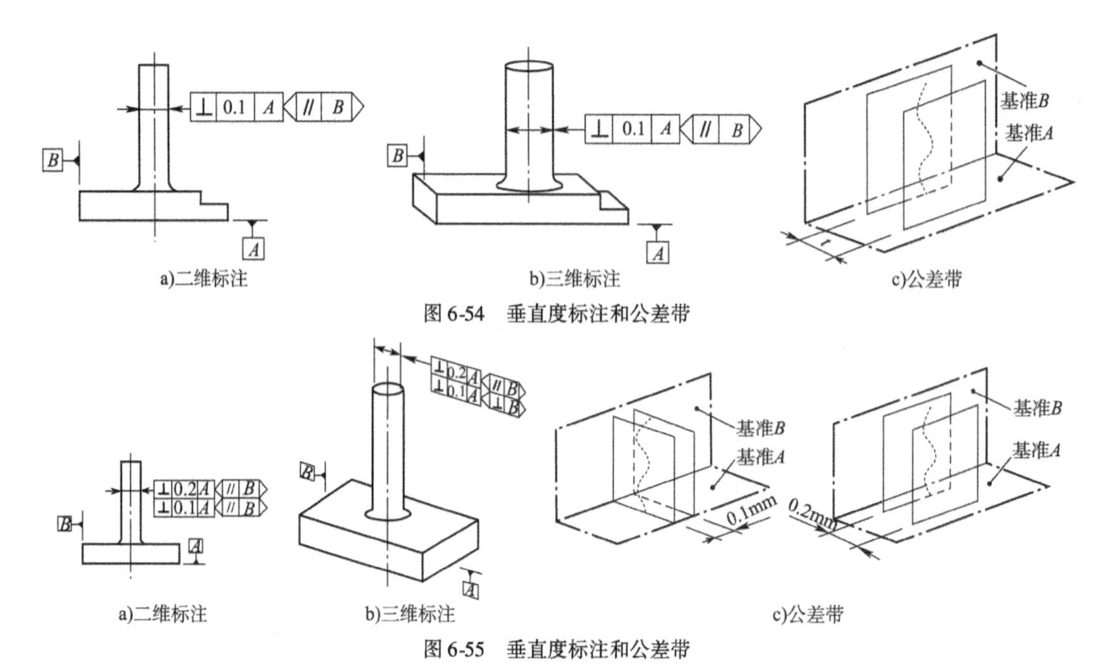

a)二维标注　b)三维标注　c)公差带

图 6-54　垂直度标注和公差带

a)二维标注　b)三维标注　c)公差带

图 6-55　垂直度标注和公差带

(3)相对于基准面的中心线垂直度公差。

图 6-56 中,圆柱面的提取(实际)中心线应限定在直径等于 ϕ0.01mm、垂直于基准平面 A 的圆柱面内。若公差值前加注符号 ϕ,则公差带为直径等于公差值 ϕt、轴线垂直于基准平面的圆柱面所限定的区域。

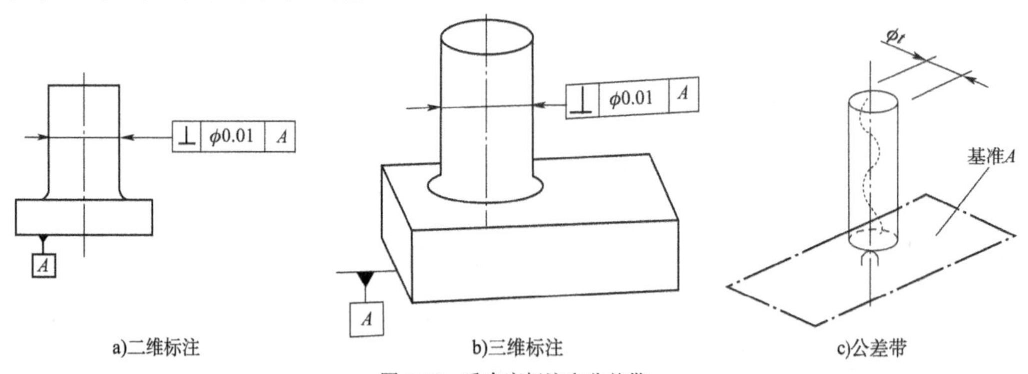

a)二维标注　b)三维标注　c)公差带

图 6-56　垂直度标注和公差带

(4)相对于基准直线的平面垂直度公差。

图 6-57 中,被测要素的提取(实际)面应限定在间距等于 0.08mm 的两平行平面之间,该两平行平面垂直于基准轴线 A、公差带为间距等于公差值 t 且垂直于基准轴线的两平行平面所限定的区域。

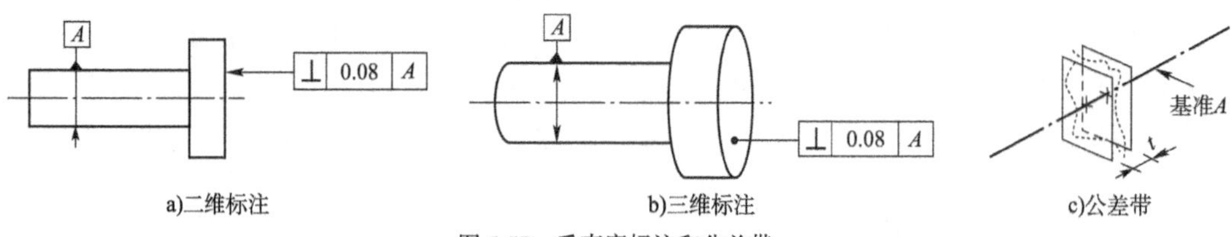

a)二维标注　b)三维标注　c)公差带

图 6-57　垂直度标注和公差带

(5)相对于基准面的平面垂直度公差。

图6-58中,被测要素的提取(实际)表面应限定在间距等于0.08mm、垂直于基准平面A的两平行平面之间,公差带为间距等于公差值t、垂直于基准平面A的两平行平面所限定的区域。

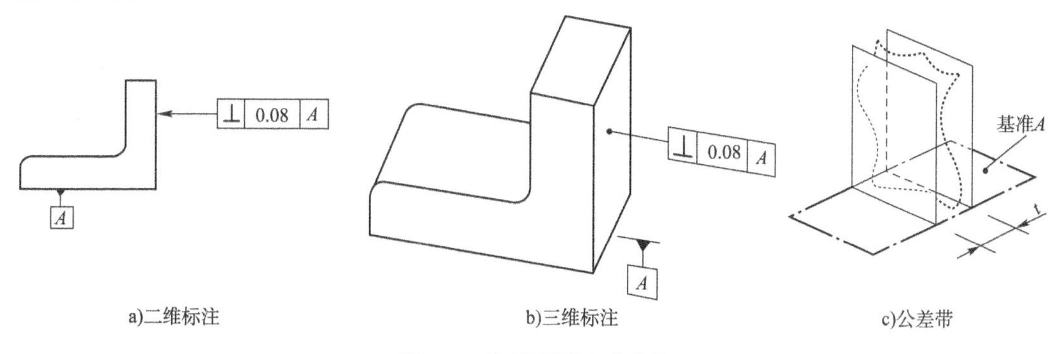

图6-58 垂直度标注和公差带

3)倾斜度公差(∠)

倾斜度公差用于限制被测要素对基准要素成一般角度的误差。被测要素可以是组成要素或是导出要素。其公称被测要素的属性可以是线性要素、一组线性要素或面要素。每个公称被测要素的形状由直线或平面明确给定。如果被测要素是公称平面,且被测要素是该平面上的一组直线,则标注相交平面框格。应使用至少一个明确的TED给定锁定在公称要素与基准之间的TED角度,另外的角度则可通过缺省的TED给定(0°或90°)。

(1)相对于基准直线的中心线倾斜度公差。

给定一个方向的倾斜度要求时,有两种情况:

①被测线和基准线在同一平面上。

图6-59中,被测要素的提取(实际)中心线应限定在间距等于0.08mm两平行平面之间,该两平行平面按理论正确角度60°倾斜于公共基准轴线A-B,公差带为间距等于公差值t的两平行平面所限定的区域,该两平行平面按规定角度倾斜于基准轴线,被测线与基准线在同一平面内。

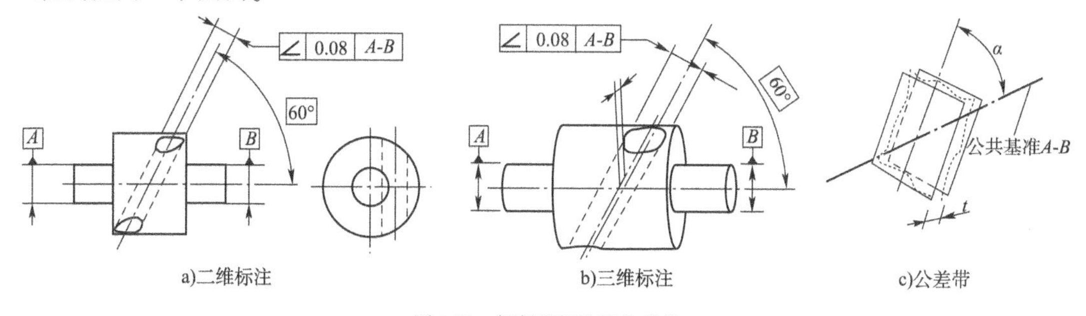

图6-59 倾斜度标注和公差带

②被测线与基准线在不同平面内。

图6-60中,被测要素的提取(实际)中心线应限定在间距等于0.08mm两平行平面之间,该两平行平面按理论正确角度60°倾斜于公共基准轴线A-B,公差带为间距等于公差值t的两平行平面所限定的区域,该两平行平面按规定角度倾斜于基准轴线,被测线与基

准线不在同一平面内。

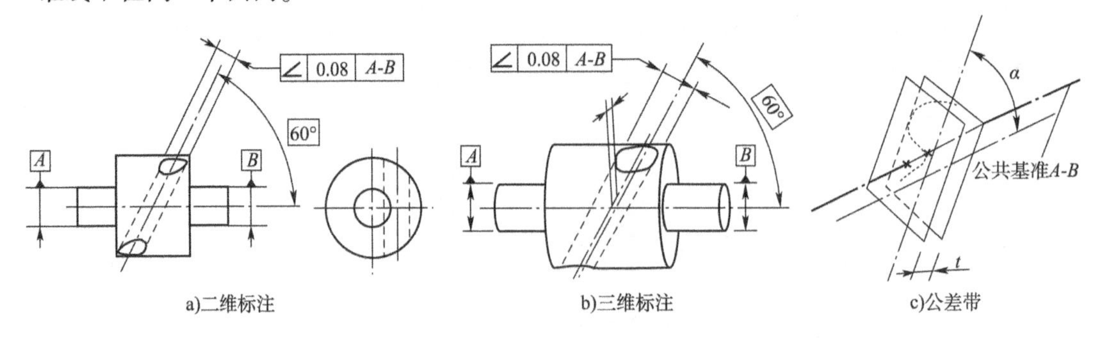

图 6-60 倾斜度标注和公差带

图 6-61 中,被测要素的提取(实际)中心线应限定在直径等于 ϕ0.08mm 圆柱面所限定的区域,该圆柱按理论正确角度 60°倾斜于公共基准轴线 *A-B*,公差带为直径等于 ϕ0.08mm 圆柱面所限定的区域,该圆柱该两平行平面按规定角度倾斜于基准轴线,被测线与基准线不在同一平面内。

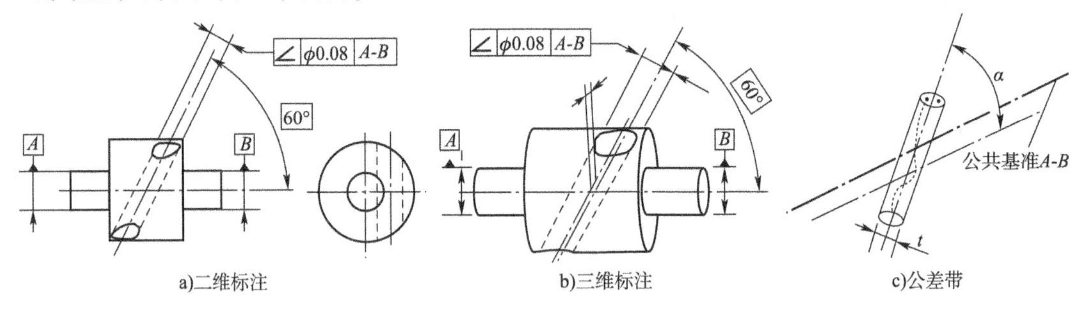

图 6-61 倾斜度标注和公差带

(2)相对于基准体系的中心线倾斜度公差。

图 6-62 中,提取(实际)中心线应限定在直径等于 ϕ0.1mm 的圆柱面内,该圆柱面的中心线按理论正确角度 60°倾斜于基准平面 *A* 且平行于基准平面 *B*,公差值前加注符号 ϕ,其公差带为直径等于公差值 ϕt 的圆柱面所限定的区域,该圆柱面公差带的轴线按给定角度倾斜于基准平面 *A* 且平行于基准平面 *B*。

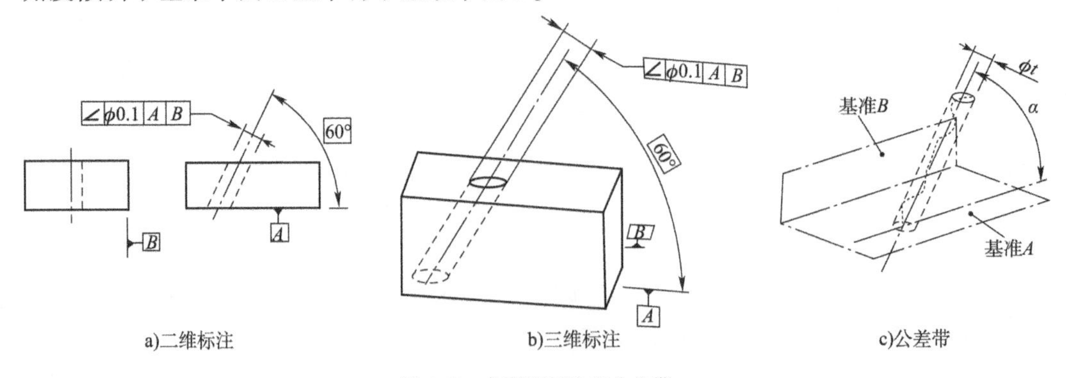

图 6-62 倾斜度标注和公差带

(3)相对于基准线的平面倾斜度公差。

图 6-63 中,提取(实际)中心线应限定在直径等于 ϕ0.1mm 的圆柱面内,该圆柱面的

中心线按理论正确角度60°倾斜于基准平面 A 且平行于基准平面 B，如公差值前加注符号 ϕ，其公差带为直径等于公差值 ϕt 的圆柱面所限定的区域，该圆柱面公差带的轴线按给定角度倾斜于基准平面 A 且平行于基准平面 B。

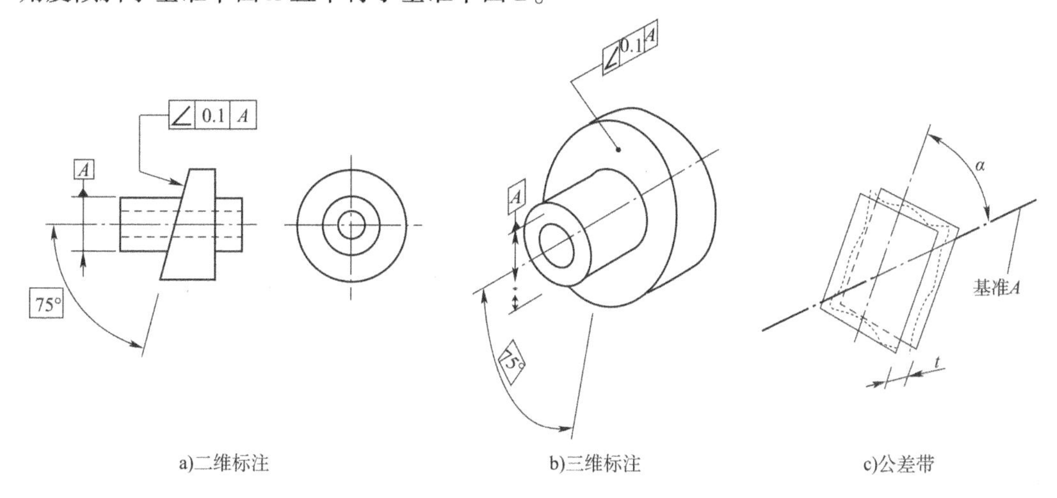

图6-63　倾斜度标注和公差带

(4)相对于基准面的平面倾斜度公差。

图6-64中，提取(实际)表面应限定在间距等于0.08mm两平行平面按理论正确角度40°倾斜于基准平面 A，公差带为间距等于公差值 t 的两平行平面所限定的区域，该两平行平面按给定角度倾斜于基准平面。

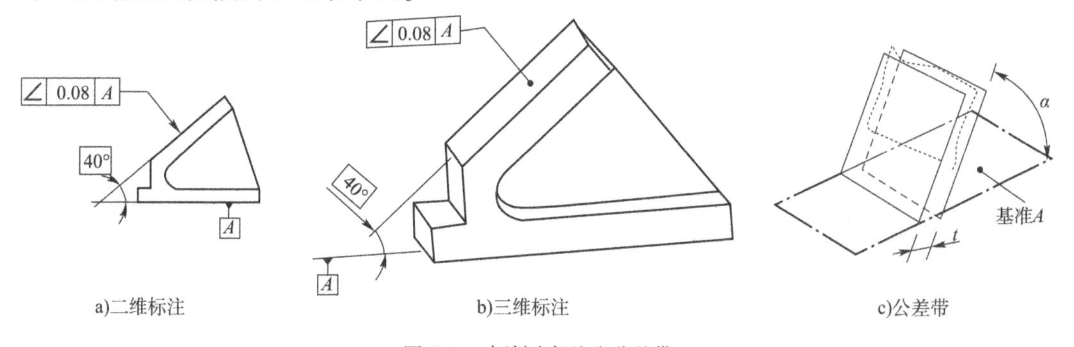

图6-64　倾斜度标注和公差带

6.3.3　位置公差

位置公差是被测关联提取(实际)要素对基准在位置上所允许的变动量。被测要素可以是组成要素或导出要素，其公称被测要素的属性为一个组成要素或导出的点、直线或平面，或为导出曲线或导出曲面。公称被测要素的形状，除直线与平面外，应通过图样上完整的标注或CAD模型的查询明确给定。

位置公差与其他几何公差比较有以下特点：定位公差带具有确定的位置，相对于基准的尺寸为理论正确尺寸；位置公差具有综合，控制被测要素位置、方向和形状的功能。

根据被测要素和基准要素之间的功能关系，位置公差分为位置度、同心度(同轴度)和对称度3个项目。

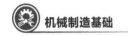

1)位置度公差(⌖)

(1)导出点的位置度公差。

图6-65中,提取(实际)球心应限定在直径等于Sϕ0.3mm的圆球内,该圆球面的中心有基准平面A、基准平面B、基准中心平面C,及被测球确定的理论正确位置一致,因公差值前加注Sϕ,故公差带为直径等于公差值Sϕt的圆球面所限定的区域,该圆球面中心的理论正确位置A、B、C和理论正确尺寸确定。

注:提取(实际)球心的定义尚未标准化。

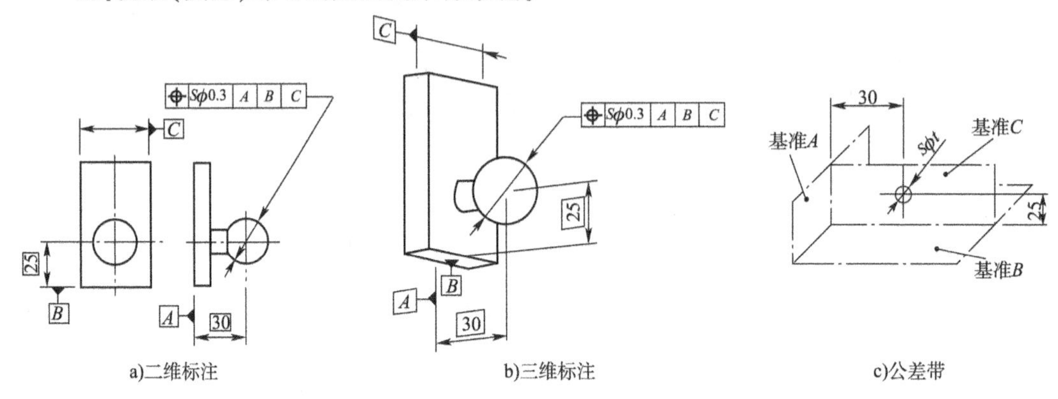

图6-65 位置度标注和公差带

(2)中心线的位置度公差。

图6-66中,各孔的提取(实际)中心线在给定方向上应各自限定在间距分别等于0.05mm及0.2mm且相互垂直的两对平行平面内。每对平行平面的方向由基准体系确定,且对称于基准平面C,A、B及被测孔所确定的理论正确位置,公差带为间距分别等于公差值0.05mm与0.2mm、对称于理论正确位置的平行平面所限定的区域,该理论正确位置由相对于基准C、A、B的理论正确尺寸确定,该公差在基准体系的两个方向上给定。

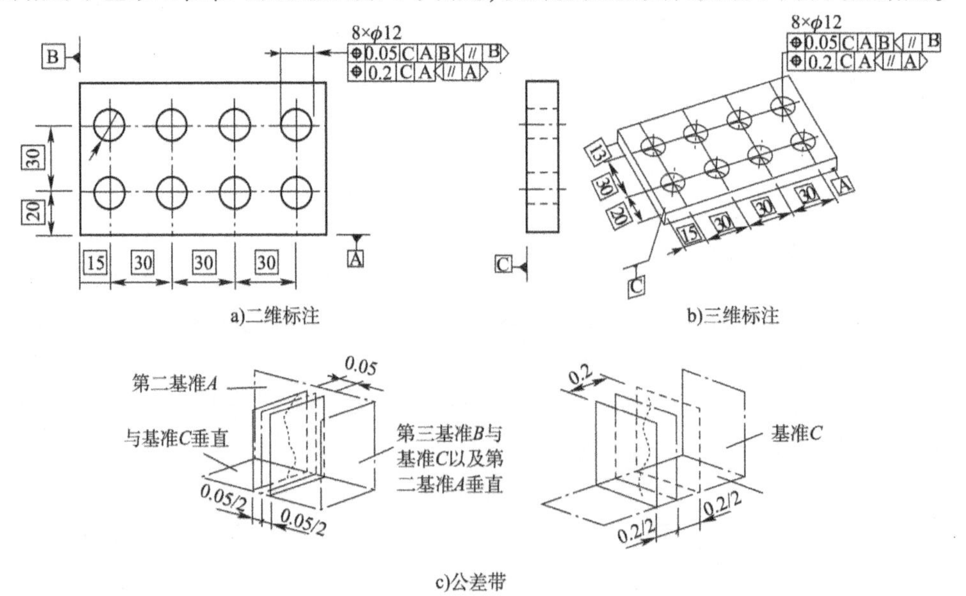

图6-66 位置度标注和公差带

图 6-67 中,提取(实际)中心线应限定在直径等于 ϕ0.08mm 的圆柱面内,该圆柱面的轴线应处于由基准平面 C、A、B 与被测孔所确定的理论正确位置。若公差值前加注符号 ϕ,则公差带为直径等于公差值 ϕt 的圆柱面所限定的区域。该圆柱面轴线的位置由相对于基准 C、A、B 的理论正确尺寸确定。

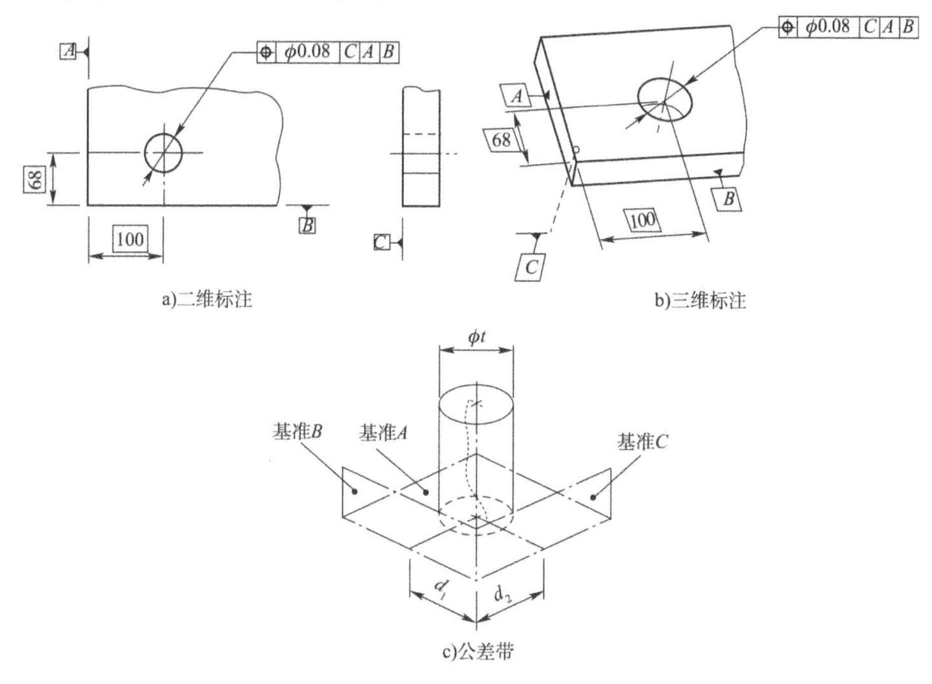

图 6-67　位置度标注和公差带

图 6-68 中,各孔的提取(实际)中心线应限定在直径等于 ϕ0.1mm 的圆柱面内,该圆柱面的轴线应处于由基准平面 C、A、B 与被测孔所确定的理论正确位置。若公差值前加注符号 ϕ,则公差带为直径等于公差值 ϕt 的圆柱面所限定的区域。该圆柱面轴线的位置由相对于基准 C、A、B 的理论正确尺寸确定。

图 6-69 中,各条刻线的提取(实际)中心线应限定在距离等于 0.1mm、对称于基准面 A、B 与被测线所确定的理论正确位置的两平行平面之间。六个被测要素的每个公差带为间距等于公差值 0.1mm、对称于要素中心线的两平行平面所限定的区域,中心平面的位置由相对于基准 A、B 的理论正确尺寸确定。

(3)平表面的位置度公差。

图 6-70 中,提取(实际)表面应限定在间距等于 0.05mm 的两平行平面之间,该两平行平面对称于由基准平面 A、基准轴线 B 与该被测表面所确定的理论正确位置,公差带为间距等于公差值 t 的两平行平面所限定的区域。该两平行平面对称于由相对于基准 A、B 的理论正确尺寸所确定的理论正确位置。

2)同心度和同轴度公差(◎)

同心度公差是同轴度公差的特例,当轴的长度等于零时,同轴度公差变为同心度公差。被测要素可以是导出要素,其公称被测要素的属性与形状是点要素,一组点要素或直线要素,当所标注的要素的公称状态为直线,且被测要素为一组点时,应标注“ACS”,此时，每个点的基准也是同一横截面上的一个点，锁定在公称被测要素与基准之间的角度与线性尺寸则由缺省的 TED 给定。

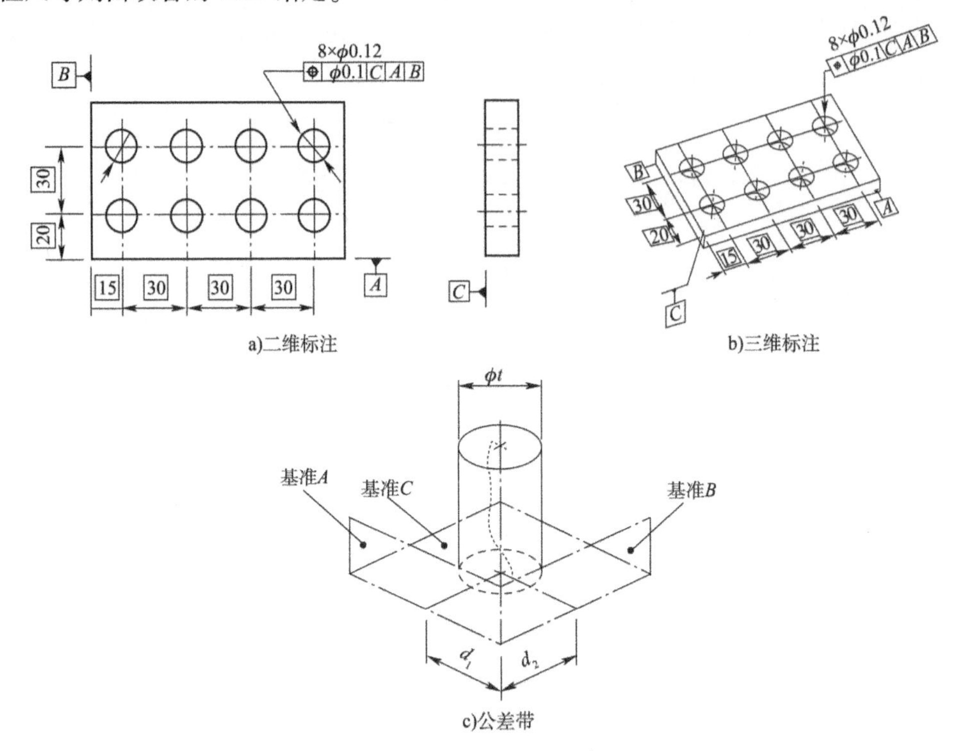

图 6-68　位置度标注和公差带

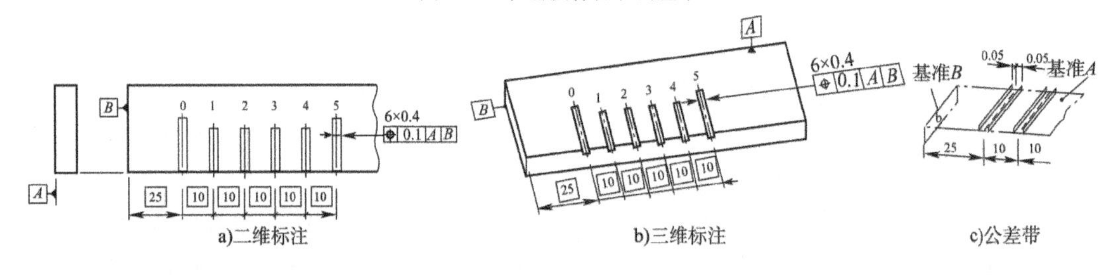

图 6-69　位置度标注和公差带

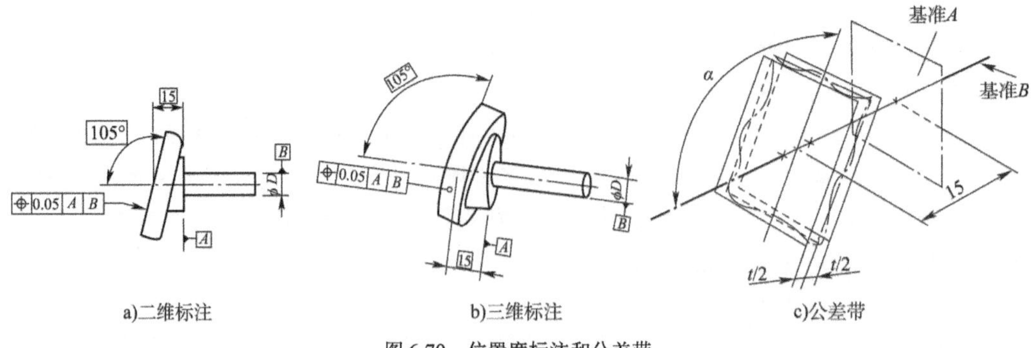

图 6-70　位置度标注和公差带

(1)点的同心度公差。

图 6-71 中，在任意横截面内，内圆的提取(实际)中心应限定在直径等于 ϕ0.1mm、以

基准点 A(在同一横截面内)为圆心的圆周内。公差值前标注符号 ϕ,则公差带为直径等于公差值 ϕt 的圆周所限定的区域。该圆周公差带的圆心与基准点重合。

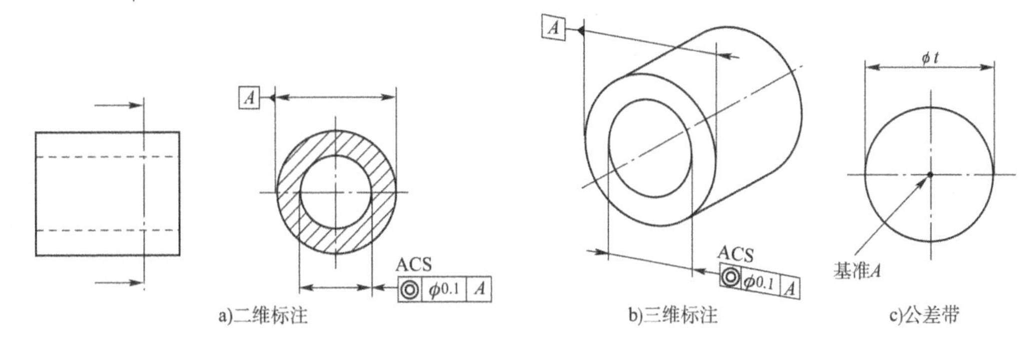

图6-71　同心度标注和公差带

(2)中心线的同轴度公差。

图6-72中,被测圆柱的提取(实际)中心线应限定在直径等于 ϕ0.08mm、以公共基准轴线 A-B 为轴线的圆柱面内。因为公差值之前使用了符号 ϕ,则公差带为直径等于公差值的圆柱面所限定的区域,该圆柱面的轴线与基准轴线重合。

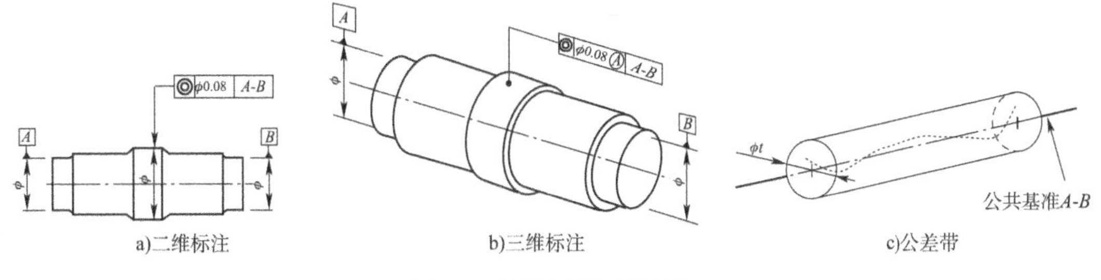

图6-72　同轴度标注和公差带

3)对称度公差(⌯)

对称度公差通常是针对导出要素(轴线、中心线或中心平面)规定的公差要求,被测要素可以是组成要素或导出要素。其公称被测要素的形状与属性可以是点要素、一组点要素、直线、一组直线或平面。当所标注的要素的公称状态为平面,且被测要素为该表面上的一组直线时,应标注相交平面框格。当所标注的要素的公称状态为直线,且被测要素为线要素上的一组点要素时,应标注 ACS。此时,每个点的基准都是在同一横截面上的一个点。在公差框格中应至少标注一个基准,且该基准可锁定公差带的一个未受约束的转换。锁定公称被测要素与基准之间的角度与线性尺寸可由缺省的 TED 给定。如果所有相关的线性 TED 均为零,则对称度公差可应用在所有位置度公差的场合。

图6-73中,提取(实际)中心面应限定在间距等于0.08mm、对称于基准中心平面 A 的两平行平面之间,公差带为间距等于公差值 t,对称于基准中心平面的两平行平面所限定的区域。

6.3.4　跳动公差

跳动公差是关联提取(实际)要素绕基准轴线回转一周或几周时所允许的最大跳动量。与其他几何公差项目相比,跳动公差有显著的特点:跳动公差带相对于基准轴线有确定的位置;跳动公差带可以综合控制被测要素的位置、方向和形状。

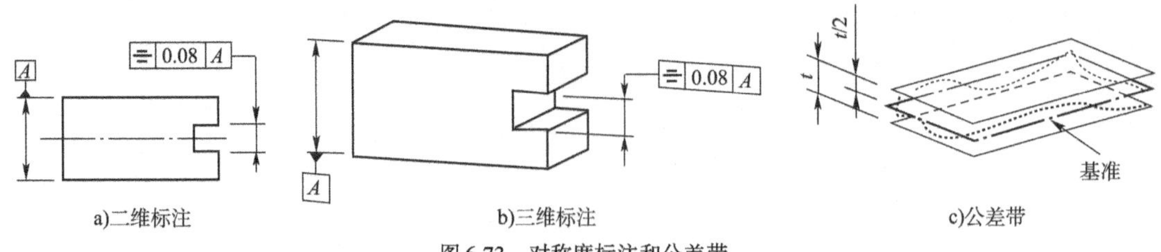

a)二维标注　b)三维标注　c)公差带

图 6-73　对称度标注和公差带

跳动公差分为圆跳动和全跳动。

1) 圆跳动公差(↗)

圆跳动公差是被测要素某一固定参考点围绕基准轴线旋转一周时(零件和测量仪器间无轴向位移)允许的最大变动量 t。被测要素是组成要素,其公称被测要素的形状与属性由圆环线或一组圆环线明确给定,属线性要素。圆跳动公差适用于每一个不同的测量位置。圆跳动可能包括圆度、同轴度、垂直度或平面度误差,这些误差的总值不能超过给定的圆跳动公差。

(1) 径向圆跳动公差。

径向圆跳动通常是围绕轴线旋转一整周,也可对部分圆周进行限制。公差带是垂直于基准轴线的任一测量平面内、半径差为公差值 t、圆心在基准轴线上的两同心圆所限定的区域,如图 6-74 ~ 图 6-76 所示。

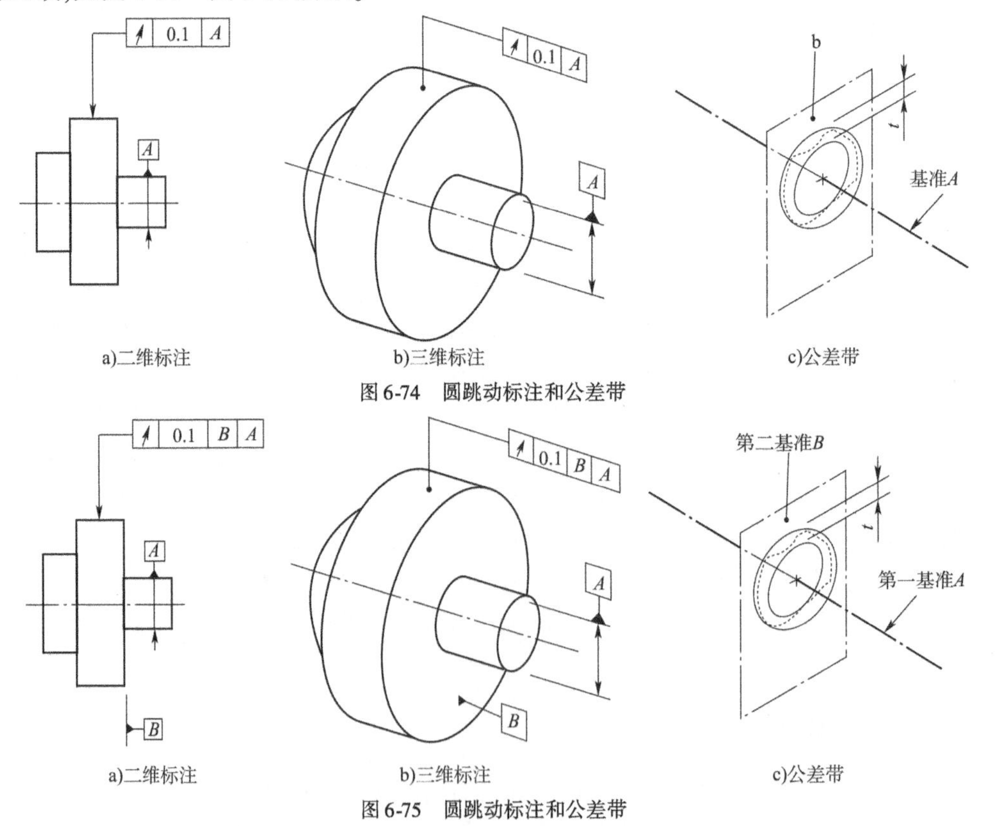

a)二维标注　b)三维标注　c)公差带

图 6-74　圆跳动标注和公差带

a)二维标注　b)三维标注　c)公差带

图 6-75　圆跳动标注和公差带

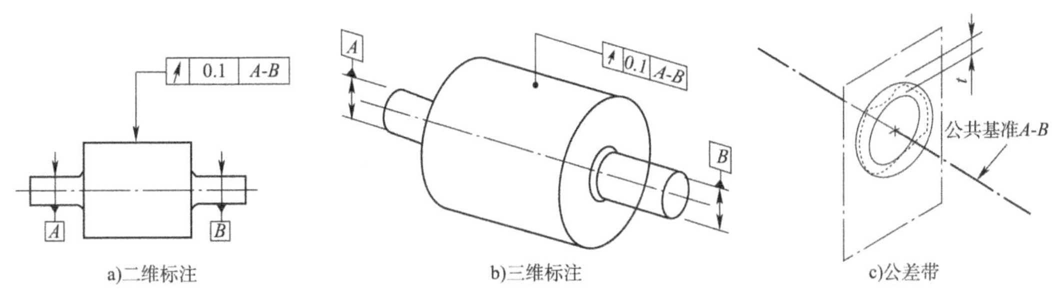

图 6-76 圆跳动标注和公差带

图 6-77 中,在任一垂直于基准轴线 A 的横截面内,提取(实际)线应限定在半径差等于 0.2mm 的共面同心圆之间。

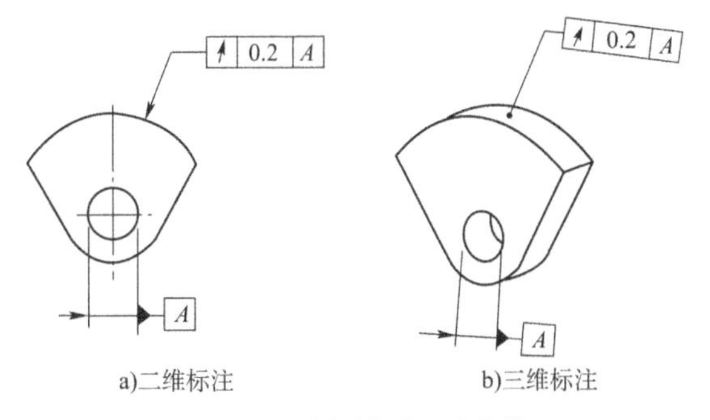

图 6-77 圆跳动标注和公差带

(2)轴向圆跳动公差。

图 6-78 中,在与基准轴线 D 同轴的任一圆柱形截面上,提取(实际)圆应限定在轴向距离等于 0.1mm 的两个等圆之间,公差带为与基准轴线同轴的任一半径的圆柱截面上,间距等于公差值 t 的两圆所限定的圆柱面区域。

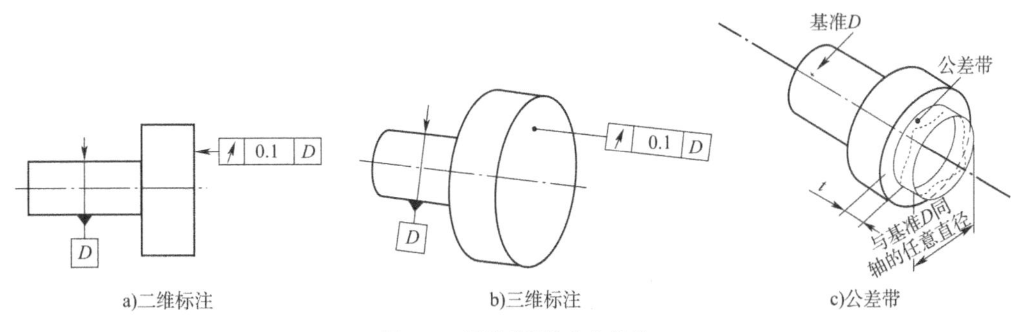

图 6-78 圆跳动标注和公差带

(3)斜向圆跳动公差。

图 6-79、图 6-80 中,在与基准轴线 C 同轴的任一圆锥截面上,提取(实际)线应限定在素线方向间距等于 0.1mm 的两不等圆之间,并且截面的锥角与被测要素垂直,公差带为与基准轴线同轴的某一圆锥截面上,间距等于公差值 t 的两圆所限定的圆锥面区域。除非另有规定,测量方向应沿被测表面的法向。

(4)给定方向的圆跳动公差。

图 6-81 中,在与基准轴线 C 同轴且具有给定角度 60°的任一圆锥截面上,被测要素的

提取(实际)线应限定在圆锥截面内间距等于0.1mm的两不等圆之间。公差带为在轴线与基准轴线同轴的、具有给定锥角的任一圆锥截面上,间距等于公差值 t 的两不等圆所限定的区域。

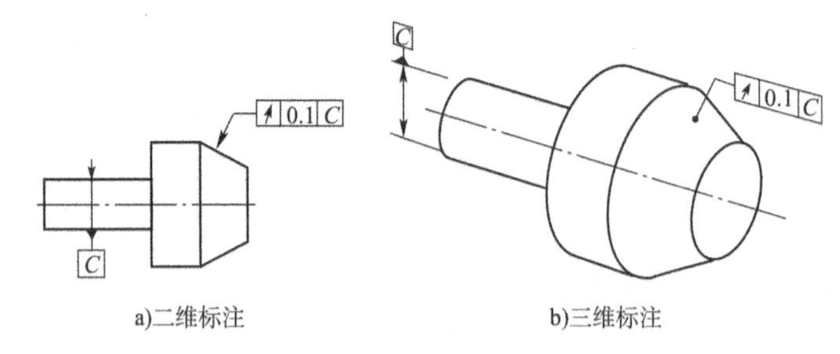

图6-79　圆跳动标注和公差带

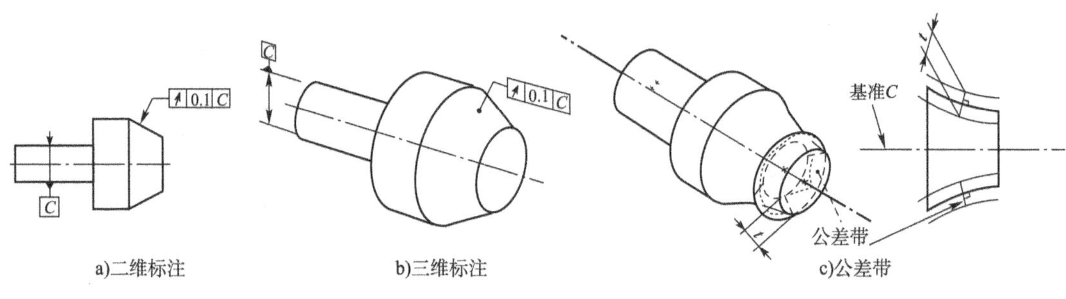

图6-80　圆跳动标注和公差带

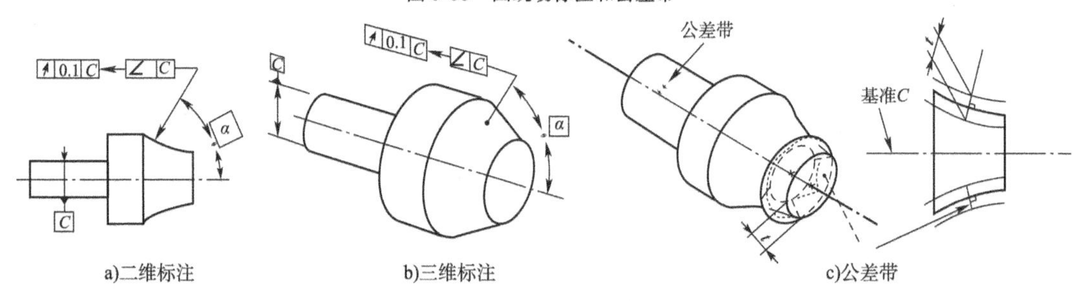

图6-81　圆跳动标注和公差带

2)全跳动公差(⌰)

全跳动控制的是整个被测要素相对于基准要素的跳动总量。被测要素是组成要素,公称被测要素的形状与属性为平面或回转体表面,公差带保持被测要素的公称形状,但对于回转体表面不约束径向尺寸。

(1)径向全跳动公差。

图6-82中,提取(实际)表面应限定在半径差等于0.1mm、与公共基准轴线 *A-B* 同轴的两圆柱面之间,公差带是半径差为公差值 t 且与基准轴线同轴的两圆柱面所限定的区域。

(2)轴向全跳动公差。

图6-83中,被测要素的提取(实际)表面应限定在间距等于0.1mm、垂直于基准轴线 *D* 的两平行平面之间,公差带为间距等于公差值 t,垂直于基准轴线的两平行平面所限定的区域。

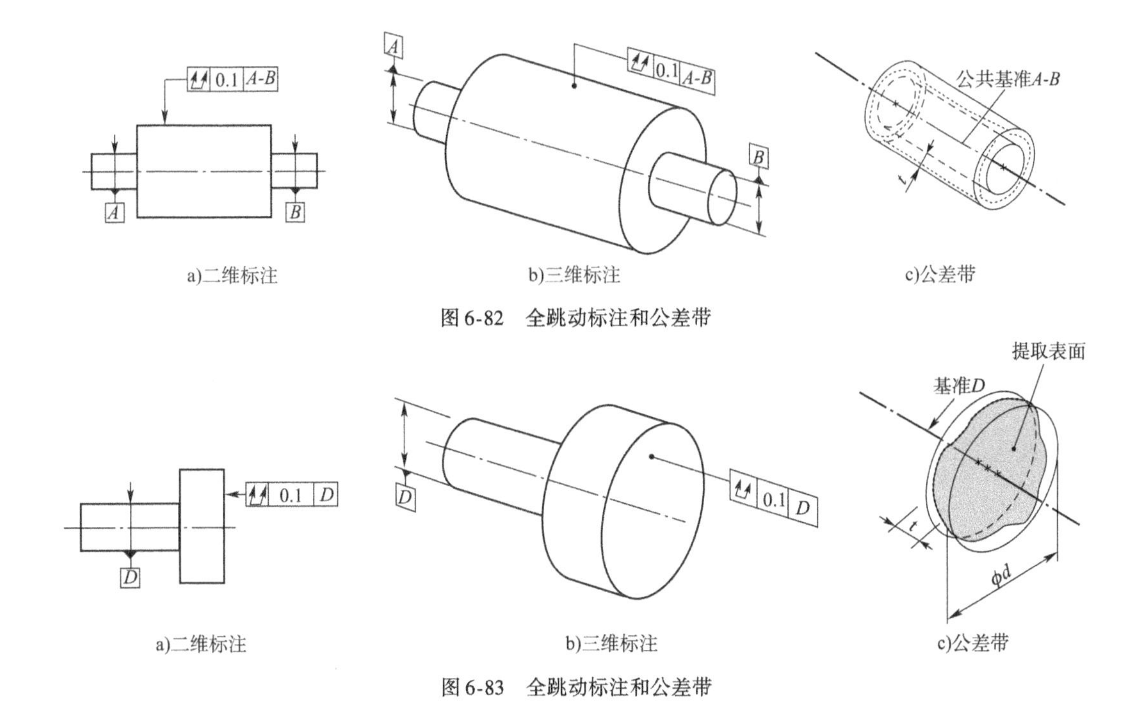

图 6-82　全跳动标注和公差带

图 6-83　全跳动标注和公差带

6.3.5　线轮廓度公差和面轮廓度公差

轮廓是由一个或数个几何特征组成的表面、形状、二维几何要素的外形。线轮廓度公差和面轮廓度公差用于控制实际外形上的被测提取(实际)要素的形状、方向和位置。根据设计要求,它们的公差带可能与基准有关,也可能无关。

1)线轮廓度公差(⌒)

被测要素可以是组成要素或导出要素,其公称被测要素的属性由线要素或一组线要素明确给定;其公称被测要素的形状,除直线外,则应通过图样上完整的标注或基于 CAD 模型的查询明确给定。

(1)与基准不相关的线轮廓度公差。

在图 6-84 中,在任一平行于图示投影面的截面内,提取(实际)轮廓线应限定在直径等于 0.04mm、圆心位于被测要素理论正确几何形状上的一系列圆的两包络线之间。公差带为直径等于公差值 t、圆心位于具有理论正确几何形状上的一系列圆的两包络线所限定的区域,如图 6-84 所示。

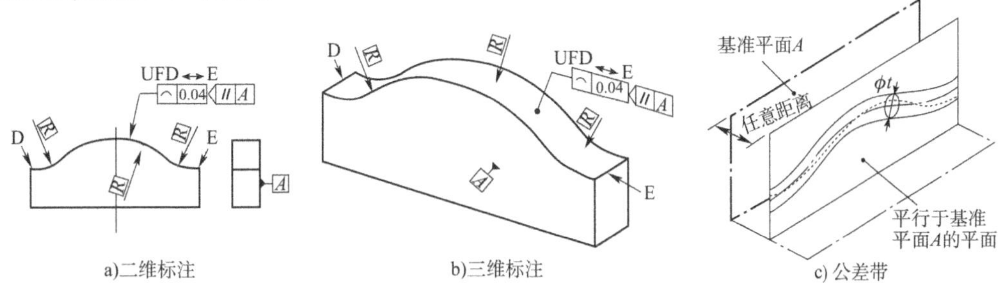

图 6-84　线轮廓度标注和公差带

(2)相对于基准体系的线轮廓度公差。

图6-85中,在任一相交平面框格规定的平行于基准A的截面内,提取(实际)轮廓线应限定在等于0.04mm、圆心位于由基准平面A和基准平面B确定的被测要素理论正确几何形状线上的一系列圆的两等距包络线之间。公差带为直径等于公差值t、圆心位于由基准平面A和基准平面B确定的被测要素理论正确几何形状上的一系列圆的两包络线所限定的区域内。

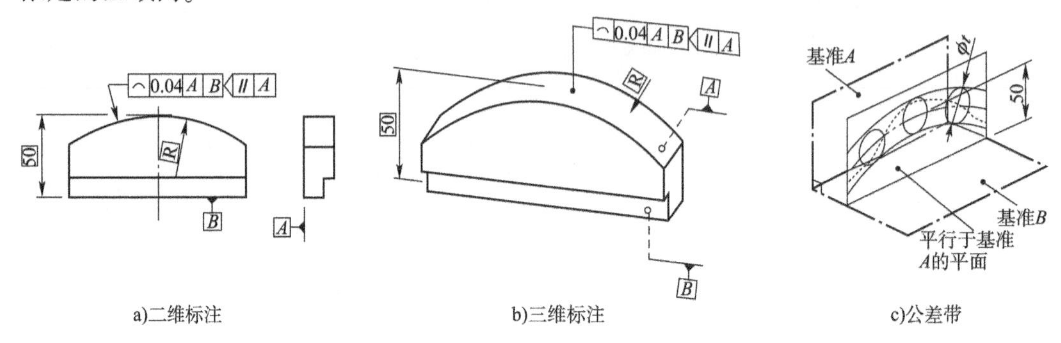

a)二维标注　b)三维标注　c)公差带

图6-85　线轮廓度标注和公差带

无基准要求的理想轮廓线用尺寸并且加注公差来控制,这时理想轮廓线的位置是不定的。有基准要求的理想轮廓线用理论正确尺寸加注基准来控制,这时理想轮廓线的理想位置是唯一确定的,不能移动。

2)面轮廓度(⌓)

被测要素可以是组成要素或导出要素,其公称被测要素属性出某个面要素明确给定;其公称被测要素的形状,除平面外,则应通过图样上完整的标注或基于CAD模型的查询明确给定。

(1)与基准不相关的面轮廓度公差。

图6-86中,提取(实际)轮廓面应限定在直径等于0.02mm、球心位于被测要素理论正确几何形状上的一系列圆球的两等距包络面之间,公差带为直径等于公差值t、球心位于被测要素理论正确形状上的一系列圆球的两包络面所限定的区域。

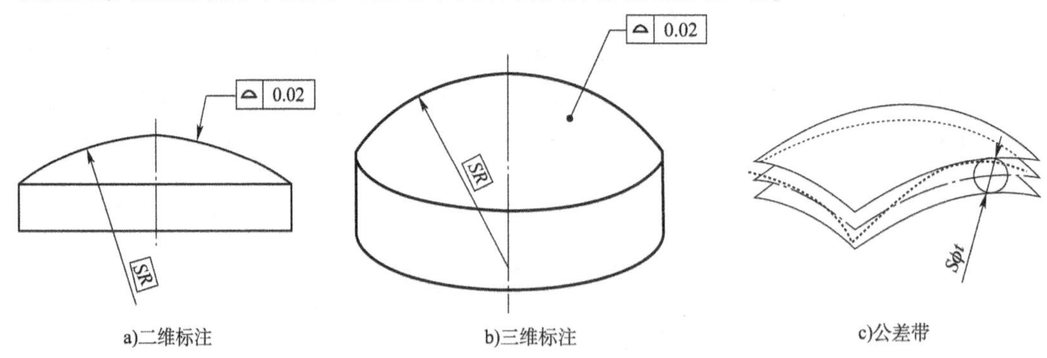

a)二维标注　b)三维标注　c)公差带

图6-86　面轮廓度标注和公差带

(2)相对于基准的面轮廓度公差。

图6-87中,提取(实际)轮廓面应限定在直径等于0.1mm、球心位于由基准平面A确定的被测要素理论正确几何形状上的一系列圆球的两等距包络面之间,公差带为直径等

于公差值 t、球心位于由基准平面 A 确定的被测要素理论正确几何形状上的一系列圆球的两包络面所限定的区域。

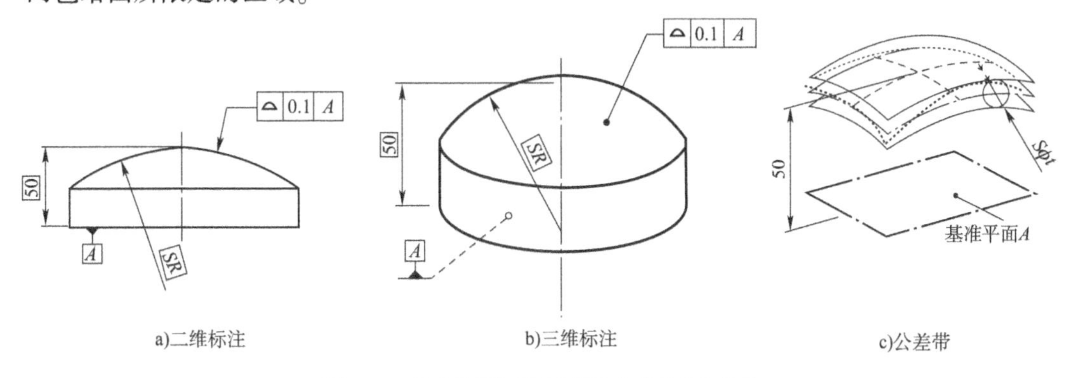

图 6-87　相对于基准的面轮廓度公差及其公差带

6.4　几何公差与尺寸公差的关系

为了实现互换性，保证其功能要求，图样上除给出尺寸公差要求外，同时还需给出几何公差要求，以确定零件要素的大小、形状和位置特征。这些要求从不同角度影响着零件的功能，在一般情况下，各技术要求都是相互独立的，应该分别予以满足。

就尺寸精度、表面结构精度和几何精度（形状、方向和位置精度）而言，其形成原因和对功能的影响都是不同的。但是，这三项技术要求都是零件要素几何特征的表达，所以，在特定条件下，对零件某些功能的影响是它们的综合效应。例如，圆柱轴、孔的可装配性，是与它们的局部尺寸和形状的综合结构有关的；圆柱套筒的壁厚不仅与内、外圆柱的直径有关，也受内、外圆柱同轴度的影响。因此，为了满足特定的功能要求，提高生产过程的经济性，可以提出对零件尺寸和几何精度的综合要求。

几种几何量精度要求之间客观上存在相互制约、互相补偿的关系，要判断零件是否符合功能要求，就必须明确它们之间的内在联系和相互作用。所谓公差原则就是处理尺寸公差和几何公差关系的规定。

国家标准规定的尺寸规范和几何规范的关系如图 6-88 所示，公差原则分为独立原则、包容要求、最大实体要求、最小实体要求和可逆要求。

为便于研究起见，除前面章节涉及一些概念外，还必须了解下列有关定义、符号及尺寸代号（参见 GB/T 16671—2018）。

6.4.1　有关定义、符号

1）体外拟合要素和体外拟合尺寸

体外拟合要素是指在给定全长上，与实际（提取）外尺寸要素（轴）体外相接的最小理想面，或与实际（提取）内尺寸要素（孔）体外相接的最大理想面，可称为单一体外拟合要素。对于给出方向或位置公差的导出要素，其相应尺寸要素的体外拟合要素还应具有确定的方向和位置，可称为关联体外拟合要素。

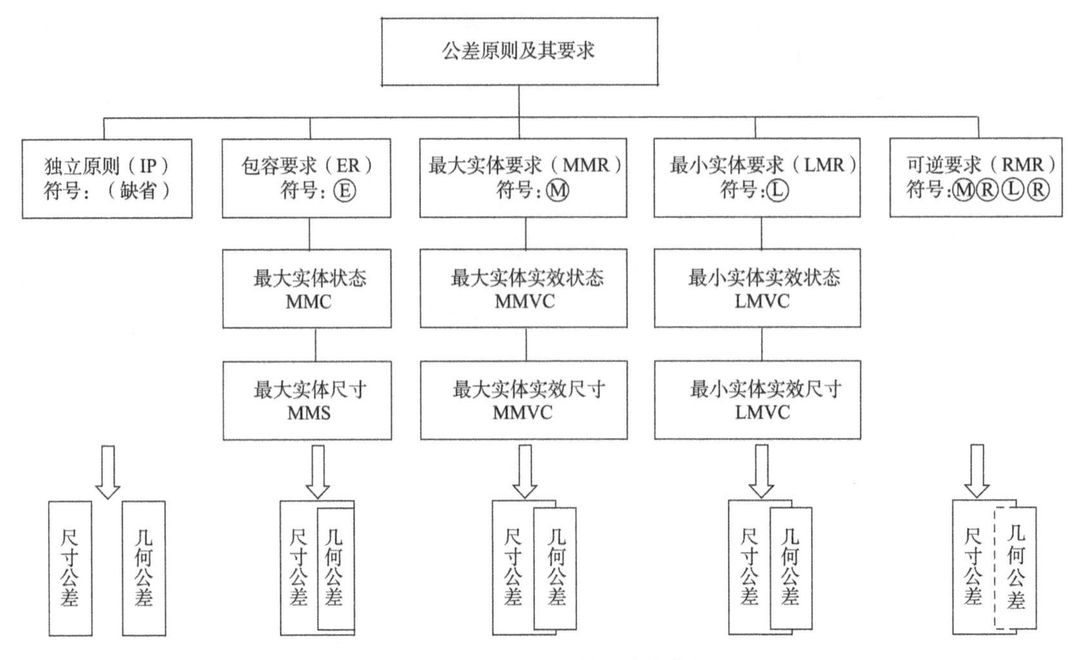

图 6-88　几何公差原则与要求的内容

体外拟合要素的尺寸称为体外拟合尺寸。外尺寸要素(轴)的单一体外拟合尺寸用 d_{ae}表示,内尺寸要素(孔)的单一体外拟合尺寸用 D_{ae}表示;给出方向公差的外尺寸要素(轴)的定向关联体外拟合尺寸用 d'_{ae}表示,给出方向公差的内尺寸要素(孔)的定向关联体外拟合尺寸用 D'_{ae}表示;给出位置公差的外尺寸要素(轴)的定位关联体外拟合尺寸用 d''_{ae}表示,给出位置公差的内尺寸要素(孔)的定位关联体外拟合尺寸用 D''_{ae}表示。

图 6-89 表示外尺寸要素(轴)的单一体外拟合要素及其体外拟合尺寸 d_{ae},图 6-90 表示内尺寸要素(孔)的单一体外拟合要素及其体外拟合尺寸 D_{ae}。

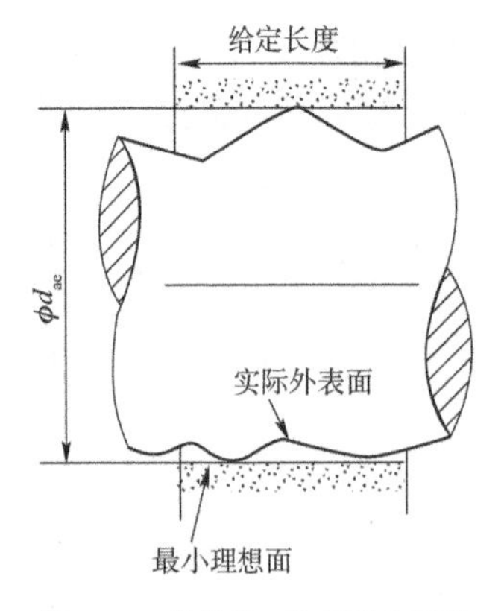

图 6-89　轴的单一体外拟合要素及单一体外拟合尺寸用 d_{ae}

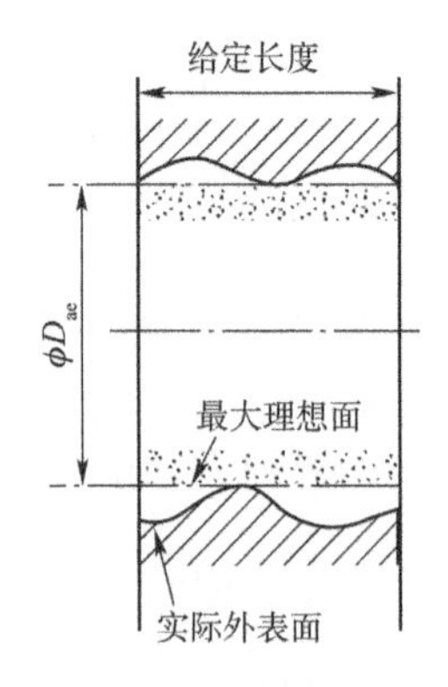

图 6-90　孔的单一体外拟合要素及单一体外拟合尺寸用 D_{ae}

图 6-91a)给出了采用最大实体要求的轴线对基准平面 A 的任意方向的垂直度公差如 ϕt Ⓜ的外尺寸要素(轴)ϕd,其定向体外拟合要素及其关联体外拟合尺寸 d'_{ae}如图 6-91b)所示。

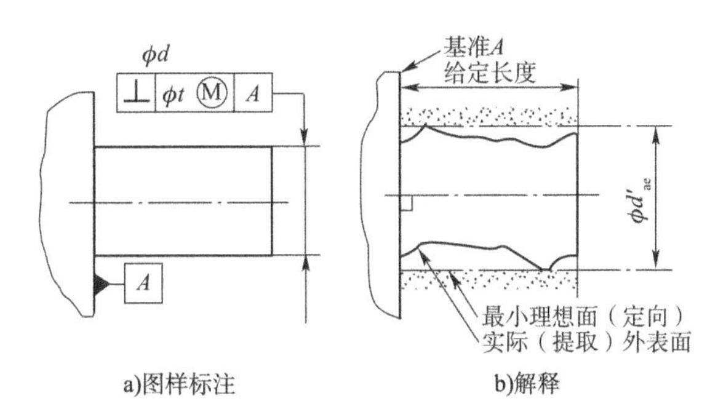

图6-91 轴的关联体外拟合要素(定向)及定向关联体外拟合尺寸用 d'_{ae}

图 6-92a)给出了采用最大实体要求的轴线对基准平面 A、B 的任意方向的位置度公差 ϕt Ⓜ的内尺寸要素(孔)ϕD,其定位体外拟合要素及其关联体外拟合尺寸 D''_{ae} 如图 6-92b) 所示。

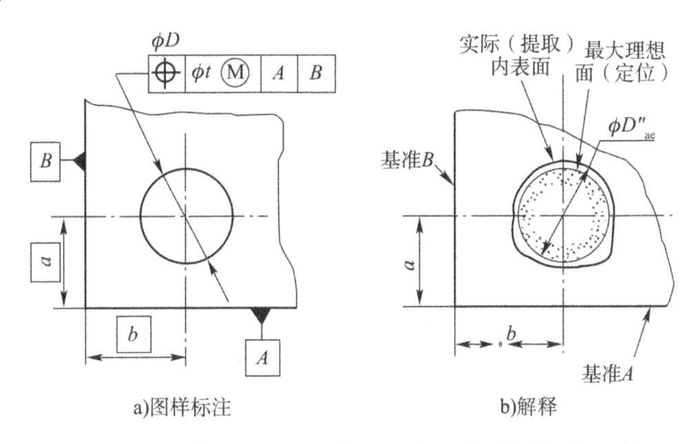

图6-92 孔的关联体外拟合要素(定向)及定向关联体外拟合尺寸用 D'_{ae}

由于单一体外拟合要素没有方向和位置的要求,而关联体外拟合要素具有确定的方向或位置,因此,在同一基准体系下,任一实际(提取)要素的定位、定向和单一体外拟合尺寸及任一局部尺寸(d'、D')一定具有下列关系:

对于外尺寸要素(轴):$d''_{ae} \geqslant d'_{ae} \geqslant d_{ae} \geqslant d'$

对于内尺寸要素(孔):$D''_{ae} \leqslant D'_{ae} \leqslant D_{ae} \leqslant D'$

例如,图 6-93a)所示 ϕd 的轴,给出了采用最大实体要求的轴线任意方向的直线度公差 ϕt_1 Ⓜ,对基准 A 采用最大实体要求的任意方向垂直度公差 ϕt_2 Ⓜ和对基准 A、B 的采用最大实体要求的任意方向位置度公差 ϕt_3 Ⓜ。若完工轴的实际(提取)圆柱面如图 6-93b) 所示,则其局部尺寸 d'、单一体外拟合尺寸 d_{ae}、定向关联体外拟合尺寸 d'_{ae} 和定位关联体外拟合尺寸 d''_{ae} 满足上述关系。

2)体内拟合要素和体内拟合尺寸

体内拟合要素是指在给定全长上,与实际(提取)外尺寸要素(轴)体内相接的最大理想面,或与实际(提取)内尺寸要素(孔)体内相接的最小理想面,可称为单一体内拟合要素。对于给出方向或位置公差的导出要素,其相应尺寸要素的体内拟合要素还应具有确定的方向和位置,可称为关联体内拟合要素。

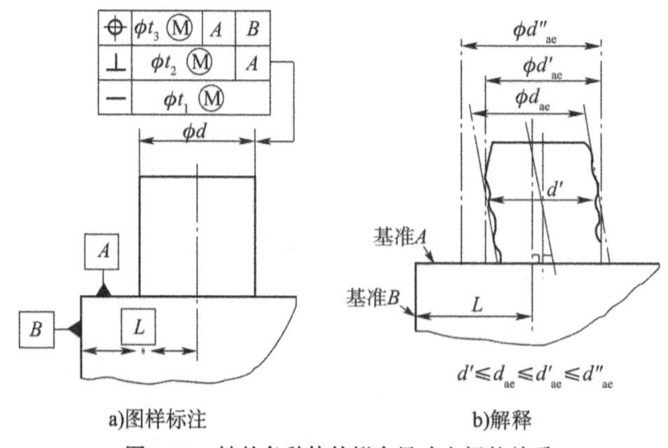

a)图样标注　　b)解释

图 6-93　轴的各种体外拟合尺寸之间的关系

体内拟合要素的尺寸称为体内拟合尺寸。外尺寸要素(轴)的单一体内拟合尺寸用 d_{ai}表示,内尺寸要素(孔)的单一体内拟合尺寸用 D_{ai}表示;给出方向公差的外尺寸要素(轴)的定向关联体内拟合尺寸用 d'_{ai}表示,给出方向公差的内尺寸要素(孔)的定向关联体内拟合尺寸用 d''_{ai}表示;给出位置公差的外尺寸要素(轴)的定位关联体内拟合尺寸用 d''_{ai}表示,给出位置公差的内尺寸要素(孔)的定位关联体内拟合尺寸用 D'_{ai}表示。

图 6-94 表示外尺寸要素(轴)的单一体内拟合要素及其体内拟合尺寸 d_{ai},图 6-95 表示内尺寸要素(孔)的单一体内拟合要素及其体内拟合尺寸 D_{ai}。

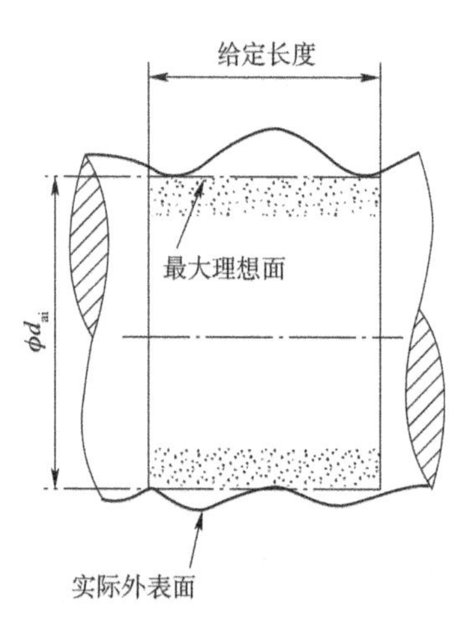

图 6-94　轴的单一体内拟合要素及单一体内拟合尺寸用 d_{ai}

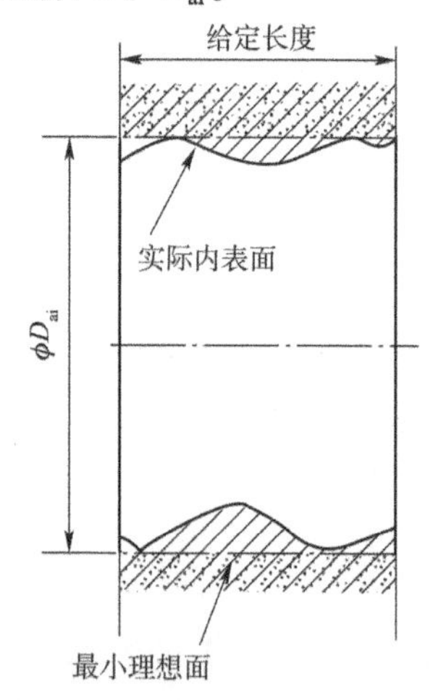

图 6-95　孔的单一体内拟合要素及单一体内拟合尺寸用 D_{ai}

图 6-96a)给出了采用最小实体要求的轴线对基准平面 A 的任意方向的垂直度公差 ϕt Ⓛ的外尺寸要素(轴)ϕd,其定向关联体内拟合要素及定向关联体内拟合尺寸 d'_{ai}如图 6-96b) 所示。

图 6-97a)表示给出了采用最小实体要求的轴线对基准平面 A、B 的任意方向的位置度公差 ϕt Ⓛ的内尺寸要素(孔)ϕD,其定位关联体内拟合要素及定位关联体内拟合尺寸 D''_{ai}如图 6-97b)所示。

与体外拟合尺寸相似,由于单一体内拟合要素没有方向和位置的要求,而关联体内拟合要素具有确定的方向或位置，因此，在同一基准体系下，任一实际（提取）要素的定位、定向和单一体内拟合尺寸及任一局部尺寸一定具有下列关系：

对于外尺寸要素（轴）：$d''_{ai} \leqslant d'_{ai} \leqslant d_{ai} \leqslant d'$

对于内尺寸要素（孔）：$D''_{ai} \geqslant D'_{ai} \geqslant D_{ai} \geqslant D'$

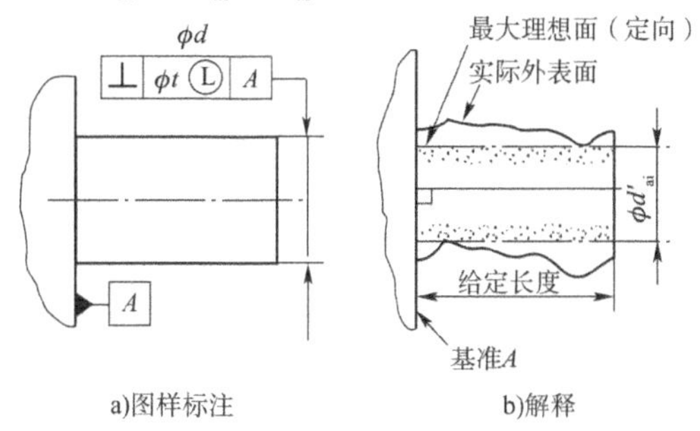

图 6-96　轴的关联体内拟合要素（定向）及定向关联体内拟合尺寸用 d'_{ai}

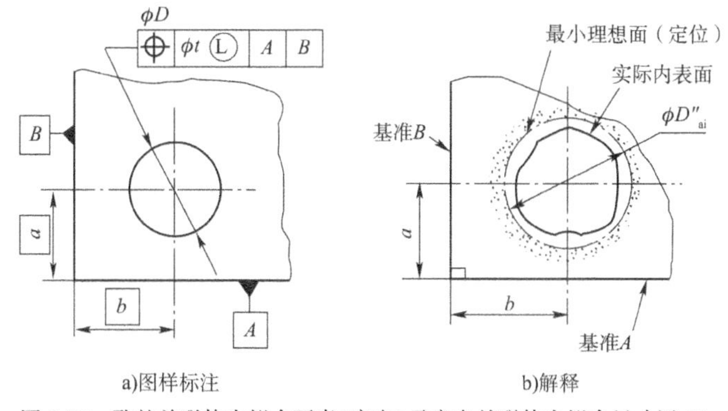

图 6-97　孔的关联体内拟合要素（定向）及定向关联体内拟合尺寸用 D'_{ai}

例如，图 6-98a）所示的 ϕD 孔，给出了采用最小实体要求的轴线任意方向的直线度公差 ϕt_1 Ⓛ，对基准 A 的采用最小实体要求的任意方向平行度公差 ϕt_2 Ⓛ和对基准 A 的采用最小实体要求的任意方向位置度公差 ϕt_3 Ⓛ。若完工孔的实际（提取）圆柱面如图 6-98b）所示，则其局部尺寸 D'、单一体内拟合尺寸 D_{ai}、定向关联体内拟合尺寸 D'_{ai} 和定位关联体内拟合尺寸 D''_{ai} 满足上述关系。

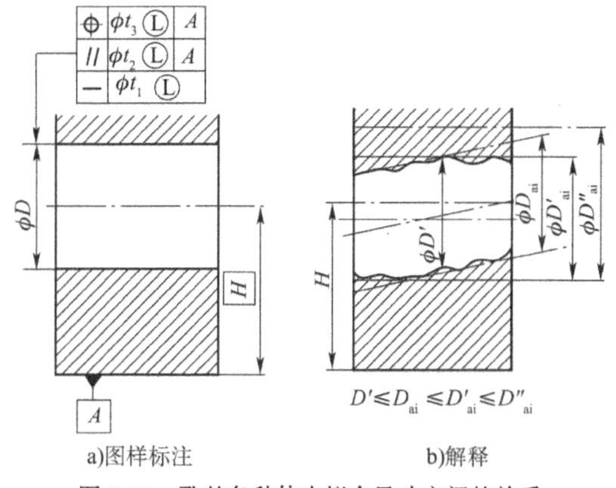

图 6-98　孔的各种体内拟合尺寸之间的关系

拟合尺寸是在实际(提取)要素上定义的。所以,在一般情况下,不同实际(提取)要素的拟合尺寸是不同的,但任一实际(提取)要素的拟合尺寸则是唯一确定的。

3)最大实体状态(MMC)和最大实体尺寸(MMS)

最大实体状态是指假定提取组成要素的局部尺寸处处位于极限尺寸,且使其具有实体最大时的状态,用 MMC 表示。只有尺寸要素才具有最大实体状态。

重要提示:最大实体状态就是尺寸要素处于允许材料量最多时的状态。由于最大实体状态只是从"实体最大"来定义的,所以,它不要求最大实体状态下的尺寸要素具有理想形状。

最大实体尺寸是指确定尺寸要素最大实体状态的尺寸。即外尺寸要素的上极限尺寸 d_U,内尺寸要素的下极限尺寸 D_L。

最大实体尺寸用"MMS"表示。外尺寸要素(轴)的最大实体尺寸用 MMS_d表示,内尺寸要素(孔)的最大实体尺寸用 MMS_D表示。

图 6-99 为外尺寸要素(轴)的最大实体状态和最大实体尺寸的示例。图 6-100 为内尺寸要素(孔)的最大实体状态和最大实体尺寸的示例。

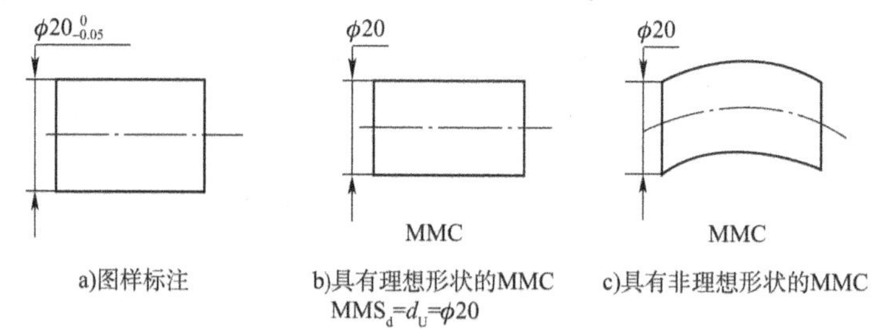

图 6-99 轴的最大实体状态和最大实体尺寸(尺寸单位:mm)

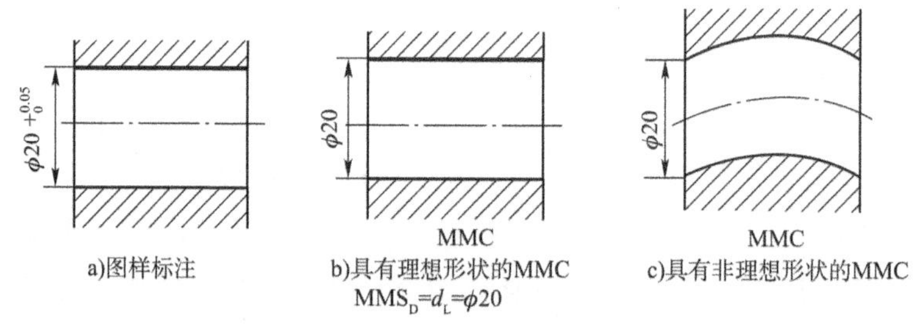

图 6-100 孔的最大实体状态和最大实体尺寸(尺寸单位:mm)

由图 6-99 和图 6-100 可见,导致尺寸要素形成非理想形状的最大实体状态 MMC 的一定是其导出要素(轴线)的形状误差(轴线直线度误差)。按照《产品几何量技术规范(GPS)几何公差 第 2 部分:圆柱面和圆锥面的提取中心线、平行平面的提取中心面、提取要素的局部尺寸》(GB/T 18780.2—2003)对局部尺寸的定义,当局部尺寸处处相等时,圆柱形尺寸要素(孔和轴)的横截面一定具有理想形状(圆形),即无圆度误差。最大实体状态是尺寸要素强度最高的状态,也是装配最紧的状态。

4)最小实体状态(LMC)和最小实体尺寸(LMS)

最小实体状态是指假定提取组成要素的局部尺寸处处位于极限尺寸,且使其具有实体最小时的状态,用 LMC 表示。

最小实体尺寸是指确定最小实体状态的尺寸,用 LMS 表示。即外尺寸要素的下极限尺寸,内尺寸要素的上极限尺寸。

重要提示：最小实体状态就是尺寸要素处于允许材料量最少时的状态。由于最小实体状态只是从“实体最小”来定义的，所以，它也不要求最小实体状态下的尺寸要素具有理想形状。

最小实体尺寸即确定尺寸要素最小实体状态的尺寸，即外尺寸要素的下极限尺寸（d_L）或内尺寸要素的上极限尺寸（D_U）。

最小实体尺寸用“LMS”表示。外尺寸要素（轴）的最小实体尺寸用 LMS_d表示，内尺寸要素（孔）的最小实体尺寸用 LMS_D表示。

图 6-101 为外尺寸要素（轴）的最小实体状态和最小实体尺寸的示例。图 6-102 为内尺寸要素（孔）的最小实体状态和最小实体尺寸的示例。

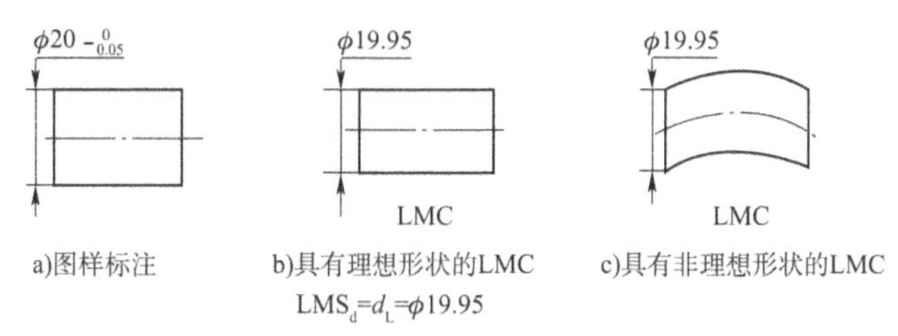

图 6-101　轴的最小实体状态和最小实体尺寸（尺寸单位：mm）

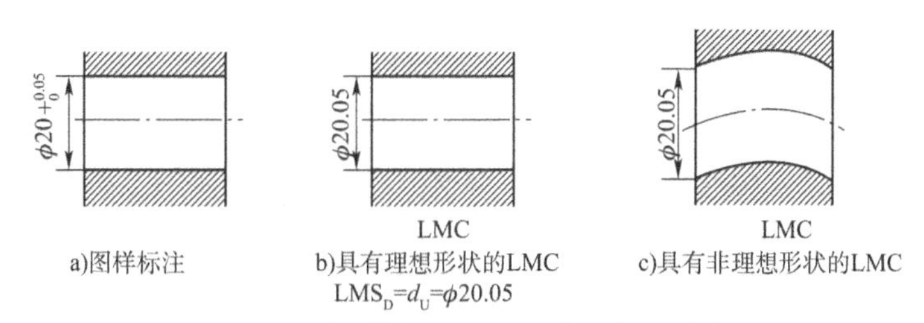

图 6-102　孔的最小实体状态和最小实体尺寸（尺寸单位：mm）

由图 6-101 和图 6-102 可见，导致尺寸要素形成非理想形状的 LMC 的也一定是其导出要素（轴线）的形状误差（轴线直线度误差），而其横截面也一定具有理想形状（圆形），即无圆度误差。最小实体状态是尺寸要素强度最低的状态，也是装配最松的状态。

5）最大实体实效状态（MMVC）和最大实体实效尺寸（MMVS）

最大实体实效尺寸是指尺寸要素的最大实体尺寸与导出要素的几何公差（形状、方向和位置）共同作用产生的尺寸，用 MMVS 表示。

最大实体实效尺寸用 MMVS 表示。外尺寸要素（轴）的最大实体实效尺寸用 $MMVS_d$ 表示，内尺寸要素（孔）的最大实体实效尺寸用 $MMVS_D$表示。

对于外尺寸要素（轴）：$MMVS_d = MMS_d + t$（几何公差）$= d_U + t$

对于内尺寸要素（孔）：$MMVS_D = MMS_D - t$（几何公差）$= D_L - t$

最大实体实效状态是指拟合要素的尺寸为其最大实体实效尺寸时的状态，称为最大实体实效状态，用 MMVC 表示。

当对尺寸要素的导出要素给出了形状公差时，其最大实体实效状态取决于该形状公差，并可称为单一最大实体实效状态；当对尺寸要素的导出要素给出了方向公差时，其最大实体实效状态取决于该方向公差，并可称为定向最大实体实效状态；当对尺寸要素的导出要素给出了位置公差时，其最大实体实效状态取决于该位置公差，并可称为定位最大实体实效状态。

图 6-103a)所示 $\phi30^{0}_{-0.1}$ 轴的轴线给出了采用最大实体要求的任意方向的直线度公差 ϕt Ⓜ $=\phi0.03$ Ⓜ,则当轴的局部尺寸处处等于其最大实体尺寸 $\phi30$mm(即轴处于最大实体状态 MMC),且其轴线的直线度误差等于给出的公差值,即 $\phi f=\phi t=\phi0.03$mm 时,则该轴的体外拟合要素(最小外接圆柱面)的尺寸(体外拟合尺寸)d_{ae} 等于其最大实体实效尺寸 $MMVS_d=d_U+t$ Ⓜ $=30+0.03=30.03$mm,如图 6-103b)所示。

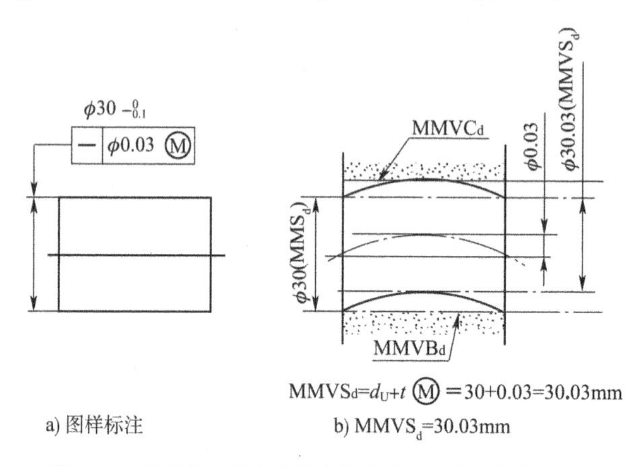

图 6-103 轴的单一最大实体实效状态和最大实体实效尺寸

图 6-104a)所示 $\phi30_{0}^{+0.1}$ 孔的轴线给出了采用最大实体要求的任意方向的直线度公差 ϕt Ⓜ $=\phi0.03$ Ⓜ,则当孔的局部尺寸处处等于其最大实体尺寸 $\phi30$mm(即孔处于最大实体状态 MMC),且其轴线的直线度误差等于给出的公差值,即 $\phi f=\phi t=\phi0.03$mm 时,则该孔的体外拟合要素(最大内接圆柱面)的尺寸(体外拟合尺寸)D_{ae},等于其最大实体实效尺寸 $MMVS_D=D_L-t=30-0.03=29.97$mm,如图 6-104b)所示。

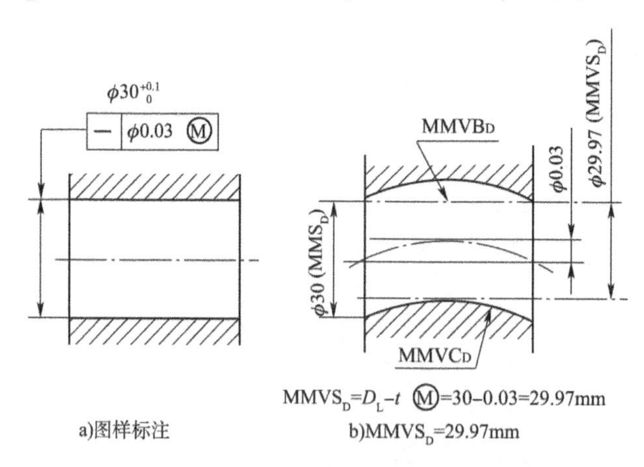

图 6-104 孔的单一最大实体实效状态和最大实体实效尺寸

又如,图 6-105a)中轴线给出了采用最大实体要求的任意方向的垂直度公差 ϕt Ⓜ $=\phi0.08$ Ⓜ,则当轴的局部尺寸处处等于其最大实体尺寸 $MMS_d=d_U=\phi30$mm(即轴处于最大实体状态 MMC),且其轴线的垂直度误差等于给出的公差值,即 $\phi f=\phi t=\phi0.08$mm 时,则该轴的体外拟合要素(轴线垂直于基准 A 的最小外接圆柱面)的尺寸(定向体外拟合尺寸)d'_{ae}等于其最大实体实效尺寸 $MMVS_d = d_U + \phi t$ Ⓜ $= 30 + 0.08 = 30.08$mm，如图6-105b)所示。

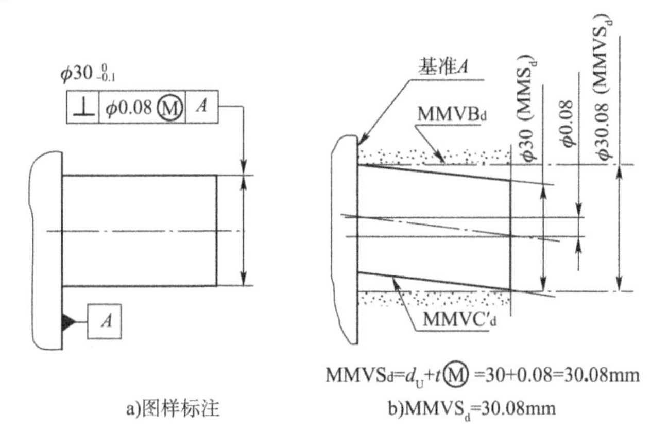

图6-105　轴的定向最大实体实效状态和最大实体实效尺寸

再如，图6-106a)所示 $\phi30_0^{+0.1}$ 孔的轴线给出了采用最大实体要求的任意方向的位置度公差 ϕt Ⓜ $= \phi0.03$ Ⓜ，则当孔的局部尺寸处处等于其最大实体尺寸 $MMS_D = D_L = \phi30$mm(即孔处于最大实体状态MMC)，且其轴线的位置度误差等于给出的公差值，即$\phi f = \phi t = \phi0.03$mm时，则该孔的体外拟合要素(轴线位于孔的理想位置上的最大内接圆柱面)的尺寸(体外拟合尺寸)D_{ae}等于其最大实体实效尺寸 $MMVS_D = D_L - t$ Ⓜ $= 30 - 0.03 = 29.97$mm，如图6-106b)所示。

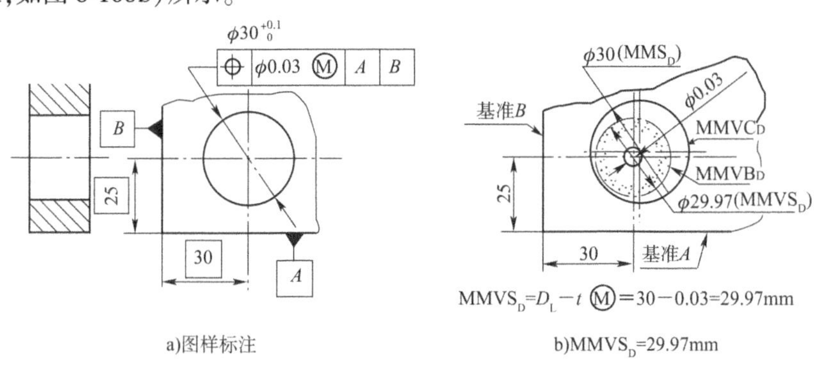

图6-106　孔的定位最大实体实效状态和最大实体实效尺寸

6)最小实体实效状态(LMVC)和最小实体实效尺寸(LMVS)

最小实体实效尺寸是指尺寸要素的最小实体尺寸与导出要素的几何公差(形状、方向和位置)共同作用产生的尺寸，用LMVS表示。

最小实体实效尺寸用LMVS表示。外尺寸要素(轴)的最小实体实效尺寸用$LMVS_d$表示，内尺寸要素(孔)的最小实体实效尺寸用$LMVS_D$表示。

对于外尺寸要素(轴)：$LMVS_d = LMS_d - t$(几何公差) $= d_L - t$

对于内尺寸要素(孔)：$LMVS_D = LMS_D + t$(几何公差) $= D_u + t$

最小实体实效状态是指拟合要素的尺寸为其最小实体实效尺寸(LMVS)时的状态，用LMVC表示。

当对尺寸要素的导出要素给出了形状公差时,其最小实体实效状态取决于该形状公差,并可称为单一最小实体实效状态;当对尺寸要素的导出要素给出了方向公差时,其最小实体实效状态取决于该方向公差,并可称为定向最小实体实效状态;当对尺寸要素的导出要素给出了位置公差时,其最小实体实效状态取决于该位置公差,并可称为定位最小实体实效状态。

图 6-107a)所示 $\phi30^{0}_{-0.1}$的轴线给出了采用最小实体要求的任意方向的直线度公差 ϕtⓁ$=\phi0.03$Ⓛ,则当轴的局部尺寸处处等于其最小实体尺寸 $\phi29.9$mm(即轴处于最小实体状态 LMC),且其轴线的直线度误差等于给出的公差值,即 $\phi f=\phi t=\phi0.03$mm 时,则该轴的体内拟合要素(最大内接圆柱面)的尺寸等于其最小实体实效尺寸 $LMVS_d=d_L-t$Ⓛ$=29.9-0.03=29.87$mm,如图 6-107b)所示。

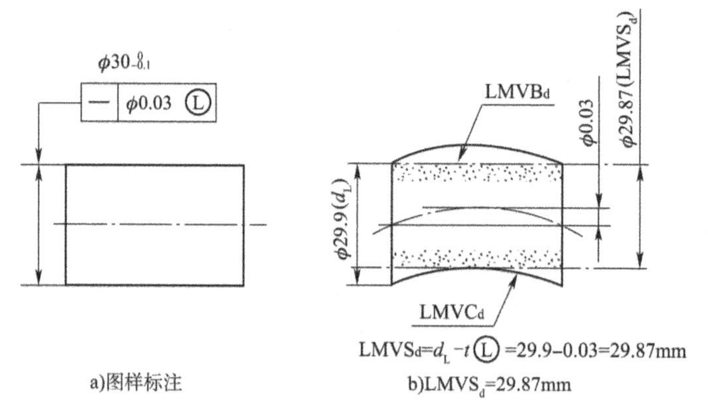

图 6-107　轴的单一最小实体实效状态和最小实体实效尺寸

图 6-108a 所示 $\phi30_{0}^{+0.1}$ 孔的轴线给出了采用最小实体要求的任意方向的直线度公差 ϕtⓁ$=\phi0.03$Ⓛ,则当孔的局部尺寸处处等于其最小实体尺寸 $\phi30.1$mm(即孔处于最小实体状态 LMC),且其轴线的直线度误差等于给出的公差值,即 $\phi f=\phi t=\phi0.03$mm 时,则该孔的体内拟合要素(最小外接圆柱面)的尺寸等于其最小实体实效尺寸 $LMVS_D=D_U+t$Ⓛ$=30.1+0.03=30.13$mm,如图 6-108b)所示。

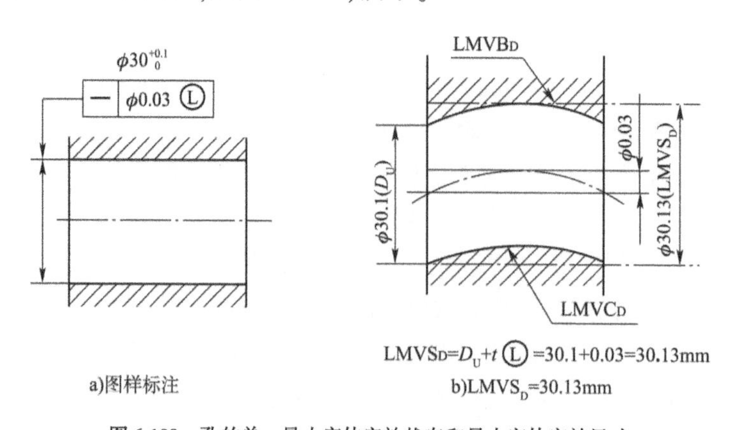

图 6-108　孔的单一最小实体实效状态和最小实体实效尺寸

又如,图 6-109a)所示 $\phi30^{0}_{-0.1}$轴的轴线给出了采用最小实体要求的任意方向的垂直

度公差 ϕt Ⓛ =0.08 Ⓛ,则当轴的局部尺寸处处等于其最小实体尺寸 ϕ29.9mm(即轴处于最小实体状态 LMC),且其轴线的垂直度误差等于给出的公差值,即 $\phi f=\phi t=\phi 0.08$mm 时,则该轴的体内拟合要素(轴线垂直于基准 A 的最大内接圆柱面)的尺寸等于其最小实体实效尺寸 $LMVS_d=d_L-t$ Ⓛ $=29.9-0.08=29.82$mm,如图 6-109b)所示。

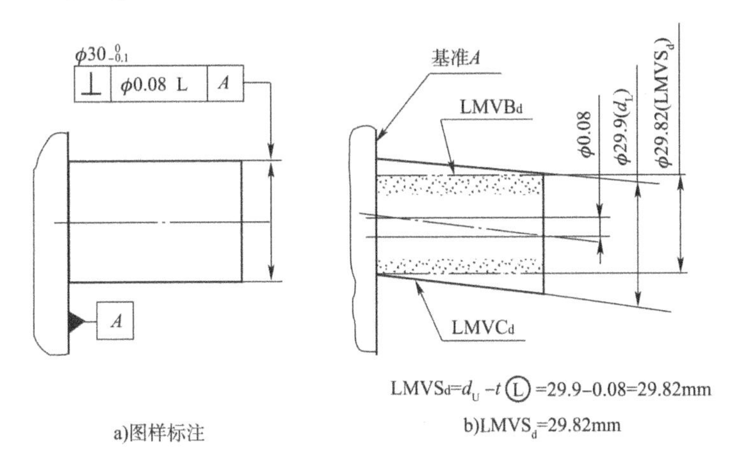

图 6-109　轴的定向最小实体实效状态和最小实体实效尺寸

再如,图 6-110a)所示 $\phi 30_0^{+0.1}$ 孔的轴线给出了采用最小实体要求的任意方向的位置度公差 ϕt Ⓛ =0.03 Ⓛ,则当孔的局部尺寸处处等于其最小实体尺寸 ϕ30.1mm(即孔处于最小实体状态 LMC),且其轴线的位置度误差等于给出的公差值,即 $\phi f=\phi t=\phi 0.03$mm 时,则该孔的体内拟合要素(轴线位于孔的理想位置上的最小外接圆柱面)的尺寸等于其最小实体实效尺寸 $LMVS_D=D_U+t$ Ⓛ $=30.1+0.03=30.13$mm,如图 6-110b)所示。

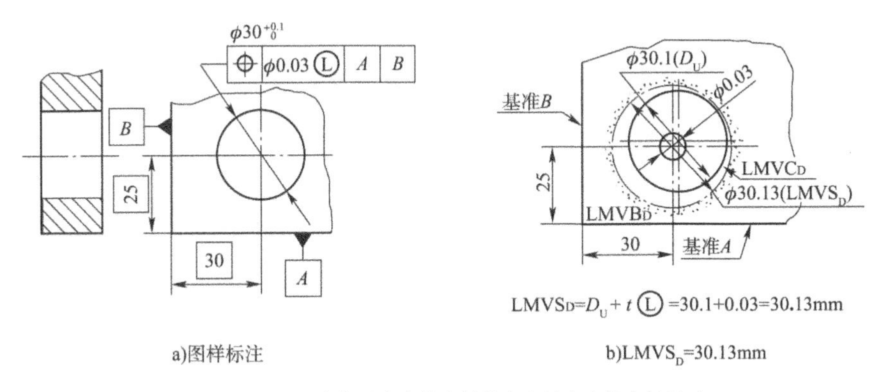

图 6-110　孔的定位最小实体实效状态和最小实体实效尺寸

7)边界

边界是由设计给定的具有理想形状的极限包容面。边界的尺寸为极限包容面的直径或距离。

(1)最大实体边界(MMB)。

最大实体边界是指最大实体状态的理想形状的极限包容面。

最大实体边界用 MMB 表示。最大实体边界的尺寸等于尺寸要素的最大实体尺寸。

单一尺寸要素的最大实体边界具有确定的形状和大小，但其方向和位置是不确定的。

例如，图 6-111a）所示采用包容要求的 $\phi30^{0}_{-0.1}$Ⓔ轴的最大实体边界如图 6-111b）所示，它是直径等于轴的最大实体尺寸 $MMS_d = d_U = \phi30mm$ 的理想圆柱面；图 6-112a）所示采用包容要求的 $\phi30^{0}_{-0.1}$Ⓔ孔的最大实体边界如图 6-112b）所示，它是直径等于孔的最大实体尺寸 $MMS_D = D_L = \phi30mm$ 的理想圆柱面。

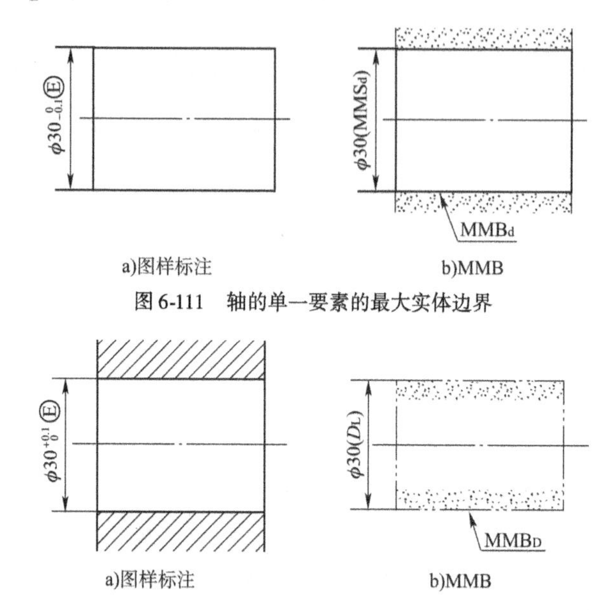

图 6-111　轴的单一要素的最大实体边界

图 6-112　孔的单一要素的最大实体边界

给出方向公差的关联尺寸要素的定向最大实体边界不仅具有确定的形状和大小，而且其导出要素应对基准保持图样给定的方向关系。

例如，图 6-113a）所示 $\phi20^{+0.1}_{0}$ 孔的采用最大实体要求的轴线对基准平面 A 的零垂直度公差 ϕt Ⓜ $= \phi0$ Ⓜ的定向最大实体边界如图 6-113b）所示，它是直径等于孔的最大实体尺寸 $MMS_D = D_L = \phi20mm$、轴线垂直于基准平面 A 的理想圆柱面；图 6-114a）所示 $\phi20^{0}_{-0.05}$轴的采用最大实体要求的轴线对基准轴线 A 的零同轴度公差 ϕt Ⓜ $= \phi0$ Ⓜ的定位最大实体边界如图 6-114b）所示，它是直径等于轴的最大实体尺寸 $MMS_d = d_U = \phi20mm$、轴线位于轴的理想位置的理想圆柱面。

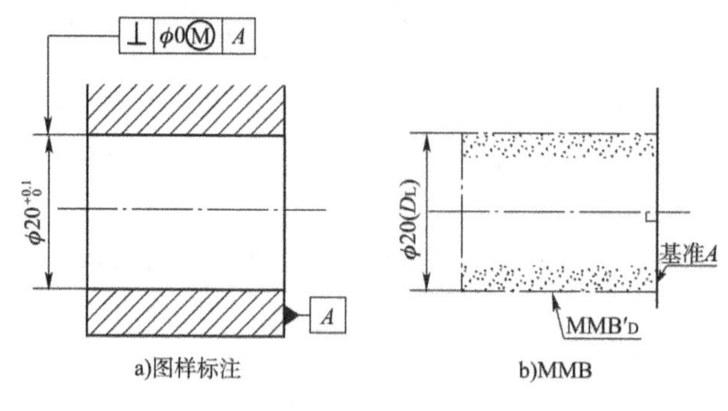

图 6-113　孔的定向最大实体边界

(2)最小实体边界(LMB)。

最小实体边界是指最小实体状态的理想形状的极限包容面。

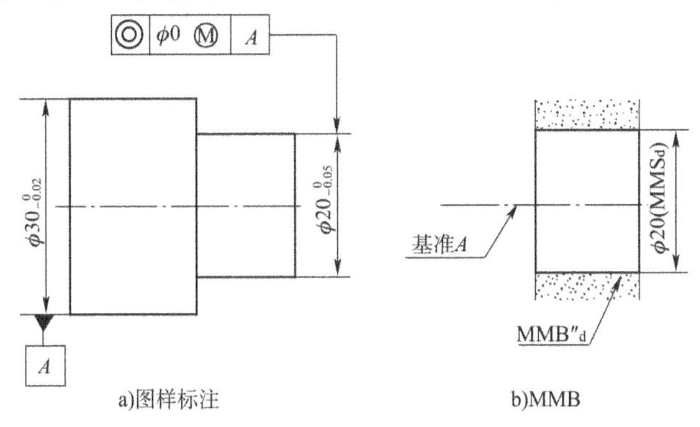

图 6-114 轴的定位最大实体边界

最小实体边界用 LMB 表示。最小实体边界的尺寸等于尺寸要素的最小实体尺寸。

单一尺寸要素的最小实体边界具有确定的形状和大小,但其方向和位置是不确定的。

例如,图 6-115a)所示给出 $\phi30^{0}_{-0.1}$ 轴的轴线采用最小实体要求的零直线度公差 $\phi0$ Ⓛ, 其最小实体边界如图 6-115b)所示,它是直径等于轴的最小实体尺寸 $LMS_d = d_L = \phi29.9$mm 的理想圆柱面;图 6-116a)给出 $\phi30^{+0.1}_{0}$ 孔的轴线采用最小实体要求的零直线度公差 $\phi0$ Ⓛ,其最小实体边界如图 6-116b)所示,它是直径等于孔的最小实体尺寸 $LMS_D = D_U = \phi30.1$mm 的理想圆柱面。

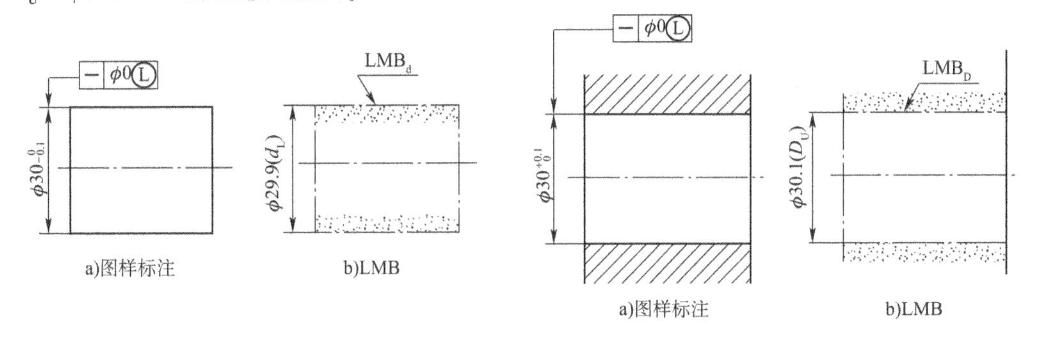

图 6-115 轴的最小实体边界　　图 6-116 孔的最小实体边界

又如,图 6-117a)所示给出 $\phi20^{0}_{-0.1}$ 轴的轴线对基准平面 A 采用最小实体要求的零垂直度公差 $\phi0$ Ⓛ,其定向最小实体边界如图 6-117b)所示,它是直径等于轴的最小实体尺寸 $LMS_D = d_L = \phi19.9$mm 轴线垂直于基准平面 A 的理想圆柱面。

再如,图 6-118a)所示给出 $\phi20^{+0.1}_{0}$ 孔的轴线对基准平面 A 采用最小实体要求的零位置度公差 $\phi0$ Ⓛ,其定位最小实体边界如图 6-118b)所示,它是直径等于孔的最小实体尺寸 $LMS_D = D_U = \phi20.1$mm、轴线平行于基准平面 A 且与之相距理论正确尺寸$\boxed{24}$的理想圆柱面。

当设计要求被测尺寸要素遵守最小实体边界、分别按图 6-115a)~图 6-118a)标注时,被测尺寸要素的实际(提取)要素不得进入相应的图 6-115b)~图 6-118b)图中由双点画线限定的点影区域。

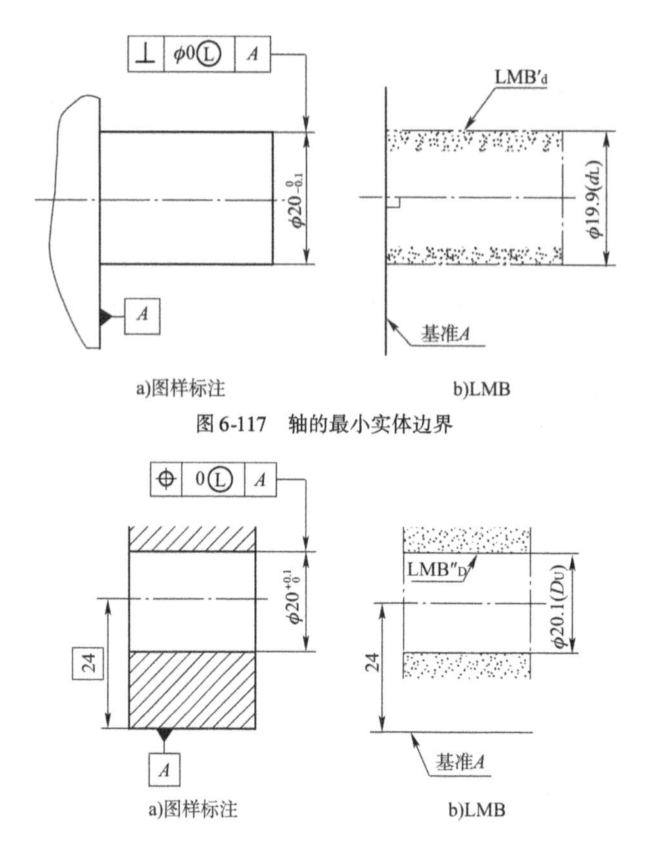

a)图样标注　　b)LMB

图 6-117　轴的最小实体边界

a)图样标注　　b)LMB

图 6-118　孔的最小实体边界

(3)最大实体实效边界(MMVB)。

最大实体实效边界是指最大实体实效状态对应的极限包容面。

最大实体实效边界用 MMVB 表示。最大实体实效边界的尺寸等于尺寸要素的最大实体实效尺寸。

与最大实体边界相类似,给出了采用最大实体要求的形状公差的导出要素,其相应尺寸要素的最大实体实效边界具有确定的形状和大小,但其方向和位置是不确定的,如图 6-103b) 和图 6-104b)所示;给出了采用最大实体要求的方向公差的导出要素,其相应尺寸要素的最大实体实效边界不仅具有确定的形状和大小,而且应对基准保持图样给定的方向关系,称为定向最大实体实效边界,如图 6-105b)所示;给出了采用最大实体要求的位置公差的导出要素,其相应尺寸要素的最大实体实效边界不仅具有确定的形状和大小,而且应对基准保持图样给定的位置关系,称为定位最大实体实效边界,如图 6-106b)所示。

当设计要求被测尺寸要素遵守最大实体实效边界时,其实际(提取)要素不得进入相应的 b)图中由双点画线限定的点影区域。

(4)最小实体实效边界。

最小实体实效边界是指最小实体实效状态对应的极限包容面。

最小实体实效边界用 LMVB 表示。最小实体实效边界的尺寸等于尺寸要素的最小实体实效尺寸。

与最小实体边界类似,给出了采用最小实体要求的形状公差的导出要素,其相应尺寸要素的最小实体实效边界具有确定的形状和大小，但其方向和位置是不确定的，如图 6-107b）和图 6-108b）所示；给出了采用最小实体要求的方向公差的导出要素，其相应尺寸要素的最小实体实效边界不仅具有确定的形状和大小，而且应对基准保持图样给定的方向关系，称为定向最小实体实效边界，如图 6-109b）所示；给出了采用最小实体要求的位置公差的导出要素，其相应尺寸要素的最小实体实效边界不仅具有确定的形状和大小，而且应对基准保持图样给定的位置关系，称为定位最小实体实效边界，如图 6-110b）所示。

当设计要求被测尺寸要素遵守最小实体实效边界时，其实际（提取）要素不得进入相应的 b）图中由双点画线限定的点影区域。

6.4.2　公差原则

1）独立原则

独立原则是指图样上给定的每一个尺寸和几何（形状、方向或位置）要求均是独立的，应分别满足要求。

独立原则是公差设计的基本原则。遵守独立原则的尺寸或几何公差在图样上不附加任何其他标注。

图 6-119a）所示轴的直径尺寸标注为遵守独立原则的 $\phi150^{0}_{-0.04}$，则表示它只控制该轴的局部尺寸，要求实际（提取）要素在轴向截面内的局部尺寸 A_1、A_2、…、A_n［见图 6-119b）］和横向截面内的局部尺寸 B_1、B_2、…、B_n［见图 6.114c）］均不得超出上极限尺寸 150mm 和下极限尺寸 149.96mm。由图 6-119b）可见，在轴向截面内即使局部尺寸处处相同，仍不能控制其轴线的直径度误差 ϕf。在横向截面内，局部尺寸为通过横截面提取轮廓的拟合圆圆心的两对应点之间的距离，如图 6-119c）、图 6-119d）所示。线性尺寸公差应用独立原则时，只关注局部尺寸是否超出规定的极限尺寸，不考虑局部尺寸能否控制形状误差。

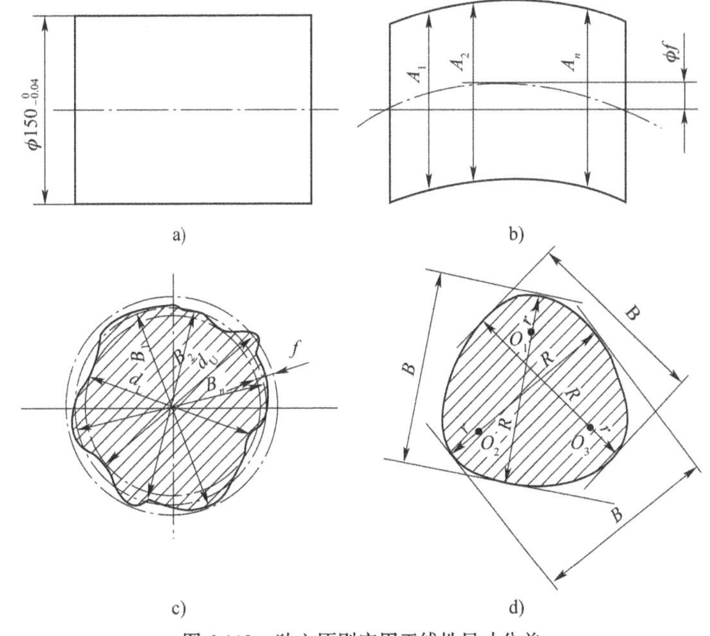

图 6-119　独立原则应用于线性尺寸公差

图6-120a)所示轴遵守独立原则的素线直线度公差0.06mm和圆度公差0.02mm，则无论轴的局部尺寸如何，其实际(提取)素线的直线度误差和横截面的实际(提取)轮廓均分别不得超出其公差值(0.06mm和0.02mm)。在轴向截面内，由于轴的尺寸公差不能控制因其提取导出要素(中心线)的直线度误差而产生的素线直线度误差，所以，当轴的局部尺寸处处为其上极限尺寸 $d_U=150\text{mm}$ 或下极限尺寸 $d_L=149.94\text{mm}$ 时，其实际(提取)素线的直线度误差均可达到其给出的公差值0.06mm，如图6-120b)和图6-120c)所示。

在横向截面内，无论其局部尺寸如何，如图6-120d)、图6-120e)所示，圆度误差均应单独进行评定，而与局部尺寸大小无关。

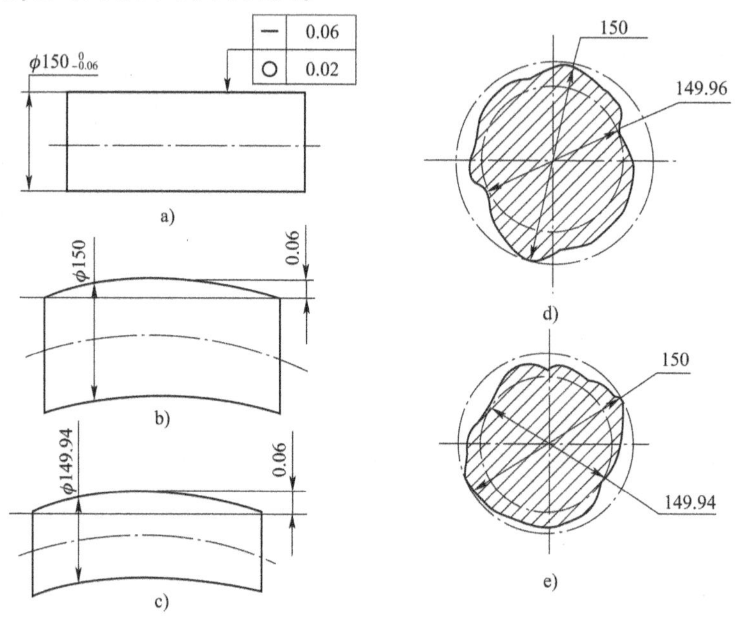

图6-120　独立原则应用于几何公差

2)包容要求

包容要求是适用于单一尺寸要素的尺寸公差与几何公差相互有关的一种相关要求，适用于圆柱表面或两平行对应面。

采用包容要求的尺寸要素，应在其尺寸极限偏差或公差带代号之后加注Ⓔ。

采用包容要求的尺寸要素，其实际(提取)轮廓应遵守(不超越)最大实体边界(MMB)，即其体外拟合尺寸(d_{ae}、D_{ae})不超出最大实体尺寸(MMS_d、MMS_D)，且其局部尺寸不超出最小实体尺寸(LMS_d、LMS_D)，即：

对于外尺寸要素(轴)：　$d_{ae}\leqslant MMS_d=d_U$，

且　$d''\geqslant LMS_d=d_L$

对于内尺寸要素(孔)：　$D_{ae}\geqslant MMS_D=D_L$，

且　$D'\leqslant LMS_D=D_U$

例如，图6-121a)所示轴的直径尺寸 $\phi60^{0}_{-0.03}$Ⓔ表示轴的尺寸公差采用包容要求，则该轴应该满足下列要求：

$$d_{ae}\leqslant MMS_d=d_U=60\text{mm}$$

且　　　　　　　　　　$d' \geqslant LMS_d = d_L = 59.97mm$

图6-121b)～d)分别列出了该轴在满足上述条件下,轴向截面和横向截面内允许出现的几种典型的极限状况。

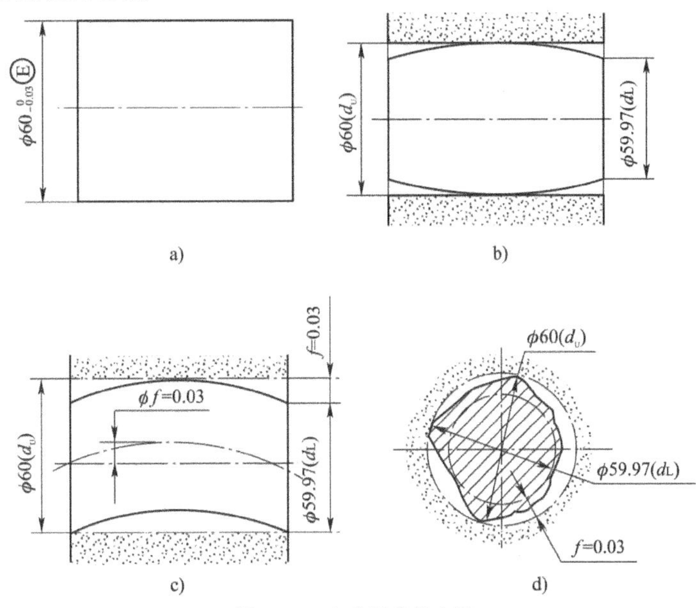

图6-121　包容要求的应用

图6-122a)所示孔的直径尺寸 $\phi60_{0}^{+0.03}$ Ⓔ表示孔的尺寸公差采用包容要求,则该孔应满足下列要求:

$$D_{ae} \geqslant MMS_D = D_L = 60mm,$$

且　　　　　　　　　　$D' \leqslant LMS_D = D_U = 60.03mm$

图6-122b)～d)分别列出了孔在满足上述条件下,轴向截面和横向截面内允许出现的几种典型的极限情况。

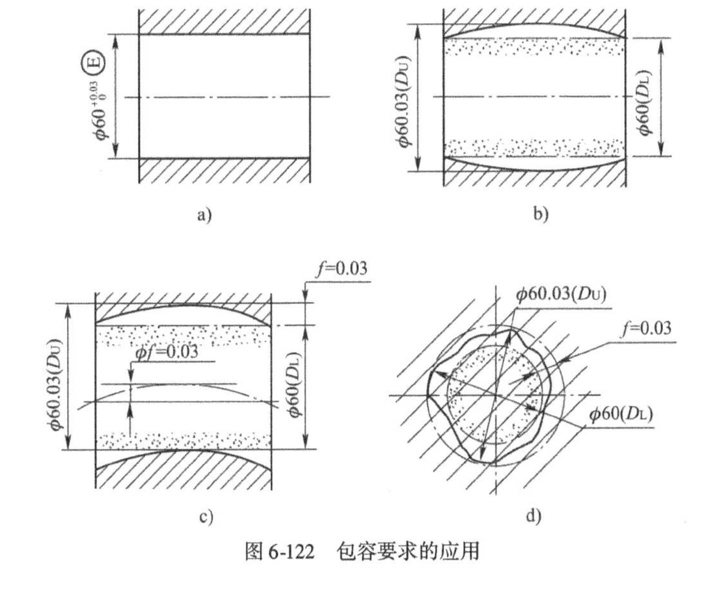

图6-122　包容要求的应用

在上述两例中，轴、孔的体外拟合尺寸不得超出最大实体尺寸，也就是轴、孔的实际（提取）轮廓不得进入图中由双点画线所限定的点影区域。双点画线所表示的理想圆柱面就是光滑极限量规的通规所模拟的最大实体边界（MMB）。

3）最大实体要求

最大实体要求是一种导出要素的几何公差与相应尺寸要素的尺寸公差相互有关的设计要求。

最大实体要求既可以应用于被测要素，也可以应用于基准要素。

最大实体要求应用于被测要素时，被测导出要素的几何公差与其相应的组成（尺寸）要素的尺寸公差相关，并应在被测导出要素几何公差框格第2格的几何公差值后加注符号Ⓜ，如图6-123a）所示。最大实体要求应用于基准导出要素时，被测导出要素的几何公差带的方向或位置与基准导出要素的几何公差和其相应的尺寸要素的尺寸公差的综合结果相关，并应在被测导出要素几何公差框格内相应基准字母代号后加注符号Ⓜ，如图6-123b）所示。

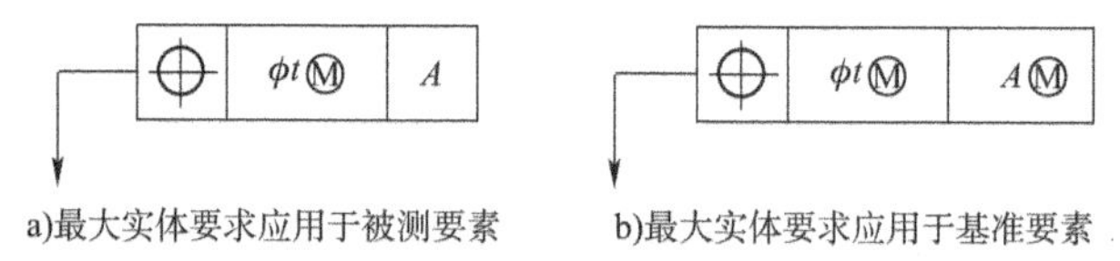

图6-123 最大实体要求的标注

（1）最大实体要求应用于被测要素。

最大实体要求应用于被测要素时，被测导出要素的几何公差与其相应的尺寸要素的尺寸公差相关。该尺寸要素的实际（提取）轮廓应遵守最大实体实效边界，即其体外拟合尺寸不得超出其最大实体实效尺寸；同时，其局部尺寸不得超出其最大实体尺寸和最小实体尺寸。

据此，被测导出要素的几何误差及其相应的尺寸要素的尺寸的综合的合格条件可以分为最大实体要求用于被测要素的形状公差、方向公差和位置公差3种情况，见表6-4。

最大实体要求的合格条件 表6-4

最大实体要求应用对象		（被测要素的）提取组成要素			
		体外拟合尺寸的合格条件（遵守MMVB）		局部尺寸的合格条件	
		规则C	规则D	规则A	规则B
用于被测要素的形状公差	外要素	$d_{ae} \leqslant MMVS_d$	—	$MMS_d = d_U \geqslant d'$	$d' \geqslant LMS_d = d_L$
	内要素	$D_{ae} \geqslant MMVS_D$	—	$MMS_D = D_L \leqslant D'$	$D' \leqslant LMS_D = D_U$
应用于被测要素的方向公差	外要素	—	$d'_{ae} \leqslant MMVS_d$	$MMS_d = d_U \geqslant d'$	$d' \geqslant LMS_d = d_L$
	内要素	—	$D'_{ae} \geqslant MMVS_D$	$MMS_D = D_L \leqslant D'$	$D' \leqslant LMS_D = D_U$
应用于被测要素的位置公差	外要素	—	$d''_{ae} \leqslant MMVS_d$	$MMS_d = d_U \geqslant d'$	$d' \geqslant LMS_d = d_L$
	内要素	—	$D''_{ae} \geqslant MMVS_D$	$MMS_D = D_L \leqslant D'$	$D' \leqslant LMS_D = D_U$

注：《产品几何技术规范（GPS）几何公差 最大实体要求（MMR）、最小实体要求（LMR）和可逆要求（RPR）》（GB/T 16671—2018）中用规则A、规则B、规则C和规则D说明最大实体要求的合格条件。上表根据被测要素是内要素还是外要素，将应用于不同情况下的最大实体要求的合格条件转化为公式形式。

【例 6-1】 圆柱形轴、孔的轴线直线度公差采用最大实体要求。

图 6-124a)所示为一公称尺寸等于 $\phi35$mm 的圆柱配合。

图 6-124b)表示该配合的轴 $\phi35^{0}_{-0.1}$的轴线直线度公差采用最大实体要求($\phi0.1$ Ⓜ)。当该轴处于最大实体状态(MMC)时,其轴线的直线度公差为 ϕt Ⓜ $=\phi0.1$mm。若轴的局部尺寸向最小实体尺寸方向偏离最大实体尺寸,即小于最大实体尺寸 $MMS_d=35$mm,则其轴线直线度误差可以超出图样给出的公差值 $\phi0.1$mm,但是,必须保证该轴的体外拟合尺寸 d_{ae}不超出(不大于)轴的最大实体实效尺寸 $MMVS_d=MMS_d+t$ Ⓜ $=35+0.1=35.1$mm,即其实际(提取)轮廓不得进入由双点画线表示的圆柱面最大实体实效边界($MMVB_d$),如图 6-124c)所示。所以,当轴的局部尺寸处处相等时,它对最大实体尺寸 $MMS_d=35$mm 的偏离量就等于其轴线直线度公差的增加值。当轴的局部尺寸处处等于其最小实体尺寸 $LMS_d=35.9$mm,即处于最小实体状态(LMC)时,其直线度公差可达最大值,且等于给出的轴线直线度公差 ϕtⓂ和尺寸要素(轴)的尺寸公差 T_d 之和,$t=\phi t$ Ⓜ $+T_d=0.1+0.1=0.2$mm。

图 6-124d)表示该配合的孔 $\phi35^{+0.3}_{+0.2}$的轴线直线度公差采用最大实体要求($\phi0.1$ Ⓜ)。当该孔处于最大实体状态(MMC)时,其轴线的直线度公差为 ϕt Ⓜ $=\phi0.1$mm。若孔的局部尺寸向最小实体尺寸方向偏离最大实体尺寸,即大于最大实体尺寸 $MMS_D=35.2$mm,则其轴线直线度误差可以超出图样给出的公差值 $\phi0.1$mm,但是,必须保证该孔的体外拟合尺寸 D_{ae}不超出(不小于)孔的最大实体实效尺寸 $MMVS_D=MMS_D-t$ Ⓜ $=35.2-0.1=35.1$mm,即其实际(提取)轮廓不得进入由双点画线表示的圆柱面最大实体实效边界($MMVB_D$),如图 6-124e)所示。所以,当孔的局部尺寸处处相等时,它对最大实体尺寸 $MMS_D=35.2$mm 的偏离量就等于其轴线直线度公差的增加值。当孔的局部尺寸处处等于其最小实体尺寸 $LMS_D=35.3$mm,即处于最小实体状态(LMC)时,其直线公差可达最大值,且等于给出的轴线直线度公差ϕt Ⓜ和尺寸要素(孔)的尺寸公差 T_h之和,$t=\phi t$ Ⓜ $+T_h=0.1+0.1=0.2$mm。

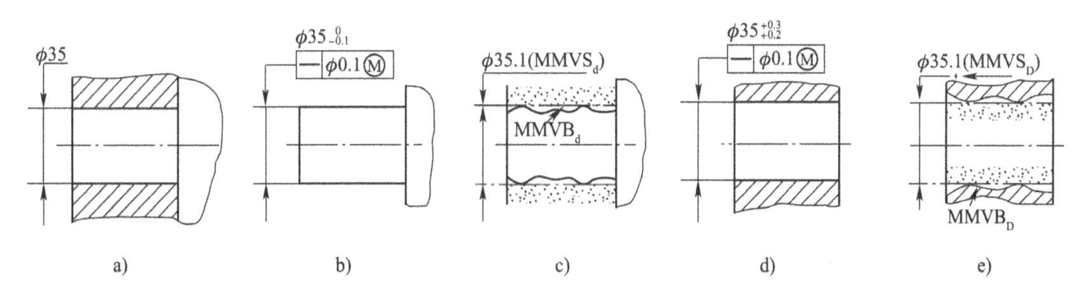

图 6-124 最大实体要求应用于被测要素的形状公差

以轴、孔的尺寸 d、D 为横坐标、轴线直线度为纵坐标,可以画出轴、孔的轴线直线度公差的动态公差图,如图 6-125a)所示。轴的轴线直线度公差与轴的局部尺寸的关系为与横坐标轴成45°的、斜率为负的斜直线。这条斜直线上各点的横坐标值与纵坐标值之和等于轴的最大实体实效尺寸 $MMVS_d=35.1$mm。斜直线与横坐标轴交点的横坐标值也等于轴的最大实体实效尺寸 $MMVS_d=35.1$mm。因此,以横坐标值等于轴的局部尺寸、纵坐标值等于其轴线直线度误差的点落在由上、下极限尺寸(35mm 和 34.9mm)或上、下极限偏差(0 和 -0.1mm)及最大实体实效尺寸($MMVS_d$ =35.1mm)的斜直线所限定的阴影线区域之内时,该轴的轴线直线度误差和局部尺寸的综合结果是合格的。孔的轴线直线度公差与孔的局部尺寸的关系为与横坐标轴成45°的、斜率为正的斜直线。这条斜直线上各点的横坐标值与纵坐标值之差等于孔的最大实体实效尺寸 $MMVS_D$ =35.1mm。斜直线与横坐标轴交点的横坐标值也等于孔的最大实体实效尺寸 $MMVS_D$ =35.1mm。因此,以横坐标值等于孔的局部尺寸、纵坐标值等于其轴线直线度误差的点落在由上、下极限尺寸(35.3mm 和35.2mm)或上、下极限偏差(+0.3mm 和 +0.2mm)及最大实体实效尺寸($MMVS_D$ =35.1mm)的斜直线所限定的阴影线区域之内时,该孔的轴线直线度误差和局部尺寸的综合结果是合格的。

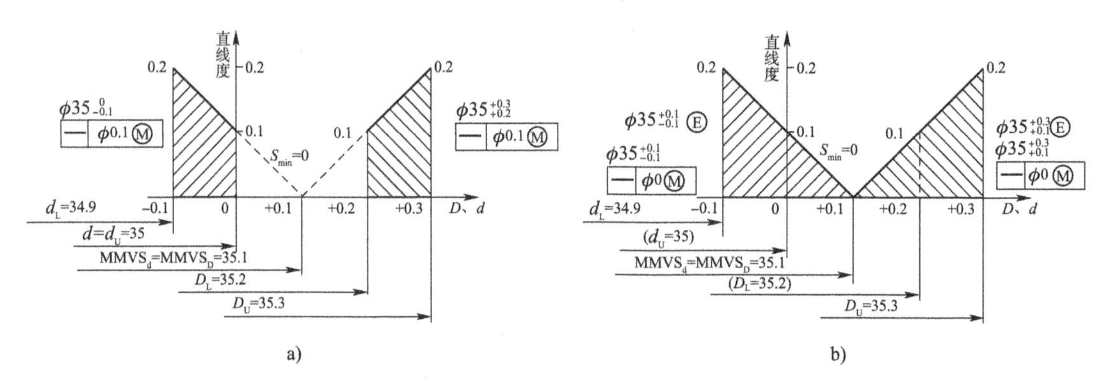

图 6-125 动态公差带图(最大实体要求应用于被测要素的形状公差)

总之,图 6-124b)和图 6-124d)所示轴、孔的轴线直线度和尺寸的综合合格条件是其实际(提取)轮廓分别不得超出图 6-124c)和图 6-124e)中由双点画线表示的圆柱面最大实体实效边界($MMVB_d$和 $MMVB_D$)而进入点影区域,且轴、孔的局部尺寸不超出其上、下极限尺寸,即:

对于轴: $d_{ae} \leqslant MMVS_d = 35.1\text{mm}$

且 $D_U = MMS_d = 35\text{mm} \geqslant d' \geqslant d_L = LMS_d = 34.9\text{mm}$

对于孔: $D_{ae} \geqslant MMVS_D = 35.1\text{mm}$

且 $D_L = MMS_D = 35.2\text{mm} \leqslant D' \leqslant D_U = LMS_D = 35.3\text{mm}$

应该指出,当轴、孔的轴线的采用最大实体要求的直线度公差的给出公差值 tⓂ等于零时,其最大实体实效尺寸等于最大实体尺寸 $MMVS_d = MMS_d$,$MMVS_D = MMS_D$,最大实体实效边界等于最大实体边界 $MMVB_d = MMB_d$,$MMVB_D = MMB_D$。例如,在本示例中,先将轴、孔的最大实体尺寸分别改为原最大实体实效尺寸 $MMVS_d = MMVS_D$ =35.1mm,并将直线度公差改为 ϕ0Ⓜ,则其动态公差图如图 6-125b)所示。这种要求与标注为 $\phi35 \pm 0.1$Ⓔ和 $\phi35^{+0.3}_{+0.1}$Ⓔ的包容要求是完全相同的。因为它们的边界相同给出的几何公差与尺寸公差之和(又称综合公差)相同。因此,对于单一导出要素不允许标注公差值为零的、采用最大实体要求的形状公差,而应在尺寸公差带代号或其极限偏差数值之后加注包容要求的代号Ⓔ。

【例 6-2】 圆柱形轴、孔的轴线的垂直度公差采用最大实体要求。

图 6-126a)所示为一公称尺寸等于 $\phi35$mm、以右侧端面定位的圆柱配合。

图 6-126b)表示 $\phi35^{0}_{-0.1}$的轴线对基准平面 A 的任意方向垂直度公差采用最大实体要求($\phi0.1$ Ⓜ)。当该轴处于最大实体状态(MMC)时,其轴线对基准平面 A 的任意方向垂直度公差为如 ϕt Ⓜ $=\phi0.1$mm,若轴的局部尺寸向最小实体尺寸方向偏离最大实体尺寸,即小于最大实体尺寸 $MMS_d=35$mm,则其轴线对基准平面 A 的任意方向垂直度误差可以超出图样给出的公差值 0.1mm,但是,必须保证该轴的定向体外拟合尺寸 d'_{ae}不超出(不大于)轴的定向最大实体实效尺寸 $MMVS_d=MMS_d+t$ Ⓜ $=35+0.1=35.1$mm,即其实际(提取)轮廓不得进入由双点画线表示的圆柱面定向最大实体实效边界($MMVB_d$)。所以,当轴的局部尺寸处处相等时,它对最大实体尺寸 $MMS_d=35$mm 的偏离量就等于其轴线对基准平面 A 的任意方向垂直度公差的增加值。当轴的局部尺寸处处等于其最小实体尺寸 $LMS_d=34.9$mm,即处于最小实体状态(LMC)时,其轴线对基准平面 A 的任意方向垂直度公差可达最大值,且等于给出的轴线对基准平面 A 的任意方向垂直度公差 t Ⓜ和尺寸要素(轴)的尺寸公差 T_s之和,$t=\phi t$ Ⓜ $+T_d=0.1+0.1=0.2$。

图 6-126d)表示 $\phi35^{+0.3}_{+0.2}$孔的轴线对基准平面 A 的任意方向垂直度公差采用最大实体要求 $\phi0.1$ Ⓜ)。当该孔处于最大实体状态(MMC)时,其轴线对基准平面 A 的任意方向垂直度公差为 ϕt Ⓜ $=\phi0.1$mm。若孔的局部尺寸向最小实体尺寸方向偏离最大实体尺寸,即大于最大实体尺寸 $MMS_D=35.2$mm,则其轴线对基准平面 A 的任意方向垂直度误差可以超出图样给出的公差值 0.1mm,但是,必须保证该孔的定向体外拟合尺寸 D'_{ae}不超出(不小于)孔的定向最大实体实效尺寸 $MMVS_D=MMS_D-t$ Ⓜ $=35.2-0.1=35.1$mm,即其实际(提取)轮廓不得进入由双点画线表示的圆柱面定向最大实体实效边界($MMVB_D$)。所以,当孔的局部尺寸处处相等时,它对最大实体尺寸 $MMS_D=35.2$mm 的偏离量就等于其轴线对基准平面 A 的任意方向垂直度公差的增加值。当孔的局部尺寸处处等于其最小实体尺寸 $LMS_D=35.3$mm,即处于最小实体状态(LMC)时,其轴线对基准平面 A 的任意方向垂直度公差可达最大值,且等于给出的轴线对基准平面 A 的任意方向垂直度公差 t Ⓜ和尺寸要素(轴)的尺寸公差 T_D 之和,$t=\phi t$ Ⓜ $+T_D=0.1+0.1=0.2$mm。

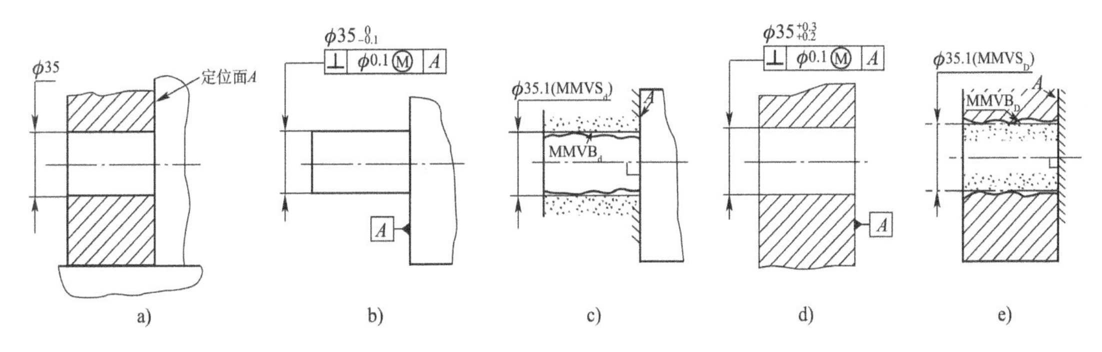

图 6-126　最大实体要求应用于被测要素的方向公差

图 6-126b)和图 6-126d)所示轴、孔的轴线对基准平面 A 的任意方向垂直度动态公差图与图 6-125a)是相同的。

总之,图 6-126b)和图 6-126d)所示轴、孔的轴线对基准平面 A 的任意方向垂直度和尺寸的综合合格条件是其实际(提取)轮廓分别不得超出图 6-126c)、图 6-126e)中由双点画线表示的圆柱面定向最大实体实效边界($MMVB_d$和 $MMVB_D$)而进入点影区域,且轴、孔的局部尺寸不超出其上、下极限尺寸,即:

对于轴: $d'_{ae} \leqslant MMVS_d = 35.1mm$

且 $MMS_d = d_U \geqslant d' \geqslant LMS_d = d_L = 34.9mm$

对于孔: $D'_{ae} \geqslant MMVS_D = 35.1mm$

且 $MMS_D = D_L \leqslant D' \leqslant LMSD = D_L = 35.3m$

【例 6-3】 圆柱形轴、孔的轴线位置度公差采用最大实体要求。

图 6-127a)所示为一公称尺寸等于 $\phi35mm$、以右侧端面和底面定位的圆柱配合。

图 6-127b)表示 $\phi35mm$ 轴的轴线对由两个基准平面 A、B 组成的基准体系的任意方向位置度公差采用最大实体要求($\phi0.1$ Ⓜ)。当该轴处于最大实体状态(MMC)时,其轴线对基准平面 A、B 的任意方向位置度公差为 ϕt Ⓜ $= \phi0.1mm$。若轴的局部尺寸向最小实体尺寸方向偏离最大实体尺寸,即小于最大实体尺寸 $MMS_d = 35mm$,则其轴线对基准平面 A、B 的任意方向位置度误差可以超出图样给出的公差值 0.1mm,但是,必须保证该轴的定位体外拟合尺寸 d''_{ae}不超出(不大于)轴的定位最大实体实效尺寸 $MMVS_d = MMS_d + t$ Ⓜ $= 35 + 0.1 = 35.1mm$。所以,当轴的局部尺寸处处相等时,它对最大实体尺寸 $MMS_d = 35mm$ 的偏离量就等于其轴线对基准平面 A、B 的任意方向位置度公差的增加值。当轴的局部尺寸处处等于其最小实体尺寸 $LMS_d = 34.9mm$,即处于最小实体状态(LMC)时,其轴线对基准平面 A、B 的任意方向位置度公差可达最大值,且等于给出轴线对基准平面 A、B 的任意方向位置度公差 t Ⓜ 和尺寸要素(轴)的尺寸公差 T_s之和,$t = \phi t$ Ⓜ $+ T_s = 0.1 + 0.1 = 0.2mm$。

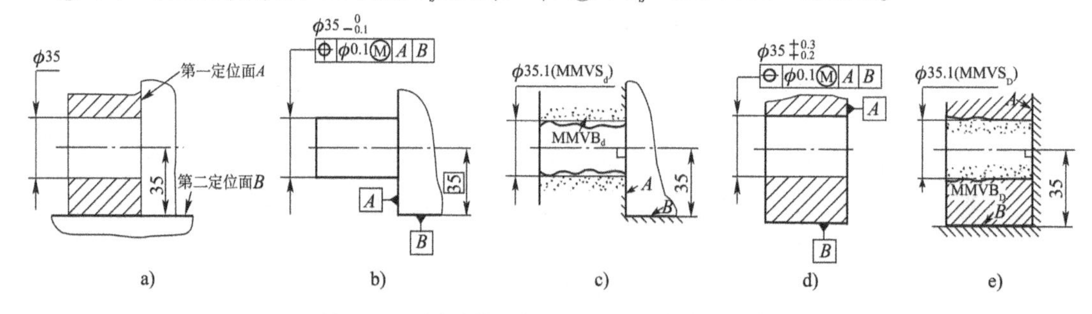

图 6-127 最大实体要求应用于被测要素的位置公差

图 6-127d)表示 $\phi35^{+0.2}_{+0.3}$孔的轴线对由两个基准平面 A、B 组成的基准体系的任意方向位置度公差采用最大实体要求($\phi0.1$)。当该孔处于最大实体状态(MMC)时,其轴线对基准平面 A、B 的任意方向位置度公差为 ϕt Ⓜ $= \phi0.1mm$。若孔的局部尺寸向最小实体尺寸方向偏离最大实体尺寸,即大于最大实体尺寸 $MMS_D = 35.2mm$,则其轴线对基准平面 A、B 的任意方向位置度误差可以超出图样给出的公差值 0.1mm。但是必须保证该孔的定位体外拟合尺寸 D''_{ae}不超出(不小于)孔的定位最大实体实效尺寸 $MMVS_D = MMS_D - t$ Ⓜ $= 35.2 - 0.1 = 35.1mm$。所以,当孔的局部尺寸处处相等时,它对最大实体尺寸 $MMS_D = 35.2mm$ 的偏离量就等于其轴线对基准平面 A、B 的任意方向位置度公差的增加值。当孔的局部尺寸处处等于其最小实体尺寸 $LMS_D = 35.3mm$,即处于最小实体状态 LMC 时,其轴线对基准平面 A、B 的任意方向位置度公差可达最大值,且等于给出的轴线对基准平面 A、B 的任意方向位置度公

差 t Ⓜ和尺寸要素(孔)的尺寸公差 T_D 之和,$t = \phi t$ Ⓜ $+ T_D = 0.1 + 0.1 = 0.2$mm。

图 6-127b)和图 6-127d)所示轴、孔的轴线对基准平面 A、B 的任意方向位置度公差的动态公差图也与图 6-125 相同。

总之,图 6-127b)和图 6-127d)所示轴、孔的轴线对基准平面 A、B 的任意方向位置度及其尺寸的综合合格条件是其实际(提取)轮廓分别不得超出图 6-127c)和图 6-127d)中由双点画线表示的圆柱面定位最大实体实效边界($MMVB_d$ 和 $MMVB_D$)而进入点影区域,且轴、孔的局部尺寸不超出其上、下极限尺寸,即:

对于轴:　$d''_{ae} \leqslant MMVS_d = 35.1$mm

且　$MMS_d = d_U = 35\text{mm} \geqslant d' \geqslant LMS_d = d_L = 34.9$mm

对于孔:　$D''_{ae} \geqslant MMVS_D = 35.1$mm

且　$MMS_D = D_L = 35.2\text{mm} \leqslant D' \leqslant LMS_D = D_U = 35.3$mm

(2)可逆的最大实体要求应用于被测要素。

(GB/T 16671—2018)规定:可逆要求是最大实体要求(MMR)或最小实体要求(LMR)的附加要求,表示尺寸公差可以在实际几何误差小于几何公差之间的差值范围内增大。

可逆的最大实体要求应用于被测要素时,被测导出要素相应尺寸要素的实际(提取)轮廓应遵守其最大实体实效边界。不仅当其局部尺寸向最小实体尺寸方向偏离最大实体尺寸时,允许其几何误差值超出在最大实体状态下给出的几何公差值,即几何公差值可以增大,而且,当被测导出要素的几何误差值小于给出的几何公差值时,也允许其相应组成要素的局部尺寸超出最大实体尺寸,即相应的尺寸要素的尺寸公差也可以增大。此时,被测导出要素的几何误差和其相应尺寸要素尺寸的综合合格条件是:体外拟合尺寸不超出最大实体实效尺寸,且局部尺寸不超出最小实体尺寸。

据此,被测导出要素的几何误差及其相应的尺寸要素的尺寸的综合的合格条件可以分为可逆的最大实体要求用于被测要素的形状公差、方向公差和位置公差 3 种情况,见表 6-5。

可逆的最大实体要求的合格条件　　表 6-5

最大实体要求应用对象		(被测要素的)提取组成要素			
		体外拟合尺寸的合格条件(遵守 MMVB)		局部尺寸的合格条件	
		规则 C	规则 D	规则 A	规则 B
用于被测要素的形状公差	外要素	$d_{ae} \leqslant MMVS_d$	—	—	$d' \geqslant LMS_d = d_L$
	内要素	$D_{ae} \geqslant MMVS_D$	—	—	$D' \leqslant LMS_D = D_U$
应用于被测要素的方向公差	外要素	—	$d'_{ae} \leqslant MMVS_d$	—	$d' \geqslant LMS_d = d_L$
	内要素	—	$D'_{ae} \geqslant MMVS_D$	—	$D' \leqslant LMS_D = D_U$
应用于被测要素的位置公差	外要素	—	$d''_{ae} \leqslant MMVS_d$	—	$d' \geqslant LMS_d = d_L$
	内要素	—	$D''_{ae} \geqslant MMVS_D$	—	$D' \leqslant LMS_D = D_U$

注:可逆要求用于最大实体要求,规则 A 失效,规则 B、规则 C 和规则 D 仍然有效。

采用可逆的最大实体要求，应在被测导出要素的几何公差框格中的公差值后加注符号ⓂⓇ，如图6-128所示。

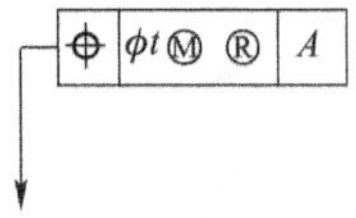

上述【例6-1】~【例6-3】均可根据需要采用可逆的最大实体要求。

例如，将【例6-1】中图6-124b)和图6-124d)的标注均改为ϕ0.1 ⓂⓇ，则其动态公差图与图6-125b)相同。由此可见，采用可逆要求可以扩大导出要素的几何公差和其相应尺寸要素尺寸的综合合格区域，从而提高生产的经济效益。

图6-128　可逆的最大实体要求的标注

(3)最大实体要求应用于关联基准要素。

最大实体要求应用于关联基准要素，基准要素应为导出(中心)要素。

最大实体要求应用于基准导出要素时，基准导出要素的相应尺寸要素应遵守规定的边界。若该相应尺寸要素的实际(提取)轮廓偏离其规定的边界，即其体外拟合尺寸偏离其规定的边界尺寸，并不允许被测导出要素的几何公差增大，而只允许实际(提取)基准导出要素相对于理想基准导出要素在一定范围内浮动，其浮动范围等于实际基准导出要素的相应尺寸要素的体外拟合尺寸与其规定的边界尺寸之差。

由此可见，最大实体要求应用于基准导出要素的概念与最大实体要求应用于被测导出要素的概念是完全不同的。前者是当基准导出要素相应尺寸要素的实际(提取)轮廓偏离规定的边界时，允许实际基准导出要素的浮动，从而允许基准尺寸要素的边界相对于实际基准中心要素在一定范围内浮动。由于这种允许浮动并不相应地改变被测导出要素相应尺寸要素的边界尺寸，因此，基准导出要素相应尺寸要素的实际(提取)轮廓对其规定边界的偏离并不允许增大被测导出要素的方向或位置公差值，而只允许其方向或位置公差带产生浮动。而后者(最大实体要求应用于被测要素)是被测导出要素相应的尺寸要素的实际(提取)轮廓向最小实体状态方向对最大实体状态的偏离，将允许被测导出要素的几何公差值增大。

最大实体要求应用于基准导出要素时，其相应尺寸要素的实际(提取)轮廓应遵守的边界有两种情况：

①基准导出要素本身没有标注几何公差，或虽已标注几何公差，但未采用最大实体要求，即未标注Ⓜ时，其相应的尺寸要素应遵守最大实体边界(MMB)。此时，基准代号应标注在该尺寸要素的尺寸线处，基准代号的连线应与该尺寸线对齐。

重要提示：最大实体要求应用于基准导出要素的第1种情况，相当于其相应的尺寸要素遵守包容要求。

②基准导出要素本身的几何公差采用最大实体要求时，其相应尺寸要素应遵守最大实体实效边界(MMVB)。此时，基准代号应直接标注在形成该最大实体实效边界的基准导出要素的几何公差框格的下方。

图6-129a)表示$4\times\phi8_{0}^{+0.1}$均布4孔孔组对基准轴线A的任意方向位置度公差采用最大实体要求ϕ0.2 Ⓜ，且基准轴线A本身没有标注几何公差，所以基准轴线A相应的尺寸要素$\phi20_{-0.05}^{0}$，轴应遵守其最大实体边界MMB_d，边界尺寸为其最大实体尺寸$MMS_d=20mm$，基准代号标注在$\phi20_{-0.05}^{0}$轴的尺寸线上，其连线与该尺寸线对齐。

图 6-129b)表示 $4\times\phi8_{0}^{+0.1}$ 均布4孔孔组对基准轴线 A 的任意方向位置度公差采用最大实体要求 $\phi0.2$ Ⓜ,且基准轴线 A 本身标有采用最大实体要求的直线度公差 $\phi0.05$ Ⓜ,所以基准轴线 A 相应的尺寸要素 $\phi20_{-0.05}^{0}$ 轴应遵守其最大实体实效边界 $MMVB_d$,边界尺寸为其最大实体实效尺寸 $MMVS_d=20.05$mm,基准代号标注在该直线度公差框格的下方。具体要求见表 6-6。

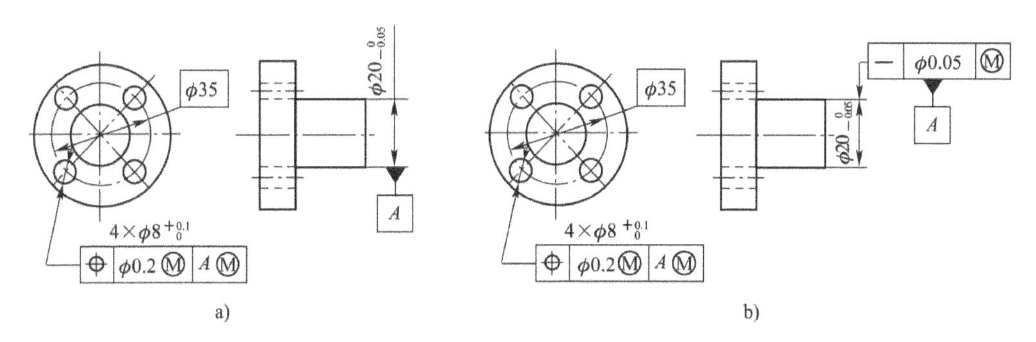

图 6-129　最大实体要求应用于基准要素

GB/T 16671—2018 对最大实体要求应用于关联基准要素所作的规定　　表 6-6

基准要素	(基准要素的)提取组成要素		
	体外拟合尺寸的合格条件(遵守 MMVB)	最大实体实效尺寸(基准要素遵守的边界)	
	规则 E	规则 F	规则 G
		1. 基准导出要素没有几何公差要求; 2. 基准导出要素注有几何公差,但没有符号Ⓜ	基准导出要素注有形状公差,且其后有符号Ⓜ
外要素	$d_{ae}\leqslant MMVS_d$	$MMVS_d=MMS_d=d_U$ (MMVB→MMB)	$MMVS_d=MMS_d+t$ Ⓜ (MMVB)
内要素	$D_{ae}\geqslant MMVS_D$	$MMVS_D=MMS_D=D_L$ (MMVB→MMB)	$MMVS_d=MMS-t$ Ⓜ (MMVB)

注:1. 表中根据基准要素是内要素还是外要素,将应用了最大实体要求的基准要素的表面遵守的规则转化为公式形式。

2. 规则 E 规定基准要素表面遵守最大实体实效边界,规则 F 与规则 E 并不矛盾。在规则 F 规定的条件下,最大实体实效尺寸等于最大实体尺寸,因此最大实体实效边界即最大实体边界。

3. 规则 G 说明基准尺寸要素应遵守最大实体实效边界(MMVB),但只由形状公差计算基准要素的最大实体实效尺寸是不全面的。

【例 6-4】　最大实体要求应用于被测要素的同轴度公差,同时应用于基准要素。

图 6-130a)表示由两台阶轴、孔形成的,直径分别等于 $\phi70$mm 和 $\phi35$mm 的两圆柱配合。

图 6-130b)表示台阶轴的大端直径 $d=\phi70_{-0.1}^{0}$,小端直径 $d_1=\phi35_{-0.1}^{0}$,且给出了小端圆柱轴的轴线对大端圆柱轴的轴线(基准轴线 A)的采用最大实体要求的同轴度公差 $\phi0.1$ Ⓜ,同时,最大实体要求也应用于基准轴线 A Ⓜ。

图 6-130c)表示台阶孔的大端直径 $D=\phi70_{0}^{+0.1}$,小端直径 $D_1=\phi35_{+0.2}^{+0.3}$,且给出了小端圆柱孔的轴线对大端圆柱孔的轴线(基准轴线 A)的采用最大实体要求的同轴度公差 $\phi0.1$ Ⓜ,同时,最大实体要求也应用于基准轴线 A Ⓜ。

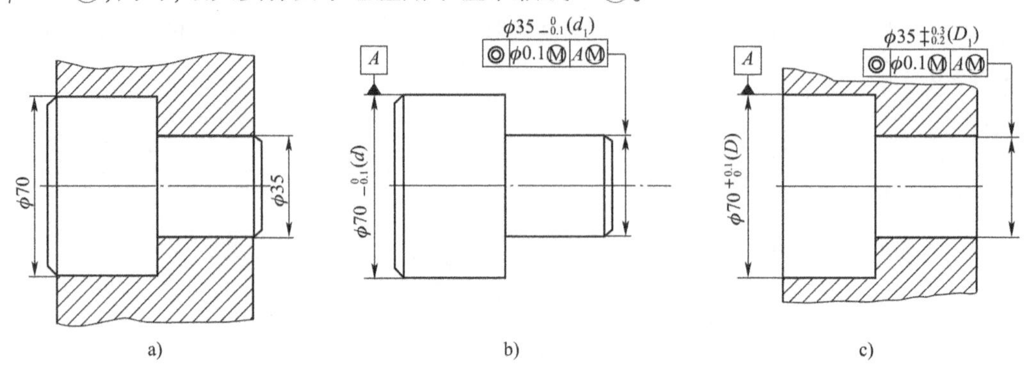

图 6-130　台阶轴、孔配合图及其零件图

对于台阶轴,根据最大实体要求应用于被测要素的规定,小端圆柱轴的实际(提取)轮廓应遵守其定位最大实体实效边界 $MMVB_d$,即以基准轴线为轴线、尺寸等于轴的最大实体实效尺寸 $MMVS_{d_1}=35+0.1=35.1mm$ 的圆柱面;根据最大实体要求应用于基准要素的规定,由于基准轴线 A 未标注几何公差,因此其相应的尺寸要素(大端圆柱轴)应遵守其最大实体边界,即直径等于其最大实体尺寸 $MMS_d=\phi70mm$ 的圆柱面。该两边界如图 6-131a)中双点划线所示。台阶轴的实际(提取)轮廓不得进入图中的点影区域。

对于台阶孔,根据最大实体要求应用于被测要素的规定,小端圆柱孔的实际(提取)轮廓应遵守其定位最大实体实效边界 $MMVB_{D_1}$,以基准轴线为轴线、尺寸等于孔的最大实体实效尺寸 $MMVS_{D_1}=35.2-0.1=35.1mm$ 的圆柱面;根据最大实体要求应用于基准要素的规定,由于基准轴线 A 未标注几何公差,因此,其相应的尺寸要素(大端圆柱孔)应遵守其最大实体边界,即直径等于其最大实体尺寸 $MMS_D=\phi70mm$ 的圆柱面。该两边界如图 6-131b)中双点画线所示。台阶孔的实际(提取)轮廓不得进入图中的点影区域。

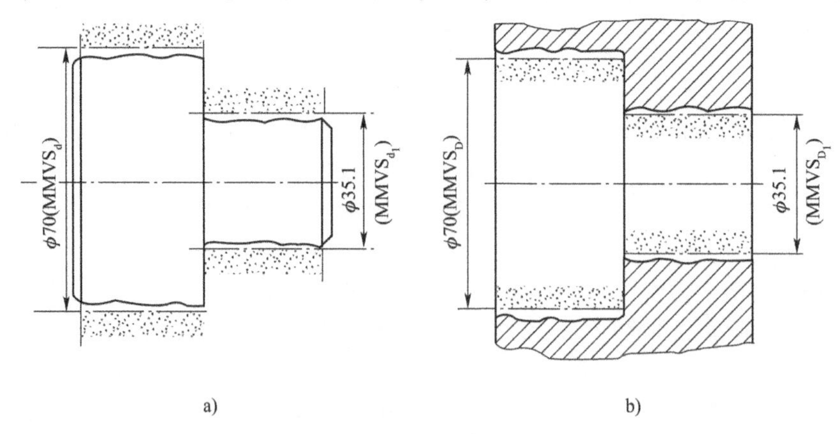

图 6-131　台阶轴、孔小端实际(提取)圆柱面和大端实际(提取)圆柱面遵守的边界

两台阶轴、孔的小端轴、孔轴线的采用最大实体要求的同轴度公差的概念如前面所

述。下面以台阶轴为例,着重分析最大实体要求应用于基准要素时实际基准要素浮动的概念。

若基准导出要素相应尺寸要素的实际(提取)轮廓正好处于其最大实体状态 MMC,且具有理想形状(圆柱形),则它与给定的最大实体边界完全一致,即实际基准轴线与理想基准轴线重合,对被测要素的同轴度公差没有影响,如图 6-132a)所示。

若基准导出要素相应尺寸要素的实际(提取)轮廓偏离了其最大实体状态,即局部尺寸处处小于最大实体尺寸,例如 ϕ69.9mm,但其轴线直线度误差等于 0.1mm,则虽然该轴偏离了最大实体状态,但因其体外拟合尺寸正好等于边界尺寸,即最大实体尺寸 ϕ70.0mm,基准导出要素相应尺寸要素的实际(提取)轮廓没有偏离最大实体边界,实际基准轴线仍与理想基准轴线重合,被测要素的同轴度公差仍没有影响,如图 6-132b)所示。

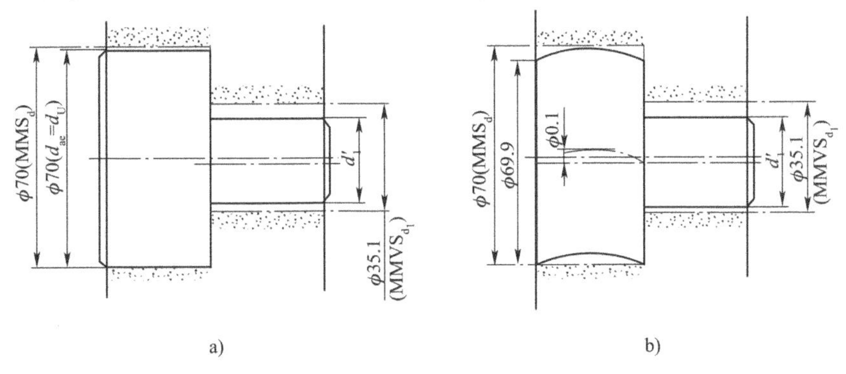

图 6-132　最大实体要求应用于基准要素的分析

若基准导出要素相应尺寸要素的实际(提取)轮廓偏离了其最大实体边界,基准导出要素相应尺寸要素的实际(提取)轮廓才可能相对于最大实体边界浮动,即实际基准轴线相对于理想基准轴线浮动。

图 6-133a)表示,基准导出要素相应尺寸要素的局部尺寸处处等于其最小实体尺寸 $LMS_d = d_L = \phi69.9$mm 且具有理想形状,则实际基准轴线相对于理想基准轴线允许的浮动范围等于最大实体尺寸与最小实体尺寸之差 70.0 − 69.9 = 0.1mm,即实际基准轴线可以在以理想基准轴线为轴线、直径等于 0.1mm 的圆柱面区域内浮动。

若某零件的小端圆柱的局部尺寸处处等于最小实体尺寸 $LMS_d = 34.9$mm,其轴线对理想基准轴线偏离 0.15mm,即同轴度误差等于 ϕ0.3mm,则它已经超出其同轴度公差的最大值 tⓂ + T_s = 0.1 + 0.1 = 0.2mm,实际(提取)轮廓也已超出其最大实体实效边界,应判定为不合格,如图 6-133b)所示。但是,如果基准轴线 A 相应尺寸要素的实际(提取)轮廓偏离其最大实体边界,例如其局部尺寸处处等于 $d'_0 = 69.9$mm 且具有理想形状,则实际基准轴线对理想基准轴线的允许浮动就可以带动被测小端圆柱轴进入其最大实体实效边界,从而避免干涉的发生而被判为合格,如图 6-134 所示。显然,实际基准轴线对理想基准轴线的偏离可能使被测要素对其的同轴度误差增大。但由于控制被测要素同轴度误差的是对理想基准轴线同轴的最大实体实效边界,因此,只要被测实际(提取)轮廓不超出规定的边界,它一定能满足可装配性的要求,被测导出要素的同轴度就是合格的。

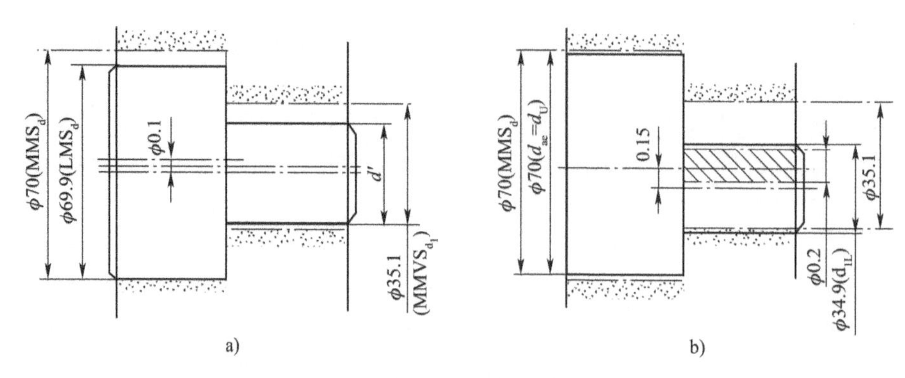

图 6-133　最大实体要求应用于基准要素的分析

4）最小实体要求

最小实体要求（LMR）是另一种被测导出要素的几何公差与相应的尺寸要素的尺寸公差相互有关的设计要求。

最小实体要求既可以应用于被测要素，也可以应用于基准要素。

最小实体要求应用于被测要素时，被测导出要素的几何公差与其相应的组成（尺寸）要素的尺寸公差相关，并应在被测导出要素几何公差框格第 2 格的几何公差值后加注符号Ⓛ，如图 6-135a）所示。最小实体要求应用于基准导出要素时，被测导出要素的几何公差带的方向或位置与基准导出要素的几何公差和其相应的尺寸要素的尺寸公差的综合结果相关，并应在被测导出要素几何公差框格内相应基准字母代号后加注符号Ⓛ，如图 6-135b）所示。

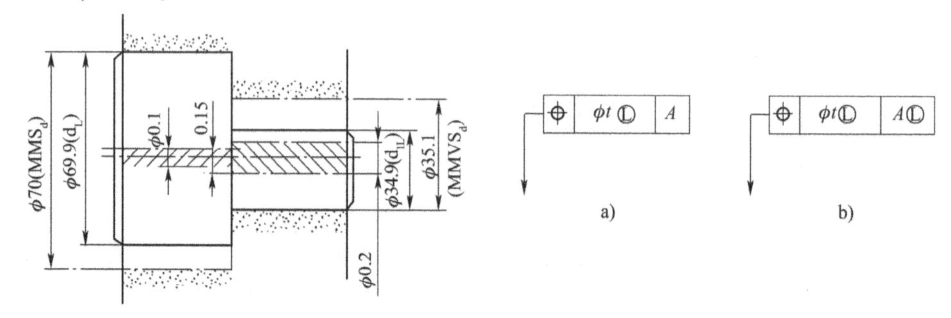

图 6-134　最大实体要求应用于基准要素的分析　　图 6-135　最小实体要求的标注

最小实体要求可以分别应用于被测要素和基准要素，也可以同时应用于被测要素和基准要素。

（1）最小实体要求应用于被测要素。

最小实体要求应用于被测要素时，被测导出要素的几何公差与其相应的尺寸要素的尺寸公差相关。该尺寸要素的实际（提取）轮廓应遵守最小实体实效边界，即其体内拟合尺寸不得超出其最小实体实效尺寸；同时，其局部尺寸不得超出其最大实体尺寸和最小实体尺寸。

据此，被测导出要素的几何误差及其相应的尺寸要素的尺寸的综合的合格条件可以分为最小实体要求用于被测要素的形状公差、方向公差和位置公差 3 种情况，见表 6-7。

最小实体要求的合格条件 表 6-7

最小实体要求应用对象		(被测要素的)提取组成要素			
		体外拟合尺寸的合格条件(遵守 MMVB)		局部尺寸的合格条件	
		规则 J	规则 K	规则 H	规则 I
用于被测要素的形状公差	外要素	$d_{ai} \geqslant LMVS_d$	—	$LMS_d = d_L \leqslant d'$	$d' \leqslant MMS_d = d_U$
	内要素	$D_{ai} \leqslant LMVS_D$	—	$LMS_D = D_U \geqslant D'$	$D' \geqslant MMS_D = D_L$
应用于被测要素的方向公差	外要素	—	$d'_{ai} \geqslant LMVS_d$	$LMS_d = d_L \leqslant d'$	$d' \leqslant MMS_d = d_U$
	内要素	—	$D'_{ai} \leqslant LMVS_D$	$LMS_D = D_U \geqslant D'$	$D' \geqslant MMS_D = D_L$
应用于被测要素的位置公差	外要素	—	$d''_{ai} \geqslant LMVS_d$	$LMS_d = d_L \leqslant d'$	$d' \leqslant MMS_d = d_U$
	内要素	—	$D''_{ai} \leqslant LMVS_D$	$LMS_D = D_U \geqslant D'$	$D' \geqslant MMS_D = D_L$

注:GB/T 16671—2018 中用规则 H、规则 I、规则 J 和规则 K 说明最小实体要求的合格条件。上表根据被测要素是内要素还是外要素,将应用于不同情况下的最小实体要求的合格条件转化为公式形式。

【例 6-5】 最小实体要求应用于被测要素的位置度公差。

图 6-136a)所示厚壁圆筒的直径等于 $\phi70^{0}_{-0.1}$ 的外圆柱面轴线对直径等于 $\phi35^{+0.1}_{0}$ 的内孔轴线的位置(同轴度)公差采用最小实体要求 $\phi0.1$Ⓛ。外圆柱面的实际(提取)轮廓应遵守其最小实体实效边界 $LMVB_d$,即以基准轴线为轴线的直径等于其最小实体实效尺寸 $LMVS_d = LMS_d - \phi t$Ⓛ$ = (70 - 0.1) - 0.1 = 69.8$mm 的圆柱面。基准轴线是内孔实际(提取)轮廓的拟合圆柱面的轴线 A,如图 6-136b)所示。圆柱面的实际(提取)轮廓不得进入图示的点影区域。图 6-137 是外圆柱面轴线的动态公差图。

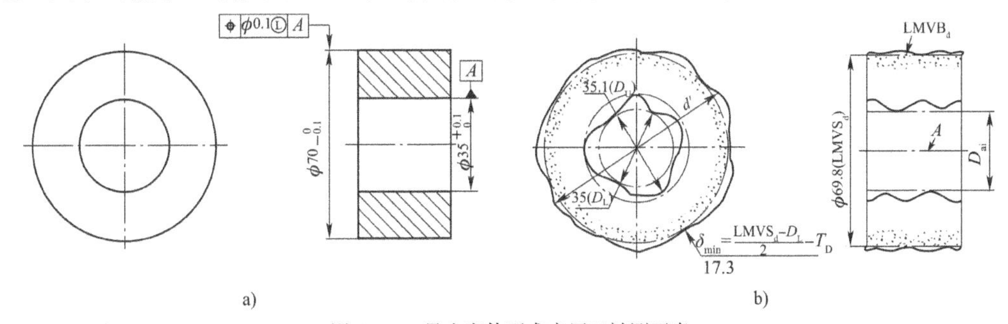

图 6-136 最小实体要求应用于被测要素

按照图 6-136a)的标注,对基准轴线 A 的内孔没有给出边界,也没有采用相关要求(最大实体要求或最小实体要求),即其直径尺寸 $\phi35^{+0.1}_{0}$ 只控制其局部尺寸。因此,当内孔的某两局部尺寸分别等于其上限尺寸 $D_U = 35.1$mm 和下极限尺寸 $D_L = 35.0$mm 时,套筒的最小壁厚为 $\delta_{min} = \dfrac{(LMVS_d - D_L)}{2} - T_D = \dfrac{(69.8 - 35)}{2} - 0.1 = 17.3$mm,如图 6-136b)中左图所示。

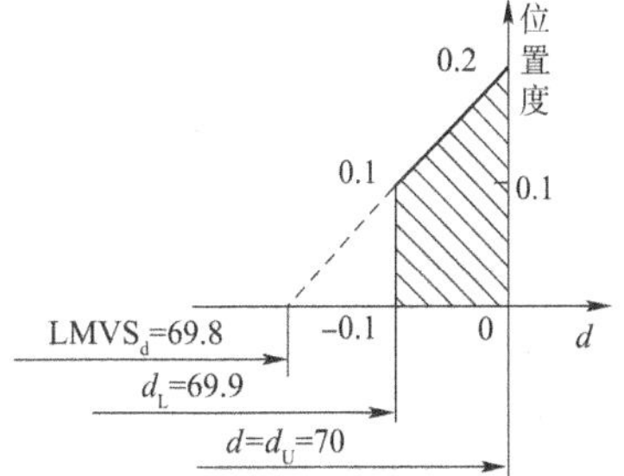

图 6-137 动态公差图(最小实体要求应用于被测要素)

(2)可逆的最小实体要求应用于被测要素。

GB/T 16671—2018 规定,可逆要求(RPR)是最大实

体要求(MMR)或最小实体要求(LMR)的附加要求,表示尺寸公差可以在实际几何误差小于几何公差之间的差值范围内增大。

可逆的最小实体要求应用于被测要素时,被测导出要素相应尺寸要素的实际(提取)轮廓应遵守其最小实体实效边界。不仅当其局部尺寸向最大实体尺寸方向偏离最小实体尺寸时允许其几何误差值超出在最小实体状态下给出的几何公差值,即几何公差值可以增大,而且,当被测导出要素的几何误差值小于给出的几何公差值时,也允许其相应尺寸要素的局部尺寸超出最小实体尺寸,即相应的尺寸要素的尺寸公差也可以增大。

据此,被测导出要素的几何误差及其相应的尺寸要素的尺寸的综合合格条件可以分为可逆的最小实体要求用于被测要素的形状公差、方向公差和位置公差 3 种情况,见表 6-8。

可逆的最小实体要求的合格条件 表 6-8

最小实体要求应用对象		(被测要素的)提取组成要素			
		体外拟合尺寸的合格条件(遵守 MMVB)		局部尺寸的合格条件	
		规则 J	规则 K	规则 H	规则 I
用于被测要素的形状公差	外要素	$d_{ai} \geqslant LMVS_d$	—	—	$d' \leqslant MMS_d = d_U$
	内要素	$D_{ai} \leqslant LMVS_D$	—	—	$D' \geqslant MMS_D = D_U$
应用于被测要素的方向公差	外要素	—	$d'_{ai} \geqslant LMVS_d$	—	$d' \leqslant MMS_d = d_U$
	内要素	—	$D'_{ai} \leqslant LMVS_D$	—	$D' \geqslant MMS_D = D_L$
应用于被测要素的位置公差	外要素	—	$d''_{ai} \geqslant LMVS_d$	—	$d' \leqslant MMS_d = d_U$
	内要素	—	$D''_{ai} \leqslant LMVS_D$	—	$D' \geqslant MMS_D = D_L$

注:可逆要求用于最小实体要求,规则 H 失效,规则 I、规则 J 和规则 K 仍然有效。

采用可逆的最小实体要求,应在被测导出要素的几何公差框格中的公差值后加注符号Ⓛ Ⓡ,如图 6-138 所示。

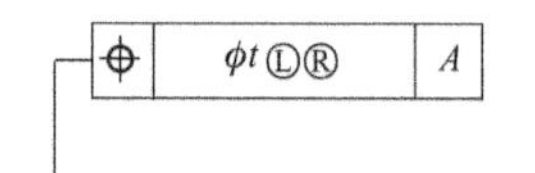

图 6-138 可逆的最小实体要求应用于被测要素的标注

【例 6-6】 可逆的最小实体要求应用于被测要素的位置度公差。

若将图 6-136a)的位置度公差改为采用可逆的最小实体要求 ϕ0.1 Ⓛ Ⓡ,如图 6-139a)所示,则其动态公差图变成图 6-139b),即合格区域扩大成三角形,轴的下极限尺寸 d_L = 69.9mm 不再控制其局部尺寸,而由其最小实体实效尺寸 $LMVS_d$ = 69.8mm 综合控制。

若将轴的下极限尺寸改为其最小实体实效尺寸 $LMVS_d$ = 69.8mm,即将尺寸改为 $\phi70^{0}_{-0.2}$,同时将位置度公差改为 ϕ0.1 Ⓛ [图 6-139a)],即保持其边界尺寸和综合公差(轴线位置度公差和尺寸公差之和)均不改变,则也可表达采用可逆的最小实体要求同样的设计要求。

(3)最小实体要求应用于关联基准要素。

最小实体要求应用于关联基准要素,基准要素应为导出(中心)要素。

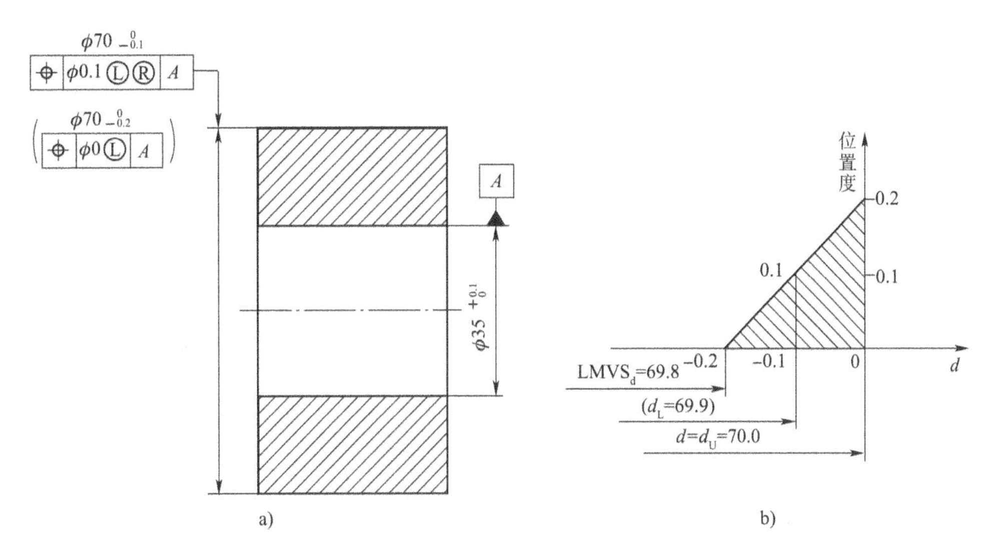

图6-139 可逆的最小实体要求应用于被测要素的位置度公差

最小实体要求应用于基准导出要素时,基准导出要素的相应尺寸要素应遵守规定的边界。若该相应尺寸要素的实际(提取)组成要素偏离其规定的边界,即其体内拟合尺寸偏离其规定的边界尺寸,并不允许被测导出要素的几何公差增大,而只允许实际(提取)基准导出要素相对于理想导出要素在一定范围内浮动,其浮动范围等于基准导出要素的相应尺寸要素的体外拟合尺寸与其规定的边界尺寸之差。

由此可见,最小实体要求应用于基准导出要素的概念与最小实体要求应用于被测导出要素的概念是完全不同的。前者是当基准导出要素相应尺寸要素的实际(提取)组成要素偏离规定的边界时,允许实际基准导出要素的浮动,从而允许基准尺寸要素的边界相对于实际基准中心要素在一定范围内浮动。由于这种允许浮动并不相应地改变被测导出要素的相应尺寸要素规定的边界尺寸,因此,基准导出要素的相应尺寸要素的实际(提取)轮廓对其规定边界的偏离并不允许增大被测导出要素的方向或位置公差值,而只允许其方向或位置公差带产生浮动。而后者(最小实体要求应用于被测要素)是被测导出要素相应的尺寸要素的实际(提取)组成要素向最大实体状态方向对最小实体状态的偏离,将允许被测导出要素的几何公差值增大。

最小实体要求应用于基准导出要素时,其相应尺寸要素的实际(提取)轮廓应遵守的边界有两种情况:

①基准导出要素本身没有标注几何公差,或虽已标注几何公差,但未采用最小实体要求(即未标注Ⓛ)时,其相应的尺寸要素应遵守最小实体边界(LMB)。此时,基准代号应标注在该尺寸要素的尺寸线处,基准代号的连线应与该尺寸线对齐。

②基准导出要素本身的几何公差采用最小实体要求时,其相应尺寸要素应遵守最小实体实效边界(LMVB)。此时,基准代号应直接标注在形成该最小实体实效边界的基准导出要素的几何公差框格的下方。

由此可见,最小实体要求的概念与最大实体要求是相同的。只要把最大实体要求的各项规定中的“最大”改为“最小”、“体外”改为“体内”等就可以了。此外,由于最小实体

要求主要用于保证最小壁厚。具体要求见表6-9。

GB/T 16671—2018 对最小实体要求应用于基准要素所作的规定 表6-9

<table>
<tr><td rowspan="4">基准要素</td><td colspan="3">（基准要素的）提取组成要素</td></tr>
<tr><td>体外拟合尺寸的合格条件（遵守 MMVB）</td><td colspan="2">最小实体实效尺寸
（基准要素遵守的边界）</td></tr>
<tr><td rowspan="2">规则 L</td><td>规则 M</td><td>规则 N</td></tr>
<tr><td>1. 基准导出要素没有几何公差要求；
2. 基准导出要素注有几何公差，但没有符号Ⓜ</td><td>基准导出要素注有形状公差，且其后有符号Ⓜ</td></tr>
<tr><td>外要素</td><td>$d_{ai} \geqslant MMVS_d$</td><td>$LMVS_d = LMS_d = d_L$
（LMVB→LMB）</td><td>$LMVS_d = MMS_d + t$Ⓜ
（LMVB）</td></tr>
<tr><td>内要素</td><td>$D_{ai} \leqslant MMVS_D$</td><td>$LMVS_D = LMS_D = D_U$
（LMVB→LMB）</td><td>$MMVS_d = MMS - t$Ⓜ
（LMVB）</td></tr>
</table>

注：1. 表中根据基准要素是内要素还是外要素，将应用了最小实体要求的基准要素的表面遵守的规则转化为公式形式。

2. 规则 L 规定基准要素表面遵守最小实体实效边界，规则 M 与规则 L 并不矛盾。在规则 M 规定的条件下，最小实体实效尺寸等于最小实体尺寸，因此，最小实体实效边界即最小实体边界。

3. 规则 N 说明基准尺寸要素应遵守最小实体实效边界（LMVB），但只由形状公差计算基准要素的最小实体实效尺寸是不全面的。

【例6-7】 最小实体要求应用于被测要素的位置度公差同时应用于基准要素。

图6-140a）所示厚壁圆筒的直径等于 $\phi70^{0}_{-0.1}$ 的外圆柱面轴线对直径等于的 $\phi35^{+0.1}_{0}$ 内孔轴线的位置度（同轴度）公差采用最小实体要求 $\phi0.1$Ⓛ，而且最小实体要求也应用于基准轴线 AⓁ，则外圆柱面的实际（提取）轮廓应遵守其最小实体实效边界 $LMVB_d$。同时，由于基准轴线 A 没有标注几何公差，所以，内孔圆柱面的实际（提取）轮廓应遵守其最小实体边界 LMB_D。该两边界为直径分别等于轴的最小实体实效尺寸 $LMVS_d = 69.8mm$ 和孔的最小实体尺寸 $LMS_D = 35.1mm$ 的两同轴圆柱面，如图6-140b）所示。外圆柱轴线和内孔轴线的动态公差图如图6-141 所示。由图6-141 可见，轴的最小实体实效边界和孔的最小实体边界可以保证厚壁圆筒的最小壁厚：$\delta_{min} = (LMVS_d - LMS_D)/2 = (69.8 - 35.1)/2 = 17.35mm$。

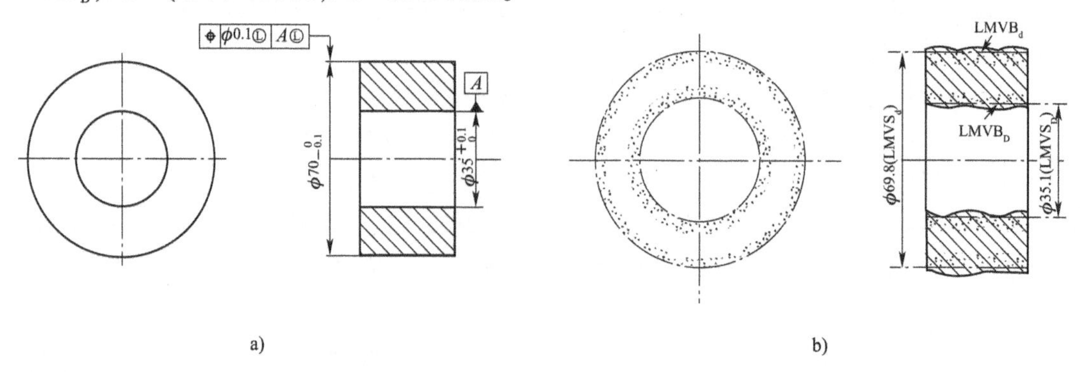

a) b)

图6-140 最小实体要求应用于被测要素的位置度公差同时应用于基准要素

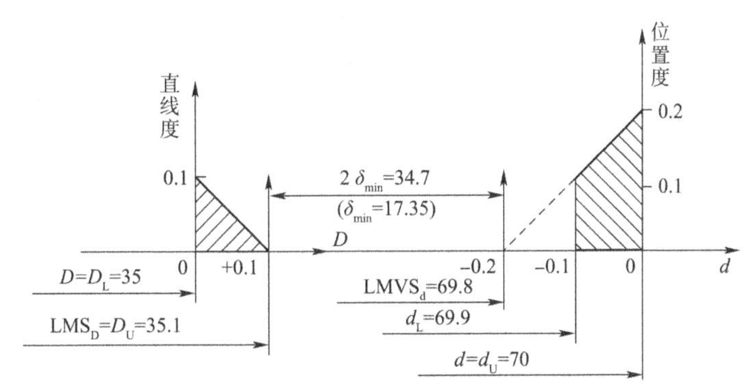

图6-141 动态公差(最小实体要求应用于被测要素的位置度公差同时应用于基准要素)

6.5 几何公差的应用

零部件的几何误差对机器的正常使用有很大的影响,因此,合理、正确地选择几何公差对保证机器的功能要求、提高经济效益是十分重要的。

在图样上是否给出几何公差要求,可按下述原则确定:凡几何公差要求用一般机床加工能保证的,不必注出,其公差值要求应按《形状和位置公差 未注公差值》(GB/T 1184—1996)执行;凡几何公差有特殊要求(高于或低于 GB/T 1184—1996 规定的公差级别),则应按标准规定注出几何公差。

6.5.1 几何公差项目的选择

在几何公差的 19 个项目中,有单项控制的公差项目,如圆度、直线度、平面度等;也有综合控制的公差项目,如圆柱度、方向公差和位置公差的各个项目。应该充分发挥综合控制公差项目的职能,这样可减少图样上给出的几何公差项目及相应的几何误差检测项目。

在满足功能要求的前提下,应该选用测量简便的项目。例如,同轴度公差常常可以用径向圆跳动公差或径向全跳动公差代替,这样使得测量方便。不过应注意,径向跳动是由同轴度误差与圆柱面形状误差的综合结果,故当同轴度由径向跳动代替时,给出的跳动公差值应略大于同轴度公差值,否则,就会要求过严。

6.5.2 公差原则的选择

选择公差原则时,应根据被测要素的功能要求,充分发挥出公差的职能和采取该种公差原则的可行性、经济性。表 6-10 列出了三种公差原则的应用场合和示例,可供选择时参考。

公差原则选择参考表 表 6-10

公差原则	功能要求	应用举例
独立原则	尺寸精度与几何精度要分别满足要求	齿轮箱体孔的尺寸精度与两孔轴线的平行度;连杆活塞销孔的尺寸精度与圆柱度;滚动轴承内、外圈滚道的尺寸精度与形状的精度
	尺寸精度与几何精度要求相差较大	滚筒类零件尺寸精度要求很低,形状精度要求较高;平板的形状精度要求很高,尺寸精度要求不高;冲模架的下模座尺寸精度要求不高,平行度要求较高。通油孔的尺寸精度有一定要求,形状精度无要求

续上表

公差原则	功能要求	应用举例
独立原则	尺寸精度与几何精度无关	滚子链条的套筒或滚子内、外圆柱面的轴线同轴度与尺寸精度，齿轮箱体孔的尺寸精度与孔轴线间的位置精度；发动机连杆上的尺寸精度与孔轴线间的位置精度
	保证运动精度	导轨的形状精度要求严格，尺寸精度要求次要
	保证密封性	汽缸的形状精度要求严格，尺寸精度要求次要
	未注公差	凡未注尺寸公差与未注形位公差都采用独立原则，例如退刀槽倒角、圆角等非功能要素
包容要求	保证孔、轴的配合性质	轴承与轴颈、轴承座孔的配合；齿轮孔与传动轴颈的配合
最大实体要求	保证可装配性	轴承盖上用于穿过螺钉的通孔，凸缘盘上用于穿过螺栓的通孔
最小实体要求	保证零件强度和最小壁厚	孔组轴线任意方向位置度公差，采用最小实体要求可保证孔间的最小壁厚
可逆要求	充分利用公差带，扩大被测提取组成要素的局部尺寸的变动范围	与最大实体要求或最小实体要求联用

6.5.3 几何公差值的选择

几何公差值选择总体原则是：在满足零件功能要求的前提下，选取最经济的公差值。

1）公差值的选用原则

（1）根据零件的功能要求，并考虑加工的经济性和零件的结构、刚性等情况，按公差表中数系确定要素的公差值，并考虑下列情况：

① 在同一被测要素上给出的形状公差值应小于方向公差和位置公差值。如要求平行的两个表面，其平面度公差值应小于平行度公差值。

②对同一基准或同一基准体系、同一被测要素上给出的方向公差值应小于位置公差值。如某零件上要求平行的两个孔的轴线，它们之间的平行度公差值应小于两者之间的位置度公差值。

③圆柱形零件的形状公差值（轴线的直线度除外）一般情况下应小于其尺寸公差值。圆度、圆柱度公差值的小于同级的尺寸公差值的1/3，因而可按同级选取，但也可根据零件的功能，在邻近的范围内选取。

④平行度公差值应小于其相应的距离公差值。

（2）对于下列情况，考虑到加工的难易程度和除主参数外其他参数的影响，在满足零件功能的要求下，适当降低1～2级选用：①孔相对于轴；②细长比较大的轴和孔；③距离较大的轴和孔；④宽度较大（一般大于1/2长度）的零件表面；⑤线对线和线对面相对于面对面的平行度、垂直度公差。

2）几何公差等级

国标《形状和位置公差　未注公差值》GB/T 1184—1996规定：

（1）直线度、平面度、平行度、垂直度、倾斜度、同轴度、对称度、圆跳动、全跳动公差分1、2、…、12 级，公差等级按序由高变低，公差值按序递增，见表 6-11。

直线度、平面度、公差值，方向公差值，同轴度、对称度公差值和跳动公差值

（摘自 GB/T 1184 — 1996）　　表 6-11

直线度、平面度主参数(mm)	公差等级											
	1	2	3	4	5	6	7	8	9	10	11	12
	直线度、平面度公差值(μm)											
>25 ~ 40	0.4	0.8	1.5	2.5	4	6	10	15	25	40	60	120
>40 ~ 63	0.5	1	2	3	5	8	12	20	30	50	80	150
>63 ~ 100	0.6	1.2	2.5	4	6	10	15	25	40	60	100	200
>100 ~ 160	0.8	1.5	3	5	8	12	20	30	50	80	120	250
>160 ~ 250	1	2	4	6	10	15	25	40	60	100	150	300
平行度、垂直度、倾斜度主参数(mm)	平行度、垂直度、倾斜度公差值(μm)											
>25 ~ 40	0.8	1.5	3	6	10	15	25	40	60	100	150	250
>40 ~ 63	1	2	4	8	12	20	30	50	80	120	200	300
>63 ~ 100	1.2	2.5	5	10	15	25	40	60	100	150	250	400
>100 ~ 160	1.5	3	6	12	20	30	50	80	120	200	300	500
>160 ~ 250	2	4	8	15	25	40	60	100	150	250	400	600
同轴度、对称度、圆跳动、全跳动主参数(mm)	同轴度、对称度、圆跳动、全跳动公差值(μm)											
>18 ~ 30	1	1.5	2.5	4	6	10	15	25	50	100	150	300
>30 ~ 50	1.2	2	3	5	8	12	20	30	60	120	200	400
>50 ~ 120	1.5	2.5	4	6	10	15	25	40	80	150	250	500
>120 ~ 250	2	3	5	8	12	20	30	50	100	200	300	600

（2）圆度、圆柱度公差分 0、1、2、…、12 共 13 级，公差等级按序由高变低，公差值按序递增，见表 6-12。

圆度、圆柱度公差值（摘自 GB/T 1184—1996）　　表 6-12

主参数(mm)	公差等级												
	0	1	2	3	4	5	6	7	8	9	10	11	12
	公差值(μm)												
>18 ~ 30	0.2	0.3	0.6	1	1.5	2.5	4	6	9	13	21	33	52
>30 ~ 50	0.25	0.4	0.6	1	1.5	2.5	4	7	11	16	25	39	62
>50 ~ 80	0.3	0.5	0.8	1.2	2	3	5	8	13	19	30	46	74
>80 ~ 120	0.4	0.6	1	1.5	2.5	4	6	10	15	22	35	54	87
>120 ~ 180	0.6	1	1.2	2	3.5	5	8	12	18	25	40	63	100

注：回转表面、球、圆以其直径的公称尺寸最为主参数。

(3)位置度公差值应通过计算得出。例如用螺栓作连接件,被连接零件上的孔均为通孔,其孔径大于螺栓的直径,位置度公差可用下式计算:

$$t = S_{\min} \tag{6-1}$$

式中:t——位置度公差;

$S_{\min}$——通孔与螺栓间的最小间隙。

如用螺钉连接时,被连接零件中有一个零件上的孔是螺纹,而其余零件上的孔都是通孔,且孔径大于螺钉直径,位置度公差可用下式计算:

$$t = 0.5S_{\min} \tag{6-2}$$

按上式计算确定的公差,经化整,并按表6-13选择公差值。

位置度系数(摘自GB/T 1184—1996)(μm)　　表6-13

优先数系	1	1.2	1.5	2	2.5	3	4	5	6	8
	1×10^n	1.2×10^n	1.5×10^n	2×10^n	2.5×10^n	3×10^n	4×10^n	5×10^n	6×10^n	8×10^n

注:n为正整数。

3)几何公差的未注公差值的规定

图样上没有标注几何公差值的要素,其几何精度要求由未注几何公差来控制。

(1)采用未注公差值的优点。

图样易读;节省设计时间;图样很清楚地指出哪些要素可以用一般加工方法加工,既保证工程质量又不需一一检测;保证零件特殊的精度要求,有利于安排生产、质量控制和检测。

(2)几何公差的未注公差值。

GB/T 1184—1996对直线度、平面度、垂直度、对称度和圆跳动的未注公差值进行了规定,见表6-14～表6-17。其他项目如线、面轮廓度、倾斜度、位置度和全跳动,均应由各要素的注出或未注几何公差、线性尺寸公差或角度公差控制。

直线度和平面度的未注公差值见表6-14。

直线度和平面度的未注公差值(摘自GB/T1184—1996)(mm)　　表6-14

公差等级	公称长度范围					
	≤10	>10～30	>30～100	>100～300	>300～1000	>1000～3000
H	0.02	0.05	0.1	0.2	0.3	0.4
K	0.05	0.1	0.2	0.4	0.6	0.8
L	0.1	0.2	0.4	0.8	1.2	1.6

注:对于直线度,应按其相应线的长度选择公差值。对于平面度,应按矩形表面的较长边或圆表面的直径选择公差值。

①直线度和平面度。

②圆度。

圆度的未注公差值等于标准的直径公差值,但不能大于表6-17中的径向圆跳动值。

③圆柱度。

圆柱度的未注公差值不作规定:

a.圆柱度误差由三个部分组成:圆度、直线度和相对素线的平行度误差,而其中每一项误差均由它们的注出公差或未注公差控制。

b. 如因功能要求，圆柱度应小于圆度、直线度和平行度的未注公差的综合结果，应在被测要素上按《产品几何技术规范(GPS)几何公差　形状、方向、位置和跳动标注》(GB/T 1182—2018)的规定注出圆柱度公差值。

c. 采用包容要求。

④平行度。

平行度的未注公差值等于给出的尺寸公差值，或是直线度和平面度未注公差值中的较大者。应以两要素中的较长者为基准，若两要素的长度相等则可选任一要素。

⑤垂直度。

表6-15给出了垂直度的未注公差值。取形成直角的两边中较长的一边作为基准，较短的一边作为被测要素。若两边的长度相等，则可取其中的任意一边作为基准。

垂直度未注公差值(摘自GB/T1184—1996)(mm)　　表6-15

公差等级	公称长度范围			
	≤100	>100~300	>300~1000	>1000~3000
H	0.2	0.3	0.4	0.5
K	0.4	0.6	0.8	1
L	0.6	1	1.5	2

注：取形成直角的两边中较长的一边作为基准要素，较短的一边作为被测要素；若两边的长度相等，则可取其中的任意一边作为基准要素。

⑥对称度。

表6-16给出了对称度的未注公差值。应取两要素中较长者作为基准，较短者作为被测要素。若两要素长度相等，则可选任一要素为基准。

对称度未注公差值(摘自GB/T1184—1996)(mm)　　表6-16

公差等级	公称长度范围			
	≤100	>100~300	>300~1000	>1000~3000
H	0.5			
K	0.6		0.8	1
L	0.6	1	1.5	2

注：取对称两要素中较长者作为基准要素，较短者作为被测要素；两要素的长度相等，则可取其中的任一要素作为基准要素。

注意，对称度的未注公差值用于至少两个要素中的一个是中心平面，或两个要素的轴线相互垂直。

⑦同轴度。

同轴度的未注公差值未作规定。在极限状况下，同轴度的未注公差值可以和表6-17中规定的径向圆跳动的未注公差值相等。应选两要素中的较长者为基准，若两要素长度相等，则可选任一要素为基准。

⑧圆跳动。

表6-17给出了圆跳动(径向、端面和斜向)的未注公差值。

对于圆跳动的未注公差值，应以设计或工艺给出的支承面作为基准，否则，应取两要素中较长的一个作为基准;若两要素的长度相等,则可选任一要素为基准。

圆跳动的未注公差值(摘自 GB/T1184—1996)(mm)　　表 6-17

公差等级	圆跳动公差值
H	0.1
K	0.2
L	0.5

注:本表也可用于同轴度的未注公差值;同轴度的未注公差值的极限可以等于径向圆跳动的未注公差值。应以设计或工艺给出的支撑面作为基准要素,否则,取应同轴线两要素中较长者作为基准要素。若两要素的长度相等,则可取其中的任一要素作为基准要素。

(3)未注公差值的图样表示法。

若采用 GB/T 1184—1996 规定的未注公差值,应在标题栏附近或在技术要求、技术文件(如企业标准)中注出标准号及公差等级代号:"GB/T 1184—X"。

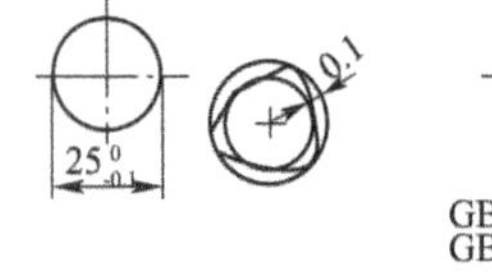

图 6-142　圆柱度未注公差示例

示例 1:圆要素注出直径公差值$25^{0}_{-0.1}$mm,圆度未注公差值等于尺寸公差值 0.1mm[图 6-142a)]。

示例 2:圆要素直径采用未注公差值,按 GB/T 1804 中的 m 级[图 6-142b)]。

习　　题

一、单项选择题

1. 规定某一几何公差项目的目的是为了限制(　　)误差,从而保证零件的使用性能。

A. 形状　　B. 方向　　C. 位置　　D. 形状、方向或位置

2. (　　)为形状公差。

A. 被测实际要素对其拟合要素的变动量

B. 被测要素的位置对其拟合要素的位置变动量

C. 单一实际要素所允许的变动范围

D. 被测实际要素的位置对基准所允许的变动全量

3. 测量圆柱体轴线的直线度误差,其公差带形状为(　　)。

A. 两平行直线　　B. 一个圆柱　　C. 一个球　　D. 两组平行平面

4. 最小条件是指被测实际要素对其(　　)为最小。

A. 拟合要素的最大变动量　　B. 基准要素的最大变动量

C. 拟合要素的最小变动量　　D. 基准要素的最小变动量

5. 垂直度公差属于(　　)公差。

A. 跳动　　B. 形状　　C. 方向　　D. 位置

6. 方向公差带包括(　　)。

A. 平行度　　B. 垂直度　　C. 倾斜度　　D. 位置度

7. 位置公差包括有(　　)公差。

A. 同轴度　　B. 平行度　　C. 圆柱度　　D. 圆跳动

8. 体外拟合尺寸是存在于(　　),某一实际轴或孔的拟合尺寸是唯一的。

A. 实际轴或孔上的理想参数　　B. 理想轴或孔上的实际参数

C. 实际轴或孔上的实际参数　　D. 理想轴或孔上的理想参数

9. 下列公差带形状可能相同的是(　　)。

A. 对面的平行度　　B. 径向圆跳动与圆度

C. 同轴度与径向全跳动　　D. 轴线的直线度与导轨的直线度

10. 同一要素上给出的形状公差值应(　　)位置公差值。

A. 小于　　B. 大于　　C. 等于　　D. 没有关系

11. 垂直度公差属于(　　)公差。

A. 跳动　　B. 形状　　C. 定向　　D. 定位

12. 属于形状公差的有(　　)。

A. 圆柱度　　B. 平行度　　C. 同轴度　　D. 圆跳动

13. 几何公差带形状是半径差为公差值 t 的两圆柱面之间的区域有(　　)。

A. 同轴度　　B. 径向全跳动

C. 任意方向线的直线度　　D. 任意方向线的垂直度

14. 几何公差的基准代号中基准字母(　　)。

A. 按垂直方向书写

B. 按水平方向书写

C. 书写的方向应和基准符号的方向一致

D. 按任一方向书写均可

15. 测径向圆跳动误差时,百分表测头应(　　),测端面圆跳动误差时百分表测头应(　　)。

A. 垂直于轴线　　B. 平行于轴线　　C. 倾斜于轴线　　D. 与轴线重合

二、填空题

1. 国标规定有________种几何公差项目,其中形状公差有________项,方向公差有________项,位置公差有________项。

2. 圆柱度和径向全跳动公差带相同点是________,不同点是________。

3. 单一要素与零件上的其他要素________功能关系;而关联要素与零件上的其他要素________功能关系。

4. 形状公差一般用于________要素,而方向公差、位置公差一般用于________要素。

5. 形状公差中,平面度公差用符号________表示。

6. 轴线对基准平面的垂直度公差带形状在给定两个互相垂直方向时是________。

7. 径向圆跳动公差带与圆度公差带在形状方面________,但前者公差带圆心的位置是________,而后者公差带圆心的位置是________。

8. 圆柱度公差可以同时控制________和________公差。

9. 圆柱度和径向全跳动公差带相同点是________,不同点是________。

10. 位置公差中，对称度公差用________符号表示，同轴度公差用________符号表示，平行度公差用________ 符号表示，圆跳动公差用________符号表示。

11. 零件上实际存在的要素称为________要素。

12. 给出了形状或(和)位置公差的要素称为________要素；用来确定被测要素的方向或位置的要素称为________要素。

13. 被测要素可分为单一要素和关联要素。________要素只能给出形状公差要求；________要素可以给出位置公差要求。

14. 单一要素与零件上的其他要素________功能关系；而关联要素与零件上的其他要素________功能关系。

15. 构成零件轮廓的点、线、面称为________要素。

16. 形状误差是单一实际要素对其________的变动量；位置误差是关联实际要素对其________的变动量。

17. 几何公差带的四个要素是________、________ 、________和________ 。

三、判断题(正确打"√",错误打"×")

1. 规定几何公差的目的是限制形状、方向和位置误差，从而保证零件的使用性能。 (　　)

2. 圆度的公差带形状就是一个圆。 (　　)

3. 垂直度是一个形状公差带。 (　　)

4. 应用最小条件评定所得出的误差值，即是最小值，但不是唯一的值。 (　　)

5. 直线度公差带是距离为公差值 t 的两平行直线之间的区域。 (　　)

6. 圆柱面的径向全跳动公差带与圆柱度公差带形状是相同的，所以，两者控制误差的效果也是等效的。 (　　)

7. 位置公差带具有确定的位置，但不具有控制被测要素的方向和形状的职能。 (　　)

8. 圆度的公差带形状是一个圆。 (　　)

9. 线轮廓度公差带是指包络一系列直径为公差值 t 的圆的两包络线之间的区域，诸圆圆心应位于理想轮廓线上。 (　　)

10. 某平面对基准平面的平行度误差为 0.08mm，那么这平面的平面度误差一定不大于 0.08mm。 (　　)

11. 配合面全长上，与实际孔内接的最小理想轴的尺寸，称为孔的体外拟合尺寸。 (　　)

12. 端面圆跳动公差和端面对轴线垂直度公差两者控制的效果完全相同。 (　　)

13. 端面圆跳动公差和端面对轴线垂直度公差两者控制的效果完全相同。 (　　)

14. 当包容要求用于单一要素时，被测要素必须遵守最大实体实效边界。 (　　)

15. 同轴度不适用于被测要素为平面的要素。 (　　)

四、简答题

1. 试述几何公差的项目和符号。

2. 几何公差的公差带有哪几种主要形式？几何公差带的要素由什么组成？

3. 为什么说径向全跳动未超差，则被测表面的圆柱度误差就不会超过径向全跳动公差？

4. 基准的形式通常有几种？位置度为何提出三基面体系要求？基准标注不同，对公差带有何影响？

5. 评定几何误差的最小条件是什么？

6. 理论正确尺寸是什么？在图样上如何表示？在几何公差中它起什么作用？

7. 公差原则有哪几种？其使用情况有何差异？

8. 最大实体状态和最大实体实效状态的区别是什么？

9. 当被测要素遵守包容原则或最大实体要求后其提取组成要素的局部尺寸的合格性如何判断？

10. 几何公差选择的原则是什么？选择时考虑哪些情况？

11. 不同的公差原则的各应用于何种场合？

五、标注题

1. 将下列各项几何公差要求标注在图6-143上：

(1) $\phi32^{0}_{-0.03}$mm 圆柱面对两个 $\phi20^{0}_{-0.021}$mm 轴颈的公共轴线的径向圆跳动公差0.015mm；

(2) 两个 $\phi20^{0}_{-0.021}$mm 轴颈的圆度公差0.01mm；

(3) $\phi32^{0}_{-0.03}$mm 圆柱面左、右两端面分别对两个 $\phi20^{0}_{-0.021}$mm 轴颈的公共轴线的轴向圆跳动公差皆为0.02mm；

(4) $10^{0}_{-0.036}$mm 键槽中心面对 $\phi32^{0}_{-0.03}$mm 圆柱面轴线的对称度公差0.015mm。

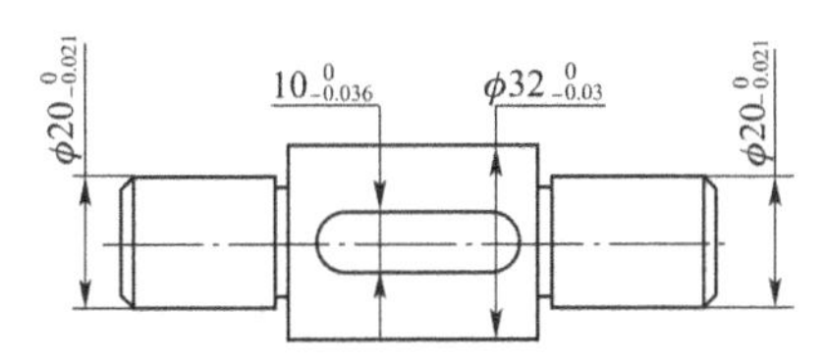

图6-143　标注题1图

2. 将下列各项几何公差要求标注在图6-144上：

(1) 底面的平面度公差0.012mm；

(2) 两个 $\phi20_{0}^{+0.021}$mm 孔的轴线分别对它们的公共轴线的同轴度公差皆为0.015mm；

(3) 两个 $\phi20_{0}^{+0.021}$mm 孔的公共轴线对底面的平行度公差0.01mm。

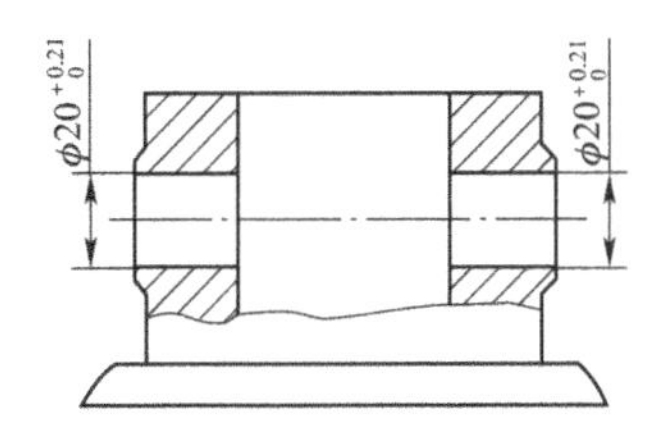

图6-144　标注题2图

3. 将下列各项几何公差要求标注在图6-145上：

(1) 左端面的平面度公差0.01mm；

(2) 右端面对左端面的平行度公差0.04mm；

(3)ϕ70mm 孔采用 $H7$ 并遵守包容要求,ϕ210mm 外圆柱面采用 $h7$ 并遵守独立原则;

(4)ϕ70mm 孔轴线对左端面的垂直度公差 0.02mm;

(5)ϕ210mm 外圆柱面轴线对 ϕ70mm 孔的同轴度公差 0.03mm;

(6)4 × ϕ20$H8$ 孔轴线对左端面(第一基准)及 ϕ70mm 孔轴线的位置度公差为 ϕ0.15mm(要求均布);被测轴线位置度公差与 ϕ20$H8$ 孔尺寸公差的关系采用最大实体要求,与基准孔尺寸公差的关系也采用最大实体要求。

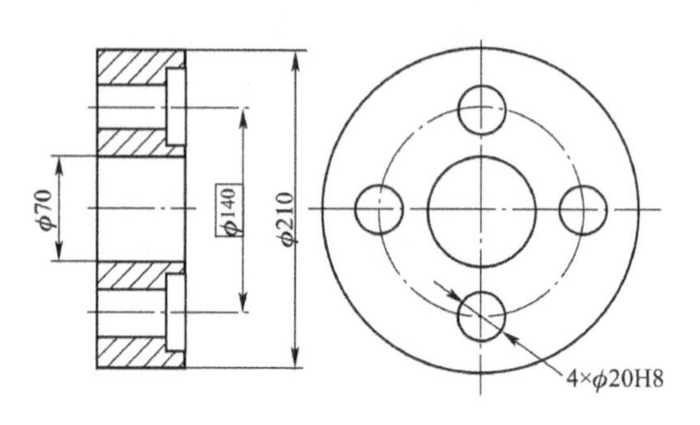

图 6-145 标注题 3 图

4. 将下列三项几何公差要求标注在图 6-146 上:

(1) $\phi10_{0}^{+0.015}$mm 孔的轴线位置度公差与尺寸公差的关系采用最小实体要求[图 6-146a)]。

(2) $\phi10_{0}^{+0.015}$mm 孔的轴线位置度公差采用最小实体要求而标注零几何公差值[图 6-146b)]。

(3) $\phi10_{0}^{+0.015}$mm 孔的轴线位置度公差与尺寸公差的关系采用最小实体要求,且可逆要求用于最小实体要求[图 6-146c)]。

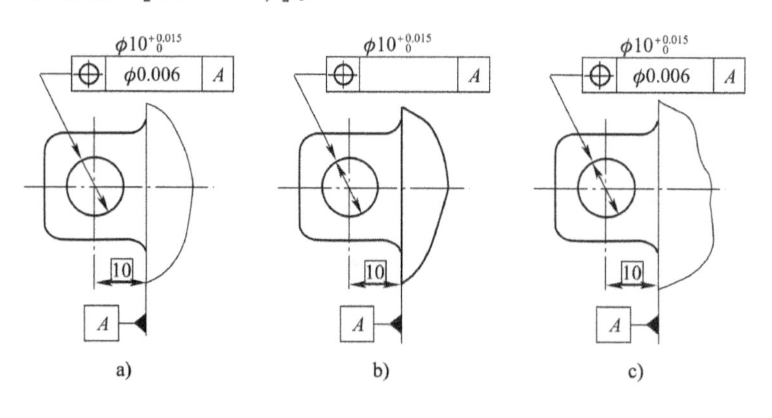

图 6-146 标注题 4 图

5. 将下列两项几何公差要求标注在图 6-147 上;

(1)ϕD 孔轴线相对于两个宽度为 b 的槽的公共基准中心平面的对称度公差 0.02mm;

(2)两个宽度为 b 的槽的中心平面分别相对于它们的公告基准中心平面的对称度公差 0.01mm。

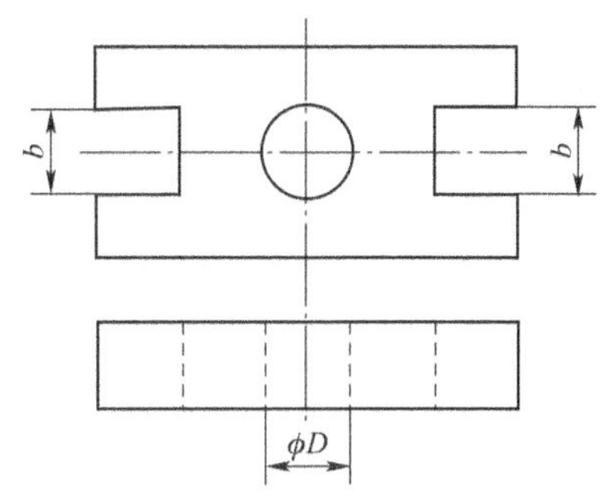

图6-147　标注题5图

6. 试改装图6-148所示的图样上几何公差的标注错误(几何公差项目不允许改变)。

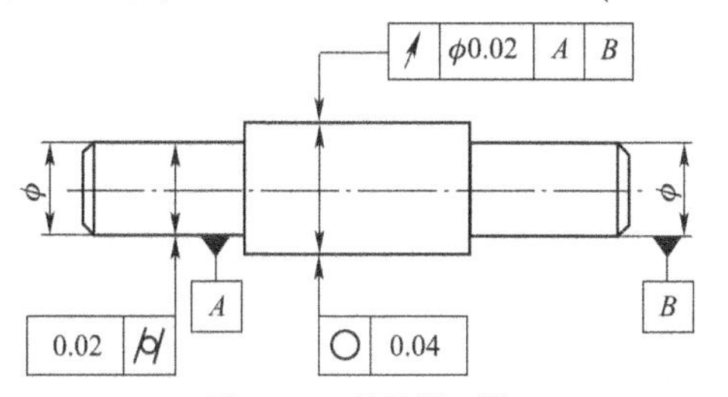

图6-148　标注题6图

7. 试改正图6-149所示的图样上几何公差的标注错误(几何公差项目不允许改变)。

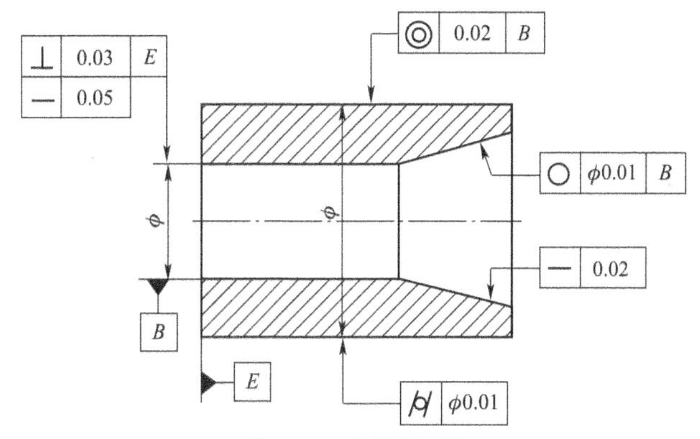

图6-149　标注题7图

8. 试根据图6-150所示三个图样的标注,填写(表6-18)。

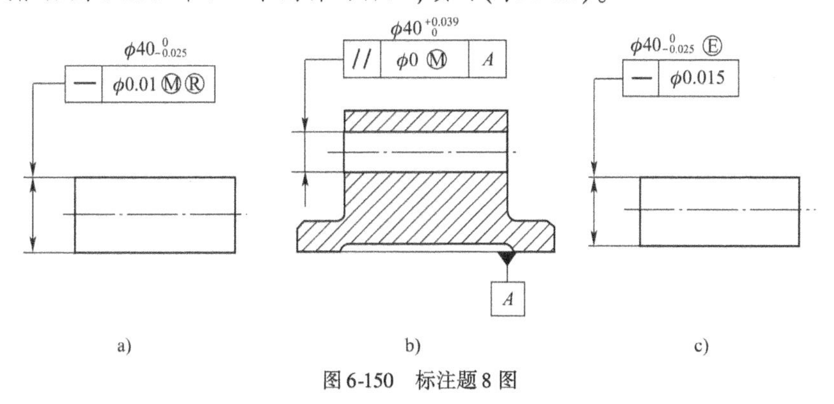

图6-150　标注题8图

标 注 题 8 表 表6-18

图号	最大实体尺寸(mm)	最小实体尺寸(mm)	采用的公差原则	边界名称及边界尺寸(mm)	MMC时的几何公差值(mm)	LMC时的几何公差值(mm)	实际尺寸合格范围(mm)
a							
b							
c							

9. 图样上标注孔的尺寸 $\phi20^{+0.005}_{-0.034}$Ⓔ mm，测得该孔横截面形状正确，局部实际尺寸处处皆为19.985mm，轴线直线度误差为 $\phi0.025$mm。试述该孔的合格条件，并确定该孔的体外拟合尺寸，按合格条件判断该孔合格与否。

10. 如图6-151所示，该零件的几何公差是否合理，为什么？

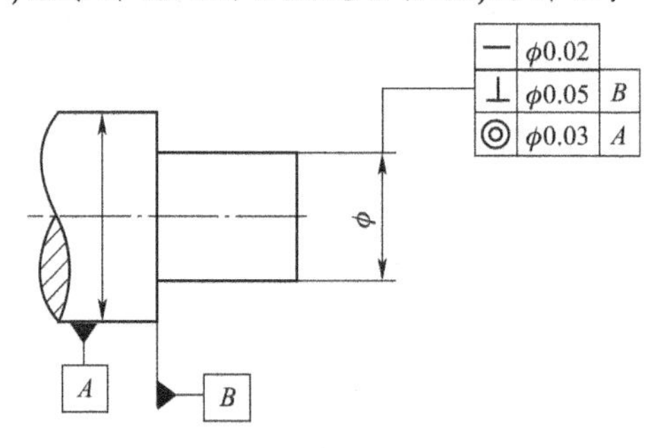

图6-151 判断零件几何公差的合理性

11. 试确定图6-152所示齿轮泵中齿轮轴两轴径 $\phi15f6$ 处的几何公差，并标注在图样上。

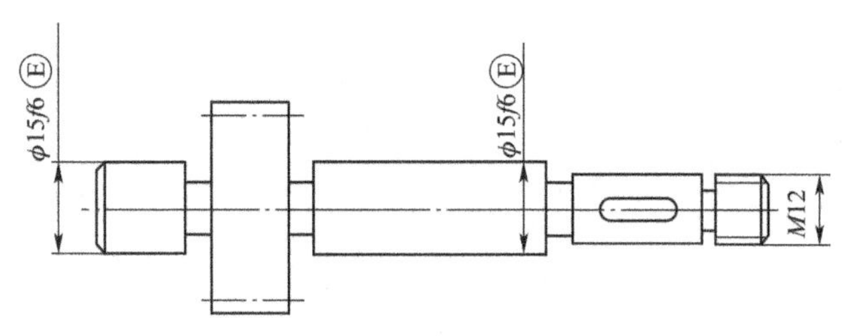

图6-152 齿轮液压泵的齿轮轴

第7章　表面粗糙度

7.1　表面粗糙度的基本概念及其对零件工作性能的影响

无论是机械加工的零件表面上，还是用铸、锻、冲压、热轧、冷轧等方法获得的零件表面上，都会存在着具有很小间距的微小峰、谷所形成的微观形状误差，即表面粗糙度。零件表面粗糙度轮廓对该零件的功能要求、使用寿命、美观程度都有重大的影响。

为了保证零件的互换性，正确地测量和评定零件表面粗糙度轮廓以及在零件图上正确地标注表面粗糙度是必须的，为此，我国颁布了有关零件表面结构的一系列标准：

《产品几何技术规范(GPS)表面结构　轮廓法　术语、定义及表面结构参数》(GB/T 3505—2009)；

《产品几何技术规范(GPS)　表面结构　轮廓法　评定表面结构的规则和方法》(GB/T 10610—2009)；

《产品几何技术规范(GPS)　表面结构　轮廓法　表面粗糙度参数及其数值》(GB/T 1031—2009)；

《产品几何技术规范(GPS)　技术产品文件中表面结构的表示法》(GB/T 131—2006)。

1)表面粗糙度的基本概念

表面结构即表面宏观和微观几何特性。为了研究零件的表面结构，通常用垂直于零件实际表面的平面与该零件实际表面相交所得到的轮廓作为评估对象，称其为表面轮廓，它是一条轮廓曲线，如图7-1所示。

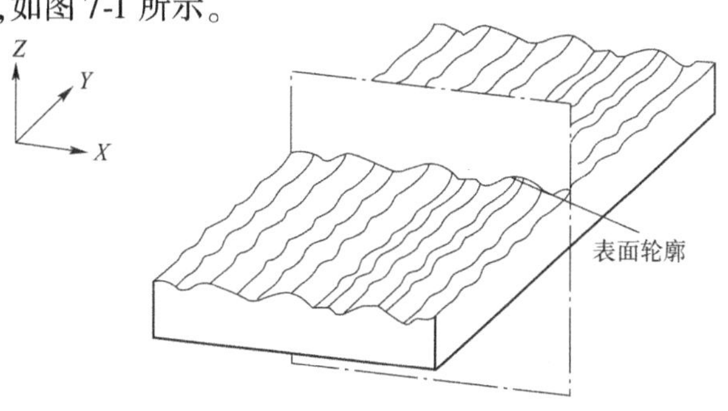

图7-1　表面轮廓

重要提示:实际表面(real surface)是指物体与周围介质分离的表面。

一般来说,任何加工后的表面的实际轮廓总是包含着表面粗糙度轮廓、波纹度轮廓和宏观形状轮廓等构成的几何形状误差,它们叠加在同一表面上,如图7-2所示。粗糙度、波纹度、宏观形状通常按表面轮廓上相邻峰、谷间距的大小来划分:间距小于1mm的属于粗糙度;间距在1~10mm之间的属于波纹度;间距大于10mm的属于宏观形状。粗糙度叠加在波纹度上,它是零件表面所具有的微小峰谷的微观几何形状误差,它的波距和波高都比较小,主要是加工过程中的刀痕、刀具和零件表面之间的摩擦、塑性变形及工艺系统的高频振动等原因所形成的。在忽略粗糙度和波纹度引起变化的条件下的表面总体形状为宏观形状,其误差称为宏观形状误差或《产品几何技术规范(GPS)几何公差　形状、方向、位置和跳动标注》(GB/T 1182—2018)所指的形状误差。

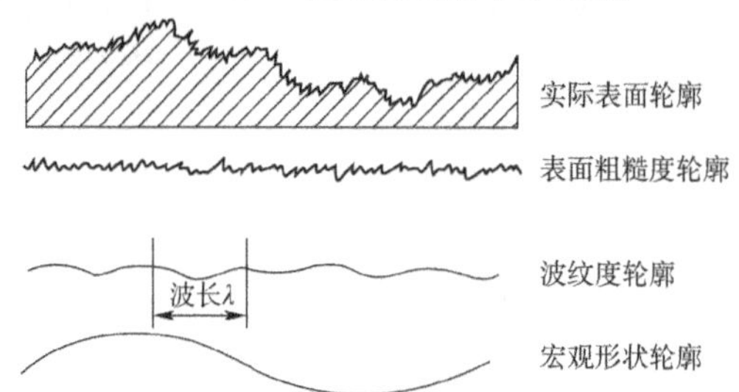

图7-2　零件表面实际轮廓的形状和组成成分

注:在后续所述内容中,未特别指明的"轮廓"均指"粗糙度轮廓"。

2)表面粗糙度轮廓对零件工作性能的影响

零件表面粗糙度轮廓对该零件的工作性能有重大的影响:

(1)对耐磨性的影响。

相互运动的两个零件表面越粗糙,配合表面间的有效接触面积减小,压强增大,它们的磨损就越快。

(2)对配合性质稳定性的影响。

相互配合的孔、轴表面上的微小峰被去掉后,它们的配合性质会发生变化。对于过盈配合,由于压入装配时,孔、轴表面上的微小凸峰被挤平,使有效过盈减小;对于间隙配合,在零件工作过程中孔、轴表面上的微小凸峰被磨去,使间隙增大,因而影响或改变原设计的配合性质。

(3)对耐疲劳性的影响。

粗糙的零件表面,存在较大的波谷,它们像尖角缺口和裂纹一样,对应力集中很敏感,承受交变应力作用的零件表面轮廓的微小谷底易产生裂纹,使材料的疲劳强度降低,导致零件表面产生裂纹而损坏。

(4)对抗腐蚀性的影响。

在零件表面的微小凹谷容易残留一些腐蚀性物质,它们会向零件表面层渗透,使零件表面产生腐蚀。表面越粗糙,腐蚀就越严重。

此外,表面粗糙度轮廓对联结的密封性和零件的美观等也有很大的影响。

因此,在零件精度设计中,给出零件合理的表面粗糙度技术要求是一项不可或缺的重要内容。

7.2　表面粗糙度轮廓的评定

零件加工后的表面粗糙度轮廓是否符合要求,应由测量和评定的结果来确定。测量和评定表面粗糙度轮廓时,应规定取样长度、评定长度、轮廓滤波器的截止波长、中线和评定参数。当没有指定测量方向时,测量截面方向与表面粗糙度轮廓幅度参数的最大值相一致,该方向垂直于被测表面的加工纹理,即垂直于表面主要加工痕迹的方向。

7.2.1　基本术语

1)轮廓滤波器

表面几何特性绝非孤立存在,大多数工件加工表面是由粗糙度、波纹度及形状误差综合影响产生的结果。但由于三种特性对零件功能影响各不相同, GB/T 3505—2009 采用轮廓滤波器将这些反映不同功能要求的信号分离,将轮廓分成长波和短波成分,即粗糙度轮廓、波纹度轮廓和原始轮廓。上述将轮廓分成长波和短波成分的滤波器,被称为轮廓滤波器。

在测量粗糙度、波纹度和原始轮廓的仪器中,按照截止波长的不同,使用三种滤波器。它们都具有《磷矿石和磷精矿中氧化锰含量的测定　分光光度法和容量法》(GB/T 1877—1995)规定的相同的传输特性,即长波轮廓成分的传输特性和短波轮廓成分的传输特性,但截止波长不同。

重要提示:滤波器的传输特性是指表明正弦轮廓的幅值随其波长的变化而衰减的特性。

(1)λ_s 轮廓滤波器。

确定存在于表面上的粗糙度与比它更短的波的成分之间相交界限的滤波器,称为 λ_s 轮廓滤波器。通常称它为短波滤波器。

(2)λ_c 轮廓滤波器。

确定粗糙度与波纹度成分之间相交界限的滤波器,称为 λ_c 轮廓滤波器。它是划分粗糙度与波纹度轮廓成分的滤波器。

(3)λ_f 轮廓滤波器。

确定存在于表面上的波纹度与比它更长的波的成分之间相交界限的滤波器,称为 λ_f 轮廓滤波器。通常称它为长波滤波器。

粗糙度和波纹度轮廓的传输特性见图 7-3。

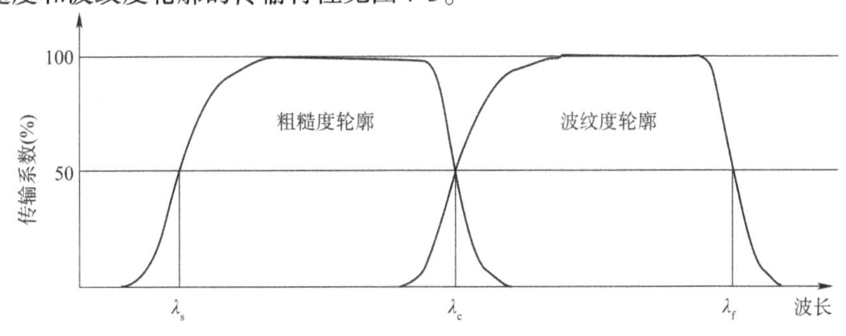

图 7-3　粗糙度和波纹度轮廓的传输特性

长波轮廓滤波器和短波轮廓滤波器所能抑制的波长称为截止波长。从短波截止波长至长波截止波长这两个极限值之间的波长范围称为传输带。

2)坐标系

坐标系是指定义表面结构参数的坐标体系。

坐标系是用来确定表面结构参数的,通常采用一个直角坐标系,其轴线形成一个右旋笛卡儿坐标系,X 轴与中线方向一致,Y 轴也处于实际表面中,而 Z 轴则在从材料到周围介质的外延方向上。GB/T 3505—2009 的参数和术语都是在此坐标系中定义的。

3)原始轮廓

原始轮廓是指通过 λ_s 轮廓滤波器后的总轮廓。原始轮廓是评定原始轮廓参数的基础。

4)粗糙度轮廓

粗糙度轮廓是指对原始轮廓采用 λ_c 轮廓滤波器抑制长波成分以后形成的轮廓,是经过人为修正的轮廓。

粗糙度轮廓传输带是由 λ_s 和 λ_c 轮廓滤波器来限定的。粗糙度轮廓是评定粗糙度轮廓参数的基础。

5)取样长度

鉴于实际表面轮廓包含着粗糙度、波纹度和宏观形状误差等三种几何形状误差,测量表面粗糙度轮廓时,应把测量限制在一段足够短的长度上,以抑制或减弱波纹度、排除宏观形状误差对表面粗糙度轮廓测量的影响。这段长度称为取样长度(sampling length),它是用 X 轴方向上判定被评定轮廓不规则特征(图 7-1)的长度,用符号 l_r表示,如图 7-4 所示。表面越粗糙,取样长度 l_r就越大。

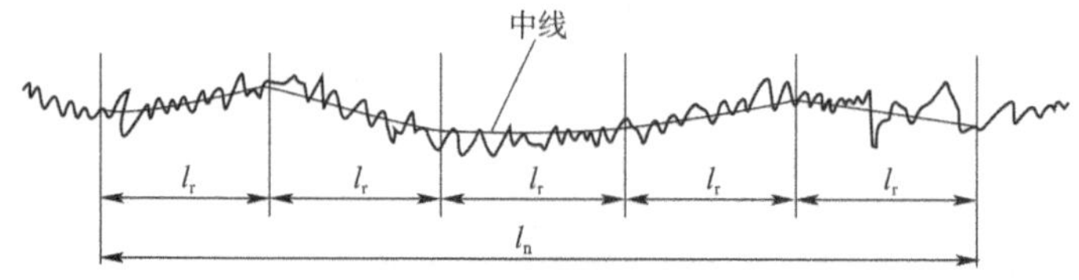

图 7-4 取样长度和评定长度

取样长度在数值上与 λ_c 轮廓滤波器的截止波长相等,取样长度的标准化值以及取样长度与表面粗糙度参数值之间的关系见表 7-1。

轮廓算术平均偏差 *Ra*、轮廓最大高度 *Rz* 和轮廓单元的平均宽度 *Rsm* 的标准取样长度和标准评定长度(摘自 GB/T 1031—2009、GB/T 10610—2009) 表 7-1

Ra(μm)	*Rz*(μm)	*Rsm*(mm)	标准取样长度 l_r		标准评定长度
			λ_s(mm)	$l_r=\lambda_c$(mm)	$l_n=5\times l_r$(mm)
≥0.008~0.02	≥0.025~0.1	≥0.013~0.04	0.0025	0.08	0.4
>0.02~0.1	>0.1~0.5	>0.04~0.13	0.0025	0.25	1.25
>0.1~2	>0.5~10	>0.13~0.4	0.0025	0.8	4
>2~10	>10~50	>0.4~1.3	0.008	2.5	12.5
>10~80	>50~320	>1.3~4	0.025	8	40

注:按《产品几何技术规范(GPS) 表面结构 轮廓法 接触(触针)式仪器的标称特性》(GB/T 6062—2009)的规定,λ_s和 λ_c分别为短波和长波滤波器截止波长,"$\lambda_s-\lambda_c$"表示滤波器传输带(从短波截止波长至长波截止波长这两个极限值之间的波长范围)。本表中 λ_s和 λ_c的数据(标准化值)取自 GB/T 6062—2009 的表 1。

6)评定长度

由于零件表面的微小峰、谷的不均匀性,在表面轮廓不同位置的取样长度上的表面粗糙度轮廓测量值不尽相同。因此,为了更可靠地反映表面粗糙度轮廓的特性,应测量连续的几个取样长度上的表面粗糙度轮廓。这些连续的几个取样长度称为评定长度,它是用于评定被评定轮廓的 X 轴方向上(图7-1)的长度,用符号 l_n 表示,如图7-4所示。

应当指出,评定长度可以只包含一个取样长度或包含连续的几个取样长度。一般情况下,标准评定长度为连续的5个取样长度(即 $l_n = 5l_r$);如果被测表面均匀性较好,测量时可选 $l_n < 5l_r$;如果是均匀性差的被测表面,可选 $l_n > 5l_r$。

评定长度的标准化值以及评定长度与表面粗糙度参数值之间的关系见表7-1。

7.2.2　表面粗糙度轮廓的中线

获得实际表面轮廓后,为了定量地评定表面粗糙度轮廓,首先要确定一条中线,它是具有几何轮廓形状并划分被评定轮廓的基准线。以中线为基础来计算各种评定参数的数值。粗糙度轮廓中线是用 λ_c 轮廓滤波器所抑制的长波轮廓成分对应的中线,通常采用下列的表面粗糙度轮廓中线。

1)轮廓的最小二乘中线

轮廓的最小二乘中线如图7-5所示。在一个取样长度 l_r 范围内,最小二乘中线使轮廓上各点至该线的距离的平方之和 $\int_0^{l_r} Z^2 \mathrm{d}x$ 为最小,即 $z_1^2 + z_2^2 + z_3^2 + \cdots + z_i^2 + \cdots + z_n^2 = \min$。

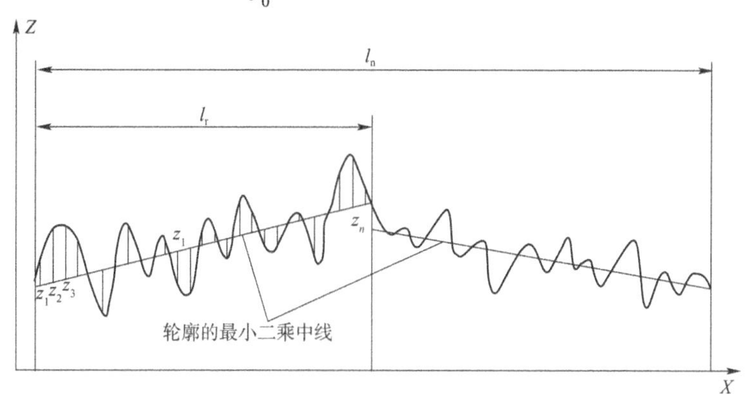

图7-5　表面粗糙度轮廓的最小二乘中线

$z_1, z_2, z_3, \cdots z_i, \cdots, z_n$-轮廓上各点至最小二乘中线的距离

2)轮廓的算术平均中线

轮廓的算术平均中线如图7-6所示。在一个取样长度 l_r 范围内,算术平均中线与轮廓走向一致,这条中线将轮廓划分为上、下两部分,使上部分的各个峰面积之和等于下部分的各个谷面积之和,即 $\sum_{i=1}^{n} F_i = \sum_{i=1}^{n} F'_i$。

7.2.3　表面粗糙度轮廓的评定参数

为了定量地评定表面粗糙度轮廓,必须用参数及其数值来表示表面粗糙度轮廓的特征。鉴于表面轮廓上的微小峰、谷的幅度和间距的大小是构成表面粗糙度轮廓的两个独立的基本特征，因此，在评定表面粗糙度轮廓时，通常采用下列的幅度参数（高度参数）和间距参数。

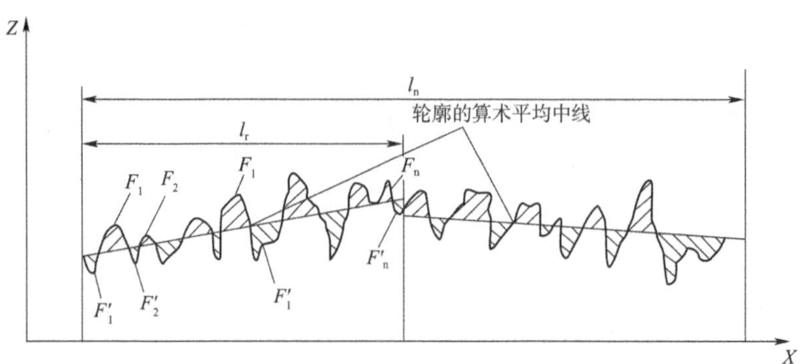

图 7-6　表面粗糙度轮廓的算术平均中线

1）轮廓的算术平均偏差（幅度参数）

参看图 7-5，轮廓的算术平均偏差是指在一个取样长度 l_r 范围内，被评定轮廓上各点至中线的纵坐标值 $Z(x)$ 绝对值的算术平均值，用符号 Ra 表示。它用公式表示为：

$$Ra = \frac{1}{l_r}\int_0^{l_r} |Z(x)| \mathrm{d}x \tag{7-1}$$

或近似表示为：

$$Ra = \frac{1}{n}\sum_{i=1}^{n} |Z_i(x)| = \frac{1}{n}\sum_{i=1}^{n} |Z_i| \tag{7-2}$$

2）轮廓的最大高度（幅度参数）

在一个取样长度 l_r 范围内，被评定轮廓上各个极高点至中线的距离叫作轮廓峰高，用符号 Zp_i 表示，如图 7-7 所示。其中，最大的距离叫作最大轮廓峰高 Rp（图中 $Rp = Zp_6$）；被评定轮廓上各个极低点至中线的距离叫作轮廓谷深，用符号 Zv_i 表示，其中最大的距离叫作最大轮廓谷深，用符号 Rv 表示（图中 $Rv = Zv_2$）。

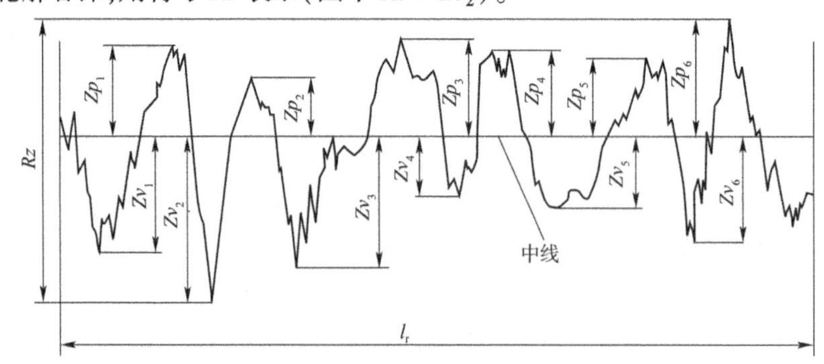

图 7-7　表面粗糙度轮廓的最大高度

轮廓的最大高度是指在一个取样长度 l_r 范围内，被评定轮廓的最大轮廓峰高 Rp 与最大轮廓谷深 Rv 之和的高度，用符号 Rz 表示，即：

$$Rz = Rp + Rv \tag{7-3}$$

在零件图上，对零件某一表面的表面粗糙度轮廓要求，按需要选择 Ra 或 Rz 标注。

3)轮廓单元的平均宽度(间距参数)

对于表面轮廓的微小峰、谷的间距特征,采用轮廓单元的平均宽度来评定,如图7-8所示。一个轮廓峰与相邻的轮廓谷的组合叫作轮廓单元,一个轮廓单元与 X 轴相交线段的长度叫作轮廓单元宽度,用符号 Xs_i 表示。

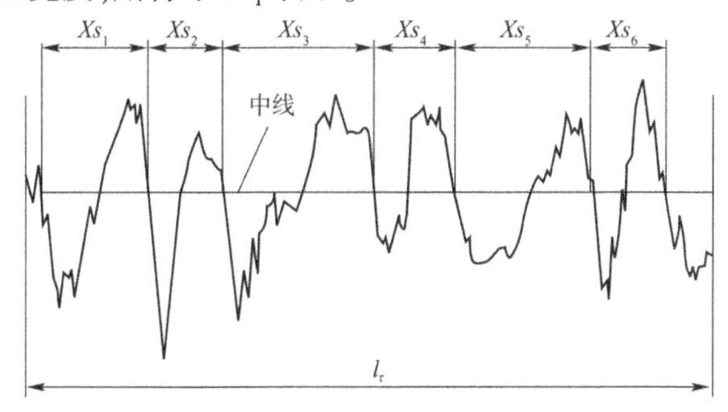

图7-8　轮廓单元的宽度和轮廓单元的平均宽度

轮廓单元的平均宽度是指在一个取样长度 l_r 范围内所有轮廓单元的宽度 Xs_i 的平均值,用符号 Rsm 表示,即:

$$Rsm = \frac{1}{m}\sum_{i=1}^{m} Xs_i \tag{7-4}$$

Rsm 属于附加评定参数,与 Ra 或 Rz 同时选用,不能独立采用。

4)轮廓支承长度率(形状参数)

轮廓支承长度率是在给定水平截面高度 c 上轮廓的实体材料长度 $Ml(c)$ 与评定长度的比率,如图7-9所示,用符号 $Rmr(c)$ 表示,即:

$$Rmr(c) = \frac{Ml(c)}{l_n} \tag{7-5}$$

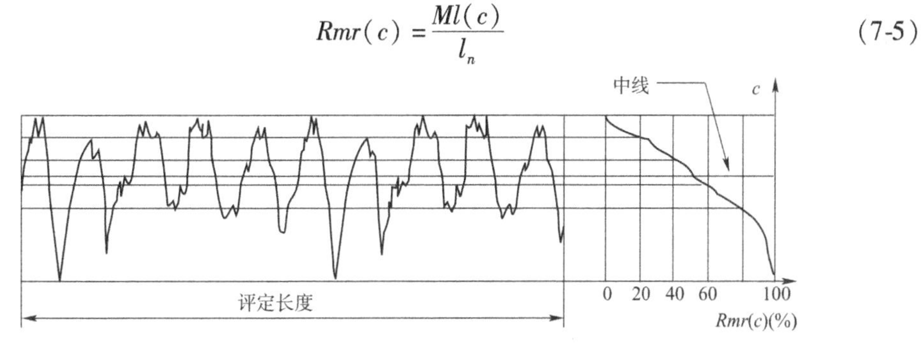

图7-9　支承长度率曲线

$Rmr(c)$ 属于附加评定参数,要与 Ra 或 Rz 同时选用,不能独立采用。

所有曲线和相关参数均在评定长度上而不是在取样长度上定义,因为这样可提供更稳定的曲线和相关参数。

7.3　表面粗糙度轮廓技术要求的表示法

《产品几何技术规范(GPS)　技术产品文件中表面结构的表示法》(GB/T 131—2006)归属于GPS标准体系,是表达与几何特性有关的规定。这里的几何特性包括粗糙度、波纹度、形状轮廓和表面缺陷,不涵盖尺寸公差和几何公差,所以是一个较为狭义的概念。此外,该标准更明确地把表面结构参数(即几何精度特性参数)分为由测量方法和沿袭而来的轮廓参数、图形参数和支承率曲线参数三种,而不是以前采用的"粗糙度"一种。与以往标准中图样标注只有"表面粗糙度"一个参数相比,发展到 GB/T 131—2006 标准,已有三组参数,符号、代号的标注位置和方向发生了巨大变化。因此,"表面粗糙度轮廓技术要求的表示法"只是表面结构图样标注体系中的一部分,所以本节内容实际上介绍的是表面结构的图样标注,具有更广的应用范围。为强调表面粗糙度的标注,举例时以表面粗糙度参数标注作为例子。

重要提示:GB/T 3505—2009 中是针对三种表面轮廓(R、W 和 P 轮廓)定义的轮廓参数,它包括三项参数:粗糙度参数(R 参数)、波纹度参数(W 参数)、原始轮廓参数(P 参数)。

GB/T 131—2006 名称中的"技术产品文件中",有"图样标注""文本标注""设计要求"和"检验要求"的含义,标准不仅规定了表面结构的图样表示,还包含各种标注的含义,即标注所表达的设计要求及不同的评定方法,因此,不能把该标准仅仅理解为表面结构在图样上的表示方法。

7.3.1 标注表面结构的图形符号

1)基本图形符号

为了便于设计者在技术产品文件中明确地标注出对表面结构的具体要求, GB/T 131—2006 提供了表面结构的标注规则,对表面结构标注规定了 1 个基本图形符号(图 7-10)、2 个扩展图形符号(图 7-11)和 3 个完整图形符号(图 7-12),每种符号都有特定的含义。

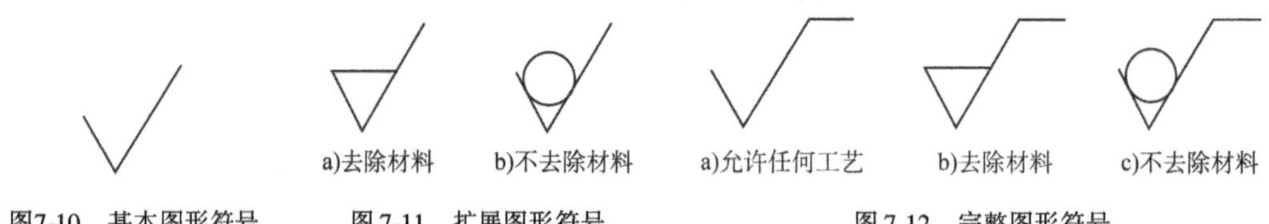

图7-10 基本图形符号　　图 7-11 扩展图形符号　　图 7-12 完整图形符号

图 7-10 中的基本图形符号由两条不等长的相交直线构成,这两条直线的夹角成 60°,基本图形符号仅用于简化标注(见图 7-28 和图 7-31),不能单独使用,需要与补充的或辅助的说明一起使用。

图 7-11 中的扩展图形符号是表示表面结构有指定的要求(去除材料或不去除材料)的图形符号。在基本符号上加一短横[图 7-11a)],表示指定表面是用去除材料的方法得到的表面。在基本符号上加一圆圈[图 7-11b)],表示指定表面是用不去除材料的方法得到的表面。

在基本图形符号的长边端部加一条横线,或者同时在其三角形部位增加一段短横线或一个圆圈,就构成用于三种不同工艺要求的完整图形符号。图 7-12a)所示的符号表示表面可以用任何工艺方法获得。图 7-12b)所示的符号表示表面用去除材料的方法获得,例如车、铣、钻、刨、磨、抛光、电火花加工、气割等方法获得的表面。图 7-12c)所示的符号表示表面用不去除材料的方法获得,例如铸、锻、冲压、热轧、冷轧、粉末冶金等方法获得的表面。

2)表面结构完整图形符号的组成

为了明确表面结构要求,除了标注表面结构参数和数值外,必要时应标注补充要求,补充要求包括传输带、取样长度、加工工艺、表面纹理及方向、加工余量等。为了保证表面的功能特征,应对表面结构参数规定不同要求。

(1)表面结构补充要求的注写位置。

在完整图形符号中,对表面结构的单一要求和补充要求应注写在图7-13所示的指定位置。

表面结构的补充要求包括三部分内容:表面结构参数代号、数值和传输带或取样长度。

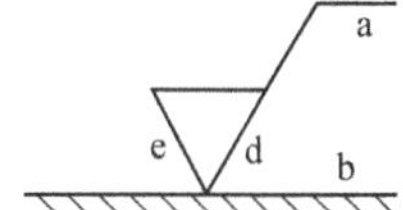

图7-13 补充要求的注写位置(a~e)

在完整图形符号周围的各个指定位置(a~e)上,应分别标注下列技术要求:

①位置a:注写表面结构的单一要求。

标注表面结构参数代号、极限值和传输带或取样长度。为避免混淆,在参数代号和极限值之间插入空格。传输带或取样长度后应有一斜线"/",之后是表面结构参数代号,最后是数值。

示例1:0.0025-0.8/*Rz* 6.3 (传输带标注)

示例2:-0.8/*Rz* 6.3 (取样长度标注)

对于图形法应标注传输带,后面应有一斜线"/",之和是评定长度,再后是一斜线"/",最后是表面结构参数代号及其数值。

示例3:0.008-0.5/16/*R* 10

②位置a和b:注写两个或多个表面结构要求。

在位置a注写第一个表面结构要求,方法同①。在位置b注写第二个表面结构要求。如果要注写第三个或更多个表面结构要求,图形符号应在垂直方向扩大,以留出足够的空间。扩大图形符号时,a和b的位置随之上移。

③位置c:注写加工方法。

注写加工方法、表面处理、涂层或其他加工工艺要求等。如车、磨、镀等加工表面。

④位置d:注写纹理和方向。

注写所要求的表面纹理和纹理的方向,如"=""X""M"。

⑤位置e:注写加工余量。

注写所要求的加工余量,以毫米(mm)为单位给出数值。

(2)完整图形符号的不同表达。

在报告和合同的文本中用文字表达完整图形符号时,应用字母表示:APA——允许任何工艺;MRR——去除材料;NMR——不去除材料。

例如:

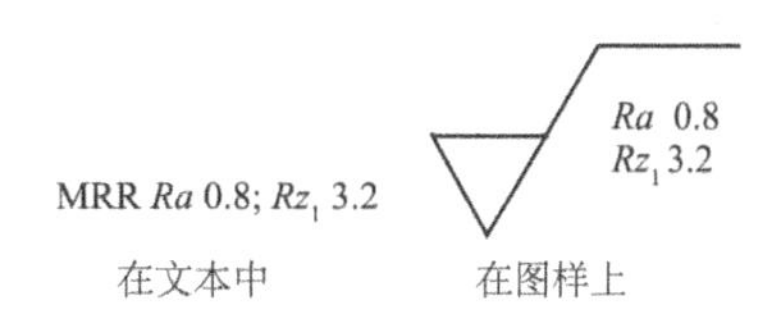

7.3.2 表面结构要求在完整图形符号上的标注

1)表面结构参数的标注

(1)表面结构参数代号的标注。

标注结构参数代号后无“max”,这表明引用了给定极限的默认定义或默认解释(16%规则,参见“极限值判断规则的标注”)。否则,应用最大规则解释其给定极限。

(2)表面结构参数单向极限或双向极限值的标注。

标注单向极限或双向极限以表示表面结构的明确要求。偏差与参数代号应一起标注。

①表面结构参数单向极限的标注。

当只标注参数代号、参数值和传输带时,它们应默认为参数的上限值(16%规则或最大化规则的极限值),标注示例如图7-14所示(默认传输带,默认评定长度 $l_n=5\times l_r$,极限值判断规则默认为16%);当参数代号、参数值和传输带作为参数的单向下限值(16%规则或最大化规则的极限值)标注时,参数代号前应加“L”。以粗糙度参数为例:L *Ra* 0.32。

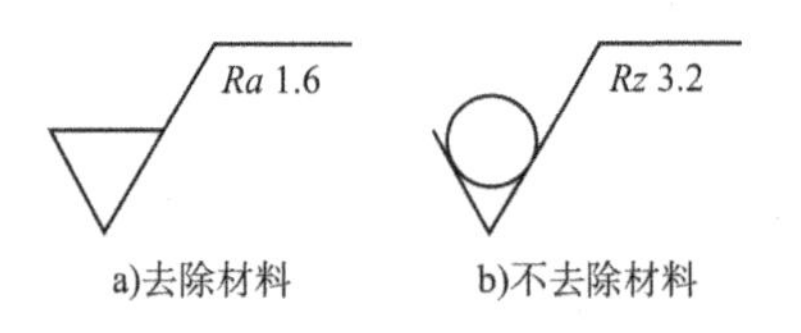

a)去除材料　b)不去除材料

图7-14　幅度参数值默认为上限值的标注

②表面结构参数双向极限值的标注。

需要在完整图形符号上标注表面结构参数双向极限时,则应分成两行标注参数符号和上、下限值。上限值标注在上方,并在传输带的前面加注符号“U”。下限值标注在下方,并在传输带的前面加注符号“L”。当传输带采用默认的标准化值而省略标注时,则在上方和下方参数符号的前面分别加注符号“U”和“L”,标注示例如图7-15所示(去除材料,默认传输带,默认 $l_n=5\times l_r$,默认16%规则)。

对某一表面标注幅度参数的上、下限值时,在不引起歧义的情况下,可以不加写“U”“L”。

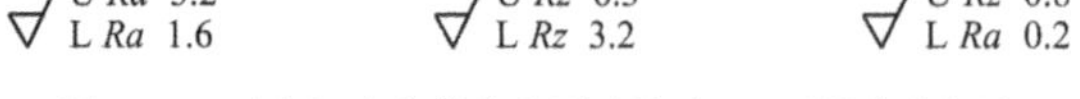

U *Ra* 3.2　　U *Rz* 6.3　　U *Rz* 0.8
L *Ra* 1.6　　L *Rz* 3.2　　L *Ra* 0.2

图7-15　两个幅度参数值分别确认为上、下限值的标注

(3)极限值判断规则的标注。

按GB/T 10610－2009的规定,根据表面结构参数代号后给定的极限值,对实际表面进行检测后,判断其合格性时,可以采用下列两种判断规则:

①16%规则。

当参数的规定值为上限值时,如果所选参数在同一评定长度上的全部实测值中,大于图样或技术产品文件中规定值的个数不超过实测值总数的16%,则该表面合格。

当参数的规定值为下限值时,如果所选参数在同一评定长度上的全部实测值中小于图样或技术产品文件中规定值的个数不超过实测值总数的16%,则该表面合格。

16%规则是表面结构参数要求标注中的默认规则,标注示例如图7-14、图7-15所示。

②最大规则。

在表面结构参数符号的后面增加标注一个“max”的标记,则表示检测时合格性的判断采用最大规则。它是指整个被检表面的全部区域内测得的参数值一个也不应超过图样或技术产品文件中的规定值,才被认为合格。标注示例如图7-16、图7-17所示。

图7-16　确认最大规则的单个幅度参数值且默认为上限值的标注

图7-17　确认最大规则的上限值和16%规则的下限值

(4)传输带和取样长度、评定长度的标注。

如果表面结构完整且图形符号上没有标注传输带(图7-14～图7-17),则表示采用默认传输带,对粗糙度幅度参数默认短波滤波器和长波滤波器的截止波长(λ_s 和 λ_c)皆为标准化值。

需要指定传输带时,传输带标注在参数符号的前面,并用斜线"/"隔开。传输带用短波和长波滤波器的截止波长(mm)进行标注,短波滤波器 λ_s 在前,长波滤波器 λ_c 在后(对于R轮廓,$\lambda_c = l_r$),它们之间用连字号"—"隔开,标注示例如图7-18所示(去除材料,默认 $l_n = 5 \times l_r$,参数值默认为上限值,默认16%规则)。

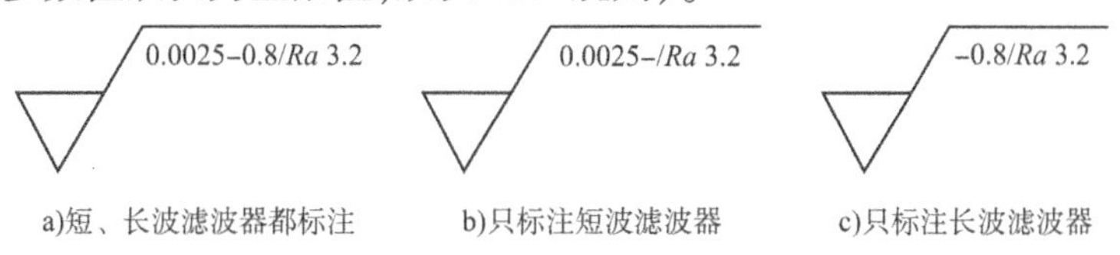

a)短、长波滤波器都标注　b)只标注短波滤波器　c)只标注长波滤波器

图7-18　确认传输带的标注

图7-18a)所示的标注中,传输带 $\lambda_s = 0.0025$mm,$\lambda_c = l_r = 0.8$mm。在某些情况下,对传输带只标注两个滤波器中的一个,另一个滤波器则采用默认的截止波长标准化值。对于只标注一个滤波器,应保留连字号"－"来区分是短波滤波器还是长波滤波器、例如图7-18b)所示的标注中,传输带 $A_3 = 0.0025$mm,λ_c 默认为标准化值。图7-18c)所示的标注中,传输带 $\lambda_c = 0.8$mm,λ_s 默认为标准化值。

若标注结构参数代号后无"max",这表明评定长度值采用的是有关标准中默认的标准化值5,而省略标注,如图7-18所示。

若不存在默认的评定长度,则参数代号后应标注取样长度的个数,如图7-19所示。

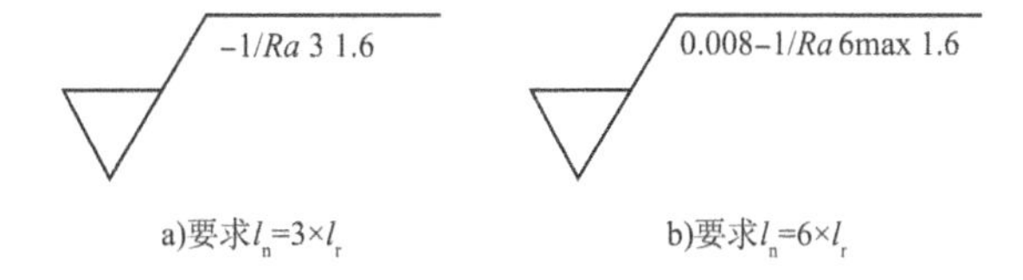

a)要求 $l_n=3\times l_r$　b)要求 $l_n=6\times l_r$

图7-19　评定长度的标注

图7-19a、b所示(去除材料,评定长度 $l_n \neq 5 \times l_r$,Ra 参数值默认为上限值)。在图7-19a)的标注中,$l_n = 3 \times l_r$,$\lambda_c = l_r = 1$mm,λ_s 默认为标准化值0.0025mm(见表7-1),判断规则默认为16%规则。图7-14b)的标注中,$l_n = 6 \times l_r$,传输带为0.008～1mm,判断规则采用最大规则。

2)表面纹理的标注

各种典型的表面纹理及其方向用图7-20规定的符号标注在完整图形符号中。表面

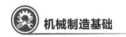

纹理符号的解释见各个分图及题字。如果表面纹理不能清楚地用这些符号表示,必要时,可以在零件图上加注说明。

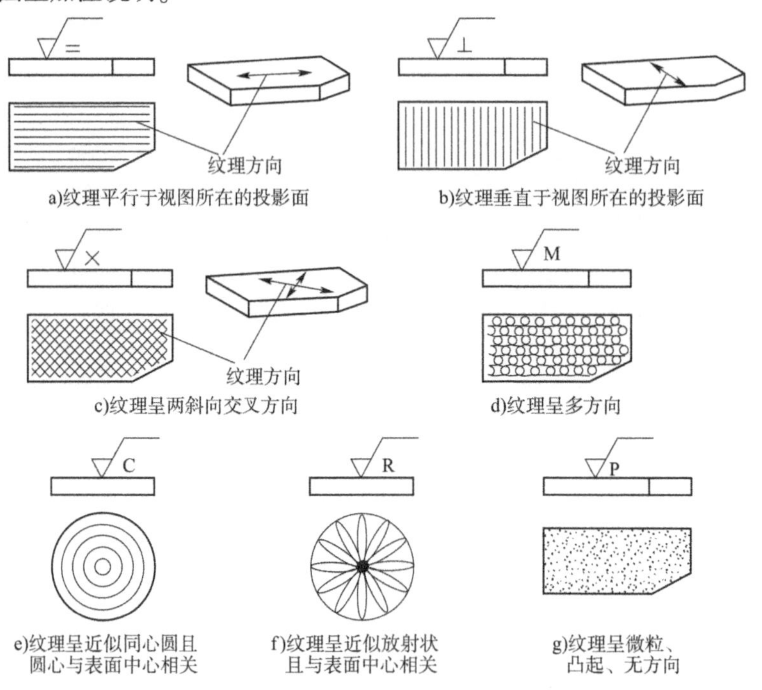

图 7-20 加工纹理方向的符号及其标注

3)加工方法或相关信息的标注

轮廓曲线的特征对实际表面的表面结构参数值影响很大。标注的参数代号、参数值和传输带只作为表面结构要求,有时不一定能够完全准确地表示表面功能。加工工艺在很大程度上决定了轮廓曲线的特征,因此,一般应注明加工工艺,加工工艺符号使用《金属镀覆和化学处理标识方法》(GB/T 13911—2009)中规定的符号。

加工方法的标注示例如图 7-21 所示:用磨削的方法获得的表面的幅度参数 *Ra* 上限值为 1.6μm(采用最大规则),下限值为 0.2μm(默认 16% 规则),传输带皆采用 λ_s = 0.008mm, $\lambda_c = l_r$ = 1mm,评定长度值采用默认的标准化值 5;附加了间距参数 *Rsm*0.05(mm),加工纹理垂直于视图所在的投影面。

4)加工余量的标注

在零件图上标注的表面结构技术要求都是针对完工表面的要求,因此,不需要标注加工余量。但对于有多个加工工序的表面可以标注加工余量。例如,图 7-22 所示车削工序直径方向的加工余量为 0.4mm,图样上给出加工余量的这种方式不使用于文本。加工余量可以是加注在完整图形符号上的唯一要求。

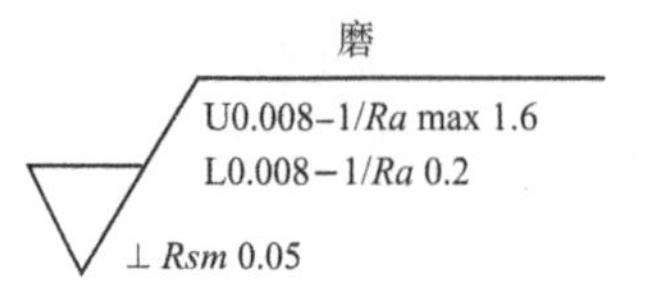

图 7-21 表面粗糙度各项技术要求标注的示例

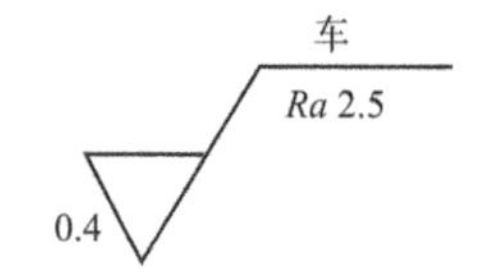

图 7-22 加工余量的标注(其余技术要求皆采用默认)

7.3.3　表面结构要求在图样和其他技术产品文件中的标注

1)一般规定

表面结构技术要求对零件任何一个表面一般只标注一次,并尽可能标注在相应的尺寸及其公差的同一视图上。除非另有说明,所标注的表面结构技术要求是对完工零件表面的要求。此外,完整图形符号上的各种代号和数字的注写和读取方向应与尺寸的注写和读取方向一致,并且完整图形符号的尖端必须从材料外指向并接触零件表面。

为了使图例简单,下述各个图例中的表面结构的完整图形符号上都只标注了参数代号及上限值,其余的技术要求皆采用默认的标准化值。

2)常规标注方法

(1)表面结构要求可以标注在轮廓线或其延长线、尺寸界线上,可以用带箭头的指引线或用带黑端点(它位于可见表面上)的指引线引出标注。

图7-23 所示为粗糙度符号标注在轮廓线、尺寸界线和带箭头的指引线上。图7-24 所示为粗糙度符号标注在轮廓线,轮廓线的延长线和带箭头的指引线上。图7-25 所示为粗糙度符号标注在带黑端点的指引线上。

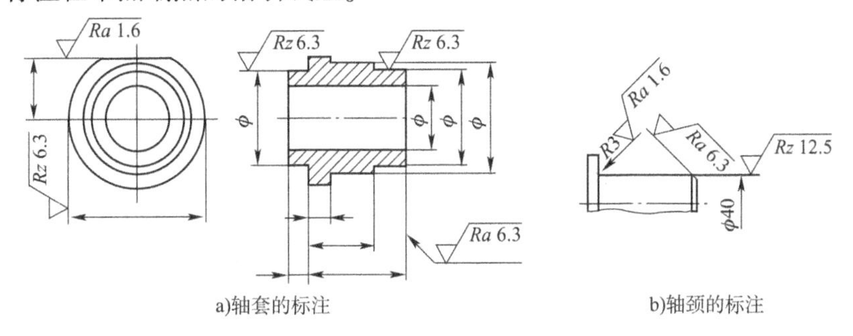

a)轴套的标注　　b)轴颈的标注

图7-23　粗糙度符号上的各种代号和数字的注写和读取方向应与尺寸的注写和读取方向一致

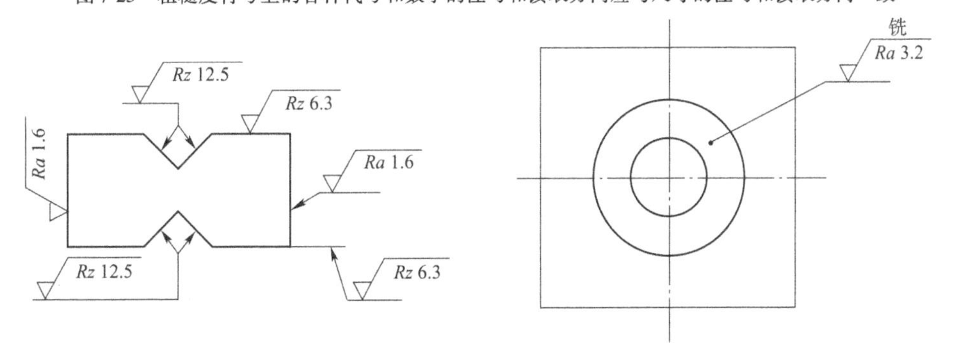

图7-24　粗糙度符号标注在轮廓线、轮廓线的延长线和带箭头的指引线上

图7-25　粗糙度符号标注在带黑端点的指引线上

(2)在不引起误解的前提下,表面结构要求可以标注在特征尺寸的尺寸线上。如图7-26 所示,粗糙度代号标注在孔、轴的直径定形尺寸线上和键槽的宽度定形尺寸的尺寸线上。

(3)表面结构要求可以标注在几何公差框格的上方,如图7-27 所示。

3)简化标注方法

(1)如果工件的多数或全部表面具有相同的表面结构技术要求,则这些表面的技术

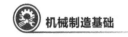

要求可以统一标注在零件图的标题栏附近,省略了对这些表面的分别标注。

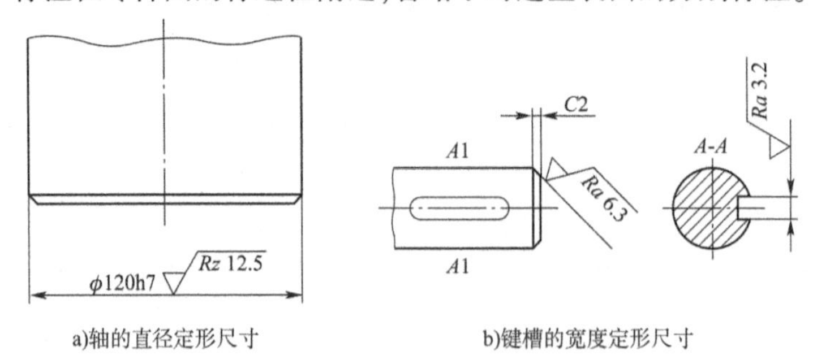

a)轴的直径定形尺寸　　b)键槽的宽度定形尺寸

图 7-26　粗糙度符号标注在特征尺寸的尺寸线上

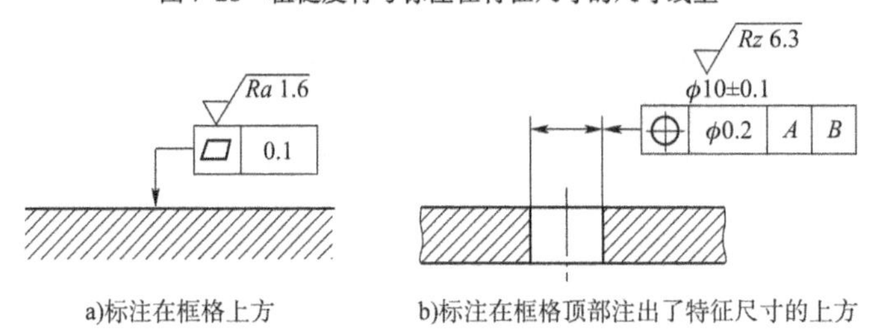

a)标注在框格上方　　b)标注在框格顶部注出了特征尺寸的上方

图 7-27　粗糙度符号标注在几何公差框格的上方

采用这种简化注法时,如果不是全部表面有相同要求的情况,除了需要标注相关表面统一技术要求的符号以外,还需要在其右侧画一个圆括号,在圆括号内给出一个图 7-10 所示的基本图形符号;或在圆括号内给出不同的表面结构要求。标注示例如图 7-28、图 7-29 所示。图 7-28 的右下角标注,表示除了两个已标注粗糙度代号的表面以外其余表面的粗糙度要求。图 7-29 用带字母的完整符号,以等式的形式在图形或标题栏附近,对相同表面结构要求的表面进行简化标注。

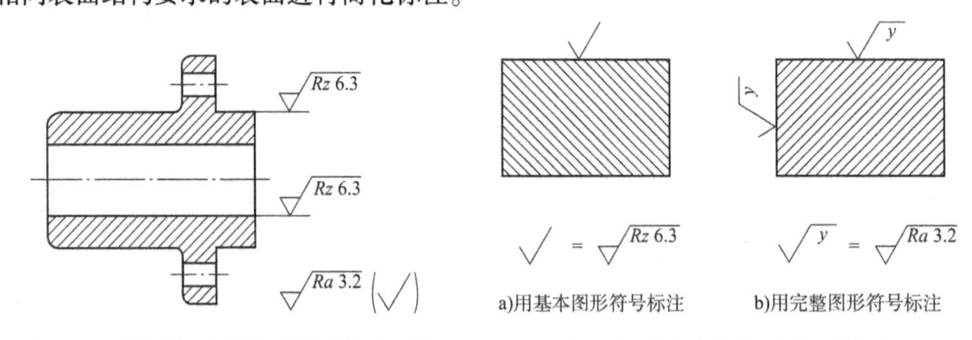

a)用基本图形符号标注　　b)用完整图形符号标注

图 7-28　零件某些表面具有相同的表面粗糙度轮廓技术要求时的简化标注

图 7-29　用等式形式简化标注的示例

(2)当工件的几个表面具有相同的表面结构技术要求或图纸空间有限时,可以用基本图形符号或只带一个字母的完整图形符号标注在工件的这些表面上,而在图形或标题栏附近,以等式的形式标注相应的完整图形符号,如图 7-29 所示。

(3)当图样某个视图上构成封闭轮廓的各个表面具有相同的表面结构要求时,应在图 7-12 所示三个完整图形符号的长边与横线的拐角处加画一个小圆圈,如图 7-30a)所示,标注在图样中工件的封闭轮廓线上。标注示例图 7-30b)表示对视图上封闭轮廓周边的上、下、左、右4个表面的共同要求，不包括前表面和后表面。

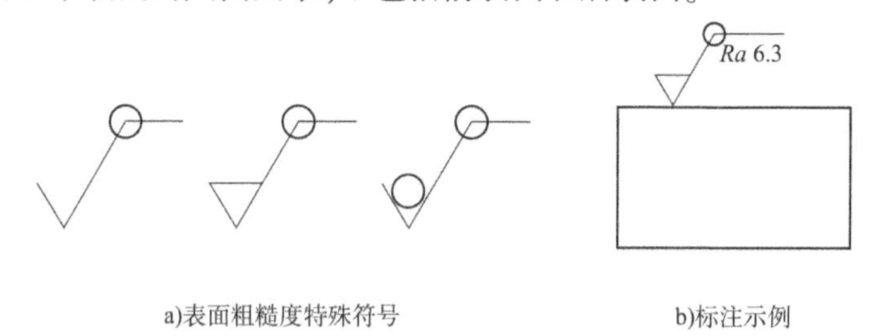

图7-30　有关表面具有相同的表面粗糙度技术要求时的简化标注

(4)在零件图上对零件各表面标注表面粗糙度技术要求的示例。

图7-31为减速器的输出轴的零件图，其上对各表面标注了尺寸及公差代号、几何公差和表面粗糙度轮廓技术要求。

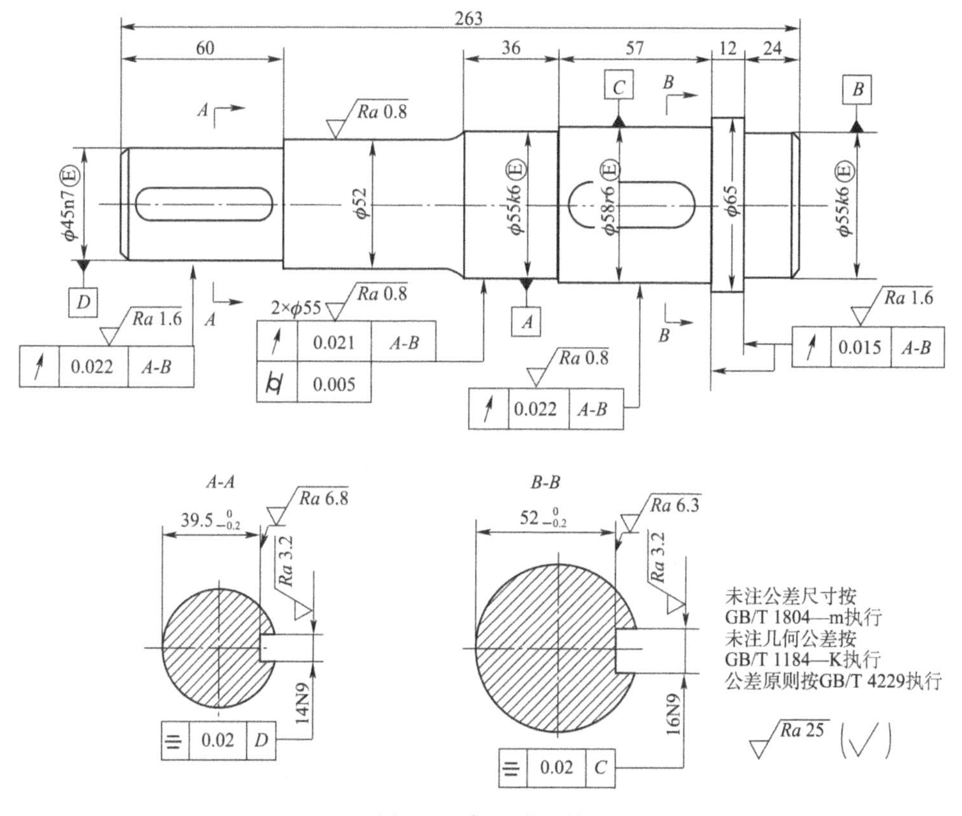

图7-31　减速器输出轴

7.4　表面粗糙度的应用

7.4.1　表面粗糙度参数数值

在表面粗糙度的参数值已经标准化时，设计应按国家标准GB/T 1031—2009规定的参数值系列选取。

幅度参数、间距参数及曲线和相关参数的数值列于表7-2中。

轮廓算术平均偏差 *Ra*、轮廓最大高度 *Rz* 和轮廓单元的平均宽度 *Rsm* 的数值　表7-2

轮廓算术平均偏差 *Ra*(μm)			轮廓最大高度 *Rz*(μm)			轮廓单元的平均宽度 *Rsm*(mm)		轮廓的支承长度率 *Rmr*(c)	
0.012	0.8	50	0.025	1.6	100	0.006	0.4	10	50
0.025	1.6	100	0.05	3.2	200	0.0125	0.8	15	60
0.05	3.2		0.1	6.3	400	0.025	1.6	20	70
0.1	6.3		0.2	12.5	800	0.05	3.2	25	80
0.2	12.5		0.4	25	1600	0.1	6.3	30	90
0.4	25		0.8	50		0.2	12.5	40	

7.4.2　表面粗糙度的选择

1)评定参数的选择

在表面粗糙度的评定参数中,*Ra*、*Rz* 两个幅度参数为基本参数,*Rsm*、*Rmr*(*c*)为两个附加参数。这些参数分别从不同角度反映了零件的表面形貌特征,但都存在着不同程度的不完整性。因此,在具体选用时要根据零件的功能要求、材料性能、结构特点以及测量的条件等情况,适当用一个或几个作为评定参数。

(1)幅度参数。

如果没有特殊要求,一般仅选用幅度参数。在幅度参数常用的参数值范围内(*Ra* 为0.025~6.3μm、*Rz* 为0.1~25μm),推荐优先选用 *Ra* 值,因为 *Ra* 能较充分地反映零件表面轮廓的特征。但以下情况不宜选用 *Ra*。

当表面过于粗糙($Ra>6.3\mu m$)或太光滑($Ra<0.025\mu m$)时,可选用 *Rz*,因为此范围便于选择用于测量 *Rz* 的仪器进行测量。

当零件材料较软时,不能选用 *Ra*,因为 *Ra* 值一般采用触针测量,如果用于软材料的测量,不仅会划伤零件表面,而且测得结果也不准确。

已如果测量面积很小,如顶尖、刀具的刃部以及仪表小元件的表面,可以选用 *Rz* 值。

(2)附加参数的选用。

附加参数是不能单独使用的,如果轮廓的幅度参数不能全面反映零件表面微观几何形状误差,可以加选附加参数综合控制表面质量。

Rsm 主要在对涂漆性能,冲压成形时抗裂纹、抗震、抗腐蚀、减小流体流动摩擦阻力等有要求时选用。

Rmr(*c*)主要在表面要求耐磨、接触刚度要求较高等场合附加选用。

2)参数值的选择

表面粗糙度参数值选择的合理与否,不仅对产品的使用性能有很大的影响,而且直接关系到产品的质量和制造成本。一般来说,表面粗糙度值(评定参数值)越小,零件的工作性能越好,使用寿命也越长。但绝不能认为表面粗糙度值越小越好。为了获得粗糙度小的表面，零件需经过复杂的工艺过程，这样加工成本可能随之急剧增加。因此，选择表面粗糙度参数值既要考虑零件的功能要求，又要考虑其制造成本，在满足功能要求的前提下，应尽可能选用较大的粗糙度数值。

表面粗糙度参数值的一般选择原则如下：

(1)同一零件上，工作表面的 *Ra*、*Rz* 数值小于非工作表面的粗糙度参数值。

(2)摩擦表面比非摩擦表面的 *Ra*、*Rz* 数值要小；滚动摩擦表面比滑动摩擦表面的 *Ra*、*Rz* 参数值要小；运动速度高、单位压力大的摩擦表面，应比运动速度低、单位压力小的摩擦表面的 *Ra*、*Rz* 数值要小。

(3)受循环载荷的表面及易引起应力集中的部分(如圆角、沟槽)，*Ra*、*Rz* 数值要小。

(4)配合性质要求高的结合表面，配合间隙小的配合表面以及要求连接可靠、受重载的过盈配合表面等，都应取较小的 *Ra*、*Rz* 数值。

(5)配合性质相同，零件尺寸越小，则 *Ra*、*Rz* 数值应越小；同一精度等级，小尺寸比大尺寸、轴比孔的 *Ra*、*Rz* 数值要小。

常用表面粗糙度的参数值及表面粗糙度参数值与所适应的零件表面可参考表 7-3 及表 7-4 选择。

常用表面粗糙度的参数值(μm)　　表 7-3

公称经常装拆的配合表面				过盈配合的配合表面						定心精度高的配合表面			滑动轴承表面		
公差等级	表面	公称尺寸(mm)		公差等级		表面	公称尺寸(mm)			径向跳动	轴	孔	公差等级	表面	*Ra*
		~50	>50~500				~50	>50~120	>120~500		*Ra*				
		Ra					*Ra*								
IT5	轴	0.2	0.4	装配按机械压入法	IT5	轴	0.1~0.2	0.4	0.4	2.5	0.05	0.1	IT6~IT9	轴	0.4~0.8
	孔	0.4	0.8			孔	0.2~0.4	0.8	0.8	4	0.1	0.2		孔	0.8~1.6
IT6	轴	0.4	0.8		IT6至IT7	轴	0.4	0.8	1.6	6	0.1	0.2	IT10~IT12	轴	0.8~3.2
	孔	0.4~0.8	0.8~1.6			孔	0.8	1.6	1.6	10	0.2	0.4		孔	1.5~3.2
IT7	轴	0.4~0.8	0.8~1.6		IT8	轴	0.8	0.8~1.6	1.6~3.2	16	0.4	0.8	流体润滑	轴	0.1~0.4
	孔	0.8	1.6			孔	1.6	1.6~3.2	1.6~3.2	20	0.8	1.6		孔	0.2~0.8
IT8	轴	0.8	1.6	热装法		轴	1.6								
	孔	0.8~1.6	1.6~3.2			孔	1.6~3.2								

在选择参数值时，通常可参照一些经过验证的实例，用类比法来确定，见表 7-4。

表面粗糙度参数值与所适应的零件表面（μm） 表7-4

Ra(μm)	适应的零件表面
12.5	粗加工非配合表面。如轴端面、倒角、钻孔、链槽非工作表面、垫圈接触面、不重要的安装支承面、螺钉、铆钉孔表面等
6.3	半精度加工表面。用于不重要的零件的非配合表面,如支柱、轴、支架、外壳、衬套、盖等的端面;螺钉、螺栓和螺母的自由表面;不要求定心和配合特性的表面,如螺栓孔,螺钉通孔、铆钉孔等;飞轮、皮带轮、离合器、联轴节、凸轮、偏心轮的侧面;平键及键槽上下面,花键非定心表面,齿顶圆表面;所有轴和孔的退刀槽;不重要的连接配合表面;犁铧、犁侧板、深耕铲等零件的摩擦工作面;插秧爪面等
3.2	半精加工表面。外壳、箱体、盖套筒等和其他零件连接表面而不形成配合的表面;不重要的紧固螺纹表面、非传动用梯形螺纹锯齿螺纹表面;燕尾槽表面、键和键槽的工作面;需要发蓝的表面;需滚花的加工表面;低速滑动轴承和轴的摩擦面;张紧链轮导向滚轮与轴的配合表面;滑块及导向面(速度20~50m/min);收割机机械切割器的摩擦器动刀片、压力片摩擦面,脱粒机格板工作表面等
1.6	要求有定心及配合特性的固定支承衬套轴承和定位销的压力孔表面;不要求定心及配合特性的活动支承面,活动关节及花键结合面;8级齿轮的齿面;传动螺纹工作面;低速传动的轴颈;楔形键及键槽上下面;轴承盖,三角皮带轮槽表面,电镀前金属表面等
0.8	要求保证定心及配合特性的表面。锥销和圆柱销表面;与0和6级滚动轴承相配合的孔和轴颈表面;中速转动的轴颈;过盈配合的孔IT7,间隙配合的孔IT8;花键轴定心表面;滑动导轨面
0.4	不要求保证定心及配合特性的活动支承面;高精度的活动球状接头表面、支承垫圈、榨油机螺旋榨辊表面等
0.2	要求能长期保持配合特性的孔IT6、IT5,6级精度齿轮面,蜗杆齿面(6~7级),与5级滚动轴承配合的孔和轴颈表面;要求保证定心及配合特性表面;滚动轴承工作表面;分度盘表面;工作时受交变应力和重要零件表面;受力螺栓的圆柱表面;曲轴和凸轮轴工作表面;发动机气门圆锥面;与橡胶油封相配合的轴表面等
0.1	工作时受较大的变应力的重要零件表面,保证疲劳强度、防腐性及在活动接头工作中耐久性的一些表面;精密机床主轴箱与套筒配合的孔;活塞销的表面;液压传动用孔的表面;阀的工作表面;汽缸内表面;保证精确定心的锥体表面;仪器中受摩擦的表面,如导轨、槽面等
0.05	滚动轴承套圈滚道、滚珠及滚柱表面,摩擦离合器的摩擦表面,工作量规的测量表面,精密刻度盘表面,精密机床主轴套筒外圆面等
0.025	特别精密的滚动轴承套圈滚道、滚珠及滚柱表面;测量仪中较高精度间隙配合零件的工作表面;保证高度气密的接合表面等
0.012	仪器的测量面;量仪中高精度间隙配合的工作表面;尺寸超过100mm量块的工作表面等

一般尺寸公差、表面形状公差小时,表面粗糙度参数值也小。然而,在实际生产中也有这样的情况,尺寸公差、表面形状公差要求很大,但表面粗糙度值却要求很小,如机床的手轮或手柄的表面。所以说,它们之间并不存在确定的函数关系。

一般情况下,它们之间有一定的对应关系。设表面形状公差值为 t,尺寸公差值为 T,则它们之间可参照以下对应关系:

若 $t \approx 0.6T$,则 $Ra \leqslant 0.05T$, $Rz \leqslant 0.2T$;
$t \approx 0.4T$,则 $Ra \leqslant 0.025T$, $Rz \leqslant 0.1T$;
$t \approx 0.25T$,则 $Ra \leqslant 0.012T$, $Rz \leqslant 0.05T$;
$t < 0.25T$,则 $Ra \leqslant 0.15t$, $Rz \leqslant 0.6t$。

习　　题

一、单项选择题

1. 表面粗糙度是(　　)误差。
   A. 宏观几何形状　　B. 微观几何形状
   C. 宏观相互位置　　D. 微观相互位置
2. 用以判别具有表面粗糙度特征的一段基准线长度称为(　　)。
   A. 基本长度　　B. 评定长度　　C. 取样长度　　D. 轮廓长度
3. 关于表面粗糙度两个高度参数的应用特点,下列说法中错误的是(　　)。
   A. 对零件的某一确定表面只能采用一个高度参数
   B. R_a 参数能充分反映表面微观几何形状高度方面的特性,因而标准推荐优先选用
   C. R_z 参数测量方法较为直观,计算公式较为简单,因而是应用比较多的参数
   D. R_z 参数常用于受交变应力作用的工作表面及被测面积很小的表面
4. 表面粗糙度代号标注时,尖端应指向(　　)表面。
   A. 材料外　　B. 材料内
   C. 材料内或材料外　　D. 任意
5. 以下说法中,正确的是(　　)。
   A. 工作面的表面粗糙度参数值应大于非工作面的表面粗糙度参数值
   B. 摩擦表面的表面粗糙度参数值应大于非摩擦表面的表面粗糙度参数值
   C. 一般情况下,尺寸公差越小,表面粗糙度参数值越大
   D. 在满足表面功能要求的情况下,尽量选用较大的表面粗糙度参数值
6. 通常铣削加工可使表面粗糙度 Ra 值达到(　　)。
   A. 1.6 ~ 12.5μm　　B. 0.8 ~ 6.3μm
   C. 0.8 ~ 12.5μm　　D. 0.1 ~ 1.6μm
7. 表面粗糙度值越小,则零件的(　　)。
   A. 耐磨性好　　B. 抗疲劳强度差
   C. 传动灵敏性差　　D. 加工容易
8. (　　)属于表面粗糙度。
   A. 间距在 1 ~ 10mm 之间　　B. 间距在 10mm 以上
   C. 间距在 1mm 以下　　D. 间距在 0.5mm 以下
9. 在表面粗糙度代号中,下列说法中错误的是(　　)。
   A. 可以标注出指定的加工方法
   B. 必须采用的幅度参数为轮廓算术平均偏差 Ra

C. 允许的表面粗糙度 Ra 数值的最大值可以大于标出的数值

D. 可以注出加工余量大小

10. 表面粗糙度代号中(　　)参数值前有 max 符号的含义。

A. 表面粗糙度的上限值　　B. 标注的表面粗糙度数值是最大值

C. 表面粗糙度的下限值　　D. 纹理呈两相交的方向

二、填空题

1. 取样长度用符号________表示,评定长度用符号________表示。

2. 取样长度过长,有可能将________的成分带入表面粗糙度的结果中;取样长度过短,则不能反映待测表面粗糙度的________。

3. 标准规定确定取样长度的数值时,在取样长度范围内,一般不少于________个以上的轮廓峰和轮廓谷。

4. 评定长度可以包括________取样长度,一般情况下,l_n =________。

5. 国标规定,表面粗糙度的两个主要评定参数(幅度参数)为________、________。

6. 轮廓最大高度是指在取样长度内,轮廓________轮廓________之间的距离。

7. 标准规定,在表面粗糙度的高度评定参数中,优先选用________。

8. 在选用轮廓支承长度率参数时,必须同时给出________的数值。

9. 表面粗糙度参数的选用原则,应在满足零件________的情况下,尽量选用较________的表面粗糙度数值。

10. 对于间隙配合,若孔、轴的表面过于粗糙,则容易________,使间隙很快地________,从而引起________的改变。

三、判断题(正确打"√",错误打"×")

1. 表面粗糙度可理解为微观的圆柱度或平面度或圆度。(　　)

2. 在间隙配合中,如果表面粗糙不平,在工作时,会因磨损而使间隙迅速增大。(　　)

3. 表面粗糙度数值越大,越有利于提高零件的耐磨性和抗腐蚀性。(　　)

4. 表面越粗糙,取样长度应越小。(　　)

5. 表面粗糙度的评定长度一般情况下就是取样长度。(　　)

6. 表面粗糙度是微观几何形状误差。(　　)

7. 取样长度过短不能反映表面粗糙度的真实情况,因此,取样长度越长越好。(　　)

8. 一般情况下,尺寸精度和形状精度要求高的表面,粗糙度数值应小一些。(　　)

9. 评定表面轮廓粗糙度所必需的一段长度称取样长度,它可以包含几个评定长度。(　　)

10. R_z 参数在反映微观几何形状高度方面的特性不如 Ra 参数充分。(　　)

四、简答题

1. 表面结构中的粗糙度轮廓的含义是什么?

2. 试述测量和评定表面粗糙度轮廓时中线、传输带、取样长度、评定长度的含义。

3. 试述表面粗糙度轮廓评定参数中常用的两个幅度参数和一个间距参数的名称、符号和定义。

4. Ra 和 Rz 各自的应用范围是什么？

五、标注题

1. 改正图 7-32 中的标注错误。

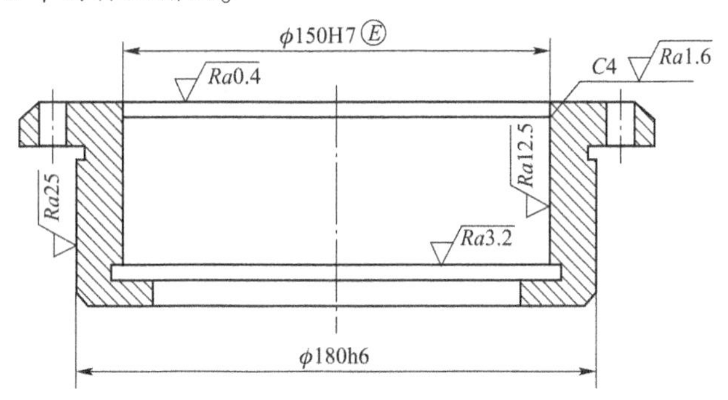

图 7-32 标注题 1 图

2. 参看图 7-33，试将下列的表面粗糙度轮廓技术要求标注在该图上（未指明者皆采用默认的标准化值）：

（1）圆锥面 a 的表面粗糙度轮廓参数 Ra 的上限值为 6.3μm；

（2）轮毂端面 b 和 c 的表面粗糙度的最大值为 3.2μm；

（3）φ30mm 孔最后一道工序为切削加工，表面粗糙度轮廓参数 Rz 的最大值为 12.5μm，并标注加工纹理方向；

（4）(8 ±0.018) mm 键槽两侧面的表面粗糙度轮廓参数 Ra 的上限值为 3.2μm；

（5）其余表面的表面粗糙度轮廓参数 Rz 的最大值为 50μm。

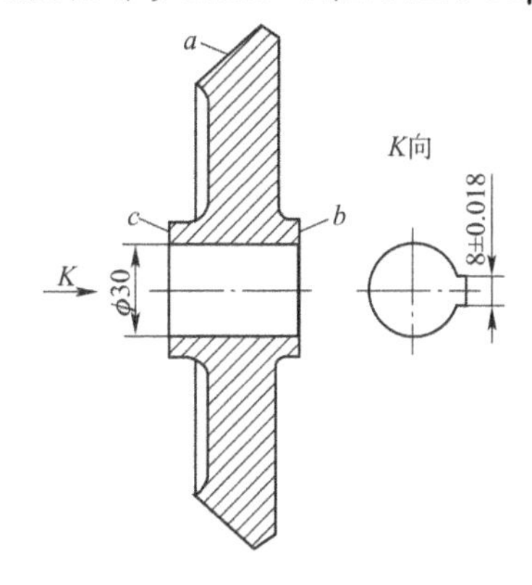

图 7-33 标注题 2 图

3. 一般情况下，φ60H6 孔与 φ30H6 孔相比较，φ50H7/k6 与 φ50H7/g6 中的两孔相比较，圆柱度公差分别为 0.01mm 和 0.02mm 的两个 φ40H7 孔相比较，哪个孔应选用较小的表面粗糙度轮廓幅度参数值？

4. 有一轴，其尺寸为 $\phi40^{+0.016}_{+0.002}$mm，圆柱度公差为 2.5μm，试参照尺寸公差和几何公差确定该轴的表面粗糙度评定参数 Ra 的数值。

第三篇
典型结合与传动互换性标准

第8章　键和花键结合的互换性

为适应经济发展和国际交流的需要，我国根据国际标准和 ASME 制订了有关键联结互换性的新国家标准。它们是：

《平键　键槽的剖面尺寸》(GB/T 1095—2003)；

《普通型　平键》(GB/T 1096—2003)；

《导向型　平键》(GB/T 1097—2003)；

《半圆键　键槽的剖面尺寸》(GB/T 1098—2003)；

《普通型　半圆键》(GB/T 1099.1—2003)；

《键　技术条件》(GB/T 1568—2008)；

《花键基本术语》(GB/T 15758—2008)；

《机械制图 花键表示法》(GB/T 4459.3—2000)；

《矩形花键量规》(GB/T 10919—2006)；

《矩形花键尺寸、公差和检验》(GB/T 1144—2001)。

8.1　单键联结的互换性

单键有平键、半圆键、楔和切向键等，由于单键联结中普通平键和半圆键应用最广，故仅介绍平键和半圆键的极限与配合(参考 GB/T 1095 ~ 1099—2003)，其结构及尺寸参数如图 8-1 所示。

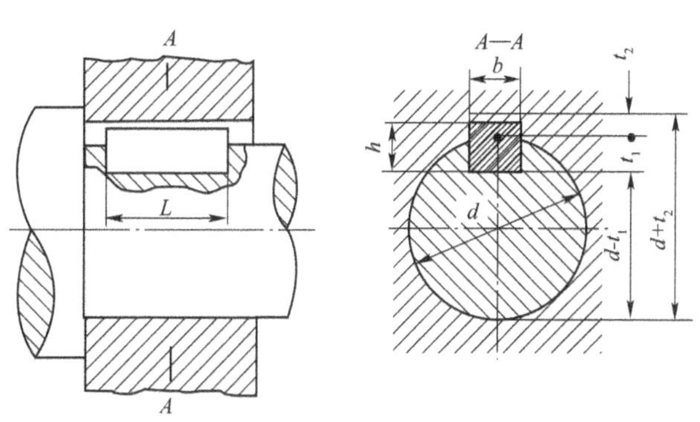

图 8-1　平键结合的配合尺寸

8.1.1 配合尺寸的极限与配合

在键联结中,转矩是通过键的侧面与键槽的侧面相互接触来传递的,因此,它们的宽度乃是主要配合尺寸。

由于键均为标准件,所以键与键槽宽 b 的配合采用基轴制,通过规定键槽不同的公差带来满足不同的配合性能要求。按照配合的松紧不同,普通平键分为松联结、正常联结和紧密联结;半圆键只分为正常联结和紧密联结。国家标准《平键　键槽的剖面尺寸》(GB/T 1095—2003)对轴键槽和轮毂键槽各规定了三组公差带,分别与键宽 $h8$(基准轴)构成三组配合,其公差带值从《产品几何技术规范(GPS)线性尺寸公差 ISO 代号体系　第 2 部分:标准公差带代号和孔、轴的极限偏差表》(GB/T 1800.2—2020)中选取。三组配合的配合性质及应用见表 8-1,平键的公差与配合图解如图 8-2 所示,表 8-2 为普通平键与键槽的剖面尺寸及键槽的公差与极限偏差。半圆键键宽的下极限偏差统一标注为“-0.025”。

普通平键联结的三组配合及其应用　　表 8-1

配合种类	宽度 b 的公差带			应　用
	键	轴键槽	轮毂键槽	
松联结	h8	H9	D10	用于导向平键,轮毂在轴上移动
正常联结		N9	JS9	键在轴键槽中和轮毂键槽中均固定,用于载荷不大的场合
紧密联结		P9	P9	键在轴键槽中和轮毂键槽中均牢固地固定,用于载荷较大、有冲击和双向转矩的场合

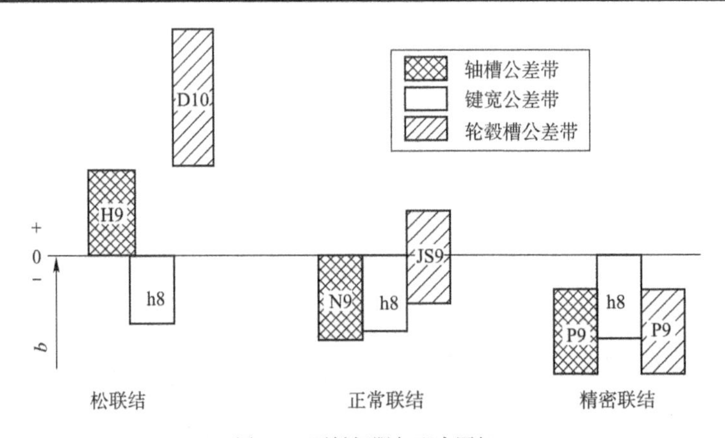

图 8-2　平键极限与配合图解

8.1.2 非配合尺寸的公差

平键和半圆键联结的非配合尺寸,如图 8-1 所示。

非配合尺寸公差规定如下:

t(轴槽深)、t_1(轮毂槽深)——见表 8-2;

L(轴槽长)——H14;

L(键长)——h14；

h(平键键高)——h11；

h(半圆键键高)——h12；

D(半圆键直径)——h12。

普通平键和键槽的尺寸与极限偏差

(摘自 GB/T 1095—2003 和 GB/T 1096—2003)(mm)　　表 8-2

键尺寸 $b\times h$	键		键槽										公称直径 d②
	宽度 b	高度 h	宽度 b						深度				
	极限偏差		公称尺寸	极限偏差					轴 t_1		毂 t_2		
	h8	h11 (h8)①		正常联结		紧密联结	松联结		公称尺寸	极限偏差	基本尺寸	极限尺寸	
				轴 N90	毂 JS9	轴和毂 P9	轴 H9	毂 D10					
2×2	0 -0.014	$\left(^{0}_{-0.014}\right)$	2	-0.004 -0.0029	±0.0125	-0.006 -0.031	+0.025 0	+0.060 +0.020	1.2	+0.10	1.0	+0.10	自6~8
3×3			3						1.8		1.4		>8~10 >10~12
4×4	0 0.018	$\left(^{0}_{-0.018}\right)$	4	0 0.030	±0.015	-0.012 -0.042	+0.030 0	+0.078 +0.030	2.5		1.8		>12~12
5×5			5						3.0		2.3		>12~17
6×6			6						3.5		2.8		>17~22
8×7	0 -0.022	0 -0.090	8	0 -0.036	±0.018	-0.015 -0.051	+0.036 0	+0.098 +0.040	4.0	+0.20	3.3	+0.20	>22~30
10×8			10						5.0		3.3		>30~38
12×8	0 -0.027		12	0 -0.043	±0.0215	-0.018 -0.061	+0.043 0	+0.120 +0.050	5.0		3.3		>38~44
14×9			14						5.5		3.8		>44~50
16×10			16						6.0		4.3		>50~58
18×11	0 -0.110	0 -0.052	18						7.0		4.4		>58~65
20×12			20	0 -0.052	±0.026	-0.022 -0.074	+0.052 0	+0.149 +0.065	7.5		4.9		>65~75
22×14			22						9.0		5.4		>75~85
25×14			25						9.0		5.4		>85~95
28×16			28						10.0		6.4		>95~110

注：1. 普通平键的截面形状为矩形时，高度 h 公差带为 h11，截面形状为方形时，其高度公差带为 h8。

2. 公称直径 d 标准中未给出，此处给出供使用者参考。

8.1.3　键和键槽的几何公差

为了保证键宽和键槽宽之间具有足够的接触面积和避免装配困难，国家标准还规定了轴键槽对轴的轴线和轮毂键槽对孔的轴线的对称度公差和键的两个配合侧面的平行度公差。轴键槽和轮毂键槽的宽度 b 对轴及轮毂轴心线的对称度，一般按《形状和位置公

差　未注公差值》(GB/T1184—1196)中附录表B4(即本教材表6-6)中对称度公差7～9级选取。当键长L与键宽b之比大于或等于8时,键的两侧面的平行度应符合GB/T 1184—1996的规定,当$b \leqslant 6$mm时按7级;$b \geqslant 8 \sim 36$mm按6级;$b \geqslant 40$mm按5级。

同时还规定轴键槽、轮毂键槽宽b的两侧面的表面粗糙度参数Ra的最大值为1.6～3.2μm,轴槽底面、轮毂槽底面的表面粗糙度参数Ra最大值为6.3μm。

当形状误差的控制可由工艺保证时,图样上可不给出公差。

8.2　矩形花键联结的互换性

8.2.1　矩形花键的定心方式

花键联结的主要要求是保证内、外花键联结后具有较高的同轴度,并能传递力矩。矩形花键有大径D、小径d和键(槽)宽B三个主要尺寸参数,如图8-3所示。要求这三个尺寸都起定心作用是很困难的,而且也无必要。定心尺寸应按较高的精度制造,以保证定心精度。非定心尺寸则可按较低的精度制造。由于传递力矩是通过键和键槽侧面进行的,因此,键和键槽也要求较高的尺寸精度。

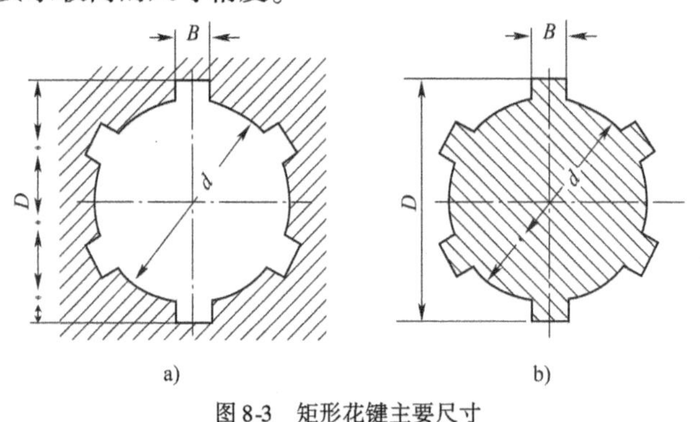

图8-3　矩形花键主要尺寸

国家标准《矩形花键尺寸、公差和检验》(GB/T 1144—2001)规定矩形花键用小径定心,因为小径定心有一系列优点。当用大径定心时,内花键定心表面的精度依靠拉刀保证。而当内花键定心表面硬度要求高(40HRC以上)时,热处理后的变形难以用拉刀修正;当内花键定心表面粗糙度要求高($Ra < 0.63$μm)时,用拉削工艺也难以保证;在单件、小批量生产及大规格花键中,内花键也难以用拉削工艺,因为该种加工方法不经济。采用小径定心时,热处理后的变形可用内圆磨修复,而且内圆磨可达到更高的尺寸精度和表面粗糙度要求,而外花键小径精度可以用成形磨削保证。因而小径定心的定心精度高,定心稳定性好,使用寿命长,有利于产品质量的提高。

8.2.2　矩形花键的极限与配合

国家标准GB/T 1144—2001规定,矩形花键的尺寸公差采用基孔制,目的是减少拉刀的数目。

标准对花键孔规定了拉削后热处理和不热处理两种。标准中规定,按装配形式分滑动、紧滑动和固定三种配合。其区别在于，前两种在工作过程中，既可传递力矩，花键套还可在轴上移动；后者只用来传递力矩，花键套在轴上无轴向移动。不同的配合性质或装配形式通过改变外花键的小径和键宽的尺寸公差带达到，其公差带见表8-3。

矩形花键的尺寸公差带 表8-3

<table>
<tr><th rowspan="3">用途</th><th colspan="4">内 花 键</th><th colspan="3">外 花 键</th><th rowspan="3">装配形式</th></tr>
<tr><th rowspan="2">小径 d</th><th rowspan="2">大径 D</th><th colspan="2">键宽 B</th><th rowspan="2">小径 d</th><th rowspan="2">大径 D</th><th rowspan="2">键宽 B</th></tr>
<tr><th>拉削后
不热处理</th><th>拉削后
热处理</th></tr>
<tr><td rowspan="3">一般用</td><td rowspan="3">H7</td><td rowspan="9">H10</td><td rowspan="3">H9</td><td rowspan="3">H11</td><td>f7</td><td rowspan="9">a11</td><td>d10</td><td>滑动</td></tr>
<tr><td>g7</td><td>f9</td><td>紧滑动</td></tr>
<tr><td>h7</td><td>h10</td><td>固定</td></tr>
<tr><td rowspan="6">精密传动用</td><td rowspan="3">H5</td><td colspan="2" rowspan="6">H7、H9</td><td>f5</td><td>d8</td><td>滑动</td></tr>
<tr><td>g5</td><td>f7</td><td>紧滑动</td></tr>
<tr><td>h5</td><td>h8</td><td>固定</td></tr>
<tr><td rowspan="3">H6</td><td>f6</td><td>d8</td><td>滑动</td></tr>
<tr><td>g6</td><td>f7</td><td>紧滑动</td></tr>
<tr><td>h6</td><td>h8</td><td>固定</td></tr>
</table>

8.2.3 矩形花键的几何公差和表面粗糙度

内、外花键除尺寸公差要求外，还有几何公差要求，包括小径 d 的形状公差和花键的位置度公差等。国家标准对键和键槽规定的位置度公差、对称度公差和表面粗糙度见表8-4、表8-5。

矩形花键位置度公差和对称度公差(摘自 GB/T1144—2001)(mm) 表8-4

<table>
<tr><td colspan="3">键槽宽或键宽 B</td><td>3</td><td>3.5～6</td><td>7～10</td><td>12～18</td></tr>
<tr><td rowspan="3">位置度公差 t1</td><td colspan="2">键槽宽</td><td>0.010</td><td>0.015</td><td>0.020</td><td>0.025</td></tr>
<tr><td rowspan="2">键宽</td><td>滑动、固定</td><td>0.010</td><td>0.015</td><td>0.020</td><td>0.025</td></tr>
<tr><td>紧滑动</td><td>0.006</td><td>0.010</td><td>0.013</td><td>0.016</td></tr>
<tr><td rowspan="2">对称度公差 t2</td><td colspan="2">一般用</td><td>0.010</td><td>0.012</td><td>0.015</td><td>0.018</td></tr>
<tr><td colspan="2">精密传动用</td><td>0.006</td><td>0.008</td><td>0.009</td><td>0.011</td></tr>
</table>

矩形花键表面粗糙度推荐值(μm) 表8-5

<table>
<tr><td rowspan="2">加 工 表 面</td><td>内 花 键</td><td>外 花 键</td></tr>
<tr><td colspan="2">Ra 不大于</td></tr>
<tr><td>大径</td><td>6.3</td><td>3.2</td></tr>
<tr><td>小径</td><td>0.8</td><td>0.8</td></tr>
<tr><td>键侧</td><td>3.2</td><td>0.8</td></tr>
</table>

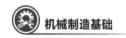

1）小径 d 应遵守包容要求

小径 d 是花键连接中的定心配合尺寸，用以保证花键的配合性能，其定心表面的形状公差和尺寸公差的关系应遵守包容要求：即当小径 d 的实际（组成）要素处于最大实体状态时，它必须具有理想形状，只有当小径 d 的实际（组成）要素偏离最大实体状态时，才允许有形状误差。

2）花键的位置度公差遵守最大实体要求Ⓜ

花键的位置度公差综合控制花键各键之间的角位置，各键对轴线的对称度误差，以及各键对轴线的平行度误差等。位置度公差遵守最大实体要求，其图样标注如图 8-4 所示。

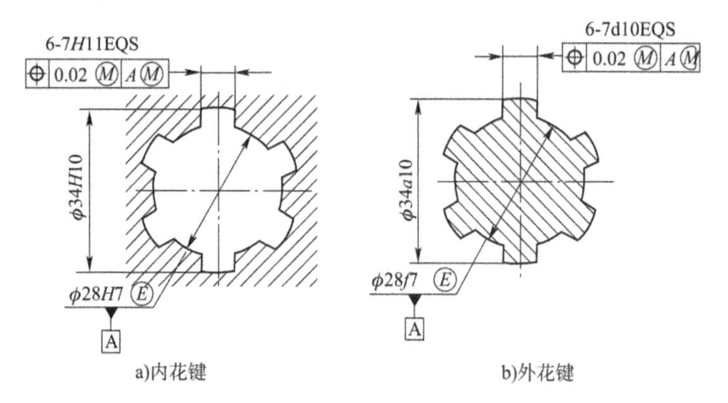

图 8-4　花键位置度公差标注

3）键和键槽的对称度公差和等分度公差遵守独立原则

为保证装配，并能传递转矩运动，一般应使用综合花键量规检验，控制其几何误差。但当在单件、小批量生产时没有综合量规，这时，为控制花键几何误差，一般在图样上分别规定花键的对称度和等分度公差。

花键的对称度公差、等分度公差均遵守独立原则，其对称度公差图样上标注如图 8-4 所示。国家标准规定，花键的等分度公差等于花键的对称度公差值。

对较长的花键，可根据产品性能自行规定键侧对轴线的平行度公差。

8.2.4　矩形花键的图样标注

花键连接在图样上的标注，按顺序包括键数 N、小径 d、大径 D、键宽 B、花键公差代号。对 $N=6, d=23\,\frac{\mathrm{H7}}{\mathrm{f7}}, D=26\,\frac{\mathrm{H10}}{\mathrm{a11}}, B=6\,\frac{\mathrm{H11}}{\mathrm{d10}}$ 的花键标记如下：

花键规格：$N \times d \times D \times B$　$6 \times 23 \times 26 \times 6$

花键副：$6 \times 23\,\frac{\mathrm{H7}}{\mathrm{f7}} \times 26\,\frac{\mathrm{H10}}{\mathrm{a11}} \times 6\,\frac{\mathrm{H11}}{\mathrm{d10}}$　GB/T 1144—2001

内花键：6×23H7×26H10×6H11　GB/T 1144—2001

外花键：6×23f7×26a11×6d10　GB/T 1144—2001

以小径定心时，花键各表面的表面粗糙度如表 8-5 所列。

习　　题

一、单项选择题

1. 平键联结的键宽公差带为 $h8$,在采用一般联结,用于载荷不大的一般机械传动的固定联结时,其轴槽宽与毂槽宽的公差带分别为(　　)。

A. 轴槽 $H9$,毂槽 $D10$　　B. 轴槽 $N9$,毂槽 JS9

C. 轴槽 $P9$,毂槽 $P9$　　D. 轴槽 $H7$,毂槽 $E9$

2. 平键联结中,键和键槽的配合尺寸是(　　)。

A. 键长　　B. 键高　　C. 键宽　　D. 键槽深

3. 平键联结中配合的基准件是(　　)。

A. 键长　　B. 键高　　C. 基孔制　　D. 键宽

4. 平键联结采用的基准制是(　　)。

A. 基孔制　　B. 没有采用　　C. 基轴制　　D. 无所谓

5. 下列不属于花键联结优点的是(　　)。

A. 定心精度高　　B. 导向性好　　C. 加工简单　　D. 承载能力强

二、填空题

1. 平键联结中,键宽与键槽宽的配合采用________。

2. 平键联结中的键和键槽可能存在下列几何公差要求________和________表面粗糙度要求。

3. 平键键长 L 的公差带是________。

4. 平键联结的配合种类________、________和________。

5. 平键键槽的表面粗糙度要求,要求表面粗糙度数值小的是 ________。

6. 国标规定:平键键槽的两侧面平行度要求,是在键长 L 与键宽 b 之比大于或等于________的情况下给出的。

7. 花键的定心方式是________。

8. 为了保证花键的可装配性,一般采用________量规进行检验。

9. 花键除了有尺寸公差要求,同时对________和________等几何量也有要求。

三、判断题(正确打“√”,错误打“×”)

1. 平键联结中,键宽与键槽宽的配合采用基轴制。　　(　　)

2. 平键联结中,基轴制的公差带是 $h9$。　　(　　)

3. 平键联结中,键宽是配合尺寸。　　(　　)

4. 矩形花键的定心方式是大径。　　(　　)

5. 花键联结采用基孔制。　　(　　)

6. 采用平键联结时,键槽地面没有粗糙度要求。　　(　　)

7. 矩形花键配合的键宽宽度的精度没有要求。　　(　　)

8. 平键是标准件。　　(　　)

9. 花键中的花键齿没有位置度要求。　　(　　)

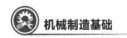

10. 花键联结中的花键齿没有平行度要求。 (　　)

四、简答题

1. 各种键连接的特点是什么？主要使用在哪些场合？
2. 单键与轴槽、轮毂槽的配合分为哪几类？如何选择？
3. 为什么矩形花键只规定小径定心一种定心方式？其优点何在？
4. 矩形内、外花键除规定尺寸公差外，还规定哪些位置公差？
5. 试按 GB/T 1144—2001 确定矩形花键 $6\times23\frac{H7}{g7}\times26\frac{H10}{a11}\times6\frac{H11}{f9}$ 中内外花键的小径、大径、键宽、键槽 B 的极限偏差和位置度公差，并指出各自应遵守的公差原则。

第9章　滚动轴承与孔、轴结合的互换性

滚动轴承是机械工业中广泛应用的标准部件,在机器中起着支承作用,可以减小运动副的摩擦、磨损,提高机械效率。滚动轴承与孔、轴结合的精度设计是指正确确定以下内容:滚动轴承内圈与轴的配合、外圈与轴承座孔的配合、轴和轴承座孔的尺寸公差、几何公差和表面粗糙度轮廓幅度参数值,以保证滚动轴承的工作性能和使用寿命。

为了实现滚动轴承及其相配件的互换性,正确进行滚动轴承的公差与配合设计,我国颁布了下列有关滚动轴承的标准:

《滚动轴承　向心轴承　产品几何技术规范(GPS)和公差值》(GB/T 307.1—2017);

《滚动轴承　测量和检验的原则和方法》(GB/T 307.2—2005);

《滚动轴承　通用技术规则》(GB/T 307.3—2017);

《滚动轴承　推力轴承产品几何技术规范(GPS)和公差值》(GB/T 307.4—2017);

《滚动轴承　公差　定义》(GB/T 4199—2003);

《滚动轴承 配合》(GB/T 275—2015);

《滚动轴承　游隙　第1部分:向心轴承的径向游隙》(GB/T 4604.1—2012)

《滚动轴承　游隙　第2部分:四点接触球轴承的轴向游隙》(GB/T 4604.2—2013)

9.1　滚动轴承公差等级

9.1.1　滚动轴承的使用要求

滚动轴承的基本结构如图9-1所示,一般由外圈1、内圈2(它们统称套圈)、滚动体(钢球或滚子)3和保持架4组成。公称内径为 d 的轴承内圈与轴5配合,公称外径为 D 的轴承外圈与外壳6的孔配合。通常,内圈与轴颈一起旋转,外圈与轴承座孔固定不动。但也有些机器的部分结构中要求外圈与轴承座孔一起旋转,而内圈与轴颈固定不动。

为了便于在机器上安装轴承和更换轴承,轴承内圈内孔和外圈外圆柱面应具有完全互换性。此外,基于技术经济上的考虑,对于轴承的装配,轴承某些零件的特定部位可以不具有完全互换性,而仅具有不完全互换性。

滚动轴承工作时应保证其工作性能,必须满足下列两项要求:

(1)必要的旋转精度。轴承工作时轴承的内、外圈和端面的跳动应控制在允许的范围内,以保证传动零件的回转精度。

(2)合适的游隙。滚动体与内、外圈之间的游隙分为径向游隙 δ_1 和轴向游隙 δ_2(图9-2)。

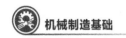

轴承工作时这两种游隙的大小皆应保持在合适的范围内，以保证轴承正常运转，寿命长。

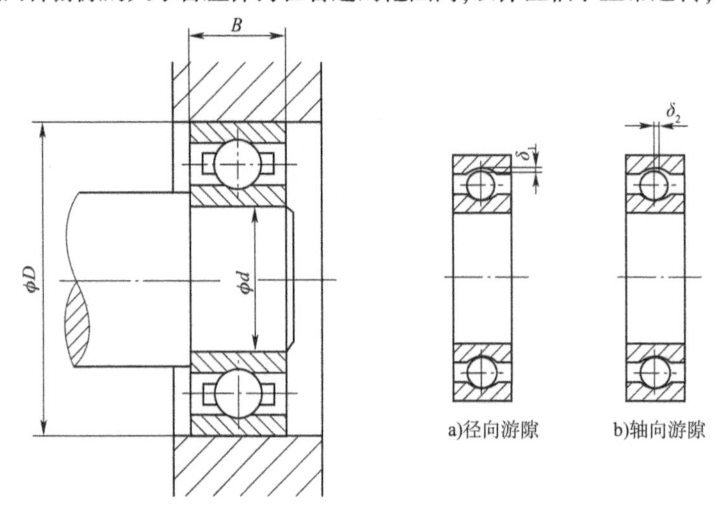

图 9-1　滚动轴承基本结构　　图 9-2　滚动轴承的游隙

9.1.2　滚动轴承的公差等级及其应用

滚动轴承的公差等级由轴承的尺寸公差和旋转精度决定。前者是指轴承内径 d、外径 D、宽度 B 等的尺寸公差等。后者是指轴承内、外圈作相对转动时跳动的程度，包括成套轴承内、外圈的径向跳动，成套轴承内、外圈端面对滚道的跳动，内圈基准端面对内孔的跳动等。

GB/T 307.3—2017 根据滚动轴承的尺寸公差和旋转精度，将滚动轴承等级进行分级：

向心轴承（圆锥滚子轴承除外）的公差等级分为普通级、6、5、4、2 五级；

圆锥滚子轴承的公差等级分为普通级、6X、5、4、2 五级；

推力轴承的公差等级分为普通级、6、5、4 四级。

公差等级依次由低到高，普通级最低，2 级最高。圆锥滚子轴承有 6X 级，而无 6 级，6X 级轴承与 6 级轴承的内径公差、外径公差和径向跳动公差均分别相同，仅前者装配宽度要求较为严格。

9.1.3　滚动轴承的应用

各个公差等级的滚动轴承的应用范围见表 9-1。

各个公差等级的滚动轴承的应用范围　　表 9-1

轴承公差等级	应用示例
普通级	广泛用于旋转精度和运转平稳性要求不高的一般旋转机构中，如普通机床的变速机构、进给机构，汽车、拖拉机的变速机构，普通减速器、水泵及农业机械的旋转机构
6 级、6X 级（中级） 5 级（较高级）	多用于旋转精度和运转平稳性要求较高或转速较高的旋转机构中，如普通机床主轴轴系（前支承采用 5 级，后支承采用 6 级）和比较精密的仪器、仪表、机械的旋转机构

续上表

轴承公差等级	应 用 示 例
4 级(高级)	多用于转速很高或旋转精度要求很高的机床和机器的旋转机构中,如高精度磨床和车床、精密螺纹车床和齿轮磨床等的主轴轴系
2 级(精密级)	多用于精密机械的旋转机构中,如精密坐标镗床、高精度齿轮磨床和数控机床等的主轴轴系

9.2　滚动轴承内、外径及相配合轴、轴承座孔的公差带

9.2.1　滚动轴承内、外径公差带的特点

滚动轴承内圈与轴的配合应采用基孔制,外圈与轴承座孔的配合应采用基轴制。

GB/T 307.1 -2017 规定:内圈基准孔公差带位于以公称内径 d 为零线的下方,且上偏差为零(图 9-3)。这种特殊的基准孔公差带不同于 GB/T 1800.1 中基本偏差代号为 H 的基准孔公差带。因此,当轴承内圈与基本偏差代号为 k、m、n 等的轴配合时就形成了具有小过盈的配合,而不是过渡配合。采用这种小过盈的配合是为了防止内圈与轴的配合面产生相对滑动,而使配合面产生磨损,影响轴承的工作性能;而过盈较大则会使薄壁的内圈产生较大的变形,影响轴承内部的游隙的大小。因此,轴公差带从 GB/T 1800.1 中的轴常用公差带中选取,它们比 GB/T 1801 中同名配合的配合性质稍紧。

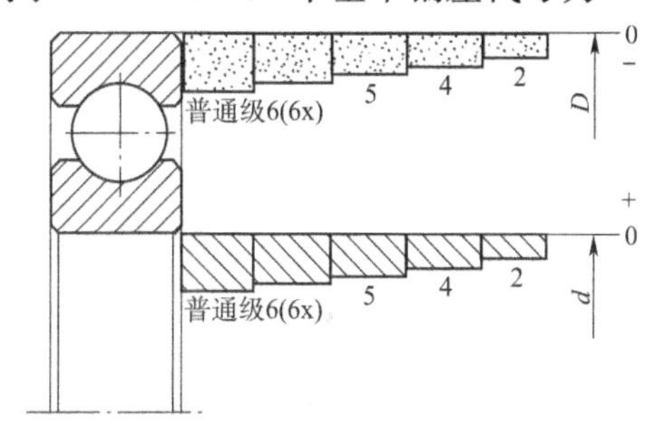

图 9-3　滚轴承内、外径公差带

轴承外圈安装在机器的轴承座孔中。机器工作时,温度升高会使轴热膨胀。若外圈不旋转,则应使外圈与轴承座孔的配合稍微松一点,以便能够补偿轴热膨胀产生的微量伸长,允许轴连同轴承一起轴向移动。否则轴会弯曲,轴承内、外圈之间的滚动体就有可能卡死。

GB/T 307.1 -2017 规定:轴承外圈外圆柱面公差带位于以公称外径 D 为零线的下方,且上偏差为零(图 9-3)。该公差带的基本偏差与一般基轴制配合的基准轴的公差带的基本偏差(其代号为 h)相同,但这两种公差带的公差数值不相同。因此,轴承座孔公差带从 GB/T 1800.1 中的孔常用公差带中选取,它们与轴承外圈外圆柱面公差带形成的配合,基本上保持 GB/T 1801 中同名配合的配合性质。

薄壁零件型的轴承内、外圈无论在制造过程中或在自由状态下都容易变形。但是,当轴承与刚性零件轴、箱体的具有正确几何形状的轴、轴承座孔装配后,这种变形容易得到矫正。因此,GB/T 307.1—2017 规定,在轴承内、外圈任一横截面内测得内孔、外圆柱面的最大与最小直径的平均值对公称直径的实际偏差分别在内、外径公差带内,就认为合格。

9.2.2 与滚动轴承配合的轴和轴承座孔的常用公差带

由于滚动轴承内圈内径和外圈外径的公差带在生产轴承时已经确定，因此，在使用轴承时，它与轴和轴承座孔的配合面间所要求的配合性质必须分别由轴和轴承座孔的公差带确定。

为了实现各种松紧程度的配合性质要求，GB/T 275—2015 规定了普通级和 6 级轴承与轴和轴承座孔配合时轴和轴承座孔的常用公差带。该国标对轴规定了 17 种公差带(图 9-4)，对轴承座孔规定了 16 种公差带(图 9-5)。这些公差带分别选自 GB/T 1800.1 中的轴公差带和孔公差带。

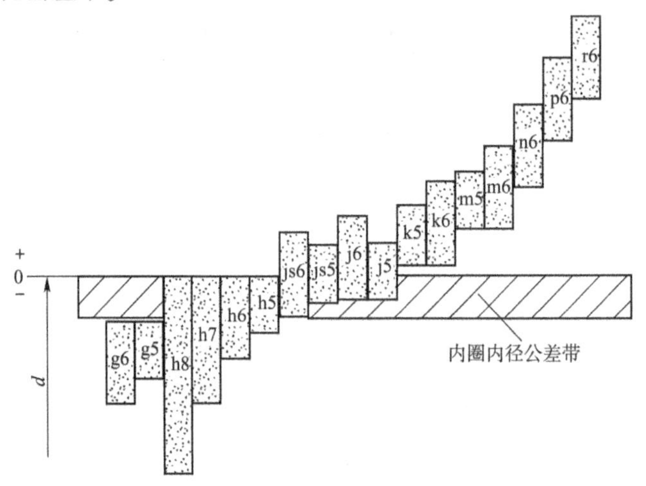

图 9-4 与滚动轴承内圈配合的轴的常用公差带

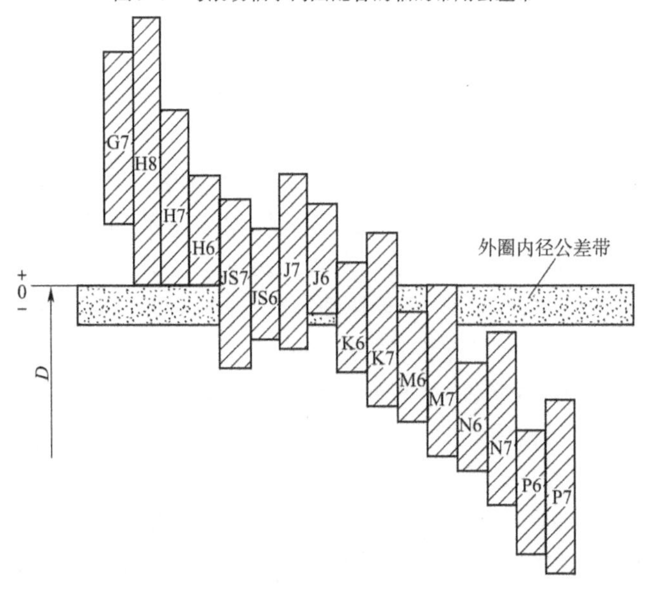

图 9-5 与滚动轴承外圈配合的轴的常用公差带

由图 9-4 所示的公差带可以看出，轴承内圈与轴的配合与 GB/T 1801 中基孔制同名配合相比较，前者的配合性质偏紧。h5、h6、h7、h8 轴与轴承内圈的配合为过渡配合，k5、 k6、m5、m6、n6 轴与轴承内圈的配合为过盈较小的过盈配合，其余配合也有所偏紧。

由图 9-5 所示的公差带可以看出，轴承外圈与轴承座孔的配合与 GB/T 1801 中基轴制同名配合相比较，两者的配合性质基本一致。

9.3　滚动轴承与轴、轴承座孔结合的配合选用

与滚动轴承配合的轴和轴承座孔的精度包括它们的尺寸公差带、几何公差和表面粗糙度轮廓幅度参数值。

9.3.1　轴和轴承座孔公差等级的选用

所选择轴和轴承座孔的标准公差等级应与轴承公差等级协调。与普通级、6 级轴承配合的轴一般为 IT6，轴承座孔一般为 IT7。对旋转精度和运转平稳性有较高要求的工作条件，轴应为 IT5，轴承座孔应为 IT6。

9.3.2　轴和轴承座孔公差带的选用

由于滚动轴承内孔和外圆柱面的公差带在生产轴承时已经确定，因此，轴承与轴、轴承座孔的配合的选择就是确定轴和轴承座孔的公差带。选择时应考虑以下几个主要因素。

1）轴承套圈相对于负荷方向的运转状态

作用在轴承上的径向负荷，可以是定向负荷（如带轮的拉力或齿轮的作用力）或旋转负荷（如机件的转动离心力），或者是两者的合成负荷。它的作用方向与轴承套圈（内圈或外圈）存在着以下三种关系：

（1）套圈相对于负荷方向旋转。

当套圈相对于径向负荷的作用线旋转，或者径向负荷的作用线相对于轴承套圈旋转时，该径向负荷就依次作用在套圈整个滚道的各个部位上，表明该套圈相对于负荷方向旋转。

例如图 9-6a）、图 9-6b）所示，轴承承受一个方向和大小均不变的径向负荷 F_r，图 9-6a）中的旋转内圈和图 9-6b）中的旋转外圈皆相对于径向负荷的方向旋转，前者的运转状态称为旋转的内圈负荷，后者的运转状态称为旋转的外圈负荷，像减速器转轴两端的滚动轴承的内圈，汽车、拖拉机车轮轮毂中滚动轴承的外圈，都是套圈相对于负荷方向旋转的实例。

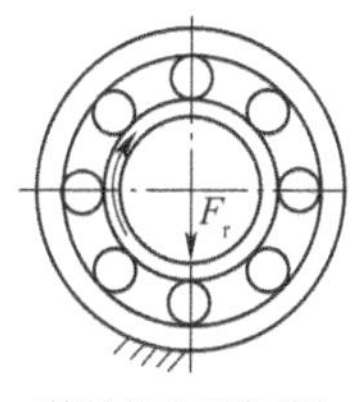

a)旋转的内圈负荷和固定的外圈负荷

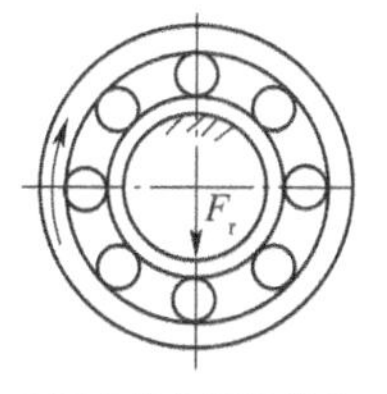

b)固定的内圈负荷和旋转的外圈负荷

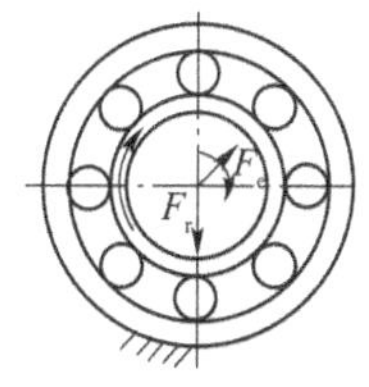

c)旋转的内圈负荷和外圈承受摆动负荷

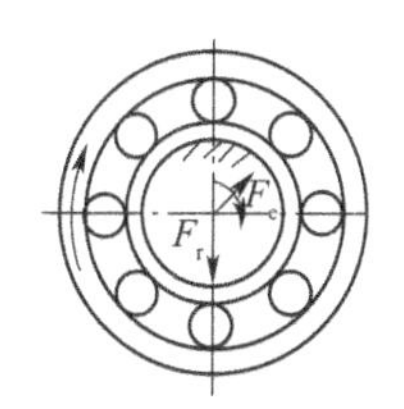

d)内圈承受摆动负荷和旋转的内圈负荷

图 9-6　轴承套圈相对于复合方向的运转状态

(2)套圈相对于负荷方向固定。

当套圈相对于径向负荷的作用线不旋转,或者径向负荷的作用线相对于轴承套圈不旋转时,该径向负荷始终作用在套圈滚道的某一局部区域上,这表示该套圈相对于负荷方向固定。

例如图 9-6a)、图 9-6b)所示,轴承承受一个方向和大小均不变的径向负荷 F_r,图 9-6a)中的不旋转外圈和图 9-6a)、图 9-6b)中的不旋转内圈都相对于径向负荷 F_r的方向固定,前者的运转状态称为固定的外圈负荷,后者的运转状态称为固定的内圈负荷。像减速器转轴两端的滚动轴承的外圈,汽车、拖拉机车轮轮毂中滚动轴承的内圈,都是套圈相对于负荷方向固定的实例。

为了保证套圈滚道的磨损均匀,相对于负荷方向旋转的套圈与轴或轴承座孔的配合应保证它们能固定成一体,以避免它们产生相对滑动,从而实现套圈滚道均匀磨损。相对于负荷方向固定的套圈与轴或轴承座孔的配合应稍松些,以便在摩擦力矩的带动下,它们可以作非常缓慢的相对滑动,从而避免套圈滚道局部磨损。这样选择配合就能提高轴承的使用寿命。

(3)轴承套圈相对于负荷方向摆动。

当大小和方向按一定规律变化的径向负荷依次往复地作用在套圈滚道的一段区域上时,表示该套圈相对于负荷方向摆动。如图 9-6c)、图 9-6d)所示,套圈承受一个大小和方向均固定的径向负荷 F_r和一个旋转的径向负荷 F_r,两者合成的径向负荷的大小将由小逐渐增大,再由大逐渐减小,周而复始地周期性变化,这样的径向负荷称为摆动负荷。

参看图 9-7,当 $F_r > F_c$时,按照向量合成的平行四边形法则,F_r与 F_c的合成负荷 F 就在滚道 AB 区域内摆动。因此,不旋转的套圈就相对于负荷 F 的方向摆动,而旋转的套圈就相对于负荷 F 的方向旋转。前者的运转状态称为摆动的套圈负荷。

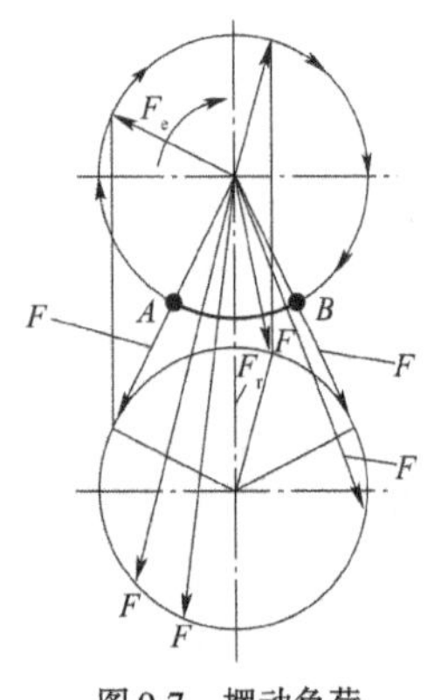

图 9-7　摆动负荷

如果 $F_r > F_c$,则 F_r与 F_c的合成负荷 F 沿整个滚道圆周变动,因此,不旋转的套圈就相对于合成负荷的方向旋转,而旋转的套圈则相对于合成负荷的方向摆动。后者的运转状态称为摆动的套圈负荷。

归纳一下,当套圈相对负荷方向旋转时,该套圈与轴或轴承座孔的配合应较紧,一般选用具有小过盈的配合或过盈概率大的过渡配合。

当套圈相对于负荷方向固定时,该套圈与轴或轴承座孔的配合应稍松些,一般选用具有平均间隙较小的过渡配合或具有极小间隙的间隙配合。

当套圈相对于负荷方向摆动时,该套圈与轴或轴承座孔的配合的松紧程度一般与套圈相对负荷方向旋转时选用的配合相同或稍松一些。

2)负荷的大小

轴承与轴、轴承座孔的配合的松紧程度跟负荷的大小有关。对于向心轴承,GB/T 275—2015 按其径向当量动负荷 P_r与径向额定动负荷 C_r的比值将负荷状态分为轻负荷、正常负荷和重负荷三类,见表 9-2。

向心轴承负荷状态分类　　表9-2

负荷状态	轻负荷	正常负荷	重负荷
P_r/C_r	≤0.06	>0.06~0.12	>0.12

P_r和C_r的数值分别由计算公式求出和轴承产品样本查出。

轴承在重负荷作用下，套圈容易产生变形，将会使该套圈与轴或轴承座孔配合的实际过盈减小而引起松动，影响轴承的工作性能。因此，承受轻负荷、正常负荷、重负荷的轴承与轴或轴承座孔的配合应依次越来越紧。

3)径向游隙

《滚动轴承　游隙　第1部分:向心轴承的径向游隙》(GB/T 4604.1—2012)规定，向心轴承的径向游隙共分五组:2组、N组、3组、4组、5组，游隙的大小依次由小到大。其中，N组为基本游隙组。

游隙过小，若轴承与轴、轴承座孔的配合为过盈配合，则会使轴承中滚动体与套圈产生较大的接触应力，并增加轴承工作时的摩擦发热，导致降低轴承寿命；游隙过大，就会使转轴产生较大的径向跳动和轴向跳动，以致轴承工作时产生较大的振动和噪声。因此，游隙的大小应适度。

具有N组游隙的轴承，在常温状态的一般条件下工作时，它与轴、轴承座孔配合的过盈应适中。对于游隙比N组游隙大的轴承，配合的过盈应增大；对于游隙比N组游隙小的轴承，配合的过盈应减小。

4)轴承的工作条件

轴承工作时，由于摩擦发热和其他热源的影响，套圈的温度会高于相配件的温度。内圈的热膨胀会引起它与轴的配合变松，而外圈的热膨胀则会引起它与轴承座孔的配合变紧。因此，轴承工作温度高于100℃时，应对所选择的配合作适当的修正。轴承游隙为N组游隙，轴为实心或厚壁空心钢制轴，外壳(箱体)为铸钢件或铸铁件，轴承的工作温度不超过100℃时，确定轴和轴承座孔的尺寸公差带可分别根据表9-3和表9-4进行选择。

当轴承的旋转速度较高，又在冲击振动负荷下工作时，轴承与轴、轴承座孔的配合最好都选用具有小过盈的配合或较紧的配合。

剖分式外壳和整体外壳上的轴承孔与轴承外圈的配合的松紧程度应有所不同，前者配合应稍松些，以避免箱盖和箱座装配时夹扁轴承外圈。

向心轴承和轴的配合—尺寸公差带　　表9-3

圆柱孔轴承						
载荷情况		举例	深沟球轴承、调心球轴承和角接触球轴承	圆柱滚子轴承和圆锥滚子轴承	调心滚子轴承	尺寸公差带
			轴承公称直径(mm)			
旋转的内圈负荷及摆动负荷	轻负荷	输送机、轻载齿轮箱	≤18 >18~100 >100~200 —	— ≤40 >40~140 >140~200	— ≤40 >40~140 >140~200	h5 j6[1] k6[1] m6[1]

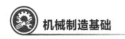

续上表

载荷情况			举例	深沟球轴承、调心球轴承和角接触球轴承	圆柱滚子轴承和圆锥滚子轴承	调心滚子轴承	尺寸公差带
圆柱孔轴承							
				轴承公称直径(mm)			
旋转的内圈负荷及摆动负荷	正常负荷		一般通用机械、电动机、泵、内燃机、正齿轮传动装置	≤18 >18~100 >100~140 >140~200 >200~280 — —	— ≤40 >40~100	— ≤40 >40~65 >65~100 >100~140 >140~280 >280~500	j5、js5 k5[2] m5[2] m6 n6 p6 r6
	重负荷		铁路机车车辆轴箱、牵引电机、破碎机等		>50~140 >140~200 >200 —	>50~100 >100~140 >140~200 >200	n6[3] p6 r6 r7
内圈承受固定载荷	所有负荷	内圈需在轴向易移动	非旋转轴上的各种轮子	所有尺寸			f6 g6
		内圈不需在轴向易移动	张紧轮、绳轮				h6 j6
仅有轴向负荷			所有尺寸				j6、js6
圆锥孔轴承							
所有载荷	铁路机车车辆轴箱		装在推卸套上	所有尺寸			$h8$(IT6)[4,5]
	一般机械传动		装在紧定套上	所有尺寸			$h9$(IT7)[4,5]

注:1. 对精度有较高要求的场合,应用 j5、k5、m5 代替 j6、k6、m6。

2. 圆锥滚子轴承、角接触球轴承配合对游隙的影响不大,可以选用 k6、m6 分别代替 k5、m5。

3. 重载荷下轴承游隙应选大于 N 组。

4. 凡精度要求较高或转速要求较高的场合,应选用 h7(IT5)代替 h8(IT6)等。

5. IT6 、IT7 表示圆柱度公差数值。

9.3.3 轴、轴承座孔的几何公差与表面粗糙度轮廓幅度参数值的确定

轴和轴承座孔的尺寸公差带确定以后,为了保证轴承的工作性能,还应对它们分别确定几何公差和表面粗糙度轮廓幅度参数值可参照表 9-5、表 9-6 选取。

为了保证轴承与轴、轴承座孔的配合性质,轴和轴承座孔应分别采用包容要求和采用最大实体要求而标注零几何公差值。对于轴,在采用包容要求Ⓔ的同时,为了保证同一根轴上

两个轴的同轴度精度，还应规定这两个轴的轴线分别对它们的公共轴线的同轴度公差。

向心轴承和轴承座孔的配合—孔公差带　　表 9-4

载荷情况		举例	其他状况	尺寸公差带①	
				球轴承	滚子轴承
固定的外圈负荷	轻、正常、重	一般机械、铁路机车车辆轴箱	轴向容易移动	H7、G7②	
	冲击		轴向能移动，采用整体式或剖分式轴承座	J7、JS7	
摆动负荷	轻、正常	电动机、泵、曲轴主轴承			
	正常、重		轴向不移动，采用整体式轴承座	K7	
	重、冲击	牵引电机		M7	
旋转地外圈载荷	轻	皮带张紧轮		J7	K7
	正常	轮毂轴承		M7	N7
	重			—	N7、P7

注：1. 并列尺寸公差带随尺寸的增大从左至右选择；对旋转精度要求较高时，可相应提高一个标准公差等级。

2. 不适用于剖分式轴承座。

轴和轴承座孔的几何公差值（摘自 GB/T 275—2015）　　表 9-5

公称尺寸（mm）	圆柱度（μm）				轴向圆跳动（μm）			
	轴		外壳孔		轴肩		外壳孔肩	
	轴承公差等级							
	普通级	6(6X)	普通级	6(6X)	普通级	6(6X)	普通级	6(6X)
	公差值（μm）							
>18～30	4	2.5	6	4	10	6	15	10
>30～50	4	2.5	7	4	12	8	20	12
>50～80	5	3	8	5	15	10	25	15
>80～120	6	4	10	6	15	10	25	15
>120～180	8	5	12	8	20	12	30	20
>180～250	10	7	14	10	20	12	30	20

轴和轴承座孔的表面粗糙度轮廓幅度参数 *Ra* 值（摘自 GB/T 275—2015）　　表 9-6

轴或外壳孔的直径（mm）	轴或轴承座孔的标准公差等级					
	IT7		IT6		IT5	
	表面粗糙度 *Ra* 值（μm）					
	磨	车	磨	车	磨	车
≤80	1.6	3.2	0.8	1.6	0.4	0.8
>80～500	1.6	3.2	1.6	3.2	0.8	1.6
端面	3.2	6.3	3.2	6.3	1.6	3.2

对于外壳上支承同一根轴的两个轴承孔，应按关联要素采用最大实体要求而标注零几何公差值 $\phi 0$ Ⓜ，来规定这两个孔的轴线分别对它们的公共轴线的同轴度公差，以同时保证指定的配合性质和同轴度精度。

此外,如果轴或轴承座孔存在较大的形状误差,则轴承与它们安装后,套圈会产生变形而不圆,因此,必须对轴和轴承座孔规定严格的圆柱度公差。

轴的轴肩部和外壳上轴承孔的端面是安装滚动轴承的轴向定位面,若它们存在较大的垂直度误差,则滚动轴承与它们安装后,轴承套圈会产生歪斜,因此,应规定轴肩部和轴承座孔端面对基准轴线的轴向圆跳动公差。

下面以斜齿圆柱齿轮减速器输出轴上的圆锥滚子轴承为例,说明如何确定与该轴承配合的轴和外壳孔的各项公差及它们在图样上的标注方法。

【例9-1】 已知减速器的功率为5kW,输出轴转速为83r/min,其两端的轴承为30211圆锥滚子轴承($d=55$mm,$D=100$mm)。从动齿轮的齿数$z=79$,法向模数$m_n=3$mm,标准压力角$\alpha_n=20°$,分度圆螺旋角$\beta=8°6'34''$。试确定轴和外壳孔的尺寸公差带代号(上、下极限偏差)、几何公差值和表面粗糙度轮廓幅度参数值,并将它们分别标注在装配图和零件图上。

解:(1)本例的减速器属于一般机械,轴的转速不高,所以选用0级轴承。

(2)该轴承承受定向的径向负荷的作用,内圈与轴一起旋转,外圈安装在剖分式外壳的轴承孔中,不旋转。因此,内圈相对于负荷方向旋转,它与轴的配合应较紧;外圈相对于负荷方向固定,它与外壳孔的配合应较松。

(3)按照该轴承的工作条件,求得该轴承的径向当量动负荷P_r,为2401N,查得30211轴承的径向额定动负荷C_r,为86410N,所以$P_r/C_r=0.028$,小于0.07,故该轴承负荷状态属于轻负荷。此外,减速器工作时该轴承有时承受冲击负荷。

(4)按轴承工作条件,从表9-3、表9-4中分别选取轴尺寸公差带为$\phi55k6$(基孔制配合),外壳孔尺寸公差带为$\phi100J7$(基轴制配合)。

(5)按表9-5选取几何公差值:轴圆柱度公差0.005mm,轴肩部的轴向圆跳动公差0.015mm;外壳孔圆柱度公差0.01mm。

(6)按表9-6选取轴和外壳孔的表面粗糙度轮廓幅度参数值:轴的上限值为0.8μm,轴肩部Ra的上限值为3.2μm;外壳孔Ra的上限值为3.2μm。

(7)将确定好的上述各项公差标注在图样上,如图9-8所示。由于滚动轴承是外购的标准部件,因此,在装配图上只需注出轴和外壳孔的尺寸公差带代号。

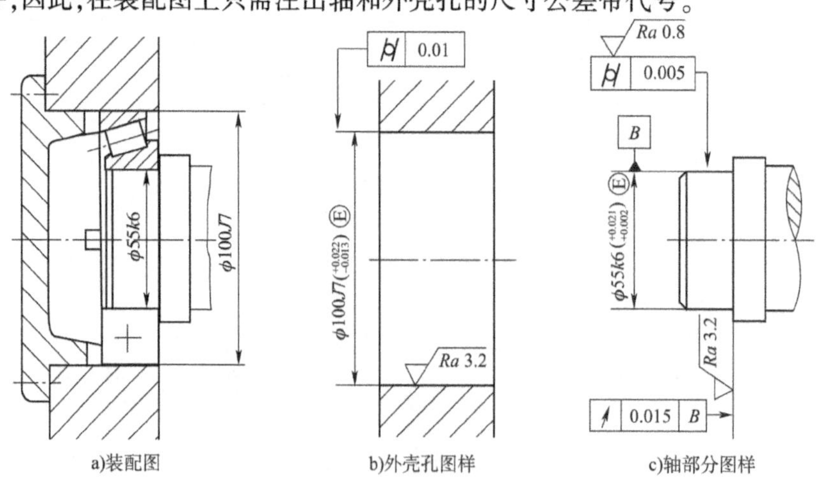

图9-8 轴和外壳孔公差在图样上的标注

习　　题

一、单项选择题

1. 滚动轴承外圈与外壳孔配合应选用基准制是(　　)。

A. 基孔制　　　　B. 基轴制

C. 基孔制或基轴制都可以　　　　D. 无须采用任何基准制

2. 滚动轴承外圈与基本偏差为H的外壳孔形成(　　)配合。

A. 间隙　　B. 过盈　　C. 过渡　　D. 间隙配合或过盈

3. 滚动轴承内圈与基本偏差为h的轴颈形成(　　)配合。

A. 间隙　　B. 过盈　　C. 过渡　　D. 间隙配合或过盈

4. 承受局部负荷的套圈应选(　　)配合。

A. 较松的过渡配合或较紧的间隙配合

B. 较松的间隙配合

C. 过盈配合

D. 较紧的过渡配合

5. 向心轴承、圆锥滚子轴承和推力轴承的公差等级均有(　　)。

A. 普通级、6、5、4、2 五级　　　　B. 普通级、6X、5、4、2 五级

C. 普通级、6、5、4 四级　　　　D. 普通级、5、4

6. 滚动轴承内圈与轴颈、外圈与座孔的配合(　　)。

A. 均为基轴制　　　　B. 前者基轴制,后者基孔制

C. 均为基孔制　　　　D. 前者基孔制,后者基轴制

7. 为保证轴承内圈与轴肩端面接触良好,轴承的圆角半径r与轴肩处圆角半径r_1应满足(　　)。

A. r和r_1必须相等　　　　B. $r \geq r_1$

C. $r < r_1$　　　　D. $r \leq r_1$

8. (　　)不宜用来同时承受径向载荷和轴向载荷。

A. 圆锥滚子轴承　　　　B. 角接触球轴承

C. 深沟球轴承　　　　D. 圆柱滚子轴承

9. (　　)只能承受轴向载荷。

A. 深沟球轴承　　　　B. 圆锥滚子轴承

C. 推力球轴承　　　　D. 圆柱滚子轴承

10. 某轮系的中间齿轮(惰轮)通过一滚动轴承固定在不转的心轴上,轴承内、外圈的配合应满足(　　)。

A. 内圈与心轴较紧、外圈与齿轮较松

B. 内圈与心轴较松、外圈与齿轮较紧

C. 内圈、外圈配合均较紧

D. 内圈、外圈配合均较松

二、填空题

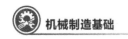

1. 根据国家标准的规定，向心滚动轴承按其尺寸公差和旋转精度分为________个公差等级，其中 级精度最低，________级精度最高。

2. ________级轴承常称为普通轴承，在机械中应用最广。

3. 在装配图上标注滚动轴承与轴和外壳孔的配合时，只需标注 ________的公差代号。

4. 规定滚动轴承单一内(外)径的极限偏差主要是为了________。

5. 国家标准将内圈内径的公差带规定在零线的________，在多数情况下轴承内圈随轴一起转动，两者之间配合必须有一定的________。

6. 选择轴承配合时，应综合考虑________、________、________和________。

7. 当轴承的旋转速度较高，又在冲击振动负荷下工作时，轴承与轴颈和外壳孔的配合最好选用________配合。轴颈和外壳孔的公差________随轴承的________的提高而相应提高。

8. 为使轴承的安装与拆卸方便，对重型机械用的大型或特大型的轴承，宜采用________配合。

9. 作用在轴承上的径向负荷可以分为________、________、________三类。

10. 向心轴承负荷的大小用________与________的比值区分。

三、判断题(正确打"√"，错误打"×")

1. 滚动轴承外圈与轴的配合，采用基孔制。 (　　)

2. 滚动轴承的外圈与外壳相配合采用基孔制。 (　　)

3. 内圈与轴配合则采用基轴制。 (　　)

4. 滚动轴承内圈与轴的配合，必须采用较紧的配合。 (　　)

5. 滚动轴承外圈与轴的配合，必须采用间隙配合。 (　　)

6. 滚动轴承配合，在图样上只须标注轴颈和外壳孔的公差带代号。 (　　)

7. 普通级轴承应用于转速较高和旋转精度也要求较高的机械中。 (　　)

8. 滚动轴承国家标准将内圈内径的公差带规定在零线的下方。 (　　)

9. 滚动轴承内圈与基本偏差为 g 的轴形成间隙配合。 (　　)

10. 轴或外壳孔的材料性能对滚动轴承配合的选择也是有影响的。 (　　)

四、简答题

1. 滚动轴承内圈内孔及外圈外圆柱面公差带分别与一般基孔制的基准孔及一般基轴制的基准轴公差带有何不同？

2. 滚动轴承的精度等级划分的根据是什么？共有几级？代号是什么？

3. 滚动轴承内圈与轴、外圈与轴承座孔的配合，分别采用何种配合制？有什么特点？

4. 滚动轴承负荷的类型与选择配合有何关系？

5. 与滚动轴承配合时，负荷大小对配合的松紧影响如何？

五、综合应用题

1. 与 6 级 6309 滚动轴承(内径 $\phi 45^{0}_{-0.010}$ mm，外径 $\phi 100^{0}_{-0.013}$ mm)配合的轴的公差带为 $j5$，轴承座孔的公差带为 $H6$。试画出这两对配合的孔、轴公差带示意图，并计算它们的极限过盈或间隙。

2. 某单级直齿圆柱齿轮减速器输出轴上安装两个普通级6211深沟球轴承(公称内径为55mm,公称外径为100mm),径向额定动负荷为33354N,工作时内圈旋转,外圈固定,承受的径向当量动负荷为883N。试确定:

(1)与内圈和外圈分别配合的轴和轴承座孔的公差带代号及应采用的公差原则;

(2)轴和轴承座孔的尺寸极限偏差、几何公差值和表面粗糙度轮廓幅度参数值;

(3)参照图9-8,把上述公差带代号和各项公差标注在装配图和零件图上。

第10章 圆柱齿轮传动的互换性

齿轮是机器和仪器中使用较多的传动件，尤其是渐开线圆柱齿轮的应用甚广。齿轮的精度在一定程度上影响着整台机器或仪器的质量和工作性能。为了保证齿轮传动的精度和互换性，就需要规定齿轮公差、切齿前的齿轮坯公差、齿轮轴以及齿轮箱体公差，并按图样上给出的精度要求来检测齿轮、齿轮轴和齿轮箱体。

为此，我国发布了两项渐开线圆柱齿轮精度制国标和相应的四个有关圆柱齿轮精度检验实施规范的指导性技术文件。它们分别是：

《轮齿同侧齿面偏差的定义和允许值》(GB/T 10095.1—2008)；

《径向综合偏差与径向跳动的定义和允许值》(GB/T 10095.2—2008)；

《轮齿同侧齿面的检验》(GB/Z 18620.1—2008)；

《径向综合偏差、径向跳动、齿厚和侧隙的检验》(GB/Z 18620.1—2008)；

《齿轮坯、轴中心距和轴线平行度的检验》(GB/Z 18620.3—2008)；

《表面结构和轮齿接触斑点的检验》(GB/Z 18620.4—2008)。

下面结合这些国标和指导性技术文件，从齿轮传动的使用要求出发，阐述渐开线圆柱齿轮的主要加工误差、精度评定指标、侧隙评定指标、齿轮箱体的精度评定指标、齿轮坯精度要求以及齿轮精度设计和检测方法。

10.1 齿轮传动的使用要求

对齿轮传动主要有以下四个方面的使用要求。

(1)传递运动的准确性。

要求从动轮与主动轮运动协调，限制齿轮在一转范围内传动比的变化幅度。

从齿轮啮合原理可知，在一对理论上的渐开线齿轮传动过程中，两轮之间的传动比是恒定的，如图10-1a)所示，这时，传递运动是准确的。但实际上由于齿轮的制造和安装误差，在从动轮转过360°的过程中，两轮之间的传动比是呈周期变化的，如图10-1b)所示，从动轮在一转过程中，其实际转角往往不同于理论转角，常产生转角误差，导致传递运动不准确。这种转角误差常影响产品的使用性能，必须加以限制。

(2)传递运动的平稳性。

要求瞬时传动比的变化幅度小。由于齿轮齿廓制造误差，在一对轮齿啮合过程中，传动比发生高频的瞬时突变，如图10-1c)所示。传动比的这种小周期的变化将引起齿轮传动产生冲击、振动和噪声等现象，影响平稳传动的质量，必须加以控制。

实际传动过程中,上述两种传动比变化同时存在,如图10-1d)所示。

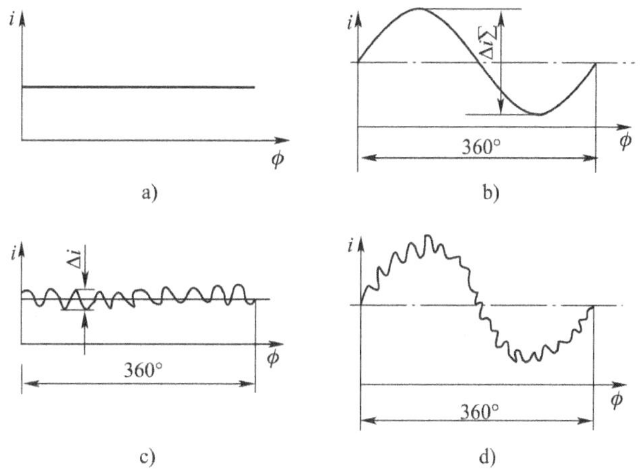

图10-1 齿轮传动比的变化

(3)载荷分布均匀性。

要求传动时工作齿面接触良好,在全齿宽上承载均匀,避免载荷集中于局部区域引起过早磨损,以提高齿轮的使用寿命。

(4)合理的齿侧间隙。

要求齿轮副的非工作齿面要有一定的侧隙,用以补偿齿轮的制造误差、安装误差和热变形,从而防止齿轮传动发生卡死现象;侧隙还用于储存润滑油,以保持良好的润滑。但对工作时有正反转的齿轮副,侧隙会引起回程误差和冲击。

不同用途和不同工作条件下的齿轮,对上述四项要求的侧重点是不同的。

读数装置和分度机构的齿轮,主要要求传递运动的准确性,而对接触均匀性的要求往往是次要的。如果需要正反转,应要求较小的侧隙。

一般汽车、拖拉机及机床的变速齿轮主要保证传动平稳性要求,以减小振动和噪声。

对于高速重载下工作的齿轮(如汽轮机减速器齿轮),则对运动准确性、传动平稳性和载荷分布均匀性的要求都很高,而且要求有较大的侧隙以满足润滑需要。

对于低速重载齿轮(如起重机械、重型机械),载荷分布均匀性要求较高,而对传递运动准确性则要求不高。

10.2 齿轮传动质量的影响因素

影响齿轮传动使用要求的是齿轮本身的制造精度和齿轮副的安装精度。齿轮制造精度主要取决于机床、刀具、夹具和齿轮坯等工艺系统的制造误差(加工及安装误差)。由于齿轮的齿形较复杂,加工工艺系统也较复杂,故齿轮制造精度分析也较为复杂。下面以滚切直齿圆柱齿轮为例来分析在切齿过程中所产生的主要偏差,以及对齿轮使用性能的影响,如图10-2所示。

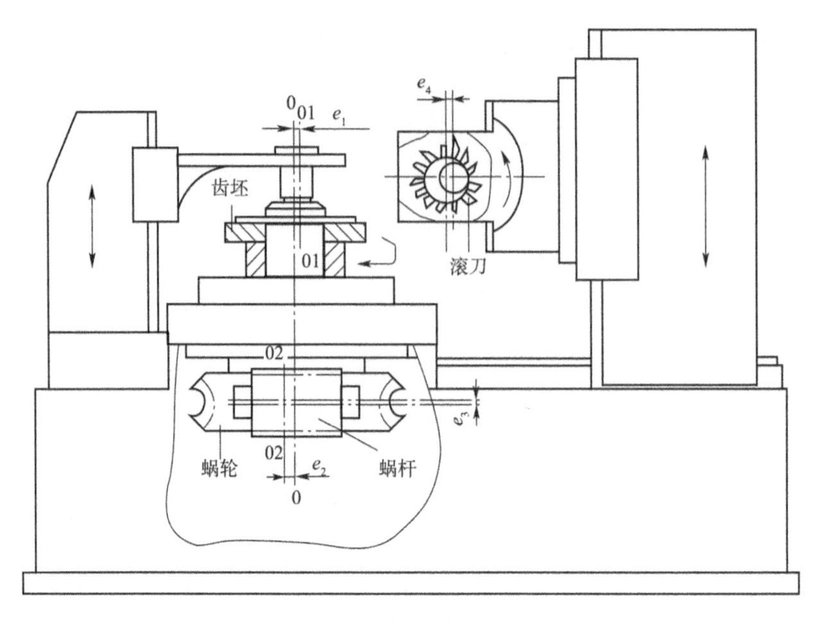

图 10-2　滚齿机加工齿轮

理想直齿圆柱齿轮的几何特性是：轮齿分布均匀、具有理论渐开线齿廓、理论齿距、理论齿厚，才能使传递运动准确、传动平稳、载荷分布均匀。

10.2.1　影响传递运动准确性的因素

实现传递运动准确性的理论条件是在一转内传动比恒定，造成传动比不恒定的主要因素是齿距分布不均匀，主要是下列因素造成的。

(1)齿坯轴线与机床工作台心轴轴线有偏心(几何偏心)。

当齿坯轴线与机床心轴轴线有安装偏心 e_1 时，所加工齿轮一边齿高增高(齿形尖瘦)，另一边齿高减低(齿形粗宽)，如图 10-3 所示，致使齿轮在一转内产生径向跳动，并且使齿距和齿厚也产生周期性变化，此属径向偏差。

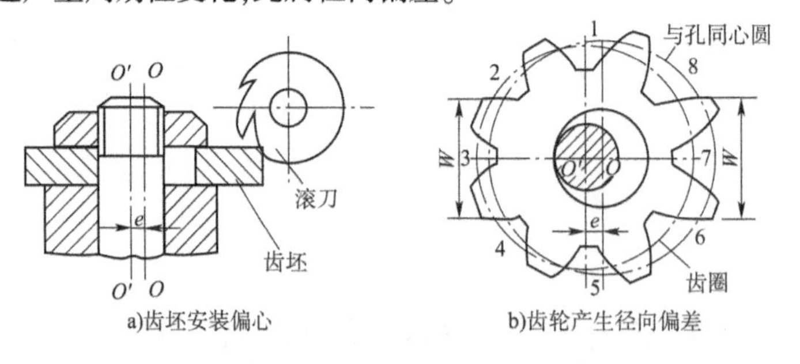

图 10-3　齿坯安装偏心引起齿轮径向偏差

(2)分度蜗轮轴线与机床工作台中心线有安装偏心(运动偏心)。

当机床分度蜗轮有加工误差及与工作台有安装偏心 e_2 时，引起角速度 ω 的变化 $\Delta\omega$，使工作台按正弦规律旋转，并以一转为周期，时快($\omega+\Delta\omega$)时慢($\omega-\Delta\omega$)地旋转，造成齿轮的齿距和公法线长度在瞬时变长或变短，使齿轮产生切向偏差。蜗轮安装偏心引起齿轮切向偏差如图 10-4 所示。

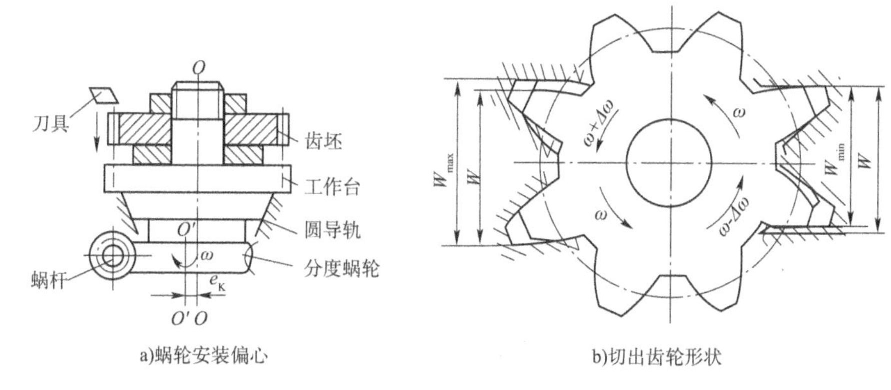

图 10-4　蜗轮安装偏心引起齿轮切向偏差

上述以一转为周期变化的偏差，称为长周期偏差，影响齿轮运动传递准确性。

10.2.2　影响运动平稳性的因素

实现运动平稳性的理论条件是瞬时传动比恒定，造成一齿内瞬时传动比变化过大的主要因素是齿轮同侧相邻齿廓间的齿距偏差和各个齿廓的形状偏差。产生的原因有以下 2 个方面。

(1)机床分度蜗杆有安装偏心和轴向窜动。

机床分度蜗杆有安装偏心 e_3 和轴向窜动，使分度蜗轮(齿坯)转速不均匀，造成齿轮的齿形和齿距偏差。

分度蜗杆每转一转，分度蜗轮转过一齿，跳动重复一次，偏差出现的频率将等于分度蜗轮的齿数，属高频分量，故称短周期偏差。

(2)刀具的制造误差及安装误差。

滚刀安装有偏心 e_4、轴线倾斜、轴向跳动及刀具形状误差等，都会反映到被加工的轮齿上，产生齿轮的齿形和齿距偏差。

上述以一齿为周期变化的偏差，称为短周期偏差，影响齿轮的运动平稳性。

10.2.3　影响载荷分布均匀性的因素

实现载荷分布均匀的理论条件是：在齿轮啮合过程中，从齿顶到齿根或齿根到齿顶，在齿高上依次接触，接触线为齿廓曲线，在齿宽方向的接触线是直线。直齿轮在齿宽方向的接触线平行于齿轮基准轴线(轮齿方向平行于齿轮基准轴线)，斜齿轮的在齿宽方向接触线相对于齿轮基准轴线倾斜一个角度——基圆螺旋角。

齿轮啮合时，齿面接触不良会影响轮齿载荷分布均匀性。影响齿宽方向载荷分布均匀性的主要误差是实际螺旋线对理想螺旋线的偏离量，称为螺旋线偏差；影响齿高方向载荷分布均匀性的主要误差是齿廓偏差和螺旋线偏差，误差来源有如下 3 个方面。

(1)滚齿机刀架导轨相对工作台轴线不平行；

(2)齿轮坯定位端面与其定位孔基准轴线不垂直；

(3)刀具制造误差、滚刀轴向窜动及径向跳动等。

10.2.4 影响齿轮副侧隙合理性的因素

齿轮副侧隙是装配后形成的,是中心距和齿厚综合影响的结果。标准规定“基中心距制”,即在固定中心距偏差的情况下,通过改变齿厚大小获得合理侧隙。影响齿轮副合理侧隙的主要因素是齿厚偏差。

对单个齿轮,几何偏心、运动偏心可引起齿厚不均匀。

对齿轮副,齿轮副安装误差和传动误差会引起中心距偏差、轴线平行度偏差等。

经分析归纳出影响侧隙合理性的齿轮误差偏差有:

单个齿轮:齿厚偏差;

齿轮副:中心距偏差、轴线平行度偏差等。

10.3 圆柱齿轮加工精度的评定参数

10.3.1 轮齿同侧齿面偏差

1)齿距偏差

(1)单个齿距偏差f_{pt}。单个齿距偏差是在端平面上,在接近齿高中部的一个与齿轮轴线同心的圆上,实际齿距与理论齿距的代数差(图10-5)。它主要影响运动平稳性。

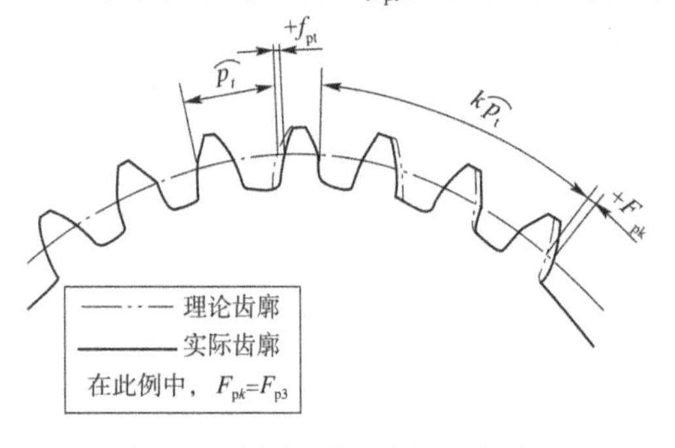

图10-5 单个齿距偏差和齿距累积偏差

(2)齿距累积偏差F_{pk}。齿距累积偏差是任意k个齿距的实际弧长与理论弧长的代数差(图10-6)。理论上它等于这k个齿距的各单个齿距偏差的代数和。如果在较小的齿距数上的齿距累积偏差过大,则在实际工作中将产生很大的加速度,形成很大的动载荷,影响平稳性,尤其在高速齿轮传动中更应重视。k一般为$2\sim z/8$之间的整数(z为齿轮齿数)。

(3)齿距累积总偏差F_p。齿距累积总偏差齿轮同侧齿面任意弧段($k=1\sim z$)内的最大齿距累积偏差。它表现为齿距累积偏差曲线的总幅值(图10-6)。

齿距累积总偏差主要影响运动准确性。

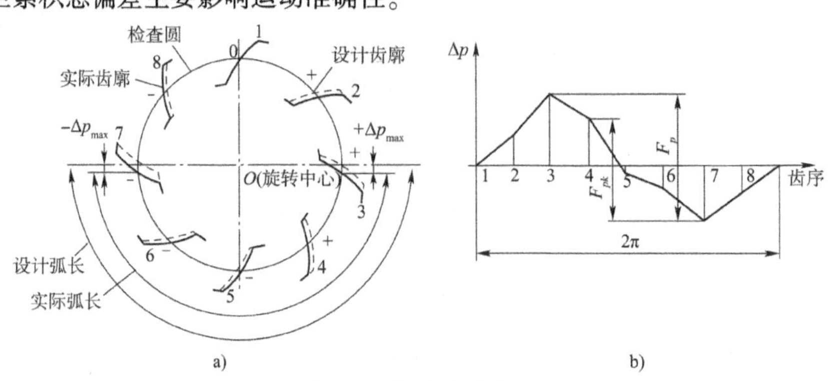

图10-6 齿距累积总偏差

2）齿廓偏差

齿廓偏差是实际齿廓偏离设计齿廓的量，它是在端面内且垂直于渐开线齿廓的方向计值。

（1）齿廓总偏差 F_α。齿廓总偏差是在计值范围 L_α 内，包容实际齿廓迹线的两条设计齿廓迹线间的距离，如图 10-7 所示。

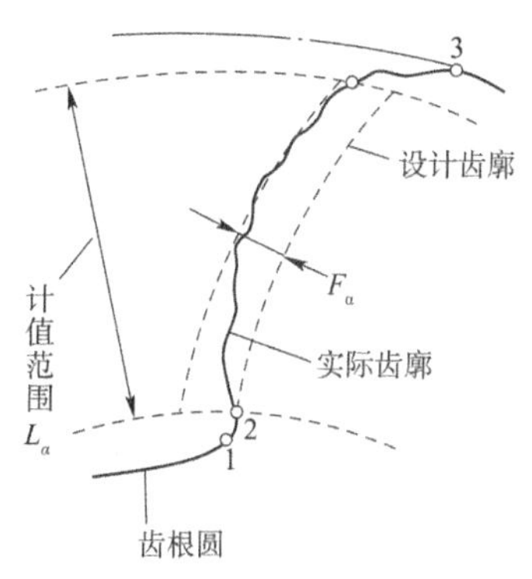

图 10-7　齿廓及齿廓总偏差

1-齿根圆角或挖根的起点；2-相配齿轮的齿顶圆；3-齿顶、齿顶倒棱或齿顶倒圆的起点

图 10-7 为齿廓图，它是由齿轮齿廓检查仪在纸上画出的齿廓偏差曲线，图中 L_{AF} 为可用长度，等于两条端面基圆切线长度之差，其中一条是从基圆延伸到可用齿廓的外界限点，另一条是从基圆到可用齿廓的内界限点。L_{AE} 为有效长度，对应于有效齿廓的那部分，对于齿顶，有效长度的界限点与可用长度的界限点（A 点）相同。对于齿根，有效长度延伸到与之配对齿轮有效啮合的终点 E（即有效齿廓的起始点），如不知道配对齿轮，则 E 点为与基本齿条相啮合的有效齿廓的起始点。L_α 为计值范围，是可用长度的一部分，L_α 为 L_{AE} 的 92%，图 10-8 中的 F、E、A 分别与图 10-7 中的 1、2、3 点对应。图 10-8a）所示为齿廓总偏差。

设计齿廓可以是未修形的渐开线（如图 10-8 所示，在齿廓图中为直线），也可以是修形的。

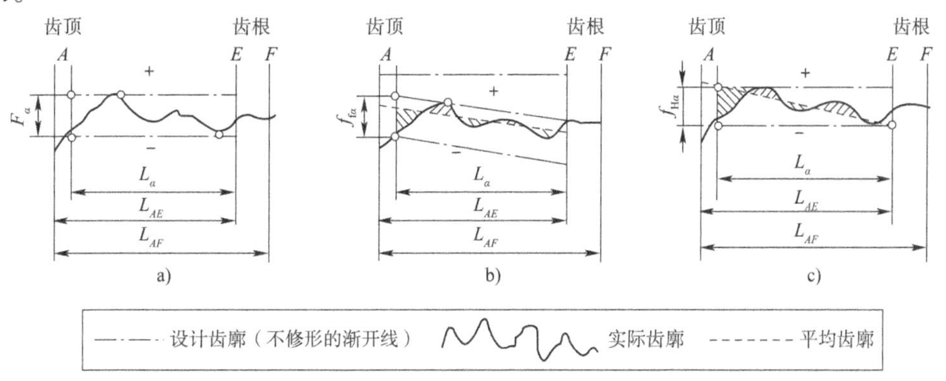

图 10-8　齿廓图及齿廓偏差

有效长度 L_{AE} 的计算方法分两种情况。

第一种情况，已知配对齿轮的齿数，计算 L_{AE}：

$$L_{AE} = \sqrt{\gamma_{a_1}^2 - \gamma_{b_1}^2} + \sqrt{\gamma_{a_2}^2 - \gamma_{b_2}^2} - a\sin\alpha' \tag{10-1}$$

式中：γ_{a_1}、γ_{a_2}——被测齿轮和配对齿轮的顶圆半径；

γ_{b_1}，γ_{b_2}——被测齿轮和配对齿轮的基圆半径；

a——中心距；

α'——啮合角，$\mathrm{inv}\alpha' = \dfrac{2(x_1 + x_2)}{Z_1 + Z_2}\tan\alpha + \mathrm{inv}\alpha$；

x_1、x_2——被测齿轮和配对齿轮的变位系数；

Z_1、Z_2——被测齿轮和配对齿轮的齿数；

α——分度圆压力角。

第二种情况，当配对齿轮的齿数为未知数，计算 L_{AE}：

$$L_{AE}=\sqrt{\gamma_{a_1}^2-\gamma_{b_1}^2}-\gamma_{b_1}\tan\alpha+\frac{h_a^* m}{\sin\alpha} \tag{10-2}$$

式中：h_a^*——齿顶高系数，通常 $h_a^*=1$。

(2)齿廓形状偏差 $f_{f\alpha}$。齿廓形状偏差是在计值范围 L_α 内，包容实际齿廓迹线的，与平均齿廓迹线完全相同的两条迹线间的距离，且两条曲线与平均齿廓迹线的距离为常数[图 10-8b)]。平均齿廓迹线是实际齿廓迹线对该迹线的偏差的平方和为最小的一条迹线，可以用最小二乘法求得。

(3)齿廓倾斜偏差 $f_{H\alpha}$。齿廓倾斜偏差是在计值范围 L_α 内，两端与平均齿廓迹线相交的两条设计齿廓迹线间的距离，如图 10-8c)所示。

齿廓偏差主要影响运动平稳性。

标准中规定齿廓形状偏差 $f_{f\alpha}$ 和齿廓倾斜偏差 $f_{H\alpha}$ 不是必检项目。

3)螺旋线偏差

螺旋线偏差是在端面基圆切线方向上测得的实际螺旋线偏离设计螺旋线的量。

(1)螺旋线总偏差 F_β。螺旋线总偏差是在计值范围 L_β 内，包容实际螺旋线的两条设计螺旋线间的距离，如图 10-9a)所示。

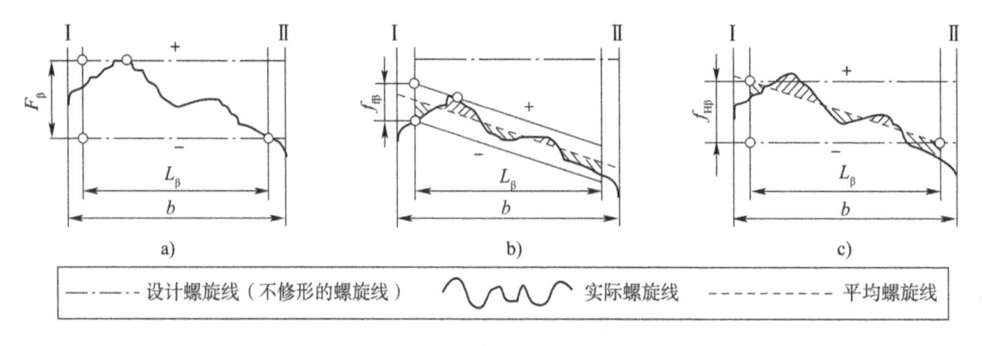

图 10-9　螺旋线图及螺旋线偏差

图 10-9 为螺旋线图，它是利用螺旋线检查仪在纸上画出来的。设计螺旋线可以是未修形的直线(直齿)或螺旋线(斜齿)，它们在螺旋线图上均为直线，也可以是鼓形、齿端减薄等修形的螺旋线，它们在螺旋线图上为适当的曲线。

螺旋线偏差的计值范围 L_β 是指在轮齿两端处，各减去下面两个数值中较小的一个后的迹线长度，即 5% 的齿宽或等于一个模数的长度。

(2)螺旋线形状偏差 $f_{f\beta}$。螺旋线形状偏差是在计值范围 L_β 内，包容实际螺旋迹线的，与平均螺旋线迹线完全相同的两条曲线间的距离，且两条曲线与平均螺旋线迹线的距离为常数，如图 10-9b)所示。平均螺旋线迹线是实际螺旋迹线对该迹线的偏差的平方和为最小，因此，可用最小二乘法求得。

(3)螺旋线倾斜偏差 $f_{H\beta}$。螺旋线倾斜偏差是在计值范围 L_β 的两端与平均螺旋迹线相交的设计螺旋线间的距离，如图 10-9c)所示。

螺旋线偏差反映了轮齿在齿向方面的误差，主要影响载荷分布均匀性。

标准规定$f_{f\beta}$和$f_{H\beta}$不是必检项目。

4)切向综合偏差

(1)切向综合总偏差F'_i。切向综合总偏差是被测齿轮与测量齿轮单面啮合检验时,在被测齿轮一转内,齿轮分度圆上实际圆周位移与理论圆周位移的最大差值。它以分度圆弧长计值(图10-10)。

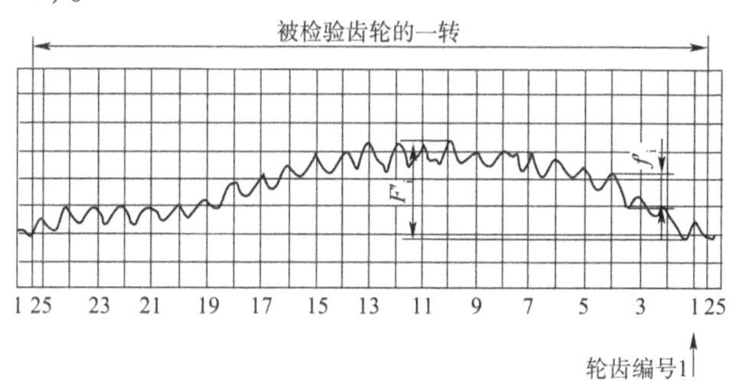

图10-10　切向综合偏差

(2)一齿切向综合偏差f'_i。一齿切向综合偏差是被测齿轮与测量齿轮单面啮合时,在被测齿轮一个齿距角内,实际转角与设计转角之差的最大幅度值,以分度圆弧长计(图10-10)。

F'_i和f'_i分别影响运动的准确性和平稳性,是齿距、齿廓等偏差的综合反映,可以用它们来代替齿距、齿廓偏差。

切向综合偏差是在单啮仪上进行测量的。单啮仪结构复杂,价格较贵。虽然F'_i和f'_i是评价齿轮运动准确性和平稳性的最佳综合指标,但标准规定,它们不是必检项目。

10.3.2　径向综合偏差与径向跳动

1)径向综合偏差

(1)径向综合总偏差F''_i。径向综合总偏差是在径向(双面)综合检验时,产品齿轮的左右齿面同时与测量齿轮接触,并转过一整圈时出现的中心距最大值和最小值之差,如图10-11所示。

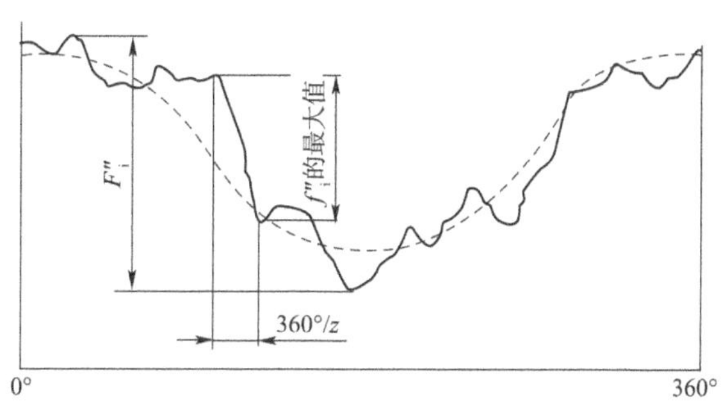

图10-11　径向综合总偏差

径向综合总偏差反映齿轮在一转范围内的径向误差,主要影响运动准确性。

(2)一齿径向综合偏差f''_i。一齿径向综合偏差是产品齿轮与测量齿轮双面啮合时,在产品齿轮一个齿距角内双啮中心距的最大变动量,如图10-11所示。它是在测量F''_i的同时测出的，反映齿轮的小周期径向的误差，主要影响运动平稳性。

由于径向综合偏差测量时是双面啮合，与齿轮工作时的状态（单面啮合）不同，反映的仅是在径向方向起作用的误差，所以对齿轮误差的揭示不如切向综合偏差全面。但因双面啮合仪远比单啮仪简单，操作方便，测量效率高，故在大批量生产中常作为辅助检测项目。

2）径向跳动 F_r

径向跳动 F_r 是指测头（球形、圆柱形或砧形）相继置于齿槽内时，从它到齿轮轴线的最大和最小径向距离之差。检查时，测头在近似齿高中部，与左右齿面同时接触。图 10-12 为一个齿轮（16 齿）的径向跳动。

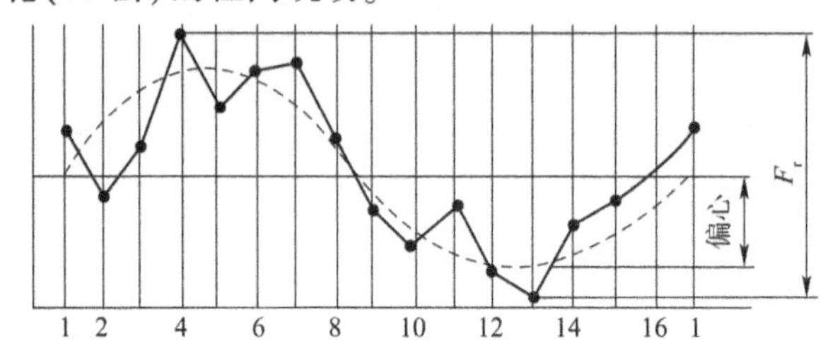

图 10-12　一个齿轮（16 齿）的径向跳动

前面叙述的 14 个偏差项目是在 GB/T 10095.1—2008 和 GB/T 10095.2—2008 中规定的，分别影响齿轮传递运动的准确性、平稳性和载荷分布均匀性。

10.4　齿轮坯精度、中心距和轴线平行度检测参数

10.4.1　齿轮坯的精度

齿轮坯（齿坯）是指在轮齿加工前供制造齿轮用的工件。齿坯的尺寸和几何误差对齿轮副的运行情况有着极大的影响。由于在加工齿坯时保持较小的公差，比加工高精度的齿轮要经济得多，因此，应根据制造设备的条件，尽量使齿轮坯有较小的公差。这样，可使加工齿轮时有较大的公差，以获得更为经济的整体设计。

1）名词术语

（1）基准面与基准轴线。

基准面是用来确定基准轴线的面。

基准轴线是由基准面中心确定的。齿轮依此轴线来确定齿轮的细节，特别是确定齿距、齿廓和螺旋线偏差。

基准轴线是制造者（和检验者）用来对单个零件确定轮齿几何形状的轴线，设计者的责任是确保基准轴线得到足够清楚和精确的确定，从而保证齿轮相应于工作轴线的技术要求得到满足。

满足此要求的最常用方法是确定基准轴线使其与工作轴线重合，即将安装面作为基准面。

基准轴线有三种基本方法确定。

第 1 种方法：用两个“短的”圆柱或圆锥形基准面上设定的两个圆的圆心来确定轴线上的两个点，如图 10-13 所示。

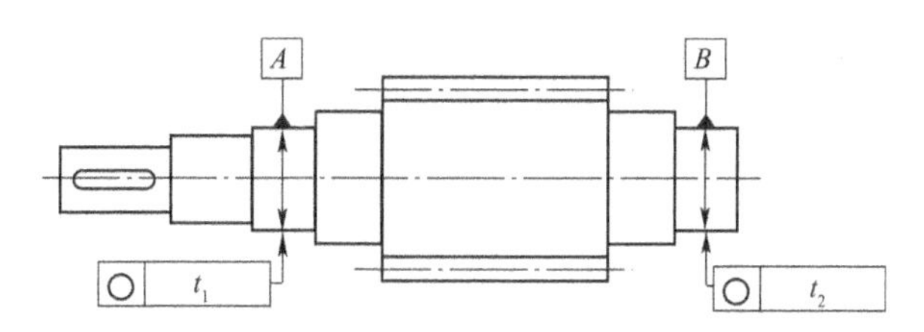

图 10-13 用两个"短的"基准面确定基准轴线

注：A、B 是预定的轴承安装表面。

第 2 种方法：用一个"长的"圆柱或圆锥面同时确定轴线的位置和方向，如图 10-14 所示。

第 3 种方法：轴线的位置用一个"短的"圆柱形基准面上的一个圆的圆心来确定，而其方向则用垂直于此轴线的一个基准端面来确定，如图 10-15 所示。

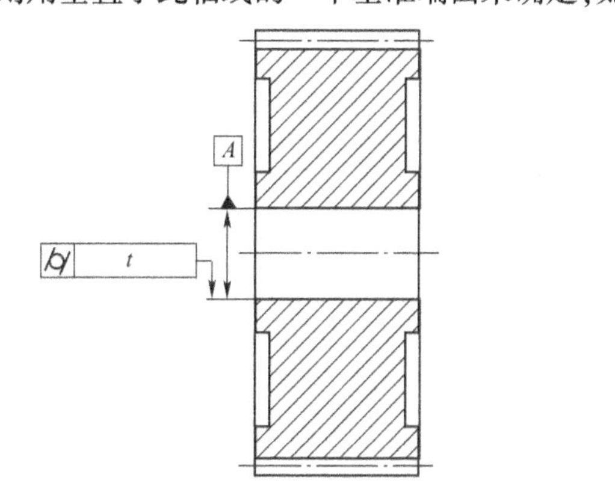

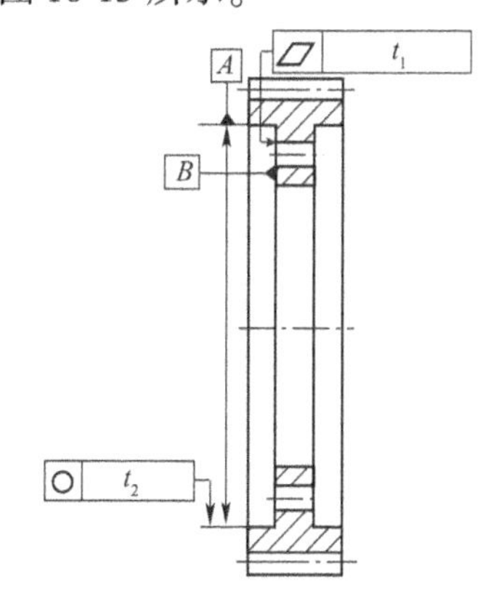

图 10-14 用一个"长的"基准面确定基准轴线

图 10-15 用一个圆柱面和一个端面确定基准轴线

(2)工作安装面与工作轴线。

工作安装面是用来安装齿轮的面。

齿轮工作时绕其旋转的轴线称为工作轴线，它是由工作安装面的中心确定的。

(3)制造安装面。

制造安装面是齿轮制造或检测时，用来安装齿轮的面。

理想的情况是工作安装面、制造安装面与基准面重合。如图 10-14 所示，齿轮内孔就是这三种面重合的例子。

但有时这三种面可能不重合。如图 10-16 所示的齿轮轴在制造和检测时，通常是将该零件安置于两顶尖上，这样两个中心孔就是基准面及制造安装面，与工作安装面(轴承安装轴颈)不重合，此时就应规定较小的工作安装面对中心孔的跳动公差，如图 10-16 所示。

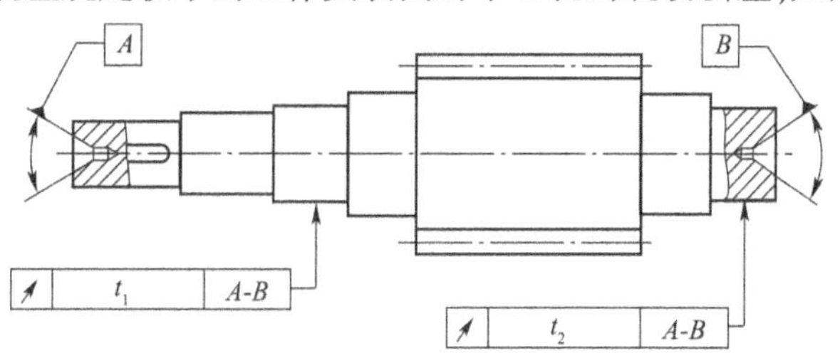

图 10-16 用中心孔确定基准轴线

2)齿坯公差的选择

(1)基准面与安装面的尺寸公差。

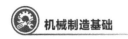

齿轮内孔或齿轮轴的轴承安装面是工作安装面,也常作基准面和制造安装面,它们的尺寸公差可参照表10-1选取。

基准面与安装面的尺寸公差 表10-1

齿轮精度等级	6	7	8	9
孔	IT6	IT7		IT8
轴颈	IT5	IT6		IT7
顶圆柱面	IT8			IT9

齿顶圆柱面若作为测量齿厚的基准,其尺寸公差也可按表10-1选取;若齿顶圆不作齿厚的基准,尺寸公差可按IT11给定,但不大于$0.1m_n$。

(2)基准面与安装面的形状公差。

基准面与安装面的形状公差应不大于表10-2中所规定的数值。

基准面与安装面的形状公差(摘自GB/Z 18620.3—2008) 表10-2

确定轴线的基准面	公差项目		
	圆度	圆柱度	平面度
两个"短的"圆柱或圆锥形基准面	$0.04(L/b)F_\beta$或$0.1F_p$,取两者中之小值		
一个"长的"圆柱或圆锥基准面		$0.04(L/b)F_\beta$或$0.1F_p$,取两者中之小值	
一个"短的"圆柱面和一个端面	$0.06F_p$		$0.06(D_d/b)F_\beta$

注:1.齿轮坯的公差应减至能经济地制造的最小值。

2.L-较大的轴承跨距;D_d-基准面直径;b-齿宽。

(3)安装面的跳动公差。

当工作安装面或制造安装面与基准面不重合时,必须规定它们对基准面的跳动公差,其数值不应大于表10-3的规定。

安装面的跳动公差(摘自GB/Z 18620.3—2008) 表10-3

确定轴线的基准面	跳动量(总的指示幅度)	
	径向	轴向
仅圆柱或圆锥形基准面	$0.15(L/b)F_\beta$或$0.3F_p$,取两者中之大值	
一圆柱面基准面和一个端面基准面	$0.06F_p$	$0.2(D_d/b)F_\beta$

注:齿轮坯的公差应减至能经济地制造的最小值。

3)各表面的粗糙度

齿坯各表面的粗糙度可参考表10-4选取。

齿坯各表面粗糙度 Ra 的推荐值(μm)　　表 10-4

齿轮精度等级	6	7	8	9
基准孔	1.25	1.25～5		5
基准轴颈	0.63	1.25	2.5	
基准端面	2.5～5		5	
顶圆柱面	5			

10.4.2　中心距和轴线平行度

有关齿轮副的安装精度及要求是在指导性文件中规定的。

1)中心距偏差

中心距偏差是实际中心距对公称中心距的差。标准齿轮的公称中心距 $a=\frac{m_n}{2}(z_1+z_2)/\cos\beta$。

中心距偏差主要影响齿轮副的齿侧间隙。其允许偏差的确定要考虑很多因素,如齿轮是否经常反转、齿轮所承受的载荷是否常反向、工作温度、对运动准确性要求的程度等。国家标准化指导性文件中没有对中心距的允许偏差作出规定,设计时可以借鉴某些成熟产品的经验来确定,也可以参考表 10-5 来选择。

中心距极限偏差 $\pm f_a$　　表 10-5

齿轮精度等级	1～2	3～4	5～6	7～8	9～10	11～12
f_a	$\frac{1}{2}$IT4	$\frac{1}{2}$IT6	$\frac{1}{2}$IT7	$\frac{1}{2}$IT8	$\frac{1}{2}$IT9	$\frac{1}{2}$IT11

2)轴线平行度偏差 $f_{\Sigma\delta}$ 和 $f_{\Sigma\beta}$

$f_{\Sigma\delta}$ 是一对齿轮的轴线在轴线平面内的平行度偏差。轴线平面是用两轴承距中较长的一个 L 和另一根轴上的一个轴承来确定的,如图 10-17 所示。

$f_{\Sigma\beta}$ 是一对齿轮的轴线在垂直平面内的平行度偏差,如图 10-17 所示。

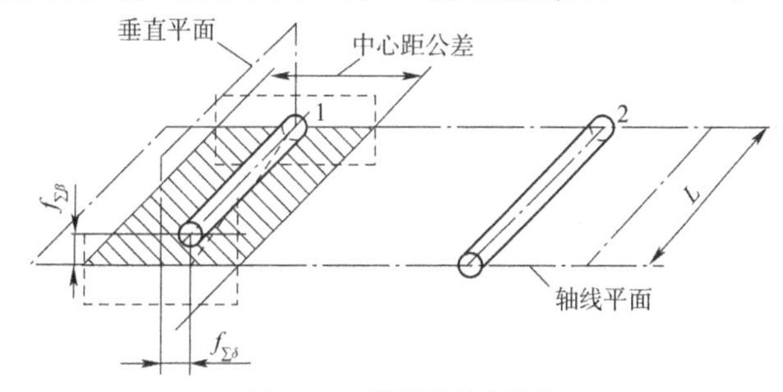

图 10-17　轴线平行度偏差

$f_{\Sigma\delta}$ 和 $f_{\Sigma\beta}$ 主要影响齿轮副的侧隙和载荷分布均匀性,而且 $f_{\Sigma\beta}$ 的影响更为敏感,所以指导性文件 GB/Z 18620.3—2008 中推荐:

垂直平面上偏差 $f_{\Sigma\beta}$ 的推荐最大值为:

$$f_{\Sigma\beta}=0.5\left(\frac{L}{b}\right)F_\beta \tag{10-3}$$

式中：b——齿宽。

水平面内偏差$f_{\Sigma\delta}$的推荐最大值为：

$$f_{\Sigma\delta}=2f_{\Sigma\beta} \tag{10-4}$$

10.5 齿面的表面结构和轮齿接触斑点的检测参数

10.5.1 齿面表面结构

表面结构的两个主要特征是表面粗糙度和表面波纹度，如图10-18所示。齿面的表面粗糙度和表面波纹度会引起传动误差，影响齿轮的传动精度（噪声和振动）、表面承载能力（如点蚀、胶合和磨损）和弯曲强度（齿根过渡曲面状况）。

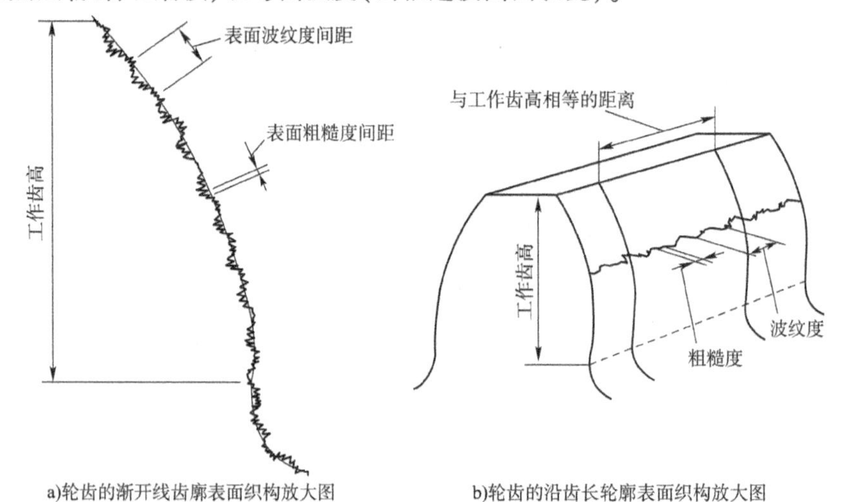

图10-18　轮齿表面织构

圆柱齿轮精度检验实施规范的指导性技术文件GB/Z 18620.4—2008规定了表面粗糙度的评定过程，提供了关于轮齿齿面表面粗糙度的检测方法及其推荐极限值（表10-6），可供选用时参考。

轮齿齿面粗糙度 *Ra* 的推荐值（摘自GB/Z 18620.4—2008）（μm）　　表10-6

等级	*Ra*			等级	*Ra*		
	模数（m/mm）				模数（m/mm）		
	$m<6$	$6<m<25$	$m>25$		$m<6$	$6<m<25$	$m>25$
1		0.04		7	1.25	1.6	2.0
2		0.08		8	2.0	2.5	3.2
3		0.16		9	3.2	4.0	5.0
4		0.32		10	5.0	6.3	8.0
5	0.5	0.63	0.80	11	10.0	12.5	16
6	0.8	1.00	1.25	12	20	25	32

10.5.2　轮齿接触斑点

轮齿接触斑点是指装配好(在箱体内或啮合试验台上)的齿轮副,在轻微制动下运转后齿面的接触痕迹。

产品齿轮副在其箱体内所产生的接触斑点的大小反映了载荷分布的均匀性。产品齿轮在啮合试验台上与测量齿轮的接触斑点可反映齿廓和螺旋线偏差(主要用于大齿轮不能装在现有检查仪或工作现场没有其他检查仪可用的场合),如图 10-19 所示。

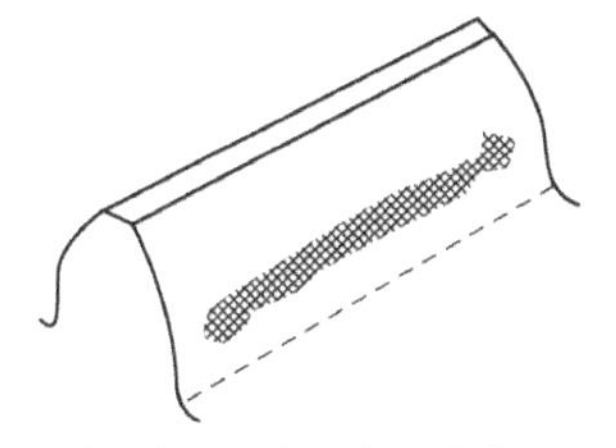

a)齿长方向配合正确,有齿廓偏差

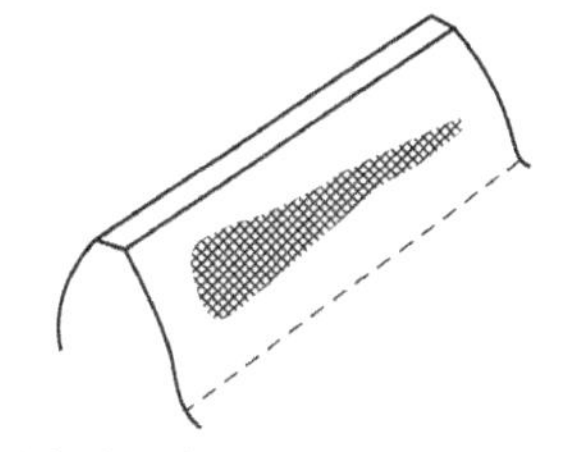

b)有螺旋线偏差,齿廓正确,有齿端修薄

图 10-19　齿面接触斑点

接触斑点可用沿齿高方向和沿齿长方向的百分数来表示。图 10-20 为接触斑点分布示意图,实际接触斑点与图 10-20 中所示的不一定完全一致。

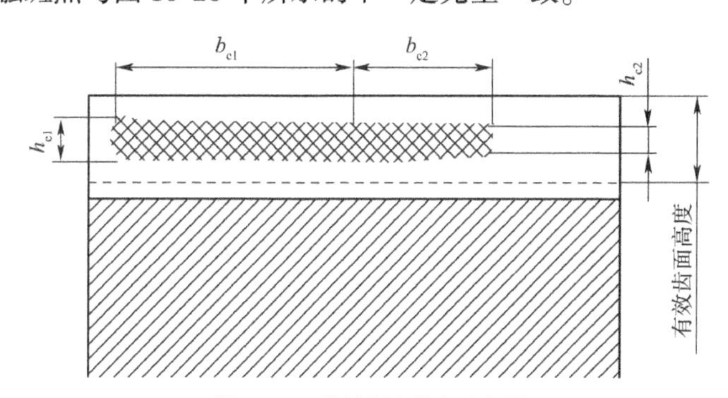

图 10-20　接触斑点分布示意图

b_{c1}-接触斑点的较大长度;h_{c1}-接触斑点的较大高度;b_{c2}-接触斑点的较小长度;h_{c2}-接触斑点的较小高度

表 10-7 为指导性文件中给出的直齿轮装配后应达到的接触斑点。

直齿轮装配后的接触斑点(摘自 GB/Z 18620.4—2008)　　表 10-7

精度等级现行 GB /T 10095	b_{c1} 占齿宽的百分比(%)	h_{c1} 占有效齿面高度的百分比(%)	b_{c2} 占齿宽的百分比(%)	h_{c2} 占有效齿面高度的百分比(%)
4 级及更高	50	70	40	50
5 或 6	45%	50	35	30
7 和 8	35	50	35	30
9 ~ 12	25	50	25	30

图 10-20、表 10-7 对齿廓和螺旋线修形的齿面是不适用的。

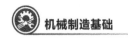

10.6 齿厚和侧隙的检测参数

10.6.1 齿厚偏差

在分度圆柱上法向平面的“法向齿厚 s_n”是指齿厚理论值，该齿厚与具有理论齿厚的相配齿轮在理论中心距之下的啮合是无间隙的。齿厚的两个极端的允许尺寸是最大极限 s_{ns} 和最小极限 s_{ni}。

对外齿轮：

$$s_n = m_n\left(\frac{\pi}{2} + 2\tan\alpha_n x\right) \tag{10-5}$$

对内齿轮：

$$s_n = m_n\left(\frac{\pi}{2} - 2\tan\alpha_n x\right) \tag{10-6}$$

对于斜齿轮，s_n 在法向平面内测量。

齿厚偏差 f_{sn} 是分度圆柱面上实际齿厚与设计齿厚之差（对于斜齿轮是指法向齿厚），如图 10-21 所示。

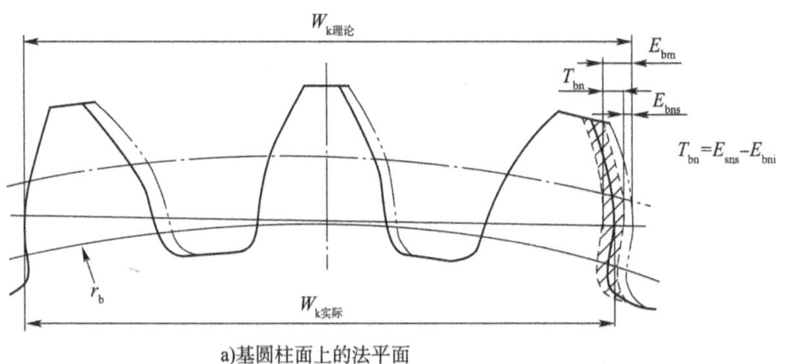

a)基圆柱面上的法平面

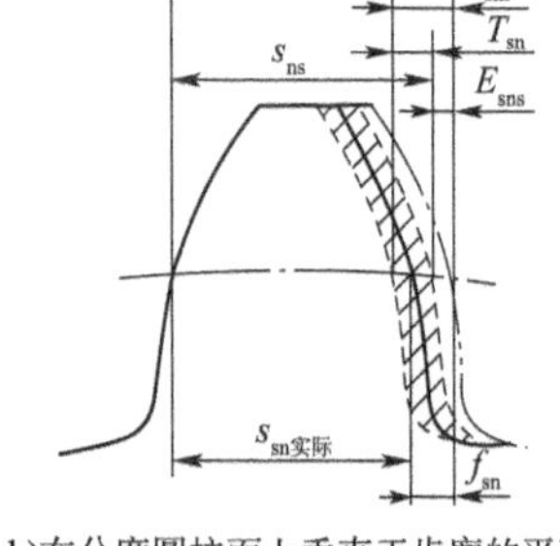

b)在分度圆柱面上垂直于齿廓的平面

———·理论的　————实际的　------极限

图 10-21　齿厚偏差

s_n-公称齿厚；s_{ni}-齿厚的最小极限；s_{ns}-齿厚的最大极限；$s_{sn实际}$-实际齿厚；E_{sni}-齿厚允许的下偏差；E_{sns}-齿厚允许的上偏差；f_{sn}-齿厚偏差；T_{sn}-齿厚公差

齿厚上偏差：

$$E_{sns} = s_{ns} - s_n \tag{10-7}$$

齿厚上偏差：

$$E_{sni} = s_{ni} - s_n \tag{10-8}$$

齿厚公差：

$$T_{sni} = E_{sn} - E_{sni} \tag{10-9}$$

齿厚偏差与上述 14 项偏差不同。为了获得齿轮啮合时的齿侧间隙，通常减薄齿厚获得，齿厚偏差是评价齿侧间隙的一项指标。它不在上述两个标准的范围内，而是在指导性技术文件 GB/Z 18620.2—2008 中规定的。

10.6.2　侧隙

侧隙是两个相配的齿轮的工作齿面相接触时，在两个非工作齿面之间所形成的间隙，如图 10-22 所示。

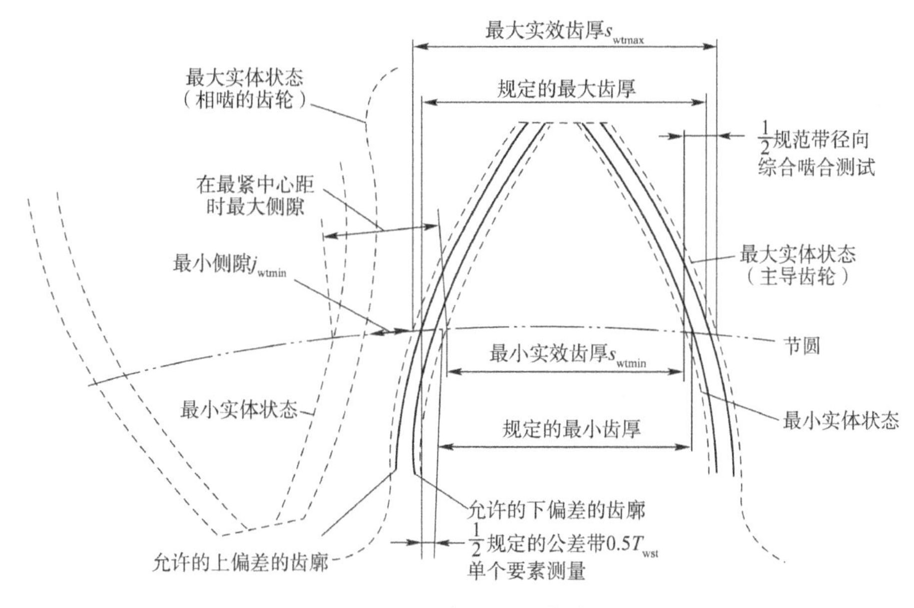

图 10-22　端平面上的齿厚

1）圆周侧隙 j_{wt}

圆周侧隙是当固定两相啮合齿轮中的一个，另一个齿轮所能转过的节圆弧长的最大值，如图 10-23 所示。

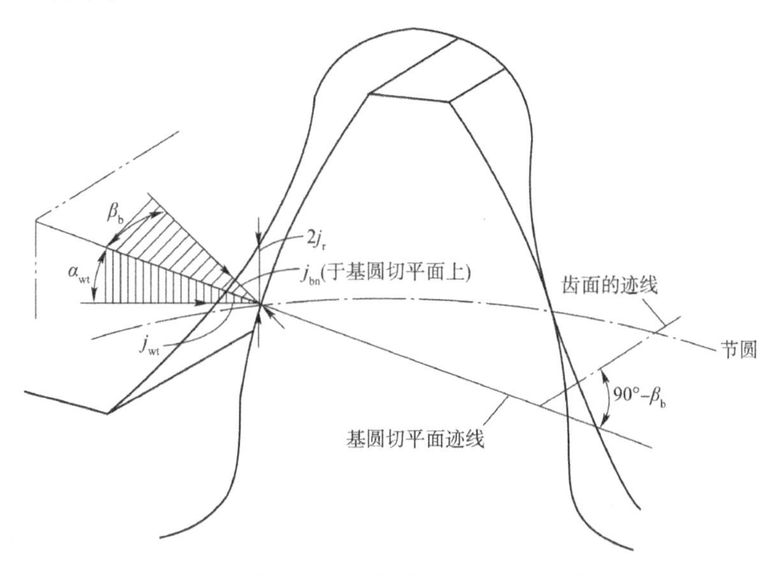

图 10-23　圆周侧隙 j_{wt}、法向间隙 j_{bn}、径向间隙 j_r 之间的关系

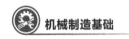

2)法向侧隙 j_{bn}

法向侧隙是当两个齿轮的工作齿面互相接触时,其非工作齿面之间的最短距离,如图 10-23 所示。

$$j_{bn}=j_{wt}\cos\alpha_{wt}\cos\beta_{b} \tag{10-10}$$

3)径向侧隙 j_{r}

径向侧隙是将两个相配的齿轮的中心距缩小,直到左侧和右侧齿面都接触时,这个缩小的量为径向间隙,如图 10-23 所示。

$$j_{r}=\frac{j_{wt}}{2\tan\alpha_{wt}} \tag{10-11}$$

4)最小周侧隙 j_{wtmin} 和最大侧隙 j_{wtmax}

最小侧隙 j_{wtmin} 是节圆上的最小圆周间隙,即当具有最大允许实效齿厚与也具有最大允许实效齿厚相配齿轮相啮合时,在静态条件下的最紧允许中心距时的圆周侧隙。

最大侧隙 j_{wtmax} 是节圆上的最大圆周间隙,即当具有最小允许实效齿厚与也具有最小允许实效齿厚相配齿轮相啮合时,在静态条件下的最松允许中心距时的圆周侧隙。

5)最小径向侧隙 j_{bnmin} 和最大径向侧隙 j_{bnmax}

最小径向侧隙 j_{bnmin} 是当一个齿轮的齿以最大允许实效齿厚与一个也具有最大允许实效齿厚相配齿轮在最紧允许中心距相啮合时,在静态条件下存在的最小允许侧隙。

最大径向侧隙 j_{bnmax} 发生在两个理想齿轮的齿轮按最小齿厚的规定制成,且在最松的允许中心距条件下啮合,最松的中心距对外齿轮是指最大中心距,对内齿轮是指最小中心距。

表 10-8 列出了用黑色金属制造齿轮和箱体的工业传动装置的推荐最小间隙,工作时节圆线速度小于 15m/s,其箱体、轴和轴承都采用常用的商业制造公差。

最小法向侧隙 j_{bnmin} 的推荐值(GB/Z 18620.2—2008)(mm) 表 10-8

m_n	最小中心距 a_i					
	50	100	200	400	800	1600
1.5	0.09	0.11	—	—	—	—
2	0.10	0.12	0.15	—	—	—
3	0.12	0.14	0.17	0.24	—	—
5	—	0.18	0.21	0.28	—	—
8	—	0.24	0.27	0.34	0.47	—
12	—	—	0.35	0.42	0.55	—
18	—	—	—	0.54	0.67	0.94

表中的数值也可用下式计算:

$$j_{bnmin}=\frac{2}{3}(0.06+0.0005|a_i|+0.03m_n) \tag{10-12}$$

式中:a_i——中心距,必须为一个绝对值。

10.6.3　最小法向侧隙和齿厚偏差的确定

1)经验法

参考国内外同类产品中齿轮副的侧隙值来确定最小法向侧隙j_{bnmin}和齿厚极限偏差。

2)查表法

在 GB/Z 18620.2—2008 附录 A 中列出了对工业装置推荐的最小侧隙j_{bnmin}，(表10-8)。

为了获得最小法向间隙j_{bnmin}，必须对齿厚减薄，其最小减薄量(即齿厚上偏差E_{sns})的计算公式为：

$$E_{sns1}+E_{sns2}=\frac{-j_{bn}}{\cos\alpha_n} \tag{10-13}$$

式中：E_{sns1}、E_{sns2}——大、小齿轮的齿厚上偏差。若大、小齿轮齿数相差不大时，可取$E_{sns1}=E_{sns2}$，则$E_{sns}=-j_{bn}/2\cos\alpha_n$，大齿轮和小齿轮的切削深度和根部间隙相等，且重合度为最大。

3)计算法

根据齿轮副的工作条件，如工作速度、温度、负荷、润滑等条件来计算齿轮副最小间隙。

(1)补偿温度升高引起变形所需的最小间隙量j_{bnmin1}。

$$j_{bnmin1}=1000a(\alpha_1\Delta t_1-\alpha_2\Delta t_2)\times 2\sin\alpha_n \quad (\mu m) \tag{10-14}$$

式中：a——传动中心距，mm；

α_1、α_2——齿轮、箱体材料的线膨胀系数；

α_n——齿轮法向啮合角；

Δt_1、Δt_2——齿轮、箱体材料的工作温度和标准温度(20℃)之差。

(2)保证正常润滑所需的最小间隙量j_{bnmin2}，见表10-9。

最小间隙j_{bnmin2}(μm)　　表10-9

润滑方式	齿轮圆周速度(m/s)			
	≤10	>10~25	>25~60	>60
喷油润滑	$10m_n$	$10m_n$	$10m_n$	$30\sim50m_n$
油池润滑	$(5\sim10)m_n$	—	—	—

设计计算得到的最小法向侧隙为：

$$j_{bnmin}=j_{bnmin1}+j_{bnmin2} \quad (\mu m) \tag{10-15}$$

(3)齿厚偏差的确定。

齿轮副的传动侧隙由减薄齿厚得到，由此得到法向侧隙$-(E_{sns1}+E_{sns2})\cos\alpha_n$，该法向侧隙的大小要能足够补偿：①齿轮传动装置温升变形和保证正常润滑所需间隙量j_{bnmin}；②齿轮和齿轮箱体加工误差安装误差所引起的侧隙减小量J_n；③中心距下极限偏差$(-f_a)$使法向侧隙减少$2f_a\sin\alpha_n$。因此，它们之间的关系为：

$$(E_{sns1}+E_{sns2})\cos\alpha_n=-(j_{bnmin}+J_n+2|f_a|\sin\alpha_n) \quad (\mu m) \tag{10-16}$$

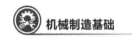

齿厚上极限偏差计算式为：

$$E_{sns1}+E_{sns2}=-2|f_a|\tan\alpha_n-\frac{j_{bnmin}+J_n}{\cos\alpha_n}\quad(\mu m) \tag{10-17}$$

式中：f_a——中心距偏差；

J_n——齿轮制造误差和齿轮安装误差对间隙减小的补偿量。

计算 J_n 时，应考虑将偏差换算到法向侧隙的方向，以及用公差(或极限偏差)代替其偏差，再按独立随机变量合成的方法合成，可得如下计算公式：

$$J_n=\sqrt{(f_{pt1}\cos\alpha_n)^2+(f_{pt2}\cos\alpha_n)^2+2F_\beta^2+(f_{\Sigma\delta}\sin\alpha_n)^2+(f_{\Sigma\delta}\cos\alpha_n)^2} \tag{10-18}$$

将式(10-3)、式(10-4)及 $\alpha_n=20°$代入式(10-18)，得：

$$J_n=\sqrt{0.88(f_{pt1}^2+f_{pt2}^2)+[2+0.34\,(L/b)^2]F_\beta^2} \tag{10-19}$$

为了计算方便设计与计算，令 $E_{sns1}=E_{sns2}=E_{sns}$，于是可得齿厚上极限偏差为：

$$E_{sns}=-\left(|f_a|\tan\alpha_n+\frac{j_{bnmin}+J_n}{\cos\alpha_n}\right) \tag{10-20}$$

齿厚下极限偏差 E_{sni}可由齿厚上极限偏差 E_{sns}和齿厚公差 T_{sn}求得：

$$E_{sni}=E_{sns}-T_{sn} \tag{10-21}$$

齿厚公差 T_{sn}的大小取决于切齿时的径向进刀公差 b_r 和齿轮径向跳动公差 F_r，b_r 和 F_r 按独立随机变量合成的方法合成，然后再换算到齿厚偏差方向，则得：

$$T_{sn}=\sqrt{b_r^2+2F_r^2}\cdot 2\tan\alpha_n \tag{10-22}$$

式中，b_r 可按表 10-10 选取，F_r 从表 10-16 中查取。

切齿径向进刀公差 b_r 值 表 10-10

齿轮精度等级	4	5	6	7	8	9
b_r 值	1.26IT7	IT8	1.26IT8	IT9	1.26IT9	IT10

注：IT 值按分度圆直径尺寸从标准公差值表中查取。

(4)公法线长度的上、下极限偏差的确定。

公法线长度的上、下极限偏差(E_{bns}、E_{bni})分别由齿厚上极限偏差 E_{sns}、下极限偏差 E_{sni}换算得到。对外齿轮，它们之间的关系为：

$$E_{bns}=E_{sns}\cos\alpha_n-0.72F_r\sin\alpha_n \tag{10-23}$$

$$E_{bni}=E_{sni}\cos\alpha_n+0.72F_r\sin 20^\circ \tag{10-24}$$

10.7 齿轮精度等级及其应用

10.7.1 精度等级

1)轮齿同侧齿面的精度等级

GB/T 10095.1—2008 对轮齿同侧齿面的 11 项偏差规定了 13 个精度等级，即 0、1、2、…、12 级。其中 0 级最高，12 级最低。适用于分度圆直径 5 ~ 10000 mm、法向模数 0.5 ~

70 mm、齿宽 4 ~ 1000mm 的渐开线圆柱齿轮。

2）径向综合偏差的精度等级

GB/T 10095.2—2008 对径向综合总偏差 F''_i 和一齿径向综合偏差 f''_i 规定了 4，5，…，12 级共 9 个精度等级，其中 4 级最高，12 级最低。适用的尺寸范围为：分度圆直径 5 ~ 1000 mm、法向模数 0.2 ~ 10mm。

3）径向跳动的精度等级

GB/T 10095.2—2008 在附录中对径向跳动 F_r 规定了 0、1、…、12 级共 13 个等级，适用的尺寸范围与轮齿同侧齿面偏差的适用范围相同。

10.7.2 精度等级的选用

确定齿轮精度等级目前多采用类比法，即根据齿轮的用途、使用要求和工作条件，查阅有关参考资料，参照经过实践验证的类似产品的精度进行选用。在进行类比时应注意以下问题。

（1）了解各级精度应用的大体情况。在标准规定的 13 个精度等级中，0 ~ 2 级为超精度级，用得很少；3 ~ 5 级为高精度级；6 ~ 9 级为中等精度级；10 ~ 12 级为低精度级。

表 10-11 和表 10-12 列出了某些机械采用齿轮精度的情况，可供选用时参考。

一些机械采用的齿轮精度等级 表 10-11

应用范围	精度等级	应用范围	精度等级
单啮仪、双啮仪	2 ~ 5	载重汽车	6 ~ 9
涡轮减速器	3 ~ 5	通用减速器	6 ~ 9
金属切削机床	3 ~ 8	轧钢机	5 ~ 10
航空发动机	4 ~ 7	矿用绞车	6 ~ 10
内燃机、电气机车	5 ~ 8	起重机	6 ~ 9
轻型汽车	5 ~ 8	拖拉机	6 ~ 10

圆柱齿轮精度等级的适用情况 表 10-12

要素		精度等级					
		4	5	6	7	8	9
工作条件及应用范围	机床	高精度和精密的分度链末端齿轮	一般精度的分度链末端齿轮、高精度和精密的分度链的中间齿轮	Ⅴ级机床主传动的重要齿轮、一般精度的分度链的中间齿轮、油泵齿轮	Ⅳ级和Ⅲ级以上精度等级机床的进给齿轮	一般精度的机床齿轮	没有传动精度要求的手动齿轮
圆周速度（m/s）	直齿轮	>30	>15 ~ 30	>10 ~ 15	>6 ~ 10	<6	—
	斜齿轮	>50	>30 ~ 50	>15 ~ 30	>8 ~ 15	<8	—

续上表

要素		精度等级					
		4	5	6	7	8	9
工作条件及应用范围	航空船舶车辆	需要很高平稳性,低噪声的船用和航空齿轮	需要高平稳性、低噪声的船用和航空齿轮;需要很高平稳性,低噪声的机车和轿车的齿轮	用于高速传动有高平稳性,低噪声要求的机车、航空、船舶和轿车的齿轮	用于有平稳性和低噪声要求的航空、船舶和轿车的齿轮	用于中等速度较平稳传动的载货汽车和拖拉机的齿轮	用于较低速和噪声要求不高的载货汽车第一挡与倒挡拖拉机和联合收割机齿轮
圆周速度(m/s)	直齿轮	>35	>20	≤20	≤15	≤10	≤4
	斜齿轮	>70	>35	≤35	≤25	≤15	≤6
工作条件及应用范围	动力齿轮	用于很高速度的透平传动齿轮	用于高速的透平传动齿轮,重型机械进给机构和高速重载齿轮	用于高速传动的齿轮,工业机器有高可靠性要求的齿轮,重型机械的功率传动齿轮,作业率很高的起重运输机械齿轮	用于高速和适度功率或大功率和适度速度条件下的齿轮;冶金、矿山、石油、林业、轻工、工程机械和小型工业齿轮箱(普通减速器)有可靠性要求的齿轮	用于中等速度、较平稳传动的齿轮;冶金、矿山、石油、林业、轻工、化工、工程机械、起重运输机械和小型工业齿轮箱(普通减速器)的齿轮	用于工作和噪声要求不高的齿轮;受载低于计算载荷的传动齿轮,速度大于1m/s的开式齿轮传动和转盘的齿轮
圆周速度(m/s)	直齿轮	>70	>30	<30	<15	<10	≤4
	斜齿轮				<25	<15	≤6
工作条件及应用范围	其他	检验7~8级精度齿轮的测量齿轮	检验8~9级精度齿轮的测量齿轮,印刷机械印刷辊子用的齿轮	读数装置中特别精密传动的齿轮	读数装置的传动及具有非直齿的速度传动齿轮,印刷机械传动齿轮	普通印刷机传动的齿轮	—
单级传动效率		不低于0.99(包括轴承不低于0.982)			不低于0.98(包括轴承不低于0.975)	不低于0.97(包括轴承不低于0.965)	不低于0.96(包括轴承不低于0.95)

(2)当单件或少量圆柱齿轮生产时选用:等级 GB/T 10095.1—2008。

(3)当批量生产圆柱齿轮时选用:等级 GB/T 10095.1—2008 和等级 GB/T 10095.2—2008。

(4)f_{pt}、F_p、F_{pk}、F_α 和 F_β5 个偏差项目的精度等级可以相同,也可以不相同。

(5)齿轮工作齿面和非工作齿面可选同一精度等级,也可以选用不同精度等级的组合。

若采购文件中,所要求的齿轮精度等级规定为 GB/T 10095.1—2008 的某一等级,而没有其他说明,则 f_{pt}、F_p、F_{pk}、F_α 和 F_β 的允许值均按该精度等级并取值。

10.7.3 偏差的允许值

在 GB/T 10095.1—2008 中,对单个齿轮的 4 项偏差 f_{pt}、F_p、F_α、F_β 的允许值都列出了 5 级精度的计算公式,用这些公式计算出 5 级精度齿轮偏差的数值,再乘以(或除以)相邻级间公比$\sqrt{2}$得到相邻较高级(较低)等级的数值,经过圆整后编制成表格,使用时可直接查表,见表 10-13。

F_{pk}、f'_i 和 F'_i 没有提供直接可用的表格,需要时可用下列公式进行计算,计算规则与上述 f_{pt}等 5 个偏差相同:

$$F_{pk} = f_{pt} + 1.6\sqrt{(k-1)m} \tag{10-25}$$

$$f'_i = K(4.3 + f_{pt} + F_\alpha) \tag{10-26}$$

其中,当 $\varepsilon_\gamma < 4$ 时,$K = 0.2\left(\dfrac{\varepsilon_\gamma + 4}{\varepsilon_\gamma}\right)$;$\varepsilon_\gamma \geq 4$ 时,$K = 0.4$。

f'_i 的允许值由 f'_i/K 乘以 K 求得,见表 10-14。

F'_i 的允许值由下式进行计算:

$$F'_i = F_p + f'_i \tag{10-27}$$

齿廓与螺旋线的形状偏差和倾斜偏差($f_{f\alpha}$、$f_{H\alpha}$、$f_{f\beta}$、$f_{H\beta}$)不是强制性的单项检验项目,本教材未予列出,请参照 GB/T 10095.1—2008 附录 B 中的表 B-1、B-2。

圆柱齿轮强制性检验精度指标的允许值(摘自 GB/T 10095.1—2008)　　表 10-13

分度圆直径 d (mm)	法向模数 m_n或齿宽 b(mm)	精度等级												
		0	1	2	3	4	5	6	7	8	9	10	11	12
齿轮传递运动准确性		齿距累积总偏差允许值 F_p(μm)												
$20 < d \leq 50$	$2 < m_n \leq 3.5$	2.6	3.7	5.0	7.5	10.0	15.0	21.0	30.0	42.0	59.0	84.0	119.0	168.0
	$3.5 < m_n \leq 6$	2.7	3.9	5.5	7.5	11.0	15.0	22.0	31.0	44.0	62.0	87.0	123.0	174.0
$50 < d \leq 125$	$2 < m_n \leq 3.5$	3.3	4.7	6.5	9.5	13.0	19.0	27.0	38.0	53.0	76.0	107.0	151.0	214.0
	$3.5 < m_n \leq 6$	3.4	4.9	7.0	9.5	14.0	19.0	28.	39.0	55.0	78.0	110.0	156.0	220.0
$125 < d \leq 280$	$2 < m_n \leq 3.5$	4.4	6.0	9.0	12	18.0	25.0	35.0	50.0	70.0	100.0	141.0	199.0	282.0
	$3.5 < m_n \leq 6$	4.5	6.5	9.0	13	18.0	25.0	36.0	51.0	72.0	102.0	144.0	204.0	288.0
齿轮传动平稳性		单个齿距偏差允许值 $\pm f_{pt}$(μm)												

续上表

分度圆直径 d (mm)	法向模数 m_n 或齿宽 b(mm)	精度等级												
		0	1	2	3	4	5	6	7	8	9	10	11	12
$20<d\leq50$	$2<m_n\leq3.5$	1.0	1.4	1.9	2.7	3.9	5.5	7.5	11.0	15.0	22.0	31.0	44.0	62.0
	$3.5<m_n\leq6$	1.1	1.5	2.1	3.0	4.3	6.0	8.5	12.0	17.0	24.0	34.0	43.0	68.0
$50<d\leq125$	$2<m_n\leq3.5$	1.0	1.5	2.1	2.9	4.1	6.0	8.5	12.0	17.0	23.0	33.0	47.0	66.0
	$3.5<m_n\leq6$	1.1	1.6	2.3	3.2	4.6	6.5	9.0	13.0	18.0	26.0	36.0	51.0	73.0
$125<d\leq280$	$2<m_n\leq3.5$	1.1	1.6	2.3	3.2	4.6	6.5	9.0	13.0	18.0	26.0	36.0	52.0	73.0
	$3.5<m_n\leq6$	1.2	1.8	2.5	3.5	5.0	7.0	10.0	14.0	20.0	28.0	40.0	56.0	79.0
齿轮传动平稳性		齿廓总偏差允许值 F_α(μm)												
$20<d\leq50$	$2<m_n\leq3.5$	1.3	1.8	2.5	3.6	5.0	7.0	10.0	14.0	20.0	29.0	40.0	57.0	81.0
	$3.5<m_n\leq6$	1.6	2.2	3.1	4.4	6.0	9.0	12.0	18.0	25.0	35.0	50.0	70.0	99.0
$50<d\leq125$	$2<m_n\leq3.5$	1.4	2.0	2.8	3.9	5.5	8.0	11.0	16.0	22.0	31.0	44.0	63.0	89.0
	$3.5<m_n\leq6$	1.7	2.4	3.4	4.8	6.5	9.5	13.0	19.0	27.0	38.0	54.0	76.0	108.0
$125<d\leq280$	$2<m_n\leq3.5$	1.6	2.2	3.2	4.5	6.5	9.0	15.0	18.0	25.0	36.0	50.0	71.0	101.0
	$3.5<m_n\leq6$	1.9	2.6	3.7	5.5	7.5	11.0	15.0	21.0	30.0	42.0	60.0	84.0	119.0
轮齿载荷分布均匀性		螺旋线总偏差允许值 F_β(μm)												
$20<d\leq50$	$20<b\leq40$	1.4	2.0	2.9	4.1	5.5	8.0	11.0	16.0	23.0	32.0	46.0	65.0	92.0
	$40<b\leq80$	1.7	2.4	3.4	4.8	6.5	9.5	13.0	19.0	27.0	38.0	54.0	76.0	107.0
$50<d\leq125$	$20<b\leq40$	1.5	2.1	3.0	4.2	6.0	8.5	12.0	17.0	24.0	34.0	48.0	68.0	95.0
	$40<b\leq80$	1.7	2.5	3.5	4.9	7.0	10.0	14.0	20.0	28.0	39.0	56.0	79.0	111.0
$125<d\leq280$	$20<b\leq40$	1.6	2.2	3.2	4.5	6.5	9.0	13.0	18.0	25.0	36.0	50.0	71.0	101.0
	$40<b\leq80$	1.8	2.6	3.6	5.0	7.5	10.0	15.0	21.0	29.0	41.0	58.0	82.0	117.0

一齿径向综合偏差 f'_iK(摘自 GB/T 10095.1—2008)(μm)　　表 10-14

分度圆直径 d (mm)	法向模数 m_n (mm)	精度等级												
		0	1	2	3	4	5	6	7	8	9	10	11	12
$20<d\leq50$	$2<m_n\leq3.5$	3.0	4.2	6.0	8.5	12.0	17.0	24.0	34.0	48.0	68.0	96.0	135.0	191.0
	$3.5<m_n\leq6$	3.4	4.8	7.0	9.5	14.0	19.0	27.0	38.0	54.0	77.0	108.0	153.0	217.0
$50<d\leq125$	$2<m_n\leq3.5$	3.2	4.5	6.5	9.0	13.0	18.0	25.0	36.0	51.0	72.0	102.0	144.0	204.0
	$3.5<m_n\leq6$	3.6	5.0	7.0	10.0	14.0	20.0	29.0	40.0	57.0	81.0	115.0	162.0	229.0
$125<d\leq280$	$2<m_n\leq3.5$	3.5	4.9	7.0	10.0	14.0	20.0	28.0	39.0	56.0	79.0	111.0	157.0	222.0
	$3.5<m_n\leq6$	3.9	5.5	7.5	11.0	15.0	22.0	31.0	44.0	62.0	88.0	124.0	175.0	247.0

在 GB/T10095.2—2008 中，对 5 级精度的径向综合总偏差 F''_i、一齿径向综合偏差 f''_i 给出了计算公式，并给出了数值，见表 10-15；也对 5 级精度的径向跳动公差 F_r 给出了推荐公式，表 10-16 给出了参考值。

圆柱齿轮径向综合偏差的允许值(摘自 GB/T 10095.2—2008)　　表 10-15

分度圆直径 d (mm)	法向模数 m_n (mm)	精度等级								
		4	5	6	7	8	9	10	11	12
齿轮传递运动精确性		径向综合总偏差允许值 F''_i(μm)								
$20<d\leqslant50$	$1.5<m_n\leqslant2.5$	13	18	26	37	52	73	103	146	207
	$2.5<m_n\leqslant4.0$	16	22	31	44	63	89	126	178	251
	$4.0<m_n\leqslant6.0$	20	28	39	56	79	111	157	222	314
$50<d\leqslant125$	$1.5<m_n\leqslant2.5$	15	22	31	43	61	86	122	173	244
	$2.5<m_n\leqslant4.0$	18	25	36	51	72	102	144	204	288
	$4.0<m_n\leqslant6.0$	22	31	44	62	88	124	176	248	351
$125<d\leqslant280$	$1.5<m_n\leqslant2.5$	19	26	37	53	75	106	149	211	299
	$2.5<m_n\leqslant4.0$	21	30	43	61	86	121	172	243	343
	$4.0<m_n\leqslant6.0$	25	36	51	72	102	144	203	287	406
齿轮传动平稳性		一齿径向综合偏差允许值 f''_i(μm)								
$20<d\leqslant50$	$1.5<m_n\leqslant2.5$	3.0	4.5	6.5	9.0	13	18	25	36	51
	$2.5<m_n\leqslant4.0$	4.5	6.5	9.5	13	19	26	37	53	75
	$4.0<m_n\leqslant6.0$	7.0	10	14	20	29	41	58	82	116
$50<d\leqslant125$	$1.5<m_n\leqslant2.5$	4.5	6.5	9.5	13	19	26	37	53	75
	$2.5<m_n\leqslant4.0$	7.0	10	14	20	29	41	58	82	116
	$4.0<m_n\leqslant6.0$	11	15	22	31	44	62	87	123	174
$125<d\leqslant280$	$1.5<m_n\leqslant2.5$	4.5	6.5	9.5	13	19	27	38	53	75
	$2.5<m_n\leqslant4.0$	7.5	10	15	21	29	41	58	82	116
	$4.0<m_n\leqslant6.0$	11	15	22	31	44	62	87	124	175

径向跳动公差值(摘自 GB/T 10095.2—2008)(μm)　　表 10-16

分度圆直径 d (mm)	法向模数 m_n (mm)	精度等级												
		0	1	2	3	4	5	6	7	8	9	10	11	12
$20<d\leqslant50$	$0.5<m_n\leqslant2.0$	2.0	3.0	4.0	5.5	8.0	11	16	23	32	46	65	92	130
	$2<m_n\leqslant3.5$	2.0	3.0	4.0	6.0	8.5	12	17	24	34	47	67	95	134
	$3.5<m_n\leqslant6$	2.0	3.0	4.5	6.0	8.5	12	17	25	35	49	70	99	139
$50<d\leqslant125$	$0.5<m_n\leqslant2.0$	2.5	3.5	5.0	7.5	10	15	21	29	42	59	83	118	167
	$2<m_n\leqslant3.5$	2.5	4.0	5.5	7.5	11	15	21	30	43	61	86	121	171
	$3.5<m_n\leqslant6$	3.0	4.0	5.5	8.0	11	16	22	31	44	62	88	125	176
$125<d\leqslant280$	$0.5<m_n\leqslant2.0$	3.5	5.0	7.0	10	14	20	28	39	55	78	110	156	221
	$2<m_n\leqslant3.5$	3.5	5.0	7.0	10	14	20	28	40	56	80	113	159	225
	$3.5<m_n\leqslant6$	3.5	5.0	7.0	10	14	20	29	41	58	82	115	163	231

10.7.4 齿轮检验项目的确定

在 GB/T 10095.1—2008 的文本中，没有公差组和检验组组合的概念，唯一明确评定齿轮精度等级的是同侧齿面的单个齿距偏差 f_{pt}、齿距累积总偏差 F_p、齿廓总偏差 F_α、螺旋线总偏差 F_β 四项允许值，即这四项单个齿轮同侧齿面的偏差是必检项目。若是高速齿轮，工作线速度 >15m/s 时，加检 F_{pk}。

3 ~ 6 级精度等级齿轮，它们都是主机的关键部位，如检验不到位，将立竿见影地在主机工作时产生不良反应，还会出现危险后果。

7 ~ 12 级精度等级齿轮，其经济价格较低，生产量也较大，生产每个齿轮都用 f_{pt}、F_p、F_α、F_β 四项偏差检验是不经济的，也是不科学的和不现实的。径向综合总偏差 F''_i、一齿径向综合偏差 f''_i 和径向跳动 F_r 虽然不能真实反映 f_{pt}、F_p、F_α、F_β 的实际情况，但能迅速提供关于生产用的机床、工具或产品齿轮装夹而导致的质量缺陷方面的信息。在大批量生产齿轮中，用某一种方法生产出来的第一批少量齿轮，为了掌握它们是否符合所规定的 GB/T 10095.1—2008 标准的精度等级，需要对 f_{pt}、F_p、F_α、F_β 四项偏差进行仔细检验。合格稳定后，按相同方法生产出的齿轮有什么变化，就可以通过测量径向综合偏差或径向跳动来发现，不必再重复进行仔细检验，加工完毕以后，将最后加工出来的数件齿轮用 GB/T 10095.1—2008 标准的四项偏差项目核实就可以。这样批量生产既能全部保证精度质量，又能节省生产地时间和费用。

等级 GB/T 10095.2—2008，其检验项目为 F''_i 和 f''_i 两个偏差项目和相应允许值，当缺乏测量齿轮和装置，以及齿轮的模数 m_n >10mm 时，可用 F_r 偏差项目和相应允许值。

当供需双方协商一致，具备高于被测齿轮精度等级 4 个等级的测量齿轮和装置时，其 F'_i、f'_i 两个偏差项目可以代替 f_{pt}、F_{pk}、F_p，顺带轮齿接触的检验，可替代 F_α、F_β 的检验评估。

检验项目要标明相应的计值范围 L_α、L_β。

根据齿轮产品特殊需要，供需双方协商一致，可以表明齿廓和螺旋线的形状和斜率偏差 $f_{f\alpha}$、$f_{f\beta}$、$f_{H\alpha}$、$f_{H\beta}$ 的全部或部分数值转化为允许值。

此外，还应检验齿厚偏差以控制齿轮副侧隙。

10.7.5 齿轮精度等级在图样上的标注

新标准对齿轮精度等级在图样上的标注未作明确规定，只说明在文件需要叙述齿轮精度要求时应注明 GB/T 10095.1—2008 或 GB/T 10095.2—2008。为此，建议这样标注：

若齿轮轮齿同侧齿面各检验项目精度等级与径向综合偏差与径向跳动检验项目精度等级相同（如同为 7 级），可标注为：

7 GB/T 10095.1 — 2008

7 GB/T 10095.2 — 2008

若齿轮轮齿同侧齿面各检验项目精度等级与径向综合偏差、径向跳动检验项目精度

等级不相同(如轮齿同侧齿面各检验项目精度等级为 7 级,径向综合偏差、径向跳动检验项目精度等级为 8 级),可标注为:

7 GB/T10095.1 — 2008

8 GB/T 10095.2 — 2008

齿轮各检验项目及其允许值标注在齿轮工作图右上角参数表中。

10.8　齿轮精度设计举例

【例 10-1】　某减速器的一直齿轮副,$m=3\mathrm{mm}$,$\alpha=20°$。小齿轮结构如图 10-24 所示,$z_1=32$,$z_2=70$,齿宽 $b=20\mathrm{mm}$,小齿轮孔径 $D=40\mathrm{mm}$,圆周速度 $v=6.4\mathrm{m/s}$,小批量生产。试对小齿轮进行精度设计,并将有关要求标注在齿轮工作图上。

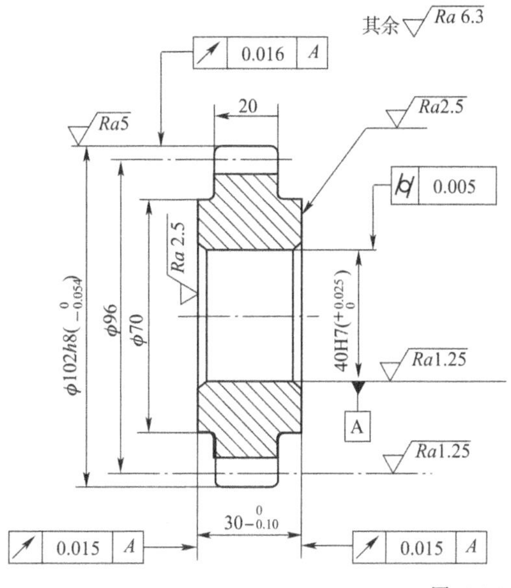

法向模数	m_n	3
齿数	Z	32
齿形角	α	20°
齿顶高系数	h_a^*	1
螺旋角	β	0
径向变位系数	x	0
配对齿轮	图号	L_α
齿厚及其极限偏差	$S_{E_{sni}}^{E_{sns}}$	$4.712_{-0.166}^{-0.080}$
精度等级	8 GB/T 10095.1 – 2008 8 GB/T 10095.2 – 2008	
检验项目	代号	允许值
单个齿距偏差	$\pm f_{pt}$	±17
齿距累积总偏差	F_p	53
齿廓计值范围	L_α	76.50
齿廓总偏差	F_α	22
螺旋线总偏差	F_β	21
径向综合总偏差	F''_i	72
一齿径向综合偏差	f''_i	29

图 10-24　齿轮工作图

解:

(1)确定检验项目。

必检项目应为单个齿距偏差 f_{pt}、齿距累积总偏差 F_p、齿廓总偏差 F_α 和螺旋线总偏差 F_β。

除了这 4 个必检项目外,由于是批量生产,还可检验径向综合总偏差 F''_i 和一齿径向综合偏差 f''_i,作为辅助检验项目。

(2)确定精度等级。

参考表 10-11、表 10-12,齿轮精度等级为 8 级,即:

8GB/T 10095.1 — 2008

8GB/T 10095.2 — 2008

(3)确定检验项目的允许值。

①查表 10-13 得,$f_{pt}=\pm17\mu\mathrm{m}$,$F_p=53\mu\mathrm{m}$,$F_\alpha=22\mu\mathrm{m}$,$F_\beta=21\mu\mathrm{m}$;

②查表 10-15 得，$F''_{\text{i}}=72\mu\text{m}$，$f''_{\text{i}}=29\mu\text{m}$。

(4)确定计值范围。

假定齿轮是标准齿轮传动，则啮合角 $\alpha'=\alpha=20°$，齿顶圆直径 $\gamma_{\text{a}}=m(z+2h_{\text{a}}^{*})$，其中 $h_{\text{a}}^{*}=1$，基圆直径 $\gamma_{\text{b}}=mz\cos\alpha$。

采用查表法，已知中心距 $a=\dfrac{m}{2}(z_1+z_2)=\dfrac{3}{2}\times(32+70)\text{mm}=153\text{mm}$，因此：

$$
\begin{aligned}
L_{\text{AE}} &= \sqrt{\gamma_{\text{a}_1}^2-\gamma_{\text{b}_1}^2}+\sqrt{\gamma_{\text{a}_2}^2-\gamma_{\text{b}_2}^2}-a\sin\alpha' \\
&= \sqrt{[3\times(32+2\times1)]^2-(3\times32\times\cos20°)^2}+\sqrt{[3\times(70+2\times1)]^2-(3\times70\times\cos20°)^2}-153\times\sin20° \\
&= 83.108\text{mm}
\end{aligned}
$$

$$L_{\alpha}=L_{\text{AE}}\times92\%=83.108\times0.92=76.459\text{mm}$$

因此，计值范围 L_{α} 取值 76.50mm。

(5)确定齿厚极限偏差。

①确定齿厚 s_{n}。

小齿轮在标准状态下分度圆处的齿厚为：

$$s_{\text{n}}=\frac{\pi d_1}{2z_1}=\frac{3.14\times96}{2\times32}=4.712\text{mm}$$

②确定最小法向侧隙 j_{bnmin}。

由式(10-12)，得：

$$
\begin{aligned}
j_{\text{bnmin}} &= \frac{2}{3}(0.06+0.0005\,|a_i|+0.03m_n) \\
&= \frac{2}{3}\times(0.06+0.0005\times153+0.03\times3) \\
&= 0.151\text{mm}
\end{aligned}
$$

③确定齿厚上偏差 E_{sns}。

采用简易计算法，并取 $E_{\text{sns1}}=E_{\text{sns2}}$，得：

$$
\begin{aligned}
E_{\text{sns}} &= -j_{\text{bnmin}}/2\cos\alpha_{\text{n}} \\
&= 0.151/2\cos20^{\circ} \\
&= -0.080\text{mm}
\end{aligned}
$$

④计算齿厚公差 T_{sn}。

查表 10-16(按 8 级查)，得：

$$F_r=43\mu\text{m}$$

查表 10-10，得：

$$b_{\text{r}}=1.26\text{IT9}=1.26\times87\mu\text{m}=109.6\mu\text{m}$$

代入，得：

$$
\begin{aligned}
T_{\text{sn}} &= (\sqrt{F_{\text{r}}^2+b_{\text{r}}^2})2\tan\alpha_{\text{n}} \\
&= (\sqrt{43^2+109.6^2})\times2\times\tan20^{\circ} \\
&= 85.703\mu\text{m}\approx0.086\text{mm}
\end{aligned}
$$

⑤计算齿厚下偏差 E_{sni}。

$$\begin{aligned} E_{sni} &= E_{sns} - T_{sn} \\ &= -0.080 - 0.086 \\ &= -0.166\text{mm} \end{aligned}$$

(6)确定齿坯精度。

根据齿轮结构,齿轮内孔既是基准面,又是工作安装面和制造安装面。

①齿轮内孔的尺寸公差。参照表 10-1,孔的尺寸公差为 7 级,取 $H7$,即 $\phi40H7(_{0}^{+0.025})$。

②齿顶圆柱面的尺寸公差。齿顶圆是检测齿厚的基准,参照表 10-1,齿顶圆柱面的尺寸公差为 8 级,取 $h8$,即 $\phi10h8(_{-0.054}^{0})$。

③齿轮内孔的形状公差。由表 10-2 可得圆柱度公差为:

$$0.1F_p = 0.1 \times 0.053 = 0.0053 \approx 0.005\text{mm}$$

④两端面的跳动公差。两端面在制造和工作时都作为轴向定位的基准,参照表 10-3,选其跳动公差为:

$$0.2(D_d/b)F_\beta = 0.2 \times (70/20) \times 0.021 = 0.0147 \approx 0.015\text{mm}$$

参考 GB/T 1184—1996,此精度正好是 6 级。

⑤顶圆的径向跳动公差。顶圆柱面在加工齿形时常作为找正基准,按表 10-3,其跳动公差为:

$$0.3F_p = 0.3 \times 0.053 = 0.0159 \approx 0.016\text{mm}$$

⑥齿面及其余各表面的粗糙度。按照表 10-4 和表 10-6 选取各表面的粗糙度,如图 10-24 所示。

(7)绘制齿轮工作图。

齿轮工作图如图 10-24 所示。有关参数须列表并放在图样的右上角。

习　　题

一、单项选择题

1. 影响齿轮传递运动准确性的偏差项目有(　　)。

A. 齿距累积总偏　　　　B. 一齿切向综合偏差

C. 一齿径向综合偏差　　D. 齿廓形状偏差

2. 影响齿轮载荷分布均匀性的误差项目有(　　)。

A. 切向综合偏差　B. 齿廓形状偏差　C. 齿向误差　D. 一齿径向综合误差

3. 影响齿轮传动平稳性的误差项目有(　　)。

A. 切向综合总偏差　　B. 齿圈径向跳动

C. 单个齿距偏差　　　D. 齿距累积偏差

4. 齿轮传动的四项基本要求是(　　)。

A. 传递运动的准确性,传动的平稳性,载荷分布的均匀性,合理的齿侧间隙

B. 高效率,结构简单,易加工,便于安装

C. 无长周期误差,无转角误差,无抖动,无窜动

D. 无长周期误差,无转角误差,易加工,便于安装

5. 齿轮长周期误差的产生原因是(　　)。

A. 运动偏心和几何偏心　　B. 齿廓形状偏差

C. 齿距偏差　　D. 一齿径向综合误差

6. 影响齿轮副侧隙的加工误差有(　　)。

A. 齿厚偏差　　B. 单个齿距偏差

C. 齿圈的径向跳动　　D. 齿廓倾斜偏差

7. 在 GB/T 10095.1—2008 的文本中,没有公差组和检验组组合的概念,唯一明确评定齿轮精度等级的是 4 个必检的单个齿轮同侧齿面的偏差是(　　)。

A. 单个齿距偏差 f_{pt}、齿距累积总偏差 F_p、齿廓总偏差 F_α、螺旋线总偏差 F_β 四项允许值,若是高速齿轮,工作线速度 >15m/s 时,加检 F_{pk}

B. 齿廓形状偏差 $f_{f\alpha}$,齿廓倾斜偏差 $f_{H\alpha}$,螺旋线形状偏差 $f_{f\beta}$,螺旋线倾斜偏差 $f_{H\beta}$

C. 切向综合总偏差 F'_i,一齿切向综合偏差 f'_i,径向综合总偏差 F''_i,一齿径向综合偏差 f''_i

D. 齿廓形状偏差 $f_{f\alpha}$,螺旋线形状偏差 $f_{f\beta}$,一齿切向综合偏差 f'_i,一齿径向综合偏差 f''_i

8. 齿轮偏差项目中属综合性项目的有(　　)。

A. 一齿切向综合偏差　　B. 一齿径向综合偏差

C. 齿圈径向跳动　　D. 螺旋线倾斜偏差

9. 下列项目中属于齿轮副的公差项目的有(　　)。

A. 齿廓倾斜偏差　　B. 径向综合总偏差

C. 接触斑点　　D. 齿厚偏差

10. 下列说法正确的有(　　)。

A. 用于精密机床的分度机构.测量仪器上的读数分度齿轮,一般要求传递运动准确

B. 用于传递动力的齿轮,一般要求载荷分布均匀

C. 用于高速传动的齿轮,一般要求载荷分布均匀

D. 低动力齿轮,对运动的准确性要求高

二、填空题

1. 对汽车、拖拉机和机床变速器齿轮,主要的要求是________。

2. 对读数装置和分度机构的齿轮,主要要求是________。

3. 对矿山机械、起重机械中的齿轮,主要要求是________。

4. 单个齿距偏差 f_{pt} 主要影响齿轮的________。

5. 齿距累计总偏差 F_p 主要影响齿轮的________。

6. 齿廓总偏差 F_α 主要影响齿轮的________。

7. 螺旋线总偏差 F_β 主要影响齿轮的________。

8. 国家标准规定单个齿轮同侧齿面的精度等级为________。

9. 径向综合偏差的精度等级为________。

10. 径向跳动的精度等级为________。

三、判断题(正确打"√",错误打"×")

1. 齿轮传动的平稳性是要求齿轮一转内最大转角误差限制在一定的范围内。 ( )
2. 高速动力齿轮对传动平稳性和载荷分布均匀性都要求很高。 ( )
3. 齿轮传动的振动和噪声是由于齿轮传递运动的不准确性引起的。 ( )
4. 齿向误差主要反映齿宽方向的接触质量,它是齿轮传动载荷分布均匀性的主要控制指标之一。 ( )
5. 精密仪器中的齿轮对传递运动的准确性要求很高,而对传动的平稳性要求不高。 ( )
6. 齿轮的一齿切向综合偏差是评定齿轮传动平稳性的项目。 ( )
7. 齿廓形状偏差是用作评定齿轮传动平稳性的综合指标。 ( )
8. 齿轮工作齿面和非工作齿面可选同一精度等级,也可以选用不同精度等级的组合。 ( )
9. 齿轮副的接触斑点是评定齿轮副载荷分布均匀性的综合指标。 ( )
10. 在齿轮的加工误差中,影响齿轮副侧隙的误差主要是齿厚偏差和公法线平均长度偏差。 ( )

四、简答题

1. 对齿轮传动有哪些使用要求?对不同用途的齿轮传动,这些使用要求有何侧重?
2. 比较下列偏差项目的异同点:

(1) F'_i 和 F''_i;

(2) F'_i 和 f'_i;

(3) F''_i 和 f''_i;

(4) F'_i 和 F_p;

(5) F''_i 和 F_r;

(6) F_p、F_{pk}和f_{pt}。

3. 齿廓总偏差 F_α、齿廓形状偏差 $f_{f\alpha}$和齿廓倾斜偏差 $f_{H\alpha}$之间有何区别和联系?
4. 螺旋线总偏差 F_β、螺旋线形状偏差 $f_{f\beta}$和螺旋线倾斜偏差 $f_{H\beta}$之间有何区别和联系?
5. 标准规定了哪些同侧齿面精度的检验项目?哪些不是必检项目?
6. 标准对齿轮精度等级是如何规定的?目前主要用什么方法选择齿轮的精度等级?
7. 如何选择齿轮的检验项目?
8. 齿厚偏差对齿轮传动有何影响?
9. 确定最小侧隙主要考虑哪些因素?确定的方法有哪些?
10. 对齿轮坯有哪些精度要求?
11. 对齿轮副规定了哪些主要检验项目?

五、综合应用题

某通用减速器中有一对直齿圆柱齿轮副,模数 $m=4\text{mm}$,小齿轮齿数 $z_1=30$,大齿轮齿数 $z_2=86$,齿形角 $\alpha=20°$,齿宽 $b_1=b_2=40\text{mm}$,小齿轮结构如图10-24所示,其孔径 $D_1=45\text{mm}$,转速 $n_1=1200\text{r/min}$,小批量生产。试对小齿轮进行精度设计,并将有关要求标注在齿轮工作图上。

第四篇
机械零件加工工艺

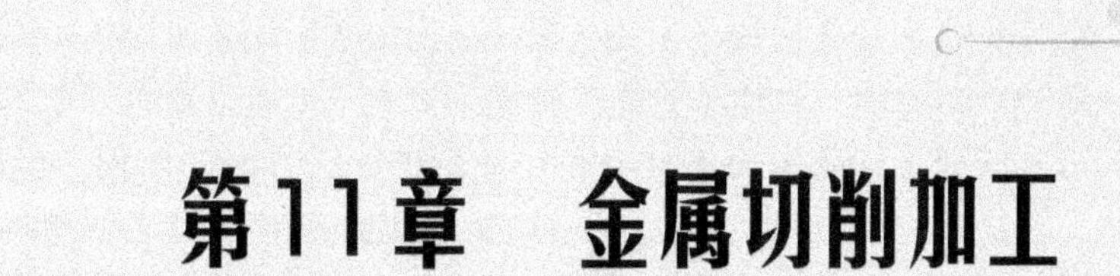

第11章 金属切削加工

11.1 金属切削加工的概念及特点

质量减少工艺的特点是被加工工件的多余材料是以切屑或微粒(即废料)的形式被去除掉的。质量减少工艺主要包括切削加工和特种加工。

金属切削加工就是利用切削工具从毛坯(铸件、锻件或棒料等)或工件上切去多余材料,以获得几何形状、尺寸和表面质量均完全符合图样要求的机器零件的方法,它包括机械加工和钳工。机械加工是指在机床上进行的加工,有车削、钻削、刨削、铣削和磨削等基本方式,如图11-1所示;钳工一般是工人手持工具进行切削加工,如图11-2所示。切削加工的主要特点是加工精度高,表面质量好。目前,除了少数零件可采用精密铸造、精密锻造、冲压或粉末冶金等方法直接获得外,绝大多数的零件还须通过切削加工方法获得。因此,切削加工在机械制造业中处于十分重要的地位。

图11-1 机械加工

a)平面划线

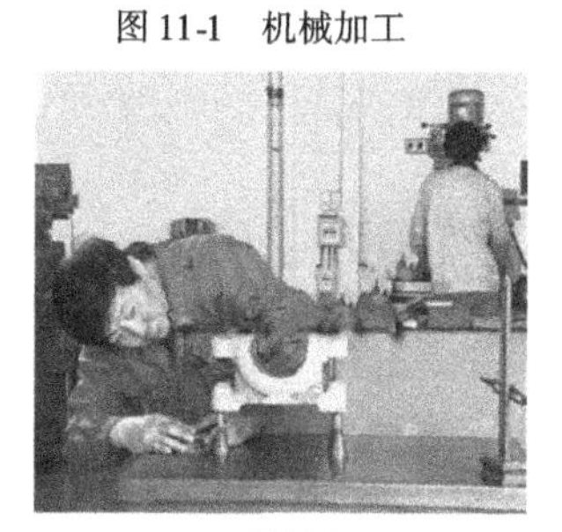

b)立体划线

c)刮削

图11-2 钳工

近代机械制造技术是以18世纪后期(1776年)发明并制造蒸汽机为标志而出现的。当时在镗缸机上花了27.5个工作日才能将650mm直径的灰铸铁汽缸加工到1mm左右的精度。

生产的发展要求不断提高机器的工作精度,为此,必须相应地提高零件的加工精度。

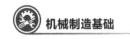

在19世纪中期相继出现了各种金属切削方法和机床,形成了精度理论和公差制度。

切削技术发展的基础是刀具材料的发展。20世纪初出现高速钢工具,20世纪30年代出现了硬质合金,20世纪中叶又出现了各种新型刀具材料(陶瓷和超硬材料),使切削速度提高到1000m/min以上。新型刀具材料和各种特种加工方法的出现,推动了切削加工技术和机床设备的发展,不但扩大了加工范围(难加工材料和新型工程材料),提高了生产效率,而且使机械加工的精度不断提高。1850年,机器零件的尺寸精度已可达到0.01mm。20世纪初,由于发明了能测量0.001mm的千分表和光学比较仪等,加工精度逐渐向微米级过渡,成为机械加工精度发展进程中的转折点。

20世纪50年代末以来,迅速发展的宇航、计算机、激光技术以及自动控制系统等尖端科学技术,就是综合利用了近代的先进技术和工艺方法的结果。另外由于生产集成电路的需要,出现了各种微细加工工艺。它利用了切削和特种加工方法,在最近10~20年的时间里使机械加工精度由20世纪50年代末的微米级(10^{-6}m),提高到目前的纳米级(10^{-9}m),从而进入了超精密加工的时代。现在测量超大规模集成电路所用的电子探针,其测量精度已可达0.25nm。加工精度的不断提高,反映了加工工件时材料的分割水平不断由宏观进入微观世界的发展趋势。

11.2 金属切削加工成形理论基础

金属切削加工有多种不同的形式,主要有车、铣、刨、磨、钻、镗、螺纹加工、齿轮加工等。这些切削加工方法在切削过程、切削运动和切削刀具方面都有共同的现象和规律,掌握这些规律是进一步学习各种切削加工方法的基础。

11.2.1 切削加工的运动分析和切削要素

1)零件表面的成形方法

机器零件的形状虽然多种多样,如图11-3所示,但都是由外圆面、内圆面(孔)、平面和曲面等组成。因此,只要能对这几种表面进行加工,就基本上能完成所有机器零件的加工。

图11-3 各种机器零部件

外圆面和内圆面是以一直线作母线,以圆为轨迹做旋转运动所形成的表面;平面是以一条直线为母线,以另一条直线做为轨迹作平移运动所形成的表面;曲面是以一曲线为母线,以圆或直线为轨迹做旋转或平移运动所形成的表面。形成这些表面所需要的母线及其运动轨迹,均是由机床上的工件和刀具做相对运动来实现的。

零件表面成形方法常见的有以下三种。

(1)轨迹法。轨迹法是利用非成形刀具,在一定的切削运动下,由刀尖轨迹获得零件所需表面的方法。如车削、刨削、铣削、磨削等,如图11-4所示。

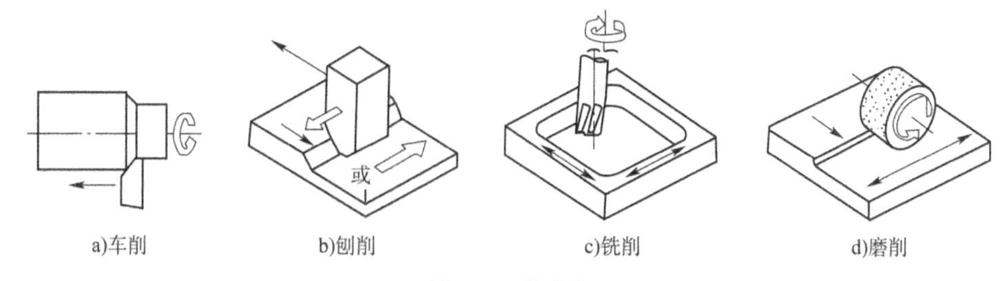

图11-4 轨迹法

(2)成形法。成形法是利用成形刀具,在一定的切削运动下,由刀刃形状获得零件所需表面的方法,如成形车削、钻削、成形刨削、成形铣削等,如图11-5所示。

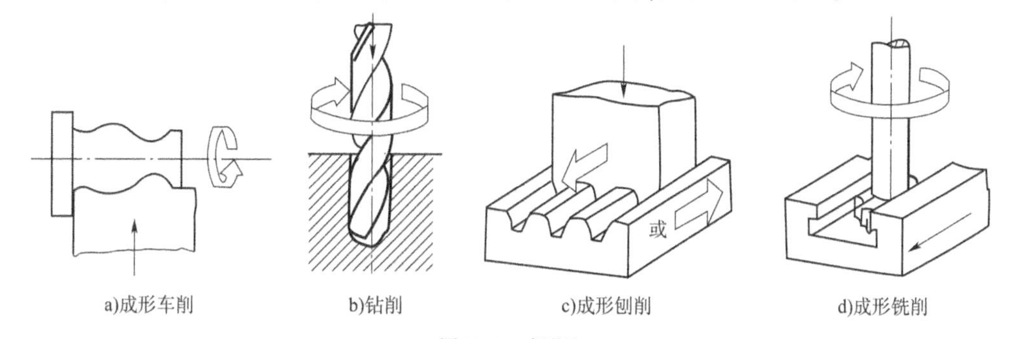

图11-5 成形法

(3)范成法。范成法是在一定的切削运动下,利用刀具依次连续切出的若干微小的面积包络出所需要零件表面的加工方法,如插齿、滚齿等,如图11-6所示。

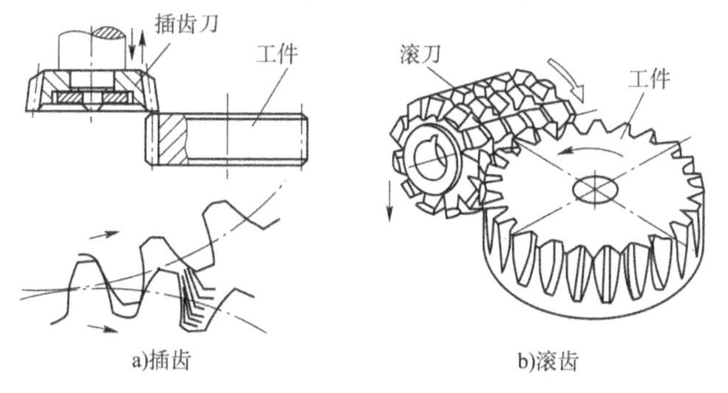

图11-6 范成法

2)切削运动

不管是何种金属加工方法,切削加工时,为了获得各种形状的零件,刀具与工件必须具有一定的相对运动,即切削运动(图11-7)。切削运动可分为主运动和进给运动。

主运动是由机床或人力提供的主要运动,它促使刀具和工件之间产生相对运动,从而使刀具前刀面接近工件。通常,主运动的速度较快,消耗的功率也较大。如车削时工件的旋转,牛头刨床刨削时刨刀的往复直线移动,磨削时砂轮的旋转,钻削时钻头的旋转,均为主运动。

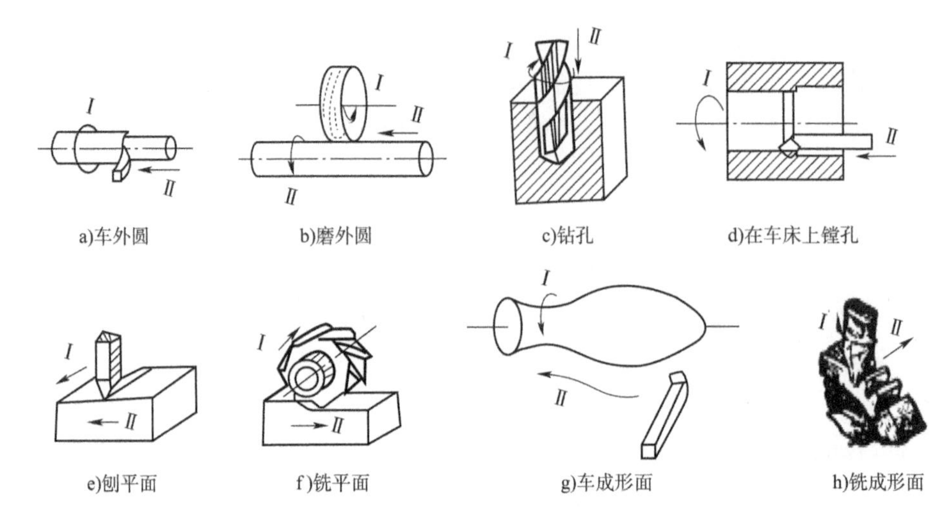

图 11-7　切削运动

进给运动是由机床或人力提供的运动，它使刀具与工件之间产生附加的相对运动，加上主运动，即可不断地或连续地切除切屑层，并得出具有所需几何特征的已加工表面。如车削时刀具的移动，钻削时钻头的移动，磨削时工件的旋转和移动，均为进给运动。

通常，切削加工中的主运动只有一个，而进给运动可能有一个或数个。

3）切削用量

切削运动是用切削用量来描述的，切削用量包括切削速度、进给量和切削深度（背吃刀量），它是切削加工、调整机床的主要依据。

（1）切削速度（v）。

切削刃选定点相对于工件的主运动的瞬时速度称为切削速度。它表示在单位时间内工件和刀具沿主运动方向相对移动的距离，单位为 m/min 或 m/s。

主运动为旋转运动时，切削速度可用下式表示（单位 m/s）：

$$v = \frac{\pi d_w n}{1000 \times 60} \tag{11-1}$$

式中：d_w——待加工表面直径（mm）；

n——工件转速（r/min）。

主运动为往复直线运动时，平均切削速度为：

$$v = \frac{2Ln_r}{1000 \times 60} \tag{11-2}$$

式中：L——往复运动行程长度（mm）；

n_r——主运动每分钟的往复次数（往复次数/min）。

（2）进给量（f）。

刀具在进给运动方向上相对于工件的位移，可用刀具或工件每转或每行程的位移量来表述或度量。车削时进给量的单位是 mm/r，即工件每转一圈，刀具沿进给运动方向移动的距离。刨削等主运动为往复直线运动的加工，其间歇进给的进给量为 mm/往复行程，即每往复行程刀具与工件之间的相对横向移动距离。铣削时进给量的单位除 mm/r 外，有时还用 mm/z 和 mm/min。

(3)切削深度(a_p)。

切削深度是在通过切削刃基点并垂直于工作平面的方向上测量的吃刀量,即工件上已加工表面与待加工表面之间的距离(图11-8)。车外圆时,切削深度 a_p 可用下式表示:

$$a_p = \frac{d_w - d_m}{2} \tag{11-3}$$

式中:d_w——工件待加工表面直径(mm);

d_m——工件已加工表面直径(mm)。

切削用量是影响工件加工质量、加工成本和生产率的重要因素,上述三者亦称切削三要素。

4)切削层参数

切削层是指切削过程中,由刀具切削部分的一个单一动作(如车削时工件转一圈,车刀主切削刃移动一段距离),工件上被刀刃切除的一层金属。其截面尺寸的大小即为切削层参数,它直接表示了尺寸切屑的大小,决定了刀具切削部分的载荷,还影响切削力、刀具磨损、表面质量和生产率。

切削层参数通常在基面(过主切削刃上选定点,垂直于主运动方向的平面)内测量,参见图11-8,它包括以下三项内容:

(1)切削宽度(b_D)——在加工表面上所测得的待加工表面到已加工表面的距离,即主切削刃的工作长度。

(2)切削厚度(h_D)——刀具或工件每移动一个进给量之后,主切削刃相邻两位置间的垂直距离。

(3)切削面积(A_D)——工件被切下的金属层沿垂直于主运动方向所截取的截面积,它是切削深度和进给量的乘积,也是切削宽度和切削厚度的乘积,即:

$$A_D = a_p \times f = b_D \times h_D \tag{11-4}$$

如图11-9所示,由于车刀结构的关系,切削时,在已加工表面上将留有未被切除的切削层 AEB。

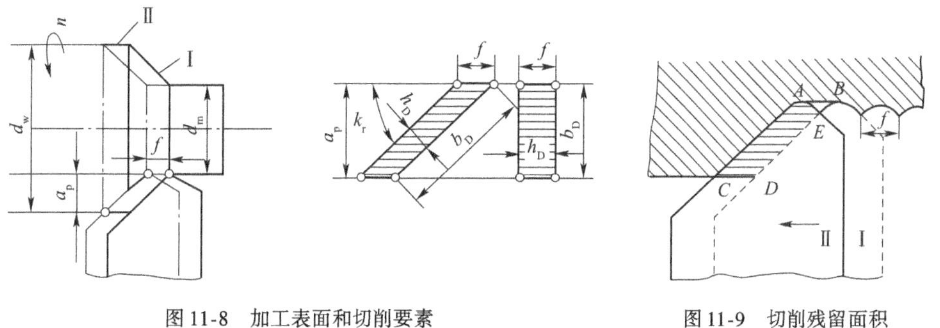

图11-8　加工表面和切削要素
Ⅰ-过渡表面;Ⅱ-待加工表面

图11-9　切削残留面积

11.2.2　切削刀具

金属切削过程中,切削刀具直接承担切削工件的重任。正确选用刀具与正确选择机床同样重要。刀具材料与刀具的几何角度是决定刀具使用性能的两个最重要的因素。

1)刀具材料

刀具材料是指切削部分的材料。它在强力、高温和剧烈的摩擦条件下工作,同时还要承受冲击和振动,因此,刀具材料必须具备良好的性能满足金属切削的需要。

(1)刀具材料应具备的基本性能。

①高的硬度:刀具材料的硬度必须高于工件材料的硬度,常温硬度一般在60HRC以上。

②高的热硬性(又称红硬性):刀具在高温下应保持高硬度和高耐磨性的能力。

③足够的强度和韧性:刀具材料在承受冲击和振动而不破坏的能力。

④较好的化学稳定性:刀具在切削过程中不发生粘接磨损和扩散磨损的能力。

⑤较好的工艺性:以便于制造各种刀具。工艺性包括锻造、轧制、焊接、切削加工、磨削加工和热处理性能等。

(2)常用刀具材料。

①碳素工具钢。

碳素工具钢是含碳量为0.7%～1.2%的优质钢,淬火后硬度较高(59～64HRC),但它的耐热性差,在200～250℃时硬度就明显下降,所以,它允许的切削速度较低(<10m/min)。碳素工具钢主要用于制造手用刀具及形状简单的低速刀具,如锉刀、锯条等,如图11-10所示。

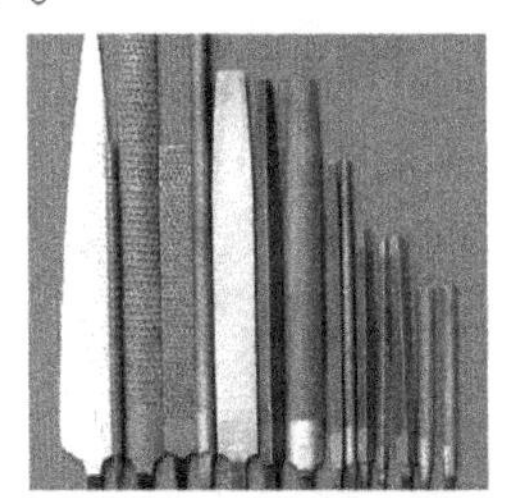

图11-10 锉刀和锯条

②合金工具钢。

合金工具钢是在碳素工具钢的基础上加入少量的Cr、W、Mn、Si等元素形成的钢种,如9SiCr、CrWMn、CrW5、GCr15等,它的热硬性和韧性比碳素工具钢高,其热硬性温度为300～350℃,允许的切削速度比碳素工具钢高10%～14%。合金工具钢淬透性有所提高,热处理变形小,适应制造形状比较复杂、要求淬火后变形小的低速刀具,如铰刀、拉刀、圆板牙、丝锥(图11-11)、刮刀等。

③高速钢(High Speed Steel,HSS)。

高速钢是以W、Cr、Mo、V为主要合金元素的高合金工具钢,如W18Cr4V、W6Mo5Cr4V2等,高速钢具有较高的硬度,常温硬度可达62～70HRC(82～87HRA),其耐热性较好,在切削温度达540～650℃时,仍能进行切削。高速钢强度、韧性和工艺性能均较好,因此,在形状复杂的刀具(钻头、铣刀、齿轮加工刀具等)和小型刀具制造中,高速钢仍占主要地位,如图11-12所示。由于高速钢刀具容易磨出锋利的切削刃,所以它广泛用于有色金属等低硬度、低强度工件的切削加工。

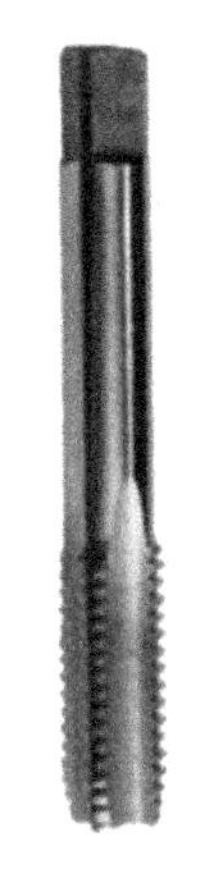

图 11-11　丝锥

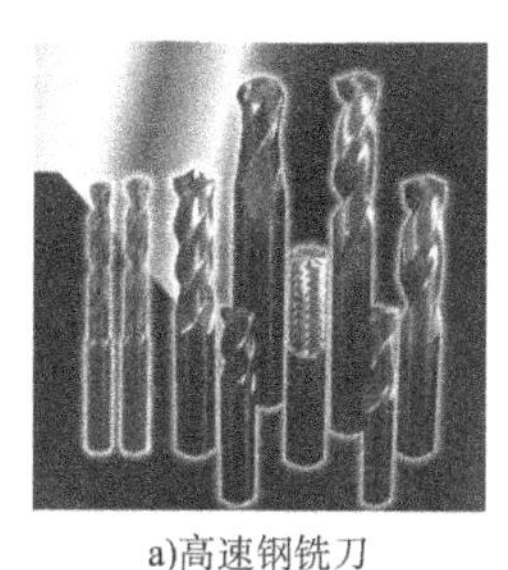

a)高速钢铣刀

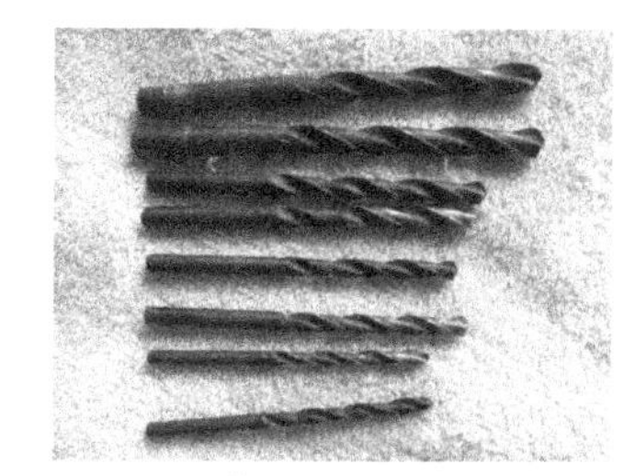

b)整体式高速钢麻花钻

图 11-12　高速钢刀具

④硬质合金(Sintered Carbides)。

硬质合金主要是由高硬度、高熔点的金属碳化物和金属黏结剂烧结而成的粉末冶金制品。用作切削刀具的硬质合金常用的金属碳化物是 WC 和 TiC,黏结剂以钴为主。由于硬质合金中的金属碳化物含量远超高速钢,因此,硬质合金硬度高,常温硬度可达 89 ~ 93HRA,耐热性好,在 800 ~ 1000℃的高温下仍能进行切削,其切削速度是高速钢的数倍。但硬质合金的抗弯强度远比高速钢低,冲击韧度较差。

目前大部分车刀已采用硬质合金,其他切削刀具采用硬质合金的也日益增多,如硬质合金面铣刀已取代了高速钢面铣刀而占主要地位。常见的硬质合金刀具如图 11-13 所示。

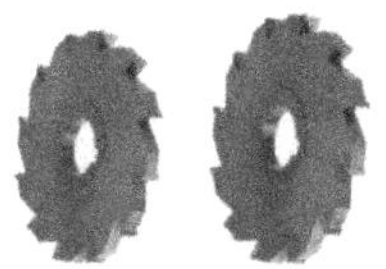

a)镶齿硬质合金铣刀

b)整体硬质合金麻花钻

图 11-13　硬质合金刀具

硬质合金的种类和牌号很多,目前,我国机械加工常用的有三类。

a. 钨钴(YG)类硬质合金。其成分为 WC 和 Co。这类硬质合金的抗弯强度较高,韧性较好,适于加工脆性金属,如铸铁。又因 YG 类硬质合金容易磨出锐利的刃口,所以也常用于加工有色金属及其合金。

b. 钨钛钴(YT)类硬质合金。其成分为 WC、TiC 和 Co。它的硬度、耐磨性和耐热性均较 YG 类硬质合金高,但抗弯强度较低,因此,常用来加工钢件。

c. 钨钛钽(铌)钴(YW)类硬质合金。这是在 YT 类硬质合金中加入少量 TaC(NbC),以细化晶粒,提高韧性和耐磨性。这类合金既可用来加工铸铁和有色金属,又可加工钢以及高温合金等难加工材料,因此,常称为通用硬质合金。

⑤涂层刀具。

涂层刀具是在韧性较好的硬质合金或高速钢基体上,涂覆一层(2 ~ 7μm)硬度和耐磨性很高的难熔金属化合物如 TiC、TiN、Al_2O_3 等获得的,以便使刀片既有高硬度和高耐磨性的表面,又有强韧的基体,如图 11-14a)所示。机夹可转位刀具的采用,使这种涂层刀片迅速得到了广泛应用[图 11-14b)]。

a)涂层刀片

b)机夹式车刀

图 11-14　涂层刀具

硬质涂层作为阻碍化学扩散和热传导的障壁,使刀具在切削时的磨损速度减慢。基体材料的高强度和韧性,与表层的高硬度和耐磨性结合起来,使这种复合材料具有更好的切削性能,涂层刀片的寿命与无涂层的相比提高 1 ~3 倍以上。

涂层高速钢刀具一般采用物理气相沉积法(PVD 法),沉积温度在 500℃左右,涂层厚度为 2 ~5μm;涂层硬质合金刀具一般采用化学气相沉积法(CVD 法),沉积温度在 900 ~1100℃之间,涂层厚度为 5 ~10μm,并且设备简单,涂层均匀。因 PVD 法未超过高速钢的回火温度,故高速钢刀具一般采用 PVD 法,硬质合金大多采用 CVD 法。硬质合金用 CVD 法涂层时,由于其沉积温度高,故涂层与基体之间容易形成一层脆性的脱碳层(η 相),导致刀片脆性破裂。近十几年来,随着涂覆技术的进步,硬质合金也可采用 PVD 法。

常用的涂层材料有 TiC、TiN、Al_2O_3等,涂层可以是单涂层,也可以采用双涂层或多涂层,如 TiC-TiN、TiC-Al_2O_3、TiC-Al_2O_3-TiN 等。

涂层刀具有比基体高得多的硬度,在高速钢钻头、丝锥、滚刀等刀具上涂覆 2μm 厚的 TiN 涂层后,硬度可达 80HRC。涂层刀具加工的材料较硬,加工效果好。由于涂层刀具的锋利性、韧性、抗剥落和抗崩刃性能均不及未涂层刀片,故在小进给量切削、高硬度材料和重载切削时还不太适用。

⑥陶瓷材料。

常用的陶瓷材料有两种:Al_2O_3基陶瓷和 Si_3N_4基陶瓷。

Al_2O_3基陶瓷有以下特点:

a. 有很高的硬度和耐磨性,陶瓷的硬度达到 HRA91 ~95,高于硬质合金,在使用良好时,有很高的刀具耐用度。

b. 有很高的耐热性,在 1200℃以上还能维持 HRA80 的硬度进行切削,切削速度可比硬质合金提高 2 ~5 倍。

c. 有较低的摩擦系数,切屑与刀具不易产生黏结,加工表面粗糙度小。

d. Al_2O_3原材料来源丰富,价格低廉。

Al_2O_3基陶瓷材料的主要缺点是性脆,怕冲击,抗弯强度低,切削时容易崩刃。在加入各种金属元素制成“金属陶瓷”后,其抗弯强度可大大提高,可用于切削高硬度等难加工材料的精加工,如我国制成的 AM、AMF、AMT、AMMC 等牌号的金属陶瓷,其成分除 Al_2O_3外,还含有各种金属元素,抗弯强度高于普通陶瓷刀片。

常见的陶瓷刀具如图 11-15 所示。

a)刚玉砂轮

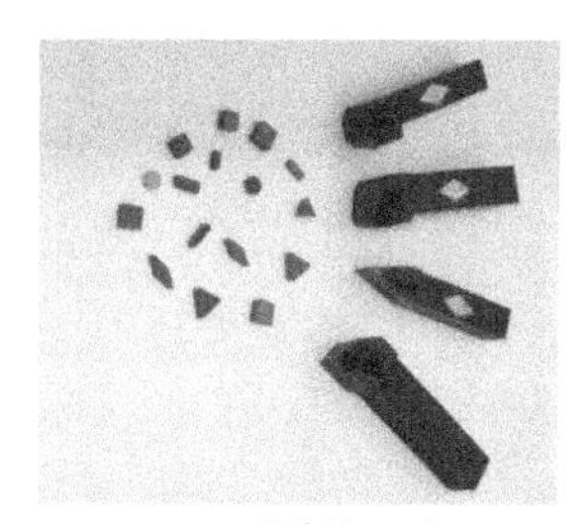

b)Si_3N_4基陶瓷刀片

图11-15　陶瓷刀具

⑦人造金刚石。

人造金刚石是通过合金触媒的作用,在高温高压下由石墨转化而成。人造金刚石硬度极高,其显微硬度达到HV10000,是目前已知的最硬物质。聚晶金刚石大颗粒可以制成一般切削工具,单晶微粒主要制成砂轮。

金刚石除可以加工硬质合金、陶瓷、玻璃等高硬度耐磨材料外,还可以加工非铁金属及合金,但不适合加工铁族金属及其合金,这是由于铁和碳原子的亲和力较强,易产生黏结作用加快刀具磨损。

金刚石的切削刃非常锋利,刃部粗糙度很小,摩擦系数又低,切削时不易产生积屑瘤,因此,加工表面质量很高。加工有色金属时,表面粗糙度可达0.012mm,加工精度可达IT5(孔为IT6)以上。

目前,金刚石刀具(图11-16)主要用于磨具及磨料,用作刀具时多用于高速下对非铁金属及合金的精细车和精细镗。刀具的耐用度可以提高几倍到几百倍。

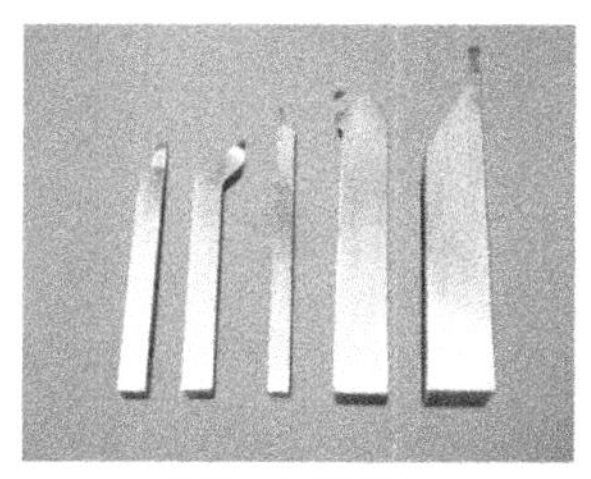

a)整体式金刚石车刀

b)金刚石砂轮

图11-16　金刚石刀具

金刚石刀具的缺点是金刚石的热稳定性较低,切削温度超过700~800℃时,就会完全失去其硬度。

⑧立方氮化硼(CBN)。

立方氮化硼是由结构与石墨相似的软的六方氮化硼在超高压高温下转化而来的。立方氮化硼的显微硬度达到HV7300~9000,仅次于金刚石,具有很高的耐磨性。立方氮化硼刀具有两种:整体聚晶立方氮化硼刀具及立方氮化硼复合刀片。后者是在硬质合金基体上烧结一层厚度约为0.5mm的立方氮化硼而成。

立方氮化硼具有良好的导热性,其热导率远高于高速钢及硬质合金,在磨削硬质刀具、压模和合金钢、镍和钴基超耐热合金后,能优化其表面完整性。

立方氮化硼还具有较低的摩擦系数,与不同材料的摩擦系数为0.1~0.3,比硬质合金摩擦系数(0.4~0.6)小得多,切削加工时,切屑容易流出,不易产生积屑瘤,被加工的表面粗糙度低。

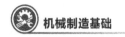

立方氮化硼热稳定性达到1400℃,远高于金刚石,因此,可以用来加工高温合金,并且与铁族金属在1200~1300℃时也不易起化学作用,可以用来加工淬火钢、冷硬铸铁、工具钢、模具钢、铸铁、镍基合金、钴基合金、高温合金钢、高铬铸铁等。

CBN刀具如图11-17所示。

a)CBN刀片

b)CBN砂轮

图11-17 CBN刀具

2)刀具切削部分的角度

切削刀具种类很多,如车刀、刨刀、铣刀和钻头等。它们几何形状各异,复杂程度不等。其中,车刀是最常用、最简单和最基本的切削工具,因而最具有代表性。其他刀具都可以看成是车刀的组合或变种(图11-18)。因此,研究金属切削工具时,通常以车刀为例。

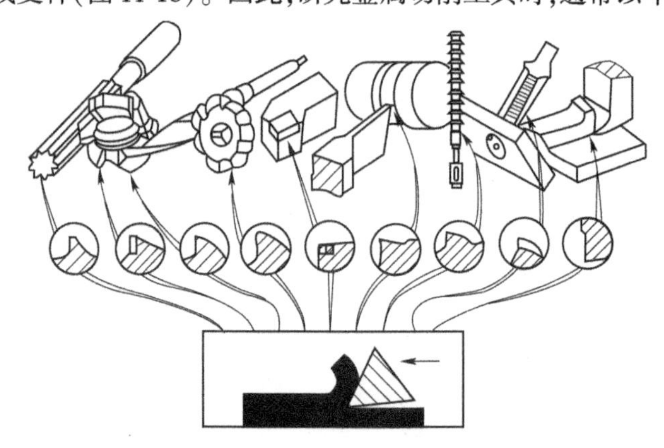

图11-18 各种刀具切削部分的形状

(1)车刀的组成。

车刀由刀柄和刀头组成(图11-19)。刀柄用来将车刀夹持在刀架上,是车刀的夹持部分,一般由碳钢锻成。车刀上直接参加切削的刀头,亦称为车刀的切削部分。它应由合适的刀具材料制成,并且具有合理的几何形状。

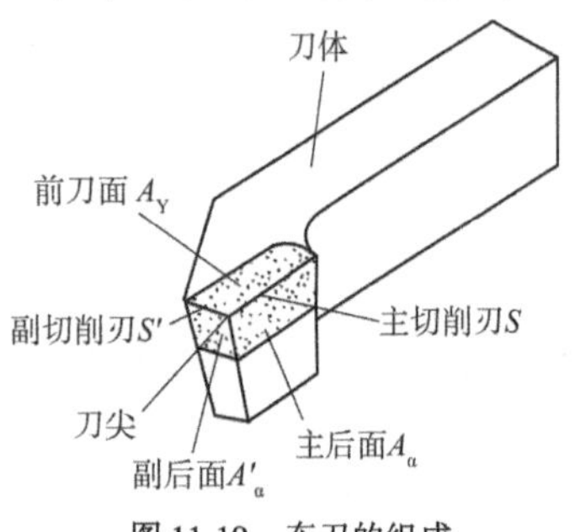

图11-19 车刀的组成

车刀切削部分一般由“三面二刃一尖”组成:

①前刀面:切削时,刀具上切屑流出的表面。

②主后刀面:与工件上加工表面相对的表面。

③副后刀面:与工件上已加工表面相对的表面。

④主切削刃:前刀面与主后刀面的交线。它担负主要的切削工作。

⑤副切削刃:前刀面与副后刀面的交线。它担负少量

的切削工作。

⑥刀尖：主切削刃和副切削刃的相交部位，它可以是圆弧，也可以是一小段直线。

(2)车刀的角度。

车刀的主要角度有前角、后角、主偏角、副偏角和刃倾角(图11-20)。

前角 γ_0 反映了前刀面的倾斜程度。前角越大，刀具越锋利，前角太大会削弱刀头的坚固程度。通常 γ_0 取 $10°\sim25°$。

后角 α_0 的作用是减少刀具主后刀面与工件之间的摩擦，一般后角 α_0 取 $6°\sim12°$。

主偏角 κ_r，一般在 $30°\sim90°$ 范围内选取，副偏角 κ'_r 常取 $5°\sim10°$。

刃倾角 λ_s，一般在 $-5°\sim+5°$ 范围内选取。

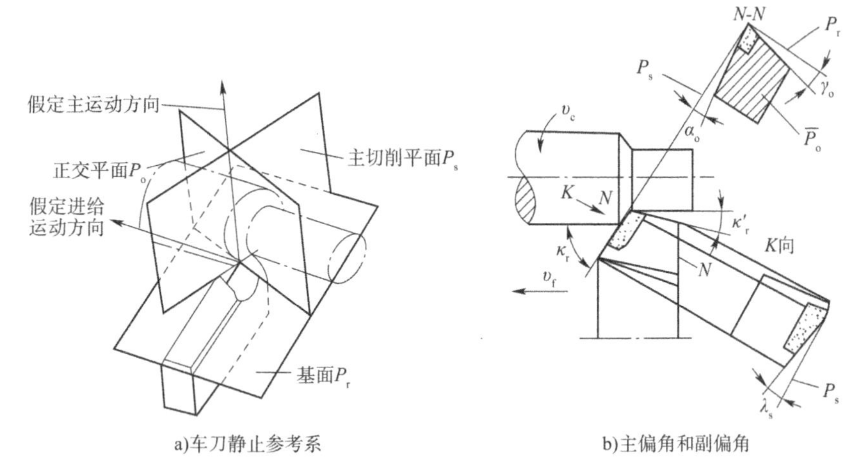

a)车刀静止参考系　　b)主偏角和副偏角

图11-20　车刀静止参考系和车刀角度

11.2.3　切削过程

切削过程中的许多物理现象都以切屑的形成和流动过程为基础，而切屑的形状对顺利进行切削加工有一定的影响。因此，研究切削过程应首先了解切屑的形成及其类型。

1)切屑的形成及其类型

切削过程实际上是切屑形成的过程。在切削运动作用下，切削刀具不断地挤压被切削的材料层，使被切层材料产生很大的弹性变形和塑性变形(剪切滑移)，最后被切离工件本体并沿前刀面流出，从而形成切屑。由于工件材料性质不同，在不同的切削条件下塑性变形程度有极大差异，于是产生了不同类型的切屑。

表11-1列出了三种常见的切屑及其对切削加工的影响。从表中可以看出，当采用较大前角的刀具，以较高的切削速度、较小的进给量加工塑性材料(如低碳钢)时，往往得到带状切屑。此时，切削力波动较小，切削过程较平稳，已加工表面粗糙度 *Ra* 值较小。但切屑不易折断，常缠在工件上，损坏已加工表面，影响生产，甚至伤人。因此，要采取断屑措施，例如在前刀面上磨出卷屑槽等。切削铸铁、青铜等脆性材料时，常形成崩碎切屑。工件材料越硬、越脆，刀具前角越小，进给量越大，越易形成这类切屑。此时，切削力波动较大，切削过程很不平稳，刀具易崩刃，而且碎屑崩飞容易伤人。为了避免产生崩碎切屑，可通过提高切削速度、减小进给量和适当增大前角等措施，使其转化为类似挤裂切屑的片状

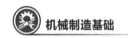

切屑或螺卷屑。

切屑类型及其对切削加工的影响　　表 11-1

切屑类型		带状切屑	挤裂切屑	崩碎切屑
简图				
影响切屑类型的因素	1. 工件材料塑性	大→小		
	2. 刀具前角	大→小		
	3. 进给量(切削厚度)	小→大		
	4. 切削速度	高→低		
切屑类型对切削加工的影响	1. 切削力的变化	小→大		
	2. 切削过程的平稳性	好→差		
	3. 加工表面粗糙度参数值	小→大		

2)切削力

在切削过程中,刀具除了克服工件材料的变形抗力以外,还必须克服刀具与切屑、刀具与工件之间的摩擦力,如图 11-21 所示。上述各力的合力便是切削力。切削力的大小直接影响着切削热的多少,并进一步影响着刀具磨损的快慢和加工质量的好坏。因此,掌握切削力的变化规律,了解影响切削力的因素,有助于解决切削加工的工艺问题。

为了便于测量和分析切削力对生产实际的影响,常将总切削力分解为三个互相垂直的分力,如图 11-22 所示。

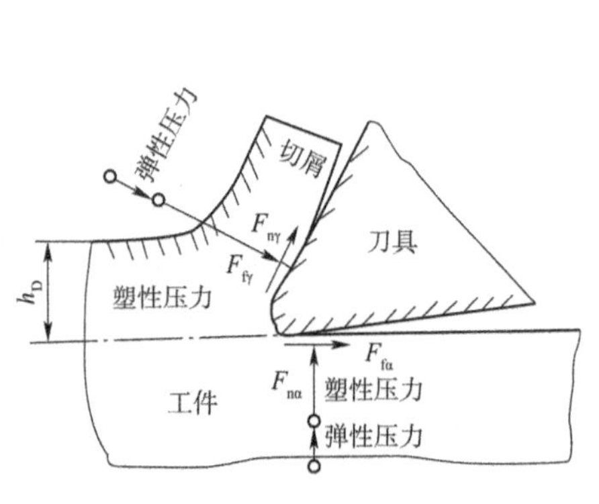

图 11-21　切削力的来源

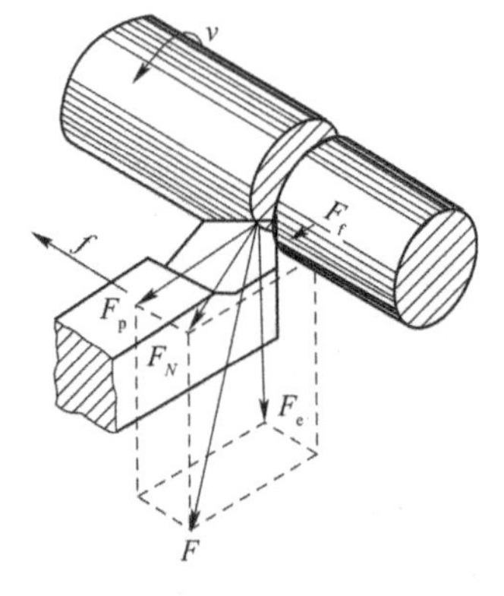

图 11-22　切削力的分解

(1)主切削力(切向力)F_c。其方向与切削速度的方向一致,大小占总切削力的 85% ~ 90%,所以消耗功率最多。它是计算切削功率、设计和使用机床、刀具和夹具的主要依据,也是选择切削用量时要考虑的主要因素之一。

(2)进给切削力(轴向力)F_f。其方向与进给方向(即工件的轴线方向)相反,一般 $F_f = (0.1 \sim 0.6)F_c$。进给切削力一般只消耗总功率的 1% ~5%,是设计和验算进给系统零件强度和刚度的主要依据。

(3)背向切削力(径向力)F_p。其方向与吃刀方向相反,一般 $F_p = (0.15 \sim 0.7)F_c$,因为切削时在这个方向上的运动速度为零，所以 F_p 不做功。但其反作用力容易使工件弯曲变形。特别在加工细长轴时，因工件刚性较差，径向力的影响尤为明显。它不仅影响工件的加工精度，而且容易引起振动，使工件的表面粗糙度 Ra 值增大。因此，车削细长轴时，常采用主偏角为 90°的偏刀，以减小径向力 F_p。另外，还可采用中心架或跟刀架以增加工件的刚性。

三个切削分力与总切削力 F 的关系如下：

$$F=\sqrt{F_f^2+F_p^2+F_c^2} \tag{11-5}$$

一般来讲，凡是影响切屑变形以及工件与刀具之间摩擦的因素都会影响切削力。这里仅介绍几个主要影响因素：

(1)工件材料。强度和硬度越高的材料，变形抗力越大，切削力也越大。强度和硬度相近的两种材料，塑性和韧性越高者，切削力越大。

(2)刀具角度。前角越大，切屑变形越小，切削刀也就越小。主偏角对径向力影响较大。主偏角增大时，径向力减小。

(3)切削用量。背吃刀量和进给量增大时，被切材料增多，切削力增大。

3)切削热和切削液

切削热是切削过程中的一个重要现象。切削热对切削加工的经济效益有直接影响，了解切削热产生的原因及传散情况，对保证产品质量，提高生产率是非常必要的。

实验证明，切削过程中所消耗的功，几乎全部转变成切削热。切削层变形是切削热的主要来源；而刀具前刀面与切屑之间的摩擦以及刀具后刀面与工件之间的摩擦是切削热的另一来源，如图 11-23 所示。

切削热是由切屑、工件、刀具和周围介质传出的。实验测出，不加切削液，以中等切削速度车削钢件时，切削热传出的比例是：切屑带走的热量占 50% ~86%；传至工件的热量占 10% ~40%；传至刀具的热量占 3% ~9%；周围介质带走的热量约占 1%。切屑和周围介质带走的热量越多，对加工越有利。传入刀具的热量虽不很多，但由于刀具切削部分的体积很小，所以刀具温度会很高，高温能使刀具材料软化，加剧刀具磨损，缩短刀具寿命，同时影响加工质量。传入工件的热量，使工件温度升高，导致工件变形，从而产生形状和尺寸误差，影响加工精度。

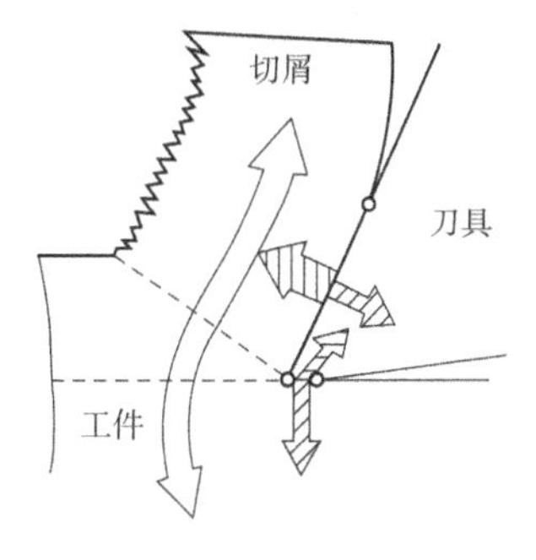

图 11-23 切削热的产生与传导

合理选用切削用量及刀具角度，可以减少切削热的产生和增加切削热的导出。为了有效地降低切削温度，常采用切削液。实验证明，使用切削液可使切削温度降低几十度，甚至到 150℃。这是由于切削液的润滑作用，使摩擦生成的热量大大减少，同时切削液本身也吸收并带走大量的热量，从而使切削温度大为降低。在金属切削加工中，常用的切削液可分为三大类：

(1)水溶液。水溶液的主要成分是水，并加入一定量的防锈添加剂。由于水的比热容大，流动性又好，因此，这类切削液以冷却为主，主要用于粗加工。

(2)切削油。切削油主要有矿物油，如全损耗系统用油(机械油)、柴油、煤油等。少数采用动、植物油或复合油(动、植物油与矿物油混合制成)。这类切削液润滑、防锈性能好。一般用于低速精加工。

(3)乳化液。乳化液是将乳化油用水稀释而成。它具有良好的冷却作用和一定的润滑性能。低含量的乳化液常用于粗车和磨削;高含量的乳化液用于精车和铣削等。

硬质合金刀具由于耐热性好,一般不用切削液。必要时,可采用低含量的乳化液或水溶液,但切削液必须连续地、充分地浇注,以免硬质合金刀片因骤冷骤热产生内应力而出现裂纹。

加工铸铁件时,因呈崩碎切屑,一般不加切削液,以免切削液把切下的某些硬质颗粒带至机床运动部分,增加机床磨损。但在精加工时,可采用渗透性、清洗性好的煤油。

4)刀具磨损和刀具寿命

在切削过程中,刀具一方面切下切屑,另一方面处在高压、高温作用下,与运动着的切屑和工件表面相摩擦,将逐渐磨损而削弱其切削能力。这不仅增加动力消耗,而且使工件的加工精度降低,表面粗糙度值增大。所以,刀具磨损是生产实际中必须考虑的重要因素之一。

刀具磨损的主要形式有前刀面磨损和后刀面磨损,如图11-24所示。

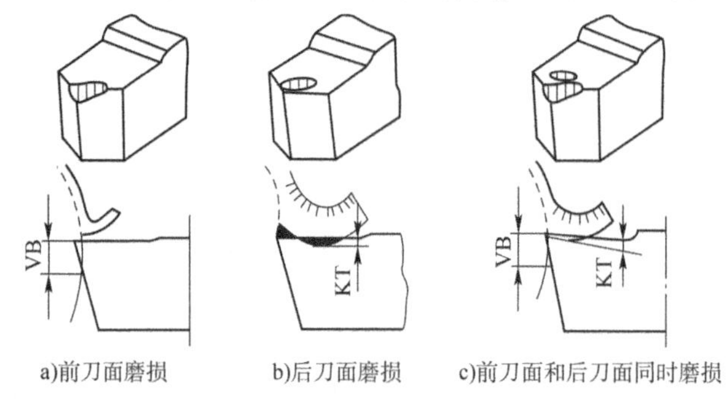

图11-24　刀具磨损形式

(1)前刀面磨损(月牙洼磨损)。在切削速度较快、切削厚度较大的情况下加工塑性材料时,在前刀面上切削刃附近处经常会磨出一个月牙洼[图11-24a)]。在磨损过程中,月牙洼不断加宽加深,使切削刃强度逐渐削弱,容易导致崩刃。前刀面磨损量以月牙洼深度KT表示。

(2)后刀面磨损。在加工脆性材料和以较低的切削速度、较小的切削厚度加工塑性材料时,在后刀面上切削刃附近常形成一个后角等于零的磨损带[图11-24b)]。后刀面磨损后,使原来平整的切削刃变得参差不齐,因而影响加工精度和表面粗糙度。后刀面磨损量以磨损带宽度VB表示。由于切削条件不同,上述两种磨损形式可能在一把刀具上同时发生,也可能以其中一种形式为主。

在实际生产中,经常停车来测量刀具磨损量,以检查刀具是否已达到磨损标准,这样做是很不方便的。因此,常以刀具寿命来控制刀具的使用。刀具寿命是指刀具由开始切削到磨损量达到磨钝标准为止的切削时间(分钟),以符号 t 表示。刀具寿命大,表示刀具磨损得慢。刀具寿命与刀具刃磨次数的乘积为刀具总寿命。显然,刀具总寿命是一把新刀从开始使用到报废为止的切削总时间。

11.3　金属切削加工工艺方法

11.3.1　车削

在车床上用车刀加工工件的工艺方法称为车削,如图11-25所示。车削加工时,工件的旋转为主运动,车刀的平移为进给运动。车削加工是机械加工中最基本的一种加工方法。

图11-25　车削加工

1)车床

车床的种类很多,包括卧式车床、立式车床、转塔车床、半自动和自动车床及数控车床等。其中,应用最广泛的是卧式车床。

卧式车床由变速箱、主轴箱、进给箱、溜板箱、刀架、丝杠、光杠及床身等部分组成,如图11-26所示。

图11-26　车床的主要组成部分

(1)变速箱。变速箱担负变速作用。通过变换齿轮的啮合位置,变速箱可获得不同的转速,再由带传给主轴。

(2)主轴箱。主轴箱用来支承主轴。主轴是空心的,主轴前端的外锥面可安装卡盘等附件,内锥孔可以安装顶尖。有些车床的主轴箱和变速箱是做成一体的。

(3)进给箱。进给箱通过改变进给箱内部齿轮的啮合,可使丝杠和光杠获得不同转速。

(4)溜板箱。溜板箱通过箱体内部的齿轮变换,可把丝杠或光杠的转动变为刀具的横向或纵向进给运动。

(5)刀架。刀架装夹车刀,方形刀架还可水平转动,使刀具处于不同位置。

(6)尾座。尾座安装顶尖以夹持较长工件,亦可安装刀具,如钻头、铰刀等。

(7)丝杠。丝杠传递车削螺纹的运动。

(8)光杠。光杠把进给箱的运动传给溜板箱,实现车刀的纵、横进给。

(9)床身。床身用来支持和连接各个部件。床身上的导轨,可使溜板箱和尾座沿导轨移动。

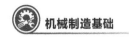

2)车刀

由于车削加工的内容不同,必须采用各种不同形状的车刀,如偏刀、弯头车刀、镗刀、切断刀和螺纹车刀等,如图 11-27 所示。车刀刀头通常采用硬质合金(包括硬质合金涂层)及陶瓷材料,在实际生产中,已广泛采用机夹可转位刀片式车刀。

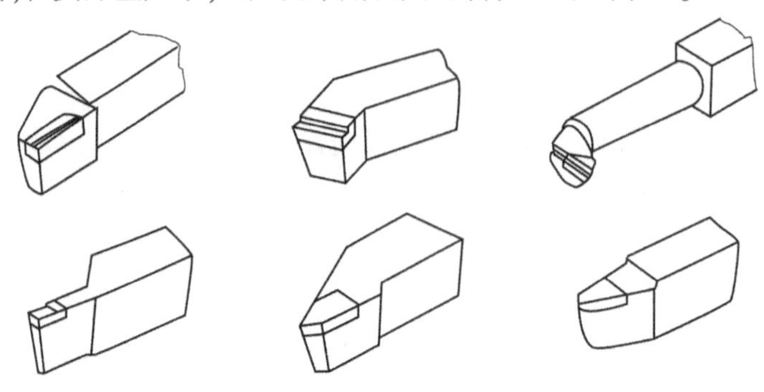

图 11-27 各种车刀

3)车削的工艺特点及应用

车削时,工件绕一固定轴线回转,易于保证各加工表面间的同轴度要求。因此,车削是轴、盘、套等回转体零件不可缺少的加工工序。一般情况下,车削过程是连续进行的,车削过程比较平稳,车削加工精度可达 IT7 ~ IT8,表面粗糙度 Ra 值为 1.6 ~ 6.3μm,通常作为零件的粗、半精加工。但适于有色金属零件的精加工,如精细车削有色金属,加工精度可达 IT5 ~ IT6,表面粗糙度 Ra 值达 0.1 ~ 0.4μm。此外,车刀是一种最简单的刀具,制造、刃磨、安装均较方便,有利于降低成本,提高加工质量和生产率。车削主要适于加工各种回转表面,如外圆面、内圆面(孔)、圆锥面、沟槽、成形面和端面等,如图 11-28 所示。

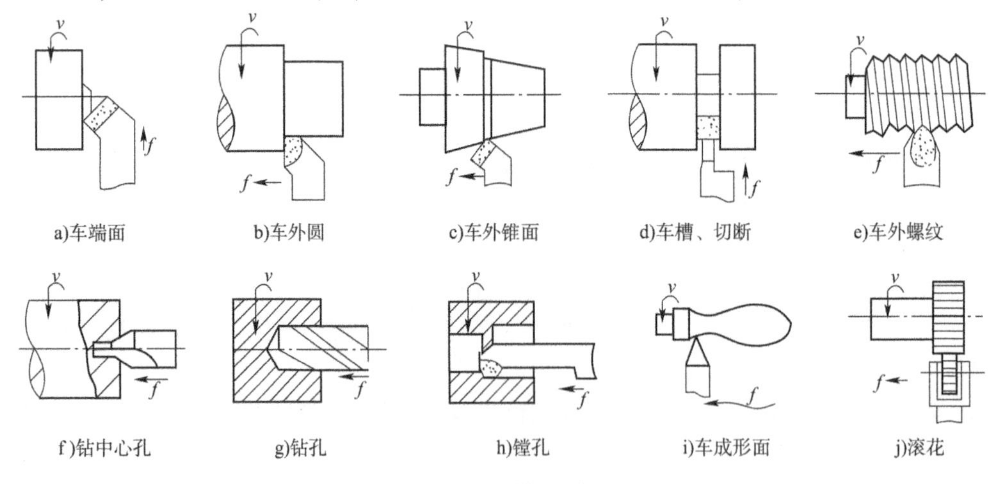

图 11-28 车床加工范围

11.3.2 钻床、钻孔、扩孔和铰孔

机器零件上分布着很多大小不同的孔,其中的中小尺寸的孔一般用钻、扩、铰的方法进行加工,钻、扩、铰可以在钻床上进行,也可以在车床、铣床、铣镗床等机床上进行。

1)钻床

钻床是一种孔加工机床,可以进行下列工作:在实心工件上钻孔[图11-29a)];在铸出孔、锻出孔和预先钻出孔上扩孔[图11-29b)];铰圆柱或圆锥孔[图11-29c)];攻螺纹[图11-29d)];锪圆锥形或圆柱孔[图11-29e)、图11-29f)]等。

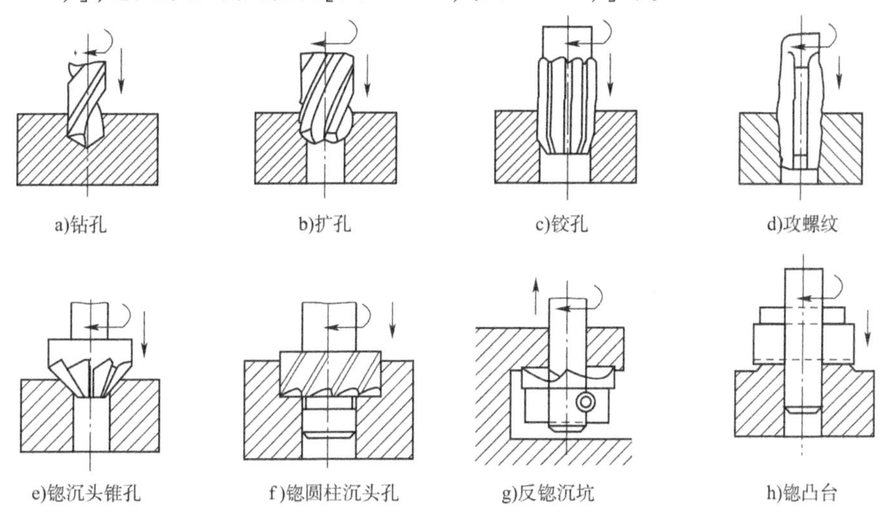

图11-29　钻床加工举例

钻床的种类很多,常用的钻床有台式钻床、立式钻床、摇臂钻床,图11-30所示是摇臂钻床。摇臂钻床有一个能绕立柱旋转的摇臂,其上装有主轴箱,主轴箱可沿摇臂作水平运动。钻孔时,工件装夹在工作台上,摇臂可以非常方便地调整钻头位置,而不需要移动工件进行加工,所以,摇臂钻床适用于对笨重的大型工件和多孔工件进行加工。

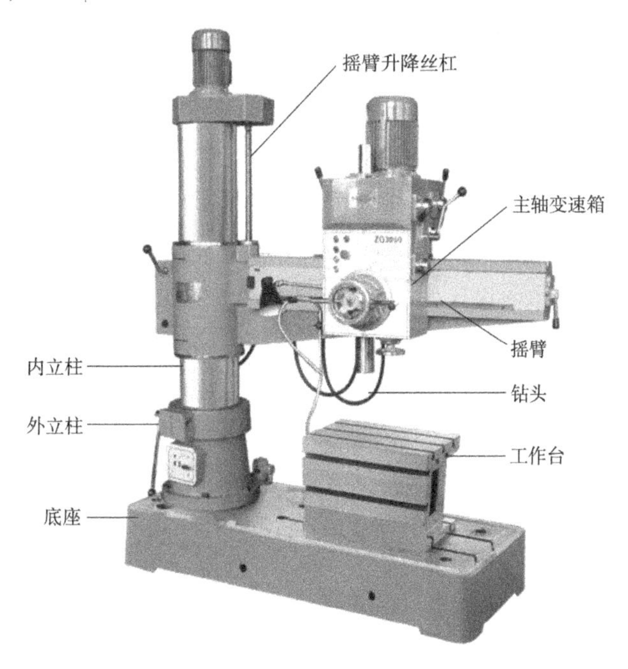

图11-30　摇臂钻床的组成

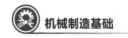

2)钻孔

用钻头在实体材料上加工孔的方法称为钻孔,通常可在钻床和车床上进行孔加工。车床上加工孔是工件做旋转的主运动,刀具做轴向的进给运动。而钻床上加工孔则是刀具既做旋转的主运动,同时又作轴向的进给运动。因此,车床上主要加工盘、套类零件上与外圆面有同轴度要求的孔;钻床上则主要加工箱体、支架等零件上的紧固孔、油孔、定位销孔等。

钻孔最常用的刀具是麻花钻,如图 11-31 所示。标准麻花钻的直径一般为 0.1 ~ 80mm,其中较为常用的是 3 ~ 50mm。

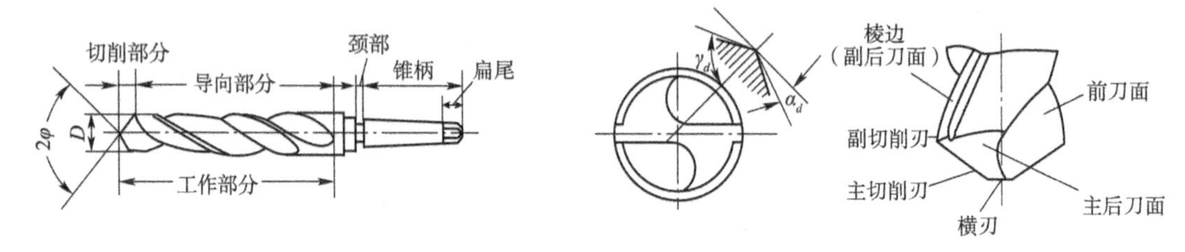

图 11-31　标准麻花钻

由于麻花钻有横刃(为麻花钻特有),且刚度较差,导向性不好,从而造成钻孔时钻头弯曲,以致产生“引偏”和孔径扩大等问题。钻孔属于半封闭加工,切削液难以引入切削部位,切削条件较差,限制了钻削速度。此外,钻孔产生的切屑只能由容屑槽排出,切屑与孔壁激烈摩擦并划伤孔壁,降低了孔的表面质量。

钻孔属于粗加工,钻孔精度仅为 IT11,表面粗糙度 Ra 值一般为 12.5μm。

3)扩孔

用扩孔钻扩大工件孔径的方法称为扩孔。扩孔使用的机床与钻床相同。扩孔钻的直径一般为 10 ~ 80mm,其中常用的为 15 ~ 50mm。扩孔钻的结构如图 11-32 所示,其柄部与麻花钻相同,工作部分有 3 ~ 4 个刀齿,排屑槽浅而窄,致使钻芯粗大。扩孔钻与麻花钻相比,刚度、导向性和切削条件均较好。扩孔余量一般为 0.4 ~ 0.5mm,扩孔时,产生的切屑薄而窄,排屑通畅,不易划伤孔壁。因此,扩孔的加工质量比钻孔好,并且能够纠正钻孔留下的轴线偏斜。扩孔属于半精加工,尺寸精度一般为 IT9 ~ IT10,表面粗糙 Ra 值为 3.2 ~ 6.3μm。

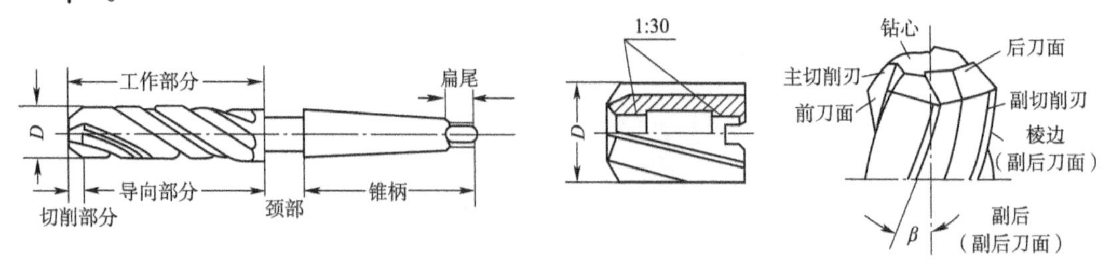

图 11-32　扩孔钻

4)铰孔

用铰刀从工件孔壁上切除微量材料(金属)层,以提高其尺寸精度和降低表面粗糙值的方法称为铰孔。铰孔使用的机床与钻孔相同,但铰孔除在机床上进行外(机铰),还可以手工操作(手铰),且手铰的加工质量略高于机铰。铰孔既可以加工圆柱孔,亦可以加工圆锥孔。

铰刀分为机用铰刀和手铰刀(图11-33)。铰刀直径一般为10～80mm,常用的为10～40mm。铰孔的精度和表面粗糙度取决于铰刀的精度、安装方式与加工余量、切削用量和切削液等条件。铰刀一般有6～12个切削刃,其校准部分有导向、修光及校准孔径的作用;同时加工余量小(粗铰为0.15～0.35mm;精铰为0.05～0.15mm),切削力小。因此,铰孔的加工质量高于钻孔和扩孔。铰孔属于精加工,其加工精度一般为IT7～IT8(手铰可达IT6),表面粗糙度 Ra 值为0.4～1.6μm(手铰可达0.2μm)。但是,铰孔只能提高孔的尺寸精度和形状精度,不能提高孔的位置精度。

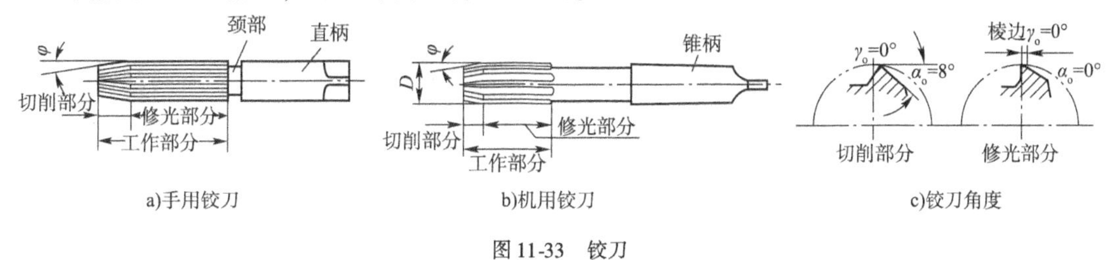

图11-33　铰刀

11.3.3　镗削

在镗床、铣床和车床等机床上,用镗刀对工件上已有的孔进行加工,称为镗孔,如图11-34所示。镗削主要加工孔类表面。镗削与钻削的主要区别是:镗削加工的孔径较大,通常是对已有孔(铸、锻或钻出孔)的扩大加工。

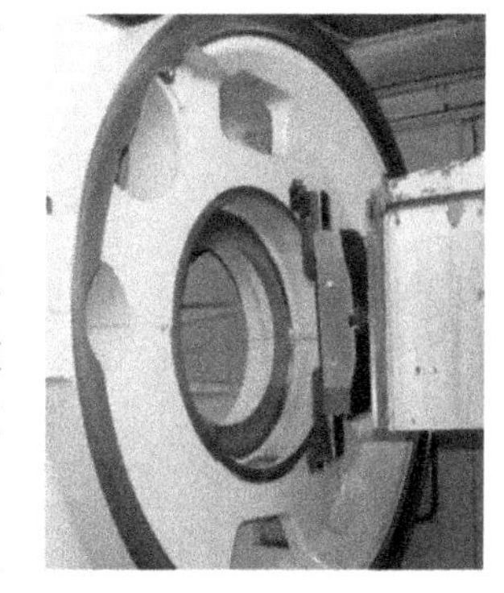

图11-34　镗削加工

1)镗床

镗孔可在多种机床上进行,盘、套类零件上的孔,通常在车床上加工;而箱体、支架类零件上的孔或孔系,则常在镗床或镗铣床上加工。在镗床上镗孔时,镗刀的回转运动为主运动,工件或镗刀做进给运动。

镗床根据其结构、布局和用途的不同,主要分为卧式镗床、坐标镗床、金刚镗床和立式镗床等,其中卧式镗床是镗床中应用最广的一种类型。

卧式镗床主要由床身、前立柱、主轴箱、工作台以及带导套座的后立柱等组成,如图11-35所示。镗床的主轴能做旋转的主运动和轴向送进运动。安装的工作台可以实现纵向和横向送进运动,有的镗床工作台还可以回转一定的角度。主轴箱在立柱导轨上升降时,尾架上的镗杆支承也和主轴箱同时上下。尾架可以沿床身导轨水平移动。

2)镗刀

常用的镗刀有单刃镗刀(图11-36)和双刃浮动镗刀(图11-37)。单刃镗刀的刀头与车刀类似,结构简单、使用方便、灵活性大,但刀具刚度较低,不宜采用较大的切削用量,生产率较低,常用于单件小批生产。

双刃浮动镗刀镗孔,镗孔质量高,生产率较高,但刀具成本亦较高,且镗刀片在加工过程中浮动,不能纠正原孔的位置误差,只能提高孔的尺寸精度和减小表面粗糙度值。

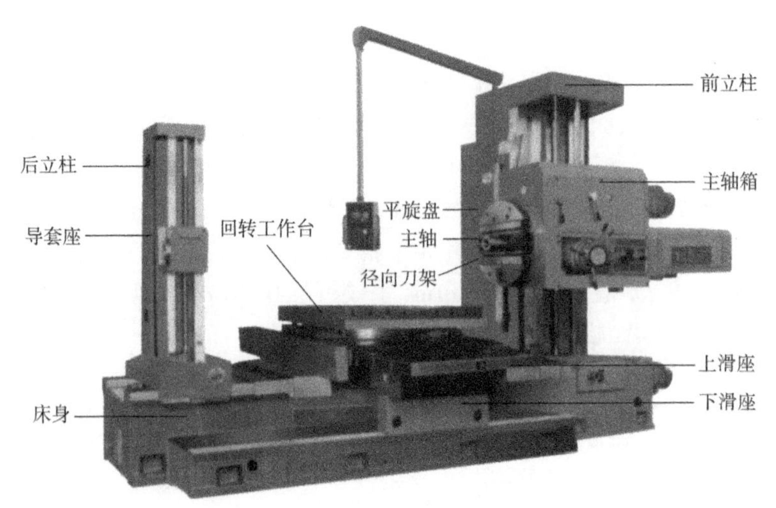

图 11-35　TPX6111B 卧式镗床的组成

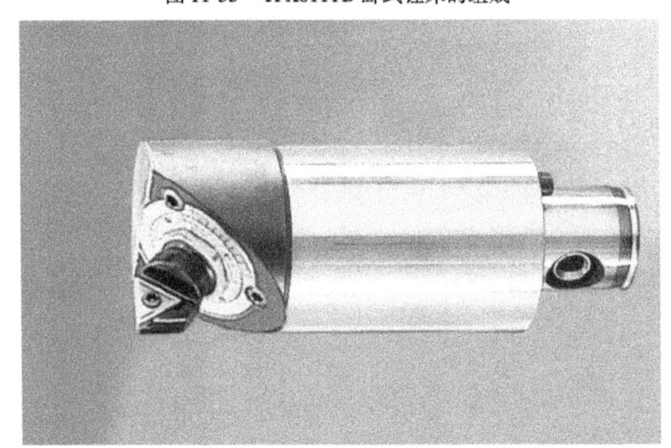

图 11-36　单刃镗刀

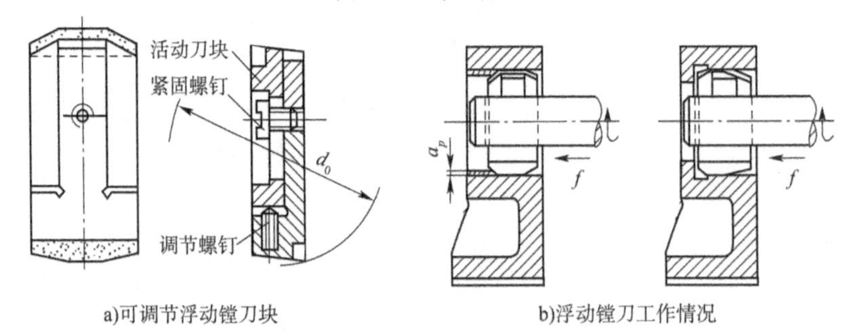

a)可调节浮动镗刀块　　b)浮动镗刀工作情况

图 11-37　浮动镗刀块及其工作情况

3）镗削的工艺特点及应用

（1）加工精度低。由于镗杆刚度差、冷却排屑不便等，镗削精度不如车削。镗削加工可以通过测量装置调整刀具与工件的相对位置来保证孔的位置精度，所以镗削加工位置精度相对较高。

（2）生产率低。镗刀刚度较低，不宜采用较大的切削用量，影响了生产率，适用于单件小批生产。

（3）适应性较好。镗削广泛应用于单件小批生产中各类零件的孔加工。大批量生产中镗削支架箱体的支承孔,需要使用模镗。

在镗床上镗孔时,一般粗镗精度为IT11~IT12,表面粗糙度 Ra 值为12.5~25μm;半精镗为IT9~IT10,Ra 值为3.2~6.3μm;精镗为IT7~IT8,Ra 值为0.8~1.6μm。

在镗床或镗铣床上还可以加工端面、外圆面、螺纹和孔系等,如图11-38所示。

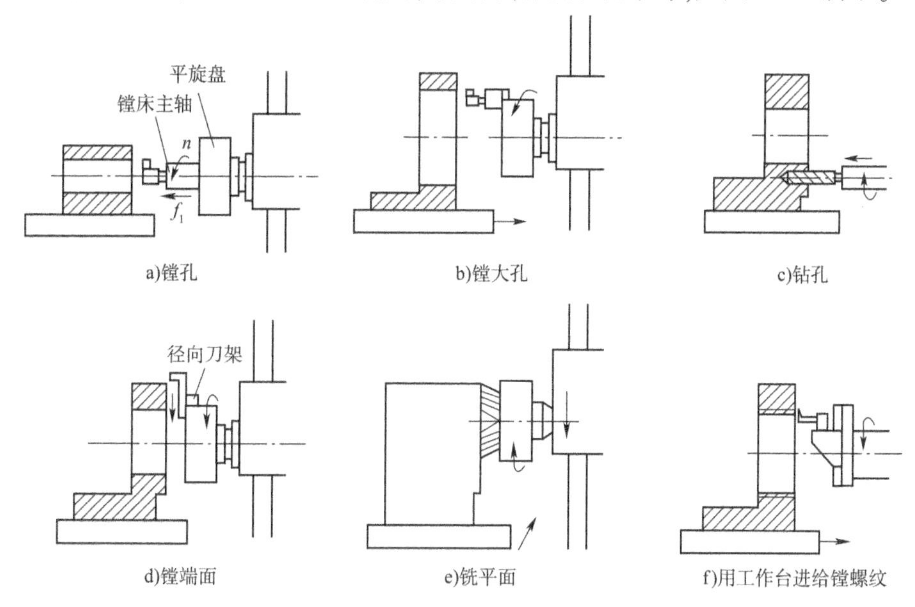

图11-38　卧式镗床的主要应用

11.3.4　刨削

在刨床上用刨刀加工工件的工艺方法称为刨削,如图11-39所示。

1)刨床

常见的刨床有牛头刨床、龙门刨床和插床,如图11-40所示。其中,牛头刨床用于加工中小型工件,工件长度不超过滑枕的行程长度。牛头刨床是应用广泛的一种刨床。

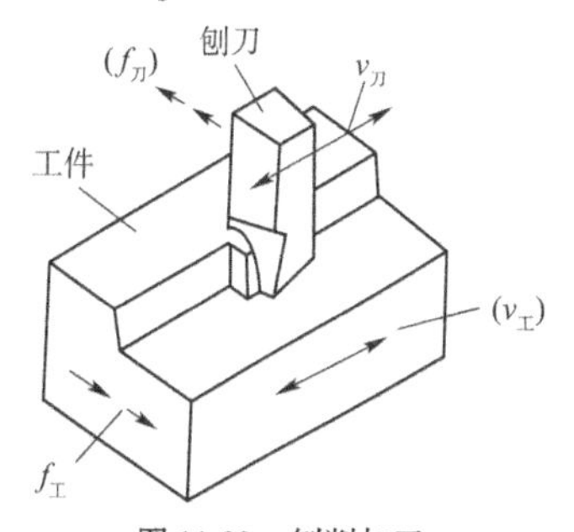

图11-39　刨削加工

在牛头刨床上加工工件时,工件安装在工作台上,工作台可沿横梁的水平导轨作横向进给运动,并可和横梁一起沿床身的垂直导轨作上下调整,以适应工件的高低。刨刀安装在滑枕前端的刀架上。加工时,滑枕带着刨刀沿床身的水平导轨作往复直线运动。当调整切削深度时或刨垂直面时,则靠刀架来实现。当摇动刀架的手柄时,拖板就沿转盘上的导轨带动刨刀向下进给。当松开转盘上螺母,将转盘板转一定角度后,就可使拖板带动刨刀作斜向进给(刨斜面)。拖板上还装有可偏转的刀座。刨刀和抬刀板可以一起销轴上抬,自由地滑过工件,以减少刀具与工件的摩擦。

2)刨刀

刨刀的几何形状与车刀相似。由于刨刀切入工件时有冲击现象,一般刨刀的截面均较车刀粗大。刨削有硬皮的铸件表面时,刨刀往往做成弯头的,如图11-41所示,以便当刨刀碰到工件表面上的硬点时,能绕 a 点转动,使切削刃离开工作表面;不然就会切入工件,损坏切削刃及已加工表面。

a)牛头刨床

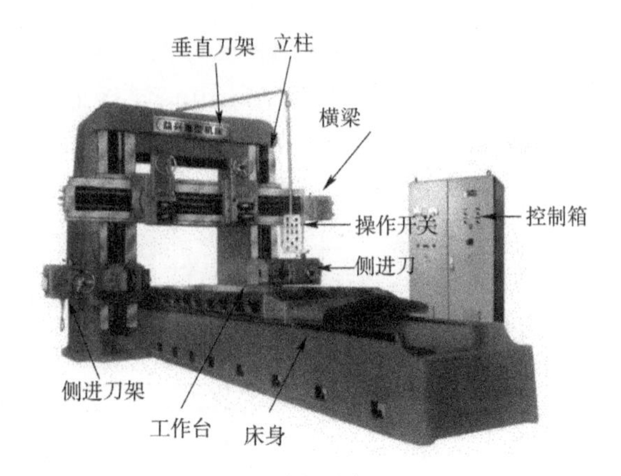

b)龙门刨床

图 11-40　刨床的组成

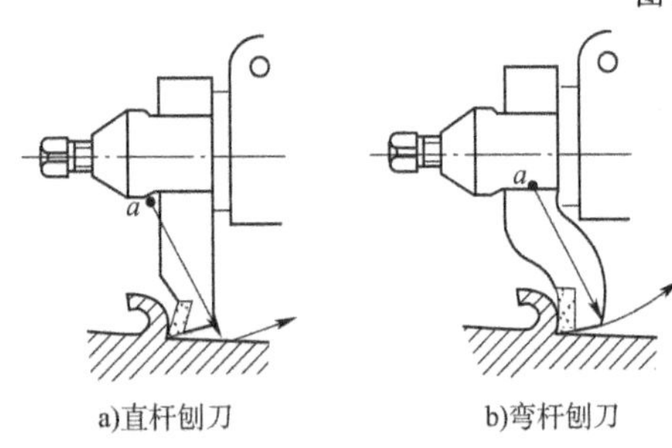

a)直杆刨刀　　b)弯杆刨刀

图 11-41　直杆刨刀及弯头刨刀变形示意图

3)刨削的工艺特点和应用

刨削加工所使用的刨床的结构比车床、铣床简单,价格低,调整和操作简便;所使用刀具形状简单,制造、刃磨和安装都比较方便,因此,刨削加工的通用性好。

刨削加工的主运动是刀具或工件的往复直线运动,进给运动是由工件或刀具作垂直于主运动方向的间歇送进运动来完成的。刨削时,工作行程进行切削,返回行程不切削;由于往复直线运动换向时会产生较大的惯性力,限制了主运动的速度,即刨削的切削速度不宜太快,因此,刨削加工的生产率较低。在大批量生产中,刨削已逐渐被铣削和拉削代替。刨削加工精度一般为 IT7 ~ IT9,表面粗糙度 Ra 值为 1.6 ~6.3μm。

刨削主要适于加工平面、各种沟槽和成形面等,如图 11-42 所示。

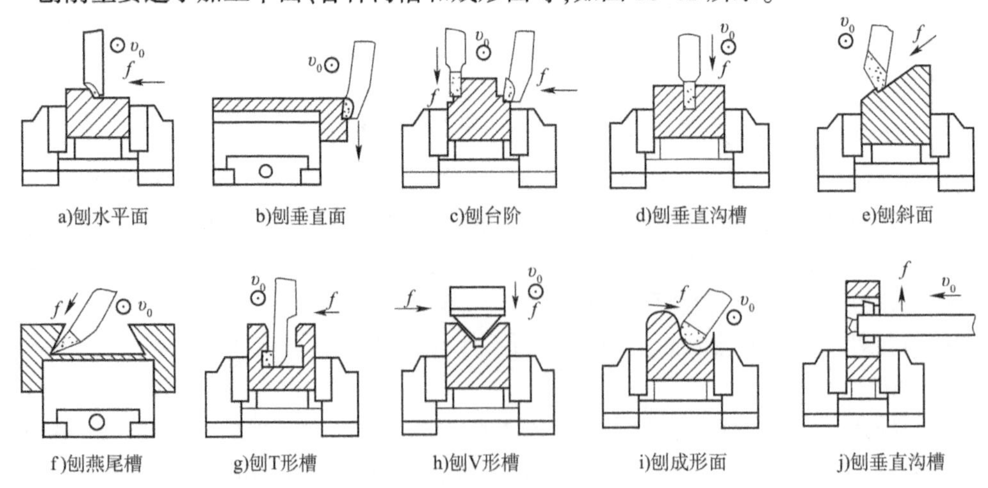

a)刨水平面　b)刨垂直面　c)刨台阶　d)刨垂直沟槽　e)刨斜面

f)刨燕尾槽　g)刨T形槽　h)刨V形槽　i)刨成形面　j)刨垂直沟槽

图 11-42　刨削加工范围

11.3.5　拉削

在拉床上用拉刀加工工件内表面或外表面的工艺过程叫作拉削加工，如图 11-43 所示。

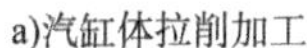
a)汽缸体拉削加工

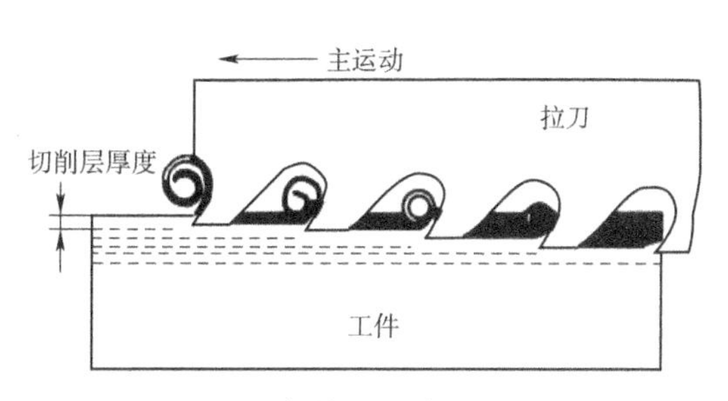

b)拉削过程示意图

图 11-43　拉削加工

1)拉床

在拉床上用拉刀加工工件的工艺方法称为拉削，拉削加工是在拉床上进行的。图 11-44 所示是一台卧式拉床。拉削是一种高效率的精加工方法。

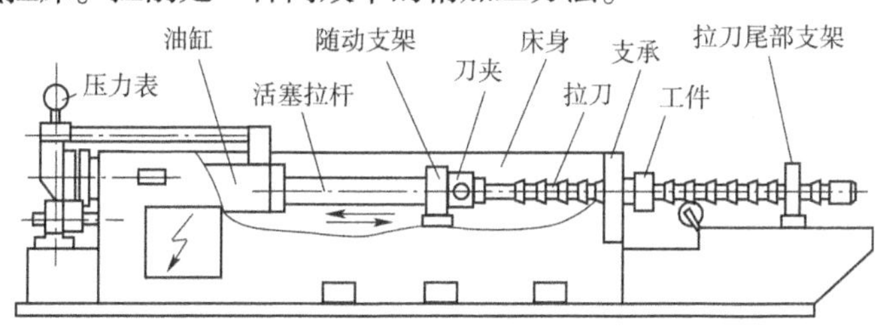

图 11-44　卧式拉床

2)拉刀

拉刀的切削部分由一系列的刀齿组成，刀齿一个比一个高地排列着。图 11-45 所示为圆孔拉刀的各组成部分。

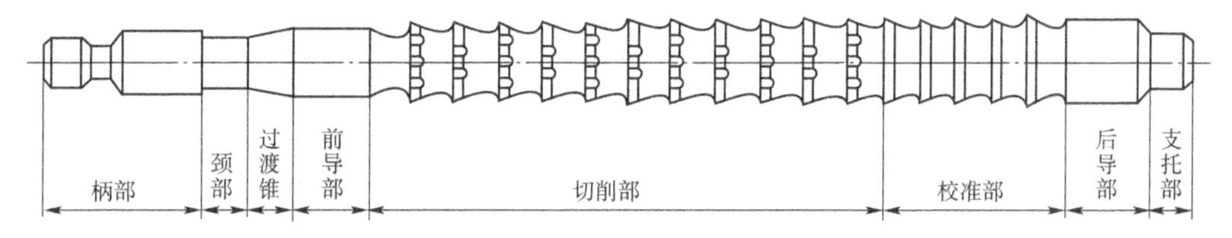

图 11-45　拉刀的结构

(1)头部。头部用来将拉刀夹持在拉床上，传递动力的部分。

(2)颈部。颈部是头部与其后部的连接部分，直径略小于头部直径。拉刀的材料、尺寸规格等标志都打在颈部。

(3)过渡锥。过渡锥是颈部与前导部分之间的过渡部分，起对准中心的作用。

(4)前导部。前导部在切削部分进入工件前，它起引导作用，防止拉刀歪斜；并可以检查拉前孔径是否太小，以免拉刀第一个刀齿负担太重而损坏。

(5)切削部。切削部担负切削工作的部分。

(6)校准部。校准部起刮光校准作用,提高工件的精度和表面光洁度;并为切削部分的后备。

(7)后导部。后导部用来保持拉刀最后的正确位置,防止拉刀即将离开工件时因工件下垂而损坏已加工表面及拉刀刀齿。

拉刀刀齿(图11-46)的几何形状如图11-47所示,切削部分相邻两齿的齿升量一般为0.02~0.1mm(随被加工材料和拉刀形式的不同而异);校准齿没有齿升量,齿数为4~8个。

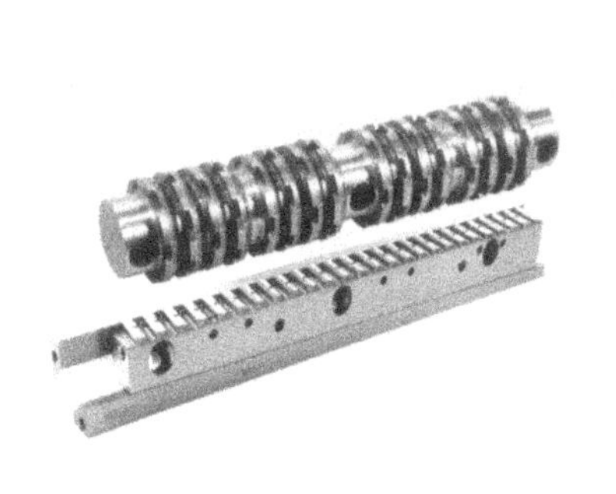

图11-46 拉刀实物

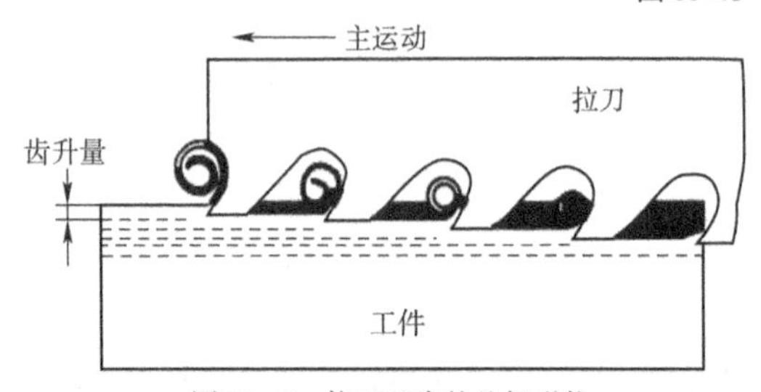

图11-47 拉刀刀齿的几何形状

在切削齿上开有分屑槽。其作用是将宽的切屑分割成窄而碎的切屑,从而改善切削齿的工作条件。

为了使拉刀在工件的孔中能很好地定心,一般要求同时工作的齿数不得少于3个。

拉刀的切削齿从切入工件到切出为止,所有的切屑均卷曲在齿间的容屑槽内。因此,拉刀两切削齿间的容屑槽必须足够大,而且形状要使得切屑易于卷曲。

3)拉削的工艺特点及应用

拉削主要用于加工各种形状的通孔,但是也能够加工平面和各种内、外成形面等,其中主要的有圆孔、花键槽和键槽等,如图11-48所示。拉削时孔的长度不超过孔径的3倍。

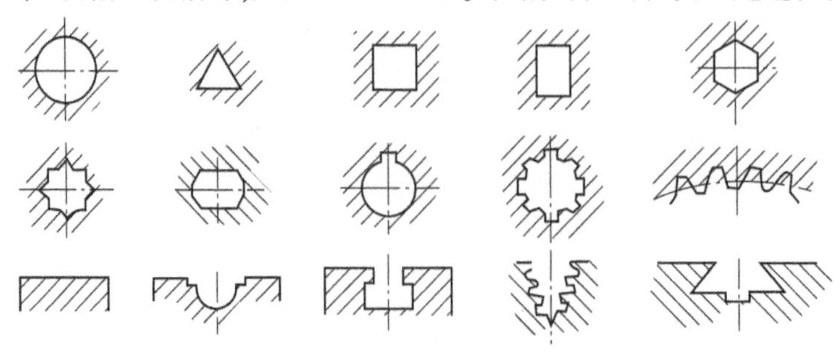

图11-48 拉削加工表面的举例

图 11-49 所示为拉削工件实例。

当拉刀上相对工件做直线运动时,拉刀上的刀齿一个一个地依次从工件上切去一层层金属,当全部刀齿通过工件后,即完成了工件的加工,且一次行程中同时完成粗、精加工,因此,生产率很高。

拉削加工时,拉削的速度较慢,拉削过程平稳,且拉刀具有精切齿和校准齿,所以拉削加工质量较高,拉削精度一般可达 IT7 ~ IT8,表面粗糙度 Ra 值为 0.4 ~ 0.8μm。但由于一把拉刀只能加工一种规格的表面,且拉刀结构复杂,制造困难,价格较昂贵,故拉削加工主要用于大批量生产。

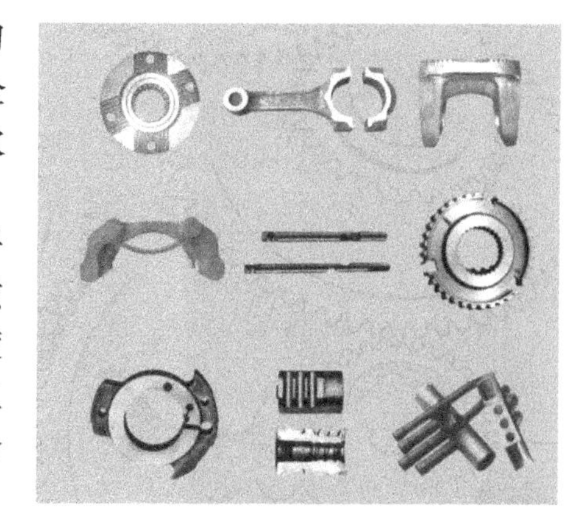

图 11-49 拉削工件的举例

11.3.6 铣削

在铣床上用铣刀加工工件的工艺方法称为铣削,如图 11-50 所示。

图 11-50 铣削加工

1)铣床

常用的铣床有卧式铣床和立式铣床两种。卧式铣床又分为万能卧式铣床和普通卧式铣床。万能卧式铣床的工作台下面有转动部分,可用来加工螺旋槽;而普通卧式铣床的工作台下面没有转动部分,不能加工螺旋槽。它们都是用来加工中、小零件的。

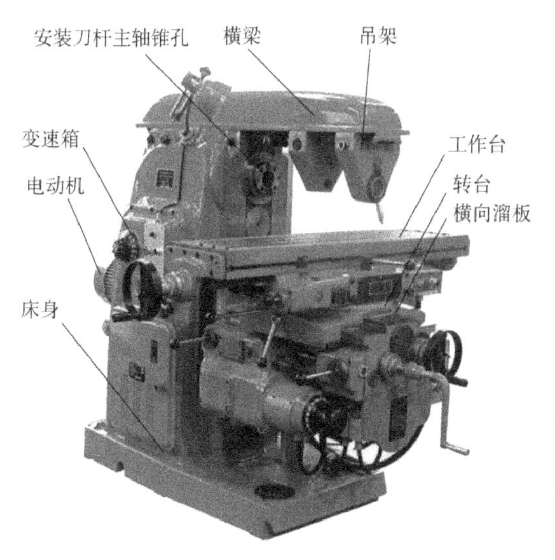

图 11-51 XW6132 型卧式万能升降台铣床

图 11-51 所示为 XW6132 型卧式万能升降台铣床,其主要组成部分和作用如下:

(1)床身。床身支承并连接各部件,顶面水平导轨支承横梁,前侧导轨供升降台移动之用。床身内装有主轴和主运动变速系统及润滑系统。

(2)横梁。它可在床身顶部导轨前后移动,吊架安装其上,用来支承铣刀杆。

(3)主轴。主轴是空心的(图 11-52),前端有锥孔,用以安装铣刀杆和刀具。

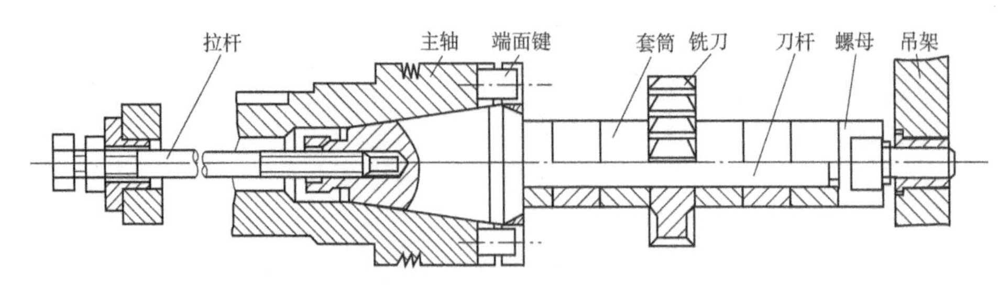

图 11-52　带孔铣刀的安装

(4)工作台。工作台上有 T 形槽,可直接安装工件,也可安装附件或夹具。它可沿转台的导轨作纵向移动和进给。

(5)转台。转台位于工作台和横溜板之间,下面用螺钉与横溜板相连,松开螺钉可使转台带动工作台在水平面内回转一定角度(左右最大可转过 45°)。

(6)纵向工作台。纵向工作台由纵向丝杠带动在转台的导轨上做纵向移动,以带动台面上的工件作纵向进给。台面上的 T 形槽用以安装夹具或工件。

(7)横向工作台。横向工作台位于升降台上面的水平导轨上,可带动纵向工作台一起作横向进给。

(8)升降台。升降台可沿床身导轨作垂直移动,调整工作台至铣刀的距离。

这种铣床可将横梁移至床身后面,在主轴端部装上立铣头,能进行立铣加工。

2)铣刀

铣刀按用途区分有多种常用的形式,如图 11-53 所示。

图 11-53　铣刀

(1)圆柱形铣刀。如图 11-54 所示,圆柱形铣刀用于卧式铣床上加工平面。刀齿分布在铣刀的圆周上,按齿形分为直齿和螺旋齿两种。按齿数分粗齿和细齿两种。螺旋齿粗齿铣刀齿数少,刀齿强度高,容屑空间大,适用于粗加工;细齿铣刀适用于精加工。

(2)面铣刀。如图 11-55 所示,面铣刀用于立式铣床、端面铣床或龙门铣床上加工平面,端面和圆周上均有刀齿,也有粗齿和细齿之分。其结构有整体式、镶齿式和可转位式 3 种。

图 11-54　圆柱铣刀　　图 11-55　重载面铣刀

(3)立铣刀。如图11-56所示,立铣刀用于加工沟槽和台阶面等,刀齿在圆周和端面上,工作时不能沿轴向进给。当立铣刀上有通过中心的端齿时,可轴向进给。

(4)三面刃铣刀。如图11-57所示,三面刃铣刀用于加工各种沟槽和台阶面,其两侧面和圆周上均有刀齿。

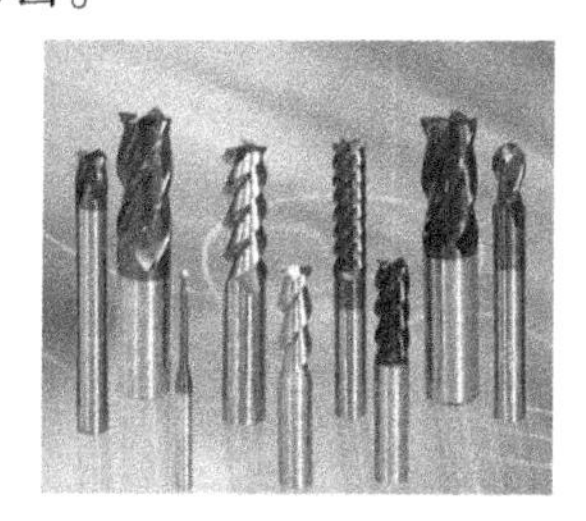

图11-56 整体式立铣刀

图11-57 三面刃铣刀

(5)角度铣刀。如图11-58所示,角度铣刀用于铣削成一定角度的沟槽,有单角和双角铣刀两种。

(6)锯片铣刀。如图11-59所示,锯片铣刀用于加工深槽和切断工件,其圆周上有较多的刀齿。为了减少铣切时的摩擦,刀齿两侧有15′~1°的副偏角。

此外,还有键槽铣刀、尾槽铣刀、T形槽铣刀和各种成形铣刀等。

铣刀的结构分为四种:

(1)整体式。如图11-56所示,和刀齿制成一体。

(2)整体焊齿式。用硬质合金或其他耐磨刀具材料制成,并钎焊在刀体上。

(3)镶齿式。如图11-60所示,镶齿式铣刀用机械夹固的方法紧固在刀体上。这种可换的刀齿可以是整体刀具材料的刀头,也可以是焊接刀具材料的刀头。刀头装在刀体上刃磨的铣刀称为体内刃磨式;刀头在夹具上单独刃磨的称为体外刃磨式。

图11-58 角度铣刀

图11-59 锯片铣刀

图11-60 镶齿式铣刀

(4)可转位式。结构已广泛用于面铣刀、立铣刀和三面刃铣刀等。

3)铣削的工艺特点及应用

铣削时,铣刀有几个刀齿同时进行切削;铣刀可以采用较高的转速,因此,铣削的切削速度较快。与刨削相比,铣削生产率较高,在大批量生产中,铣削几乎取代了刨削。采用组合铣刀在一次进给中能完成几个表面的加工,这样不仅大大提高了生产率,还能保证被加工零件的尺寸精度。铣削加工精度一般为IT7~IT9,表面粗糙度 Ra 值为1.6~6.3μm。

铣削主要用于加工平面、各种沟槽,还可以加工螺旋槽和齿轮等,如图11-61所示。铣削时,铣刀的旋转为主运动,工件作缓慢的直线进给运动。

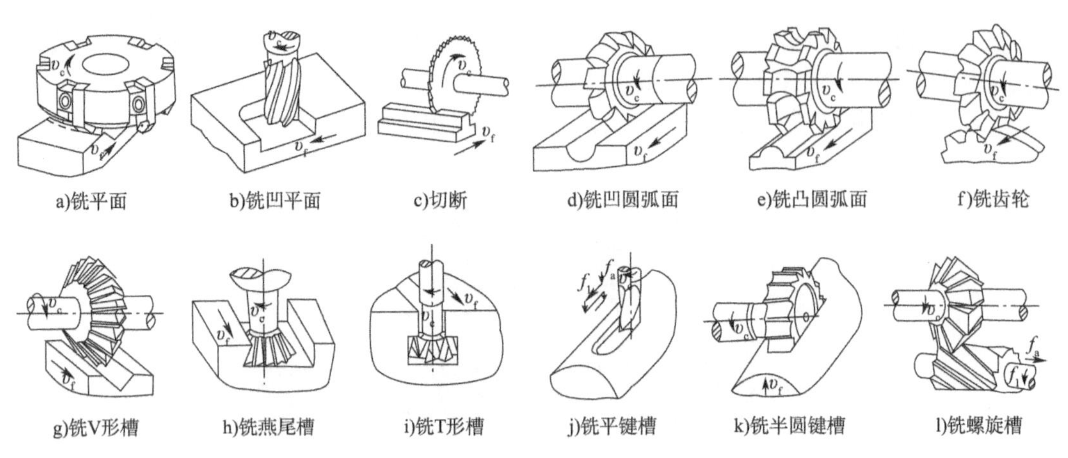

图 11-61　铣削加工范围

11.3.7　磨削

磨削是在磨床上用砂轮或其他磨具加工工件的工艺方法，如图 11-62 所示。随着产品要求的不断提高，磨削作为一种精加工的主要手段，在现代机器制造中所占的比重逐步增长。

1）磨床

磨床的种类很多，常用的有外圆磨床、内圆磨床、平面磨床、工具磨床及各种专用磨床（齿轮磨床、螺丝磨床等）等，它们所能完成的工作各不相同。图 11-63 所示为 M1432 万能外圆磨床和 M7140 平面磨床。

图 11-62　磨削加工

a)M1432万能外圆磨床

b)M7140平面磨床

图 11-63　磨床

2）砂轮

磨削所用的刀具是砂轮（图 11-64）。砂轮表面上每个磨粒的突出尖棱都可以看成一个微小的刀齿，因此，砂轮可以看作是具有极多微小刀齿的铣刀。但它没有铣刀那样有规律，而是有的磨粒低、有的磨粒高，有的磨粒切削时部分金属已被前面的切削过，而有的磨粒则没有切削过金属，因此，各个磨粒的切削厚度是不同的。由于磨粒有切削刃钝圆半径 r_n，因此，在切削厚度很小时，磨削加工过程实际上是滑擦（弹性变形）、耕犁（塑性变形）及切削（形成切屑，沿磨粒前面流出）综合作用的结果，如图 11-65 所示。

3）磨削的工艺特点及应用

磨削加工有两个突出的特点：第一，由于每个切削刃都非常小，大量微小的切削刃同时切削，所以能进行非常精细的加工，并能获得较高的加工质量。一般磨削的加工精度为IT5～IT6，表面粗糙度 Ra 为0.1～0.8μm。第二，因为磨粒的硬度极大，所以磨削能加工很硬的材料，如淬火钢（HRC74～82）、硬质合金（HRC62～65）以及金属陶瓷等。

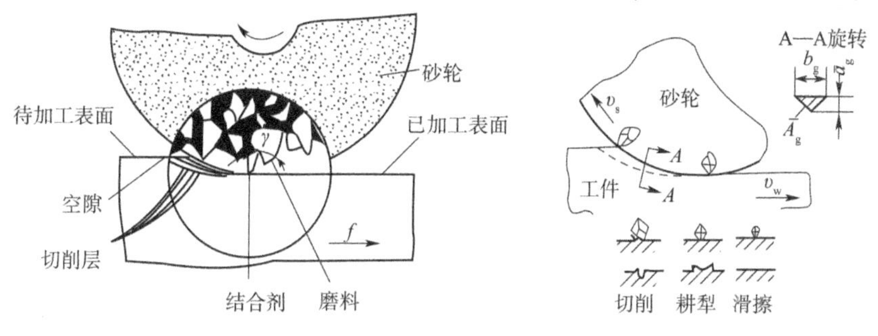

图11-64　砂轮的组成　　图11-65　磨粒切削刃切削模型

磨削过程中磨削的速度很快，加之砂轮本身的导热性差，磨削区的温度高达800～1000℃，所以磨削会使淬火钢工作表面退火和产生磨削应力。因此，磨削加工过程中，采用大量的冷却液，以降低磨削温度。磨削工件时，虽然磨削的切削深度和切削厚度较小，产生的切削力较小，但由于砂轮厚度大，故会产生较大的径向力。

磨削不但可以加工外圆面、内圆面（孔）和平面，而且还能加工各种成形面及刃磨刀具等，如图11-66所示。

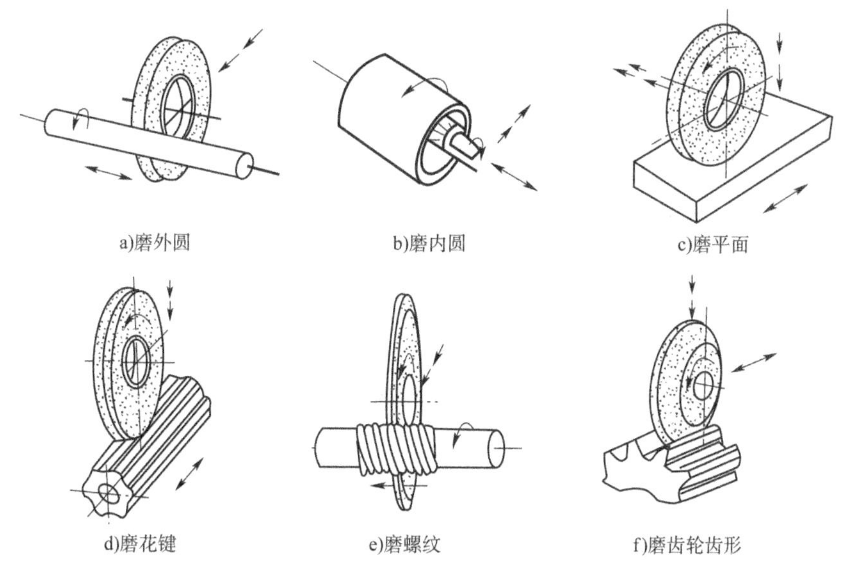

a)磨外圆　b)磨内圆　c)磨平面

d)磨花键　e)磨螺纹　f)磨齿轮齿形

图11-66　磨削加工范围

4）磨削加工的发展

磨削加工是零件精加工的主要方法之一。随着科学技术的发展，磨床、砂轮及磨削工艺都有了较大改进，磨削加工在机械加工中的比重日益增加。据资料介绍，先进工业国家的磨削加工量约为切削加工总量的25%。磨削加工的发展主要表现在以下几个方面：

（1）高速和强力磨削。采用高速和强力磨削后，磨削生产率成倍增加，有些零件不经粗切，直接磨削成成品。

(2)高精度磨削。高精度磨削使尺寸公差达到0.1～0.3μm。表面粗糙度 *Ra* 值为0.2～0.05μm，使加工质量明显提高。

(3)砂带磨削。砂带磨削是以砂带作为磨具对工件进行加工的一种新的磨削工艺方法。由于磨粒在砂带上排列均匀，加工时大量磨粒同时进行切削，较长的砂带可使磨粒得到良好的冷却，柔性的砂带可适应各种形状的工件，因而使砂带磨削具有生产率高、磨削质量好、加工成本低及适用范围广的优点。目前，砂带磨削已在工业发达国家得到广泛的应用。

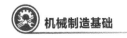

11.4 零件结构工艺性

零件切削加工的结构工艺性是指结构在满足使用要求的前提下，零件结构适应切削加工工艺的合理性。切削加工工艺性是一项综合性指标，影响它的因素比较多，主要有零件的材料、零件毛坯种类、零件的热处理、零件的结构等。

11.4.1 提高零件结构的标准化程度

设计零件时，应尽量采用标准化参数，可以减少零件种类和用于加工零件的设备与工艺装备的规格。

1)尽量采用标准件

设计时，应尽量按军用标准、国家标准、部门标准、行业标准或厂标选用标准件，以利于产品的制造、维修，降低制造和使用成本。

2)应能使用标准刀具加工

零件上的结构要素如孔径及孔底形状、中心孔、沟槽宽度或角度、圆角半径、锥度、螺纹的直径和螺距、齿轮的模数等，其参数值应尽量与标准刀具相符，以便能使用标准刀具加工，避免设计和制造专用刀具，降低加工成本。

例如，被加工的孔应具有标准直径，不然需要特制刀具。当加工不通孔时，由一直径到另一直径的过渡最好做成与钻头顶角相同的圆锥面，如图11-67a)所示，因为与孔的轴线相垂直的底面或其他角度的锥面，将使加工复杂化，如图11-67b)所示。

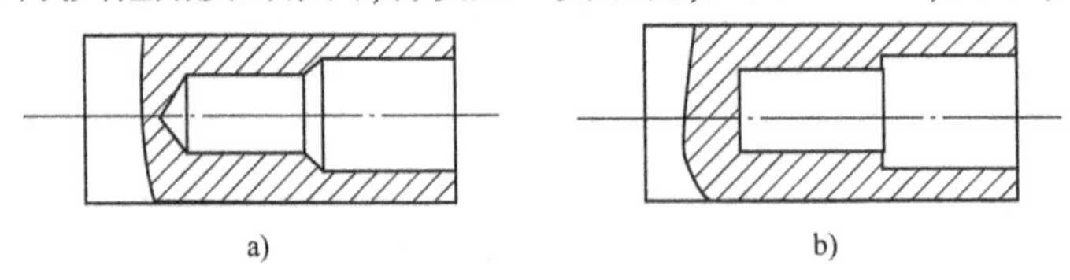

图11-67　盲孔的结构

如果设计成图11-68a)所示的形状，则很难加工出来。又如图11-68b)所示，零件中间部位凹下的表面可以用端铣刀加工，在粗加工后其内圆角必须用立铣刀清边，因此，其内圆的半径必须等于标准立铣刀的半径。零件内圆角半径越小，所用立铣刀的直径越小，凹下表面的深度越大，则所用立铣刀的长度也越大，加工困难，加工费用越高。所以在设计凹下表面时，圆角的半径越大越好，深度越小越好。

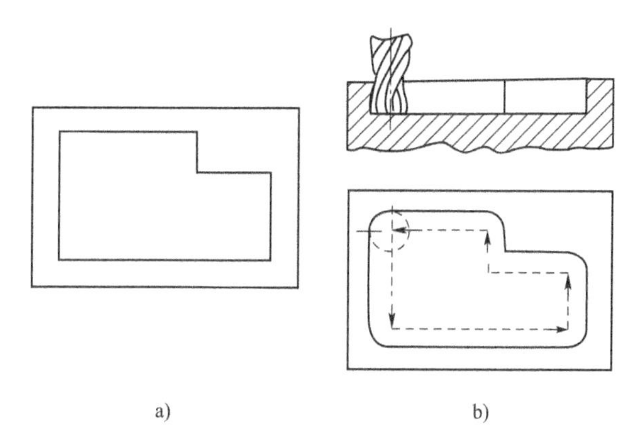

图 11-68　凹下表面的形状

3）合理地规定表面的精度等级和粗糙度数值

零件上不加工的表面，不要设计成加工面，在满足使用要求的前提下，表面的精度越低，粗糙度越大，越容易加工，成本也越低。所规定的尺寸公差、形位公差和粗糙度值，应按国家标准选取，以便使用通用量具检验。

11.4.2　零件结构应便于工件在机床或夹具上安装

零件切削加工只有在工件正确安装的基础上才能实现。设计的零件应使其结构装夹方便可靠、装夹次数最少，有位置精度要求的各表面应尽量能在一次装夹中加工完成。

1）增加工艺凸台

图 11-69a）所示是数控铣床的床身，在加工导轨面 *A* 时，工件定位装夹困难，可在零件上设置图 11-69b）所示的工艺凸台 *C*，先加工 *B*、*C* 两面并使其等高，然后以 *B*、*C* 两平面定位加工导轨面 *A*。

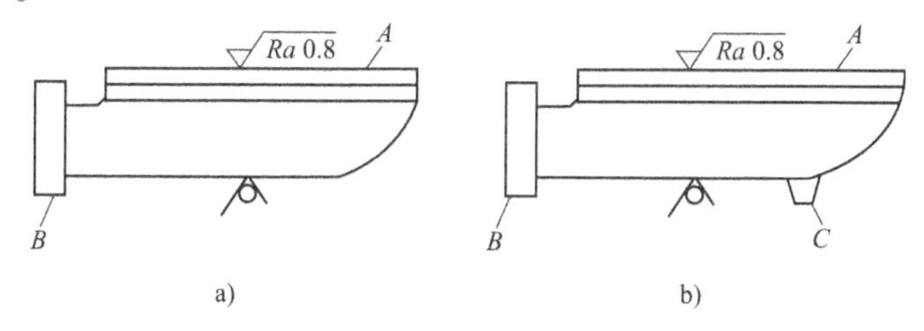

图 11-69　凹下表面的形状

2）增加安装凸缘和安装孔

图 11-70a）所示的大平板，在龙门刨床或龙门铣床上加工平面时，不便用压板、螺钉将它装夹在工作台上。如果在平板的侧面增设装夹用的凸缘或孔，如图 11-70b）所示，便可以可靠地夹紧，同时也便于吊装和搬运。

3）改变结构或增加辅助安装面

车床通常是三爪卡盘、四爪卡盘来装夹工件的。图 11-71a）所示零件安装时，与卡爪是点接触，不能将工件夹牢。如把工件改成图 11-71b）所示的结构，以圆柱面代替圆锥面，装夹部位为一段圆柱体，易于定位，这样工件便容易被夹紧。

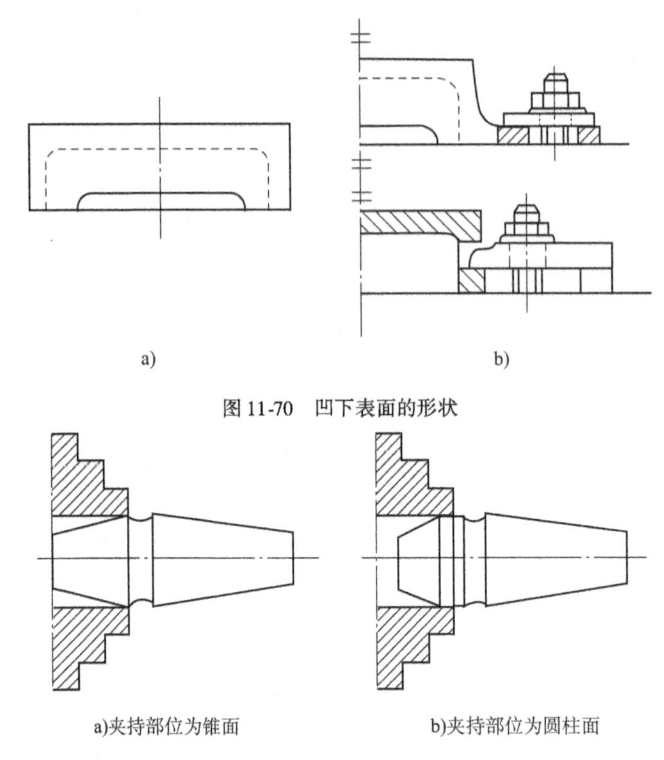

图 11-70　凹下表面的形状

a)夹持部位为锥面　　b)夹持部位为圆柱面

图 11-71　圆柱面代替圆锥面

11.4.3　零件结构应便于工件的加工和测量

1)刀具的引进和退出要方便

图 11-72a)所示的零件,带有封闭的 T 形槽,铣刀无法进入槽内,所以这种结构没法加工。如果把它改变成图 11-72b)所示的结构,T 形槽铣刀可以从大圆孔中进入槽内,但不容易对刀,操作很不方便,也不便于测量。如果把它设计成图 11-72c)所示开口的形状,则可方便地进行加工。

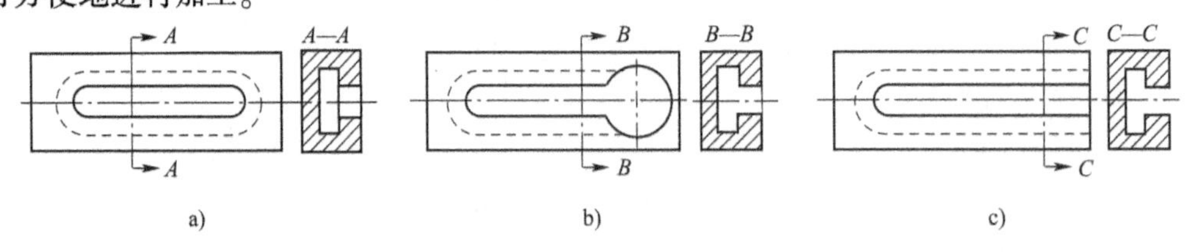

图 11-72　T 形槽结构的改进

2)尽量避免箱体内的加工面

箱体内安放轴承座的凸台[图 11-73a)]的加工和测量是极不方便的。如果改用带凸缘的轴承座,使它和箱体外面的凸台连接[图 11-73b)],将箱体内表面的加工改为外表面的加工,就会带来很大方便。

再如图 11-74a)所示结构,箱体轴承孔内端面与齿轮端面接触,需要加工,比较困难。若改为图 11-74b)所示结构,采用轴套,则箱体内端面不与齿轮端面接触,避免了箱体内表面的加工。

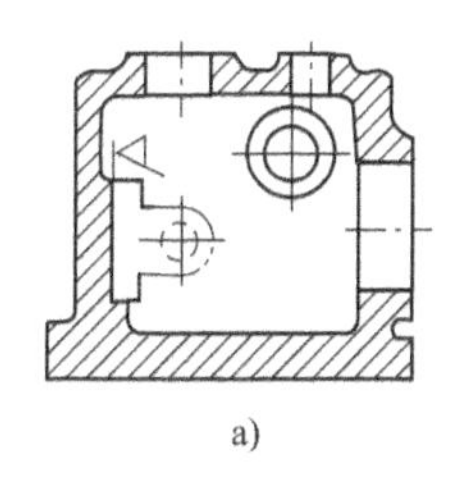
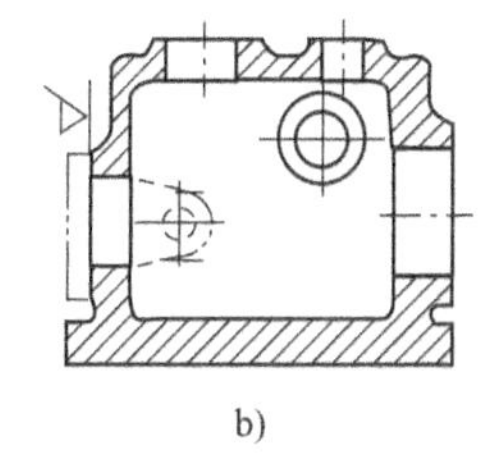

图 11-73　外加工面代替内加工面

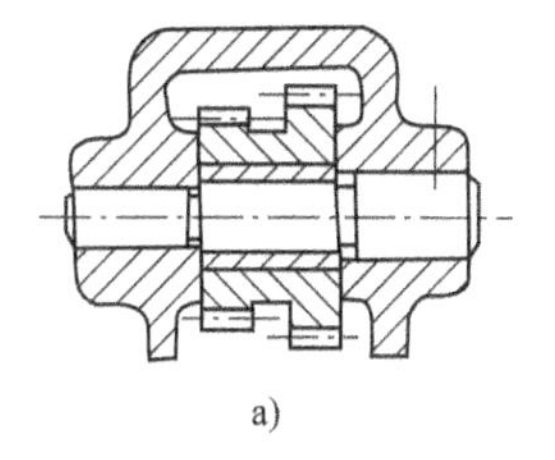
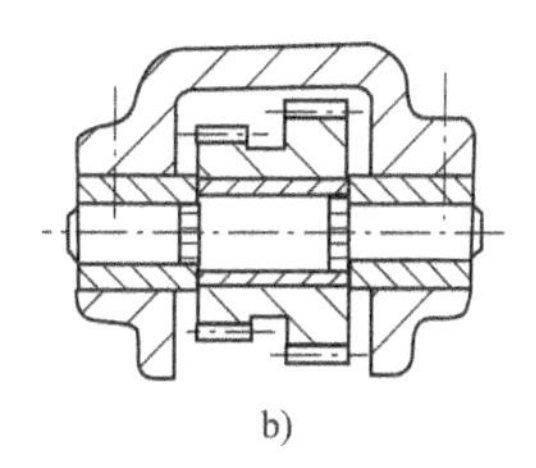

图 11-74　避免箱体内表面加工

3)凸缘上的孔要留出足够的加工空间

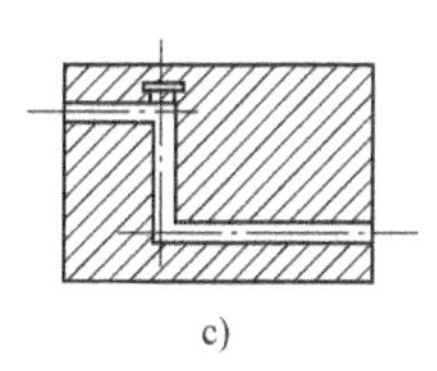

图 11-75　留够钻孔空间

如图 11-75 所示,若孔的轴线距壁的距离 s 小于钻卡头外径 D 的一半,则难以进行加工。一般情况下,要保证 $s \geqslant D/2 + (2 \sim 5)$ mm,才便于加工。

4)尽可能避免弯曲的孔

图 11-76a)所示零件上的孔很显然是不可能钻出的;而改为图 11-76b) 所示的结构,中间那一段也是不能钻出的。但是,改为图 11-76c)所示的结构,虽能加工出来,但还要在中间一段附加一个柱塞,是比较费工的。所以,设计时,要尽量避免弯曲的孔。

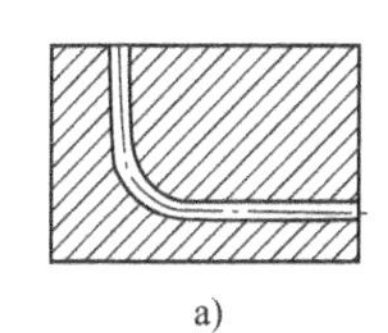
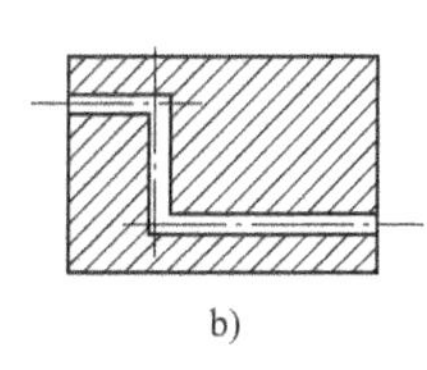

图 11-76　避免弯曲的孔

5)必要时,留出足够的退刀槽、空刀槽或越程槽等

为了避免刀具或砂轮与工件的某个部分相碰,有时要留出退刀槽、空刀槽或越程槽等。图 11-77 中,图 a)为车螺纹的退刀槽;图 b)为铣齿或滚齿的退刀槽;图 c)为插齿的空刀槽;图 d)、图 e)和图 f)分别为刨削、磨外圆和磨孔的越程槽。其具体尺寸参数可查阅《机械零件设计手册》等。

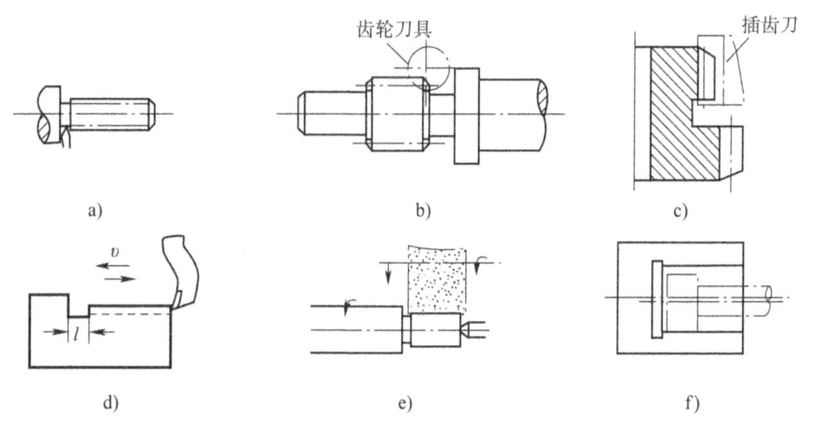

图 11-77　退刀槽、空刀槽和越程槽

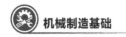

11.4.4 零件结构应利于提高切削效率和保证加工质量

1)便于多件加工

图11-78a)所示的拨叉,沟槽底部为圆弧形,只能单个地进行加工。若改为图11-78b)所示的结构,则可实现多件一起加工,利于提高生产效率。

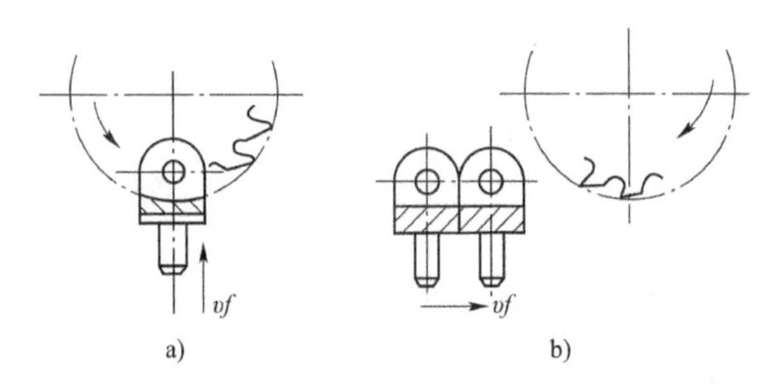

图11-78 拨叉

又如图11-79a)所示的齿轮,轮毂与轮缘不等高,多件一起滚齿时,刚性较差,且轴向进给行程较长。若改为图11-79b)所示的结构,既可增加加工时的刚性,又可缩短轴向进给的行程。

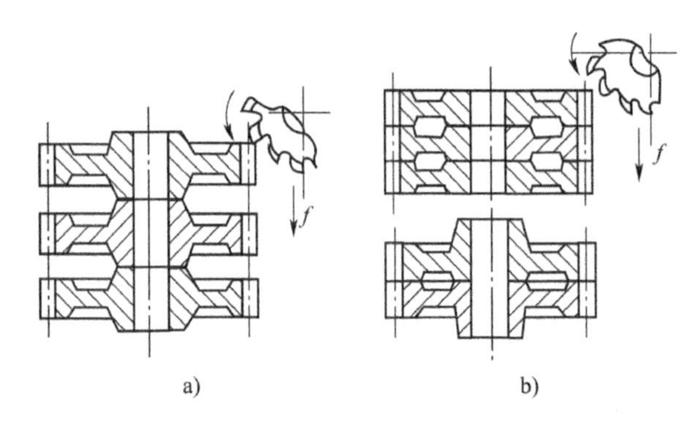

图11-79 齿轮

2)尽量减少加工量

(1)采用标准型材。设计零件时应考虑标准型材的利用,以便选用形状和尺寸相近的型材作坯料,这样可大大减少加工的工作量。

(2)简化零件的结构。图11-80a)所示的零件1的结构比图11-80b)中零件1的结构复杂,会增大切削的工作量。

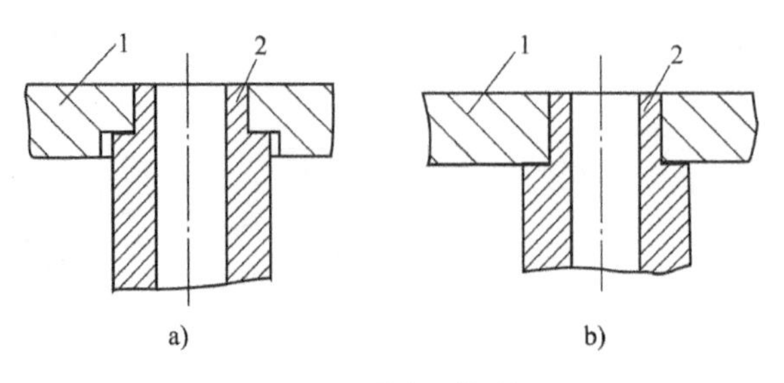

图11-80 简化零件结构

(3)减小加工面积。图 11-81a)与图 11-81b)所示零件结构相比,其工艺性较差,会增大了加工面积。

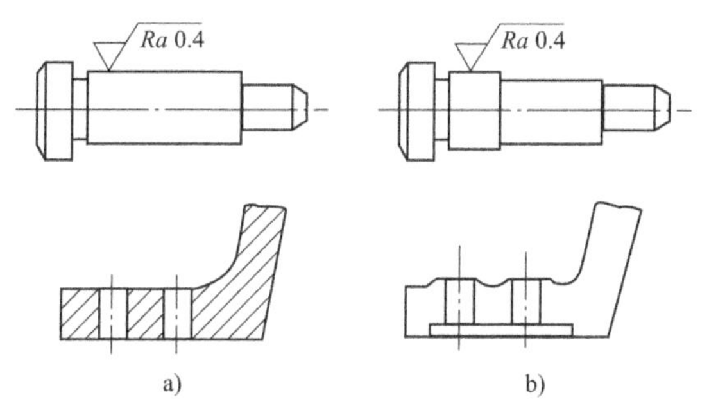

图 11-81 减小加工面积的零件结构设计

3)尽量减少走刀次数

铣牙嵌离合器时,由于离合器齿形的两侧面要求通过中心,呈放射状(图 11-82 所示),这就使奇数齿的离合器在铣削加工时比偶数齿的省工。如铣削一个五齿离合器的端面齿,只要五次分度和走刀就可以铣出图 11-82a)所示的零件,而铣一个四齿离合器,却要八次分度和走刀才能完成如图 11-82b)所示的零件。因此,离合器应设计成奇数齿为好。

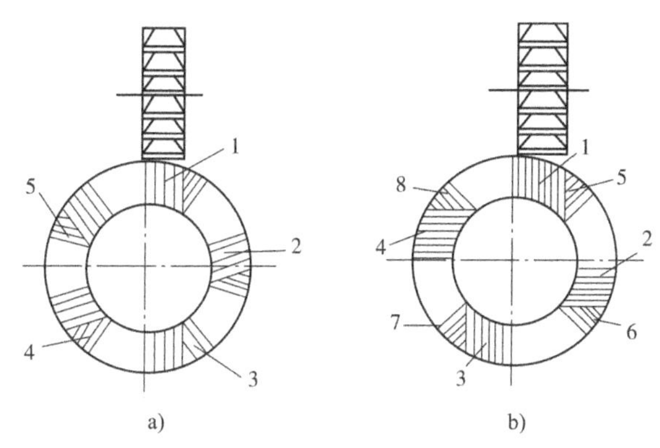

图 11-82 铣牙嵌离合器(图中数字为走刀次数)

4)尽量减少安装次数

有相互位置精度要求的表面,最好能在一次安装中加工,这样既有利于保证加工表面间的位置精度,又可以减少安装次数及所用的辅助时间。

图 11-83a)所示轴套两端的孔需两次安装才能加工出来,若改为图 11-83b)所示的结构,则可在一次安装中加工出来。

图 11-83c)所示的零件结构,外圆和内孔不能在一次安装中加工出来,难以保证同轴度要求。若改为图 11-83d)所示的结构,则可以在一次安装中进行加工。

图 11-84a)所示的轴承盖上的螺孔若设计成倾斜的,则既增加了安装次数,又使钻孔和攻丝都不方便,不如改成图 11-84b)所示的结构。

5)零件要有足够的刚度

零件要有足够的刚度,以减少工件在夹紧力或切削力作用下的变形。

图 11-85a)所示的薄壁套筒,在卡盘卡爪夹紧力的作用下容易变形,车削后形状误差较大。若改成图 11-85b)所示的结构,则既可增加刚度,又可提高加工精度。

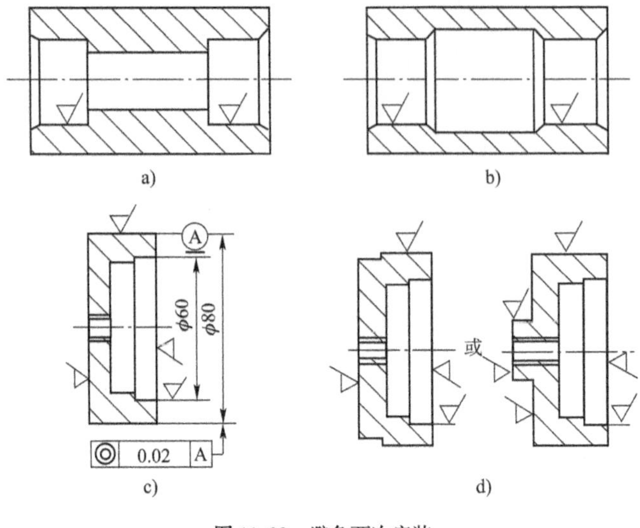

图 11-83　避免两次安装

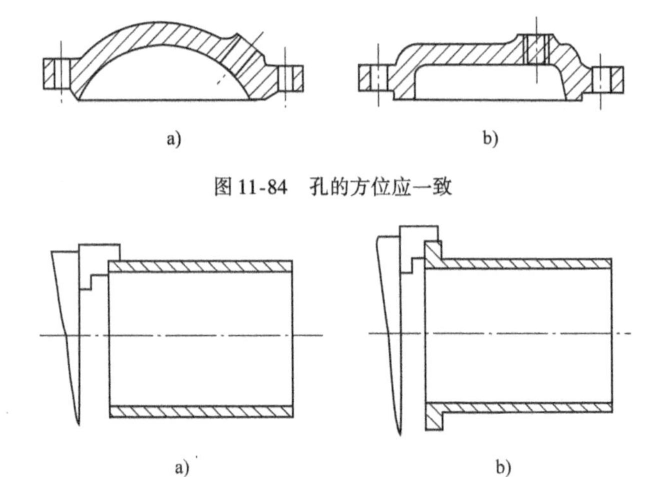

图 11-84　孔的方位应一致

图 11-85　孔的方位应一致

图 11-86a)所示的床身导轨,加工时切削力使边缘挠曲,产生较大的加工误差。若增设加强肋板[图 11-86b)],则可大大提高其刚度。

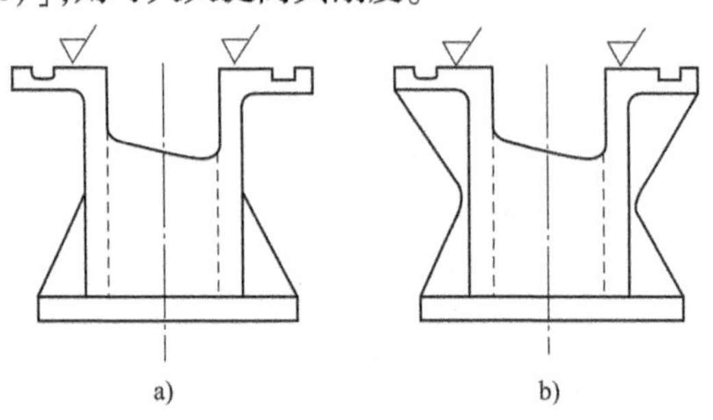

图 11-86　增设加强肋板

6)孔的轴线应与其端面垂直

如图 11-87a)所示的孔,由于其轴线不垂直于进口或出口的端面,钻孔时钻头很容易产生偏斜或弯曲,甚至折断。因此,应尽量避免在曲面或斜壁上钻孔,可以采用图 11-87b) 所示的结构。同理,轴上的油孔,应采用图 11-87b)或图 11-88b)所示的结构。

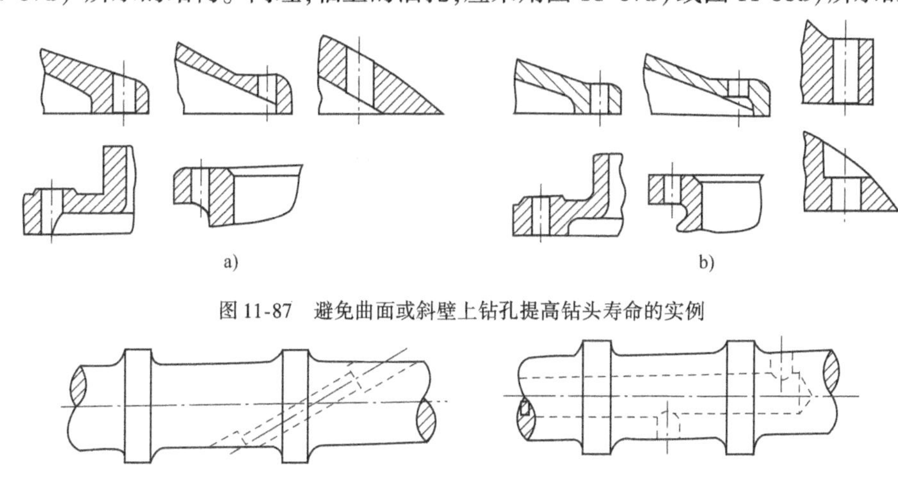

图 11-87　避免曲面或斜壁上钻孔提高钻头寿命的实例

图 11-88　避免斜孔

7)同类结构要素应尽量统一

图 11-89a)所示的阶梯轴、三联齿轮的退刀槽、圆角、齿轮模数等尽量采取统一数值,可以减少换刀和对刀次数。若改为图 11-89b)所示的结构,既可减少刀具的种类,又可节省换刀和对刀等的辅助时间。

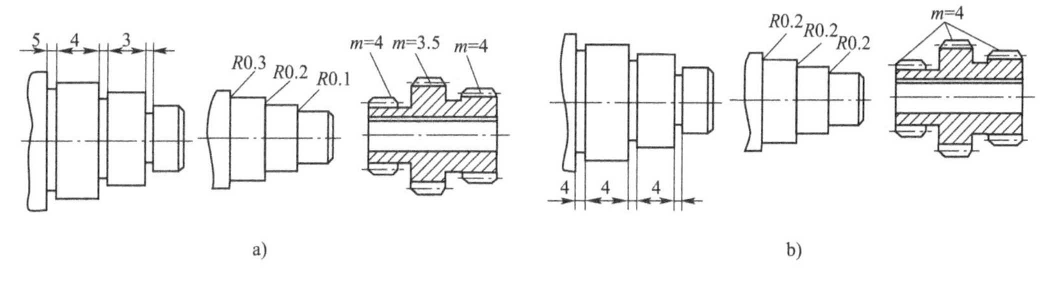

图 11-89　同类结构应尽量统一

11.4.5　合理采用零件的组合

一般来说,在满足使用要求的前提下,所设计的机器设备、零件越少越好,零件的结构越简单越好。但是,为了加工方便,合理地采用组合件也是适宜的。例如,如图 11-90a)所示的轴带动齿轮旋转,当齿轮较小、轴较短时,可以把轴与齿轮做成一体(称齿轮轴)。当轴较长、齿轮较大时,做成一体则难以加工,必须分成三件:轴、齿轮、键,分别加工后装到一起,如图 11-90b)所示,这样加工方便。所以,这种结构的工艺性好。

图 11-91a)所示为轴与键的组合,如轴与键做成一体,则轴的车削是不可能的,必须分为两件,如图 11-91b)所示,分别加工后再进行装配。

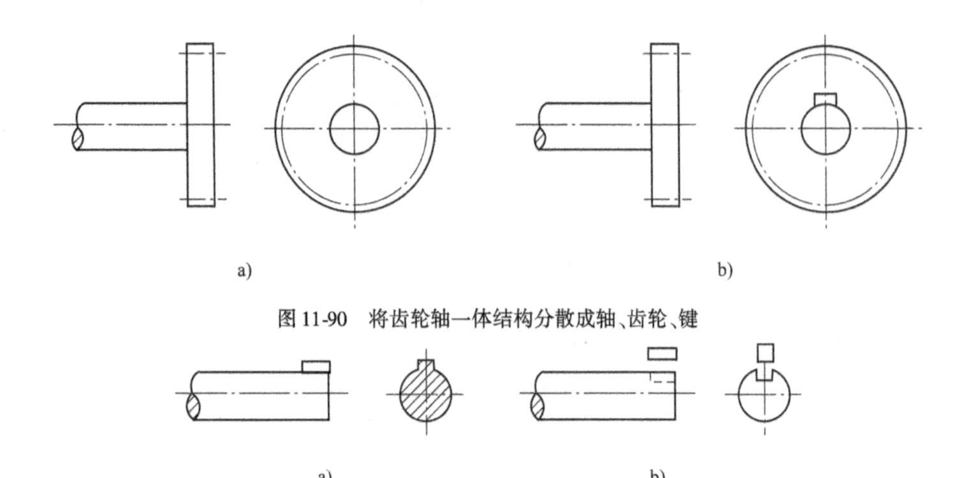

图 11-90　将齿轮轴一体结构分散成轴、齿轮、键

图 11-91　将轴、键一体结构分散成轴、键

图 11-92a)所示的零件,其内部的球面凹坑很难加工。如改为图 11-92b)所示的结构,把零件分为两件,凹坑的加工变为外部加工,就比较方便。

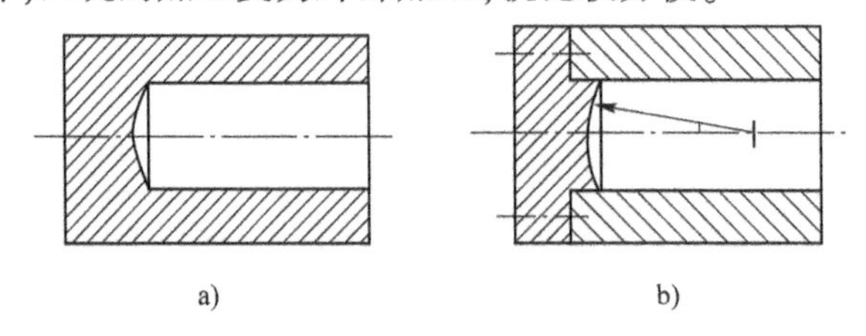

图 11-92　将球面凹坑与圆柱一体结构分散成两部分

又如图 11-93a)所示的零件,滑动轴套中部的花键孔,加工是比较困难的。如果改为图 11-93b)所示的结构,圆套和花键套分别加工后再组合起来,则加工比较方便。

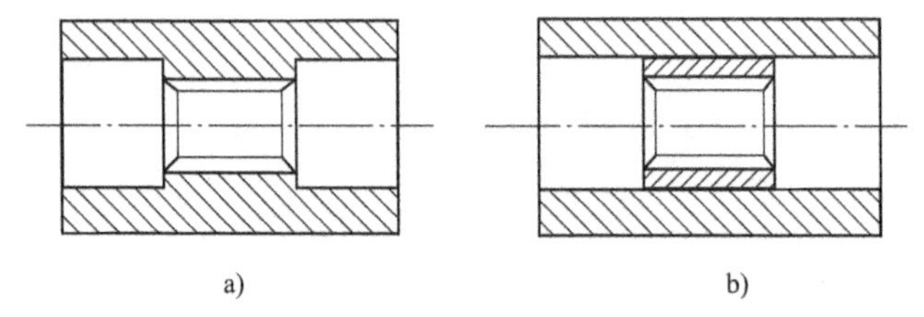

图 11-93　将球面凹坑与圆柱部分一体结构分散成两部分

综上所述,零件的结构工艺性是一个非常实际和重要的问题,零件的结构不同,对零件的制造装配有很大影响。上述原则和实例分析,只不过是一般原则和个别事例。设计零件时,应根据具体要求和条件,综合所掌握的工艺资讯和实际经验,灵活地加以运用,以求设计出结构工艺性良好的零件。

习　　题

一、单项选择题

1. 前角 γ_0是在(　　)内测量的前刀面与基面之间的夹角。

A. 基面主剖面　B. 切削平面　C. 前刀面　D. 副后刀面

2. 车刀角度中，影响排屑方向的是(　　)。

A. 前角 γ_0　B. 主偏角 K_r　C. 刃倾角 λ　D. 主偏角 K_r'

3. 车刀角度中，主切削刃与基面的夹角称(　　)。

A. 前角 γ_0　B. 主偏角 K_r　C. 刃倾角 λ　D. 主偏角 K'_r

4. 车细长轴时，为减小其弯曲变形宜采用(　　)。

A. 大的主偏角　B. 小的主偏角　C. 中等主偏角　D. 零主偏角

5. 积屑瘤很不稳定，在(　　)产生积屑瘤有一定好处，在(　　)时必须避免积屑的产生。

A. 粗加工，精加工　B. 精加工，粗加工

C. 半精加工，粗加工　D. 粗加工，半精加工

6. 工件材料的硬度、强度越高，塑性、韧性越好，切削力(　　)。

A. 越小　B. 越大　C. 基本不变　D. 无切削力

7. (　　)可使车刀锋利，切削轻快。

A. 增大前角　B. 减小前角　C. 减小后角　D. 增大刃倾角

8. 下列刀具材料中，综合性能最好，适宜制造形状复杂的刀具的材料是(　　)。

A. 碳素工具钢　B. 合金工具钢　C. 高速钢　D. 硬质合金

9. 在切下切削面积相同的金属时，(　　)结论正确。

A. 切削厚度越小，则切削力越小　B. 切削面积相等，所以切削力相等

C. 切削厚度越小，则切削力越大　D. 切削宽度越小，则切削力越大

10. 切削铸铁和青铜等脆性材料时产生切削形态为(　　)。

A. 带状切屑　B. 崩碎切屑　C. 塑性切屑　D. 节状切屑

二、多项选择题

1. 车削加工中的切削用量包括(　　)。

A. 主轴每分钟转数　B. 切削层公称宽度

C. 背吃刀量(切削深度)　D. 进给量

E. 切削层公称厚度　F. 切削速度

2. 对刀具前角的作用和大小，正确的说法有(　　)。

A. 控制切屑流动方向　B. 使刀刃锋利，减少切屑变形

C. 影响刀尖强度及散热情况　D. 影响各切削分力的分配比例

E. 减小切屑变形，降低切削力　F. 受刀刃强度的制约，其数值不能过大

3. 车削加工中、减小残留面积的高度，减小表面粗糙度值，可使用的正确方法有(　　)。

A. 加大前角　B. 减小主偏角

C. 提高切削速度　D. 减小背吃刀量(切削深度)

E. 减小副偏角　F. 减小进给量

4. 下面哪些是超硬刀具材料？(　　)

A. 陶瓷　B. 硬质合金　C. 立方氮化硼(CBN)

D. 人造聚晶金刚石(PCD)　E. 高速钢

5. 回转成形面可选用的加工方法有(　　)。

A. 车削　　B. 铣削　　C. 拉削　　D. 磨削

E. 抛光

6. 外直线型成形面可选用的加工方法有(　　)。

A. 车削　　B. 铣削　　C. 刨削　　D. 磨削

E. 抛光　　F. 拉削

7. 麻花钻的结构和钻孔的切削条件存在的问题是(　　)。

A. 刚性差　　B. 切削条件差　　C. 轴向力大　　D. 导向性差

E. 径向力大

8. 切削形成经过(　　)三个阶段。

A. 弹性变形　　B. 扭曲变形　　C. 塑性变形　　D. 撕裂

9. 在切削加工中主运动可以是(　　)。

A. 工件的转动　　B. 工件的平动　　C. 刀具的转动　　D. 刀具的平动

10. 车削外圆时,若车刀安装过高,则刀具角度的变化是(　　)。

A. 工作前角变小　　B. 工作前角变大

C. 工作后角变大　　D. 工作后角变小

三、填空题

1. 在车床上可以实现车外圆、________、________和________等工艺加工。

2. 金属在切削加工时受到刀具作用后,开始产生________变形,随着刀具继续切入,变形继续增大,当应力达到材料的________时,产生________变形。

3. 金属切削用量的三要素是:(1)________;(2)________;(3)________。

4. 切削时切屑从刀具上流出的表面是____。

5. 切削速度是指____。

6. 在车床上可以实现车外圆、________、________和________等工艺加工。

四、判断题(正确打"√",错误打"×")

1. 车刀的主切削刃在基面上的投影与进给方向的夹角就是车刀的主偏角。(　　)

2. 车刀前角增大,将使切削过程轻快,但刀尖的强度要下降。(　　)

3. 在钻床上钻孔和在车床上钻孔,其切削运动都是一样的。(　　)

4. 减小车刀后角,能减少后刀面与加工表面的摩擦。(　　)

5. 钻床类机床主要用于钻孔和扩孔,也可以用来铰孔、攻螺纹、锪沉头孔及锪凸台端面。(　　)

6. 在切削加工时,切削刃上选定点相对于工件的主运动的瞬时速度。(　　)

7. 切削运动中,主运动可以是旋转的或直线的,可以是一个或几个。(　　)

8. 减小车刀后角,能减少后刀面与加工表面的摩擦。(　　)

9. 车刀的主切削刃在基面上的投影与进给方向的夹角就是车刀的主偏角。(　　)

10. 车刀的副切削刃在基面上的投影与进给方向的夹角就是车刀的副偏角。(　　)

五、简答题

1. 按表面形成过程的特点,切削加工可分为哪两大类?

2. 何谓切削运动和切削用量？试分析车削、钻削、刨削及磨削时的切削运动。
3. 车刀的主要角度有哪些？
4. 对刀具材料的性能有哪些要求？切削加工时，常用的刀具材料有哪些？
5. 常见的三种切屑类型是什么？
6. 何谓切削力？试分析车外圆时各切削分力的作用及其对加工过程的影响。
7. 切削热对加工过程有哪些影响？
8. 切削液的基本功能是什么？常用的切削液有哪几类？如何选用？
9. 刀具磨损的主要形式有哪几种？
10. 刀具寿命和刀具总寿命有何不同？
11. 车床主要有哪几部分构成？试述车床上能完成的主要工作。
12. 在车床上钻孔和在钻床上钻孔有何不同？
13. 试比较钻孔、扩孔和铰孔的工艺特点和应用范围。
14. 试述刨削的工艺特点和应用范围。
15. 铣削能加工哪些表面？
16. 为什么在大批量加工中加工平面时，铣削比刨削更合适？
17. 磨削加工的两个突出特点是什么？

第12章　精密加工和特种加工

随着生产和科学技术的发展,许多工业部门,尤其是国防、航天、电子等工业,要求产品向高精度、高速度、大功率、耐高温、耐高压、小型化等方向发展,产品零件所使用的材料越来越难加工,形状和结构越来越复杂,要求的精度越来越高,表面粗糙度值越来越小,常用的、传统的加工方法已不能满足需要,对机械制造技术提出了新的要求:第一,解决各种难加工材料的加工问题,如硬质合金、钛合金、耐热钢、不锈钢、淬火钢、金刚石、宝石、石英以及锗、硅等各种高硬度、高强度、高韧性、高脆性的金属及非金属材料的加工;第二,解决各种复杂表面的加工问题,如喷气涡轮机叶片、整体涡轮、发动机匣和锻压模及注射模的立体成型表面,各种冲模冷拔模上特殊断面的型孔,炮管内膛线,喷油嘴、栅网、喷丝头的小孔窄缝等的加工;第三,解决各种超精、光整或具有特殊要求的零件的加工问题,如对表面质量和精度要求很高的航天、航空陀螺仪、伺服阀,以及细长轴、薄壁零件、弹性元件等低刚度零件的加工。要解决上述一系列工艺技术问题,仅仅依靠传统的切削加工方法就很难实现,甚至无法实现,在这种背景下便创造和发展了一些精密加工和特种加工方法,本章简要地介绍它们当中常用的几种。

12.1　精整和光整加工

精整加工是生产中常用的精密加工,它是在精加工之后从工件上切除很薄的材料层,以提高工件精度和减小表面粗糙度值为目的的加工方法,如研磨和珩磨等。光整加工是指不切除或从工件上切除极薄材料层,以减小工件表面粗糙度值为目的的加工方法,如超级光磨和抛光等。

12.1.1　研磨

1)加工原理

研磨是在研具与工件之间注入研磨剂,在一定的压力下作用下,通过研具与工件表面之间的复杂相对运动,借助研磨剂的机械及化学作用,从工件表面切除很薄的一层材料,从而达到很高的几何精度和数值很低的表面粗糙度的加工方法。

研具是使工件研磨成形的工具,同时又是研磨剂的载体,研具材料的硬度应低于工件的硬度,以便部分磨粒在研磨过程中能嵌入研具表面,对工件表面进行擦磨。研具一般用铸铁、软钢、黄铜、锡、铝等软金属制造,也可以用塑料或硬木制造,最常用的研具材料是铸铁。因为它适于加工各种材料,并能较好地保证研磨质量和生产效率,成本也比较低。

研磨剂由磨料、研磨液和辅助填料等混合而成，有液态、膏状和固态三种，以适应湿研、半干研和干研加工的需要。磨料是极细的坚硬材料粉末，常用的磨料材料有刚玉、碳化硅、金刚石等。在研磨金属材料时，磨料主要起机械切削作用，是由游离分散的磨粒作自由滑动、滚动和冲击来完成的。研磨液一般是煤油、汽油、机油、动物油和水等。研磨液用来调和磨料，它在研磨过程中主要起冷却、润滑和加速研磨过程的作用，并使磨粒均匀地分布在研具表面。辅助填料一般是硬脂酸、油酸或工业甘油等化学活性物质，它可以使金属表面产生极薄的、较软的化合物薄膜，以便工件表面凸峰容易被磨粒切除，提高研磨效率和表面质量。

研具与工件之间作复杂的相对运动，使每颗磨粒几乎都不会在工件表面上重复自己的轨迹，研磨过程中工件各处与研具的接触具有很大的随机性，可以使高点相互之间相互进行修整，这就能保证均匀地切除工件表面上的凸峰，逐步消除工件微观和宏观的多余部分，从而获得很小的表面粗糙度值。

研磨方法分手工研磨和机械研磨两种。

手工研磨是人手持研具或工件进行研磨，例如研磨外圆面时，工件一般装夹在车床卡盘或顶尖上，由主轴带动作低速旋转运动，研具套在工件上，手持研具并加上少许压力，使工件表面均匀接触，用手推动，使研具沿轴向作往复运动，进行研磨。手工研磨适合单件小批量生产。

机械研磨在研磨机上进行，图12-1为研磨小型套类零件的工作示意图。研具是由铸铁制成的两个盘形研具 A、B 组成，工件 F 置于研具 A、B 之间，并穿在隔离盘 C 的销杆 D 上，研磨时，A、B 做相反方向转动，A 盘的转速 n_A 比 B 盘的转速 n_B 快，隔离盘 C 被带动绕轴线 E 旋转，转速为 n_c。由于 A 盘轴线 E 处在偏心位置，偏心距为 e，工件一方面在销杆上自由转动，同时又沿销杆滑动，从而获得滚动和滑动合成的复杂相对运动，保证了工件表面能被均匀地切除余量，获得很高的精度和很小的表面粗糙度值。研磨作用的强弱主要取决于工件与盘形研具之间的相对滑动速度的大小。

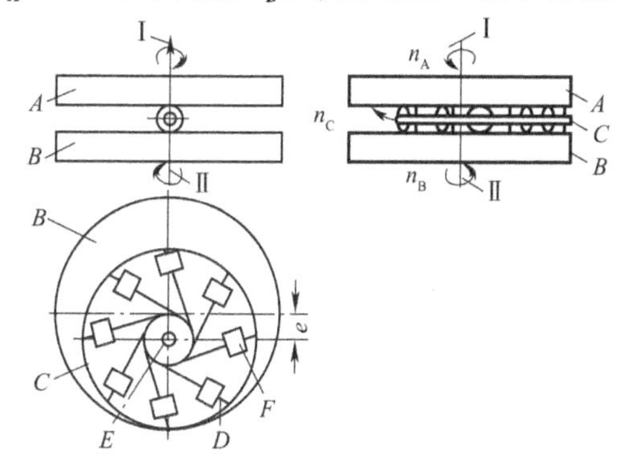

图12-1　机械研磨

2）研磨的特点及应用

研磨具有如下特点：

（1）研磨可以获得高的尺寸精度（IT4～IT6）、高的形状精度（圆度误差为0.001～0.03mm）和小的表面粗糙度值（可达0.025μm以下），但不能提高工件各表面间的位置精度。

（2）所用设备和研具简单，研磨除可在专门的研磨机上进行外，还可以在简单改装的车床、钻床等上进行，因此成本较低。

（3）研磨可以加工的表面较多，如平面、圆柱面、圆锥面、螺纹表面、齿轮齿面以及球面等，都可以用研磨进行精整加工。

（4）研磨的生产率较低，加工余量一般不超过0.01～0.03mm。

（5）研磨剂易于飞溅，污染环境。

研磨应用很广，精密配合偶件以及密封件的密封面等用研磨是最好的精整加工方法，如柱塞泵的柱塞与泵体、阀芯与阀套等，往往要经过两个配合件的配研才能达到要求。

在现代工业中，研磨常常用作精密零件的最终加工。例如，在机械制造业中，用研磨精加工精密量块、量规、齿轮、钢球、喷油嘴等零件；在光学仪器制造业中，用研磨精加工镜头、棱镜等零件；在电子工业中，用研磨精加工石英晶体、半导体晶体、陶瓷元件等。

12.1.2 珩磨

1)加工原理

珩磨是利用珩磨头上的油石对孔进行精整加工的方法。珩磨需要在精镗、精磨和精铰的基础上进行。图12-2a)为珩磨通孔的示意图，工作时，珩磨头与机床主轴浮动连接，珩磨头上的油石以适当的压力压在孔壁上，工件固定不动，珩磨头由孔壁导向，减小机床主轴回转中心与被加工孔同轴度误差对珩磨质量的影响，主轴带动珩磨头旋转并沿轴向作往复运动，珩磨头在每一个往复行程内的转数为一非整数，这样可使珩磨头与工件的相对运动过程中，在每一行程的起始位置与上一次错开一个距离，从而使工件表面上的磨削痕迹均匀交叉形成不重复的网纹[图12-2b)]，油石从工件表面只切除一层极薄的金属，故珩磨可获得很高的精度和很小的表面粗糙度值。

图12-3是珩磨头的结构示意图。油石用黏结剂与油石座固结在一起，并装在本体的槽中，油石座两端用弹簧圈箍住。通过螺母旋转，向下调整锥和顶销，可使油石沿径向外移，调整珩磨头的工作尺寸及油石对孔壁的工作压力。为了减小加工误差，本体通过浮动联轴器与机床主轴连接。

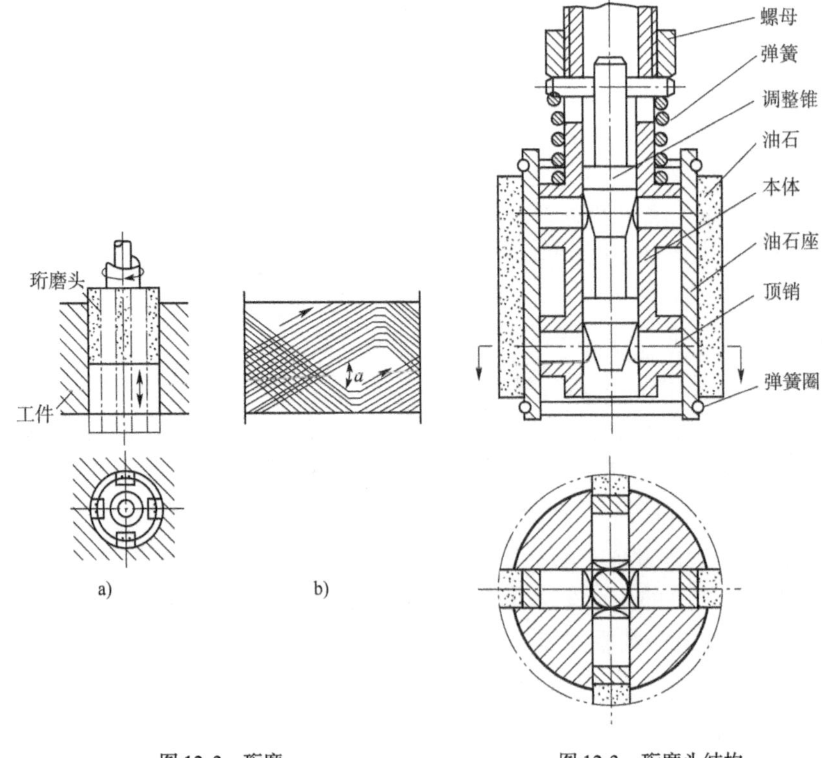

图12-2 珩磨

图12-3 珩磨头结构

珩磨时,在工件加工部位要充分注入足量的珩磨液,保证能及时排出切屑和切削热,降低切削温度和减小表面粗糙度值。珩磨铸铁和钢件时,通常用煤油加少量(10% ~ 20%)机油或锭子油作珩磨液;珩磨青铜等脆性材料时,可以用水剂珩磨液。

在大批量生产中,珩磨是在专门的珩磨机上进行的。机床的工作循环通常是自动化的,主轴旋转是机械传动,而其轴向往复运动是液压传动。珩磨头油石与孔壁之间的工作压力由机床液压装置调节。在单件小批量生产中,常将立式钻床或卧式车床进行适当改装,来完成珩磨加工。

2)珩磨的特点和应用

珩磨具有如下特点:

(1)精度高。

珩磨可提高孔的表面质量、尺寸和形状精度,尺寸精度可达 IT4 ~ IT6,表面粗糙度 *Ra* 可达 0.05 ~ 0.2μm。但珩磨不能提高孔的位置精度,这是由于珩磨头与机床主轴是浮动连接所致。因此,在珩磨前孔的精加工中,必须保证其位置精度。

(2)生产率较高。

珩磨时同时工作的油石数量较多,又是面接触,参加切削的磨粒较多,并且磨条磨削方向经常连续变化,能较长时间保持磨粒刃口锋利。珩磨余量比研磨大,一般珩磨铸铁为 0.02 ~ 0.15 mm,珩磨钢件为 0.005 ~ 0.08 mm。

(3)珩磨表面耐磨损。

珩磨表面有交叉网纹,利于油膜形成,润滑性能好,工件工作时磨损慢。

(4)可加工表面的范围广。

珩磨主要用于孔的精整加工,加工范围很广,能加工直径为 5 ~ 500mm 或更大的孔,并且能加工深孔。珩磨还可以加工外圆、平面、球面和齿面等。

(5) 不适合加工塑性高的有色金属。

珩磨时有色金属,常常堵塞磨条,降低磨削效率和加工质量。

(6)珩磨头结构较复杂。

珩磨不仅在大批量生产中应用极为普遍,而且在单件小批量生产中应用也较广泛。对于某些零件的孔,珩磨已成为典型的精整加工方法,例如飞机、汽车、拖拉机发动机的汽缸、缸套、连杆以及液压油缸、炮筒等。

12.1.3　超级光磨

1)加工原理

超级光磨是借助磨头上安装的极细磨粒的低硬度油石对工件表面施加很小的压力进行光整加工的方法。图 12-4 为超级光磨外圆的示意图。加工时,工件做旋转运动,一般工件圆周线速度为 6 ~ 30m/min,油石以恒力轻压于工件表面,压力一般为 0.05 ~ 0.3MPa,沿轴向作缓慢的往复进给运动,同时作轴向微小振动,一般振幅为 1 ~ 6mm,频率为 5 ~ 50Hz,从而

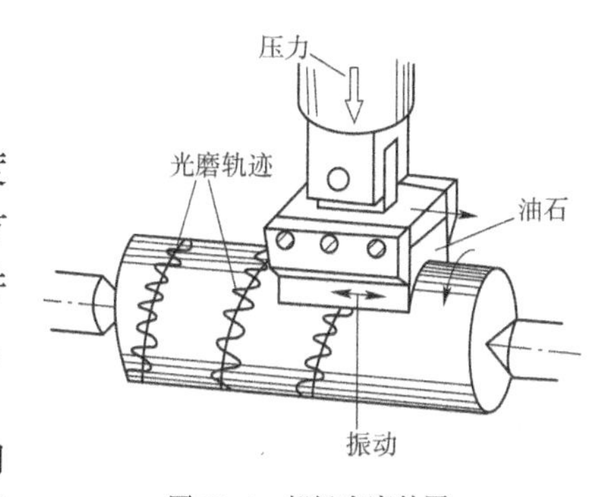

图 12-4　超级光磨外圆

磨去工件表面微观凸峰。

加工过程中,在油石和工件之间注入光磨液(一般为煤油加锭子油),一方面为了冷却、润滑及清除切屑等,另一方面为了形成油膜,以便自动终止切削作用。当油石最初与比较粗糙的工件表面接触时,虽然压力不大,但由于实际接触面积小,压强较大,油石与工件表面之间不能形成完整的油膜[图12-5a)],加之切削方向经常变化,油石的自锐作用较好,切削作用较强。随着工件表面被逐渐磨平,以及细微切屑等嵌入油石空隙,使油石表面逐渐平滑,油石与工件接触面积逐渐增大,压强逐渐减小,油石和工件表面之间逐渐形成完整的润滑油膜[图12-5b)],切削作用逐渐减弱,经过光整抛光阶段,最后便自动停止切削作用。

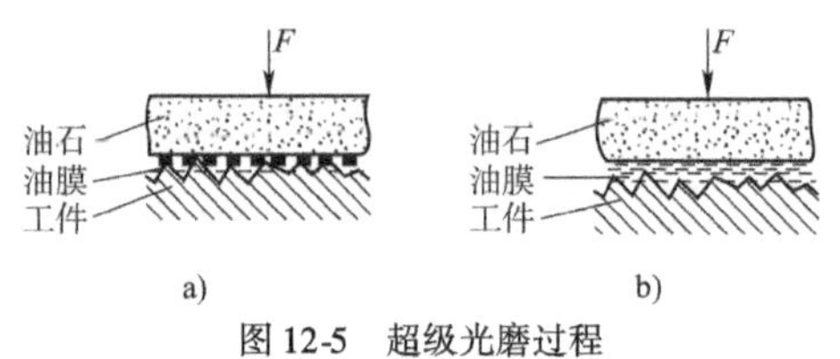

图12-5　超级光磨过程

当平滑的油石表面再一次与待加工的工件表面接触时,较粗糙的工件表面将破坏油石表面平滑而完整的油膜,使光磨过程再一次进行。

2)超级光磨的特点及应用

超级光磨具有如下特点:

(1)表面质量好。

由于超级光磨时油石运动轨迹复杂,加工过程是由切削作用过渡到光整抛光,表面粗糙度值小于0.012μm,加工后的工件表面具有复杂的交叉网纹,利于储存润滑油,表面的耐磨性较好。但超级光磨不能提高其尺寸精度和几何精度,必须由前道工序保证。

(2)设备简单,操作方便。

超级光磨可以在专门的机床上进行,也可以在适当改装的通用机床(如卧式车床等)上,利用不太复杂的超级光磨磨头进行。一般情况下,超级光磨设备的自动化程度较高,操作简便,对工人的技术水平要求不高。

(3)加工余量极小。

由于油石与工件之间无刚性的运动联系,油石切除金属的能力较弱,只留有3~10μm的加工余量。

(4)生产率较高。

因为加工余量极小,加工过程所需时间很短,一般为30~60s。

超级光磨的应用也很广泛,如汽车零件、内燃机零件、轴承、精密量具等小粗糙度值表面常用超级光磨作光整加工。它不仅能加工轴类零件的外圆柱面,而且还能加工圆锥面、孔、平面和球面等。

12.1.4　抛光

1)加工原理

抛光是指用旋转的抛光轮,涂以抛光剂,对工件表面进行光整加工的方法。低速旋转的抛光轮用沥青、塑料、石蜡和金属锡等软质弹性或黏弹性材料制成,高速旋转的抛光轮用人造革、棉布和毛毡等低弹性材料制成。抛光剂由磨料(氧化铬、氧化铁等)和油酸、软脂等配制而成,磨料是1μm以下的微细磨粒。

抛光时,将工件压于旋转的抛光轮上,在抛光剂介质的作用下,金属表面产生的一层极薄的软膜,可以用比工件材料软的磨料切除,磨粒切除的厚度在纳米甚至是亚纳米数量级。工件与磨粒之间受局部高温高压作用,表层材料被挤压而发生塑性流动,这样可填平表面原来的微观不平,获得很光滑或超光滑的表面。

2)抛光特点及应用

抛光具有如下特点:

(1)方法简便而经济。

抛光一般不用特殊设备,工具和加工方法都比较简单,成本低。

(2)容易对曲面进行加工。

由于抛光轮具有一定的弹性,抛光时能按工件曲面形状变形,可以实现曲面抛光,非常方便地对模具型腔进行光整加工。

(3)仅能提高表面的光亮度。

由于抛光轮与工件之间没有刚性的运动联系,抛光轮又有弹性,因此,不能保证从工件表面均匀地切除材料,只是去掉前道工序所留下的痕迹,获得光亮的表面,表面粗糙度值的降低不明显,而不能保持或提高原加工精度。

(4)劳动条件较差。

抛光目前多为手工操作,工作繁重,飞溅的磨粒、介质、微屑等污染环境,劳动条件较差。为改善劳动条件,可采用砂带磨床进行抛光,以代替用抛光轮的手工抛光。

抛光主要用于零件表面的修饰加工,或者用抛光消除前道工序的加工痕迹,以提高零件的疲劳强度,而不是以提高精度为目的。抛光零件表面的类型不限,可以加工外圆、孔、平面及各种成形面等。

为了保证电镀产品的质量,必须用抛光进行预加工;一些不锈钢、塑料、玻璃等制品,为得到好的外观质量,也要进行抛光。

综上所述,研磨、珩磨、超级光磨和抛光所起的作用是不同的,抛光仅能提高工件表面的光亮程度,而对工件表面粗糙度的改善作用不大。超级光磨仅能减小工件的表面粗糙度值,而不能提高其尺寸和形状精度。研磨和珩磨则不但可以减小工件表面的粗糙度值,也可以在一定程度上提高其尺寸和形状精度。

从应用范围来看,研磨、珩磨、超级光磨和抛光都可以用来加工各种各样的表面,但珩磨则主要用于孔的精整加工。

从所用工具和设备来看,抛光最简单,研磨和超级光磨稍复杂,而珩磨则较为复杂。

从生产效率来看,抛光和超级光磨最高,珩磨次之,研磨最低。

实际生产中常根据工件的形状、尺寸和表面的要求,以及批量大小和生产条件等,选用合适的精整或光整加工方法。

12.1.5 超精密加工

1)超精密加工的概念和分类

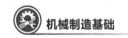

随着科学技术的发展,现代化武器和尖端产品的所要求的精度和表面质量大为提高。例如激光陀螺的平面反射镜的平面度为0.03~0.06μm,表面粗糙度 *Ra* 为0.012μm以下;人造卫星的仪表使用的真空无润滑轴承,其孔、轴的表面粗糙度达到1nm,其圆度、圆柱度均以纳米(nm)为单位;还有雷达的波导管、天文望远镜的反射镜等,它们的尺寸和形状精度常高达0.1μm,表面粗糙度数值在0.01μm以下,用一般的精密加工难以达到要求。为了解决这类零件的加工问题,近年来发展了超精密加工。

一般精密加工是指工件的加工精度在0.1~1μm、加工表面粗糙度在0.02~0.1μm的加工方法,例如精整加工中的研磨、珩磨等。为了与精密加工相区别,超精密加工一般是指工件的加工精高于0.1μm、加工表面粗糙度小于0.01μm的加工方法。

根据加工所用的工具不同,超精密加工可以分为超精密切削、超精密磨削和超精密研磨等。

超精密切削是指用单晶金刚石刀具进行的超精密加工。大量生产的中小型超精密零件如感光鼓、磁盘、多面镜,以及平面、球面或非球面的激光反射镜等,材料一般为铜及铜合金、铝及铝合金、非电解镀镍层等比较软的非铁金属,难以采用超精密磨削加工,所以只能采用超精密切削加工。

超精密磨削是指加工精度达到或高于0.1μm,表面粗糙度小于 *Ra* 小于0.025μm的亚微米级的加工方法,并正向纳米级发展。超精密磨削用精细修整过的砂轮或砂带对工件表面进行加工,它是利用大量等高的磨粒微刃,从工件表面切除一层极薄的材料,磨削的深度可能小于晶粒的尺寸,磨削就在晶粒内进行。它的生产率比超精密切削高,尤其是砂带磨削,生产率更高。

超精密研磨是通过磨料的挤压使被加工表面产生塑性变形,以及当有化学作用时使工件表面生成氧化膜的反复去除的加工方法。它是一种原子、分子级加工单位的去除加工方法,一般是在恒温的研磨液中进行,由于抑制了研具和工件的热变形,并防止了尘埃和大颗粒磨料混入研磨区,所以达到很高的精度(误差在0.1μm以下)和很小的表面粗糙度值(*Ra* 值在0.025μm以下)。

2)超精密加工的基本条件

超精密加工的核心,是切除微米级以下极微薄的材料。为了较好地解决这一问题,机床设备、刀具、工件、环境和检验等方面,应具备如下基本条件:

(1)机床设备。

超精密加工的机床应具有:

①可靠的微量进给装置。一般精密机床,其机械的或液压的微量进给机构很难达到1μm以下的微量进给要求。目前进行超精密加工的机床,常采用弹性变形式、热变形式、磁致伸缩式或电致伸缩式等微量进给装置。弹性变形式和电致伸缩式微量进给装置的技术比较成熟,应用较普遍,尤其是电致伸缩式微量进给装置,可以自动化控制,有较好的动态特性,可以用于误差在线检测。

②高回转精度的主轴部件。在进行极微量切削或磨削时,要求主轴回转精度极高,并且要求主轴转动平稳、无振动,例如进行超精密加工的车床,其主轴的径向和轴向跳动允差应小于0.12～0.15μm。这样高的回转精度,关键在于主轴轴承,目前常使用液体或空气静压轴承来。

③低速运行特性好的工作台。超精密切削或超精密磨削修整砂轮时,工作台的运动速度都应在10～20 mm/min之间或更小。在这样低的速度下运行,很容易产生"爬行"(即不均匀的窜动),这是超精密加工绝不允许的。目前防止爬行的主要措施是选用防爬行导轨油、采用聚四氟乙烯导轨面粘敷板和液体静压导轨等。

④较高的抗震性和热稳定性等。

(2)刀具或磨具。

无论是超精密切削还是超精密磨削,为了切下一层极微薄的材料,切削刃必须非常锋利,并有足够的耐用度。目前,只有仔细研磨的金刚石刀具和精细修整的砂轮等,才能满足要求。

(3)工件。

由于超精密加工的精度和表面质量都要求很高,而加工余量又非常小,所以对工件的材质和表面层微观缺陷等都要求很高。尤其是表层缺陷(如空穴、杂质等),若大于加工余量,加工后就会暴露在表面上,使表面质量达不到要求。

(4)环境。

应高度重视空气环境、热环境、振动环境、噪声环境,采取隔振、防振、隔热、恒温、减噪以及防尘等措施,以便保证超精密加工的顺利进行。

(5)检验。

为了可靠地评定精度,测量误差应为精度要求的10%或更小。目前利用光波干涉的各种超精密测量方法,其测量误差的极限值是0.01μm,因此,超精密加工的精度极限只能在0.1μm左右。

12.2　特种加工

随着科学技术的进步和工业生产的发展,一些尖端科学部门和新兴工业领域的设备正向着高温、高压、高速度、高精度和小型化、大功率方向发展。因此,具有高强度、高硬度、高韧性、高脆性等力学性能和耐高温等特殊物理性能的新材料不断出现,结构复杂和具有某些特殊要求的零件也越来越多。这样一来,一般机械加工方法有时便难以胜任加工工作。因此,除了要进一步发展一般机械加工方法以外,还应不断探索新的加工方法。特种加工就是在这种情况下产生和发展起来的。

特种加工不像机械加工那样主要依靠机械能来切除被加工材料,而是直接利用电能、光能、声能、化学能等进行加工。特种加工的主要优点有:①加工范围不受材料物理、力学性能的限制,具有"以柔克刚"的特点,可以加工任何硬的、脆的、耐热或高熔点的金属或非金属材料;②特种加工方法获得的加工精度和表面质量有其严格的、确定的规律性,利用这些规律,可以有目的地解决一些工艺难题和提高零件的表面质量,进而提高其使用性能和寿命;③许多特种加工方法对工件无明显的机械力作用,适合于加工薄壁件、弹性件,有些特种加工方法则可以在控制的气氛中工作,适于要求无污染的纯净材料加工。目前,特种加工已在航天、电子、化工、汽车、拖拉机等制造工业部门得到了广泛应用。

特种加工可以解决各种难切削材料的加工问题,如耐热钢、不锈钢、钛合金、淬火钢、硬质合金、陶瓷、宝石、金刚石以及锗和硅等高强度、高硬度、高韧性、高脆性以及高纯度的金属和非金属的加工。特种加工可以解决各种复杂曲面的加工问题,如各种热锻模、冲裁模和冷拔模的模腔和型孔、整体涡轮、喷气涡轮机叶片、炮管内腔线以及喷油嘴和喷丝头的微小异型孔的加工。特种加工可以解决各种精密的、有特殊要求的零件加工问题,如航空航天、国防工业中表面质量和精度要求都很高的陀螺仪、伺服阀以及低刚度的细长轴、薄壁筒和弹性元件等的加工。

特种加工包括化学加工(CHM)、电解加工(ECM)、电火花加工(EDM)、电接触加工(RHM)、超声波加工(USM)、激光加工(LBM)、电子束加工(EBM)、离子束加工(IBM)、等离子体加工(PAM)、电液加工(EHM)、磨料流加工(AFM)、磨料喷射加工(AJM)、液体喷射加工(HDM)、电化学机械加工(ECMM)及各类复合加工等。这里仅对应用较广的几种特种加工方法的基本原理和工艺特点进行扼要介绍。

12.2.1 电火花加工

1)电火花加工的基本原理

在日常生活中,人们发现电器开关的触点开闭时,因为火花放电使接触面烧蚀和损坏,这种现象叫作电腐蚀。电火花加工就是利用两极间脉冲性火花放电时产生的电腐蚀现象对材料进行加工的方法。研究结果表明,在两极发生火花放电的过程中,放电通道瞬时产生大量的热,使通道中心的温度高达10000℃,因而使电极表面局部迅速熔化或气化(阳极比阴极更为强烈),这种熔化和气化的过程非常短促,具有爆炸的特性。爆炸力把熔化的金属抛离电极表面,形成放电腐蚀的小坑穴,虽然这种小坑穴是十分微小的,但无数个脉冲放电蚀除量的积累,就能使工件达到所需的加工要求。

如图12-6所示,在进行电火花加工(EDM)时,工具接电源的一极,工件接另一极。两电极(工具和工件)之间充满煤油或变压器油等液体介质。放电间隙自动控制系统控制工具电极向工件的移动,当两极接近到一定距离时,极间的液体介质被击穿,发生脉冲性火花放电,使工件蚀除一个小坑穴。放电后的电蚀产物由液体介质冲走。工具电极不断地向工件移动,维持最佳的放电间隙。经过无数次瞬时脉冲放电腐蚀,就能在工件上加工出与工具电极形状相应的型孔或型腔。

2)电火花加工的应用

(1)穿孔加工。穿孔加工是电火花加工工艺中应用最广的一种,它可以加工各种复杂截面的型孔、小孔($\phi0.1 \sim 1$mm)和微孔($<\phi0.1$mm),例如落料模、拉丝模、喷丝孔、喷嘴(图12-7)等。有时也可以加工出孔的中心线与工件表面有一定倾角的斜孔以及规则的曲线孔。

(2)型腔加工。型腔加工包括锻模、挤压模、胶木模和塑料模(图12-8)等型腔加工。因型腔属不通孔,且形状复杂,各处深浅不同,所以型腔加工比穿孔困难。

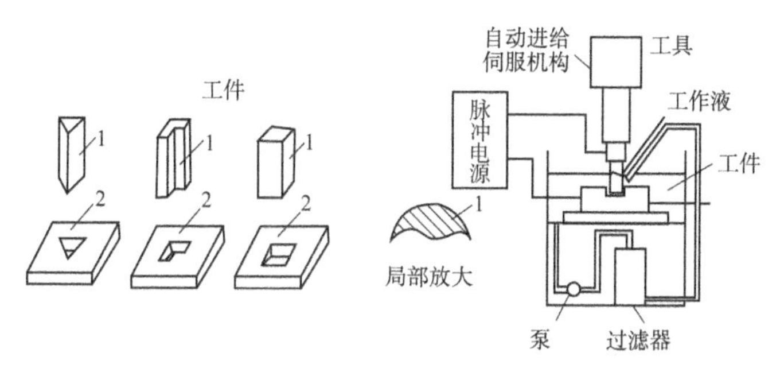

图 12-6 电火花加工

1-工具; 2-工件

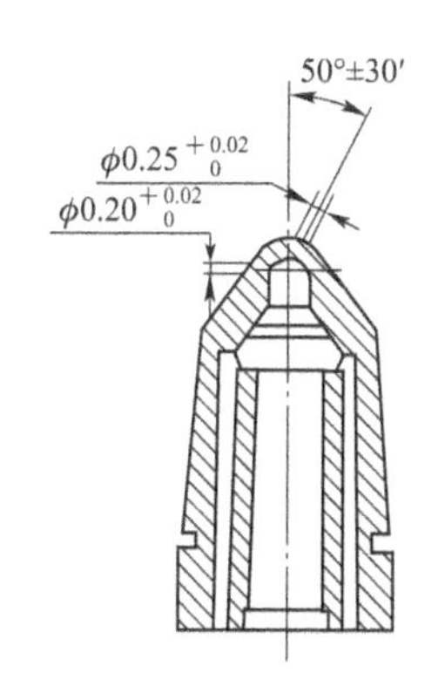

图 12-7 电火花加工的喷嘴小孔

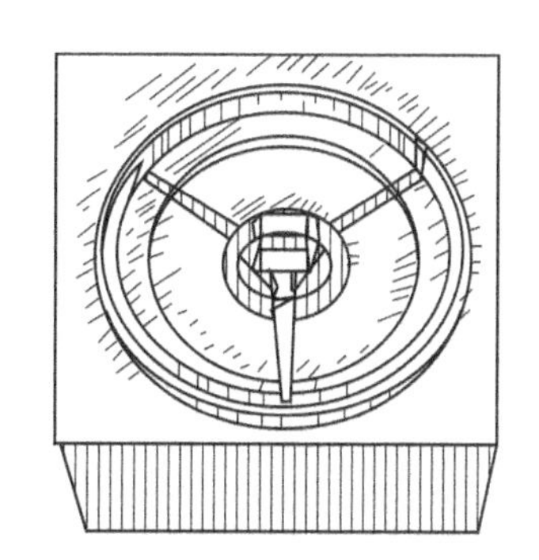

图 12-8 电火花加工的风扇后罩塑料模型腔

(3)线电极切割加工。如图 12-9 所示,它是利用一根运动的金属丝(ϕ0.02 ~ 0.3mm 的钼丝或钨钼丝等)作工具电极,按预定的轨迹进行切割加工。控制轨迹可以用靠模仿形、光跟踪及数字控制等方法。

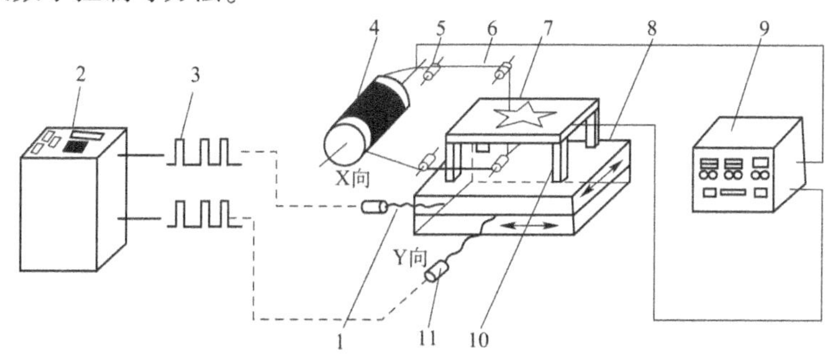

图 12-9 线电极切割加工原理示意图

1-丝杠;2-数控装置;3-电脉冲信号;4-储丝轮;5-导轮;6-钼丝;7-工件;8-切割台;9-脉冲电源;10-绝缘块;11-步进电动机

在线电极切割中,由于作为工具电极的金属丝是不断移动的,因而线电极基本上不受电蚀损耗的影响,加工精度较高。尺寸公差一般为 0.01 ~ 0.02mm,表面粗糙度 Ra 值一般为 1.6 ~ 3.2μm 或更小。线电极切割广泛应用于加工各种冲裁模、样板、外形复杂的精密细小零件及窄缝等。

此外,利用电火花加工还可以进行电火花磨削、共轭回转加工、表面强化、打印记、雕刻、齿轮跑合以及取出折断的丝锥或钻头等。

12.2.2 电解加工

1)电解加工的基本原理

电解加工(ECM)是利用金属在电解液中产生阳极溶解的原理,对金属材料进行成形加工的一种方法。如图12-10所示,电解加工时,工作和工具电极之间接入低电压、大电流的稳压直流电源(一般输出电流为500~20000A,工作电压6~24V),工件接电源的正极(阳极),工具接负极(阴极),两极之间保持一定的间隙(0.1~1mm)。具有一定压力(0.5~2MPa)的电解液(10%~20%的食盐水)从间隙中流过,工具向工件缓慢进给,强大的电流从阳极的被加工表面经过间隙中的电解液流向阴极,这时阳极工件的金属被逐渐电解腐蚀,电解产物被高速(5~60m/s)流动的电解液带走。

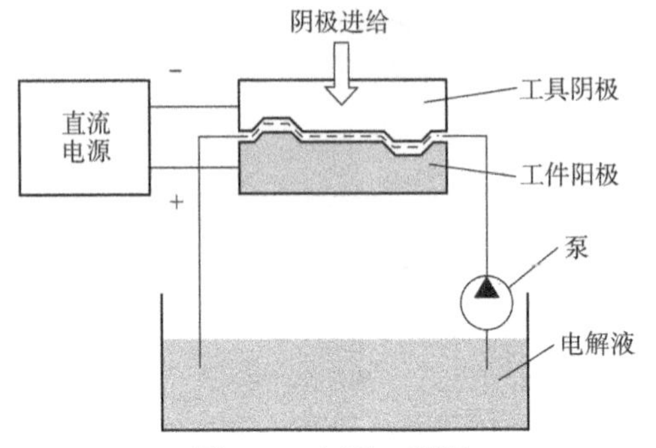

图12-10 电解加工原理

电解加工过程中,阳极和阴极距离越近,电流密度越大,阳极溶解的速度越快;反之距离越远,电流密度越小,阳极溶解的速度越慢。随着阳极或阴极的不断送进,工件表面上各点就以不同的速度进行溶解,经过一段时间后,工件表面与工具电极基本吻合。此时工具电极与工件相应表面的各处间隙均匀,工件的相应表面开始均匀地溶解,直至达到要求的尺寸形状为止。

2)电解加工的应用

电解加工主要用于加工坚韧的难切削的金属材料和形状特别复杂的工件。

(1)型腔和型面的加工。如汽车拖拉机厂、柴油机厂、矿山机械厂、航空发动机厂和汽轮机厂等,都采用电解方法加工各种锻模和叶片。图12-11为电解加工的发动机叶片,材料一般为耐热钢或高温合金。

(2)穿孔套料加工。如加工炮管的膛线、整体涡轮、花键孔、内齿轮、链轮等。图12-12是电解加工的整体涡轮,材料一般为2Cr13,涡轮上的每个叶片分别采用套料的方式加工出来。

此外,电解加工还用于去毛刺、倒圆角、刻印等方面。

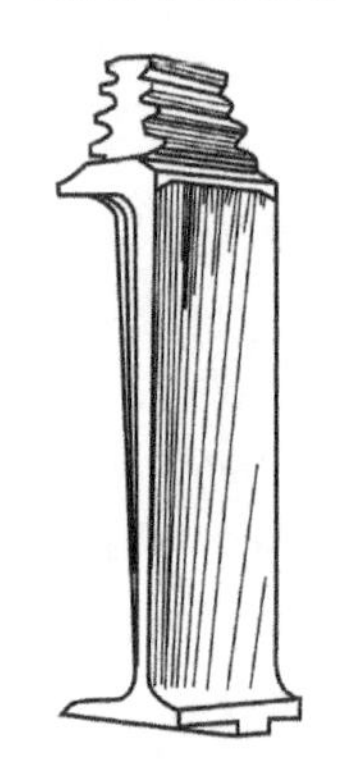
图12-11 电解加工的叶片型面

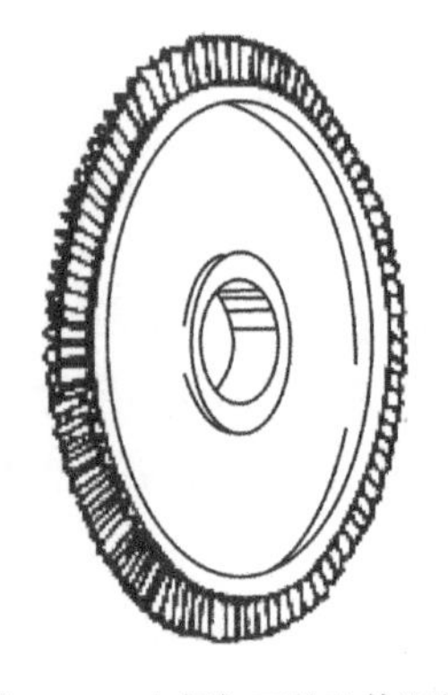
图12-12 电解加工的整体涡轮

12.2.3　超声波加工

1)超声波加工的基本原理

频率超过16000Hz的机械波称为超声波,此波是人耳不能感受到的。超声波可以向自己传播方向上的障碍物施以压力,超声波的强度、能量越大,压力就越大。超声波的能量比声波的能量大得多。

超声波加工(USM)是利用工具做超音频(16～25kHz)振动,通过磨料(碳化硼、碳化硅或金刚刚石粉)对工件进行加工的。图12-13为超声波加工的示意图。超声波发生器产生超声频振荡,通过换能器将超声频振荡转换成机械振动(超声波换能器是用镍或镍铝合金制成的,这种材料在磁场作用下可以改变其长度,但当磁场消失后又恢复原状,因而能起到换能作用),不过此时的振幅极小,不超过0.005～0.01mm,不能直接用来加工,因此必须通过振幅扩大棒将振幅加以放大。振幅扩大棒是一个上粗下细的金属杆。它之所以能放大振幅是由于通过它每一截面的振动能量是不变的,截面小的地方能量密度大,振幅也大。放大后的机械振动传给工具,当工具末端具有0.01～0.1mm的振幅时,就可应用于切削加工。加工时在切削区域中加入液体和磨料混合的悬浮液,并在工具振动方向加上一个不大的压力。当工件、磨料和工具紧密相靠时,工作液中的悬浮磨粒将在工具的超声频振动作用下,以很高的速度连续地冲击被加工工件表面,通过磨料的作用,把加工区域的材料粉碎成很细的微粒,并由循环工作液带走。工具逐渐伸入工件材料中,工具形状便复现在工件上。显然,采用不同截面形状的工具可以加工出各种形状的孔穴。

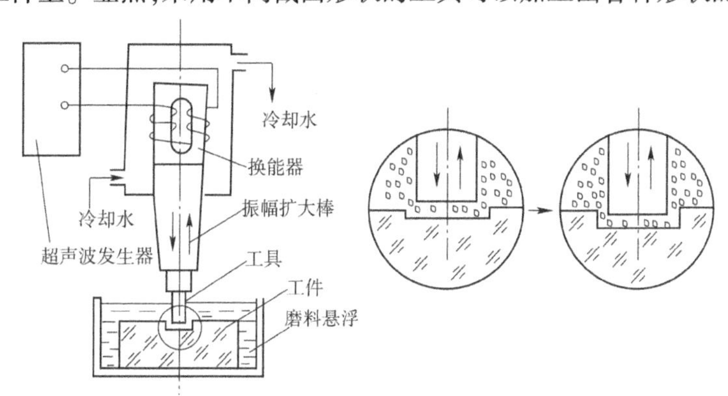

图12-13　超声波加工

2)超声波加工的应用

目前,超声波加工主要用于加工各种不导电的硬脆材料,如电子器件用的玻璃基片的切割、陶瓷片和硅片的切割;在玻璃(例如收音机刻度盘、仪器盘)上雕刻;金刚石模具型孔的加工以及在电子管器件的铁氧体上加工微孔等。

超声波加工主要应用类型如图12-14所示。在加工难切削材料时,常将超声频振动与其他加工方法配合进行复合加工,这样可提高生产效率和加工质量。

12.2.4　激光加工

1)激光加工的基本原理

激光是一种在激光器中受激辐射而产生的相干光。它具有很多宝贵的特点:方向性极好,几乎是一束平行光;单色性好,比氪灯(在激光出现以前,单色性最好的光源)还要纯万倍;亮度极高,比太阳表面亮度还要高 10^{10} 倍,能量高度集中。

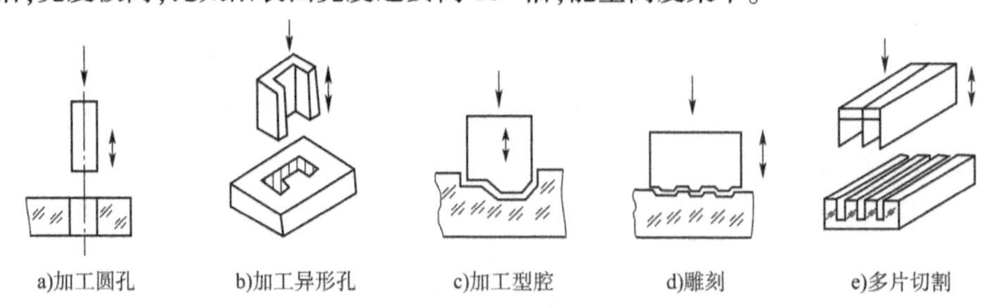

图 12-14 超声波加工应用类型

由于激光的发散角小、单色性好和亮度高,故可以通过一系列的光学系统把激光束聚焦成一个极小的光斑(直径仅有几微米到几十微米),获得 $10^8 \sim 10^{10}\mathrm{W/cm^2}$ 的高能量密度,温度可达上万摄氏度。当能量密度极高的激光照射到工件的被加工表面时,照射斑点局部区域的材料在 $10^{-3}\mathrm{s}$(甚至更短的时间)内急剧熔化和气化,熔化和气化的物质被爆炸性地高速(比声速还快)喷射出来。熔化和气化物质高速喷射所产生的反冲力又在工件内部形成一个很强烈的冲击波。工件在高温熔融和冲击波的同时作用下被打出一个小孔。激光加工(LBM)就是利用这种原理进行的。

图 12-15 是固体激光器加工原理示意图。工作物质是固体激光器的核心,常用的工作物质有红宝石、钕玻璃及钇铝石榴石三种。光泵(脉冲氙灯)是激励工作物质的一种光源。当工作物质受到光泵的激发后,吸收特定波长的光,在一定条件下可形成工作物质中亚稳态粒子数大于低能态粒子数的状态,这种现象称为粒子数反转。此时一旦有少量激发粒子自发辐射发出光子,即可感应所有其他激发粒子产生受激辐射跃迁,造成光放大,并通过谐振腔的反馈作用产生振荡,由谐振腔一端输出激光。通过透镜将激光束聚焦到工件的待加工表面,就可以进行打孔、切割等加工。

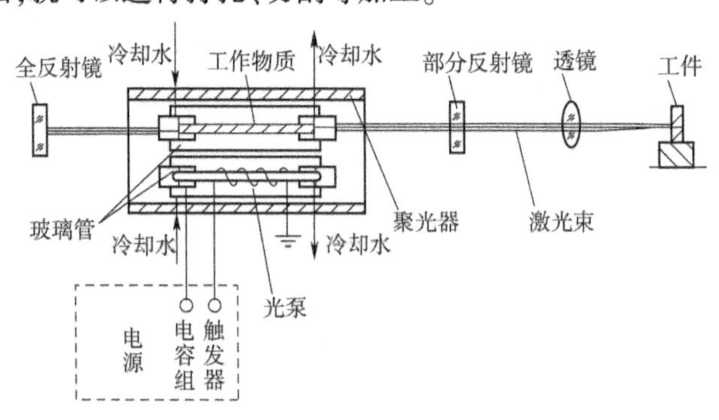

图 12-15 固体激光器加工原理示意图

2)激光加工的应用

(1)激光打孔。

利用激光打孔,特别是在坚硬材料上加工微型小孔(孔径 0.01 ~ 1mm,最小可达 0.001mm),目前已应用于火箭发动机和柴油机的燃料喷嘴加工、化学纤维喷丝头打孔、钟表及仪表中宝石轴承打孔、金刚石拉丝模加工等方面。

激光打孔的速度极高，特别是加工金刚石和宝石等特硬材料，打孔时间仅为机械加工方法的数百分之一。例如宝石轴承的打孔，采用机械加工方法穿一个孔需要几分，而采用激光加工方法，1s 大约可加工出 10 个孔。若配上自动送料装置，加工时间还可以缩短。

(2)激光切割。

激光切割的原理和打孔基本相同，只要激光束与工件相对运动，就能实现激光切割。在实际生产中，一般都是移动工件。如果是直线切割，还可以借助于柱面透镜将激光束聚焦成线，以提高切割速度。

激光可以切割各种金属(如钢板、钛板)和非金属(如玻璃、陶瓷、布匹、纸张、塑料、橡胶)材料。切割效率高，切割厚度对金属材料可达 10mm 以上，非金属材料可达几十毫米。切缝很窄，一般为 0.1 ~ 0.5mm。

激光切割已成功地应用于半导体切片，可将 $1cm^2$ 的硅片切割成几十个集成电路块或几百个晶体管管芯。此外，还应用于化学纤维喷丝头的型孔加工、精密零件的窄缝切割等。

激光还可用于焊接及热处理(如对齿轮进行表面淬火)。

12.2.5　电子束加工

1)电子束加工的原理

电子束加工(EBM)是利用高速电子的冲击动能对材料进行加工的(图 12-16)。在真空条件下，利用聚焦后能量密度极高的电子束，以极高的速度冲击工件表面，在极短的时间内，电子的动能大部分转变为热能，使工件材料局部瞬时熔化和气化。气化物质被真空系统抽走，从而达到加工的目的。

2)电子束加工的应用

电子束加工可用于打孔、切割、蚀刻、热处理、焊接和光刻加工等。

(1)电子束打孔。

电子束打孔直径一般为 0.01 ~ 1mm，最小孔径可达 0.002mm，孔深为 0.05 ~ 5mm。电子束能打锥孔、弯孔、异形孔，能加工特殊形状的表面。一般用于加工不锈钢、耐热钢、宝石轴承、拉丝模等的锥孔、喷气发动机套上的冷却孔、人造纤维用的喷丝头上的异形孔等。

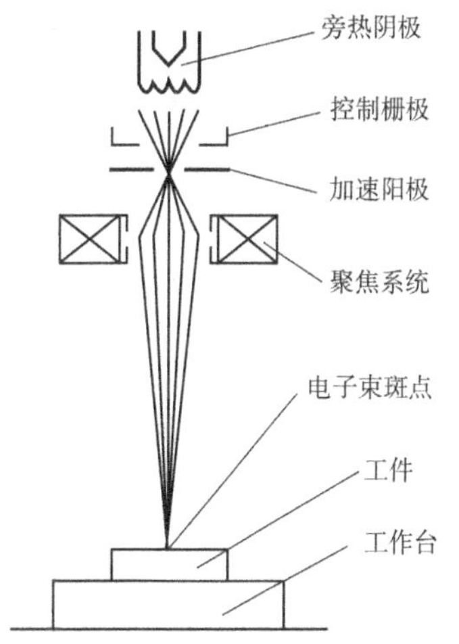

图 12-16　电子束加工原理及设备组成

(2)电子束切割。

可切割各种形孔和复杂形面，切口宽度 3 ~ 6μm。

(3)电子束蚀刻。

在微电子器件生产中，可利用电子束对陶瓷材料或半导体材料进行精细蚀刻，加工出许多精细的沟槽。

12.2.6 离子束加工

1)离子束加工的原理

离子束加工(IBM)的原理与电子束加工相类似,也是在真空条件下,将离子源产生的离子束经过加速聚焦后,射到工件表面。不同的是离子带正电荷,其质量比电子大数万倍,一旦离子加速到较高速度时,离子束比电子束具有更大的撞击功能。因此,离子束是靠微观的机械撞击来进行加工的。

图12-17为离子束加工原理示意图。首先把氩(Ar)、氪(Kr)、氙(Xe)等惰性气体注入低真空(1Pa)的电离室中,用高频放电、电弧放电、等离子放电或电子轰击等方法使其电离成等离子体,接着用加速电极将离子呈束状拉出并使之加速。然后,离子束进入高真空(约10^{-4} Pa)的加工室,并用静电透镜聚成细束向工件表面打出原子或分子,从而达到溅射去除加工的目的。

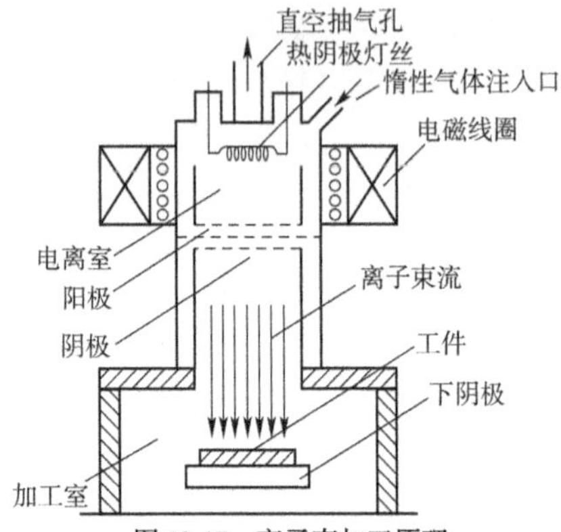

图12-17 离子束加工原理

2)离子束加工的应用

目前应用较多的离子束加工是:离子刻蚀、离子镀膜和离子注入。

(1)离子刻蚀。离子刻蚀是用能量为0.5~5keV的氩离子轰击工件,将加工部位的原子逐个剥离,亦称离子铣削。离子束刻蚀可用于加工空气轴承的沟槽、加工极薄材料及超高精度非球面透镜。

(2)离子镀膜。离子镀膜是用0.5~5keV的氩离子,在镀膜前或镀膜时轰击工件表面,以增强膜材与工件基体之间的结合力。离子镀可在金属或非金属表面上镀制金属或非金属材料。离子镀膜已用于镀制润滑膜、耐热膜、耐蚀膜、耐磨膜、装饰膜和电气膜等。

(3)离子注入。离子注入是采用5~500keV能量的离子束,直接轰击被加工材料,离子钻入工件表层,改变工件表面化学成分,改变其物理、化学和力学性能。离子注入已广泛用于制作半导体器件和大规模集成电路。离子注入亦用于机械制造中,如对一些刀具、模具及精密型件表面注入氮离子,可使其寿命延长1~10倍。

最后将上述几种主要特种加工方法的综合比较列于表12-1。

主要特种加工方法的比较 表12-1

加工方法	适用于加工材料	加工精度	表面粗糙度 Ra(μm)	生产率	设备投资	应用范围
电火花加工	金属材料	较高	0.2~6.3	低	中	穿孔、型腔加工、切割、强化,如冲裁模、锻模等加工
电解加工	金属材料	一般	0.2~6.3	高	高	穿孔、型腔加工、去毛刺,如锻模、发动机叶片加工
超声波加工	硬脆的非金属、金属	较高	0.1~0.4	中	低	穿孔、套料、切割、研磨、复合加工,如钟表宝石轴承打孔

续上表

加工方法	适用于加工材料	加工精度	表面粗糙度 Ra(μm)	生产率	设备投资	应用范围
激光加工	任何材料	一般	0.4～1.6	高	高	微小孔加工、切割、焊接,如金刚石模具及钟表轴承打孔
电子束加工	任何材料	一般	0.4～1.6	高	高	微孔加工、切缝、焊接、蚀刻、镀膜,如宝石轴承,拉丝模锥孔加工
离子束加工	任何材料	较高	0.01	低	高	超微量加工、蚀刻、抛光、注入制作半导体器件、大规模集成电路

习　　题

一、单项选择题

1. 在电火花加工中存在吸附效应,它主要影响(　　)。

A. 工件的可加工性　　B. 生产率

C. 加工表面的变质层结构　　D. 工具电极的损耗工

2. 用电火花加工冲模时,若火花间隙能保证配合间隙的要求,应选用的工艺方法是(　　)。

A. 直接配合法　　B. 修配冲头法　　C. 修配电极法　　D. 阶梯电极法

3. 超精密加工机床中主轴部件结构应用最广泛的是(　　)。

A. 密排滚柱轴承结构　　B. 滑动轴承结构

C. 液体静压轴承结构　　D. 空气静压轴承结构

4. 下列四个选项中,哪个是离子束加工所具有的特点?(　　)

A. 加工中无机械应力和损伤

B. 通过离子撞击工件表面将机械能转化成热能,使工件表面熔化而去除工件材料

C. 工件表面层不产生热量,但有氧化现象

D. 需要将工件接正电位(相对于离子源)

5. 一般来说,电解加工时工具电极是(　　)。

A. 低损耗　　B. 高损耗　　C. 基本无损耗　　D. 负损耗

6. 高功率密度的电子束加工适于(　　)。

A. 钢板上打孔　　B. 工件表面合金化

C. 电子束曝光　　D. 工件高频热处理

7. 用电火花加工冲模时,若凸凹模配合间隙小于电火花加工间隙时,应选用的工艺方法是(　　)。

A. 直接配合法　　B. 化学浸蚀电极法

C. 电极镀铜法　　D. 冲头镀铜法

8. 电解加工型孔过程中,(　　)。

A. 要求工具电极作均匀等速进给　　B. 要求工具电极作自动伺服进给

C. 要求工具电极作均加速进给　　D. 要求工具电极整体作超声振动

二、填空题

1. 超精密机床导轨部件要求有极高的直线运动精度,不能有爬行。除要求导轨有很高的制造精度外,还要求导轨的材料具有________、________和________。

2. 精密和超精密加工机床主轴轴承的常用形式有________和________。

3. 金刚石晶体的激光定向原理是利用金刚同结晶方向上________进行的。

4. 金刚石刀具在超精密切削时所产生的积屑瘤、将影响加工零件的________和________。

5. 精密和超精密磨料加工分为________加工和________加工两大类。

6. 精密与特种加工按加工方法可以分为________、________、________和________四大类。

7. 目前金刚石刀具主要用于________材料的精密与超精密车削加工,而对于________材料的精密与超精密加工,则主要应用精密和超精密磨料加工。

8. 实现超精密加工的关键是________,对刀具性能的要求是:________、________、刀刃无缺陷、与工件材料的抗黏结性好,摩擦系数低。

9. 电火花加工蚀除金属材料的微观物理过程可分为________、________、________和________四个阶段。

10. 电火花加工型腔工具电极常用的材料有________、________、________等。

11. 超声波加工主要是利用________作用来去除材料的,同时产生的液压冲击和空化现象也加速了蚀除效果,故适于加工________材料。

12. 激光加工设备主要包括电源________、________、________、________、冷却系统等部分。

13. 常用的超声变幅杆有________、________及________三种形式。

三、判断题(正确打"√",错误打"×")

1. 电解加工时由于电流的通过,电极的平衡状态被打破,使得阳极电位向正方向增大(代数值增大)。(　　)

2. 电解磨削时主要靠砂轮的磨削作用来去除金属,电化学作用是加速磨削过程。(　　)

3. 与电火花加工、电解加工相比,超声波加工的加工精度高,加工表面质量好,但加工金属材料时效率低。(　　)

4. 从提高生产率和减小工具损耗角度来看,极性效应越显著越好,所以,电火花加工一般都采用单向脉冲电源。(　　)

5. 电火花线切割加工中,电源可以选用直流脉冲电源或交流电源。(　　)

6. 阳极钝化现象的存在,会使电解加工中阳极溶解速度下降甚至停顿,所以它是有害的现象,在生产中应尽量避免。(　　)

7. 电子束加工是利用电能使电子加速转换成动能撞击工件,又转换成热能来蚀除金

属的。（　　）

8. 电火花线切割加工中，电源可以选用直流脉冲电源或交流电源。（　　）

9. 电火花加工是非接触性加工（工具和工件不接触），所以加工后的工件表面无残余应力。（　　）

10. 电化学反应时，金属的电极电位越负，越易失去电子变成正离子溶解到溶液中去。（　　）

四、简答题

1. 试说明研磨、珩磨、超级光磨和抛光的加工原理。

2. 为什么研磨、珩磨、超级光磨和抛光能达到很高的表面质量？

3. 对于提高加工精度来说，研磨、珩磨、超级光磨和抛光的作用有何不同？为什么？

4. 研磨、珩磨、超级光磨和抛光各适用于何种场合？

5. 何谓精密加工、超精密加工？超精密加工应具备哪些基本条件？

6. 试说明电火花加工、电解加工、超声加工的基本原理。

7. 试说明激光加工、电子束加工、离子束加工的基本原理。

8. 特种加工有哪些共同特点？

9. 电火花加工、电解加工、超声加工、激光加工、电子束加工、离子束加工各适用于何种场合？

10. 电火花加工、电解加工、超声加工的工具都可以用硬度较低的材料制造，试分析有何优点。

第13章　机械加工工艺过程

现代生产中，因机器零件的材质、结构形状、加工精度、技术条件、生产批量和机器性能用途等不相同，生产的手段趋于多样化，加工方案有多种，故有必要按价值规律科学合理地选择最佳的加工方案。对某一零件选定加工方法后，还要制订加工工艺规程，做到既符合生产条件和零件技术规范或标准，又高效、低成本，并逐步应用 CAD（Computer Aided Design，计算机辅助设计）/CAM（Computer Aided Manufacture，计算机辅助制造）技术进行产品生产的全过程。

机械加工工艺规程是根据生产条件，规定产品或零部件机械加工工艺过程和操作方法等，并以一定形式写成的工艺文件。机械加工工艺规程有如下作用：

(1)工艺规程是指导生产的主要技术文件。

机械加工车间生产的计划与调度、工人的操作、零件的加工质量检验、加工成本的核算，都是以工艺规程为依据的。处理生产中的问题，也常以工艺规程作为共同依据。如处理质量事故，应按工艺规程来确定各有关单位、人员的责任。

(2)工艺规程是生产准备工作的主要依据。

加工制造新零件时，首先要制定该零件的机械加工工艺规程，再根据工艺规程进行生产准备。如：新零件加工工艺中的关键工序的分析研究；准备所需的刀、夹、量具（外购或自行制造）；原材料及毛坯的采购或制造；新设备的购置或旧设备改装等，均必须根据工艺规程来进行。

(3)工艺规程是新建机械制造厂（车间）的基本技术文件。

新建（改、扩建）批量或大批量机械加工车间（工段）时，应根据工艺规程确定所需机床的种类和数量以及在车间的布置，再由此确定车间的面积大小、动力和吊装设备配置以及所需工人的工种、技术等级、数量等。

随着机械制造生产技术的发展及多品种小批量生产的要求，特别是 CAD/CAM 系统向集成化、智能化方向发展，传统的工艺设计方法已远不能满足要求。随着计算机技术的发展，计算机技术在制造业应用的深化，计算机辅助工艺设计（Computer Aided Process Design，CAPP）应运而生。

CAPP 是通过向计算机输入被加工零件的几何信息（图形）和加工工艺信息（材料、热处理、批量等），由计算机自动输出零件的工艺路线和工序内容等工艺文件的过程。CAPP 属于工程分析与设计的范畴，是重要的生产准备工作之一。由于制造系统的出现，CAPP 向上与计算机辅助设计相接，向下与计算机辅助制造相连，它是设计与制造之间的桥梁，设计信息只能通过工艺过程设计才能生成制造信息，设计只能通过工艺设计才能与制造实现信息和功能的集成。

随着 CAD、CAPP、CAM 单元技术日益成熟,先进制造技术理念的提出和发展,促使 CAPP 向智能化、集成化和实用化方向发展。

CAPP 的重要意义在于:可以将工艺设计人员从大量繁重的重复性的手工劳动中解放出来,使他们能将主要精力投入新产品的开发、工艺装备的改进及新工艺的研究等具有创造性的工作中;可以大大缩短工艺设计周期,保证工艺设计的质量,提高产品在市场上的竞争能力;可以提高企业工艺设计的标准化,并有利于工艺设计的最优化工作;能够适应当前日趋自动化现代制造环节的需要,并为实现计算机集成制造系统创造必要的技术基础。

13.1 机械加工工艺过程的基础知识

13.1.1 生产过程和工艺过程

1)生产过程

产品的生产过程是指从原材料到机械产品出厂的全过程。机械产品的生产过程一般包括:

(1)生产与技术准备,如工艺设计和专用工艺装备的设计和制造、生产计划的编制、生产资料的准备等。

(2)毛坯的制造,如铸造、锻造、冲压等。

(3)零件的机械加工及热处理,如切削加工、热处理、表面处理等。

(4)产品的装配,如总装、部装、调试、检验、油漆和包装等。

(5)生产的服务,如原材料、外购件和工具的供应、运输和保管等。

2)工艺过程

工艺过程是指在生产过程改变生产对象的形状、尺寸、相对位置和性质等,使其成为成品或半成品的过程。如毛坯的制造、机械加工、热处理、装配等,均为工艺过程。

工艺过程中,用机械加工方法直接改变毛坯的形状、尺寸和表面质量,使之成为合格的零件所进行的工艺过程,称为机械加工工艺过程。将加工好的零件装配成机器使之达到所要求的装配精度并获得预定技术性能的工艺过程,称为装配工艺过程。在机械制造业中,机械加工工艺过程是最主要的工艺过程。

13.1.2 机械加工艺过程的组成

机械加工工艺过程是由一系列按顺序排列的工序组成。通过这些工序对工件进行加工,将毛坯逐步变为合格的零件。工序是工艺过程的基本单元,也是编制生产计划和进行成本核算的基本依据。工序又可细分为装夹、工步等。

1)工序

工序是一个或一组工人在一个工作地对同一个或同时对几个工件所连续完成的那一部分工艺过程。

划分工序的主要依据是工件加工过程中的工作地(或设备)是否变动和完成的那部分工艺是否连续。

图 13-1 所示阶梯轴零件,按单件小批量生产制定的工艺过程见表 13-1。按大批量生产制订的工艺过程见表 13-2。单件生产时,所有车削与磨削内容分别集中在一台车床与一台磨床上进行。成批生产时,车削内容被分配到三台车床上进行,三个外圆的磨削也分别由三台磨床完成。由于后者工作地发生了变动,因此,车削与磨削各有三个工序。

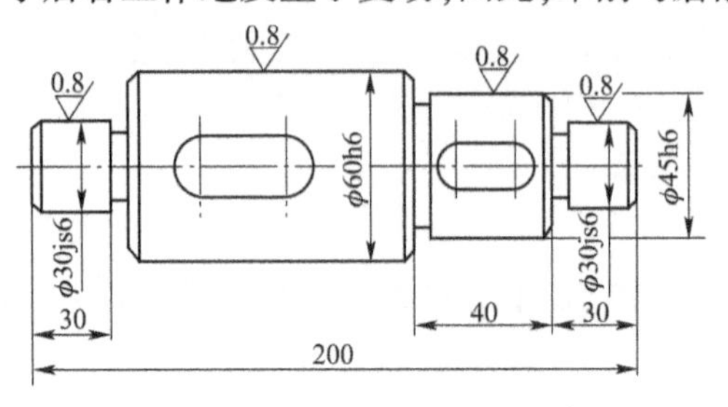

图 13-1　阶梯轴

单件小批量生产阶梯轴的加工工艺过程　　表 13-1

工序号	工序名称	安装	工步	工 步 内 容	设　备
1	车工	Ⅰ	1	车右端端面	普通车床
			2	钻右端中心孔	
		Ⅱ	1	车左端端面	
			2	钻左端中心孔	
2	车工	Ⅰ	1	车 Φ45mm、Φ30mm 外圆	普通车床
			2	倒角	
			3	车右端两槽	
		Ⅱ	1	车 Φ30mm、Φ60mm 外圆	
			2	车左端槽	
			3	倒角	
3	铣键槽	Ⅰ	1	铣右键槽,并去毛刺	铣床
			2	铣左键槽,并去毛刺	
4	磨外圆	Ⅰ	1	磨所有外圆	磨床

大批量生产阶梯轴的加工工艺过程　　表 13-2

工序号	工序名称	安装	工步	工 步 内 容	设　备
1	钻中心孔	Ⅰ	1	两边同时铣端面	铣端面、钻中心孔机床
			2	两边同时钻中心孔	
2	车工	Ⅰ	1	车 Φ45mm、Φ30mm 外圆	普通车床
			2	车右端两槽	
			3	倒角	

续上表

工序号	工序名称	安装	工步	工 步 内 容	设 备
3	车工	I	1	车 Φ30mm、Φ60mm 外圆	普通车床
			2	车左端槽	
			3	倒角	
4	铣键槽	I	1	铣右键槽,并去毛刺	铣床
			2	铣左键槽,并去毛刺	
5	钳工	I	1	去毛刺	钳工台
6	磨外圆	I	1	磨所有外圆	磨床

2)安装

工件加工前使其在机床上或夹具中获得一个正确而固定的位置的过程称为装夹。装夹包括工件定位和夹紧两部分内容。

如果在一个工序中需要对工件进行几次装夹,则工件经一次装夹后所完成的那一部分加工过程称为安装。在一个工序中可以包括一个或数个安装。例如,表13-1的车工工序1,加工时需要调头装夹工件,有两个以上的安装;而铣键槽工序3只有一个安装。工序中包括的安装个数多,不仅增加工件装卸的辅助时间,而且影响工件的位置精度。

3)工步

工步是工序的一部分。它是在加工表面和加工工具不变的情况下所连续完成的那一部分工序。一个工序可以只有一个工步,也可以包括若干个工步。例如,表13-1中的工序1,需要车削2个端面、2个中心孔,共4个工步。

构成工步的任一因素(加工表面或加工工具)改变后,一般即成为另一新的工步。但是,当几个形状尺寸完全相同的加工表面,用同一工具连续加工时,在工艺过程中习惯上视为一个工步。例如,图13-2所示工件上4个相同孔径孔的钻削,一般看成一个钻孔工步。

在批量生产中,为了提高生产率,常采用多刀多刃或复合刀具同时加工工件的几个表面,这样的工步称为复合工步,如图13-3所示。复合工步亦视为一个工步。

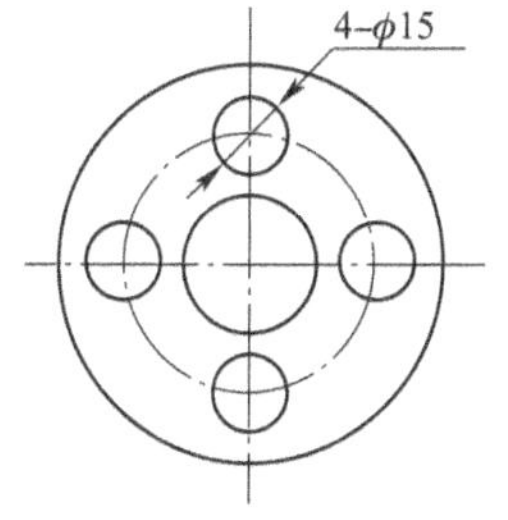

图13-2 含有6个相同加工表面的工步

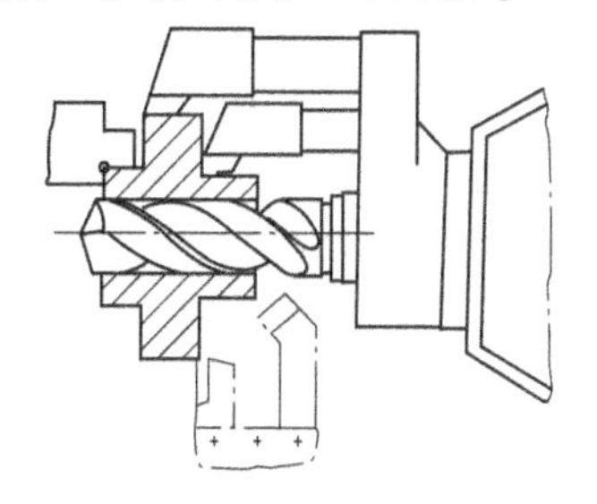

图13-3 在立轴转塔车床上加工工件时的一个复合工步

4)工位

为了减少工序中安装的数量,在成批生产中常采用各种转位(或移位)夹具,使工件经一次装夹后,在加工中可获得几个不同的加工位置。这种为了完成一定的工序部分,一次装夹工件后,工件与夹具或设备的可动部分一起相对刀具或设备的固定部分所占据的每一个位置称为工位。图 13-4 所示为在三轴钻床上所进行的一道工序,在该工序中,利用回转夹具,在一次安装中连续完成钻孔、扩孔、铰孔等工艺过程,共 4 个工位。在第一工位装夹工件;第二工位钻孔;第三工位扩孔;第四工位铰孔。在上述多工位加工中,不卸下工件重新装夹,将夹具回转部分连同工件一起回转 90°,工件便进入下工位进行加工,采取多工位加工,可减少工件装夹次数,缩短辅助时间,提高生产率。

5)走刀

当加工表面、刀具和切削用量中的切削速度与进给量均保持不变时,切除一层金属的加工过程,即称为走刀。一个工步可以包括一次走刀或数次走刀,如图 13-5 所示,要加工出 Φ60mm 的外圆,需在直径方向切去 10mm 厚的金属,而设备及工具条件不能一次切削完,必须分两次切削,则每一次切削就是一次走刀。

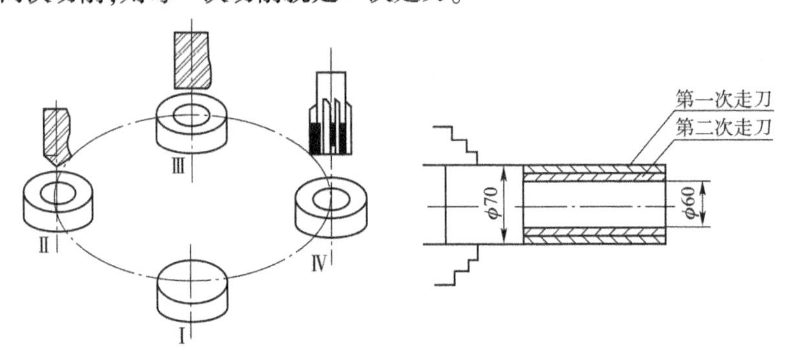

图 13-4　多工位加工　　　图 13-5　分层走刀

13.1.3　生产纲领、生产类型及其工艺特征

1)生产纲领

生产纲领是指企业在计划期内,应生产的产品产量和进度计划称为生产纲领。通常计划期为一年,所以生产纲领也称为年生产纲领。

零件的生产纲领要计入备品和废品的数量,计算公式如下:

$$N = Qn(1+\alpha)(1+\beta) \tag{13-1}$$

式中:N——产品的年产量(件/年);

Q——产品的年产量(台/年);

n——每台产品中该零件的数量(件/台);

α——备品的百分率;

β——废品的百分率。

生产纲领是设计或修改工艺规程的重要依据,是车间(或工段)设计的基本文件。

2)生产类型

生产类型是指企业(或车间、工段、班组、工作地)生产专业化程度的分类。一般分为单件生产、成批生产和大量生产三种类型。

(1)单件生产。产品的种类繁多不定,数量极少,少至一件或几件,多则几十件,工作地的加工对象经常改变,很少重复;这种生产类型称为单件生产。例如,新产品试制、专用设备制造、专用工具制造、重型机械制造等都属单件生产类型。

(2)成批生产。生产的产品种类比较少,而同一产品的产量比较大,一年中产品周期地成批投入生产,工作地的加工对象周期性地更换,这种生产类型称为成批生产。占一次投入或产出的同一产品(或零件)的数量称为生产批量。根据批量的大小,成批生产又可分为小批生产、中批生产和大批生产。小批生产工艺过程的特点与单件生产相似,大批生产工艺过程的特点与大量生产相似,中批生产工艺过程的特点则介于单件、小批生产与大批、大量生产之间。例如,通用机床、机车的制造等属于中批生产,飞机、航空发动机制造大多属于小批生产。

(3)大量生产。产品的产量很大,大多数工作地经常重复地进行某一零件的某一工序的加工,这种生产类型称为大量生产。例如,汽车、自行车、轴承等的制造通常属大量生产类型。

生产类型的划分并无严格的标准,在划分时可以参考表13-3。

生产类型的划分 表13-3

生产类型		零件的年生产量(件)		
		重型(>30kg)	中型(4~30kg)	轻型(≤4kg)
单件生产		<5	<10	<100
成批生产	小批	5~100	10~200	100~500
	中批	100~300	200~500	500~5000
	大批	300~1000	500~5000	5000~50000
大量生产		>1000	>5000	>50000

3)各种生产类型的工艺特征

生产类型不同,生产规模也不同,零件和产品的制造工艺、机床设备、工艺装备、对工人的技术要求、采取的技术措施和达到的技术经济效果均不相同。各种生产类型具有不同的工艺特征(表13-4)。在制定工艺规程时,必须考虑不同生产类型的工艺特征,以取得最大的经济效果。

各种生产类型的工艺特征 表13-4

工艺特征	生产类型		
	单件生产	成批生产	大量生产
产品数量	产品或工件的数量少,品种多,生产不一定重复	产品或工件的数量中等,品种不多,周期地成批生产	产品或工件的数量多,品种单一,长期连续生产固定产品
加工对象	经常变换	周期性变换	固定不变
机床设备	通用机床	通用机床或部分专用机床	广泛采用高效率专用机床
夹具	万能夹具	广泛采用专用夹具	广泛采用高效率专用夹具
刀具和量具	一般刀具和通用量具	专用刀具和专用量具	高效率专用刀具和专用量具

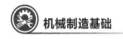

续上表

工艺特征	生产类型		
	单件生产	成批生产	大量生产
零件互换性	很少用完全互换,钳工试配	普遍采用完全互换,有时有些试配	完全互换
毛坯	木模铸造或自由锻造	金属模或模锻	金属模机器铸造、模锻、压力锻造、特种锻造
机床布局	按机床类型及尺寸布置或机群式	基本上按工件制造流程布置	按工艺路线布置,呈流水线或自动线
对工艺规程的要求	简单	比较详细	详细编写
对工人的技术要求	需要技术熟练工人	需要一定技术熟练程度工人	调整工要求技术熟练,操作工要求技术一般

13.1.4 零件在机床上加工时的安装

零件在生产时,装夹是否正确、迅速,直接影响工件的加工精度、生产率和制造成本。在各种不同的生产条件下加工零件时,可能有各种不同的安装方法,大致可归纳为以下三种:直接找正安装、划线找正安装和专用夹具安装。

1)直接找正装夹

将工件夹待在机床的工作台或通用夹具(如三爪自定心卡盘、四爪单动卡盘和平口虎钳等)上,以工件上某个表面作为找正的基准面,用目测或划针盘、90°角尺、百分表等工具找正,以确定工件在机床或夹具上的正确位置。用找正定位后再夹紧,这种方法称为直接找正装夹。如图13-6所示,加工内孔前是在外圆上用百分表找正其位置的,即使外圆轴线与机床主轴回转线重合,所以就能保证该外圆对进一步镗出内孔的同轴度要求,该外圆面叫找正面或定位基准。此法定位精度较高,可达0.01mm左右。又如,在图13-7中,装夹凸缘盘毛坯时,常用目测或划针盘检查端面,使其与车床主轴回转轴线大致垂直。

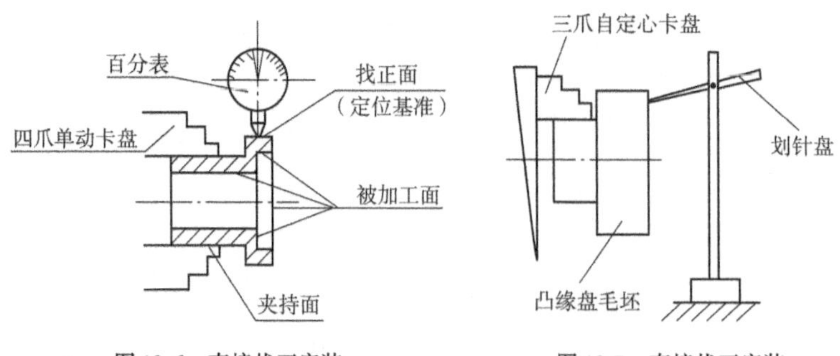

图13-6 直接找正安装　　图13-7 直接找正安装

2)划线找正装夹

在毛坯上划出加工表面的轮廓线或加工线作为找正的依据,从而确定工件在机床或通用夹具上的正确位置,找正之后再夹紧,这种方法称为划线找正安装。由于划线和找正时误差都较大,因而工件的定位精度较低,一般仅能达0.2～0.5mm,而且用这种方法找正工件也较费时,一般在单件小批生产中使用。

形状复杂的铸件毛坯和余量较多的锻件毛坯,一般精度都较低,各表面间位置偏差较大,在单件小批生产中,采用这种划线找正法,还可以通过划线来调整余量,使各被加工表面都能留有足够的加工余量,以预先避免某个表面因余量不够而报废。此外,用划线的方法,还能使加工表面与不加工表面之间相互位置的偏差不致过大。

3)专用夹具装夹

专用夹具是根据工件加工过程中某一工序的具体情况设计的,按加工要求布置夹具的定位元件和夹紧装置。专用夹具装夹在操作时可迅速可靠地保证工件与机床和刀具具有正确的相对位置,无须再进行找正。如图13-8所示,在钻床上用夹具装夹轴套钻孔。轴套以孔和一个端面定位装夹在夹具上,拧紧螺母,通过开口垫圈,将轴套压紧,即可进行钻孔。钻完后松开螺母,取下开口垫圈,即可卸下轴套。这种装夹方法生产率高,但生产准备时间较长,生产费用较高,多用于大批大量生产。有时在单件小批生产中,当被加工表面的位置精度要求较高而用其他方法难以保证时,也常用简单的专用夹具来装夹工件。

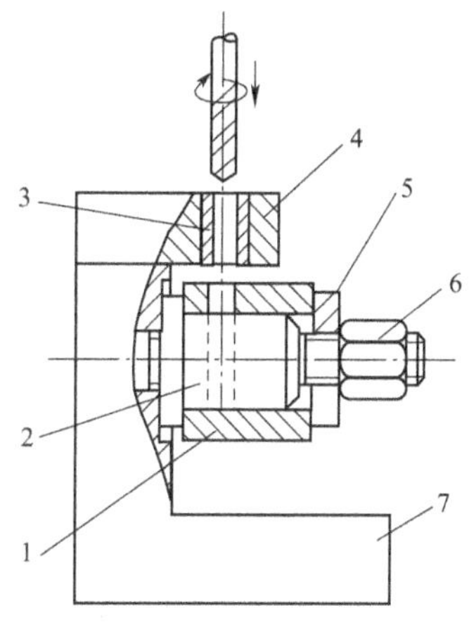

图13-8　专用夹具装夹举例

1-工件;2-定位销;3-钻套;4-钻模板;5-开口垫圈;6-螺母;7-夹具体

从上述介绍可知,无论采用哪种装夹方法都要根据工件上指定的表面(或划线)作为基准来决定工件在机床或夹具上的正确位置,因而正确选择定位基准十分重要。

13.1.5　基准

1)工件的定位原理

一个不受任何约束的物体,在空间直角坐标系中均有6个自由度,即沿3个互相垂直坐标轴的移动(用$\vec{X}$、$\vec{Y}$、$\vec{Z}$表示)和绕3个互相垂直坐标轴的转动(用$\overset{\curvearrowright}{X}$、$\overset{\curvearrowright}{Y}$、$\overset{\curvearrowright}{Z}$表示),如图13-9所示。要使工件在机床或夹具中占有正确的位置,就必须限制6个自由度。

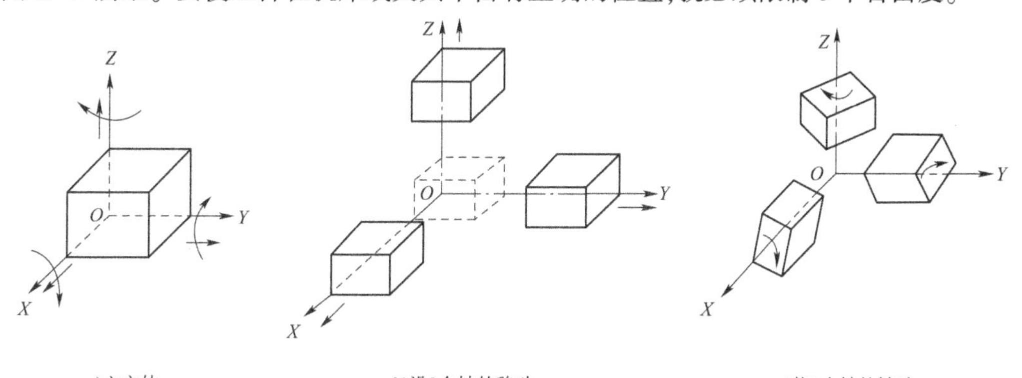

a)立方体　　b)沿3个轴的移动　　c)绕3个轴的转动

图13-9　物体的6个自由度

(1)六点定则。

工件在夹具中定位时，用适当分布的6个支承点来限制6个自由度，从而确定工件位置，这种定位方法称为工件的六点定则。图13-10所示为在夹具的3个互相垂直的平面内，布置了6个支承点，其中*XOY*平面上的三个支承点限制了$\overset{\frown}{X}$、$\overset{\frown}{Y}$和$\vec{Z}$3个自由度；*XOZ*平面上的2个支承点限制了工件$\overset{\frown}{Z}$和$\vec{Y}$2个自由度；*YOZ*平面上的1个支承点限制了工件$\vec{X}$自由度。

(2)完全定位、不完全定位与过定位。

工件在夹具中定位时，采用限制工件6个自由度的方法，称为完全定位。如图13-11所示，在铣床上铣削一批工件的沟槽时，为了保证每次安装中工件的正确位置，保证3个尺寸x、y、z，就必须限制6个自由度。

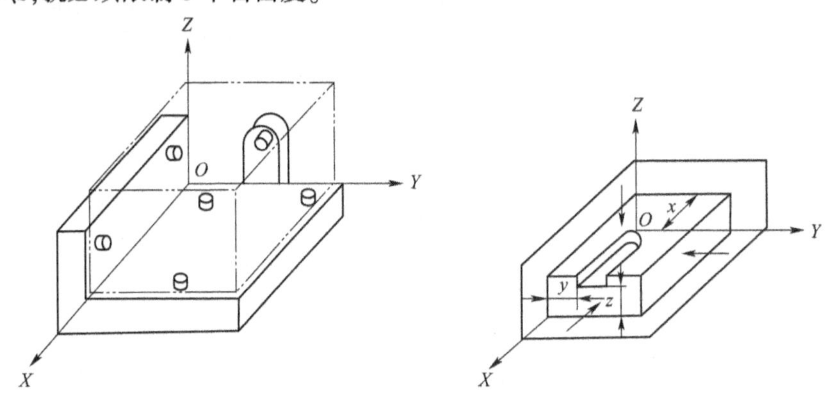

图13-10　平行六面体的六点定位　　　　图13-11　完全定位

工件在夹具中定位时，不需要限制工件6个自由度的方法，称为不完全定位。如图13-12所示，在铣床上给一批工件铣台阶，需保证2个尺寸y、z，只要限制工件5个自由度，$\vec{X}$未加限制，并不影响零件的加工精度。

工件在夹具定位时，有2个或2个以上的定位件重复(或同时)限制同一个自由度的定位，称为过定位(或超定位)。如图13-13所示，在车削光轴外圆时，若用前后顶尖和三爪自定心卡盘(卡住工件较短的一段)安装，前后顶尖已限制了$\vec{X}$、$\vec{Y}$、$\vec{Z}$、$\overset{\frown}{X}$、$\overset{\frown}{Y}$5个自由度，而卡盘也限制了$\vec{X}$、$\vec{Z}$2个自由度，这样，在$\vec{X}$、$\vec{Z}$2个方向的定位点重复了，这种情况称为过定位。由于三爪自定心卡盘的夹紧力会使顶尖或工件变形，故增加了加工后的误差。

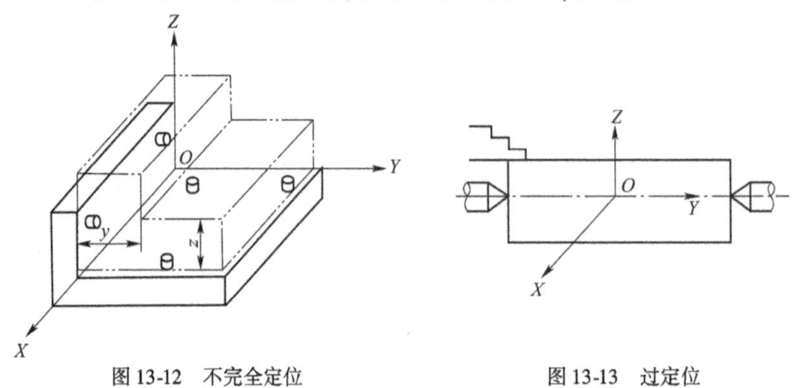

图13-12　不完全定位　　　　图13-13　过定位

2)工件的基准

在零件和部件的设计、制造和装配过程中,必须根据一些指定的点、线或面,来确定另一些点、线或面的位置,这些作为根据的点、线或面称为基准。按照作用的不同,基准可分为设计基准和工艺基准两类。

(1)设计基准。

设计基准是零件设计图纸上标注尺寸所根据的点、线或面。如图13-14所示,齿轮的内孔、外圆和分度圆的设计基准是齿轮的轴线,轴向设计基准是端面 A。

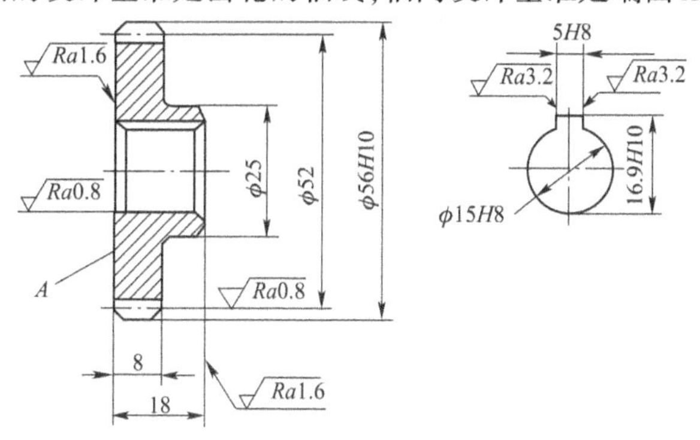

图13-14 齿轮零件图

(2)工艺基准。

工艺基准是制造零件和装配机器的过程中所使用的基准。按其用途的不同,可分为定位基准、测量基准和装配基准。

①定位基准是工件在机床或夹具中定位时所用的基准。如图13-14中的齿轮,在切齿时,孔和端面就是定位基准。

②测量基准是测量工件尺寸和表面相对位置时所依据的点、线或面。如图13-14所示齿轮,在测量齿轮径向跳动时,其孔是测量基准。

③装配基准是用来确定零件或部件在机器中的位置时所用的基准。如图13-14所示齿轮,在装配时,仍是以齿轮孔作为装配基准。

3)定位基准的选择

合理地选择定位基准,对保证加工精度、安排加工顺序和提高加工生产率有着十分重要的影响。从定位基准的作用来看,它主要是为了保证加工表面之间的相互位置精度。因此,在选择定位基准时,应该从有位置精度要求的表面中进行选择。

定位基准有粗基准和精基准之分。用没有经过加工的表面作定位基准称为粗基准。如毛坯加工时,第一道工序只能用毛坯表面定位,这种基准即为粗基准。用已加工表面作定位基准则称为精基准。

(1)粗基准的选择。

选作粗基准的表面,应该保证零件上所有加工表面都有足够的加工余量,不加工表面对加工表面都具有一定的位置精度。在选择粗基准时应该考虑以下几点:

①取工件上的不加工表面作粗基准。如图13-15所示,这种方法是以不需要加工的外圆表面作为粗基准,这样可以保证各加工表面与外圆表面有较高的同轴度和垂直度。若几

个表面均不需加工,则应选择其中与加工表面间相互位置精度要求较高的表面作为粗基准。

②取工件上加工余量和公差最小的表面作粗基准。当工件的每个表面均需加工时,如图 13-16 所示机床床身的加工,由于床身的导轨面耐磨性要好,希望在加工时只切去较薄而均匀的一层金属,使其表面层保留均匀的金相组织,有较好的耐磨性和较高的硬度,因此,应首先选择导轨面作为粗基准,加工床腿底平面,如图 13-16a)所示。然后,以床腿的底平面为精基准,再加工导轨面,如图 13-16b)所示。

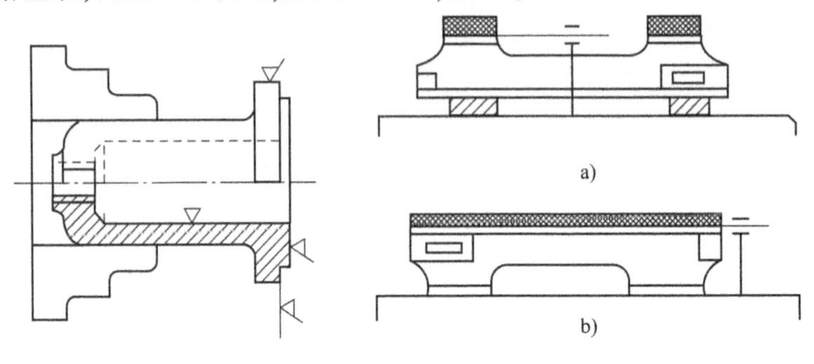

图 13-15　不加工表面作基准　　　图 13-16　不加工表面作基准

③选择粗基准的表面应尽可能平整、光洁,不应有飞边、浇口、冒口或其他缺陷,并要有足够大的表面,使定位稳定、夹紧可靠。

④应尽量避免重复使用。因为粗基准的表面精度很低,不能保证每次安装中位置一致. 对于相互位置精度要求较高的表面,常常容易造成位置误差使零件报废,因此,粗基准一般只能使用一次,以后则应以加工过的表面作定位基准。

(2)精基准的选择。

选择精基准时,应保证工件的加工精度和装夹方便可靠。主要考虑以下几点:

①尽可能选用设计基准为定位基准(基准重合原则)。这样可以避免因定位基准与设计基准不重合而引起的误差。如图 13-17a)所示,尺寸 A 和 B 的设计基准是表面 1,表面 1 和表面 3 都是已加工表面。图 13-17b)是给一批工件加工表面 2,保证尺寸 B。现以表面 1 作定位基准加工表面 2,则定位某准与设计基准重合,避免了基准不重合误差。此时,尺寸 B 的误差只与本身的加工误差有关,该误差只需控制在尺寸 B 的公差以内即可保证加工精度,但这样的定位和夹紧方法既不可靠,也不方便。实际上,不得不采用如图 13-17c) 所示的定位和夹紧方法。这样装夹方便可靠,但定位和设计基准不重合,尺寸 B 的误差除了本身的加工误差以外,还有高度尺寸 A(即基准不重合误差,其最大值等于尺寸 A 的公差)。

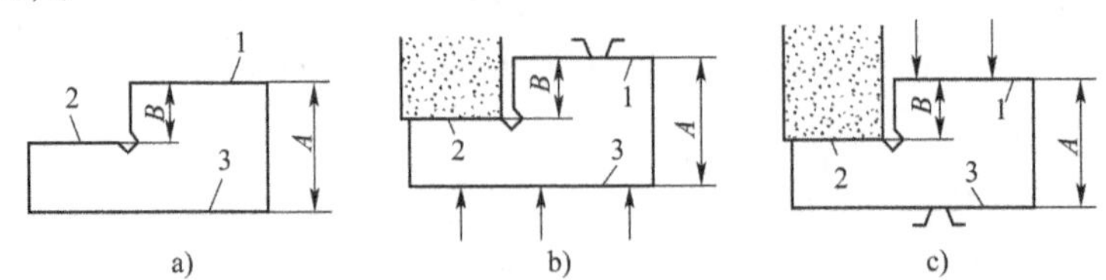

图 13-17　定位基准选择与基准不重合误差的关系

②加工相互位置精度要求较高的某些表面时,应尽可能选用同一个精基准(即基准统一原则),这样就可以保证各表面之间具有较高的位置精度。

③应选精度较高、安装稳定可靠的表面作精基准，而且，所选的基准应使夹具结构简单，安装和加工方便。

应当指出，在实际工作中，精基准的选择不一定能完全符合上述原则，因此，应根据具体情况进行分析，选出最有利的定位基准。

13.2　机械加工工艺规程的制订

13.2.1　机械加工工艺规程的概念与格式

1）机械加工工艺规程的概念

工艺过程拟定之后，要以图表或文字的形式写成工艺文件，用以指导生产的技术文件，即机械加工工艺规程，它的内容包括：排列加工工序（包括热处理工序）；选择各工序所用的机床、装夹方法、加工方法、测量方法；确定加工余量、切削用量、工时定额等。它的形式有多种多样，其繁简程度也有很大不同，要视生产类型而定。

2）机械加工工艺规程的格式

工艺规程有三种形式：机械加工工艺过程卡片、机械加工工艺卡片、机械加工工序卡片。

（1）机械加工工艺过程卡片。

机械加工工艺过程卡片以工序为单位，主要列出零件加工的工艺路线和工序内容的概况，指导零件的流向，见表13-5。其主要内容包括工序号、工序名称、工序内容、车间、工段、设备、工艺装备、工时定额等。工艺过程卡片主要用于组织生产，是进行生产准备工作和安排生产计划的依据。在单件、小批生产中，工艺过程卡片用于直接指导生产。

（2）机械加工工艺卡片。

机械加工工艺卡片以工序为单位，除详细说明零件的机械加工工艺过程，还具体表示各工序、工步的顺序和内容，见表13-6。它是用来指导工人操作，帮助车间技术人员掌握整个零件加工过程的一种最主要工艺文件。它被广泛应用于成批生产的零件和小批生产的重要零件。

（3）机械加工工序卡片。

在机械加工工艺过程卡片的基础上，按每道工序编制的工艺文件称为机械加工工序卡片，见表13-7。机械加工工序卡片一般具有工序简图，并详细说明该工序每一工步的加工内容、工艺参数、操作要求，以及所用设备和工艺装备等。机械加工工序卡片主要用于大批、大量生产中，用来具体指导工人生产。在成批生产时，复杂零件或一些零件的重要工序一般也编写工序卡片。

13.2.2　制定机械加工工艺规程的步骤

不同的零件有不同的加工工艺，同一种零件，由于生产类型、机床设备、工艺装备等不同，其加工工艺也不同。在一定生产条件下，零件的机械加工工艺通常可以有几种方案，但其中总有一种相对更为合理，因此，在制定零件的加工工艺时，要从实际出发，为保证产品质量，制定出最经济合理的工艺方案。制定工艺规程的步骤如下。

机械加工工艺过程卡片

表 13-5

<table>
<tr><td colspan="2" rowspan="2">工厂</td><td colspan="4" rowspan="2">机械加工工艺过程卡片</td><td colspan="2">产品型号</td><td colspan="4"></td><td>零件图号</td><td colspan="3"></td><td colspan="2"></td><td colspan="2"></td></tr>
<tr><td colspan="2">产品名称</td><td colspan="4"></td><td>零件名称</td><td colspan="3"></td><td colspan="2">共　页</td><td colspan="2">第　页</td></tr>
<tr><td colspan="2">材料牌号</td><td></td><td>毛坯种类</td><td colspan="3"></td><td colspan="3">毛坯外形尺寸</td><td colspan="2"></td><td>每毛坯
可制件数</td><td></td><td>每台
件数</td><td colspan="2"></td><td>备注</td><td colspan="2"></td></tr>
<tr><td rowspan="2">工序号</td><td rowspan="2">工序
名称</td><td colspan="3" rowspan="2">工序内容</td><td colspan="2" rowspan="2">车间</td><td colspan="2" rowspan="2">工段</td><td colspan="2" rowspan="2">设备</td><td colspan="7" rowspan="2">工艺装备</td><td colspan="2">工时</td></tr>
<tr><td>准终</td><td>单件</td></tr>
<tr><td></td><td></td><td colspan="3"></td><td colspan="2"></td><td colspan="2"></td><td colspan="2"></td><td colspan="7"></td><td></td><td></td></tr>
<tr><td></td><td></td><td colspan="3"></td><td colspan="2"></td><td colspan="2"></td><td colspan="2"></td><td colspan="7"></td><td></td><td></td></tr>
<tr><td></td><td></td><td colspan="3"></td><td colspan="2"></td><td colspan="2"></td><td colspan="2"></td><td colspan="7"></td><td></td><td></td></tr>
<tr><td></td><td></td><td colspan="3"></td><td colspan="2"></td><td colspan="2"></td><td colspan="2"></td><td colspan="7"></td><td></td><td></td></tr>
<tr><td></td><td></td><td colspan="3"></td><td colspan="2"></td><td colspan="2"></td><td colspan="2"></td><td colspan="7"></td><td></td><td></td></tr>
<tr><td></td><td></td><td colspan="3"></td><td colspan="2"></td><td colspan="2"></td><td colspan="2"></td><td colspan="7"></td><td></td><td></td></tr>
<tr><td></td><td></td><td colspan="3"></td><td colspan="2"></td><td colspan="2"></td><td colspan="2"></td><td colspan="7"></td><td></td><td></td></tr>
<tr><td></td><td></td><td colspan="3"></td><td colspan="2"></td><td colspan="2"></td><td colspan="2"></td><td colspan="7"></td><td></td><td></td></tr>
<tr><td></td><td></td><td colspan="3"></td><td colspan="2"></td><td colspan="2"></td><td colspan="2"></td><td colspan="7"></td><td></td><td></td></tr>
<tr><td></td><td></td><td colspan="3"></td><td colspan="2"></td><td colspan="2"></td><td colspan="2"></td><td colspan="7"></td><td></td><td></td></tr>
<tr><td></td><td></td><td colspan="3"></td><td colspan="2"></td><td colspan="2"></td><td colspan="2"></td><td colspan="7"></td><td></td><td></td></tr>
<tr><td></td><td></td><td colspan="3"></td><td colspan="2"></td><td colspan="2"></td><td colspan="2"></td><td colspan="7"></td><td></td><td></td></tr>
<tr><td></td><td></td><td colspan="3"></td><td colspan="2"></td><td colspan="2"></td><td colspan="2"></td><td colspan="7"></td><td></td><td></td></tr>
<tr><td></td><td></td><td colspan="3"></td><td colspan="2"></td><td colspan="2"></td><td colspan="2"></td><td colspan="7"></td><td></td><td></td></tr>
<tr><td></td><td></td><td colspan="3"></td><td colspan="2"></td><td colspan="2"></td><td colspan="2"></td><td colspan="7"></td><td></td><td></td></tr>
<tr><td></td><td></td><td colspan="3"></td><td colspan="2"></td><td colspan="2"></td><td colspan="2"></td><td colspan="7"></td><td></td><td></td></tr>
<tr><td></td><td></td><td colspan="3"></td><td colspan="2"></td><td colspan="2"></td><td colspan="2"></td><td colspan="7"></td><td></td><td></td></tr>
<tr><td></td><td></td><td colspan="3"></td><td colspan="2"></td><td colspan="2"></td><td colspan="2"></td><td colspan="7"></td><td></td><td></td></tr>
<tr><td></td><td></td><td colspan="3"></td><td colspan="2"></td><td colspan="2"></td><td colspan="2"></td><td colspan="7"></td><td></td><td></td></tr>
</table>

表 13-6

机械加工工艺卡片

工厂				机械加工工艺卡片		产品型号			零件图号				共 页		
						产品名称			零件名称				第 页		
材料牌号				毛坯种类		毛坯外形尺寸		每毛坯可制件数			每台件数		备注		
工序	装夹	工步	工序内容	同时加工零件数	切削用量				设备名称及编号	工艺装备名称及编号			技术等级	工时定额	
					背吃刀量（mm）	切削速度（m/min）	每分钟转数或往复次数	进给量（mm/r 或 mm/str）		夹具	刀具	量具		单件	准终
标记	处数	更改文件号	签字	日期	标记处数	更改文件号	签字 日期								

表 13-7

机械加工工序卡片

<table>
<tr><td colspan="2" rowspan="2">工厂</td><td colspan="4" rowspan="2">机械加工工艺过程卡片</td><td colspan="2">产品型号</td><td colspan="4"></td><td>零件图号</td><td colspan="7"></td></tr>
<tr><td colspan="2">产品名称</td><td colspan="4"></td><td>零件名称</td><td colspan="3"></td><td colspan="2">共　页</td><td colspan="2">第　页</td></tr>
<tr><td colspan="2">材料牌号</td><td></td><td>毛坯种类</td><td colspan="3"></td><td colspan="3">毛坯外形尺寸</td><td colspan="2"></td><td>每毛坯
可制件数</td><td></td><td>每台
件数</td><td colspan="2"></td><td>备注</td><td colspan="2"></td></tr>
<tr><td rowspan="2">工序号</td><td rowspan="2">工序
名称</td><td colspan="3" rowspan="2">工序内容</td><td colspan="2" rowspan="2">车间</td><td colspan="2" rowspan="2">工段</td><td colspan="2" rowspan="2">设备</td><td colspan="7" rowspan="2">工艺装备</td><td colspan="2">工时</td></tr>
<tr><td>准终</td><td>单件</td></tr>
<tr><td></td><td></td><td colspan="3"></td><td colspan="2"></td><td colspan="2"></td><td colspan="2"></td><td colspan="7"></td><td></td><td></td></tr>
<tr><td></td><td></td><td colspan="3"></td><td colspan="2"></td><td colspan="2"></td><td colspan="2"></td><td colspan="7"></td><td></td><td></td></tr>
<tr><td></td><td></td><td colspan="3"></td><td colspan="2"></td><td colspan="2"></td><td colspan="2"></td><td colspan="7"></td><td></td><td></td></tr>
<tr><td></td><td></td><td colspan="3"></td><td colspan="2"></td><td colspan="2"></td><td colspan="2"></td><td colspan="7"></td><td></td><td></td></tr>
<tr><td></td><td></td><td colspan="3"></td><td colspan="2"></td><td colspan="2"></td><td colspan="2"></td><td colspan="7"></td><td></td><td></td></tr>
<tr><td></td><td></td><td colspan="3"></td><td colspan="2"></td><td colspan="2"></td><td colspan="2"></td><td colspan="7"></td><td></td><td></td></tr>
<tr><td></td><td></td><td colspan="3"></td><td colspan="2"></td><td colspan="2"></td><td colspan="2"></td><td colspan="7"></td><td></td><td></td></tr>
<tr><td></td><td></td><td colspan="3"></td><td colspan="2"></td><td colspan="2"></td><td colspan="2"></td><td colspan="7"></td><td></td><td></td></tr>
<tr><td></td><td></td><td colspan="3"></td><td colspan="2"></td><td colspan="2"></td><td colspan="2"></td><td colspan="7"></td><td></td><td></td></tr>
<tr><td></td><td></td><td colspan="3"></td><td colspan="2"></td><td colspan="2"></td><td colspan="2"></td><td colspan="7"></td><td></td><td></td></tr>
<tr><td></td><td></td><td colspan="3"></td><td colspan="2"></td><td colspan="2"></td><td colspan="2"></td><td colspan="7"></td><td></td><td></td></tr>
<tr><td></td><td></td><td colspan="3"></td><td colspan="2"></td><td colspan="2"></td><td colspan="2"></td><td colspan="7"></td><td></td><td></td></tr>
<tr><td></td><td></td><td colspan="3"></td><td colspan="2"></td><td colspan="2"></td><td colspan="2"></td><td colspan="7"></td><td></td><td></td></tr>
<tr><td></td><td></td><td colspan="3"></td><td colspan="2"></td><td colspan="2"></td><td colspan="2"></td><td colspan="7"></td><td></td><td></td></tr>
<tr><td></td><td></td><td colspan="3"></td><td colspan="2"></td><td colspan="2"></td><td colspan="2"></td><td colspan="7"></td><td></td><td></td></tr>
<tr><td></td><td></td><td colspan="3"></td><td colspan="2"></td><td colspan="2"></td><td colspan="2"></td><td colspan="7"></td><td></td><td></td></tr>
<tr><td></td><td></td><td colspan="3"></td><td colspan="2"></td><td colspan="2"></td><td colspan="2"></td><td colspan="7"></td><td></td><td></td></tr>
<tr><td></td><td></td><td colspan="3"></td><td colspan="2"></td><td colspan="2"></td><td colspan="2"></td><td colspan="7"></td><td></td><td></td></tr>
<tr><td></td><td></td><td colspan="3"></td><td colspan="2"></td><td colspan="2"></td><td colspan="2"></td><td colspan="7"></td><td></td><td></td></tr>
<tr><td></td><td></td><td colspan="3"></td><td colspan="2"></td><td colspan="2"></td><td colspan="2"></td><td colspan="7"></td><td></td><td></td></tr>
</table>

(1)对零件进行工艺分析。

(2)选择毛坯类型。

(3)制定零件工艺路线。

(4)选择或设计、改装各工序所使用的设备。

(5)选择或设计各工序所使用的刀具、量具、夹具及其他辅助工具。

(6)确定工序的加工余量、工件尺寸及公差。

(7)确定各工序的切削用量、时间定额等。

13.2.3 制定机械加工工艺规程时要解决的主要问题

1)对零件进行工艺分析

工艺分析首先要分析零件图,零件工作图是反映工件结构形状、尺寸大小及技术要求的重要文件,是制定工艺规程的基本资料。在制定工艺规程前,应结合产品装配图,了解零件用途、性能、结构特点、工作条件及各种技术要求,确定主要表面的加工方法和加工顺序,为制定工艺路线打下基础。

2)制定零件工艺路线

工艺路线是制定工艺规程中最重要的内容,除合理选择定位基准外,还应考虑以下因素。

(1)表面加工方法的选择。

加工方法的选择与零件的结构形状、技术要求、材料、毛坯类型、生产类型等因素有关。选择加工方法时,应首先选定主要表面(零件的工作面或定位基准)的最后加工方法,然后再确定最后加工以前的一系列准备工序的加工方法和顺序。图13-18所示为一销轴(材料为渗碳钢),其外圆表面为主要配合面,尺寸精度和几何形状精度以及表面粗糙度均要求很高,因此,最后工序采用研磨,其准备工序为粗车、半精车、粗磨、半精磨。

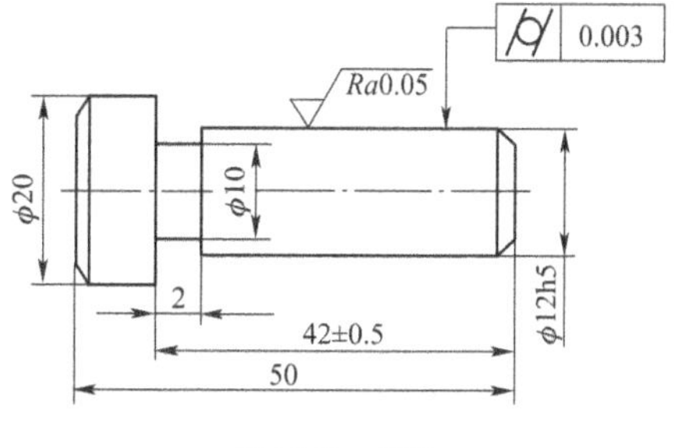

图13-18 销轴

(2)加工阶段的划分。

加工阶段的划分应有利于保证加工质量和合理使用设备,并及时发现毛坯缺陷,避免浪费工时。对于加工精度要求较高、表面粗糙度要求较好的零件,其工艺过程常分三个阶段进行。

①粗加工阶段:切除大部分加工余量,使毛坯在形状和尺寸上接近成品。

②半精加工阶段:完成一些次要表面的加工,并为精加工做准备。

③精加工阶段:经过最后精加工使其主要表面达到零件图纸的要求。

对于加工精度要求很高、表面粗糙度要求极好的零件,可增加光整加工阶段。

(3)加工顺序的安排。

①基准先行,即作为精基准的表面一般应首先加工,以便用它定位加工其他表面。例如,轴类零件的中心孔、箱体工件的底平面、齿轮的基准孔和端面等,一般应安排在第一道工序中加工完毕。

②先粗后精,即按加工阶段划分,先进行粗加工,再进行精加工。

③先主后次,即先安排零件的主要表面和装配基面的加工,后安排次要表面的加工,如键槽、紧固用的光孔和螺孔等。由于这些次要表面加工工作量比较小,且往往和主要表面有相互位置的要求,因此,一般是在主要表面加工结束之后或穿插进行加工,但又要在精加工前进行。

④合理安排热处理、表面处理和辅助工序。热处理对改善材料的切削加工性能,减少内应力和提高机械性能起着重要作用。同时,热处理也会使工件产生变形,使工件表面产生明显的缺陷层(如脱碳、氧化等),因此,热处理应按照该工序的目的,与机械加工工序穿插安排。如退火和正火的目的是改善切削性能、消除毛坯制造时的内应力,应安排在粗加工之前进行;淬火是为了提高材料的强度和硬度,应安排在粗加工之后、精加工之前;对有些经常承受交变载荷、冲击载荷和摩擦、磨损的零件,要求表面具有高的硬度、疲劳强度和耐磨性,而中心则有足够的强度、韧性,可以采用表面热处理和化学热处理(如渗碳),这些也应该安排在精加工前进行;淬火时,工件可能发生少量变形和表面氧化,对要求较高的工件,事后要安排磨削工序加以清除。热处理工序在加工顺序中的安排,如图 13-19 所示。

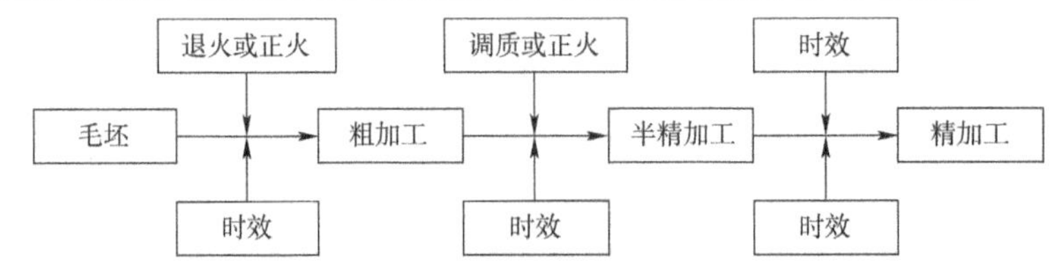

图 13-19　热处理工序的安排

表面处理是为了提高零件表面的抗蚀性、耐磨性和电导率等,是在零件表面附上金属镀层、非金属涂层或产生氧化膜层等的工艺。金属镀层有镀铬、镀镍、镀铜、镀锌等;非金属涂层有油漆、喷涂陶瓷等;氧化膜层有钢的发蓝、铝合金的阳极化、镁合金的氧化等。表面处理工序一般均安排在工艺过程的最后,因为它们基本上不影响零件尺寸精度和表面粗糙度,零件上不需要进行表面处理的部位,可以采取局部保护措施。此外,还要考虑安排检验和其他辅助工序,如去毛刺、倒棱边、清洗、涂防锈油等。检验必须认真进行,除了每道工序中的操作者进行自检外,还须在下列情况下安排检验工序:

a. 各加工阶段(如粗加工、半精加工)结束之后。

b. 零件转换车间时应进行检验,以便确定质量问题的原因和责任。

c. 零件全部加工完毕要进行总检。

d. 根据加工过程的需要和图纸要求,安排一些特种检验,如磁力探伤、超声波探伤、X 线检验、荧光检验等。

3)确定各工序的加工余量、工序尺寸及公差

为了保证零件的加工质量,一般对待加工表面要进行若干次加工。这样,留给每一道工序切除的金属层称为工序的工序余量。从毛坯到成品加工表面上被切除的全部金属层厚度,即各工序的工序余量之和称为总余量。加工余量是工序余量和总余量的统称。

工序尺寸是加工过程中各工序应保证的加工尺寸,其公差即工序尺寸公差,应按各种加工方法的经济精度选定。在工序图和工艺卡上要标注的工序尺寸往往不是采用零件上的尺寸,而是要根据已确定的余量及定位基准转换的情况,利用工艺尺寸链进行计算。

13.3　典型零件的加工工艺

为熟悉各类零件的加工程序,常将零件按相似的结构形状和其加工的工艺特征,分为轴类、套类、轮盘类和箱体类等。本节将分别对它们的工作条件、性能要求、村料、毛坯和工艺路线进行分析,以达到综合运用所学知识,分析和解决实际问题的目的。

13.3.1　轴类零件

1)轴类零件的工作条件及性能要求

轴类零件是旋转体零件,主要用来支承传动零件和传递力矩。其长度大于直径,加工表面通常有内外圆柱表面、内外圆锥表面、螺纹、花键、键槽和沟槽等。根据结构形状可分为光轴、空心轴、半轴、阶梯轴、花键轴、十字轴、偏心轴、曲轴和凸轮轴等。

轴一般都有两个支承轴颈,支承轴颈是轴的装配基准,其尺寸精度及表面质量要求较高。

重要的轴还规定了圆度、圆柱度等形状公差的要求及规定了两个轴颈之间的同轴度、圆跳动、全跳动等要求。对于安装齿轮等传动件的其他轴颈,还要求其轴线与两支承轴颈的公共轴线同轴,用于轴向定位的轴肩对轴线的垂直度也有要求。有的还有强度、硬度、耐磨性、抗腐蚀性及表面强化和装饰等要求。

2)轴类雾件的材料与毛坯

轴类零件大都承受交变载荷,工作时处于复杂应力状态,其材料应具有良好的综合力学性能,常选用45钢、40Cr和低合金结构钢等。

光轴的毛坯一般选用热轧圆钢或冷轧圆钢。阶梯轴的毛坯,可选用热轧或冷轧圆钢;也可选用锻件,主要根据产量和各阶梯直径之差来确定。产量越大,直径相差越大,采用锻件越有利;当要求轴具有较高力学性能时,应采用锻件。单件小批生产采用自由锻造;成批生产采用模锻;对某些大型、结构复杂的轴、可采用铸件,如曲轴及机床主轴可用铸钢或球墨铸铁作毛坯。

3)轴类零件加工工艺分析

轴类零件加工时均以双顶尖作为定位装夹基准。在加工过程中应体现基准面先行的原则和粗精分开的原则。现以图13-20阶梯轴为例,阶梯轴加工工艺过程见表13-8。

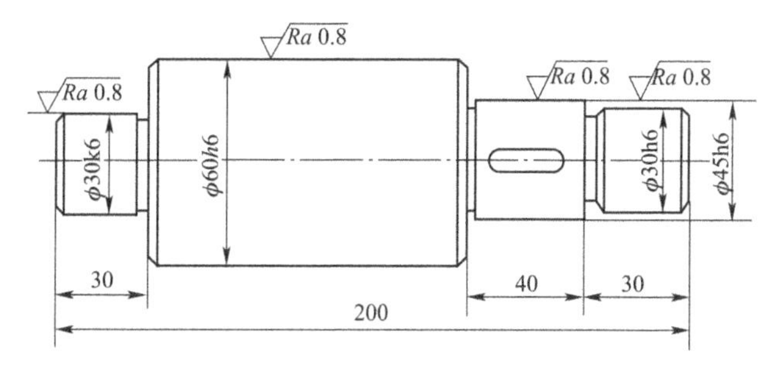

图13-20　阶梯轴

阶梯轴加工工艺　　表 13-8

工序号	工 序 内 容	加工设备
1	车端面,钻中心孔,车全部外圆,切槽,倒角	车床
2	铣键槽	铣床
3	磨外圆	磨床

13.3.2　套类零件

1)套类零件的工作条件及性能要求

套类零件是机械传动中常与轴配套使用的支承或导向零件。其主要组成部分有内圆表面、外圆表面、端面和沟槽等。套筒零件结构上的共同特点是:零件的重要表面为同轴度要求较高的内、外旋转表面;零件壁的厚度较薄易变形;零件的长度一般大于直径等。套类零件的内孔和外圆表面有尺寸精度要求,对于长一些的套还有圆度和圆柱度的要求,外圆表面与孔还有同轴度要求;若长度作为定位基准时,孔轴线与端面有垂直度要求。

2)套类零件的材料与毛坯

套类零件一般选用钢、青铜或黄铜等材料。有些滑动轴承采用双金属结构,即用离心铸造法在钢或铸铁套的内壁上浇注巴氏合金等轴承材料,这样既可节省贵重的有色金属,又能提高轴承的寿命。

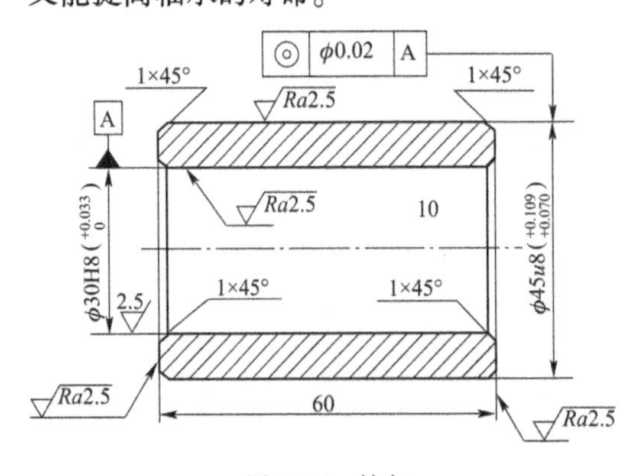

图 13-21　轴套

套类零件毛坯的选择与其材料、结构和尺寸等有关。孔径 $<\phi20$mm 时,一般选用热轧或冷拉棒料,也可用实心铸件;孔径较大时,常采用无缝钢管或带孔的铸件及锻件。大量生产时,可采用冷挤压和粉末冶金等先进的毛坯制造工艺,以提高生产率,节约金属材料。

3)套类零件加工工艺分析

现以图 13-21 轴套为例,轴套加工工艺过程见表 13-9。

单件毛坯的轴套机械加工工艺过程　　表 13-9

序号	工 序 内 容	定 位 基 准
1	粗加工端面,钻孔,倒角	外圆
2	粗加工外圆及另一端面、倒角	孔(用梅花顶尖和活络顶尖)
3	半精加工(扩孔或镗孔)、精加工端面	外圆
4	精加工孔(拉孔或压孔)	孔及端面
5	精加工外圆及端面	内孔

13.3.3　轮盘类零件

1)轮盘类零件工作条件及性能要求

轮盘类零件在机械中应用很广,如齿轮、带轮和凸缘盘等。它们的结构一般由孔(光孔或花键孔)、外圆、端面和沟槽等组成,有的零件上有齿形,多用于传递运动的旋转部件。该类零件除要求本身的尺寸精度、形状精度和表面粗糙度外,还要求内外圆表面间的同轴度、端面与孔轴线的垂直度等位置精度。该类零件孔的精度一般较外圆表面的精度要求高一些,其表面粗糙度 Ra 值为 1.6μm 或更小。

2)轮盘类零件的材料与毛坯

齿轮毛坯用锻件或铸件;带轮、凸缘盘等形状较复杂的零件用灰铸铁;一些直径较小的盘类零件也可用棒料;直径较大的采用板件。

3)轮盘类零件加工工艺分析

现以图 13-22 齿轮为例,齿轮加工工艺过程见表 13-10。

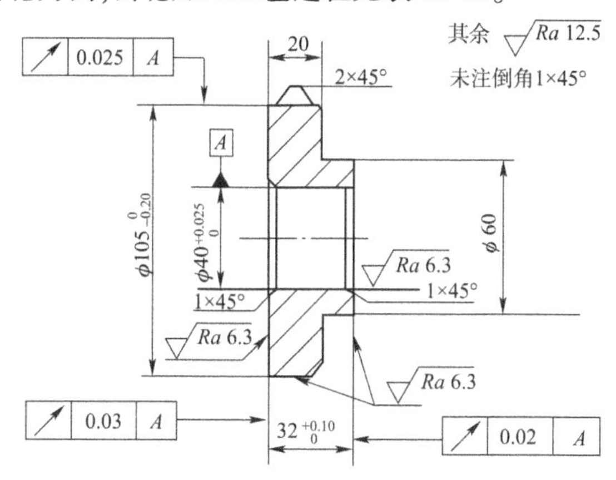

图 13-22　齿轮零件图

齿轮的车削工艺过程　　表 13-10

序号	加工简图	加工内容	装夹方法	备注
1		下料 $\phi110\times36$		
2		夹 $\phi110$ 外圆长 20;车端面见平;车外圆 $\phi63\times10$	三爪卡盘	
3		夹 $\phi63$ 外圆;粗车端面见平,外圆至 $\phi107$;钻孔 $\phi36$;镗孔至尺寸 $\phi\ 40_0^{+0.025}$,精车端面,保证总长 33;精车外圆至尺寸 $\phi105$;倒内角 $1\times45°$;外角 $2\times45°$	三爪卡盘	
4		夹 $\phi105$ 外圆、垫铁皮、找正;精车台肩面保证长度 20;车小端面、总长 32;精车外圆至尺寸 $\phi60$;倒内角 $1\times45°$;外角 $2\times45°$	三爪卡盘	

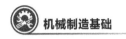

续上表

序号	加工简图	加工内容	装夹方法	备注
5		精车小端面;保证总长$32_0^{+0.10}$	顶尖卡箍 锥度心轴	有条件可平磨小端面
6		检验		

13.3.4 箱体类零件

1)箱体类零件的工作条件及性能要求

箱体类零件是机械的基础零件。它将一些轴、套和齿轮等零件组装在一起,使它们保持相互正确的位置关系,按照一定的传动关系协调地运动,构成机械的一个重要部件。箱体的加工质量对机械精度、性能和寿命有直接的影响。箱体结构形式的共同特点是尺寸较大,形状较复杂,壁薄且不均匀,内部呈腔形,加工前需要进行时效处理;在箱壁上有许多精度较高的轴承支承孔和平面需要加工;而且对主要孔的尺寸精度和形状精度、主要平面的平面度、表面粗糙度、孔与孔之间的同轴度、孔与孔的轴间距误差、各平行孔轴线的平行度、孔与平面之间的位置精度等有要求;此外有许多精度较低的紧固孔、螺纹孔、检查孔和出油孔等也都需要加工。因此,箱体类零件不仅需要加工的部位较多,且加工难度也较大。

2)箱体类零件的材料和毛坯

箱体类零件的材料大都采用铸铁,其牌号根据需要可选用 HT100 ~ 350。有些载荷较大的箱体,可采用铸钢件。只有在单件小批生产时,为缩短毛坯制造周期,可采用钢板焊接。航空发动机或仪器仪表的箱体零件,为减轻质量,常用铝镁合金精密压铸。

3)箱体类零件加工工艺分析

图 13-23 所示为 CA6140 车床主轴箱箱体,其加工顺序为:

铸造→退火→钳工划线→粗刨顶面→粗刨底面(含 V 形导向槽)→粗刨两端面及两侧面→粗镗轴承孔→时效→精刨顶面至尺寸→精刨底面(含 V 形导向槽,所有底面留刮研余量 0.1mm)、精刨两端面及侧面至尺寸、精镗轴承孔至尺寸→钳工划线(底部固定孔与侧面观察孔),至于上部螺钉孔、轴承端盖固定孔、油面观察孔、密封紧固螺钉孔,可安排在装配时组合加工→钻孔、锪孔口平面→去毛刺→清洗→总检验→油封加工表面。

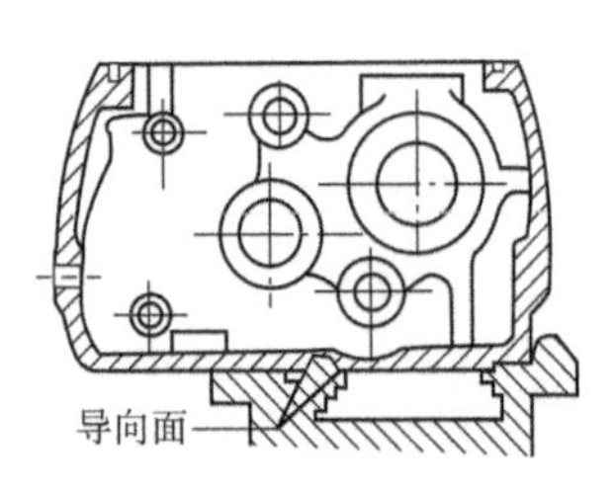

图 13-23　CA6140 车床主轴箱剖面图

习　　题

一、单项选择题

1. 对于全部表面均须加工的零件,其粗基准选择的条件是(　　)。

A. 加工余量小　　B. 外形尺寸大　　C. 尺寸精度高　　D. 表面粗糙度值小

2. 定位基准可分为粗基准和精基准两类,其中采用已加工表面作为定位基准是(　　)。

A. 粗基准　　B. 精基准　　C. 半精基准

3. 基准可分为(　　)两大类。

A. 设计基准和工艺基准　　B. 工序基准和定位基准

C. 定位基准和测量基准

4. (　　)是指加工过程中从加工表面切去的金属层厚度。

A. 加工余量　　B. 进给量　　C. 背吃刀量

5. 选择加工方法时,首先应考虑(　　)。

A. 生产率和经济性　　B. 加工表面的加工精度

C. 生产率　　D. 经济性

6. 基准统一原则有利于保证各加工表面的(　　)。

A. 形状精度　　B. 尺寸精度　　C. 位置精度　　D. 表面粗糙度

7. 制定零件工艺过程时,首先研究和确定的基准是(　　)。

A. 设计基准　　B. 工序基准

C. 定位基准　　D. 测量基准到块阳基生豪容

8. 确定工序加工余量的基本原则是(　　)。

A. 保证切除前工序加工中留下的加工痕迹和缺陷

B. 尽量减小加工余量,以提高生产率、降低加工成本

C. 在保证加工质量的前提下,余量越小越好

D. 保证加工时切削顺利,避免刀具相对工件表面打滑或挤压

9. 工序集中有利于保证各加工表面的(　　)。

A. 形状精度　　B. 尺寸精度　　C. 位置精度　　D. 表面粗糙度

10. 某外圆表面,前工序保证尺寸 35 -8.1mm,本工序尺寸为 35.1 -8.39mm,工序的最小余量(双面)为(　　)。

A. 0.1mm　　B. 0.139mm　　C. 0.3mm　　D. 0.4mm

二、填空题

1. 在机械产品的生产中,由________变为________的过程,如毛坯制造、机械加工、热处理和装配等,称为________。采用机械加工的方法,直接改变毛坯的________、________、________和________,使之成为产品零件的过程称为________。

2. 机械加工工艺过程是由一个或若干个顺序排列的________组成,毛通过各工序而成为零件,每一个工序又可分为若干个________、________、________和________。工序是构成工艺过程的________。

3. 划分工序的主要依据是________是否变动,以及是否________加工同一工件。

4. 装夹是在工件加工前,使其在机床上或夹具中获得________的过程。装夹包括________和________两部分内容。

5. 生产类型是指企业________程度的分类,一般分为________、________和________三种类型。在制定工艺过程时,必须考虑不同生产类型的________,以取得最大

的________。

6. 基准是用来确定生产对象上________间的几何关系所依据的那些________。

7. 工艺基准是在中________采用的基准。按其用途不同，又可分为________、________、________和装配基准。

8. 在起始工序中，只能选择未加工的毛坯表面作定位基准，这种基准称为________。用________的表面作定位基准，则称为精基准。

9. 选择精基准时，应能保证加工精度和夹紧可靠方便，可按________原则、________原则、________原则、________原则和________原则来选择。

10. 工艺路线的主要任务是选择各加工面的________、安排工序的________、确定工序的________等。

三、判断题（正确打“√”，错误打“×”）

1. 机械加工工艺过程是由一个或若干个顺序排列的工序组成，工序又可分为若干个安装、工位和工步。（　）

2. 工步是构成机械加工工艺过程的基本单元。（　）

3. 工件在加工前，使其在机床上或夹具中获得正确而固定位置的过程称为安装。（　）

4. 工件加工前，夹紧了，位置固定了，即称为定位。（　）

5. 设计基准与定位基准不重合会引起定位误差，影响加工精度。（　）

6. 基准重合原则就是尽可能采用设计基准作为定位基准。（　）

7. “基准重合”的目的是实现“基准统一”。（　）

8. 通常粗基准不能重复使用，一般只能使用一次。（　）

9. 安排机械加工工序应遵守：先加工基准面，再以它为精基准加工其他表面。（　）

10. 安排机械加工工序应遵守：先进行粗加工，再进行半精加工和精加工。（　）

四、简答题

1. 机械加工工艺过程由哪些内容组成？何谓生产过程、工艺过程、工序和安装？

2. 比较表13-1和13-2所列阶台轴的工艺过程，说明单件生产与成批生产的工艺特征。

3. 什么是基准？基准如何分类？

4. 什么是定位基准？定位基准分为哪两类？

5. 什么是粗基准？如何选择粗基准？

6. 什么是精基准？如何选择精基准？

7. 为什么选择定位基准应尽可能使它与设计基准重合？如果不重合会产生什么问题？

8. 什么是经济精度？某种加工方法的经济精度就是该加工方法能够达到的最高加工精度，这种说法对吗？

9. 零件的切削加工过程一般可分成哪几个阶段？各加工阶段的主要任务是什么？划分加工阶段有什么作用？

10. 什么是工序集中与工序分散？各有什么优缺点？

11. 安排机械加工工艺顺序应遵循哪些原则？
12. 在机械加工工艺过程中，热处理工序的位置如何安排？
13. 什么情况下需要安排中间检验工序？
14. 常见的毛坯种类有哪些？选择毛坯时要考虑哪些因素？
15. 什么是工序余量和总余量？为什么说加工余量是变化的？
16. 确定加工余量大小要考虑哪些因素？
17. 工序尺寸怎样确定？
18. 制定工艺规程需要哪些原始资料作为技术依据？
19. 试述制定工艺规程的步骤。
20. 在制定工艺规程时，分析零件图样应弄清哪些问题？
21. 在制定工艺规程时，如何选择机床设备及刀、夹、量具？
22. 机械加工工艺规程的常用文件形式有哪几种？有什么作用？

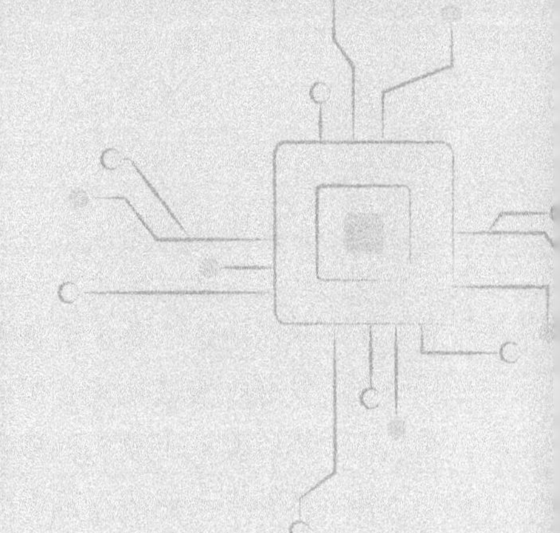

参考文献

[1] 张也晗,刘永猛,刘品.机械精度设计与检测基础[M].10版.哈尔滨:哈尔滨工业大学出版社,2019.

[2] 翟国栋.机械精度设计与检测基础[M].10版.北京:科学出版社,2019.

[3] 王伯平.互换性与测量技术基础[M].5版.北京:机械工业出版社,2019.

[4] 张铁,李旻.互换性与测量技术基础[M].2版.北京:清华大学出版社,2019.

[5] 周兆元,李翔英.互换性与测量技术基础[M].4版.北京:机械工业出版社,2018.

[6] 张琳娜.图解GPS几何公差规范及应用[M].北京:机械工业出版社,2017.

[7] 王恒迪.机械精度设计与检测技术[M].北京:化学出版社,2020.

[8] 弗雷德里克·沙彭蒂耶.产品几何技术规范手册[M].乔立红,郗一帆,译.北京:机械工业出版社,2018.

[9] 任桂华,周丽.互换性与技术测量[M].2版.武汉:华中科技大学出版社,2022.

[10] 张卫,方峻.互换性与测量技术[M].北京:机械工业出版社,2021.

[11] 齐新丹.互换性与测量技术[M].北京:中国电力出版社,2008.

[12] 甘永立.几何量公差与测量[M].9版.上海:上海科学技术出版社,2010.

[13] 陈于萍,高晓康.互换性与测量技术[M].2版.北京:高等教育出版社,2005.

[14] 刘品,李哲.机械精度设计与检测基础[M].5版.哈尔滨:哈尔滨工业大学出版社,2007.

[15] 傅成昌,傅晓燕.形位公差应用技术问答[M].北京:机械工业出版社,2009.

[16] 中国标准出版社第三编辑室.产品几何技术规范标准汇编 尺寸公差卷[M].北京:中国标准出版社,2010.

[17] 中国标准出版社第三编辑室.产品几何技术规范标准汇编 几何公差卷[M].北京:中国标准出版社,2010.

[18] 全国产品几何技术规范标准化技术委员会.产品几何技术规范(GPS)国家标准应用指南[M].北京:中国标准出版社,2010.

[19] 中国标准出版社,全国机器轴与附件标准化技术委员会.中国机械工业标准汇编 花键与键连接[M].2版.北京:中国标准出版社,2004.

[20] 厉始忠.ISO 1328-1:1995 圆柱齿轮精度制应用指南[M].北京:化学工业出版社,2008.

[21] 国家市场监督管理总局,中国国家标准化管理委员会.产品几何技术规范(GPS) 通用概念 第1部分:几何规范和检验的模型:GB/T 24637.1—2020[S].北京:中

国国家标准出版社,2020.

[22] 国家市场监督管理总局,中国国家标准化管理委员会. 产品几何技术规范(GPS)几何公差　形状、方向、位置和跳动公差标注:GB/T 1182—2018[S]. 北京:中国国家标准出版社,2018.

[23] 国家市场监督管理总局,中国国家标准化管理委员会. 产品几何技术规范(GPS)线性尺寸公差 ISO 代号体系　第 1 部分:公差、偏差和配合的基础:GB/T 1800. 1—2020[S]. 北京:中国国家标准出版社,2020.

[24] 国家市场监督管理总局,中国国家标准化管理委员会. 产品几何技术规范(GPS)线性尺寸公差 ISO 代号体系　第 2 部分:标准公差带代号和孔、轴的极限偏差表:GB/T 1800. 2—2020[S]. 北京:中国国家标准出版社,2020.

[25] 国家质量监督检验检疫总局. 极限与配合　尺寸至 18mm 孔、轴公差带:GB/T 1803—2003[S]. 北京:中国国家标准出版社,2003.

[26] 国家质量技术监督局. 一般公差　未注公差的线性和角度尺寸的公差:GB/T 1804—2000[S]. 北京:中国国家标准出版社,2000.

[27] 国家市场监督管理总局,中国国家标准化管理委员会. 产品几何技术规范(GPS)尺寸公差　第 1 部分:线性尺寸:GB/T 38762. 1—2020[S]. 北京:中国国家标准出版社,2020.

[28] 国家市场监督管理总局,中国国家标准化管理委员会. 产品几何技术规范(GPS)尺寸公差　第 1 部分:除线性尺寸、角度尺寸外的尺寸:GB/T 38762. 2—2020[S]. 北京:中国国家标准出版社,2020.

[29] 国家市场监督管理总局,中国国家标准化管理委员会. 产品几何技术规范(GPS)尺寸公差　第 1 部分:角度尺寸:GB/T 38762. 3—2020[S]. 北京:中国国家标准出版社,2020.

[30] 国家质量监督检验检疫总局. 机械制图　尺寸注法:GB/T 4458. 4—2003[S]. 北京:中国国家标准出版社,2003.

[31] 国家质量监督检验检疫总局. 机械制图　尺寸公差与配合注法:GB/T 4458. 5—2003[S]. 北京:中国国家标准出版社,2003.

[32] 国家市场监督管理总局,中国国家标准化管理委员会. 产品几何技术规范(GPS)几何公差　形状、方向、位置和跳动标注:GB/T 1182—2018[S]. 北京:中国国家标准出版社,2018.

[33] 国家市场监督管理总局,中国国家标准化管理委员会. 产品几何量技术规范(GPS)几何公差　成组(要素)与组合几何规范:GB/T 13319—2020[S]. 北京:中国国家标准出版社,2020.

[34] 国家市场监督管理总局,中国国家标准化管理委员会. 产品几何量技术规范(GPS)基础概念、原则和规则:GB/T 4249—2018[S]. 北京:中国国家标准出版社,2018.

[35] 国家市场监督管理总局,中国国家标准化管理委员会. 产品几何技术规范(GPS)几何公差　最大实体要求(MMR)、最小实体要求(LMR)和可逆要求(RPR):GB/T 16671—2018[S]. 北京:中国国家标准出版社,2018.

[36] 国家质量监督检验检疫总局. 产品几何量技术规范(GPS) 几何公差 基准和基准体系:GB/T 17851—2010[S]. 北京:中国国家标准出版社,2010.

[37] 国家质量监督检验检疫总局. 产品几何技术规范(GPS) 几何要素 第1部分:基本术语和定义:GB/T 18780.1—2002[S]. 北京:中国国家标准出版社,2002.

[38] 国家质量监督检验检疫总局. 产品几何量技术规范(GPS) 几何公差 第2部分圆柱面和圆锥面的提取中心线、平行平面的提取中心面、提取要素的局部尺寸:GB/T 18780.2—2003[S]. 北京:中国国家标准出版社,2003.

[39] 国家质量监督检验检疫总局,中国国家标准化管理委员会. 产品几何量技术规范(GPS) 几何公差 检测与验证:GB/T 1958—2017[S]. 北京:中国国家标准出版社,2017.

[40] 国家质量监督检验检疫总局,中国国家标准化管理委员会. 产品几何技术规范(GPS)表面结构 轮廓法 术语、定义及表面结构参数:GB/T 3505—2009[S]. 北京:中国国家标准出版社,2009.

[41] 国家质量监督检验检疫总局,中国国家标准化管理委员会. 产品几何技术规范(GPS) 表面结构 轮廓法 评定表面结构的规则和方法:GB/T10610—2009[S]. 北京:中国国家标准出版社,2009.

[42] 国家质量监督检验检疫总局,中国国家标准化管理委员会. 产品几何技术规范(GPS) 表面结构 轮廓法 表面粗糙度参数及其数值:GB/T1031—2009[S]. 北京:中国国家标准出版社,2009.

[43] 国家质量监督检验检疫总局,中国国家标准化管理委员会. 产品几何技术规范(GPS) 技术产品文件中表面结构的表示法:GB/T 131—2006[S]. 北京:中国国家标准出版社,2006.

[44] 国家质量监督检验检疫总局. 平键 键槽的剖面尺寸:GB/T 1095—2003[S]. 北京:中国国家标准出版社,2003.

[45] 国家质量监督检验检疫总局. 普通型 平键:GB/T 1096—2003[S]. 北京:中国国家标准出版社,2003.

[46] 国家质量监督检验检疫总局. 导向型 平键:GB/T 1097—2003[S]. 北京:中国国家标准出版社,2003.

[47] 国家质量监督检验检疫总局. 半圆键 键槽的剖面尺寸:GB/T 1098—2003[S]. 北京:中国国家标准出版社,2003.

[48] 国家质量监督检验检疫总局. 普通型 半圆键:GB/T 1099.1—2003[S]. 北京:中国国家标准出版社,2003.

[49] 国家质量监督检验检疫总局,中国国家标准化管理委员会. 键 技术条件:GB/T 1568—2008[S]. 北京:中国国家标准出版社,2008.

[50] 国家质量监督检验检疫总局,中国国家标准化管理委员会. 花键基本术语:GB/T 15758—2008[S]. 北京:中国国家标准出版社,2008.

[51] 国家质量技术监督局. 机械制图 花键表示法:GB/T 4459.3—2000[S]. 北京:中国国家标准出版社,2008.

[52] 国家质量监督检验检疫总局,中国国家标准化管理委员会. 矩形花键量规:GB/T 10919—2006[S]. 北京:中国国家标准出版社,2006.

[53] 国家质量监督检验检疫总局. 矩形花键尺寸、公差和检验:GB/T 1144—2001[S]. 北京:中国国家标准出版社,2001.

[54] 国家质量监督检验检疫总局,中国国家标准化管理委员会. 滚动轴承　向心轴承产品几何技术规范(GPS)和公差值:GB/T 307.1—2017[S]. 北京:中国国家标准出版社,2017.

[55] 国家质量监督检验检疫总局,中国国家标准化管理委员会. 滚动轴承　测量和检验的原则和方法:GB/T 307.2—2005[S]. 北京:中国国家标准出版社,2005.

[56] 国家质量监督检验检疫总局,中国国家标准化管理委员会. 滚动轴承　通用技术规则:GB/T 307.3—2017[S]. 北京:中国国家标准出版社,2017.

[57] 国家质量监督检验检疫总局,中国国家标准化管理委员会. 滚动轴承　推力轴承产品几何技术规范(GPS)和公差值:GB/T 307.4—2017[S]. 北京:中国国家标准出版社,2017.

[58] 国家质量监督检验检疫总局. 滚动轴承　公差定义:GB/T 4199—2003[S]. 北京:中国国家标准出版社,2003.

[59] 国家质量监督检验检疫总局,中国国家标准化管理委员会. 滚动轴承　配合:GB/T 275—2015[S]. 北京:中国国家标准出版社,2001.

[60] 国家质量监督检验检疫总局,中国国家标准化管理委员会. 滚动轴承　游隙　第1部分:向心轴承的径向游隙:GB/T 4604.1—2012[S]. 北京:中国国家标准出版社,2012.

[61] 国家质量监督检验检疫总局,中国国家标准化管理委员会. 滚动轴承　游隙　第2部分:四点接触球轴承的轴向游隙:GB/T 4604.2—2013[S]. 北京:中国国家标准出版社,2013.

[62] 国家质量监督检验检疫总局,中国国家标准化管理委员会. 轮齿同侧齿面偏差的定义和允许值:GB/T 10095.1—2008[S]. 北京:中国国家标准出版社,2008.

[63] 国家质量监督检验检疫总局,中国国家标准化管理委员会. 径向综合偏差与径向跳动的定义和允许值:GB/T 10095.2—2008[S]. 北京:中国国家标准出版社,2008.

[64] 国家质量监督检验检疫总局,中国国家标准化管理委员会. 轮齿同侧齿面的检验:GB/Z 18620.1—2008[S]. 北京:中国国家标准出版社,2008.

[65] 国家质量监督检验检疫总局,中国国家标准化管理委员会. 径向综合偏差、径向跳动、齿厚和侧隙的检验:GB/Z 18620.1—2008[S]. 北京:中国国家标准出版社,2008.

[66] 国家质量监督检验检疫总局,中国国家标准化管理委员会. 齿轮坯、轴中心距和轴线平行度的检验:GB/Z 18620.3—2008[S]. 北京:中国国家标准出版社,2008.

[67] 国家质量监督检验检疫总局,中国国家标准化管理委员会. 表面结构和轮齿接触斑点的检验:GB/Z 18620.4—2008[S]. 北京:中国国家标准出版社,2008.